J. Euler. Friedl
11/95

D1723847

Ekbert Hering/Rolf Martin/Martin Stohrer · Physikalisch-Technisches Taschenbuch

Physikalisch-Technisches Taschenbuch

Prof. Dr. Dr. Ekbert Hering
Prof. Dr. Rolf Martin
Prof. Dr. Martin Stohrer

Zweite, verbesserte Auflage

 VERLAG

Die Deutsche Bibliothek – CIP-Einheitsaufnahme

Hering, Ekbert:
Physikalisch-technisches Taschenbuch / Ekbert Hering ; Rolf
Martin ; Martin Stohrer. 2., verb. Aufl. – Düsseldorf : VDI-Verl., 1995
  ISBN 3-18-401431-2
NE: Martin, Rolf:; Stohrer, Martin:

Autoren

Prof. Dr. rer. nat. Dr. rer. pol. *Ekbert Hering*, Fachhochschule Aalen
Prof. Dr. rer. nat. *Rolf Martin*, Fachhochschule Esslingen
Prof. Dr. rer. nat. *Martin Stohrer*, Fachhochschule Stuttgart

Dieses Buch entstand unter der Mitarbeit von
Prof. Dr. *Rainer Gräf*, Fachhochschule Esslingen,
Prof. Dr. *Karlheinz Schüffler*, Fachhochschule Niederrhein
Dipl.-Ing. *Wolfgang Schulz*

Die auszugsweise Wiedergabe von DIN-Normen genehmigte DIN Deutsches Institut für Normen e.V.
Maßgebend für die Anwendung einer Norm ist deren Fassung mit dem neuesten Ausgabedatum, die bei der
Beuth Verlag GmbH, 10772 Berlin, erhältlich ist.

© VDI-Verlag GbmH, Düsseldorf 1995

Printed in Germany

Herstellung: PRODUserv, Berlin
Satz: Fotosatz-Service Köhler OHG, Würzburg
Druck: Sala-Druck, Berlin
Bindearbeiten: Lüderitz & Bauer, Berlin
ISBN 3-18-401431-2

Vorwort zur ersten Auflage

Das Physikalisch-Technische Taschenbuch ist ein Kompendium und Nachschlagewerk für Ingenieure und Naturwissenschaftler in Studium und Berufspraxis. Das Werk faßt alle wichtigen Formeln der Mathematik, Physik und Technik in einem Band zusammen. Dabei sind neben klassischen Gebieten auch moderne Bereiche wie Optoelektronik, Nachrichtentechnik, Informatik und Umweltschutz berücksichtigt. Es ersetzt kein Lehrbuch, doch werden kompakt und handlich die wesentlichen Zusammenhänge erläutert. Häufig gebrauchte Stoffwerte, Konstanten und Umrechnungen von Einheiten sowie die Eigenschaften der chemischen Elemente sind in Tabellen zusammengestellt, um den schnellen Zugriff sicherzustellen.

Der Inhalt umfaßt im einzelnen: Mathematik – Fehlerrechnung – physikalische Grundlagen – Gravitation – Technische Mechanik – Hydro- und Aeromechanik – Festigkeitslehre – Wärme- und Stoffübertragung – Elektrotechnik und Elektronik – Magnetismus – Metalle und Halbleiter – Optoelektronik – Festkörperphysik – Nachrichtentechnik – Atom- und Kernphysik – Relativitätstheorie – Energietechnik – Eigenschaften der chemischen Elemente – Informatik und Umwelttechnik.

Ein klar gegliedertes Inhaltsverzeichnis und ein ausführliches Sachwortverzeichnis erleichtern dem Leser das Auffinden der gesuchten Information. Autoren und Verlag wünschen ihren Lesern einen erfolgreichen Einsatz dieses Werkes und freuen sich auf konstruktive Kritik und Verbesserungsvorschläge.

Heubach, Esslingen, Stuttgart
Mai 1994

Ekbert Hering
Rolf Martin
Martin Stohrer

Vorwort zur zweiten Auflage

Die erste Auflage dieses Werkes fand ein erfreulich großes Echo und machte bereits nach gut einem Jahr eine Neuauflage erforderlich. In dieser nun vorliegenden zweiten Auflage wurden Fehler berichtigt und geringfügige Ergänzungen vorgenommen. Möge das Werk vielen Nutzern bei der Alltagsarbeit helfen! Über Anregungen zur weiteren Verbesserung des Nachschlagewerkes würden wir uns sehr freuen.

Heubach, Esslingen, Stuttgart
Juli 1995

Ekbert Hering
Rolf Martin
Martin Stohrer

Inhalt

A Mathematik

A.1 Mathematische Zeichen und Normzahlen

A.1.1 Mathematische Symbolik

Übersicht A-1. Mathematische Zeichen.

Standardzeichen

$=$	Gleichheitszeichen
$\approx$	ungefähr gleich; im Rahmen numerischer Vergleiche zweier Terme, Größen gebräuchlich
$\cong$	zueinander kongruent
$\sim$	proportional, also $y \sim x$, falls es ein $k \in \mathbb{R}$ (reelle Zahlen) gibt mit $y = k \cdot x$ – Linearität
$<, \leq, >, \geq$	Symbole für kleiner–größer Beziehungen reeller Zahlen
$:=$	häufig gebrauchtes Symbol für eine definitorische Festlegung innerhalb der Ebene von Formelausdrücken; so wird z. B. in „$e^{ix} := \cos x + i \sin x$" das Symbol e^{ix} vermöge der bekannten rechten Seite, $\cos x + i \sin x$, als komplexe Zahl definiert.
$\cdot, *, \times$	Multiplikationssymbole; das Zeichen $\times$ kennzeichnet auch das Vektorprodukt in $\mathbb{R}^3$.
$/, \div$	Divisionssymbole
$\triangleq$	„entspricht der Aussage ..."
Δ	allgemeingebräuchliches Differenzensymbol
	$$\frac{\Delta y}{\Delta x} = \frac{y_2 - y_1}{x_2 - x_1} = \text{Sekantensteigung, Differenzenquotient}$$
	Symbol für den Laplace-Operator
$n!$	n Fakultät, wobei n eine natürliche Zahl ist $\quad n! = 1 \cdot 2 \cdot 3 \cdots n$
$\binom{n}{k}$	Binomialkoeffizienten: Für $k, n \in \mathbb{N}$, $0 \leq k \leq n$ ist $\binom{n}{k} = \frac{n!}{k!(n-k)!}$
	Anwendungen: Kombinatorik,
	Binomialformel: $\quad (a+b)^n = \sum_{k=0}^{n} \binom{n}{k} a^k b^{n-k}$
	für $k, n \in \mathbb{N}$, a, b reelle (oder komplexe) Zahlen.
	Ermittlung der $\binom{n}{k}$-Ausdrücke mittels Pascal'schem Dreieck.
$\sqrt[n]{}$	n-te Wurzel: $\quad y := \sqrt[n]{x} \Leftrightarrow x = y^n$ (bei geradem n für $x \geq 0$ definiert, bei ungeradem n in ganz $\mathbb{R}$)
$\log$	Logarithmus-Symbol; für $a > 0$ folgendermaßen definiert: $y := \log_{|a}(x) \Leftrightarrow x = a^y$ Gebräuchlich sind: ln für den Fall $a = e$ (Euler'sche Zahl, natürlicher Logarithmus) lg für $a = 10$
$\dfrac{d}{dx}$	Differentiationssymbolik (wie üblich); $$f'(x) = \frac{df}{dx}(x) = \lim_{h \to 0} \frac{f(x+h) - f(x)}{h}$$
$\in$	Elementzeichen; Bedeutung: $x \in M \triangleq x$ gehört zur Menge M Beispiel: $2 \in \mathbb{N} \triangleq$ Die Zahl 2 gehört zur Menge der natürlichen Zahlen $2 \notin [3,4] \triangleq$ Die Zahl 2 gehört nicht zum Intervall $[3,4]$

Übersicht A-1 (Fortsetzung)

Zahlenbereiche		
$\mathbb{N}$	Menge der natürlichen Zahlen	$\{1, 2, 3, \ldots\}$
$\mathbb{Z}$	Menge der ganzen Zahlen	$\{0, \pm 1, \pm 2, \ldots\}$
$\mathbb{Q}$	Menge der rationalen Zahlen	$\{{}^{p}/_{q} \mid p, q \in \mathbb{Z},\, q \neq 0\}$
$\mathbb{R}$	Menge der reellen Zahlen	$\{x \mid x$ rational oder x irrational$\}$
$\mathbb{C}$	Menge der komplexen Zahlen	$\{z = x + iy \mid x,\, y \in \mathbb{R}\}$

Mathematische Konstanten	
0	neutrales Element der Addition in $\mathbb{R}$ und $\mathbb{C}$
1	neutrales Element der Multiplikation in $\mathbb{R}$ und $\mathbb{C}$
e	Symbol der sogenannten Euler'schen Zahl; $$e = \sum_{k=0}^{\infty} \frac{1}{k!} = \lim_{n \to \infty}\left(1 + \frac{1}{n}\right)^{n} = 2{,}718282\ldots$$ e ist eine irrationale Zahl, transzendent
π	Kreiszahl; π ist definierbar als Fläche des Kreises (Radius 1), Länge des Halbkreisbogens (Radius 1) π ist irrational, transzendent $\pi = 3{,}14159\ldots$; gute Näherung ist $\frac{22}{7}$
$\dfrac{\pi}{180} \cdot \alpha$	Bogenmaß x eines im $0 \leq \alpha < 360°$ gemessenen Winkel α; numerisch: $x \cong \alpha \cdot 0{,}017453\ldots$
$\sqrt{2},\ \sqrt{3}$	Diese (und andere) in zahlreichen Formeln auftretenden Wurzeln beläßt man möglichst in dieser Form – allenfalls in Endergebnissen könnten numerische Näherungen wie $1{,}41421\ldots$ bzw. $1{,}73205\ldots$ benutzt werden
$i\,(j)$	Symbol für die sogenannte imaginäre Einheit; man definiert i als eine Lösung der Gleichung: $x^2 + 1 = 0$, d. h. $i^2 = -1$

A.1.2 Mathematische Logik

Mathematischen Aussagen (A, B, $C \ldots$) werden sogenannte „Wahrheitswerte" W (wahr) oder F (falsch) zugeordnet mit folgenden Grundregeln und Aussageverbindungen.

Grundregel 1: Eine Aussage A ist entweder wahr oder falsch (ausschließende Alternative)

Grundregel 2: Die Verneinung (Negation) einer Aussage A – häufig mit $\neg A$ notiert – ist festgelegt durch

A	$\neg A$
W	F
F	W

Grundregel 3: Zwei Aussagen A, B heißen äquivalent (in Zeichen $A \Leftrightarrow B$), wenn sie die gleichen Wahrheitswerte besitzen.

Grundregel 4: Die Aussage „A und B" ($A \wedge B$), die Aussage „A oder B" ($A \vee B$), die Aussage „Aus

A folgt B" ($A \Rightarrow B$, Implikation, Folgerung) sind gemäß nachstehender Tabelle festgesetzt.

A	B	$A \wedge B$	$A \vee B$	$A \Rightarrow B$	$A \Leftrightarrow B$
W	W	W	W	W	W
W	F	F	W	F	F
F	W	F	W	W	F
F	F	F	F	W	W

Man leitet hieraus logische Regeln ab, wie zum Beispiel

① $[(A \Rightarrow B)$ und $(B \Rightarrow A)] \Leftrightarrow [A \Leftrightarrow B]$

② $\neg(A \wedge B) \Leftrightarrow \neg A \vee \neg B$ $\left.\begin{array}{l}\\\\\end{array}\right\}$ Verneinung von Und- und Oder-

③ $\neg(A \vee B) \Leftrightarrow \neg A \wedge \neg B$ Aussagen

④ $[A \Rightarrow B]$ und $[B \Rightarrow C] \Rightarrow [A \Rightarrow C]$, Kettenschluß

⑤ $A \wedge (B \vee C) \Leftrightarrow (A \wedge B) \vee (A \wedge C)$, Distribution

⑥ $[A \Rightarrow B] \Leftrightarrow [\neg B \Rightarrow \neg A]$, indirekter Beweis

A.1.3 Normzahlen

In der DIN-Verordnung (323) ist dieser – aus dem letzten Jahrhundert stammende – Begriff noch anzutreffen. Bezogen auf den speziellen Vergrößerungsfaktor 10 lautet die Aufgabe („geometrische Progression"):

Sei $n \geq 1$, $a > 0$ gegeben.

Bestimme $n + 1$ Zahlen (sog. Stufen) $x_0, x_1, x_2, \ldots, x_n$ mit

1) $a = x_0 < x_1 \ldots < x_n = 10a$

2) $\dfrac{x_{k+1}}{x_k} = $ const (bezügl. k)

Die Lösung ist – mit $q := \sqrt[n]{10}$ – die geometrische Folge aq^k, und betrachtet man die komplette Skala aq^k, $k \in \mathbb{Z}$, so hat man eine feingliedrige Abstufung der Zehnerpotenzskala $a10^k$, $k \in \mathbb{Z}$. Speziell sind in früheren Zeiten die Abstufungen $n = 5$, $n = 10$, $n = 20$, $n = 40$ und $n = 80$ gewählt worden – entsprechend spricht man von den Grundreihen R 5, R 10 usw. Diese „Reihen" sind Auflistungen der Folgen

$(\sqrt[n]{10})^k$, $k = 0, 1, \ldots, n$

($n = 5/10/20/40/80$) und zwar in verschiedenen Näherungen und Genauigkeitsangaben hinsichtlich der numerischen Werte der Zahlen $(\sqrt[n]{10})^k$ (deren Berechnung in früheren Zeiten verständlicherweise Probleme bereitete). Nennwerte elektrischer Bauelemente, wie Widerstände und Kondensatoren, werden nach E-Reihen gestuft:

Reihe	E 6	E 12	E 24
Stufensprung	$\sqrt[6]{10}$	$\sqrt[12]{10}$	$\sqrt[24]{10}$

Übersicht A-2. Normzahlen und E-Reihen.

Normzahlen (DIN 323)

Grundreihen				Genauwerte	
R 5	R 10	R 20	R 40		lg
1,00	1,00	1,00	1,00	1,0000	0,0
			1,06	1,0593	0,025
		1,12	1,12	1,1220	0,05
			1,18	1,1885	0,075
	1,25	1,25	1,25	1,2589	0,1
			1,32	1,3335	0,125
		1,40	1,40	1,4125	0,15
			1,50	1,4962	0,175
1,60	1,60	1,60	1,60	1,5849	0,2
			1,70	1,6788	0,225
		1,80	1,80	1,7783	0,25
			1,90	1,8836	0,275
	2,00	2,00	2,00	1,9953	0,3
			2,12	2,1135	0,325
		2,24	2,24	2,2387	0,35
			2,36	2,3714	0,375
2,50	2,50	2,50	2,50	2,5119	0,4
			2,65	2,6607	0,425
		2,80	2,80	2,8184	0,45
			3,00	2,9854	0,475
	3,15	3,15	3,15	3,1623	0,5
			3,35	3,3497	0,525
		3,55	3,55	3,5481	0,55
			3,75	3,7584	0,575
4,00	4,00	4,00	4,00	3,9811	0,6
			4,25	4,2170	0,625
		4,50	4,50	4,4668	0,65
			4,75	4,7315	0,675
	5,00	5,00	5,00	5,0119	0,7
			5,30	5,3088	0,725
		5,60	5,60	5,6234	0,75
			6,00	5,9566	0,775
6,30	6,30	6,30	6,30	6,3096	0,8
			6,70	6,6834	0,825
		7,10	7,10	7,0795	0,85
			7,50	7,4989	0,875
	8,00	8,00	8,00	7,9433	0,9
			8,50	8,4140	0,925
		9,00	9,00	8,9125	0,95
			9,50	9,4409	0,975
10,0	10,0	10,0	10,0	10,0000	1,0

Übersicht A-2 (Fortsetzung)

E-Reihen (DIN 41426)

E 6	E 12	E 24
1,0	1,0	1,0
		1,1
	1,2	1,2
		1,3
1,5	1,5	1,5
		1,6
	1,8	1,8
		2,0
2,2	2,2	2,2
		2,4
	2,7	2,7
		3,0
3,3	3,3	3,3
		3,6
	3,9	3,9
		4,3
4,7	4,7	4,7
		5,1
	5,6	5,6
		6,2
6,8	6,8	6,8
		7,5
	8,2	8,2
		9,1
10,0	10,0	10,0

A.2 Reelle Zahlen ($\mathbb{R}$)

Der Aufbau des Zahlensystems geschieht über den Prozeß der Zahlbereichserweiterungen.

Natürliche Zahlen:

$\mathbb{N} := \{1, 2, 3, \ldots\}$, die Menge der natürlichen Zahlen, kann als gegebene (abzählbare) Zahlenmenge vorliegen (aber auch aus abstrakten mengentheoretischen Axiomen gewonnen werden).

In $\mathbb{N}$ gibt es die bekannte Addition und Ordnung ($n < m \Leftrightarrow$ es gibt ein $k \in \mathbb{N}$ mit $m = n + k$).

Die wesentlichste Eigenschaft in $\mathbb{N}$ ist das Prinzip der vollständigen Induktion:

Prinzip der vollständigen Induktion

Für jedes $n \in \mathbb{N}$ seien $A(n)$ (mathematische) Aussagen, für welche zunächst nicht bekannt ist, ob sie wahr oder falsch sind. Dann gilt:

Ist erstens $A(1)$ wahr und zweitens aus $A(n)$ wahr folgt auch $A(n+1)$ wahr, so folgt:

$A(n)$ ist wahr für alle $n \in \mathbb{N}$.

Ganze Zahlen:

$\mathbb{Z} := \{0, \pm 1, \pm 2 \ldots\}$, die Menge der ganzen Zahlen, wird aus $\mathbb{N}$ durch Hinzunahme der Lösungen der Gleichungen $n + x = 0 \Leftrightarrow x = -n$ gewonnen, wobei 0 als neutrales Element der Addition zu $\mathbb{N}$ hinzugenommen wird.

Rationale Zahlen:

$\mathbb{Q} := \{p/q \mid p, q \in \mathbb{Z}, q \neq 0\}$, die Menge der rationalen Zahlen (Brüche), wird aus $\mathbb{Z}$ gewonnen vermöge der Hinzunahme der Lösungen der Gleichungen $qx = p \Leftrightarrow x = p/q$.

Addition, Multiplikation und Ordnung werden von $\mathbb{N}$ bzw. $\mathbb{Z}$ auf $\mathbb{Q}$ übertragen (es entsteht die Bruchrechnung), so ist z. B.

$$\frac{p}{q} + \frac{p'}{q'} = \frac{pq' + p'q}{qq}$$

$$\frac{p}{q} < \frac{p'}{q'} \Leftrightarrow pq' < p'q \quad \text{(für positive } q \text{ und } q')$$

Eine einfache Überlegung zeigt den Zusammenhang zur Dezimaldarstellung:

Jede rationale Zahl p/q besitzt eine periodische Dezimaldarstellung, und umgekehrt kann jede periodische Dezimalzahl als Bruch geschrieben werden:

Beispiele: $0,\overline{3} = \frac{1}{3}$, $0,\overline{9} = 1 \, (!)$,

$1,\overline{27} = 1 + \frac{27}{99} = \frac{126}{99} = \frac{14}{11}$

Reelle Zahlen:

$\mathbb{R} :=$ Menge der rationalen und irrationalen Zahlen, wobei x irrational ist genau dann, wenn x eine nichtperiodische Dezimaldarstellung hat.

Beispiele für Irrationalzahlen:
- $\sqrt{2}$, $\sqrt{3}$, $\sqrt{5}$ (allgemein: alle Zahlen $\sqrt{n}$, wenn $n \in \mathbb{N}$ und falls $\sqrt{n}$ nicht ganzzahlig ist)
- $0{,}123456789101112\ldots$
- π, e (sogenannte transzendente Zahlen, das sind per Def. Zahlen, welche nicht Lösung einer polynomialen Gleichung $a_n x^n + a_{n-1} x^{n-1} + \cdots + a_0 = 0$ mit a_0, a_1, $\ldots$, $a_n \in \mathbb{Z}$ sind (letztere – also Lösungen solcher Gleichungen – heißen algebraisch).

Die meisten reellen Zahlen sind transzendent. Wurzelausdrücke (aus ganzen Zahlen), wie z. B. $\sqrt{2}$, $\sqrt[3]{1 - \sqrt[4]{7}}$ sind dagegen algebraisch.

In $\mathbb{R}$ gibt es die Addition und Multiplikation sowie eine *Totalordnung*:

Für je zwei reelle Zahlen gilt stets $x < y$ oder $x = y$ oder $x > y$.

Dies gestattet die Konstruktion von Intervallen:

$[a, b] := \{x \in \mathbb{R} \mid a \le x \le b\}$,
abgeschlossenes Intervall

$]a, b[:= \{x \in \mathbb{R} \mid a < x < b\}$,
offenes Intervall

$]a, b] := \{x \in \mathbb{R} \mid a < x \le b\}$,
halboffenes Intervall

$[a, \infty[:= \{x \in \mathbb{R} \mid a \le x\}$,
abgeschlossenes Intervall (!)

Satz: Die rationalen Zahlen $\mathbb{Q}$ liegen *dicht* in $\mathbb{R}$; d. h.
1) Zu je zwei reellen Zahlen $a, b \in \mathbb{R}$ (mit $a < b$) gibt es mindestens eine (sogar unendlich viele) rationale Zahl r mit $a < r < b$
2) Sei $a \in \mathbb{R}$, dann gibt es eine Folge rationaler Zahlen x_1, x_2, x_3, $\ldots$ mit $x_n \to a$ bei $n \to \infty$

Schrankenbegriffe

Sei $M \subset \mathbb{R}$ (eine Teilmenge von $\mathbb{R}$). Jedes $b \in \mathbb{R}$, für welches gilt [$x \le b$ für alle $x \in M$], heißt obere Schranke von M. Die kleinste obere Schranke einer Menge M heißt Supremum von M ($\sup M$). Beispiel: $M = \{-\frac{1}{n} \mid n \in \mathbb{N}\}$, dann ist $\sup M = 0$. Beachte, daß das Supremum einer Menge nicht selbst zur Menge gehören muß. Ein weiteres Beispiel

Übersicht A-3. Rechenregeln für Ungleichungen.

Ungleichungen	
allgemein	Beispiele
1) $x < y \Rightarrow x + a < y + a$ $(x, y, a \in \mathbb{R})$	$2x - 4 < 5x + 2$
2) $x < y$ und $a > 0 \Rightarrow xa < ya$	$\Leftrightarrow -6 < 3x$
3) $x < y$ und $a < 0 \Rightarrow xa > ya$	$\Leftrightarrow -2 < x$
4) $x^2 < a^2 \Leftrightarrow -a < x < a$ (für $a > 0$)	
$\quad x^2 > a^2 \Leftrightarrow x < -a$ oder $x > a$ (für $a \ge 0$)	
Beträge	
Für $x \in \mathbb{R}$ definiert man $\lvert x \rvert := \begin{cases} x, & x \ge 0 \\ -x, & x \le 0 \end{cases}$	
1) $\lvert x + y \rvert \le \lvert x \rvert + \lvert y \rvert$	$\lvert x + 2 \rvert > 1$
2) $\lvert ax \rvert = \lvert a \rvert \cdot \lvert x \rvert$	$\Leftrightarrow x + 2 > 1$ oder $(x + 2) < -1$
3) $\lvert x \rvert \le a \Leftrightarrow -a < x < a$	$\Leftrightarrow \quad x > -1$ oder $\quad x < -3$

ist $M = \{\arctan x \mid x \in \mathbb{R}\} \Rightarrow \sup M = \frac{\pi}{2}$. Dagegen gilt für das Maximum einer Menge die Forderung: $a = \max M \Leftrightarrow a$ ist obere Schranke von M und $a \in M$. Ähnlich sind Infimum (größte untere Schranke) und Minimum einer Menge definiert. Man nennt eine Menge $M \in \mathbb{R}$ beschränkt $\Leftrightarrow$ es gibt a, $b \in \mathbb{R}$ mit $M \subset [a, b]$.

Die fundamentalste Eigenschaft von $\mathbb{R}$ ist folgendes Theorem:

Theorem
(Supremumsaxiom und Vollständigkeit)

① Jede beschränkte Menge hat ein Supremum und ein Infimum
② $\mathbb{R}$ ist vollständig, d. h.: jede Cauchy-Folge besitzt einen Grenzwert

Zusatz: Die Aussagen ① und ② sind äquivalent.
Hierbei heißt eine Zahlenfolge $(x_n)_{n \in \mathbb{N}}$ Cauchy-Folge, wenn die Bedingung erfüllt ist:
[Zu jedem $\varepsilon > 0$ gibt es ein N mit der Eigenschaft, daß $|x_m - x_n| < \varepsilon$ ist, sobald $n > N$ und $m > N$ ist].

Mittelwerte

Für $x_1, x_2, \ldots, x_n$ definiert man
1) das arithmetische Mittel:

$$A := \frac{1}{n}(x_1 + \cdots + x_n)$$

2) das geometrische Mittel:

$$G := \sqrt[n]{x_1 \cdots x_n}$$

3) das harmonische Mittel:

$$H := \left[\frac{1}{n}\left(\frac{1}{x_1} + \cdots + \frac{1}{x_n}\right)\right]^{-1}$$

4) das quadratische Mittel:

$$Q := \sqrt{\frac{1}{n}(x_1^2 + \cdots + x_n^2)}$$

Sie gehorchen folgendem Vergleich:

$$H \leq G \leq A \leq Q$$

Anwendungen: A: gewöhnliche, arithmetische Durchschnitte
G: Progressionen, Zuwachsfaktoren, Zinsrechnung
H: Frequenzanalysen
Q: Fehlerrechnung, Regression

A.3 Komplexe Zahlen

Übersicht A-4. Komplexe Zahlen. Darstellungsformen und Rechenoperationen.

komplexe Zahlen	

$j = \sqrt{-1}$

$Z = a + jb$ komplexe Zahl

$|Z| = \sqrt{a^2 + b^2}$ Betrag

$\tan \varphi = \dfrac{b}{a}$ Richtung

$\left(\sin \varphi = \dfrac{b}{|Z|}; \quad \cos \varphi = \dfrac{a}{|Z|}\right)$

$\overline{Z} = a - jb$ konjugiert-komplexe Zahl

$Z \cdot \overline{Z} = (a + jb)(a - jb) = a^2 + b^2 = |Z|^2$

Komplexe Zahl Z
$Z = a + jb = Z(\cos \varphi + j \sin \varphi)$
  ↑   ↑ Imaginärteil
  | Realteil
Eulersche Formel
$e^{j\varphi} = \cos \varphi + j \sin \varphi$
$Z = Z \cdot e^{j\varphi}$

Übersicht A-4 (Fortsetzung)

Darstellungsform	komplex	konjugiert-komplex
Real- und Imaginärteil trigonometrische Form	$Z = a + jb$ $Z = |Z|(\cos\varphi + j\sin\varphi)$	$\bar{Z} = a - jb$ $\bar{Z} = |Z|(\cos\varphi - j\sin\varphi)$
	Eulersche Formel	
	$e^{j\varphi} = \cos\varphi + j\sin\varphi$	$e^{-j\varphi} = \cos\varphi - j\sin\varphi$
Exponential-Form	$Z = |Z|e^{j\varphi}$	$\bar{Z} = |Z|e^{-j\varphi}$
Gleichungen	Gaußsche Zahlenebene	Beispiel

Addition/Subraktion

$Z_1 + Z_2 = (a_1 + a_2) + j(b_1 + b_2)$ $Z_1 - Z_2 = (a_1 - a_2) + j(b_1 - b_2)$ Real- und Imaginärteil müssen getrennt berechnet werden	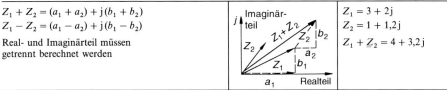	$Z_1 = 3 + 2j$ $Z_2 = 1 + 1{,}2j$ $Z_1 + Z_2 = 4 + 3{,}2j$

Multiplikation/Division

$Z_1 Z_2 = |Z_1||Z_2|(\cos(\varphi_1 + \varphi_2) + j\sin(\varphi_1 + \varphi_2))$ $Z_1 Z_2 = |Z_1||Z_2|e^{j(\varphi_1 + \varphi_2)}$ $|Z_1||Z_2| = \sqrt{(a_1 a_2 - b_1 b_2)^2 + (a_1 b_2 + b_1 a_2)^2}$ $\tan(\varphi_1 + \varphi_2) = \dfrac{a_1 b_2 + b_1 a_2}{a_1 a_2 - b_1 b_2}$	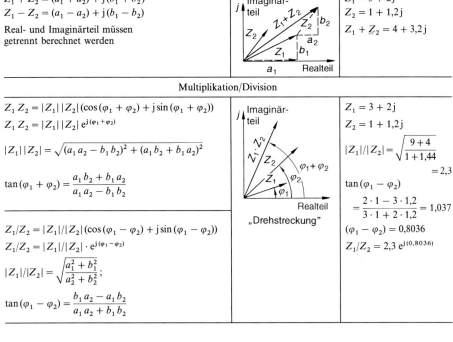 „Drehstreckung"	$Z_1 = 3 + 2j$ $Z_2 = 1 + 1{,}2j$ $|Z_1|/|Z_2| = \sqrt{\dfrac{9+4}{1+1{,}44}}$ $\qquad = 2{,}3$ $\tan(\varphi_1 - \varphi_2)$ $\quad = \dfrac{2\cdot 1 - 3\cdot 1{,}2}{3\cdot 1 + 2\cdot 1{,}2} = 1{,}037$ $(\varphi_1 - \varphi_2) = 0{,}8036$ $Z_1/Z_2 = 2{,}3\, e^{j(0{,}8036)}$
$Z_1/Z_2 = |Z_1|/|Z_2|(\cos(\varphi_1 - \varphi_2) + j\sin(\varphi_1 - \varphi_2))$ $Z_1/Z_2 = |Z_1|/|Z_2| \cdot e^{j(\varphi_1 - \varphi_2)}$ $|Z_1|/|Z_2| = \sqrt{\dfrac{a_1^2 + b_1^2}{a_2^2 + b_2^2}}\,;$ $\tan(\varphi_1 - \varphi_2) = \dfrac{b_1 a_2 - a_1 b_2}{a_1 a_2 + b_1 b_2}$		

Übersicht A-4 (Fortsetzung)

Potenzieren/Wurzelziehen		
$Z^n = \lvert Z^n\rvert (\cos n\varphi + j \sin n\varphi)$ $Z^n = \lvert Z^n\rvert \cdot e^{jn\varphi}$ $\sqrt[n]{Z} = \sqrt[n]{\lvert Z\rvert}\left(\cos\left(\dfrac{\varphi + k\cdot 2\pi}{n}\right) + j\sin\left(\dfrac{\varphi + k\cdot 2\pi}{n}\right)\right)$ $(k = 0,\ \pm 1,\ \pm 2,\ \ldots,\ \pm(n-1))$ $= \sqrt[n]{\lvert Z\rvert}\, e^{j\left(\frac{\varphi + k\cdot 2\pi}{n}\right)}$	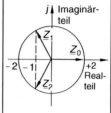	$Z = \sqrt[3]{8}$ Radius $\lvert Z\rvert = \sqrt[3]{8} = 2$ $k = 0$ $\lvert Z_0\rvert = \sqrt[3]{8}\,(\cos(0)$ $+ j\sin(0)) = +2$ $k = 1$ $Z_1 = 2\left(\cos\left(\dfrac{2\pi}{3}\right)\right.$ $\left. + j\sin\left(\dfrac{2\pi}{3}\right)\right)$ $Z_1 = -1 + j\sqrt{3}$ $k = 2$ $Z_2 = 2\left(\cos\left(\dfrac{4\pi}{3}\right)\right.$ $\left. + j\sin\left(\dfrac{4\pi}{3}\right)\right)$ $Z_2 = -1 - j\sqrt{3}$
Differentiation (bzgl. Winkelvariablen)		
$Z = \lvert Z\rvert\, e^{j(\omega t + \varphi)}$ $\dfrac{dZ}{dt} = j\omega\,\lvert Z\rvert\, e^{j(\omega t + \varphi)}$ $\dfrac{dZ}{dt} = j\omega\, Z$ Drehung um $+90°$, Streckung aufs ω-fache	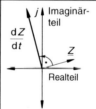	$Z = 3 + 2j$ $Z = 3{,}6\, e^{j(1,57\,t + 33,69)}$ $\dfrac{dZ}{dt} = 1{,}57\, j\, Z$
Integration (bzgl. Winkelvariablen)		
$Z = \lvert Z\rvert\, e^{j(\omega t + \varphi)}$ $\int Z\, dt = \int \lvert Z\rvert\, e^{j(\omega t + \varphi)}\, dt$ $= \lvert Z\rvert\, e^{j\varphi}\int e^{j\omega t}\, dt$ $\int Z\, dt = -\dfrac{j}{\omega}\,\lvert Z\rvert\, e^{j(\omega t + \varphi)}$ $= -\dfrac{j}{\omega}\cdot Z + C$	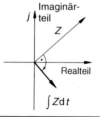	$Z = 3 + 2j$ $Z = \sqrt{13}\, e^{j(1,57\,t + \arctan 2/3)}$ $Z = 3{,}6\, e^{j(1,57\,t + 33,69°)}$ $\int Z\, dt = -\dfrac{j}{1{,}57}\, Z$ $= -0{,}64\, j\, Z$

A.4 Logarithmus und Logarithmengesetze

Ist bei einer Potenzfunktion die Variable im Exponenten (Exponentialfunktion, Abschnitt A.10), kann der Wert der Variablen durch *Logarithmieren* (Logarithmusfunktion, Abschnitt A.10) ermittelt werden.

Übersicht A-5. Logarithmen.

Definition

Exponent

$$b^{x} = a \leftrightarrow x = \log_b a$$

Basis Potenzwert Exponent Basis Potenzwert $(b > 0; b \neq 1;$ x beliebig, reell)

$$3^2 = 9 \qquad 2 = \log_3 9$$

besondere Fälle	
allgemein	Beispiel
$\log_b (b^a) = a$	$\log_3 (3^2) = 2$
$\log_b b = 1$	$\log_3 3 = 1 \ (3^1 = 3)$
$\log_b 1 = 0$	$\log_3 1 = 0 \ (3^0 = 1)$
$b^{\log_b a} = a$	$3^{\log_3 4} = 4$
$e^{\ln a} = a$	$e^{\ln 18} = 18$

Logarithmensysteme	
dekadische Logarithmen	natürliche Logarithmen
Basis 10	Basis e
	$e = \lim\limits_{n \to \infty} \left(1 + \dfrac{1}{n}\right)^n = 2{,}718281 \ldots$
$\log_{10} = \lg$	$\log_e = \ln$
$10^x = a$	$e^x = a$
$x = \lg a$	$x = \ln a$

Umrechnungen	
$\lg a = \dfrac{\ln a}{\ln 10} \approx 0{,}4329 \ln a$	$\ln a = \lg a \ln 10 \approx 2{,}30259 \lg a$

allgemein: $\log_b a = \dfrac{\log_c a}{\log_c b} = \dfrac{\ln a}{\ln b}$

Übersicht A-5 (Fortsetzung)

Logarithmengesetze	
allgemein	Beispiel
$\log_b(ca) = \log_b c + \log_b a$	$\lg(10x) = \lg 10 + \lg x = 1 + \lg x$
$\log_b\left(\dfrac{c}{a}\right) = \log_b c - \log_b a$	$\ln\left(\dfrac{20}{x}\right) = \ln 20 - \ln x$
$\log_b(a^n) = n\log_b a$	$\lg(4^8) = 8 \cdot \lg 4$
$\log_b(\sqrt[n]{a}) = \dfrac{1}{n}\log_b a$	$\ln(\sqrt[3]{18}) = \dfrac{1}{3}\ln 18$

A.5 Trigonometrische Funktionen

Übersicht A-6. Trigonometrische Funktionen.

Definitionen

Rechtwinkliges Dreieck:
Seitenverhältnisse

$$\sin\alpha = \frac{\text{Gegenkathete}}{\text{Hypotenuse}} = \frac{a}{c}$$

$$\cos\alpha = \frac{\text{Ankathete}}{\text{Hypotenuse}} = \frac{b}{c}$$

$$\tan\alpha = \frac{\text{Gegenkathete}}{\text{Ankathete}} = \frac{a}{b}$$

$$\cot\alpha = \frac{\text{Ankathete}}{\text{Gegenkathete}} = \frac{b}{a}$$

Einheitskreis:
Funktion der
Bogenlänge x

$\sin x$: Ordinate von P
$\cos x$: Abszisse von P

$$\tan x = \frac{\sin x}{\cos x}$$

$$\cot x = \frac{1}{\tan x} = \frac{\cos x}{\sin x}$$

$$x = \frac{2\pi}{360°} \cdot \alpha \quad (0 \le x < 2\pi)$$

$x\,(0 \le x < 2\pi)$ ist das
Bogenmaß des Winkels α im
Gradsystem $(0 \le \alpha < 360°)$. Dann ist
$\sin x = \sin\alpha;\ \cos x = \cos\alpha;\ \tan x = \tan\alpha$

Komplemente	Vorzeichen
$\sin\alpha = \cos(90° - \alpha)$	
$\cos\alpha = \sin(90° - \alpha)$	
$\tan\alpha = \cot(90° - \alpha)$	
$\cot\alpha = \tan(90° - \alpha)$	

sin + | sin +
cos - | cos +
tan - | tan +
cot - | cot +

sin - | sin -
cos - | cos +
tan + | tan -
cot + | cot -

Übersicht A-6 (Fortsetzung)

Reduktionsformen						Verlauf	

Reduktionsformen

Winkel \\ Funktion	$-\alpha$	$90°\pm\alpha$	$180°\pm\alpha$	$270°\pm\alpha$	$360°\pm\alpha$
$\sin\alpha$	$-\sin\alpha$	$+\cos\alpha$	$\mp\sin\alpha$	$-\cos\alpha$	$-\sin\alpha$
$\cos\alpha$	$+\cos\alpha$	$\mp\sin\alpha$	$-\cos\alpha$	$\pm\sin\alpha$	$+\cos\alpha$
$\tan\alpha$	$-\tan\alpha$	$\mp\cot\alpha$	$\pm\tan\alpha$	$\mp\cot\alpha$	$-\tan\alpha$
$\cot\alpha$	$-\cot\alpha$	$\mp\tan\alpha$	$\pm\cot\alpha$	$\mp\tan\alpha$	$-\cot\alpha$

Verlauf

Sinus und Kosinus

periodisch in 2π $(360°)$

Tangens und Kotangens in π $(180°)$

Polstellen für Tangens
$+\infty:\ n\dfrac{\pi}{2}$
$-\infty:\ -n\dfrac{\pi}{2}$

Polstellen für Kotangens
$+\infty:\ +0,\ n\pi$
$-\infty:\ -0,-n\pi$

Übersicht A-7. Zusammenhänge und Umwandlungen trigonometrischer Funktionen.

Zusammenhänge zwischen trigonometrischen Funktionen

$$\sin^2\alpha = \cos^2\alpha = 1$$

$$\tan\alpha = \frac{\sin\alpha}{\cos\alpha} = \frac{1}{\cot\alpha}$$

$$\cot\alpha = \frac{\cos\alpha}{\sin\alpha} = \frac{1}{\tan\alpha}$$

$$\tan\alpha\,\cot\alpha = 1$$

$$1 + \tan^2\alpha = \frac{1}{\cos^2\alpha}$$

$$1 = \cot^2\alpha = \frac{1}{\sin^2\alpha}$$

$$\cos\alpha = \frac{1 - \tan^2\left(\dfrac{\alpha}{2}\right)}{1 + \tan^2\left(\dfrac{\alpha}{2}\right)}$$

Umwandlungen

Funktion \\ Funktion	$\sin\alpha$	$\cos\alpha$	$\tan\alpha$	$\cot\alpha$
$\sin\alpha$	–	$\pm\sqrt{1-\cos^2\alpha}$	$\pm\dfrac{\tan\alpha}{\sqrt{1+\tan^2\alpha}}$	$\pm\dfrac{1}{\sqrt{1+\cot^2\alpha}}$
$\cos\alpha$	$\pm\sqrt{1-\sin^2\alpha}$	–	$\pm\dfrac{1}{\sqrt{1+\tan^2\alpha}}$	$\pm\dfrac{\cot\alpha}{\sqrt{1+\cot^2\alpha}}$
$\tan\alpha$	$\pm\dfrac{\sin\alpha}{\sqrt{1-\sin^2\alpha}}$	$\pm\dfrac{\sqrt{1-\cos^2\alpha}}{\cos\alpha}$	–	$\dfrac{1}{\cot\alpha}$
$\cot\alpha$	$\pm\dfrac{\sqrt{1-\sin^2\alpha}}{\sin\alpha}$	$\pm\dfrac{\cos\alpha}{\sqrt{1-\cos^2\alpha}}$	$\dfrac{1}{\tan\alpha}$	–

Übersicht A-8. Winkelbeziehungen trigonometrischer Funktionen.

Addition/Subtraktion

$$\sin(\alpha \pm \beta) = \sin\alpha\cos\beta \pm \cos\alpha\sin\beta$$
$$\cos(\alpha \pm \beta) = \cos\alpha\cos\beta \mp \sin\alpha\sin\beta$$
$$\sin(\alpha + \beta)\sin(\alpha - \beta) = \cos^2\beta - \cos^2\alpha$$
$$\cos(\alpha + \beta)\cos(\alpha - \beta) = \cos^2\beta - \sin^2\alpha$$

$$\tan(\alpha \pm \beta) = \frac{\tan\alpha \pm \tan\beta}{1 \mp \tan\alpha\tan\beta}$$

$$\cot(\alpha \pm \beta) = \frac{\cot\alpha\cot\beta \mp 1}{\cot\beta \pm \cot\alpha}$$

Summen und Differenzen

$$\sin\alpha \pm \sin\beta = 2\sin\frac{\alpha \pm \beta}{2} \cdot \cos\frac{\alpha \mp \beta}{2}$$

$$\cos\alpha + \cos\beta = 2\cos\frac{\alpha + \beta}{2} \cdot \cos\frac{\alpha - \beta}{2}$$

$$\cos\alpha - \cos\beta = -2\sin\frac{\alpha + \beta}{2} \cdot \sin\frac{\alpha - \beta}{2}$$

$$\tan\alpha \pm \tan\beta = \frac{\sin(\alpha \pm \beta)}{\cos\alpha \cdot \cos\beta}$$

$$\cot\alpha \pm \cot\beta = \frac{\sin(\beta \pm \alpha)}{\sin\alpha \cdot \sin\beta}$$

doppelte Winkel

$$\sin 2\alpha = 2\sin\alpha \cdot \cos\alpha$$
$$\cos 2\alpha = \cos^2\alpha - \sin^2\alpha$$
$$\tan 2\alpha = 2/(\cot\alpha - \tan\alpha)$$
$$\cot 2\alpha = (\cot\alpha - \tan\alpha)/2$$
$$\sin 3\alpha = 3\sin\alpha - 4\sin^3\alpha$$
$$\cos 3\alpha = 4\cos^3\alpha - 3\cos\alpha$$

halbe Winkel

$$\sin\frac{\alpha}{2} = \pm\sqrt{\frac{1 - \cos\alpha}{2}}$$

$$\cos\frac{\alpha}{2} = \pm\sqrt{\frac{1 + \cos\alpha}{2}}$$

$$\tan\frac{\alpha}{2} = \pm\sqrt{\frac{1 - \cos\alpha}{1 + \cos\alpha}} = \pm\frac{1 - \cos\alpha}{\sin\alpha} = \pm\frac{\sin\alpha}{1 + \cos\alpha}$$

$$\cot\frac{\alpha}{2} = \pm\sqrt{\frac{1 + \cos\alpha}{1 - \cos\alpha}} = \pm\frac{1 + \cos\alpha}{\sin\alpha} = \pm\frac{\sin\alpha}{1 - \cos\alpha}$$

Übersicht A-8 (Fortsetzung)

Produkte

$$\sin\alpha\sin\beta = \frac{1}{2}[\cos(\alpha - \beta) - \cos(\alpha + \beta)]$$

$$\cos\alpha\cos\beta = \frac{1}{2}[\cos(\alpha - \beta) + \cos(\alpha + \beta)]$$

$$\sin\alpha\cos\beta = \frac{1}{2}[\sin(\alpha + \beta) + \sin(\alpha - \beta)]$$

$$\cos\alpha\sin\beta = \frac{1}{2}[\sin(\alpha + \beta) - \sin(\alpha - \beta)]$$

$$\tan\alpha\tan\beta = \frac{\tan\alpha + \tan\beta}{\cot\alpha + \cot\beta}$$

$$\cot\alpha\cot\beta = \frac{\cot\alpha + \cot\beta}{\tan\alpha + \tan\beta}$$

$$\tan\alpha\cot\beta = \frac{\tan\alpha + \cot\beta}{\cot\alpha + \tan\beta}$$

$$\cot\alpha\tan\beta = \frac{\cot\alpha + \tan\beta}{\tan\alpha + \cot\beta}$$

Potenzen

$$\sin^2\alpha = \frac{1}{2}(1 - \cos 2\alpha)$$

$$\sin^3\alpha = \frac{1}{4}(3\sin\alpha - \sin 3\alpha)$$

$$\cos^2\alpha = \frac{1}{2}(1 + \cos 2\alpha)$$

$$\cos^3\alpha = \frac{1}{4}(3\cos\alpha + \cos 3\alpha)$$

Eulersche Formel

$$y = e^{\pm j\varphi} = \cos\varphi \pm j\sin\varphi$$

$$\sin\varphi = \frac{e^{j\varphi} - e^{-j\varphi}}{2j} \qquad (j = \sqrt{-1})$$

$$\cos\varphi = \frac{e^{j\varphi} + e^{-j\varphi}}{2}$$

$$\tan\varphi = -\frac{j(e^{j\varphi} - e^{-j\varphi})}{e^{j\varphi} + e^{-j\varphi}}$$

$$\cot\varphi = \frac{j(e^{j\varphi} + e^{-j\varphi})}{e^{j\varphi} - e^{-j\varphi}}$$

Übersicht A-8 (Fortsetzung)

Näherungsformeln für kleine Winkel

$\sin x \approx x - \dfrac{x^3}{6}$ (Fehler $< 1\%$ für $\alpha < 58°$)

$\sin x \approx x$ (Fehler $< 1\%$ für $\alpha < 14°$)

$\cos x \approx 1 - \dfrac{x^2}{2}$ (Fehler $< 1\%$ für $\alpha < 37°$)

$\cos x \approx 1$ (Fehler $< 1\%$ für $\alpha < 8°$)

$$\text{wobei } \alpha = \frac{x}{2\pi} \cdot 360°$$

Winkeleinheiten							
Einheit	°	′	″	rad	gon	cgon	mgon
1°	= 1	60	3600	0,017453	1,1111	111,11	1111,11
1′	= 0,016667	1	60	–	0,018518	1,85185	18,5185
1″	= 0,0002778	0,016667	1	–	0,0003086	0,030864	0,30864
1 rad	= 57,2958	3437,75	206265	1	63,662	6366,2	63662
1 gon	= 0,9	54	3240	0,015708	1	100	1000
1 cgon	= 0,009	0,54	32,4	–	0,01	1	10
1 mgon	= 0,0009	0,054	3,24	–	0,001	0,1	1

$1 \text{ rad} = 10^3 \text{ mrad} = 10^6 \text{ µrad}$

$$1 \text{ rad} = \frac{1 \text{ m Bogen}}{1 \text{ m Radius}} = \frac{360°}{2\pi}$$

$$= 57,296° \approx 57,3°$$

$$1 \text{ gon} = \frac{\pi}{200} \text{ rad}$$

$1 \text{ Vollwinkel} = 2\pi \text{ rad} = 6,28318 \text{ rad}$

$$= 360° = 400 \text{ gon}$$

A.6 Analytische Geometrie der Ebene

Übersicht A-9. Koordinatensysteme.

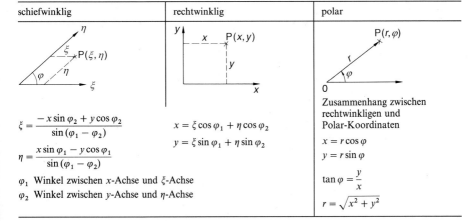

schiefwinklig	rechtwinklig	polar

$\xi = \dfrac{-x \sin \varphi_2 + y \cos \varphi_2}{\sin (\varphi_1 - \varphi_2)}$

$\eta = \dfrac{x \sin \varphi_1 - y \cos \varphi_1}{\sin (\varphi_1 - \varphi_2)}$

φ_1 Winkel zwischen x-Achse und ξ-Achse

φ_2 Winkel zwischen y-Achse und η-Achse

$x = \xi \cos \varphi_1 + \eta \cos \varphi_2$

$y = \xi \sin \varphi_1 + \eta \sin \varphi_2$

Zusammenhang zwischen rechtwinkligen und Polar-Koordinaten

$x = r \cos \varphi$

$y = r \sin \varphi$

$\tan \varphi = \dfrac{y}{x}$

$r = \sqrt{x^2 + y^2}$

Übersicht A-9 (Fortsetzung)

Transformation rechtwinkliger Koordinaten		
Parallelverschiebung	Drehung	Parallelverschiebung und Drehung
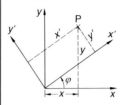	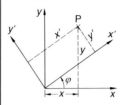	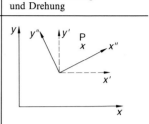
$x' = x - a$ $y' = y - b$ $x = x' + a$ $y = y' + b$	$x' = x\cos\varphi + y\sin\varphi$ $y' = -x\sin\varphi + y\cos\varphi$ $x = x'\cos\varphi - y'\sin\varphi$ $y = x'\sin\varphi + y'\cos\varphi$	$x'' = (x - a)\cos\varphi + (y - b)\sin\varphi$ $y'' = -(x-a)\sin\varphi + (y-b)\cos\varphi$ $x = x''\cos\varphi - y''\sin\varphi + a$ $y = x''\sin\varphi - y''\cos\varphi + b$

Zylinderkoordinaten	Kugelkoordinaten
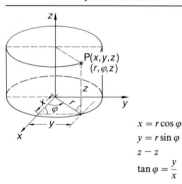 $x = r\cos\varphi$ $y = r\sin\varphi$ $z = z$ $\tan\varphi = \dfrac{y}{x}$	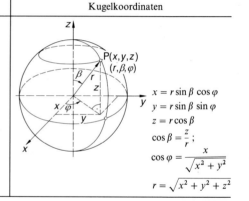 $x = r\sin\beta\cos\varphi$ $y = r\sin\beta\sin\varphi$ $z = r\cos\beta$ $\cos\beta = \dfrac{z}{r}$; $\cos\varphi = \dfrac{x}{\sqrt{x^2 + y^2}}$ $r = \sqrt{x^2 + y^2 + z^2}$

Übersicht A-10. Punkt, Strecke und Dreiecke in der Ebene.

Strecke	
Steigung $\tan\alpha = m = \dfrac{y_2 - y_1}{x_2 - x_1}$ **Entfernung** $\overline{P_1 P_2} = \sqrt{(x_2 - x_1)^2 + (y_2 - y_1)^2}$ $\overline{P_1 P_2} = \sqrt{r_1^2 + r_2^2 - 2r_1 r_2 \cos(\varphi_2 - \varphi_1)}$	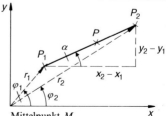
Teilpunkt P $\lambda = \dfrac{\overline{P_1 P}}{\overline{P P_2}}$; $x_P = \dfrac{x_1 + \lambda x_2}{1 + \lambda}$; $y_P = \dfrac{y_1 + \lambda y_2}{1 + \lambda}$ $0 \le \lambda \le 1$	**Mittelpunkt** M $x_M = \dfrac{x_1 + x_2}{2}$; $y_M = \dfrac{y_1 + y_2}{2}$

Übersicht A-10 (Fortsetzung)

Dreieck

Schwerpunkt

$$x_S = \frac{1}{3}(x_1 + x_2 + x_3)$$

$$y_S = \frac{1}{3}(y_1 + y_2 + y_3)$$

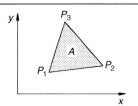

Für Punktmassen m_1, m_2, m_3

$$x_S = \frac{m_1 x_1 + m_2 x_2 + m_3 x_3}{m_1 + m_2 + m_3}$$

$$y_S = \frac{m_1 y_1 + m_2 y_2 + m_3 y_3}{m_1 + m_2 + m_3}$$

Fläche

$$A = \frac{1}{2}[x_1(y_2 - y_3) + x_2(y_3 - y_1) + x_3(y_1 - y_2)]; \text{ mit Determinantenrechnung:}$$

$$A = \frac{1}{2}\begin{vmatrix} x_1 & y_1 & 1 \\ x_2 & y_2 & 1 \\ x_3 & y_3 & 1 \end{vmatrix}$$

Übersicht A-11. Punkt, Strecke und Dreiecke im Raum.

Punkte und Strecken im Raum

Entfernung $\overline{P_1 P_2}$ ($P_1(x_1, y_1, z_1)$; $P_2(x_2, y_2, z_2)$)

$$\overline{P_1 P_2} = \sqrt{(x_1 - x_2)^2 + (y_1 - y_2)^2 + (z_1 - z_2)^2}$$

Teilung von $\overline{P_1 P_2}$ im Verhältnis λ

$$x_P = \frac{x_1 + \lambda x_2}{1 + \lambda}; \quad y_P = \frac{y_1 + \lambda y_2}{1 + \lambda}; \quad z_P = \frac{z_1 + \lambda z_2}{1 + \lambda}$$

$\lambda > 0$ innerer Teilpunkt
$\lambda < 0$ äußerer Teilpunkt

Mittelpunkt M

$$x_M = \frac{x_1 + x_2}{2}; \quad y_M = \frac{y_1 + y_2}{2}; \quad z_M = \frac{z_1 + z_2}{2}$$

Dreiecke im Raum

Schwerpunkt

$$x_S = \frac{x_1 + x_2 + x_3}{3}; \quad y_S = \frac{y_1 + y_2 + y_3}{3};$$

$$z_S = \frac{z_1 + z_2 + z_3}{3}$$

Übersicht A-11 (Fortsetzung)

Dreiecke im Raum

Für Punktmassen m_1, m_2, m_3

$$x_S = \frac{m_1 x_1 + m_2 x_2 + m_3 x_3}{m_1 + m_2 + m_3};$$

$$y_S = \frac{m_1 y_1 + m_2 y_2 + m_3 y_3}{m_1 + m_2 + m_3};$$

$$z_S = \frac{m_1 z_1 + m_2 z_2 + m_3 z_3}{m_1 + m_2 + m_3}$$

Fläche

$$A = \sqrt{A_1^2 + A_2^2 + A_3^2}, \text{ mit}$$

$$A_1 = \frac{1}{2}\begin{vmatrix} y_1 & z_1 & 1 \\ y_2 & z_2 & 1 \\ y_3 & z_3 & 1 \end{vmatrix}; \quad A_2 = \frac{1}{2}\begin{vmatrix} z_1 & x_1 & 1 \\ z_2 & x_2 & 1 \\ z_3 & x_3 & 1 \end{vmatrix}$$

$$A_3 = \frac{1}{2}\begin{vmatrix} x_1 & y_1 & 1 \\ x_2 & y_2 & 1 \\ x_3 & y_3 & 1 \end{vmatrix}$$

Übersicht A-11 (Fortsetzung)

Volumen des Tetraeders $P_1 P_2 P_3 P_4$

(P_1 Spitze)

$$V = \frac{1}{6} \begin{vmatrix} x_1 & y_1 & z_1 & 1 \\ x_2 & y_2 & z_2 & 1 \\ x_3 & y_3 & z_3 & 1 \\ x_4 & y_4 & z_4 & 1 \end{vmatrix}$$

$$= \frac{1}{6} \begin{vmatrix} (x_1 - x_2) & (y_1 - y_2) & (z_1 - z_2) \\ (x_1 - x_3) & (y_1 - y_3) & (z_1 - z_3) \\ (x_1 - x_4) & (y_1 - y_4) & (z_1 - z_4) \end{vmatrix}$$

Übersicht A-12. Gerade in der Ebene.

Zwei-Punkte-Form

$$\frac{y - y_1}{x - x_1} = \frac{y_2 - y_1}{x_2 - x_1};$$

$$\begin{vmatrix} x & y & 1 \\ x_1 & y_1 & 1 \\ x_2 & y_2 & 1 \end{vmatrix} = 0$$

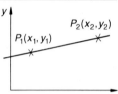

Punkt-Steigungs-Form

$$y - y_1 = m(x - x_1)$$

$$y = m(x - a)$$

$$m = \tan \varphi;$$

$$m = \frac{y_2 - y_1}{x_2 - x_1}$$

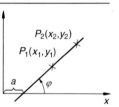

Achsenabschnitts-Form

$$\frac{x}{a} + \frac{y}{b} = 1$$

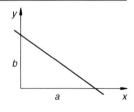

Übersicht A-12 (Fortsetzung)

Normalform

$$y = mx + b$$

$$m = \tan \varphi$$

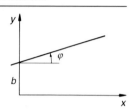

allgemeine Gleichung

$$Ax + By + C = 0$$

(A, B, C sind Konstanten; A und B nicht gleichzeitig null)

Hessesche Normalform

$$x \cos \beta + y \sin \beta - p = 0$$

$$\frac{Ax + By + C}{\pm \sqrt{A^2 + B^2}} = 0$$

+ für: $C < 0$;
− für: $C > 0$

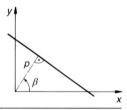

Polarform

$$r = \frac{p}{\cos(\alpha - \varphi)}$$

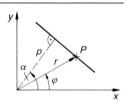

Abstand d des Punktes $P_1(x_1, y_1)$ von der Geraden

$$d = x_1 \cos \beta + y_1 \sin \beta - p$$

$$d = \frac{Ax_1 + By_1 + C}{\pm \sqrt{A^2 + B^2}}$$

$$d = \frac{|y_1 - mx_1 - b|}{\sqrt{1 + m^2}}$$

Übersicht A-12 (Fortsetzung)

Schnittwinkel β zweier Geraden

$$\tan\beta = \frac{m_2 - m_1}{1 + m_1 m_2}$$

$$\tan\beta = \frac{A_1 B_2 - A_2 B_1}{A_1 A_2 + B_1 B_2}$$

$$m_1 = \tan\varphi_1 \, ; \, m_2 = \tan\varphi_2$$

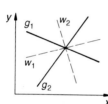

senkrechte Geraden:

$$m_1 m_2 = -1$$
$$A_1 A_2 + B_1 B_2 = 0$$

parallele Geraden:

$$m_1 = m_2$$
$$A_1/A_2 = B_1/B_2$$

Winkelhalbierende zweier Geraden

$$\frac{A_1 x + B_1 y + C_1}{\pm\sqrt{A_1^2 + B_1^2}} \pm \frac{A_2 x + B_2 y + C_2}{\pm\sqrt{A_2^2 + B_2^2}} = 0$$

Hessesche Normalform

$$x(\cos\beta_1 \pm \cos\beta_2) + y(\sin\beta_1 \pm \sin\beta_2) - (p_1 \pm p_2) = 0$$

Übersicht A-13. Gerade im Raum.

Zwei-Punkte-Form

$$\frac{x - x_1}{x_2 - x_1} = \frac{y - y_1}{y_2 - y_1} = \frac{z - z_1}{z_2 - z_1}$$

allgemeine Gleichung

Schnitt zweier beliebiger Ebenen

$$A_1 x + B_1 y + C_1 z + D_1 = 0$$
$$A_2 x + B_2 y + C_2 z + D_2 = 0$$

Winkel zwischen Gerade und Achsen

$$\left.\begin{matrix} E_1 = 0 \\ E_2 = 0 \end{matrix}\right\} \cos\alpha = \frac{1}{N}\begin{vmatrix} B_1 & C_1 \\ B_2 & C_2 \end{vmatrix} \, ; \, \cos\beta = \frac{1}{N}\begin{vmatrix} C_1 & A_1 \\ C_2 & A_2 \end{vmatrix}$$

N: Normalenvektor

$$\cos\gamma = \frac{1}{N}\begin{vmatrix} A_1 & B_1 \\ A_2 & B_2 \end{vmatrix}$$

$$N^2 = \begin{vmatrix} B_1 & C_1 \\ B_2 & C_2 \end{vmatrix}^2 + \begin{vmatrix} C_1 & A_1 \\ C_2 & A_2 \end{vmatrix}^2 + \begin{vmatrix} A_1 & B_1 \\ A_2 & B_2 \end{vmatrix}^2$$

$$\cos^2\alpha + \cos^2\beta + \cos^2\gamma = 1$$

Gerade durch Punkt $P_1(x_1, y_1, z_1)$

$$\frac{x - x_1}{\cos\alpha} = \frac{y - y_1}{\cos\beta} = \frac{z - z_1}{\cos\gamma}$$

in Parameterform:

$$x = x_1 + t\cos\alpha; \quad y = y_1 + t\cos\beta$$
$$z = z_1 + t\cos\gamma$$

Parameterdarstellung

$$x = a_1 t + a_2; \quad y = b_1 t + b_2; \quad z = c_1 t + c_2$$

Schnittwinkel zweier Geraden

$$\cos\beta = \cos\alpha_1 \cos\alpha_2 + \cos\beta_1 \cos\beta_2 + \cos\gamma_1 \cos\gamma_2$$

Übersicht A-14. Ebene.

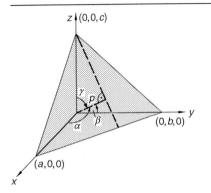

Achsenabschnitts-Form

$$\frac{x}{a} + \frac{y}{b} + \frac{z}{c} = 1$$

Hessesche Normalform

$$x\cos\alpha + y\cos\beta + z\cos\gamma - p = 0$$

α, β, γ Winkel zur x-, y-, z-Achse;
p Länge der Normalen durch den Nullpunkt

allgemeine Gleichung

$E:\ Ax + By + Cz + D = 0$

$$a = -\frac{D}{A}; \quad b = -\frac{D}{B}; \quad c = -\frac{D}{C}$$

$$\cos\alpha = \frac{A}{\sqrt{A^2 + B^2 + C^2}}; \quad \cos\beta = \frac{B}{\sqrt{A^2 + B^2 + C^2}}$$

$$\cos\gamma = \frac{C}{\sqrt{A^2 + B^2 + C^2}}; \quad p = \frac{D}{\sqrt{A^2 + B^2 + C^2}} < 0$$

Ebene durch einen Punkt

$P_1(x_1, y_1, z_1)$ parallel zur Geraden	$P_1(x_1, y_1, z_1)$ senkrecht zur Geraden
$\begin{vmatrix} x-x_1 & y-y_1 & z-z_1 \\ \cos\alpha_1 & \cos\beta_1 & \cos\gamma_1 \\ \cos\alpha_2 & \cos\beta_2 & \cos\gamma_2 \end{vmatrix} = 0$	$(x - x_1)\cos\alpha + $ $+ (y - y_1)\cos\beta + $ $+ (z - z_1)\cos\gamma = 0$

Übersicht A-14 (Fortsetzung)

Ebene durch drei Punkte

$$\begin{vmatrix} x & y & z & 1 \\ x_1 & y_1 & z_1 & 1 \\ x_2 & y_2 & z_2 & 1 \\ x_3 & y_3 & z_3 & 1 \end{vmatrix} = 0; \quad \begin{vmatrix} (x-x_1) & (y-y_1) & (z-z_1) \\ (x_2-x_1) & (y_2-y_1) & (z_2-z_1) \\ (x_3-x_1) & (y_3-y_1) & (z_3-z_1) \end{vmatrix} = 0$$

Abstand eines Punktes von der Ebene

$$d = \frac{Ax_1 + By_1 + Cz_1 + D}{\pm\sqrt{A^2 + B^2 + C^2}}$$

$$d = x_1\cos\alpha + y_1\cos\beta + z_1\cos\gamma - p$$

Winkel δ zweier Ebenen

$$\cos\delta = \frac{A_1 A_2 + B_1 B_2 + C_1 C_2}{\sqrt{A_1^2 + B_1^2 + C_1^2} \cdot \sqrt{A_2^2 + B_2^2 + C_2^2}}$$

Orthogonalität und Parallelität

orthogonal: zwei Ebenen $\perp$

$$A_1 A_2 + B_1 B_2 + C_1 C_2 = 0$$

$$\cos\alpha_1 \cos\alpha_2 + \cos\beta_1 \cos\beta_2 + \cos\gamma_1 \cos\gamma_2 = 0$$

parallel: zwei Ebenen $\parallel$

$$A_1/A_2 = B_1/B_2 = C_1/C_2 \quad \text{oder}$$

$$\cos\alpha_1/\cos\alpha_2 = \cos\beta_1/\cos\beta_2 = \cos\gamma_1/\cos\gamma_2$$

Übersicht A-15. Kreis.

Mittelpunktgleichungen

$(x - x_M)^2 + (y - y_M)^2 = r^2$

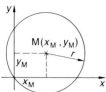

Mittelpunkt im Ursprung   Scheitel-Gleichung

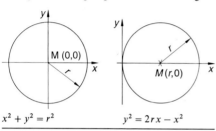

$x^2 + y^2 = r^2$ $y^2 = 2rx - x^2$

---
allgemeine Kreisgleichung

$Ax^2 + Ay^2 + 2Dx + 2Ey + F = 0$

Mittelpunkt M: $(-D/A, -E/A)$

Radius r: $r = \dfrac{1}{A}\sqrt{D^2 + E^2 - AF}$

Parametergleichung

$x = r\cos t + x_M$

$y = r\sin t + y_M$

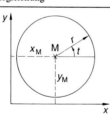

Polarkoordinaten

$\varrho^2 - 2\varrho\varrho_0 \cos(\varphi - \varphi_0) + \varrho_0^2 = r^2$

Übersicht A-15 (Fortsetzung)

Schnittpunkte Gerade und Kreis

Kreis: $x^2 + y^2 = r^2$;   Gerade $y = mx + b$

$x_{1/2} = \dfrac{1}{1+m^2}\left(-mb \pm \sqrt{m^2b^2 + (r^2 - b^2)(1 + m^2)}\right)$

Diskriminante $D = r^2(1 + m^2) - b^2$

für $D > 0$:   2 Schnittpunkte
$D = 0$:   1 Schnittpunkt
$D < 0$:   kein Schnittpunkt

Tangente und Normale

Kreis: $x^2 + y^2 = r^2$

Tangente: $xx_P + yy_P = r^2$

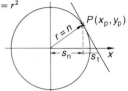

Steigung: $m_t = -\dfrac{x_P}{y_P}$

Länge: $t = \left|\dfrac{r\,y_P}{x_P}\right|$

Subtangente: $s_t = \left|\dfrac{y_P^2}{x_P}\right|$

Normale
$yx_P - xy_P = 0$

Steigung $m_n = \dfrac{y_P}{x_P}$;   Länge $n = r$;

Subnormale $s_n = x_P$

Winkel im Kreis

Mittelpunktwinkel $\hat{=}$ doppelter Umfangswinkel

$\quad \alpha = 2\gamma$;

$360° - \alpha = 2\delta$

Sehnentangentenwinkel
$\hat{=}$ halbem
Mittelpunktswinkel

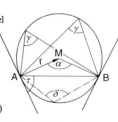

$\tau = \dfrac{1}{2}\alpha$; $\alpha = 2\tau$;

$360° - \alpha = 2(180° - \tau)$

Alle Umfangswinkel sind also gleich groß

Übersicht A-16. Ellipse, Hyperbel, Parabel.

1. Normallage	Ellipse $M(0,0)$	Hyperbel $M(0,0)$
Schaubild		
Kurvengleichung	$\dfrac{x^2}{a^2} + \dfrac{y^2}{b^2} = 1$	$\dfrac{x^2}{a^2} - \dfrac{y^2}{b^2} = 1$
Parametergleichungen	$x = a\cos t$ $\quad$ $y = b\sin t$	$x = \dfrac{a}{\cos t}; \; y = \pm b\tan t$ $\quad$ $x = \pm a\cosh t; \; y = b\sinh t$
Tangente mit Berührpunkt $P_1(x_1, y_1)$	$t: \dfrac{x_1 x}{a^2} + \dfrac{y_1 y}{b^2} = 1$	$t: \dfrac{x_1 x}{a^2} - \dfrac{y_1 y}{b^2} = 1$
Asymptote	–	$y = \pm\dfrac{b}{a} x$
Tangentenbedingung $(y = mx + c)$ $(Ax + By + C = 0)$	$c^2 = a^2 m^2 + b^2$ $a^2 A^2 + b^2 B^2 - C^2 = 0$	$c^2 = a^2 m^2 - b^2$ $a^2 A^2 - b^2 B^2 - C^2 = 0$
Normale im Kurvenpunkt $P_1(x_1, y_1)$	$n: y - y_1 = \dfrac{a^2 y_1}{b^2 x_1}(x - x_1)$	$n: y - y_1 = -\dfrac{a^2 y_1}{b^2 x_1}(x - x_1)$
Exzentrizität	$e = \sqrt{a^2 - b^2}$	$e = \sqrt{a^2 + b^2}$
numerische Exzentrizität	$\varepsilon = \dfrac{e}{a}$	
Fläche	$A = ab\,\pi$	–
Scheitelgleichung (Brennpunkt auf x-Achse)	$y^2 = 2px - \dfrac{p}{a}x^2$	$y^2 = 2px + \dfrac{p}{a}x^2$

2. Achsen parallel zu Koordinatenachsen $M(x_0, y_0)$		
Kurvengleichung	$\dfrac{(x - x_0)^2}{a^2} + \dfrac{(y - y_0)^2}{b^2} = 1$	$\dfrac{(x - x_0)^2}{a^2} - \dfrac{(y - y_0)^2}{b^2} = 1$
Tangente mit Berührpunkt $P_1(x_1, y_1)$	$\dfrac{(x - x_0)(x_1 - x_0)}{a^2}$ $+ \dfrac{(y - y_0)(y_1 - y_0)}{b^2} = 1$	$\dfrac{(x - x_0)(x_1 - x_0)}{a^2}$ $- \dfrac{(y - y_0)(y_1 - y_0)}{b^2} = 1$
Tangentenbedingung	$Ax + By + C = 0$ für: $A^2 a^2 + B^2 b^2$ $- (Ax_0 + By_0 + C)^2 = 0$	$Ax + By + C = 0$ für: $A^2 a^2 - B^2 b^2$ $- (Ax_0 + By_0 + C)^2 = 0$

Übersicht A-16 (Fortsetzung)

Parabel mit $S(0,0)$

$y^2 = 2px; \quad y^2 = -2px$

$x^2 = 2py; \quad x^2 = -2py$

Tangente in P_1 (für $y^2 = 2px$)

$yy_1 = p(x + x_1)$

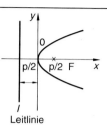

Tangentenbedingung für $y = mx + c$

$p = 2cm$

Parametergleichung

$x = t^2; \quad y = \pm ct$

Leitlinie

Parabel mit Scheitel $S(x_S, y_S)$

Parabelachse parallel x-Achse	Parabelachse parallel y-Achse
 $p > 0$:  $p < 0$:	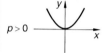 $p > 0$ 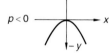 $p < 0$

Kurvengleichung

$(y - y_S)^2 = \pm 2p(x - x_S)$	$(x - x_S)^2 = \pm 2p(y - y_S)$

Tangente in $P_1(x_1, y_1)$

$(y_1 - y_S)(y - y_S) = \pm p(x + x_1 - 2x_S)$	$(x_1 - x_S)(x - x_S) = \pm p(y + y_1 - 2y_S)$

Tangentenbedingung: $Ax + By + C = 0$

für: $\pm pB^2 - 2A(Ax_S + By_S + C) = 0$	für: $\pm pA^2 - 2B(Ax_S + By_S + C) = 0$

allgemeine Form der Kegelschnitt-Gleichungen

Scheitelgleichung: $y^2 = 2px - (1 - \varepsilon^2)x^2$ $\left.\begin{array}{l}\varepsilon < 1: \\ \varepsilon > 1: \\ \varepsilon = 1:\end{array}\right.$ Ellipse / Hyperbel / Parabel

Polargleichung: $r = \dfrac{p}{1 - \varepsilon \cos\varphi}$

allgemeine Gleichung: $Ax^2 + By^2 + Cx + Dy + E = 0$

Ellipse: $AB > 0$ $(A = B:$ Kreis$)$

Hyperbel: $AB < 0$

Parabel (Achse parallel x-Achse):

$A = 0$ und $BC \neq 0$

Parabel (Achse parallel y-Achse):

$B = 0$ und $AD \neq 0$

beliebige Lage: $Ax^2 + 2Bxy + Cy^2 + 2Dx + 2Ey + F = 0$ $(A^2 + B^2 + C^2 > 0)$

Drehwinkel α: $\tan(2\alpha) = \dfrac{2B}{A - C}$ $(A \neq C)$

A.7 Geometrische Sätze

Übersicht A-17. Sätze in der Geometrie.

rechtwinkliges Dreieck		
Satz des Pythagoras	$c^2 = a^2 + b^2$	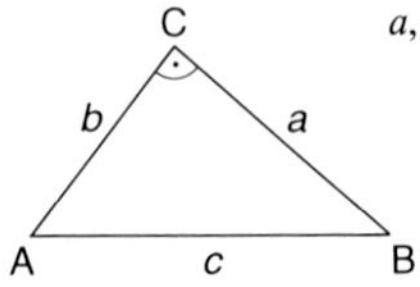 a, b Katheten c Hypothenose
Kathetensatz	$a^2 = cp$ $b^2 = cq$ 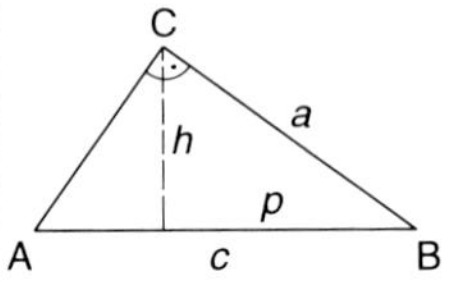 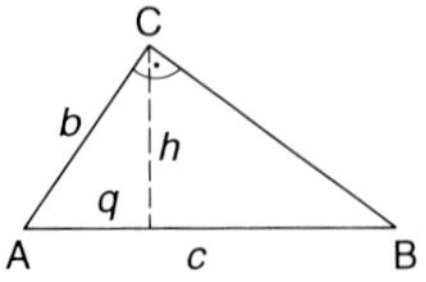	
Höhensatz	$h^2 = pq$	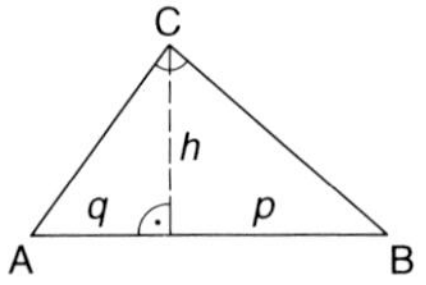
Strahlensätze wenn $AB \parallel A'B'$, dann gilt	1. $\overline{SA} : \overline{SA'} = \overline{SB} : \overline{SB'}$ $\overline{SA} : \overline{AA'} = \overline{SB} : \overline{BB'}$ 2. $\overline{AB} : \overline{A'B'} = \overline{SA} : \overline{SA'}$	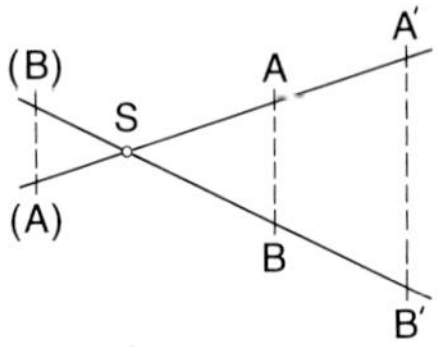

Übersicht A-17 (Fortsetzung)

	allgemeine Dreiecke	
Sinussatz findet Anwendung, wenn eine Seite, der gegenüberliegende Winkel und eine zweite Seite oder ein zweiter Winkel gegeben sind	$\dfrac{a}{b} = \dfrac{\sin\alpha}{\sin\beta}$; $\dfrac{b}{c} = \dfrac{\sin\beta}{\sin\gamma}$ $a:b:c = \sin\alpha : \sin\beta : \sin\gamma$	
Kosinussatz findet Anwendung, wenn drei Seiten bzw. zwei Seiten und der eingeschlossene Winkel bekannt sind	$a^2 = b^2 + c^2 - 2bc\cos\alpha$ $b^2 = a^2 + c^2 - 2ac\cos\beta$ $c^2 = a^2 + b^2 - 2ab\cos\gamma$	

	Geometrie am Kreis	
Sekanten-Tangenten-Satz	$\overline{PA} \cdot \overline{PB} = \overline{PA'} \cdot \overline{PB'} = \overline{PT}^2$	
Sehnen-Halbsehnen-Satz	$\overline{PA} \cdot \overline{PB} = \overline{PA'} \cdot \overline{PB'} = \overline{PS}^2$	

A.8 Flächen und Körper

Übersicht A-18. Inhalt von Flächen.

Art der Fläche	Flächeninhalt A
Dreieck	$A = \dfrac{ah}{2}$
Trapez	$A = \dfrac{a+b}{2}\,h$
Parallelogramm	$A = ah = ab\sin\gamma$
Kreis	$A = \dfrac{\pi d^2}{4} = \pi r^2$ Umfang $U = \pi d = 2\pi r$
Kreisring	$A = \dfrac{\pi}{4}(D^2 - d^2) = \dfrac{\pi}{2}(D+d)\,b$
Kreisausschnitt	$A = \dfrac{\pi r^2 \alpha}{360°}$ (Gradmaß) $A = r^2\dfrac{\varphi}{2}$ (Bogenmaß) Bogenlänge $l = \dfrac{\pi r \alpha}{180°}$ (Gradmaß) $l = r\varphi$ (Bogenmaß)
Kreisabschnitt	$A = \dfrac{r^2}{2}(\varphi - \sin\varphi) \approx hs\left[\,^2/_3 + \,^1/_2\left(\dfrac{h}{s}\right)^2\right]$ Sehnenlänge $s = 2r\sin\dfrac{\varphi}{2}$ Bogenhöhe $h = r\left(1 - \cos\dfrac{\varphi}{2}\right) = \dfrac{s}{2}\tan\dfrac{\varphi}{4} = 2r\sin^2\dfrac{\varphi}{4}$
Sechseck	$A = \dfrac{\sqrt{3}}{2}s^2$ Eckenmaß $e = \dfrac{2s}{\sqrt{3}}$

Übersicht A-18 (Fortsetzung)

Art der Fläche	Flächeninhalt A
Ellipse	$A = \dfrac{\pi}{4} D \cdot d = a \cdot b \cdot \pi$ Umfang $U \approx 0,75\,\pi\,(D + d) - 0,5\,\pi\sqrt{D\,d}$
1. Guldinsche Regel	Rotation der ebenen Kurve C um die x-Achse ergibt einen (räumlichen) Rotationskörper. Dessen Mantelfläche habe den Flächeninhalt A. Es sei L die Länge von C, und $S \in \mathbb{R}^2$ sei der Schwerpunkt von C mit dem Abstand r_s von der Drehachse. Dann ist $A = \underbrace{2\,\pi\,r_s}\,\cdot L.$ Weg des Schwerpunktes bei Rotation

Übersicht A-19. Inhalt und Oberfläche von Körpern.

Art des Körpers	Inhalt V, Oberfläche S, Mantelfläche M
Kreiszylinder	$V = \dfrac{\pi d^2}{4}\,h$ $M = \pi d h;\quad S = \pi d\,(d/2 + h)$
Pyramide	$V = \dfrac{1}{3}\,A\,h$
Kreiskegel	$V = \dfrac{\pi d^2 h}{12}$ $M = \dfrac{\pi d s}{2} = \pi r s = \pi r \sqrt{r^2 + h^2}$
Kegelstumpf	$V = \dfrac{\pi h}{12}\,(D^2 + D d + d^2)$ $M = \dfrac{\pi (D + d) s}{2} \qquad s = \sqrt{\dfrac{(D - d)^2}{4} + h^2}$
Kugel	$V = \dfrac{\pi d^3}{6}$ $S = \pi d^2$
Kugelabschnitt (Kalotte)	$V = \dfrac{\pi h}{6}\,(3 a^2 + h^2) = \dfrac{\pi h^2}{3}\,(3 r - h)$ $M = 2 \pi r h = \pi\,(a^2 + h^2)$

Übersicht A-19 (Fortsetzung)

Art des Körpers	Inhalt V, Oberfläche S, Mantelfläche M
Kugelausschnitt (Kugelsektor)	$V = \dfrac{2\pi r^2 h}{3}$ $S = \pi r(2h + a)$
Kugelzone r Kugelhalbmesser	$V = \dfrac{\pi h}{6}(3a^2 + 3b^2 + h^2)$ $M = 2\pi r h$
zylindrischer Ring	$V = \dfrac{\pi^2}{4}Dd^2 = 2\pi R \cdot \pi r^2$ $S = \pi^2 Dd = 2\pi R \cdot 2\pi r$
Ellipsoid d_1, d_2, d_3 Länge der Achsen	$V = \dfrac{\pi}{6}d_1 d_2 d_3$
kreisrundes Faß D Durchmesser am Spund d Durchmesser am Boden h Abstand der Böden	$V \approx \dfrac{\pi h}{12}(2D^2 + d^2)$
2. Guldinsche Regel	Wird ein ebenes Flächenstück (Inhalt A) (welches in $y > 0$ liegen möge) um die x-Achse rotiert, so entsteht ein Rotationskörper (Torus) reifenähnlicher Art. Sei S der Flächenschwerpunkt und r_s dessen y-Koordinate (d.h. Abstand vom Flächenschwerpunkt zur Drehachse). Dann gilt für das Volumen V des Rotationskörpers $V = \underbrace{2\pi r_s} \cdot A$ Weg des Schwerpunktes bei Rotation

A.9 Vektorrechnung

Übersicht A-20. Vektordarstellung und Gerade.

Vektordarstellung

$r = x_1 e_x + y_1 e_y + z_1 e_z$

e Einheitsvektor

x_1, y_1, z_1 Komponenten des Vektors

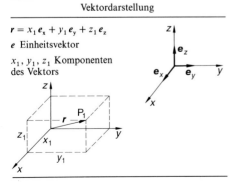

Übersicht A-20 (Fortsetzung)

Vektordarstellung

Schreibweise als Zeilen- oder Spaltenvektor:

$$r = (x_1, y_1, z_1) \quad \text{oder} \quad r = \begin{pmatrix} x_1 \\ y_1 \\ z_1 \end{pmatrix}$$

Betrag $|r| = \sqrt{x_1^2 + y_1^2 + z_1^2}$

Winkel $\cos(r, x) = \dfrac{x_1}{|r|}; \quad \cos(r, y) = \dfrac{y_1}{|r|};$

$$\cos(r, z) = \dfrac{z_1}{|r|};$$

$$\cos^2(r, x) + \cos^2(r, y) + \cos^2(r, z) = 1$$

Übersicht A-20 (Fortsetzung)

Winkel und Abhängigkeiten zwischen zwei Vektoren

$r_1 = (x_1, y_1, z_1); \quad r_2 = (x_2, y_2, z_2)$

$$\cos \varphi = \frac{x_1 x_2 + y_1 y_2 + z_1 z_2}{\sqrt{x_1^2 + y_1^2 + z_1^2} \cdot \sqrt{x_2^2 + y_2^2 + z_2^2}}$$

orthogonal: $\quad x_1 x_2 + y_1 y_2 + z_1 z_2 = 0$

linear abhängig: $u r_1 + v r_2 = 0 \quad$ oder

$\qquad u x_1 + v x_2 = 0; \quad u y_1 + v y_2 = 0;$

$\qquad u z_1 + v z_2 = 0 \quad (u, v \neq 0)$

Entfernung und Teilung

Entfernung: $\quad d = r_2 - r_1$

Länge:

$|d| = |r_2 - r_1|$

$|d| = \sqrt{(r_2 - r_1) \cdot (r_2 - r_1)}$

Teilung im Verhältnis λ:

$r_T = \dfrac{r_1 + \lambda r_2}{1 + \lambda}$

$\lambda = 1$: Mittelpunkt
der Strecke

$r_M = \dfrac{r_1 + r_2}{2}$

Übersicht A-20 (Fortsetzung)

Gerade g

Punkt-Steigungs-Form:

$r = r_1 + \lambda a$

Zwei-Punkte-Form:

$r = r_1 + \lambda (r_2 - r_1)$

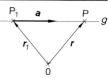

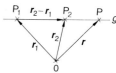

Schnitt zweier Ebenen:

$A_1 x + B_1 y + C_1 z + D_1 = 0 \quad$ und

$A_2 x + B_2 y + C_2 z + D_2 = 0$

Übersicht A-21. Multiplikation von Vektoren.

skalares Produkt	Vektorprodukt
Multiplikation zweier Vektoren, so daß Ergebnis ein Skalar.	Multiplikation zweier Vektoren, so daß Ergebnis ein Vektor.
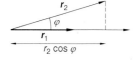	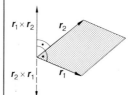 (Hinweis: dreidimensionaler Raum muß orientiert sein; Darstellung gilt für rechtshändige kartesische Orthogonalsysteme)
$r_1 r_2 = |r_1| |r_2| \cdot \cos(r_1, r_2)$	Betrag: $|r_1 \times r_2| = |r_1| |r_2| \cdot \sin(r_1, r_2)$ Richtung: senkrecht zur Ebene, welche die Vektoren r_1 und r_2 aufspannen
Skalarprodukt $= 0$: orthogonal $(r_1 r_2) = 0$ $x_1 x_2 + y_1 y_2 + z_1 z_2 = 0$	Vektorprodukt $= 0$: parallel $r_1 \times r_2 = 0$

Übersicht A-21 (Fortsetzung)

Komponentendarstellung

$$r_1 = x_1 e_x + y_1 e_y + z_1 e_z$$
$$r_2 = x_2 e_x + y_2 e_y + z_2 e_z$$

$(r_1 r_2) = \boxed{x_1 x_2 e_x^2} + x_1 y_2 e_x e_y + x_1 z_2 e_x e_z$

$\qquad + y_1 x_2 e_y e_x + \boxed{y_1 y_2 e_y^2} + y_1 z_2 e_y e_z$

$\qquad + z_1 x_2 e_z e_x + z_1 y_2 e_z e_y + \boxed{z_1 z_2 e_z^2}$

alle $e_x e_y,\ e_x e_z,\ e_y e_z = 0$,
da senkrecht aufeinander

$(r_1 r_2) = x_1 x_2 + y_1 y_2 + z_1 z_2$

$r_1 \times r_2 =$

$x_1 x_2 \underbrace{[e_x \times e_x]}_{=\,0} + x_1 y_2 \underbrace{[e_x \times e_y]}_{e_z} + x_1 z_2 \underbrace{[e_x \times e_z]}_{-\,e_y}$

$+ y_1 x_2 \underbrace{[e_y \times e_x]}_{-\,e_z} + y_1 y_2 \underbrace{[e_y \times e_y]}_{=\,0} + y_1 z_2 \underbrace{[e_y \times e_z]}_{-\,e_x}$

$+ z_1 x_2 \underbrace{[e_z \times e_x]}_{e_y} + z_1 y_2 \underbrace{[e_z \times e_y]}_{-\,e_x} + z_1 z_2 \underbrace{[e_z \times e_z]}_{=\,0}$

$r_1 \times r_2 = \quad (y_1 z_2 - z_1 y_2) \cdot e_x$
$\qquad\qquad - (x_1 z_2 - z_1 x_2) \cdot e_y$
$\qquad\qquad + (x_1 y_2 - y_1 x_2) \cdot e_z$

Matrizen- und Determinantenschreibweise

$r_1 r_2 = (x_1\ y_1\ z_1) \begin{pmatrix} x_2 \\ y_2 \\ z_2 \end{pmatrix}$

$\quad = x_1 x_2 + y_1 y_2 + z_1 z_2$

$r_1 \times r_2 = \begin{vmatrix} e_x & e_y & e_z \\ x_1 & y_1 & z_1 \\ x_2 & y_2 & z_2 \end{vmatrix}$

$\quad = (y_1 z_2 - z_1 y_2) e_x$
$\qquad - (x_1 z_2 - z_1 x_2) e_y$
$\qquad + (x_1 y_2 - y_1 x_2) e_z$

Übersicht A-21 (Fortsetzung)

Beispiele

Arbeit $W = Fs$	Drehmoment $M = r \times F$
(konstante Kraft F)	$M = \|r\| \cdot \|F\| \cdot \sin(r, F)$
$W = \|F\|\|s\| \cos(F, s)$	da $r \sin(r, F) = d$
$F = F_x e_x + F_y e_y + F_z e_z$	$M = Fd$
$s = s_x e_x + s_y e_y + s_z e_z$	
$Fs = (F_x F_y F_z) \begin{pmatrix} s_x \\ s_y \\ s_z \end{pmatrix}$	$M = \begin{vmatrix} e_x & e_y & e_z \\ r_x & r_y & r_z \\ F_x & F_y & F_z \end{vmatrix}$
$= F_x s_x + F_y s_y + F_z s_z$	
$F = (3, -2, 4)\,\text{N}$	$\begin{aligned} M = &(r_y F_z - r_z F_y)\, e_x \\ &- (r_x F_z - r_z F_x)\, e_y \\ &+ (r_x F_y - r_y F_x)\, e_z \end{aligned}$
$s = (1, 2, -3)\,\text{m}$	$r = (1, -1, 3)\,\text{m}$
$W = (3 \;\; -2 \;\; 4)\,\text{N} \begin{pmatrix} 1 \\ 2 \\ -3 \end{pmatrix}\text{m}$	$F = (2, 3, -1)\,\text{N}$
$= 3\,\text{Nm} - 4\,\text{Nm} - 12\,\text{Nm}$	$M = \begin{vmatrix} e_x & e_y & e_z \\ 1 & -1 & 3 \\ 2 & 3 & -1 \end{vmatrix} \begin{matrix} \\ \text{m} \\ \text{N} \end{matrix}$
$W = -13\,\text{Nm}$	
	$\begin{aligned} M = &(1\,\text{Nm} - 9\,\text{Nm})\, e_x - (-1\,\text{Nm} - 6\,\text{Nm})\, e_y \\ &+ (3\,\text{Nm} + 2\,\text{Nm})\, e_z \end{aligned}$
	$\begin{aligned} M = &-8\, e_x\,\text{Nm} + 7\, e_y\,\text{Nm} \\ &+ 5\, e_z\,\text{Nm} \end{aligned}$
	$M = (-8, 7, 5)\,\text{Nm}$

A.10 Funktionen

Übersicht A-22. Übersicht über Funktionen.

lineare Funktion

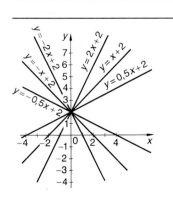

$y = a_1 x + a_0$: Geradengleichung

a_0 Achsenabschnitt (y-Achse)

a_1 Steigung; $m = \tan \alpha$

$a_1 > 0$: positive Steigung

$a_1 < 0$: negative Steigung

Übersicht A-22 (Fortsetzung)

<hr>

quadratische Funktion

<hr>

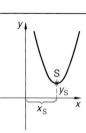

$y = a_2 x^2 + a_1 x + a_0$:   quadratische Parabel

$a_2 > 0$: nach oben offen   (Achse parallel zur y-Achse)

$a_2 < 0$: nach unten offen

$|a_2| < 1$: Parabel flach; $|a_2| > 1$: Parabel steil; $|a_2| = 1$

Normalparabel

Scheitel $S\left(-\dfrac{a_1}{2a_2}; \; -\dfrac{a_1^2}{4a_2} + a_0 \right)$

$y = x^2 + px + q$: Normalform ($a_2 = 1$)

$$S\left(-\frac{p}{2}; \; -\left[\left(\frac{p}{2} \right)^2 - q \right] \right)$$

<hr>

Funktion 3. Grades

<hr>

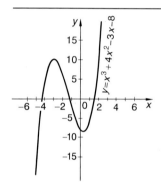

$y = a_3 x^3 + a_2 x^2 + a_1 x + a_0$

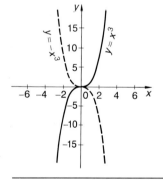

Sonderfall: kubische Normalparabel

$y = x^3$

$y = -x^3$

Übersicht A-22 (Fortsetzung)

---

gerade Potenzfunktionen mit positivem Exponenten

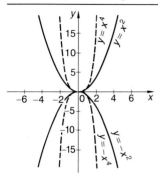

$y = x^{2n} \quad (n \in N)$
(nach oben geöffnet)

$y = -x^{2n} \quad (n \in N)$
(nach unten geöffnet)

---

gerade Potenzfunktionen mit negativem Exponenten

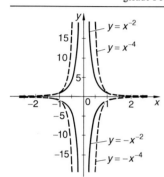

$y = x^{-2n} \quad (n \in N)$
(1. und 2. Quadrant)

$y = -x^{-2n} \quad (n \in N)$
(3. und 4. Quadrant)

---

ungerade Potenzfunktionen mit positivem Exponenten

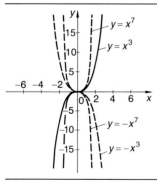

$y = x^{2n+1} \quad (n \in N)$
(1. und 3. Quadrant)

$y = -x^{2n+1} \quad (n \in N)$
(2. und 4. Quadrant)

Übersicht A-22 (Fortsetzung)

ungerade Potenzfunktionen mit negativem Exponenten

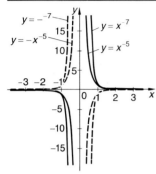

$y = x^{-(2n+1)}$ $(n \in N)$
(1. und 3. Quadrant; symmetrisch zu 0)

$y = -x^{-(2n+1)}$ $(n \in N)$
(2. und 4. Quadrant; symmetrisch zu 0)

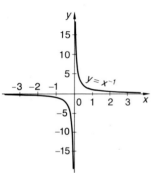

Sonderfall: gleichseitige Hyperbel

$$y = \frac{1}{x} = x^{-1}$$

ungerade Wurzelfunktionen

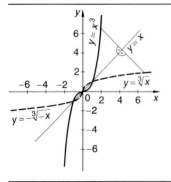

$y = \sqrt[2n-1]{x}$ für $x \geq 0$

$y = -\sqrt[2n-1]{-x}$ für $x < 0$

Übersicht A-22 (Fortsetzung)

gerade Wurzelfunktionen

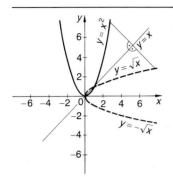

$$y = \sqrt[2n]{x} \quad \text{oder} \quad y = -\sqrt[2n]{x}$$

Exponentialfunktionen

für $a > 1$

$y = a^x$

(für $a > 0$): alle Kurven durch $P(0, 1)$)

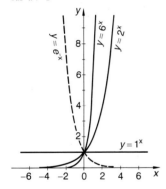

für $0 < a < 1$

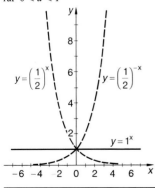

Übersicht A-22 (Fortsetzung)

Logarithmusfunktion

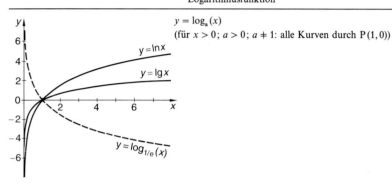

$y = \log_a (x)$

(für $x > 0$; $a > 0$; $a \neq 1$: alle Kurven durch $P(1,0)$)

trigonometrische Funktionen

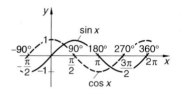

$y = \sin x$

$y = \cos x$

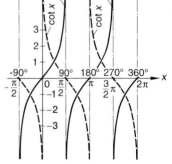

$y = \tan x$

$y = \cot x$

Übersicht A-22 (Fortsetzung)

Arcusfunktionen

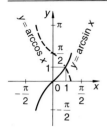 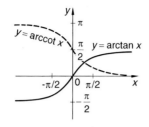

Zusammenhänge	Zusammenhang mit Logarithmus
$\arcsin(x) = \dfrac{\pi}{2} - \arccos(x) = \arctan\left(\dfrac{x}{\sqrt{1-x^2}}\right)$	$\arcsin(x) = -\mathrm{j}\ln(x\mathrm{j} + \sqrt{1-x^2})$
$\arccos(x) = \dfrac{\pi}{2} - \arcsin(x) = \operatorname{arccot}\left(\dfrac{x}{\sqrt{1-x^2}}\right)$	$\arccos(x) = -\mathrm{j}\ln(x + \sqrt{x^2-1})$
$\arctan(x) = \dfrac{\pi}{2} - \operatorname{arccot}(x) = \arcsin\left(\dfrac{x}{\sqrt{1+x^2}}\right)$	$\arctan(x) = \dfrac{1}{2\mathrm{j}}\ln\left(\dfrac{1+\mathrm{j}x}{1-\mathrm{j}x}\right)$
$\operatorname{arccot}(x) = \dfrac{\pi}{2} - \arctan(x) = \arccos\left(\dfrac{x}{\sqrt{1+x^2}}\right)$	$\operatorname{arccot}(x) = -\dfrac{1}{2\mathrm{j}}\ln\left(\dfrac{\mathrm{j}x+1}{\mathrm{j}x-1}\right)$

Symmetrien

$\arcsin(-x) = -\arcsin(x)$; $\arccos(-x) = \pi - \arccos(x)$;

$\arctan(-x) = -\arctan(x)$; $\operatorname{arccot}(-x) = \pi - \operatorname{arccot}(x)$

Hyperbelfunktionen

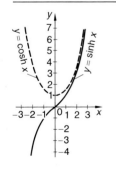

Umwandlungen	
$\sinh(x) \pm \cosh(x) = \pm e^{\pm x}$	$\sinh(0) = 0$
$\cosh^2(x) - \sinh^2(x) = 1$	$\cosh(0) = 1$
$\tanh(x) = \dfrac{\sinh(x)}{\cosh(x)} = \dfrac{e^x - e^{-x}}{e^x + e^{-x}}$	$\tanh(0) = 0$
$\coth(x) = \dfrac{1}{\tanh(x)} = \dfrac{e^x + e^{-x}}{e^x - e^{-x}}$	
$1 - \tanh^2(x) = \dfrac{1}{\cosh^2(x)}$	$\coth(0) = \pm\infty$
$\coth^2(x) - 1 = \dfrac{1}{\sinh^2(x)}$	

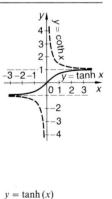

$y = \sinh(x)$
$y = \cosh(x)$

$y = \tanh(x)$
$y = \coth(x)$

Übersicht A-22 (Fortsetzung)

Areafunktionen

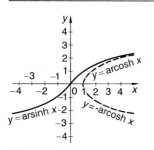 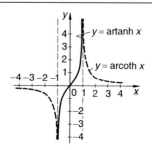

Übersicht A-23. Zusammenhänge bei Hyperbelfunktionen.

Hyperbelfunktionen

$$\sinh(x) = \frac{e^x - e^{-x}}{2}; \quad \cosh(x) = \frac{e^x + e^{-x}}{2}$$

$$\tanh(x) = \frac{e^x - e^{-x}}{e^x + e^{-x}}; \quad \coth(x) = \frac{e^x + e^{-x}}{e^x - e^{-x}}$$

Symmetrien

$$\sinh(-x) = -\sinh(x); \quad \cosh(-x) = \cosh(x)$$

$$\tanh(-x) = -\tanh(x); \quad \coth(-x) = -\coth(x)$$

Zusammenhänge

$$\sinh(x) + \cosh(x) = e^x; \quad \sinh(x) - \cosh(x) = -e^{-x}$$

$$\cosh^2(x) - \sinh^2(x) = 1$$

$$\tanh(x) = \frac{\sinh(x)}{\cosh(x)}; \quad \coth(x) = \frac{\cosh(x)}{\sinh(x)}$$

$$\coth(x) = \frac{1}{\tanh(x)}; \quad e^x = \frac{1 + \tanh\left(\frac{x}{2}\right)}{1 - \tanh\left(\frac{x}{2}\right)}$$

$$1 - \tanh^2(x) = \frac{1}{\cosh^2(x)}; \quad \coth^2(x) - 1 = \frac{1}{\sinh^2(x)}$$

Übersicht A-23 (Fortsetzung)

Umrechnungen				

Funktion \ Funktion	$\sinh(x)$	$\cosh(x)$	$\tanh(x)$	$\coth(x)$
$\sinh(x)$	–	$\pm\sqrt{\cosh^2(x)-1}$	$\dfrac{\tanh(x)}{\sqrt{1-\tanh^2(x)}}$	$\dfrac{1}{\sqrt{\coth^2(x)-1}}$
$\cosh(x)$	$\sqrt{\sinh^2(x)+1}$	–	$\dfrac{1}{\sqrt{1-\tanh^2(x)}}$	$\dfrac{\coth(x)}{\sqrt{\coth^2(x)-1}}$
$\tanh(x)$	$\dfrac{\sinh(x)}{\sqrt{\sinh^2(x)+1}}$	$\dfrac{\sqrt{\cosh^2(x)-1}}{\cosh(x)}$	–	$\dfrac{1}{\coth(x)}$
$\coth(x)$	$\dfrac{\sqrt{\sinh^2(x)+1}}{\sinh(x)}$	$\dfrac{\cosh(x)}{\sqrt{\cosh^2(x)-1}}$	$\dfrac{1}{\tanh(x)}$	–

Übersicht A-24. Zusammenhänge bei Areafunktionen.

Beziehungen zum Logarithmus

$$\operatorname{arsinh}(x) = \ln(x + \sqrt{x^2+1})$$
$$\operatorname{arcosh}(x) = \ln(x \pm \sqrt{x^2-1}) \quad (x \geq 1)$$
$$\operatorname{arsinh}(-x) = -\operatorname{arsinh}(x)$$
$$\operatorname{artanh}(x) = \frac{1}{2}\ln\left(\frac{1+x}{1-x}\right) \quad |x| < 1$$
$$\operatorname{arcoth}(x) = \frac{1}{2}\ln\left(\frac{x+1}{x-1}\right) \quad |x| > 1$$

Symmetrien

$$\operatorname{arcosh}(-x) = \operatorname{arcosh}(x)$$
$$\operatorname{artanh}(-x) = -\operatorname{artanh}(x)$$
$$\operatorname{arcoth}(-x) = -\operatorname{arcoth}(x)$$

Übersicht A-24 (Fortsetzung)

		Umrechnungen		
	arsinh x	arcosh x	artanh x	arcoth x
arsinh x	–	$\pm\,\mathrm{arcosh}\left(\sqrt{x^2+1}\right)$	$\mathrm{artanh}\left(\dfrac{x}{\sqrt{x^2+1}}\right)$	$\mathrm{arcoth}\left(\dfrac{\sqrt{x^2+1}}{x}\right)$
arcosh x $x \geqq 1$	$\mathrm{arsinh}\left(\sqrt{x^2-1}\right)$	–	$\mathrm{artanh}\left(\dfrac{\sqrt{x^2-1}}{x}\right)$	$\mathrm{arcoth}\left(\dfrac{x}{\sqrt{x^2-1}}\right)$
artanh x $|x| < 1$	$\mathrm{arsinh}\left(\dfrac{x}{\sqrt{1-x^2}}\right)$	$\pm\,\mathrm{arcosh}\left(\dfrac{1}{\sqrt{1-x^2}}\right)$	–	$\mathrm{arcoth}\left(\dfrac{1}{x}\right)$
arcoth x $|x| > 1$	$\mathrm{arsinh}\left(\dfrac{1}{\sqrt{x^2-1}}\right)$	$\pm\,\mathrm{arcosh}\left(\dfrac{x}{\sqrt{x^2-1}}\right)$	$\mathrm{artanh}\left(\dfrac{1}{x}\right)$	–

Die oberen Vorzeichen gelten für $x > 0$, die unteren für $x < 0$.

Summen und Differenzen

$$\mathrm{arsinh}\,x \pm \mathrm{arsinh}\,y = \mathrm{arsinh}\left(x\sqrt{1+y^2} \pm y\sqrt{1+x^2}\right)$$

$$\mathrm{arcosh}\,x \pm \mathrm{arcosh}\,y = \mathrm{arcosh}\left(xy \pm \sqrt{(x^2-1)(y^2-1)}\right)$$

$$\mathrm{artanh}\,x \pm \mathrm{artanh}\,y = \mathrm{artanh}\,\frac{x \pm y}{1 \pm xy}$$

$$\mathrm{arcoth}\,x \pm \mathrm{arcoth}\,y = \mathrm{arcoth}\,\frac{1 \pm xy}{x \pm y}$$

Übersicht A-25. Ebene Kurven.

Kreisevolvente

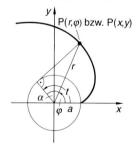

Abwicklung eines gespannten Fadens von einem gegebenen Kreis (Radius a)

$$x = a(\cos t + t \sin t)$$
$$y = a(\sin t - t \cos t)$$

Polarkoordinaten:

$$r = \frac{a}{\cos \alpha} = \frac{a}{\sqrt{1+t^2}}$$

$$\varphi = \tan \alpha - \alpha = \frac{\tan t - t}{1 + t \cdot \tan t}$$

a Kreisradius
t Wälzwinkel

Übersicht A-25 (Fortsetzung)

Zykloide (Radkurve)

| gewöhnliche Zykloide | Punkt eines Kreises mit Radius a, der auf einer Geraden abrollt (ohne zu gleiten) |

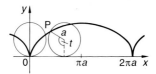

$$x = a(t - \sin t); \quad y = a(1 - \cos t)$$

$$x = a \arccos\left(\frac{a-y}{a}\right) - \sqrt{y(2a-y)} \quad \text{(Periode } 2\pi a)$$

$\overset{\frown}{OP} = 8a \sin^2(t/4)$

voller Zykloidenbogen: $l = 8a$

Fläche unter Zykloidenbogen: $A = 3\pi a^2$

verlängerte Zykloide (Trochoide)

erzeugender Punkt liegt im Abstand c vom Mittelpunkt entfernt $(c > a)$

$$x = at - c\sin t$$
$$y = a - c\cos t$$

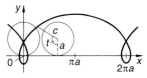

verkürzte Zykloide (Trochoide)

erzeugender Punkt liegt im Abstand c innerhalb des Rollkreises $(c < a)$

$$x = at - c\sin t$$
$$y = a - c\cos t$$

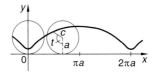

Epizykloide

Epizykloide

Kreis mit Radius b rollt auf der Außenseite eines Kreises

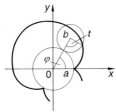

$$x = (a + b)\cos\left(\frac{b}{a}t\right) - b\cos\left(\frac{a+b}{a}t\right)$$

$$y = (a + b)\sin\left(\frac{b}{a}t\right) - b\sin\left(\frac{a+b}{a}t\right)$$

oder

$$x = (a + b)\cos\varphi - b\cos\left(\frac{a+b}{b}\varphi\right)$$

$$y = (a + b)\sin\varphi - b\sin\left(\frac{a+b}{b}\varphi\right)$$

a Radius des festen Kreises
b Radius des rollenden Kreises
t Wälzwinkel
φ Drehwinkel

Bogenlänge $\quad l_1 = \dfrac{8(a+b)}{m}$

voller Bogen $l = 8(a + b)$
$\qquad (a/b)$ ganzzahlig)

Fläche unter vollem Bogen

$$A = \frac{\pi b^2(3a + 2b)}{a}$$

Übersicht A-25 (Fortsetzung)

Epizykloide	
Kardioide (Herzkurve) 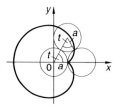	$a = b$ $x = a(2\cos t - \cos(2t))$ $y = a(2\sin t - \sin(2t))$ $(x^2 + y^2 - a^2)^2 = 4a^2((x-a)^2 + y^2)$ $r = 2a(1 - \cos\varphi)$ (Pol bei $(x;y) = (a;0)$)

Hypozykloide	
normale Hypozykloide 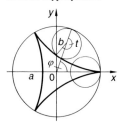	Punkt rollt auf der Innenseite eines Kreises $$x = (a - b)\cos\left(\frac{b}{a}t\right) + b\cos\left(\frac{a-b}{a}t\right)$$ $$y = (a - b)\sin\left(\frac{b}{a}t\right) - b\sin\left(\frac{a-b}{a}t\right)$$
a Radius des festen Kreises b Radius des rollenden Kreises t Wälzwinkel; φ Drehwinkel	oder $$x = (a - b)\cos\varphi + b\cos\left(\frac{a-b}{b}\varphi\right)$$ $$y = (a - b)\sin\varphi - b\sin\left(\frac{a-b}{b}\varphi\right)$$
Astroide (Sternlinie) 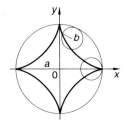	$b = \dfrac{1}{4}a$ $$x = a\cos^3\left(\frac{1}{4}t\right)$$ $$y = a\sin^3\left(\frac{1}{4}t\right)$$ oder oder $x^{2/3} + y^{2/3} = a^{2/3}$ für $b = \dfrac{a}{2}$ eine Geradführung (Umwandlung einer Drehbewegung in eine Hin- und Herbewegung) Länge L des Zweiges $L = 24a$

Übersicht A-25 (Fortsetzung)

Spiralen

logarithmische Spirale	$r = \alpha e^{k\varphi}$ $(k > 0)$
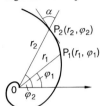	schneidet alle Ursprungsgeraden unter dem gleichen Winkel α $\cot \alpha = k$ Länge des Bogens: $P_1 P_2 = \dfrac{r_2 - r_1}{\cos \alpha}$
Archimedische Spirale 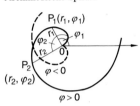	Punkt bewegt sich auf einem Leitstrahl mit konstanter Geschwindigkeit; der Leitstrahl dreht sich mit konstanter Winkelgeschwindigkeit um den Pol. $r = a\varphi$ $(\varphi = \varphi_2 - \varphi_1)$ Länge des Bogens $P_1 P_2 = \dfrac{a}{2}(\varphi \sqrt{\varphi^2 + 1} + \operatorname{ar\,sinh} \varphi)$ Fläche des Sektors $P_1 O P_2$ $A = \dfrac{a^2}{6}(\varphi_2^3 - \varphi_1^3)$

Kettenlinie

| $y = \cosh \dfrac{x}{a}$

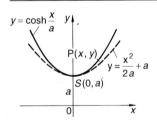 | an zwei Punkten aufgehängte Kette (Seil)

$y = \dfrac{a}{2}(e^{x/a} + e^{-x/a}) = a \cosh\left(\dfrac{x}{a}\right)$

Am tiefsten Punkt Näherungsformel

(Parabel): $y = \dfrac{1}{2a}x^2 + a$

Länge des Bogens: $l = a \sinh\left(\dfrac{x}{a}\right)$ |

Neilsche Parabel (semikubische Parabel)

| 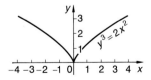 | $y^3 = a x^2$ |

Übersicht A-25 (Fortsetzung)

Schleppkurve (Traktrix)

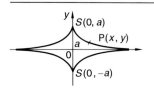

$$x = a\operatorname{ar\,cosh}\left(\frac{a}{y}\right) \mp \sqrt{a^2 - y^2}$$

Ein Fadenende wird längs einer Geraden bewegt. Der Massepunkt am anderen Fadenende verläuft auf der Schleppkurve.

Zissoide

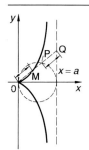

$OM = PQ$

$$y^2(a - x) = x^3$$

oder

$$r = a\sin\varphi\tan\varphi$$

Strophoide

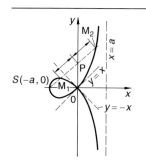

$M_1P = PM_2 = OP$

$$(a - x)y^2 = (a + x)x^2$$

oder

$$r = \frac{-a\cos 2\varphi}{\cos\varphi}$$

Cartesisches Blatt

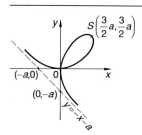

$$x^3 + y^3 = 3axy$$

oder

$$r = \frac{3a\sin\varphi\cos\varphi}{\sin^3\varphi + \cos^3\varphi}$$

Übersicht A-25 (Fortsetzung)

Konchoide des Nikomedes

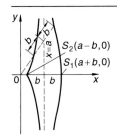

$$(x - a)^2 (x^2 + y^2) = b^2 x^2$$

oder

$$r = \frac{a}{\cos \varphi} \pm b$$

$S_2(a - b, 0)$
$S_1(a + b, 0)$

Cassinische Kurven

$$F_1 P \cdot F_2 P = a^2.$$

$$(x^2 + y^2)^2 - 2e^2(x^2 - y^2) = a^4 - e^4 \qquad (F_1, F_2 (\pm e; 0) \text{ oder } F_1 F_2 = 2e)$$

$$r^2 = e^2 \cos(2\varphi) \pm \sqrt{e^4 \cos^2(2\varphi) + a^4 - e^4}$$

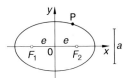

$$a^2 \geq 2e^2$$

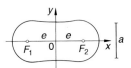

$$a^2 < 2e^2$$
$$a^2 > e^2$$

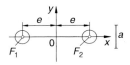

$$a^2 < e^2$$

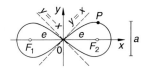

$$a^2 = e^2$$

Lemniskate

$$(x^2 + y^2)^2 = 2a^2(x^2 - y^2)$$

$$\overline{F_1 P} \cdot \overline{F_2 P} = \left(\frac{F_1 F_2}{2}\right)^2$$

$$r = a \sqrt{2\cos(2\varphi)}$$

A.11 Algebraische Gleichungen

Übersicht A-26. Arten algebraischer Gleichungen.

lineare Gleichung (Gleichung 1. Grades)

$a_1 x + a_0 = 0 \quad (a_1 \neq 0)$

Lösung: $x = -\dfrac{a_0}{a_1}$

quadratische Gleichung (Gleichung 2. Grades)

$a_2 x^2 + a_1 x + a_0 = 0 \quad (a_2 \neq 0)$

$x^2 + \dfrac{a_1}{a_2} x + \dfrac{a_0}{a_2} = x^2 + px + q = 0$

Diskriminante $D = a_1^2 - 4 a_0 a_2 = \dfrac{p^2}{4} - q$

Fallunterscheidungen

$D > 0$: $x_{1/2} = \dfrac{-a_1 \pm \sqrt{a_1^2 - 4 a_0 a_2}}{2 a_2}$
(reell)

$\qquad\qquad = -\dfrac{p}{2} \pm \sqrt{\dfrac{p^2}{4} - q}$

$D = 0$: $x_1 = x_2 = \dfrac{-a_1}{2 a_2}$
(zusammenfallend)

$D < 0$: $x_{1/2} = \dfrac{-a_1 \pm j \sqrt{4 a_0 a_2 - a_1^2}}{2 a_2}$
(komplex)

$\qquad\qquad = -\dfrac{p}{2} \pm j \sqrt{\left| q - \dfrac{p^2}{4} \right|}$

Beziehungen zwischen x_1 und x_2
(Vietasche Wurzelsätze)

$x_1 + x_2 = -p$

$x_1 \cdot x_2 = q$

Kubische Gleichung
Rückführung auf quadratische Gleichung

symmetrische Gleichung 3. Grades

$a_3 x^3 + a_2 x^2 + a_2 x + a_3 = 0$

Lösung: $x_1 = -1$

$a_3 x^2 + (a_2 - a_3) x + a_3 = 0$
(quadratische Gleichung)

Übersicht A-26 (Fortsetzung)

Gleichung 4. Grades
Rückführung auf quadratische Gleichung

symmetrische Gleichung 4. Grades

$a_4 x^4 + a_3 x^3 + a_2 x^2 + a_3 x + a_4 = 0$

$a_4 \left(x^2 + \dfrac{1}{x^2} \right) + a_3 \left(x + \dfrac{1}{x} \right) + a_2 = 0$

für $u = x + \dfrac{1}{x}$ und $u - 2 = x^2 + \dfrac{1}{x^2}$:

$a_4 u^2 + a_3 u + (a_2 - 2 a_4) = 0$
(quadratische Gleichung)

biquadratische Gleichung

$a_4 x^4 + a_2 x^2 + a_0 = 0$

für $u = x^2$:

$a_4 u^2 + a_2 u + a_0 = 0$ (quadratische Gleichung)

kubische Gleichung (Gleichung 3. Grades)

$a_3 x^3 + a_2 x^2 + a_1 x + a_0 = 0$

Substitution: $x = u - \dfrac{a_2}{3 a_3}$

$u^3 + pu + q = 0$

Diskriminante: $D = \left(\dfrac{q}{2} \right)^3 + \left(\dfrac{p}{3} \right)^3$

Fallunterscheidungen

$D > 0$ $u_1 = w + z$

$u_{2/3} = -\dfrac{w + z}{2} \pm j \left(\dfrac{w - z}{2} \sqrt{3} \right)$

$w = \sqrt[3]{ -\dfrac{q}{2} - \sqrt{ \left(\dfrac{q}{2} \right)^2 + \left(\dfrac{p}{3} \right)^3 } }$

$z = \sqrt[3]{ -\dfrac{q}{2} + \sqrt{ \left(\dfrac{q}{2} \right)^2 + \left(\dfrac{p}{3} \right)^3 } }$

$D = 0$ $u_1 = 2 \sqrt[3]{ -\dfrac{q}{2} }$

$\qquad\quad u_{2/3} = -\sqrt[3]{ -\dfrac{q}{2} }$

Übersicht A-26 (Fortsetzung)

$$D < 0 \qquad u_1 = 2\sqrt{\frac{|p|}{3}}\cos\left(\frac{\varphi}{3}\right)$$

$$u_2 = -2\sqrt{\frac{|p|}{3}}\cos\left(\frac{\varphi}{3} - \frac{\pi}{3}\right)$$

$$u_3 = -2\sqrt{\frac{|p|}{3}}\cos\left(\frac{\varphi}{3} + \frac{\pi}{3}\right)$$

$$\left(\cos\varphi = \left(-\frac{q}{2}\right)\Big/\left(\sqrt{\left(\frac{|p|}{3}\right)^3}\right)\right)$$

Gleichung n-ten Grades

$$a_n x^n + a_{n-1} x^{n-1} + a_{n-2} x^{n-2} + \ldots + a_0 = 0$$

$$x^n + b_{n-1} x^{n-1} + b_{n-2} x^{n-2} + \ldots + b_0 = 0$$

Produktdarstellung

$$x^n + b_{n-1} x^{n-1} + b_{n-2} x^{n-2} + \ldots + b_0$$
$$= (x - x_1)(x - x_2)\ldots(x - x_n)$$

mit komplexen $x_1, x_2, \ldots x_n$ (im allgemeinen)

Übersicht A-26 (Fortsetzung)

Gleichung n-ten Grades

$x_1, x_2 \ldots x_n$: Wurzeln der Gleichung (Nullstellen)

Wurzelsatz von Vieta:

$$x_1 + x_2 + x_3 + \ldots + x_n = -b_{n-1}$$

$$\left.\begin{array}{l} x_1 x_2 + x_1 x_3 + \ldots + x_1 x_n \\ + x_2 x_3 + \ldots + x_2 x_n \\ \ldots \\ + x_{n-1} x_n \end{array}\right\} = b_{n-2}$$

$$\left.\begin{array}{l} x_1 x_2 x_3 + x_1 x_2 x_4 + \ldots + x_1 x_2 x_n \\ + x_1 x_3 x_4 + \ldots + x_1 x_3 x_n \\ \ldots \\ + x_{n-2} x_{n-1} x_n \end{array}\right\} = -b_{n-3}$$

$$\ldots$$

$$x_1 \cdot x_2 \cdot x_3 \cdot \ldots \cdot x_n = (-1)^n b_0$$

Übersicht A-27. Numerische Nullstellenbestimmung.

lineare Interpolation (Regula falsi)

Kurve wird durch Sehne durch P_1 und P_2 ersetzt.

Start:

$$x_3 = x_1 - \frac{(x_2 - x_1) f(x_1)}{f(x_2) - f(x_1)}$$

Iteration:

$$x_{n+2} := x_n - \frac{(x_{n+1} - x_n) f(x_n)}{f(x_{n+1}) - f(x_n)}$$

führt (bei z. B. streng monotonen Verlauf durch
die Nullstelle) zur Konvergenz, $x_1 \to x_0$

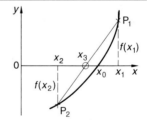

Tangentennäherung (Newtonsches Verfahren)

Kurve wird durch Tangente durch P_1 ersetzt.

Start:

$$x_2 = x_1 - \frac{f(x_1)}{f'(x_1)} \qquad (f'(x_1) \neq 0)$$

Iteration:

$$x_{n+1} := x_n - \frac{f(x_n)}{f'(x_n)}$$

führt (unter der Bedingung $\left|\dfrac{f(x) f''(x)}{(f'(x))^2}\right| < 1$

in der Umgebung der Nullstelle x_0) zur
Konvergenz, $x_n \to x_0$

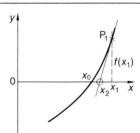

Übersicht A-27 (Fortsetzung)

Iterationsverfahren

Die Gleichung $f(x) = 0$ wird umgeformt zu $\varphi(x) = x$, wobei φ so zu wählen ist, daß $|\varphi'(x)| < 1$ ist in der Nähe einer zu bestimmenden Nullstelle x_0 (deren ungefähre Lage durch Schätzung ermittelt wird). Ist dann x_1 ein Näherungswert von $\varphi(x) = x$ bei x_0, so führt die Iterationsfolge

$$x_{n+1} := \varphi(x), \quad n \in \mathbb{N}, \quad x_1 \text{ Startwert}$$

zur Lösung, $x_n \to x_0$.

grafische Lösung

Beispiel:

Die Gleichung $x^3 - 3x - 1 = 0$ ist gleichwertig zu $x^3 = 3x + 1$. Man zeichnet $y_1(x) = x^3$ und $y_3(x) = 3x + 1$ und bestimmt die Schnittpunkte, was grafisch die Näherungslösungen

$$x_1 \approx -1{,}5; \quad x_2 \approx -0{,}35; \quad x_3 \approx 1{,}9$$

ergibt.

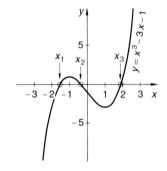

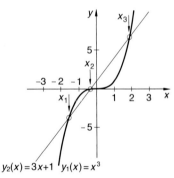

$y_2(x) = 3x + 1 \quad y_1(x) = x^3$

Übersicht A-28. Lineare Gleichungssysteme.

Eigenwerte, Eigenvektoren

allgemein	Beispiel

Sei A eine (n,n)-Matrix.
Ein Vektor $x \in \mathbb{R}^n$, $x \neq 0$, heißt Eigenvektor zu A, wenn es ein $\lambda \in \mathbb{R}$ gibt mit

$$Ax = \lambda x, \text{ also } \begin{array}{ccc} a_{11}x_1 + \cdots + a_{1n}x_n = \lambda x_1 \\ \vdots \qquad \vdots \qquad \vdots \\ a_{n1}x_1 + \cdots + a_{nn}x_n = \lambda x_n \end{array}$$

Man nennt ein solches λ auch Eigenwert (mit Eigenvektor x)

$$(A - \lambda E)(x) = \begin{pmatrix} a_{11}-\lambda & a_{12} & a_{1n} \\ a_{21} & a_{22}-\lambda & a_{2n} \\ \vdots & \vdots & \vdots \\ a_{n1} & a_{n2} & a_{nn}-\lambda \end{pmatrix} \begin{pmatrix} x_1 \\ \vdots \\ x_n \end{pmatrix} = 0$$

Für die Existenz und Bestimmung eines solchen Eigenwertes λ ist dann hinreichend und notwendig, daß

$$p(\lambda) := \det(A - \lambda E) = 0$$

ist. $p(\lambda)$ ist ein Polynom n-ten Grades in λ (charakteristisches Polynom von A). Ist λ Nullstelle von $p(\lambda)$, so findet man alle Eigenvektoren zu λ, indem man das homogene Gleichungssystem $(A - \lambda E)(x) = 0$ löst.

Beispiel:

$$A = \begin{pmatrix} 1 & 2 \\ 4 & 3 \end{pmatrix}, \quad (A - \lambda E) = \begin{pmatrix} 1-\lambda & 2 \\ 4 & 3-\lambda \end{pmatrix}$$

$$p(\lambda) = (1-\lambda)(3-\lambda) - 8 = \lambda^2 - 4\lambda - 5$$

$$\lambda_{1,2} = 2 \pm \sqrt{4+5} = 5 \text{ oder } -1$$

$$(A - \lambda_1 E)(x) = \begin{bmatrix} -4x_1 + 2x_2 = 0 \\ 4x_1 - 2x_2 = 0 \end{bmatrix} \Rightarrow x = \alpha(1,2),$$
$$\alpha \in \mathbb{R}$$

$x = (1,2)$ (und alle Vielfachen hiervon) ist Eigenvektor zu $\lambda_1 = 5$.

$$(A - \lambda_2 E)(x) = \begin{bmatrix} 2x_1 + 2x_2 = 0 \\ 4x_1 + 4x_2 = 0 \end{bmatrix} \Rightarrow x = \alpha(1, -1),$$
$$\alpha \in \mathbb{R}$$

$x = (1, -1)$ (und alle Vielfachen hiervon) ist Eigenvektor zu $\lambda_2 = -1$.

allgemein	Beispiel

Darstellung des Gleichungssystems

$$\begin{array}{l} a_{11}x_1 + a_{12}x_2 + \ldots + a_{1n}x_n = b_1 \\ a_{21}x_1 + a_{22}x_2 + \ldots + a_{2n}x_n = b_2 \\ \vdots \qquad \vdots \qquad \vdots \qquad \vdots \\ a_{n1}x_1 + a_{n2}x_2 + \ldots + a_{nn}x_n = b_n \end{array}$$

$$\begin{array}{l} x_1 - x_2 + 2x_3 = 7 \\ 3x_1 - 3x_2 + 5x_3 = 17 \\ 3x_1 - 2x_2 - x_3 = 12 \end{array}$$

Übersicht A-28 (Fortsetzung)

allgemein	Beispiel

Matrizenform

$$\underbrace{\begin{bmatrix} a_{11} & a_{12} & \cdots & a_{1n} \\ a_{21} & a_{22} & \cdots & a_{2n} \\ \vdots & \vdots & & \vdots \\ a_{n1} & a_{n2} & \cdots & a_{nn} \end{bmatrix}}_{A} \underbrace{\begin{bmatrix} x_1 \\ x_2 \\ \vdots \\ x_n \end{bmatrix}}_{x} = \underbrace{\begin{bmatrix} b_1 \\ b_2 \\ \vdots \\ b_n \end{bmatrix}}_{b}$$

$$\begin{pmatrix} 1 & -1 & 2 \\ 3 & -3 & 5 \\ 3 & -2 & -1 \end{pmatrix} \begin{pmatrix} x_1 \\ x_2 \\ x_3 \end{pmatrix} = \begin{pmatrix} 7 \\ 17 \\ 12 \end{pmatrix}$$

Koeffizientenmatrix

Lösung: $A^{-1} A x = A^{-1} b$

$x = A^{-1} b$

(A^{-1} inverse Matrix; existiert nur, wenn $\det A \neq 0$)

Lösung nach Cramerscher Regel

Bedingung:
Determinante der Koeffizientenmatrix $\neq 0$:
$\det A \neq 0$

1. Berechnung der Determinanten

$$\det A = \begin{vmatrix} a_{11} & a_{12} & \cdots & a_{1n} \\ a_{21} & a_{22} & \cdots & a_{2n} \\ \vdots & \vdots & & \vdots \\ a_{n1} & a_{n2} & \cdots & a_{nn} \end{vmatrix}$$

$$\det A = \begin{vmatrix} 1 & -1 & 2 \\ 3 & -3 & 5 \\ 3 & -2 & -1 \end{vmatrix} = 1 \cdot (3+10) + 1 \cdot (-3-15) + 2 \cdot (-6+9) = 1$$

2. Determinanten für die Variablen

$$D_{x_1} = \begin{vmatrix} b_1 & a_{12} & \cdots & a_{1n} \\ b_2 & a_{22} & \cdots & a_{2n} \\ \vdots & \vdots & \vdots & \vdots \\ b_n & a_{n2} & \cdots & a_{nn} \end{vmatrix}$$

$$D_{x_2} = \begin{vmatrix} a_{11} & b_1 & \cdots & a_{1n} \\ a_{21} & b_2 & \cdots & a_{2n} \\ \vdots & \vdots & & \vdots \\ a_{n1} & b_n & \cdots & a_{nn} \end{vmatrix}$$

$$D_{x_n} = \begin{vmatrix} a_{11} & a_{12} & \cdots & b_1 \\ a_{21} & a_{22} & \cdots & b_2 \\ \vdots & \vdots & & \vdots \\ a_{n1} & a_{n2} & \cdots & b_n \end{vmatrix}$$

2.

$$D_{x_1} = \begin{vmatrix} 7 & -1 & 2 \\ 17 & -3 & 5 \\ 12 & -2 & -1 \end{vmatrix} = 18$$

$$D_{x_2} = \begin{vmatrix} 1 & 7 & 2 \\ 3 & 17 & 5 \\ 3 & 12 & -1 \end{vmatrix} = 19$$

$$D_{x_3} = \begin{vmatrix} 1 & -1 & 7 \\ 3 & -3 & 17 \\ 3 & -2 & 12 \end{vmatrix} = 4$$

Übersicht A-28 (Fortsetzung)

Lösung nach Cramerscher Regel	
3. Lösungen	3.

$$x_1 = \frac{D_{x_1}}{\det A} \; ; \quad x_2 = \frac{D_{x_2}}{\det A} \cdots$$

$$x_n = \frac{D_{x_n}}{\det A}$$

$$x_1 = \frac{18}{1} = 18$$

$$x_2 = \frac{19}{1} = 19$$

$$x_3 = \frac{4}{1} = 4$$

Lösung nach Gaußschem Eliminationsverfahren

(1) $a_{11}x_1 + a_{12}x_2 + \ldots + a_{1n}x_n = b_1 \quad \left| \times \left(-\dfrac{a_{21}}{a_{11}}\right) \right| \times \left(-\dfrac{a_{31}}{a_{11}}\right)$

(2) $a_{21}x_1 + a_{22}x_2 + \ldots + a_{2n}x_n = b_2 \quad \xleftarrow{+(2)}$

(3) $\vdots \qquad \vdots \qquad \vdots \quad \vdots \quad \xleftarrow{+(3)}$

(n) $a_{n1}x_1 + a_{n2}x_2 + \ldots + a_{nn}x_n = b_n \quad \xleftarrow{+(n)}$

$$\Downarrow$$

$$a'_{22}x_2 + a'_{23}x_3 + \ldots + a'_{2n}x_n = b'_2 \quad \left| \times -\frac{a'_{32}}{a'_{22}} \right.$$

$$a'_{32}x_2 + a'_{33}x_3 + \ldots + a'_{3n}x_n = b'_3 \quad \longleftarrow$$

$$\vdots$$

$$a'_{n2}x_2 + a'_{n3}x_3 + \ldots + a'_{nn}x_n = b'_n$$

$$\Downarrow$$

$$a''_{33}x_3 + \ldots + a''_{3n}x_n = b'_3$$

$$\vdots$$

$$a_{nn}^{(n-1)}x_n = b_n^{(n-1)}$$

stufenweise Reduzierung der Gleichung durch Elimination von $x_1, x_2 \ldots x_{n-1}$.

(1) $x_1 - x_2 + 2x_3 = 7 \quad | \times (-3) \; | \times (-3)$

(2) $3x_1 - 3x_2 + 5x_3 = 17 \quad \xleftarrow{+}$

(3) $3x_1 - 2x_2 - x_3 = 12 \quad \xleftarrow{+}$

(1a) $-3x_1 + 3x_2 - 6x_3 = -21$

(2) $\quad 3x_1 - 3x_2 + 5x_3 = 17$

$$\overline{\qquad 0 \qquad 0 \quad - x_3 = -4}$$

$$\Rightarrow x_3 = 4$$

(1a) $-3x_1 + 3x_2 - 6x_3 = -21$

(3) $\quad 3x_1 - 2x_2 - \quad x_3 = 12$

$$\overline{\qquad 0 \quad x_2 - 7x_3 = -9}$$

$$\uparrow$$
$$4$$

$$\Rightarrow x_2 = 19 \quad \text{(in (1)):}$$

$$x_1 - 19 + 8 = 7$$

$$\Rightarrow x_1 = 18$$

A.12 Matrizenrechnung und Determinanten

Übersicht A-29. Übersicht Matrizen.

allgemein	Beispiel

Definition

Matrix: rechteckige Anordnung von Zahlen
in m Zeilen und n Spalten.

$$A = \begin{bmatrix} a_{11} & a_{12} & \cdots & a_{1k} & \cdots & a_{1n} \\ a_{21} & a_{22} & \cdots & a_{2k} & \cdots & a_{2n} \\ \vdots & \vdots & & \vdots & & \vdots \\ a_{i1} & a_{i2} & \cdots & a_{ik} & \cdots & a_{in} \\ \vdots & \vdots & & \vdots & & \vdots \\ a_{m1} & a_{m2} & \cdots & a_{mk} & \cdots & a_{mn} \end{bmatrix}$$

$\leftarrow$ Zeile i

$\uparrow$ Spalte k

a_{ik} Koeffizienten der Matrix

3,4-Matrix: 3 Zeilen, 4 Spalten

$$A = \begin{pmatrix} 2 & 3 & 5 & 6 \\ 4 & 9 & 12 & 1 \\ 3 & 2 & -4 & 7 \end{pmatrix}$$

spezielle Matrizen

quadratische Matrix:
Anzahl m Zeilen = Anzahl n Spalten

$a_{11}, a_{22}, a_{33}, \ldots a_{nn}$ Hauptdiagonale

$a_{1n}, a_{2n-2}, a_{3n-3} \ldots$ Nebendiagonale

$$A = \begin{matrix} a_{11} & a_{12} & \cdots & a_{1n} \\ a_{21} & a_{22} & \cdots & a_{2n} \\ \vdots & \vdots & & \vdots \\ a_{n1} & a_{n2} & \cdots & a_{nn} \end{matrix}$$

3-3-Matrix

$$A = \begin{bmatrix} 2 & 3 & 5 \\ 4 & 9 & 12 \\ 3 & 2 & 7 \end{bmatrix}$$

Hauptdiagonale
$a_{11} = 2;\; a_{22} = 9;\; a_{33} = 7$

Einheitsmatrix E:

Hauptdiagonale: 1
andere Elemente: 0

neutrales Element der Matrix-Multiplikation

$E \cdot A = A$

$$E = \begin{pmatrix} 1 & 0 & 0 \\ 0 & 1 & 0 \\ 0 & 0 & 1 \end{pmatrix}$$

---

transponierte Matrix: Vertauschen von Zeilen
und Spalten

$B = A^T$

$(b_{ki} = a_{ik})\; 1 \leq i \leq m;\; 1 \leq k \leq n$

quadratische Matrix: A^T entsteht durch Spiegelung
der Elemente an der Hauptdiagonalen

$$A = \begin{pmatrix} 1 & 2 & 3 & 4 \\ 5 & 6 & 7 & 8 \\ 9 & 10 & 11 & 12 \end{pmatrix} \quad A^T = \begin{pmatrix} 1 & 5 & 9 \\ 2 & 6 & 10 \\ 3 & 7 & 11 \\ 4 & 8 & 12 \end{pmatrix}$$

---

symmetrische, quadratische Matrix:

$A = A^T \qquad a_{ik} = a_{ki} \qquad 1 \leq i, k \leq n$

$$A^T = \begin{pmatrix} 1 & -3 & 5 \\ -3 & 2 & 8 \\ 5 & 8 & 3 \end{pmatrix} = A$$

Übersicht A-29 (Fortsetzung)

antisymmetrische, quadratische Matrix: Elemente der Hauptdiagonale sind null; gespiegelte haben umgekehrtes Vorzeichen $A = -A^T \qquad a_{ik} = -a_{ki} \qquad a_{kk} = 0$	$A = \begin{pmatrix} 0 & -3 & 5 \\ 3 & 0 & 8 \\ -5 & -8 & 0 \end{pmatrix}$
konjugiert-komplexe Matrix: $\bar{A} = (\bar{a}_{ik})$	$A = \begin{pmatrix} 1+2j & 4-3j \\ 2+j & -4 \end{pmatrix}$
Eine Matrix heißt – hermitesch $\Leftrightarrow A = \bar{A}^T (a_{ik} = \bar{a}_{ki})$ – schief hermitesch $\quad \Leftrightarrow A = -\bar{A}^T (a_{ik} = -\bar{a}_{ki})$ – orthogonal $\Leftrightarrow A^T = A^{-1}$	$A^* = \begin{pmatrix} 1-2j & 4+3j \\ 2-j & -4 \end{pmatrix}$ $A = \begin{pmatrix} 1 & 2+j \\ 2-j & 3 \end{pmatrix}$ $A = \begin{pmatrix} j & 3-j \\ -3-j & 2j \end{pmatrix}$

Matrizengesetze

Addition $A + B = (a_{ik} + b_{ik})$ (Addition der entsprechenden Koeffizienten) Kommutativgesetz: $\quad A + B = B + A$ Assoziativgesetz: $\quad (A + B) + C = A + (B + C)$	$\begin{pmatrix} 1 & 3 & 5 \\ 7 & 4 & 2 \\ 6 & 8 & 9 \end{pmatrix} + \begin{pmatrix} 3 & 2 & 1 \\ 2 & 0 & 5 \\ 8 & 6 & 3 \end{pmatrix} = \begin{pmatrix} 4 & 5 & 6 \\ 9 & 4 & 7 \\ 14 & 14 & 12 \end{pmatrix}$
Multiplikation mit reeller Zahl $\lambda A = (\lambda a_{ik}) = A\lambda$ Distributivgesetz: $\lambda(A + B) = \lambda A + \lambda B$ Assoziativgesetz: $\mu(\lambda A) = (\mu\lambda)A = \mu\lambda A$	$\begin{pmatrix} 3 & 9 & 15 \\ 21 & 12 & 6 \\ 18 & 24 & 27 \end{pmatrix} = 3\begin{pmatrix} 1 & 3 & 5 \\ 7 & 4 & 2 \\ 6 & 8 & 9 \end{pmatrix}$
Differenzieren und Integrieren Koeffizienten werden einzeln differenziert bzw. integriert $\dfrac{d}{dt} A(t) = \left(\dfrac{d}{dt} a_{ik}(t)\right)$ $\displaystyle\int_a^b A(t)\,dt = \left(\int_a^b a_{ik}(t)\,dt\right)$ (a_{ik} differenzierbar bzw. integrierbar)	$\dfrac{d}{dt}\begin{pmatrix} 3t & 4t^2 \\ 2 & 5t+1 \end{pmatrix} = \begin{pmatrix} 3 & 8t \\ 0 & 5 \end{pmatrix}$ $\displaystyle\int_a^b \begin{pmatrix} 3 & 8t \\ 0 & 5 \end{pmatrix} dt = \begin{pmatrix} 3(b-a) & 4(b^2-a^2) \\ 0 & 5(b-a) \end{pmatrix}$

Übersicht A-29 (Fortsetzung)

Matrizenprodukt

Falksches Schema

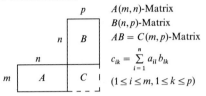

$A(m,n)$-Matrix

$B(n,p)$-Matrix

$AB = C(m,p)$-Matrix

$$c_{ik} = \sum_{i=1}^{n} a_{il}\, b_{lk}$$

$(1 \le i \le m, 1 \le k \le p)$

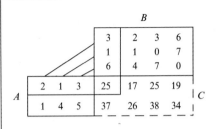

Koeffizienten c_{ik} der Matrix $C = AB$ stehen im Kreuzungspunkt der i-ten Zeile der Matrix A und der k-ten Spalte der Matrix B

Multiplikation von drei Matrizen

$A(m,n);\ B(n,p);\ C(p,q)$

$(AB)C = A(BC) = ABC$

Beachte: $AB \neq BA$

(auch für quadratische Matrizen gilt im allgemeinen nicht $AB = BA$)

Übersicht A-30. Matrix-Invertierung.

Sei A eine quadratische (n, n)-Matrix.
Wann gibt es eine (n, n)-Matrix B mit
$BA = E = AB$?
Antwort: Genau dann, wenn die Determinante
von A (Bezeichnung $\det A$ oder $|A|$)
nicht null ist.

Diese Bedingung hat zahlreiche gleichwertige
Kriterien:

Theorem: Für eine (n, n)-Matrix A sind äquivalent
(1) $\det A \neq 0$
(2) die Zeilen von A sind linear unabhängig
(3) die Spalten von A sind linear unabhängig
(4) das homogene Gleichungssystem

$Ax = 0$, also $\begin{bmatrix} a_{11}x_1 + a_{12}x_2 + \cdots + a_{1n}x_n = 0 \\ \vdots \qquad \vdots \qquad\qquad \vdots \\ a_{n1}x_1 + a_{n2}x_2 + \cdots + a_{nn}x_n = 0 \end{bmatrix}$

hat nur die Lösung $x = (0, \ldots, 0)$

(5) Für jedes $b \in \mathbb{R}^n$ ist das inhomogene lineare
Gleichungssystem

$Ax = b$, also $\begin{bmatrix} a_{11}x_1 + \cdots + a_{1n}x_n = b_1 \\ a_{n1}x_1 + \cdots + a_{nn}x_n = b_n \end{bmatrix}$

eindeutig lösbar.
Ist eine – und damit jede andere dieser Bedingungen – erfüllt, so gibt es eine solche Matrix B –
man schreibt dann $B = A^{-1}$,

$Ax = b \Leftrightarrow x = A^{-1}b$

Man erhält mit A^{-1} z. B.
a) mittels Gauß'schem Algorithmus
b) mittels der Formel

$$A^{-1} = \frac{1}{\det A}\, U,$$

wobei U die „Adjunkten-Matrix" ist
(Matrix der Unterdeterminanten).

Übersicht A-30 (Fortsetzung)

allgemein	Beispiel

Bildung der Inversen (Fall $n = 3$)

$$A = \begin{pmatrix} a_{11} & a_{12} & a_{13} \\ a_{21} & a_{22} & a_{23} \\ a_{31} & a_{32} & a_{33} \end{pmatrix}$$

$$A = \begin{pmatrix} 2 & 1 & -2 \\ 3 & 2 & 2 \\ 5 & 4 & 3 \end{pmatrix}$$

$$\det A = a_{11} \begin{vmatrix} a_{22} & a_{23} \\ a_{32} & a_{33} \end{vmatrix} - a_{12} \begin{vmatrix} a_{21} & a_{23} \\ a_{31} & a_{33} \end{vmatrix}$$

$$+ a_{13} \begin{vmatrix} a_{21} & a_{22} \\ a_{31} & a_{32} \end{vmatrix}$$

(Entwicklung nach der 1. Zeile)

mit $\begin{vmatrix} \alpha & \beta \\ \gamma & \delta \end{vmatrix} = \alpha\delta - \gamma\beta$

$$\det A = 2 \begin{vmatrix} 2 & 2 \\ 4 & 3 \end{vmatrix} - 1 \begin{vmatrix} 3 & 2 \\ 5 & 3 \end{vmatrix} - 2 \begin{vmatrix} 3 & 2 \\ 5 & 4 \end{vmatrix}$$

$$= 2 \cdot (-2) - 1 \cdot (-1) - 2 \cdot 2 = -7$$

Bestimmung der Matrix der Unterdeterminante U

$$U = \begin{bmatrix} +\begin{vmatrix} a_{22} & a_{23} \\ a_{32} & a_{33} \end{vmatrix} & -\begin{vmatrix} a_{21} & a_{23} \\ a_{31} & a_{33} \end{vmatrix} & +\begin{vmatrix} a_{21} & a_{22} \\ a_{31} & a_{32} \end{vmatrix} \\ -\begin{vmatrix} a_{12} & a_{13} \\ a_{32} & a_{33} \end{vmatrix} & +\begin{vmatrix} a_{11} & a_{13} \\ a_{31} & a_{33} \end{vmatrix} & -\begin{vmatrix} a_{11} & a_{12} \\ a_{31} & a_{32} \end{vmatrix} \\ +\begin{vmatrix} a_{12} & a_{13} \\ a_{22} & a_{23} \end{vmatrix} & -\begin{vmatrix} a_{11} & a_{13} \\ a_{21} & a_{23} \end{vmatrix} & +\begin{vmatrix} a_{11} & a_{12} \\ a_{21} & a_{22} \end{vmatrix} \end{bmatrix}$$

$$U = \begin{bmatrix} +\begin{vmatrix} 2 & 2 \\ 4 & 3 \end{vmatrix} & -\begin{vmatrix} 3 & 2 \\ 5 & 3 \end{vmatrix} & +\begin{vmatrix} 3 & 2 \\ 5 & 4 \end{vmatrix} \\ -\begin{vmatrix} 1 & -2 \\ 4 & 3 \end{vmatrix} & +\begin{vmatrix} 2 & -2 \\ 5 & 3 \end{vmatrix} & -\begin{vmatrix} 2 & 1 \\ 5 & 4 \end{vmatrix} \\ +\begin{vmatrix} 1 & -2 \\ 2 & 2 \end{vmatrix} & -\begin{vmatrix} 2 & -2 \\ 3 & 2 \end{vmatrix} & +\begin{vmatrix} 2 & 1 \\ 3 & 2 \end{vmatrix} \end{bmatrix}$$

$$= \begin{pmatrix} -2 & 1 & 2 \\ -11 & 16 & -3 \\ 6 & -10 & 1 \end{pmatrix}$$

Bildung der Transponierten U^T

$$U = \begin{pmatrix} U_{11} & U_{12} & U_{13} \\ U_{21} & U_{22} & U_{23} \\ U_{31} & U_{32} & U_{33} \end{pmatrix}; \quad U^T = \begin{pmatrix} U_{11} & U_{21} & U_{31} \\ U_{12} & U_{22} & U_{32} \\ U_{13} & U_{23} & U_{33} \end{pmatrix}$$

U^T: Vertauschen von Spalten und Zeilen

$$U^T = \begin{pmatrix} -2 & -11 & 6 \\ 1 & 16 & -10 \\ 2 & -3 & 1 \end{pmatrix}$$

Inverse berechnen

$$A^{-1} = \frac{1}{\det A} U^T$$

$$A^{-1} = \begin{bmatrix} \dfrac{2}{7} & \dfrac{11}{7} & -\dfrac{6}{7} \\[2mm] -\dfrac{1}{7} & -\dfrac{16}{7} & \dfrac{10}{7} \\[2mm] -\dfrac{2}{7} & \dfrac{3}{7} & -\dfrac{1}{7} \end{bmatrix}$$

Übersicht A-30 (Fortsetzung)

allgemein	Beispiel
	Kontrolle

$$A \cdot A^{-1} = E \qquad \begin{bmatrix} 2 & 1 & -2 \\ 3 & 2 & 2 \\ 5 & 4 & 3 \end{bmatrix} \begin{bmatrix} \dfrac{2}{7} & \dfrac{11}{7} & -\dfrac{6}{7} \\ -\dfrac{1}{7} & -\dfrac{16}{7} & \dfrac{10}{7} \\ -\dfrac{2}{7} & \dfrac{3}{7} & -\dfrac{1}{7} \end{bmatrix} = \begin{bmatrix} 1 & 0 & 0 \\ 0 & 1 & 0 \\ 0 & 0 & 1 \end{bmatrix}$$

Übersicht A-31. Determinantenrechnung.

Sei A eine (n, n)-Matrix ($n \times n$-Matrix)

$$A = \begin{pmatrix} a_{11} \cdots a_{1n} \\ \vdots \quad \vdots \\ a_{n1} \cdots a_{nn} \end{pmatrix}$$

dann ist für ein beliebiges $j \in \{1, \ldots, n\}$

$$\boxed{\det A = \sum_{k=1}^{n} (-1)^{k+j} a_{jk} \det A_{jk}}$$

wobei A_{jk} diejenige $(n-1, n-1)$-Matrix ist, die dadurch entsteht, daß in der Matrix A die j-te Zeile und die k-te Spalte herausgenommen werden (solche Matrizen heißen „Adjunkten", und die $n \times n$-Matrix, welche an der Stelle (j, k) die Determinante von A_{jk} stehen hat, heißt Adjunkten-Matrix). Diese Formel heißt *Laplace'sche Entwicklungsformel* – und zwar Entwicklung nach der j-ten Zeile. Die Berechnung der Determinanten der Matrizen $A_{j1}, \ldots, A_{jn}$ wird nun ebenso durchgeführt – also zurückgeführt auf Determinanten von $(n-2)$, $(n-2)$-Matrizen usw. bis man schließlich auf $(2, 2)$- oder auch $(3, 3)$-Matrizen stößt, bei denen die Determinantenberechnung auf einem einfachen Schema beruht.

$$A = \begin{pmatrix} 1 & 2 & 3 & 0 \\ 4 & 1 & 2 & 3 \\ 0 & 2 & 3 & 1 \\ 4 & 8 & 1 & 6 \end{pmatrix}$$

$$A_{23} = \begin{pmatrix} 1 & 2 & 0 \\ 0 & 2 & 1 \\ 4 & 8 & 6 \end{pmatrix}$$

Entwicklung nach der 1. Zeile:

$$\det A = 1 \cdot \begin{vmatrix} 1 & 2 & 3 \\ 2 & 3 & 1 \\ 8 & 1 & 6 \end{vmatrix} - 2 \cdot \begin{vmatrix} 4 & 2 & 3 \\ 0 & 3 & 1 \\ 4 & 1 & 6 \end{vmatrix}$$

$$+ 3 \cdot \begin{vmatrix} 4 & 1 & 3 \\ 0 & 2 & 1 \\ 4 & 8 & 6 \end{vmatrix} - 0 \cdot \begin{vmatrix} 4 & 1 & 2 \\ 0 & 2 & 3 \\ 4 & 8 & 1 \end{vmatrix}$$

$$= 1 \cdot (18 + 16 + 6 - 1 - 24 - 72)$$
$$- 2 \cdot (72 + 8 + 0 - 4 - 0 - 36)$$
$$+ 3 \cdot (48 + 4 + 0 - 32 - 0 - 24)$$
$$= -57 - 80 - 12 = -149$$

Wert einer zweireihigen Determinante

$$\det A = \begin{vmatrix} a_{11} & a_{12} \\ a_{21} & a_{22} \end{vmatrix} = a_{11} a_{22} - a_{21} a_{12}$$

$$\det A = \begin{vmatrix} 2 & 3 \\ 5 & 6 \end{vmatrix} = 12 - 15 = -3$$

Wert einer dreireihigen Determinante (Sarrus)

$$\det A = \begin{vmatrix} a_{11} & a_{12} & a_{13} \\ a_{21} & a_{22} & a_{23} \\ a_{31} & a_{32} & a_{33} \end{vmatrix} \begin{matrix} a_{11} & a_{12} \\ a_{21} & a_{22} \\ a_{31} & a_{32} \end{matrix}$$

Die ersten beiden Spalten werden nochmals hingeschrieben.
Summe der Produkte parallel der Hauptdiagonalen (positiv) und parallel der Nebendiagonalen (negativ)

$$\det A = a_{11} a_{22} a_{33} + a_{12} a_{23} a_{31}$$
$$+ a_{13} a_{21} a_{32} - a_{31} a_{22} a_{13}$$
$$- a_{32} a_{23} a_{11} - a_{33} a_{21} a_{12}$$

$$\det A = \begin{vmatrix} 1 & 2 & 3 \\ 4 & 3 & 5 \\ 6 & 2 & 1 \end{vmatrix} \begin{matrix} 1 & 2 \\ 4 & 3 \\ 6 & 2 \end{matrix}$$

$$= 3 + 2 \cdot 5 \cdot 6 + 3 \cdot 4 \cdot 2$$
$$- 6 \cdot 3 \cdot 3 - 2 \cdot 5 \cdot 1 - 1 \cdot 4 \cdot 2$$
$$= 3 + 60 + 24 - 54 - 10 - 8$$
$$= 15$$

Übersicht A-31 (Fortsetzung)

Satz (Determinantenregeln)	
allgemein	Beispiel

---

(1) $\det A = \det A^{\mathrm{T}}$

(2) Vertauscht man in A zwei Zeilen oder zwei Spalten, so ändert sich das Vorzeichen von det. Das heißt:

Ist $\tilde{A}$ diejenige Matrix, welche aus A entsteht, indem man zwei Zeilen (oder Spalten) vertauscht, so gilt

$\det \tilde{A} = -\det A$

$$\det \begin{pmatrix} 2 & 1 & 0 \\ 3 & 4 & 1 \\ 0 & 2 & 1 \end{pmatrix} = 1 = -\det \begin{pmatrix} 3 & 4 & 1 \\ 2 & 1 & 0 \\ 0 & 2 & 1 \end{pmatrix}$$

(3) Addiert man zu einer Zeile von A (bzw. Spalte von A) beliebige Vielfache anderer Zeilen von A (bzw. Spalten von A), so ändert sich die Determinante nicht.

$$A = \begin{pmatrix} 1 & 2 & 3 \\ 0 & 2 & 1 \\ 3 & 1 & 4 \end{pmatrix}, \quad \tilde{A} = \begin{pmatrix} 1 & 2 & 3 \\ 0 & 2 & 1 \\ 5 & 7 & 11 \end{pmatrix}$$

$\Rightarrow \det A = \det \tilde{A} = -5$

$\tilde{A}$: Addieren von 2×1. Zeile $+ 1 \times 2$. Zeile von A zur 3. Zeile

(4) $\det A = 0 \Leftrightarrow$ Zeilen von A (bzw. Spalten von A) sind linear abhängig, d. h. es gibt eine Zeile (bzw. Spalte) von A, welche sich als Summe von Vielfachen anderer Zeilen (bzw. Spalten) darstellen läßt.

$$A = \begin{pmatrix} 1 & 2 & 0 & 4 \\ 2 & 1 & 3 & 8 \\ 0 & 4 & -1 & 1 \\ 0 & 15 & -6 & 3 \end{pmatrix} \begin{matrix} \\ \\ \\ \leftarrow 2 \times 1. \text{Zeile} - 1 \times 2. \text{Zeile} \\ + 3 \times 3. \text{Zeile} \end{matrix}$$

$\Rightarrow \det A = 0$

(5) Ist A eine $n \times n$-Matrix, so ist $\det(\lambda A) = \lambda^n \det A$

$$\det \begin{pmatrix} \lambda a_{11} & \ldots & \lambda a_{1n} \\ \vdots & & \vdots \\ \lambda a_{n1} & \ldots & \lambda a_{nn} \end{pmatrix} = \lambda^n \det A$$

Wird aber nur eine einzige Zeile (bzw. Spalte) mit einem Faktor $\lambda \in \mathbb{C}$ multipliziert, so erhält man $\lambda \det A$,

$$\det \begin{bmatrix} a_{11} & \ldots & a_{1n} \\ \vdots & & \vdots \\ \lambda a_{j1} & \ldots & \lambda a_{jn} \\ \vdots & & \vdots \\ a_{n1} & \ldots & a_{nn} \end{bmatrix} = \lambda \cdot \det \begin{pmatrix} a_{11} & \ldots & a_{1n} \\ \vdots & & \vdots \\ a_{n1} & \ldots & a_{nn} \end{pmatrix}$$

$A = \begin{pmatrix} 2 & 3 \\ 1 & 2 \end{pmatrix} \Rightarrow \det A = 4 - 3 = 1$

$\tilde{A} = \begin{pmatrix} 14 & 21 \\ 7 & 14 \end{pmatrix} \Rightarrow \det \tilde{A} = 196 - 147 = 40$
$\phantom{\tilde{A} = \begin{pmatrix} 14 & 21 \\ 7 & 14 \end{pmatrix} \Rightarrow \det \tilde{A}} = 7^2 \cdot \det A$

$\tilde{A} = \begin{pmatrix} 14 & 21 \\ 1 & 2 \end{pmatrix} \Rightarrow \det \tilde{A} = 28 - 21 = 7 = 7 \cdot \det A$

(6) Multiplikationssatz: Seien A und B $n \times n$-Matrizen. Dann ist das Matrixprodukt $A \cdot B$ ebenfalls eine $n \times n$-Matrix, und es gilt die wichtige Formel

$$\boxed{\det(A \cdot B) = \det A \cdot \det B}$$

$A = \begin{pmatrix} 2 & 1 \\ 3 & 4 \end{pmatrix}; \quad B = \begin{pmatrix} 1 & -1 \\ 0 & 2 \end{pmatrix} \Rightarrow AB = \begin{pmatrix} 2 & 0 \\ 3 & 5 \end{pmatrix}$

$\det(AB) = 10 = \det A \cdot \det B = 5 \cdot 2$

A.13 Differentialrechnung

Übersicht A-32. Differenzen- und Differentialquotient.

Differenzenquotient:

Steigung der Sekante $\overline{P_0 P}$

$$\frac{\Delta y}{\Delta x} = \frac{f(x) - f(x_0)}{x - x_0} = \frac{f(x_0 + \Delta x) - f(x_0)}{\Delta x}$$

$$\frac{\Delta y}{\Delta x} = \tan \beta$$

Differentialquotient:

Steigung der Tangente im Punkt P_0

$$\frac{dy}{dx} = f'(x)$$

Funktion $y = f(x)$ → Ableitung $y' = \dfrac{dy}{dx} = f'(x)$

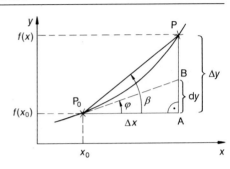

In der Physik wird die zeitliche Ableitung mit einem ˙ gekennzeichnet:

$$y = f(t); \text{ Ableitung } \dot{y} = \frac{dy}{dt} = \dot{f}(t)$$

Übersicht A-33. Differentiationsregeln.

Potenzregel	
$y(x) = x^n (n \in \mathbb{N}) \;\rightarrow\; y'(x) = n x^{n-1}$	$y(x) = 3x^2 \qquad \rightarrow y'(x) = 6x$
$y(x) = x^{-n} (n \in \mathbb{N}) \rightarrow y'(x) = -n x^{-n-1}$	$y(x) = \dfrac{1}{x^4} \qquad \rightarrow y'(x) = -\dfrac{4}{x^5}$
$y(x) = x^s (s \in \mathbb{R}) \;\rightarrow y'(x) = s x^{s-1}$	
(für Exponenten $s < 1$ existiert die Ableitung nur in $\mathbb{R} \setminus \{0\}$)	$y(x) = \sqrt[3]{x^2} = x^{2/3} \rightarrow y'(x) = \dfrac{2}{3} \dfrac{1}{\sqrt[3]{x}}$
	$y(x) = x^{\sqrt{2}} \qquad \rightarrow y'(x) = \sqrt{2}\, x^{\sqrt{2}-1}$

Summenregel	
$(f+g)'(x) = f'(x) + g'(x)$	$y(x) = x^5 + \dfrac{1}{x} \;\rightarrow y'(x) = 5x^4 - \dfrac{1}{x^2}$
$(af)'(x) = a f'(x) \quad (a \in \mathbb{R})$	$y(x) = 5x + 6x^7 + 2 \rightarrow y'(x) = 5 + 42x^6$
falls f, y differenzierbar sind	
Merke: Konstante Faktoren bleiben beim Ableiten erhalten.	

Produktregel	
$y = uv$	$y = \underbrace{(x+3)}_{u}\underbrace{(x^2+4)}_{v}$
$y' = u'v + v'u$	
$y = uvw$	$y' = 1(x^2+4) + 2x(x+3) = 3x^2 + 6x + 4$
$y' = u'vw + uv'w + uvw'$	$y = (x^2 + 2x)(x^3 + 1)(x - 5)$
	$y' = (2x+2)(x^3+1)(x-5) + (x^2+2x)(3x^2)(x-5)$
	$\qquad + (x^2 + 2x)(x^3 + 1) \cdot 1$

Übersicht A-33 (Fortsetzung)

allgemein	Beispiel

Quotientenregel

$y = \dfrac{u}{v}$	$y = \dfrac{x^2 - 3x}{5x - 1}$
$y' = \dfrac{vu' - uv'}{v^2}$	$y' = \dfrac{(5x-1)(2x-3) - 5(x^2 - 3x)}{(5x-1)^2} = \dfrac{5x^2 - 2x + 3}{(5x-1)^2}$

Kettenregel

$y = f(\varphi(x))$	$y = (x^2 - 3x)^3$
$y' = \dfrac{\mathrm{d}y}{\mathrm{d}x} = \dfrac{\mathrm{d}f}{\mathrm{d}\varphi} \cdot \dfrac{\mathrm{d}\varphi}{\mathrm{d}x}$	$y' = 3(x^2 - 3x)^2 (2x - 3)$
äußere Ableitung innere Ableitung	

Logarithmusfunktion

$y = \ln x$	$y = \ln(3x)$
$y' = \dfrac{1}{x}$	$y' = \dfrac{3}{3x} = \dfrac{1}{x}$
$y = \ln(f(x))$	
$y' = \dfrac{f'(x)}{f(x)}$	

allgemeiner Logarithmus

$y = \log_c x$	$y = \log_{10}(3x)$
1. Umschreiben auf ln	1. $y = \dfrac{1}{\ln 10} \ln(3x)$
$\quad y = \log_c x = \dfrac{\ln x}{\ln c}$	
2. Ableiten	2.
$\quad y' = \dfrac{1}{x \ln c}$	$\quad y' = \dfrac{1}{x \ln 10}$

Beachten der Logarithmengesetze

$y = \log_c x^m = m \log_c x$	$y = \log_3 x^2 = 2\log_3 x = \dfrac{2}{\ln 3} \ln x$
	$y' = \dfrac{2}{x \ln 3}$
$y = \log_c(ax) = \log_c a + \log_c x$	$y = \log_4(3x) = \log_4 3 + \log_4 x$
	$y = \log_4 3 + \dfrac{1}{\ln 4} \ln x$
	$y' = \dfrac{1}{x \ln 4}$

Übersicht A-33 (Fortsetzung)

allgemein	Beispiel
Logarithmusfunktion	

$$y = \log_c \left(\frac{a}{x} \right) = \log_c a - \log_c x$$

$$y = \log_5 \left(\frac{4x}{3x^2 + 1} \right) = \log_5 (4x) - \log_5 (3x^2 + 1)$$

$$y = \frac{1}{\ln 5} \ln (4x) - \frac{1}{\ln 5} \ln (3x^2 + 1)$$

$$y' = \frac{1}{x \ln 5} - \frac{1}{\ln 5} \cdot \frac{1}{(3x^2 + 1)} \cdot (6x)$$

Exponentialfunktion

$$y = \underbrace{\text{konst} \cdot \text{Basis}^{\text{Exponent}}}_{\text{alte Funktion}} \quad y = c \cdot a^{f(x)}$$

$$y' = \text{alte Funktion} \cdot \ln \text{Basis} \quad y' = y \cdot \ln a \cdot f'(x)$$
$$\cdot \text{Ableitung des Exponenten}$$

$$y = 3 \cdot 10^{x^2 + 4}$$
$$y' = 3 \cdot 10^{x^2 + 4} \cdot \ln 10 \cdot 2x$$
$$y = e^x$$
$$y' = e^x \cdot \underbrace{\ln e \cdot 1}_{1} = e^x$$

trigonometrische Funktion

$$y = \sin x \;\rightarrow\; y' = \cos x$$
$$y = \cos x \;\rightarrow\; y' = -\sin x$$
$$y = \tan x \;\rightarrow\; y' = \frac{1}{\cos^2 x} = 1 + \tan^2 x$$
$$y = \cot x \;\rightarrow\; y' = -\frac{1}{\sin^2 x} = -(1 + \cot^2 x)$$

$$y = \sin (2x) \;\rightarrow\; y' = 2 \cos (2x)$$
$$y = \cos (2x) \;\rightarrow\; y' = -2 \sin (2x)$$
$$y = \tan (x^2) \;\rightarrow\; y' = 2x (1 + \tan^2 (x^2))$$
$$y = \cot (4x) \;\rightarrow\; y' = -4 (1 + \cot^2 (4x))$$

Übersicht A-34. Wichtige Ableitungen.   *Übersicht A-34 (Fortsetzung)*

y	y'	y	y'
const	0	$\dfrac{1}{x}$	$-\dfrac{1}{x^2}$
x	1	$\sin x$	$\cos x$
x^n	$n x^{n-1}$	$\cos x$	$-\sin x$
$\sqrt{x}$	$\dfrac{1}{2\sqrt{x}}$	$\tan x$	$\dfrac{1}{\cos^2 x}$
e^x	e^x		
a^x	$a^x \ln a$	$\cot x$	$-\dfrac{1}{\sin^2 x}$
$\ln x$	$\dfrac{1}{x}$	$\dfrac{1}{\sin x}$	$-\dfrac{\cos x}{\sin^2 x}$
$\log_a x$	$\dfrac{1}{x \ln a}$	$\dfrac{1}{\cos x}$	$\dfrac{\sin x}{\cos^2 x}$

Übersicht A-34 (Fortsetzung)

y	y'
$\ln(\sin x)$	$\cot x$
$\ln(\cos x)$	$-\tan x$
$\ln(\tan x)$	$\dfrac{2}{\sin(2x)}$
$\ln(\cot x)$	$-\dfrac{2}{\sin(2x)}$
$\sinh x$	$\cosh x$
$\cosh x$	$\sinh x$
$\tanh x$	$\dfrac{1}{\cosh^2 x}$
$\coth x$	$-\dfrac{1}{\sinh^2 x}$
$\arcsin x$	$\dfrac{1}{\sqrt{1-x^2}}$

Übersicht A-34 (Fortsetzung)

y	y'
$\arccos x$	$-\dfrac{1}{\sqrt{1-x^2}}$
$\arctan x$	$\dfrac{1}{1+x^2}$
$\text{arccot}\,x$	$-\dfrac{1}{1+x^2}$
$\text{arsinh}\,x$	$\dfrac{1}{\sqrt{x^2+1}}$
$\text{arcosh}\,x$	$\dfrac{1}{\sqrt{x^2-1}}$
$\text{artanh}\,x$	$\dfrac{1}{1-x^2}$
$\text{arcoth}\,x$	$\dfrac{1}{x^2-1}$

Übersicht A-35. Ableitung spezieller Funktionen.

allgemein	Beispiel
implizite Funktionen	

allgemein	Beispiel
$y' = \dfrac{\mathrm{d}y}{\mathrm{d}x} = -\dfrac{\dfrac{\partial f}{\partial x}}{\dfrac{\partial f}{\partial y}} = -\dfrac{f_x}{f_y}$	$f(x;y) = 3x^3 + x^2 y - y^3 = 0$
	$\dfrac{\partial f}{\partial x} = f_x = 9x^2 + 2xy; \quad \dfrac{\partial f}{\partial y} = f_y = x^2 - 3y^2$
	$f_{xx} = 18x + 2y; \quad f_{yy} = -6y$
$y'' = \dfrac{\mathrm{d}^2 y}{\mathrm{d}x^2} = -\dfrac{f_{xx}f_y^2 - 2f_{xy}f_x f_y + f_{yy}f_x^2}{f_y^3}$	$f_{xy} = 2x = f_{yx}$
	Eingesetzt ergibt sich
	$y' = -\dfrac{9x^2 + 2xy}{x^2 - 3y^2}$

$$y'' = -\frac{(18x + 2y)(x^2 - 3y^2)^2 - 4x(9x^2 + 2xy)(x^2 - 3y^2) - 6y(9x^2 + 2xy)^2}{(x^2 - 3y^2)^3}$$

Übersicht A-35 (Fortsetzung)

allgemein	Beispiel

Funktionen in Polarkoordinaten

$r = r(\varphi)$

$\dfrac{dr}{d\varphi} = r \cot \varepsilon$

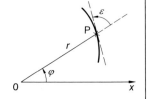

ε Winkel zwischen 0P und Tangente in P

Zusammenhang mit kartesischem
Koordinatensystem:

$x = r \cos \varphi; \quad y = r \sin \varphi$

$y' = \dfrac{dy/d\varphi}{dx/d\varphi} = \dfrac{\dfrac{dr}{d\varphi} \sin \varphi + r \cos \varphi}{\dfrac{dr}{d\varphi} \cos \varphi - r \sin \varphi}$

$r = 1 + 2 \sin \varphi$

$\dfrac{dr}{d\varphi} = 2 \cos \varphi$

$y' = \dfrac{2 \cos \varphi \sin \varphi + r \cos \varphi}{2 \cos^2 \varphi - r \sin \varphi}$

$y' = \dfrac{\sin 2\varphi + r \cos \varphi}{2 \cos^2 \varphi - r \sin \varphi}$

Funktionen in Parameterform

$x = \varphi(t); \quad y = \psi(t)$

$y' = \dfrac{\dfrac{dy}{dt}}{\dfrac{dx}{dt}} = \dfrac{\psi_t}{\varphi_t} \quad (\varphi_t \neq 0)$

$y'' = \dfrac{\psi_{tt}\,\varphi_t - \varphi_{tt}\,\psi_t}{(\varphi_t)^3} = \dfrac{d\left(\dfrac{dy}{dx}\right)}{dt} \cdot \dfrac{dt}{dx}$

$x = \varphi(t) = 1 + t^2; \quad y = \psi(t) = 1 - \ln t$

$\varphi_t = 2t; \quad \psi_t = -\dfrac{1}{t}$

$\varphi_{tt} = 2; \quad \psi_{tt} = \dfrac{1}{t^2}$

$\dfrac{dt}{dx} = \dfrac{1}{\varphi_t} = \dfrac{1}{2t}$

$y' = \dfrac{-\dfrac{1}{t}}{2t} = -\dfrac{1}{2t^2}$

$y'' = \dfrac{\dfrac{1}{t^2} \cdot 2t - 2 \cdot \left(-\dfrac{1}{t}\right)}{(2t)^3} = \dfrac{\dfrac{4}{t}}{(2t)^3} = \dfrac{1}{2t^4}$

$y'' = \dfrac{d}{dt}\left(-\dfrac{1}{2t^2}\right) \cdot \dfrac{dt}{dx} = \dfrac{1}{t^3} \cdot \dfrac{1}{2t} = \dfrac{1}{2t^4}$

Übersicht A-36. Ableitungsbegriffe bei Funktionen mehrerer Veränderlicher.

allgemein	Beispiel
$y = f(x_1, \ldots, x_n) = f(x), \ x \in \mathbb{R}^n$	Für den Fall $n = 2$

$$\frac{\partial y}{\partial x_1}(x) = \lim_{h \to 0} \frac{f(x_1 + h, x_2 \ldots, x_n) - f(x_1, \ldots, x_n)}{h}$$

$y = f(x, z) = x \sin(z^2)$

analog sind $\dfrac{\partial y}{\partial x_k}$, $2 \le k \le n$ definiert

$\dfrac{\partial y}{\partial x} = \sin(z^2)$

$\dfrac{\partial y}{\partial x_k}$ heißt k-te partielle Ableitung von f

$\dfrac{\partial y}{\partial z} = 2xz \cos(z^2)$

Der Vektor, gebildet aus den partiellen Ableitungen, heißt *Gradient* von f,

grad $y = (\sin(z^2), 2xz \cos(z^2))$
Ist $h = (3, 4)$ eine Richtung, so ist

$$\operatorname{grad} f(x) = \left(\frac{\partial y}{\partial x_1}(x), \ldots, \frac{\partial y}{\partial x_n}(x) \right)$$

$$\frac{\partial y}{\partial h} := 3 \sin(z^2) + 8xz \cos(z^2)$$

$(\operatorname{grad} f(x), h)$ (Skalarprodukt in $\mathbb{R}^n$) :=

$$h_1 \frac{\partial y}{\partial x_1}(x) + \cdots + h_n \frac{\partial y}{\partial x_n}(x)$$

heißt Richtungsableitung von f im Punkt $x \in \mathbb{R}^n$ in Richtung $h \in \mathbb{R}^n$ und ist definitionsgemäß gleich

$$\lim_{t \to 0} \frac{f(x + th) - f(x)}{t}$$

Die Funktionen $\dfrac{\partial y}{\partial x_k}$, $1 \le k \le n$, sind selber wieder Funktionen der Variablen $x_1, \ldots, x_n$. Falls diese partiell differenzierbar sind, erhält man die $n \times n$-Matrix der 2. Ableitungen – kurz Hessematrix von f,

$y_{xx} = 0$

$y_{xz} = 2z \cos(z^2)$

$y_{zx} = 2z \cos(z^2)$

$y_{zz} = 2x \cos(z^2) - 4xz^2 \sin(z^2)$

$$Hf(x) = \begin{bmatrix} \dfrac{\partial^2 f}{\partial x_1 \partial x_2}, \ldots, \dfrac{\partial^2 f}{\partial x_1 \partial x_n} \\ \vdots \qquad \vdots \\ \dfrac{\partial^2 f}{\partial x_n \partial x_1}, \ldots, \dfrac{\partial^2 f}{\partial x_n \partial x_n} \end{bmatrix}$$

$$Hf(x) = \begin{pmatrix} 0 & 2z \cos(z^2) \\ 2z \cos(z^2) & 2x \cos(z^2) - 4xz^2 \sin(z) \end{pmatrix}$$

mit $\dfrac{\partial^2 f}{\partial x_i \partial x_j} = \dfrac{\partial}{\partial x_i}\left(\dfrac{\partial f}{\partial x_j} \right) \equiv f_{x_j x_i}$

Falls diese 2. partiellen Ableitungen alle stetig sind, ist die Hessematrix symmetrisch, d. h.

$$\frac{\partial^2 f}{\partial x_i \partial x_j} = \frac{\partial^2 f}{\partial x_j \partial x_i} \quad (1 \le i, j \le n)$$

Übersicht A-36 (Fortsetzung)

Der Ausdruck $dy = \dfrac{\partial y}{\partial x_1} dx_1 + \cdots + \dfrac{\partial y}{\partial x_n} dx_n$ heißt *totales Differential* von y und seine Bedeutung ist diese:

Ist $x \in \mathbb{R}^n$ ein Arbeitspunkt (Meßdatensatz) und ist $h = (h_1, \ldots, h_n)$ eine Störung von x (was bedeutet: Bestimmung von x_k möge nur in den Toleranzen $[x_k - h_k, x_k + h_k]$ möglich sein), so ist der mögliche Fehler der Meßgröße $y = y(x_1, \ldots, x)$ im Punkte x in „erster Näherung" durch

$$f(x + h) - f(x) \approx df(x)(h) := \frac{\partial y}{\partial x_1} h_1 + \cdots + \frac{\partial y}{\partial x_n} h_n = \frac{\partial y}{\partial h}$$

gegeben. Eine verfeinerte Darstellung der Differenzen $f(x + h) - f(x)$ benutzt die 2. Ableitungen und man hat

$$f(x + h) - f(x) \cong df(x)(h) + \frac{1}{2} (h, Hf(x)(h)) \leftarrow \text{Skalarprodukt in } \mathbb{R}^n$$

$$\text{mit } (h, Hf(x)(h)) = \sum_{i, j = 1}^{n} \frac{\partial^2 f}{\partial x_i \partial x_j} h_i h_j$$

Übersicht A-37. Hauptsätze der Differentialrechnung

Voraussetzungen:	Sei $f : [a, b] \to \mathbb{R}$ stetig und im Innern, also in $a < x < b$, differenzierbar
Monotonie-Satz:	$f'(x) > 0$ in $]a, b[\Rightarrow f$ streng monoton wachsend
	$f'(x) < 0$ in $]a, b[\Rightarrow f$ streng monoton fallend
	schwächer: $f'(x) \geq 0 \, (\leq 0) \Leftrightarrow f$ monoton wachsend (fallend)
	Das Beispiel $f(x) = x^3$ zeigt, daß nicht gilt: [f streng monoton wachsend $\Rightarrow f'(x) > 0$ für alle x].
	Dabei heißt f monoton wachsend (streng monoton wachsend) $\Leftrightarrow$
	$[x_1 < x_2 \Rightarrow f(x_1) \leq f(x_2)$ (bzw. $f(x_1) < f(x_2))]$
	Der Monotonie-Satz ist ein Spezialfall des Schranken-Satzes und ist zu diesem gleichwertig.
Schranken-Satz:	Gilt $m < f'(x) < M$ für alle $x \in]a, b[$, so ist
	$m(x_2 - x_1) \leq f(x_2) - f(x_1) < M(x_2 - x_1)$ für $a \leq x_1 < x_2 \leq b$
Mittelwert-Satz:	Zu $a \leq x_1 < x_2 \leq b$ gibt es ein x_0 mit $x_1 < x_0 < x_2$, so daß
	$\dfrac{f(x_2) - f(x_1)}{x_2 - x_1} = f'(x_0)$; geometrisch: Zu jeder Sekante gibt es eine parallele Tangente
Satz von Rolle:	Ist $f(b) = f(a)$, so gibt es ein x_0 mit $a < x_0 < b$, so daß $f'(x_0) = 0$ ist.
	(Dies ist ein Spezialfall des Mittelwertsatzes, welcher äquivalent zu ihm ist)
Verallgemeinerter Mittelwert-Satz:	Ist $g : [a, b] \to \mathbb{R}$ stetig und in $a < x < b$ differenzierbar mit $g'(x) \neq 0$ für alle x, so gilt: Ist $a \leq x_1 < x_2 \leq b$, so gibt es ein x_0 mit $x_1 < x_0 < x_2$, so daß
	$\dfrac{f(x_2) - f(x_1)}{g(x_2) - g(x_1)} = \dfrac{f'(x_0)}{g'(x_0)}$
	Der verallgemeinerte MWS ist äquivalent zum MWS, welcher wiederum ein Spezialfall ist (mit $y(x) = x$)
Anwendung:	Die Hauptsätze der Differentialrechnung sind die Grundlage der Analysis schlechthin. Insbesondere finden sie unmittelbar Anwendung bei Kurvendiskussionen, Extremwertbestimmungen, Ungleichungen und Grenzwertbestimmungen.

Übersicht A-38. Kurvendiskussion, Extremwertaufgaben, Ungleichungen und Grenzwertrechnung

Kurvendiskussion

Ist eine Funktion $f(x)$ vermöge Funktionsvorschrift (Formel) gegeben, so sind gefragt:

(1) Definitionsgebiet und gegebenenfalls Symmetrien, Nullstellen
(2) Pole (Unstetigkeits- oder Unendlichkeitsstellen)
(3) kritische Punkte ($=f'(x) = 0$-Stellen, waagerechte Tangenten)
Extremstellen ($=$ lokale Maximum- oder Minimumstellen) sind kritische Stellen (aber nicht umgekehrt – siehe $f(x) = x^3$ für $x = 0$!).
Satz (Extremstellen-Test)
$f'(x_0) = 0$ und f' hat Vorzeichenwechsel ($\pm \mp$ Muster) $\Leftrightarrow f$ hat in x_0 ein lokales $<$ $^{\text{Maximum}}_{\text{Minimum}}$.
Die Bedingung $f''(x_0) > 0$ bzw. $f''(x_0) < 0$ impliziert dagegen nur, daß ein lokales Minimum bzw. Maximum vorliegt, nicht umgekehrt.
(Beispiel $f(x) = x^4 \Rightarrow x_0$ ist Minimum, aber $f''(0) = 0$)
(4) Konvexität – Konkavität: $f''(x) > 0$ (<0) in $]a, b[\Rightarrow f$ konvex (konkav) (linksgekrümmt bzw. rechtsgekrümmt). Punkte x_0, in denen sich die Krümmung ändert (konvex $\leftrightarrow$ konkav) heißen Wendepunkte.
Satz (Wendepunkt-Test)
$f''(x_0) = 0$ und f'' hat Vorzeichenwechsel in x_0 (was zum Beispiel bei $f'''(x_0) \neq 0$ eintritt) mit Muster ($\pm \mp$) $\Leftrightarrow x_0$ ist Wendepunkt (mit $^{\text{konvex} \to \text{konkav}}_{\text{konkav} \to \text{konvex}}$). Das Beispiel $y = x^4$ (überall konvex) zeigt, daß $x = 0$ kein Wendepunkt ist (obwohl $y''(0) = 0$ ist)!
(5) Grenzwerte, Asymptoten (meist für $x \to \pm \infty$)
(6) Skizze der Funktion $y = f(x)$ anhand der Daten aus (1) bis (5).

Beispiel: $f(x) = \dfrac{x}{x^2 - 1}$

Definitionsbereich: $\mathbb{R}$ ohne ± 1, wo Polstellen sind. Da $x^2 - 1 = (x-1)(x+1)$, sind $x_1 = 1$ und $x_2 = -1$ Nullstellen des Nenners mit Vorzeichenwechsel; sie sind daher Polstellen von f mit entgegenzeigenden Ästen.

$f(-x) = -f(x)$ und 0 ist einzige Nullstelle. Es ist $f'(x) = -\dfrac{x^2 + 1}{(x^2 - 1)^2} < 0$ in Def(f), $\lim\limits_{x \to \pm \infty} f(x) = 0$. f ist stets

monoton fallend (was wegen der Polstellen möglich ist). Desweiteren ist $f''(x) = 2x \dfrac{x^2 + 3}{(x^2 - 1)^3}$ mit Wendestelle $x = 0$ (da einfache Nullstelle von f'' – also mit Vorzeichenwechsel; das Vorzeichen von f'' kann leicht abgelesen werden – also konvex–konkav-Bestimmung möglich).

Tabelle

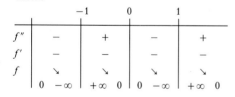

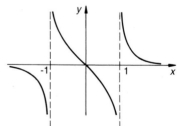

	-1		0		1	
f''		$-$		$+$		$-$		$+$
f'		$-$		$-$		$-$		$-$
f	$\searrow$		$\searrow$		$\searrow$		$\searrow$
	0	$-\infty$	$+\infty$	0	0	$-\infty$	$+\infty$	0

Extremwertaufgaben sind Textaufgaben

Umsetzung in mathematische Formulierung führt auf die Aufgabe, Maxima/Minima in einem gegebenen Bereich zu bestimmen.

Übersicht A-38 (Fortsetzung)

Ungleichungen

Ungleichungen können bei folgenden Voraussetzungen (und Differenzierbarkeitsvoraussetzungen) so behandelt werden:

Ist $f'(x) < g'(x)$ für $a < x$ und ist $f(a) \leq g(a) \Rightarrow f(x) < g(x)$ für $a < x$

Beispiel: $f(x) = \arctan x$, $g(x) = x : f'(x) = \dfrac{1}{1 + x^2} < 1 = g'(x)$ $(x > 0)$, $f(0) = \arctan 0$

$= 0 = g(a)$ also $f(x) = \arctan x < x = g(x)$ für $x > 0$

Grenzwertrechnung

Grenzwertrechnung bei unbestimmten Ausdrücken: Hier dient die Regel von l'Hospital:

Gilt $f(x) \to f(x_0) = 0\,(\infty)$, $g(x) \to g(x_0) = 0\,(\infty)$ bei $x \to 0$, so gilt:

$$\text{Ist } \quad a = \lim_{x \to 0} \frac{f'(x)}{g'(x)} \quad \text{ so ist } \quad a = \lim_{x \to 0} \frac{f(x)}{g(x)}.$$

Beispiel: $\displaystyle \lim_{x \to 0} \frac{\sin x}{x} = \lim_{x \to 0} \frac{\cos x}{1} = 1 \quad \left(\frac{0}{0}\text{-Form} \right)$

Andere unbestimmte Ausdrücke – wie $0 \cdot \infty$ (Bsp. $x \cdot \cot x$) oder 0^0 (wie $x^{\sin x}$) oder $\infty - \infty$ $\left(\text{wie } \left(\dfrac{1}{x - 2} - \dfrac{8}{x^2 + 4x - 12} \right) \right)$ können durch Manipulation oder algebraische Umformung auf $\dfrac{0}{0}$ oder $\dfrac{\infty}{\infty}$-Form gebracht werden, denn nur dort kann man l'Hospitals Regel anwenden.

Beispiel: $\displaystyle \lim_{x \to 0} x^{\sin x} = \lim_{x \to 0} (e^{\ln x})^{\sin x} = \lim_{x \to 0} e^{\sin x \ln x} = \lim_{x \to 0} e^{x \ln x \cdot \frac{\sin x}{x}}$.

Da $\dfrac{\sin x}{x} \to 1$ bei $x \to 0$, ist nur $\displaystyle \lim_{x \to 0} x \ln x$ $(0 \cdot \infty)$ zu berechnen.

Man schreibt $\displaystyle \lim_{x \to 0} x \ln x = \lim_{x \to 0} \frac{\ln x}{1/x} = \lim_{x \to 0} \frac{1/x}{-1/x^2} = -\lim_{x \to 0} x = 0$,

also $\displaystyle \lim_{x \to 0} x^{\sin x} = e^0 = 1$.

A.14 Integralrechnung

Es gibt grundsätzlich zwei Möglichkeiten zu sagen, was „das" Integral einer Funktion $f(x)$, $a \leq x \leq b$, ist:

– Einerseits soll dies – bei positivem $f(x)$ die Flächeninhaltsfunktion sein (vgl. nebenstehende Figur)

$$F(x) =: \int_a^x f(t)\,dt := \text{Flächeninhalt unter}$$
$$\text{Graph } f(x)$$

– Andererseits soll dies eine Funktion f sein, deren Ableitung gerade die gegebene Funktion $f(x)$ ist, also $F'(x) = f(x)$, $a \leq x \leq b$. Man sagt dann, daß $F(x)$ eine Stammfunktion von $f(x)$ ist.

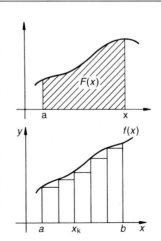

Die Flächeninhaltsfunktion $F(x)$ wird hierbei als Grenzwert ermittelt:

Indem das Intervall $[a, x]$ in n gleichbreite Rechtecke unterteilt wird, erhält man gemäß Skizze eine Annäherung zum gesuchten Flächeninhalt, i. e.:

$$F(x) = \lim_{n \to \infty} \left(\sum_{b=0}^{n-1} \frac{x-a}{n} \cdot f(x_k) \right)$$

Rieman'sche Summen

$$\text{mit } x_k = a + k \frac{x-a}{n}, \quad k = 0, \ldots, n-1$$

Theorem (Hauptsatz der Differential- und Integralrechnung)

Die vorstehende „Flächeninhaltsfunktion" $F(x)$ ist eine Stammfunktion von $f(x)$. Es gibt im wesentlichen nur „eine" Stammfunktion zu einer Funktion $f(x)$: Sind nämlich $F(x)$ und $G(x)$ Stammfunktionen zu ein und derselben Funktion $f(x)$, so ist $F(x) - G(x) = \text{const.}$ Sie unterscheiden sich also nur durch eine additive Konstante.

$$\boxed{F(x) = G(x) + C}\ ,$$

$F(x)$ und $G(x)$ sind Stammfunktionen zu $f(x)$

Folgerung: Sind $F(x)$ und $G(x)$ zwei Stammfunktionen zu $f(x)$, so ist
$$F(x_2) - F(x_1) = G(x_2) - G(x_1)$$

Folgerung: $\displaystyle\int_{x_1}^{x_2} f(t)\, dt = F(x_2) - F(x_1)$
$$\equiv F(x)|_{x_1}^{x_2},$$
wobei $F(x)$ irgendeine Stammfunktion von $f(x)$ ist.

Während die Integration als Grenzwert Riemann'scher Summen technisch kaum durchführbar ist (von einfachsten Fällen abgesehen), so gibt es dagegen zur Ermittlung von Stammfunktionen einige weitreichende Methoden und Regeln:

Übersicht A-39. Rechenregeln für Integrale.

Im folgenden steht das Symbol $\int f(t)\, dt$ für

a) Stammfunktion von f

b) unbestimmte Integrale, also $F(x) := \int_a^x f(t)\, dt$

c) bestimmte Integrale, also $\int_a^b f(t)\, dt = F(b) - F(a)$

wobei $F(x)$ irgendeine Stammfunktion zu $f(x)$ ist.
Alle Funktionen seien stetig.

allgemein	Beispiel
$\int [f(x) + g(x)]\, dx = \int f(x)\, dx \pm \int g(x)\, dx$	$\int (x^2 - \sin x)\, dx = \dfrac{1}{3} x^3 + \cos x$
$\int c\, f(x)\, dx = c \int f(x)\, dx \quad \text{für } c \in \mathbb{R}$	$\displaystyle\int_0^1 20\, x^3\, dx = [5\, x^4]_0^1 = 5$
$\displaystyle\int_a^b f(x)\, dx = \int_a^c f(x)\, dx + \int_c^b f(x)\, dx \quad (a < c < b)$	
$\displaystyle\int_b^a f(x)\, dx = - \int_a^b f(x)\, dx$	
$\dfrac{d}{dx} \displaystyle\int_a^x f(t)\, dt = f(x)$	
$\dfrac{d}{dx} \displaystyle\int_{a(x)}^{b(x)} f(t)\, dt = f(b(x))\, b'(x) - f(a(x))\, a'(x)$	$\dfrac{d}{dt} \displaystyle\int_0^{\sin x} e^t\, dt = e^{\sin x} \cos x$

Übersicht A-39 (Fortsetzung)

Mittelwertsatz der Integralrechnung

Es gibt ein ξ, $a < \xi < b$ mit

$$f(\xi) = \frac{1}{b-a} \int_a^b f(t)\,dt$$

Für $f \geq 0$ in $[a, b]$:

Umwandlung der Fläche in gleichgroßes Rechteck

$\int_a^b f(t)\,dt$ ist der Flächeninhalt unter dem

Funktionsgraph gemäß Skizze

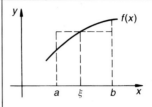

Merkregel: Nur für $f(x) \geq 0$ ist $\int_a^b f(x)\,dx$ der Flä-

cheninhalt unterhalb des Graphen! Die Intepretation als Flächeninhalt – bzw. die Näherung mittels Riemann'scher Summen – führt zu zahlreichen numerischen Integrationsmethoden

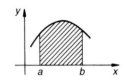

– Rechteckformel

$$\int_a^b f(x)\,dx \approx \frac{b-a}{n}\,(y_a + y_1 + y_2 + \ldots + y_{n-1})$$

n Anzahl gleich großer Intervalle

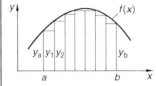

– Trapezformel

$$\int_a^b f(x)\,dx \approx \frac{b-a}{2n}\,(y_a + 2y_1 + 2y_2 + \ldots$$
$$+ 2y_{n-1} + y_b)$$

– Tangentenformel

$$\int_a^b f(x)\,dx \approx \frac{2(b-a)}{n}\,(y_1 + y_3 + y_5 + \ldots y_{n-1})$$

n gerade

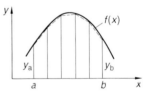

– Simpsonsche Regel

$$\int_a^b f(x)\,dx \approx \frac{b-a}{3n}\,(y_a + 4y_1 + 2y_2 + 4y_3 +$$
$$2y_4 + \ldots + 2y_{n-2} + 4y_{n-1} + y_b)$$

– Reihenentwicklung

Sei $f(x) = \sum\limits_{k=0}^{\infty} a_k(x - x_0)^k$ die analytische Entwicklung einer Funktion $f(x)$ (sofern möglich), welche im Intervall $]x_0 - R, x_0 + R[$ konvergieren möge. Sind dann a, b aus diesem Intervall, so gilt:

$$\int_a^b f(x)\,dx = \sum_{k=0}^{\infty} a_k \int_a^b (x - x_0)^k$$
$$= \sum_{k=0}^{\infty} a_k \frac{1}{k+1}(x - x_0)^{k+1}\Big|_a^b$$

$e^{x^2} = \sum\limits_{n=0}^{\infty} \frac{x^{2n}}{n!}$, konvergiert in ganz $\mathbb{R}$, also ist

$$\int_0^x e^{t^2}\,dt = \sum_{n=0}^{\infty} \frac{x^{2n+1}}{(2n+1)\,n!}$$

Es gibt zu e^{x^2} keine elementare Stammfunktion.

Übersicht A-40 Uneigentliches Integral.

allgemein	Beispiel
Integrale mit unendlichen Grenzen oder Integrale von Funktionen, deren Funktionswerte im Integrationsintervall unendlich werden oder allgemein von Funktionen, welche Unstetigkeitsstellen aufweisen.	

$$\int_a^\infty f(x)\,dx = \lim_{b \to +\infty} \int_a^b f(x)\,dx \qquad \int_1^\infty \frac{1}{t^2}\,dt = \lim_{b\to\infty}\left[-\frac{1}{t}\right]_1^b = \lim\left(1 - \frac{1}{b}\right) = 1$$

$$\int_{-\infty}^b f(x)\,dx = \lim_{a \to -\infty} \int_a^b f(x)\,dx$$

$$\int_{-\infty}^{+\infty} f(x)\,dx = \lim_{\substack{a \to -\infty \\ b \to +\infty}} \int_a^b f(x)\,dx$$

Ist $f(x)$ stetig in $]a,b]$, aber vielleicht nicht in a, so ist

$$\int_0^b f(t)\,dt = \lim_{\varepsilon \searrow 0} \int_{a+\varepsilon}^b f(t)\,dt \qquad \int_0^1 \frac{1}{\sqrt{t}}\,dt = \lim_{\varepsilon \to 0}[2\sqrt{t}]_\varepsilon^1 = 2$$

Übersicht A-41. Grundintegrale.

unbestimmte Grundintegrale	
$f(x)$	$\int f(x)\,dx$ (Stammfunktion)
x^n	$\dfrac{x^{n+1}}{n+1}$ $(n \neq -1)$
a^x	$\dfrac{a^x}{\ln a} = a^x \log_a e$
e^x	e^x
$\dfrac{1}{x}$	$\ln|x|$
$\dfrac{1}{1+x^2}$	$\arctan x = -\operatorname{arccot} x$
$\dfrac{1}{1-x^2}$	$\operatorname{artanh} x = \dfrac{1}{2}\ln\dfrac{1+x}{1-x}$ $(|x| < 1)$ $\operatorname{arcoth} x = \dfrac{1}{2}\ln\dfrac{x+1}{x-1}$ $(|x| > 1)$
$\dfrac{1}{x^2-1}$	$-\operatorname{arcoth} x = \dfrac{1}{2}\ln\dfrac{x-1}{x+1}$ $(|x| > 1)$
$\dfrac{1}{\sqrt{x^2+1}}$	$\operatorname{arsinh} x = \ln(x + \sqrt{x^2+1})$

Übersicht A-41 (Fortsetzung)

unbestimmte Grundintegrale	
$f(x)$	$\int f(x)\,\mathrm{d}x$ (Stammfunktion)
$\dfrac{1}{\sqrt{x^2-1}}$	$\operatorname{arcosh} x = \ln(x+\sqrt{x^2-1})$
$\sin x$	$-\cos x$
$\cos x$	$\sin x$
$\dfrac{1}{\sin^2 x}$	$-\cot x$
$\dfrac{1}{\cos^2 x}$	$\tan x$
$\sinh x$	$\cosh x$
$\cosh x$	$\sinh x$
$\dfrac{1}{\sinh^2 x}$	$-\coth x$
$\dfrac{1}{\cosh^2 x}$	$\tanh x$

bestimmte Grundintegrale, uneigentliche Integrale	
$\displaystyle\int_a^b f(x)\,\mathrm{d}x$	Wert
$\displaystyle\int_{-1}^{+1} a^x\,\mathrm{d}x$	$\dfrac{a^2-1}{a\ln a}$
$\displaystyle\int_0^\infty e^{-x^2}\,\mathrm{d}x$	$\dfrac{1}{2}\sqrt{\pi}$
$\displaystyle\int_0^\infty e^{-x} x^n\,\mathrm{d}x$	$n!$
$\displaystyle\int_0^\infty \dfrac{x}{e^x+1}\,\mathrm{d}x$	$\dfrac{\pi^2}{12}$
$\displaystyle\int_0^\infty \dfrac{x}{e^x-1}\,\mathrm{d}x$	$\dfrac{\pi^2}{6}$
$\displaystyle\int_0^\infty \dfrac{1}{x^2+a^2}\,\mathrm{d}x$	$\dfrac{\pi}{2a}$
$\displaystyle\int_0^a \dfrac{1}{x^2-a^2}\,\mathrm{d}x$	$-\infty$
$\displaystyle\int_0^a \dfrac{1}{\sqrt{a^2-x^2}}\,\mathrm{d}x$	$\dfrac{\pi}{2}$
$\displaystyle\int_a^b \dfrac{1}{\sqrt{(x-a)(b-x)}}\,\mathrm{d}x$	π
$\displaystyle\int_0^1 \dfrac{1}{\sqrt{1-x^2}}\,\mathrm{d}x$	$\dfrac{\pi}{2}$

Übersicht A-41 (Fortsetzung)

bestimmte Grundintegrale, uneigentliche Integrale	
$f(x)$	$\int\limits_a^b f(x)\,dx$ (Stammfunktion)
$\int\limits_0^1 \dfrac{x}{\sqrt{1-x^2}}\,dx$	1
$\int\limits_0^\infty \dfrac{1}{(1-x)\sqrt{x}}\,dx$	0
$\int\limits_0^a \dfrac{x^2}{\sqrt{ax-x^2}}\,dx$	$\dfrac{3\pi a^2}{8}$
$\int\limits_0^1 \dfrac{\ln x}{x+1}\,dx$	$-\dfrac{\pi^2}{12}$
$\int\limits_0^1 \dfrac{\ln x}{x-1}\,dx$	$\dfrac{\pi^2}{6}$
$\int\limits_0^1 \dfrac{\ln x}{x^2-1}\,dx$	$\dfrac{\pi^2}{8}$
$\int\limits_0^\infty \dfrac{\sin(ax)}{x}\,dx$	$\dfrac{\pi}{2}: a>0$ $-\dfrac{\pi}{2}: a<0$
$\int\limits_0^\infty \dfrac{\cos(ax)}{x}\,dx$	∞
$\int\limits_0^\pi \sin(ax)\,dx$	$\dfrac{1-\cos(a\pi)}{a}$
$\int\limits_0^\pi \cos(ax)\,dx$	$\dfrac{\sin(a\pi)}{a}$
$\int\limits_0^{\pi/2} \dfrac{1}{1+\cos x}\,dx$	1
$\int\limits_0^\infty \dfrac{\sin x}{\sqrt{x}}\,dx = \int\limits_0^\infty \dfrac{\cos x}{\sqrt{x}}\,dx$	$\sqrt{\dfrac{\pi}{2}}$
$\int\limits_0^{\pi/4} \tan x\,dx$	$\dfrac{1}{2}\ln 2$

Übersicht A-42. Integrationstechniken.

partielle Integration (Produktintegration)	
allgemein	Beispiel
$\int uv'\,dx = uv - \int vu'\,dx$	$\int x\sin x\,dx \quad u=x;\ \ v'=\sin x$ $u'=1;\ \ v=-\cos x$ $= -x\cos x - \int 1\cdot(-\cos x)\,dx$ $= -x\cos x + \sin x$

Übersicht A-42 (Fortsetzung)

Substitution

Ist $F(u)$ eine Stammfunktion von $f(u)$, so ist $G(x) := F(u(x))$ eine Stammfunktion von $f(u(x)) u'(x)$ und umgekehrt.

$$\int_a^b f(u)\,du = \int_{u^{-1}(a)}^{u^{-1}(b)} f(u(x))\,u'(x)\,dx$$

$$\int \frac{dx}{3x-1} \qquad u = 3x - 1$$

$$du = 3\,dx \qquad dx = \frac{1}{3}\,du$$

$$\frac{1}{3}\int \frac{du}{u} = \frac{1}{3}\ln|u| = \frac{1}{3}\ln|3x - 1|$$

Zur Anwendung kommt die Substitutionsregel zumeist in der Situation, daß die Funktion $f(x)$ von der Struktur $f(x) = g(u(x))$ ist. Indem man $u = u(x)$ als neue Variable einführt, also $x = x(u)$ (umstellen), $dx = x'(u)\,du$, gelangt man zum Integral

$$\int g(u)\,x'(u)\,du$$

Gesetzt der Fall, letzteres wäre lösbar und die Stammfunktion wäre $G(u)$, so ist $F(x) := G(u(x))$ die gesuchte Stammfunktion zu $f(x)$. Sehr oft allerdings wendet man Substitutionsformen an, die im algebraischen Ausdruck für $f(x)$ nicht vorliegen.

$$\int \sqrt{1 - x^2}\,dx: \quad x = \cos t,\ dx = -\sin t\,dt,$$

$$\rightarrow \int \sqrt{1 - \cos^2 t}\cdot(-\sin t)\,dt = -\int \sin^2 t\,dt$$

Die Stammfunktion von $\sin^2 t$ wird partiell ermittelt, also:

$$\int \sin t \sin t = -\sin t \cos t + \int \underbrace{\cos^2 t}\,dt$$
$$ \overbrace{1 - \sin^2 t}$$

$$= -\sin t \cos t + t - \int \sin^2 t\,dt,\ \text{ also}$$

$$\int \sin^2 t\,dt = \frac{1}{2}\{t - \sin t \cos t\}\ \text{ und die}$$

Rücksubstitution ($t = \arccos x$) ergibt

$$\int \sqrt{1 - x^2}\,dx = -\frac{1}{2}\left(\arccos x - x\sqrt{1 - x^2}\right)$$

Spezialfall:
Ist $F(u)$ Stammfunktion zu $f(u)$ (Variable: u), so offenbar auch $F(ax + b)$ zu $af(ax + b)$ (Variable: x)

Häufig kann folgende Struktur des Integranden erkannt bzw. manipulativ eingerichtet werden:

$$f(x) = g(u(x))u'(x)$$

Ist dann $G(u)$ Stammfunktion von $g(u)$, so ist

$$F(x) := G(u(x))$$

das gewünschte Integral.

$$\int \frac{1}{u^2}\,du = F(u) = -\frac{1}{u},\ \text{ also}$$

$$\int \frac{1}{(ax+b)^2}\,dx = -\frac{1}{a}\cdot\frac{1}{ax+b}$$

$$\int \frac{x}{\sqrt{a^2 - x^2}}\,dx \qquad u = a^2 - x^2,\ dx = -\frac{du}{2x},$$

$$\rightarrow \int \frac{x}{\sqrt{u}}\cdot\left(-\frac{1}{2x}\right)du - \frac{1}{2}\int u^{-1/2}\,du$$

$$= -u^{1/2} = -\sqrt{a^2 - x^2}$$

Insbesondere ist die Stammfunktion von $\dfrac{u'(x)}{u(x)}$ durch $\ln|u(x)| + c$ gegeben, was bei Differentialgleichungen häufig vorkommt.

$$\int \frac{x}{x^2 + 3}\,dx = \frac{1}{2}\int \frac{2x}{x^2 + 3}\,dx = \frac{1}{2}\ln(x^2 + 3)$$

$$\int \tan x\,dx = \int \frac{\sin x}{\cos x}\,dx = \int -\frac{(\cos x)'}{\cos x}\,dx$$

$$= -\ln|\cos x|$$

Übersicht A-42 (Fortsetzung)

Partialbruchzerlegung	
Es ist $P(x)/Q(x)$ zu integrieren; P, Q Polynome. Durch Abspalten (Polynomdivision) muß zunächst gewährleistet sein, daß Grad $P <$ Grad Q ist (sowie keine gemeinsamen Nullstellen). Die weitere Vorgehensweise ist abhängig von der Nullstellenstruktur des Nenners. Es sei Grad $Q = n$.	

1. Fall: Q hat genau n (einfache), verschiedene, reelle Nullstellen

$$Q(x) = (x - x_1)(x - x_2) \cdots (x - x_n)$$

$\leadsto$ Es gibt Konstanten $A_1, A_2, \ldots, A_n$ mit

$$\frac{P(x)}{Q(x)} = \frac{A_1}{x - x_1} + \frac{A_2}{x - x_2} + \cdots + \frac{A_n}{x - x_n}$$

2. Fall: Q hat mit Vielfachheiten genau n reelle Nullstellen (manche also vielleicht mehrfach), also

$$Q(x) = (x - x_1)^{n_1}(x - x_2)^{n_2} \cdots (x - x_m)^{n_m}$$

$$(n_1 + n_2 + \cdots + n_m = n)$$

$\leadsto$ Dann ist nur folgender Ansatz erfolgreich

$$\frac{P(x)}{Q(x)} = \frac{A_{11}}{x - x_1} + \frac{A_{12}}{(x - x_1)^2} + \cdots + \frac{A_{1n_1}}{(x - x_1)^{n_1}}$$

$$+ \frac{A_{21}}{x - x_2} + \frac{A_{22}}{(x - x_2)^2} + \cdots + \frac{A_{2n_2}}{(x - x_2)^{n_2}}$$

$$+ \frac{A_{m1}}{(x - x_m)} + \cdots + \frac{A_{mn_m}}{(x - x_m)^{n_m}}$$

3. Fall: Q hat auch komplexe Nullstellen (welche allerdings konjugiert auftreten: Ist $z_{1,2} = \alpha \pm i\beta$ eine solche Nullstelle, so ist $(z - z_1)(z - z_2) = (z - z_1)(z - \bar{z}_1)$ $= z^2 - 2\alpha z + |z_1|^2$ ein quadratischer Faktor von Q) und Q ist von der Form

$$Q(x) = \underbrace{(x - x_1)^{n_1} \cdots (x - x_r)^{n_r}}_{\text{reelle Nullstellen}} \cdot$$

$$\underbrace{\cdot (x^2 - 2\alpha_1 x + (\alpha_1^2 + \beta_1^2))^{m_1} \cdots (x^2 - 2\alpha_s x + (\alpha_s^2 + \beta_s^2))^{m_s}}_{\text{konjugiert komplexe Nullstellen}}$$

$\leadsto$ Der Partialbruchansatz lautet

$$\frac{P(x)}{Q(x)} = \sum_{k=1}^{r} \left(\sum_{j=1}^{n_k} \frac{A_{kj}}{(x - x_k)^j} \right)$$

$$+ \sum_{k=1}^{s} \left(\sum_{j=1}^{m_k} \frac{B_{kj}x + C_{kj}}{[x^2 - 2\alpha_k x + (\alpha_k^2 + \beta_k^2)]^j} \right)$$

$$\frac{x^2 + 4}{(x-1)^2(x^2 + 2x + 4)} = \frac{P(x)}{Q(x)}$$

$x^2 + 2x + 4 = (x-1)^2 + 3$ nullstellenfrei in $\mathbb{R}$, also *PBZ*-Ansatz

$$\frac{x^2 + 4}{(x-1)^2(x^2 + 2x + 4)}$$

$$= \frac{A_1}{x - 1} + \frac{A_2}{(x-1)^2} + \frac{Bx + C}{x^2 + 2x + 4}$$

Übersicht A-42 (Fortsetzung)

Partialbruchzerlegung

Die Bestimmung der Koeffizienten A_{kj}, B_{kj}, C_{kj} erfolgt so:

– Multiplikation des *PBZ*-Ansatzes mit Nenner Q
→ Polynomgleichheit, dann
– Berechnung der A, B, C-Konstanten durch
  a) Nullstellen einsetzen
  b) Koeffizientenvergleich
  c) Differenzieren, erneut vergleichen (bei mehrfachen Nullstellen geeignet)

$$x^2 + 4 = A_1(x-1)(x^2+2x+4) + A(x^2+2x+4)$$
$$+ (Bx+C)(x-1)^2$$
(Polynomgleichheit)

$x = 1$ ergibt: $\quad 5 = A_2 \cdot 7$, $A_2 = \frac{5}{7}$

Koeff.verg. (x^3): $\quad 0 = A_1 + B$

Koeff.verg. (x^0): $\quad 4 = -4A_1 + 4A_2 + C$

Differenzieren ergibt für $x = 1$

$$2 = A_1(7) + A_2(2 \cdot 1 + 2) + 0$$

woraus $A_1 = -\frac{6}{49}$, $B = \frac{6}{49}$, $C = \frac{32}{49}$ folgt.

$$\int \frac{x^2 + 4}{(x-1)^2(x^2+2x+4)}\, dx =$$

$$-\frac{6}{49}\ln|x-1| - \frac{5}{7}\cdot\frac{1}{x-1} + \frac{3}{49}\left[\ln(x^2+2x+4)\right.$$

$$\left. + \frac{26}{9}\sqrt{3}\arctan\frac{x+1}{\sqrt{3}}\right]$$

Übersicht A-43. Wichtige Integrale.

rationale Funktionen	
$f(x)$	$\int f(x) + C$
$(ax+b)^n$	$\dfrac{(ax+b)^{n+1}}{a(n+1)} \quad (n + -1)$
$x(ax+b)^n$	$\dfrac{(ax+b)^{n+2}}{a^2(n+2)} - \dfrac{b(ax+b)^{n+1}}{a^2(n+1)}$ $(n \neq -2; n \neq -1)$
$\dfrac{1}{ax+b}$	$\dfrac{1}{a}\ln|ax+b|$
$\dfrac{x}{(ax+b)^2}$	$\dfrac{1}{a^2}\left(\ln|ax+b| + \dfrac{b}{ax+b}\right)$
$\dfrac{x}{(ax+b)^n}$	$\dfrac{a(1-n)x - b}{a^2(n-1)(n-2)(ax+b)^{n-1}}$ $(n \neq 1; n \neq 2)$
$\dfrac{1}{x(ax+b)} \quad$ (für $b \neq 0$)	$-\dfrac{1}{b}\ln\left|\dfrac{ax+b}{x}\right|$
$\dfrac{1}{x^2 + a^2}$	$\dfrac{1}{a}\arctan\left(\dfrac{x}{a}\right)$

Übersicht A-43 (Fortsetzung)

irrationale Funktionen	
$\sqrt{a^2 - x^2}$	$\dfrac{1}{2}\left(x\sqrt{a^2 - x^2} + a^2 \arcsin \dfrac{x}{a}\right)$ $(\lvert x \rvert < a)$
$x\sqrt{a^2 - x^2}$	$-\dfrac{1}{3}\sqrt{(a^2 - x^2)^3}$
$\dfrac{\sqrt{a^2 - x^2}}{x}$	$\sqrt{a^2 - x^2} - a\ln\left\lvert \dfrac{a + \sqrt{a^2 - x^2}}{x} \right\rvert$
$\dfrac{1}{\sqrt{a^2 - x^2}}$	$\arcsin \dfrac{x}{a}$
$\sqrt{x^2 + a^2}$	$\dfrac{1}{2}\left(x\sqrt{x^2 + a^2} + a^2 \operatorname{ar sinh} \dfrac{x}{a}\right)$
$x\sqrt{x^2 + a^2}$	$\dfrac{1}{3}\sqrt{x^2 + a^2)^3}$
$\dfrac{\sqrt{x^2 + a^2}}{x}$	$\sqrt{x^2 + a^2} - a\ln\left\lvert \dfrac{a + \sqrt{x^2 + a^2}}{x} \right\rvert$
$\dfrac{1}{\sqrt{x^2 + a^2}}$	$\operatorname{ar sinh} \dfrac{x}{a} = \ln\lvert x + \sqrt{x^2 + a^2} \rvert$
$\dfrac{x}{\sqrt{x^2 + a^2}}$	$\sqrt{x^2 + a^2}$
$\dfrac{x^2}{\sqrt{x^2 + a^2}}$	$\dfrac{x}{2}\sqrt{x^2 + a^2} - \dfrac{a^2}{2} \operatorname{ar sinh} \dfrac{x}{a}$
$\dfrac{1}{x^2\sqrt{x^2 + a^2}}$	$-\dfrac{\sqrt{x^2 + a^2}}{a^2 x}$
$\sqrt{x^2 - a^2}$	$\dfrac{1}{2}\left(x\sqrt{x^2 - a^2} - a^2 \operatorname{ar cosh} \dfrac{x}{a}\right)$
$\dfrac{1}{\sqrt{x^2 - a^2}}$	$\operatorname{ar cosh} \dfrac{x}{a} = \ln\left\lvert \dfrac{x + \sqrt{x^2 - a^2}}{a} \right\rvert$
$\dfrac{x}{\sqrt{x^2 - a^2}}$	$\sqrt{x^2 - a^2}$
$\dfrac{x^2}{\sqrt{x^2 - a^2}}$	$\dfrac{x}{2}\sqrt{x^2 - a^2} + \dfrac{a^2}{2} \operatorname{ar cosh} \dfrac{x}{a}$

Übersicht A-43 (Fortsetzung)

	trigonometrische Funktionen
$\sin(cx)$	$-\dfrac{1}{c}\cos(cx)$
$x\sin(cx)$	$\dfrac{\sin(cx)}{x^2}-\dfrac{x\cos(cx)}{c}$
$\dfrac{\sin(cx)}{x}$	$cx-\dfrac{(cx)^3}{3\cdot 3!}+\dfrac{(cx)^5}{5\cdot 5!}-+\ldots$
$\dfrac{1}{\sin(cx)}$	$\dfrac{1}{c}\ln\left|\tan\left(\dfrac{cx}{2}\right)\right|$
$\dfrac{1}{1+\sin(cx)}$	$\dfrac{1}{c}\tan\left(\dfrac{cx}{2}-\dfrac{\pi}{4}\right)$
$\dfrac{1}{1-\sin(cx)}$	$\dfrac{1}{c}\tan\left(\dfrac{cx}{2}+\dfrac{\pi}{4}\right)$
$\cos(cx)$	$\dfrac{1}{c}\sin(cx)$
$x\cos(cx)$	$\dfrac{\cos(cx)}{c^2}+\dfrac{x\sin(cx)}{c}$
$\dfrac{\cos(cx)}{x}$	$\ln|cx|-\dfrac{(cx)^2}{2\cdot 2!}+\dfrac{(cx)^4}{4\cdot 4!}-+\ldots$
$\dfrac{1}{\cos(cx)}$	$\dfrac{1}{c}\ln\left|\tan\left(\dfrac{cx}{2}+\dfrac{\pi}{4}\right)\right|$
$\dfrac{1}{1+\cos(cx)}$	$\dfrac{1}{c}\tan\left(\dfrac{cx}{2}\right)$
$\dfrac{1}{1-\cos(cx)}$	$-\dfrac{1}{c}\cot\left(\dfrac{cx}{2}\right)$
$\tan(cx)$	$-\dfrac{1}{c}\ln|\cos(cx)|$
$\dfrac{1}{\tan(cx)+1}$	$\dfrac{x}{2}+\dfrac{1}{2c}\ln|\sin(cx)+\cos(cx)|$
$\dfrac{1}{\tan(cx)-1}$	$-\dfrac{x}{2}+\dfrac{1}{2c}\ln|\sin(cx)-\cos(cx)|$
$\cot(cx)$	$\dfrac{1}{c}\ln|\sin(cx)|$

Übersicht A-43 (Fortsetzung)

Hyperbelfunktionen	
$\sinh(cx)$	$\dfrac{1}{c}\cosh(cx)$
$x\sinh(cx)$	$\dfrac{1}{c}x\cosh(cx) - \dfrac{1}{c^2}\sinh(cx)$
$\sinh^2(cx)$	$\dfrac{1}{4c}\sinh(2cx) - \dfrac{x}{2}$
$\cosh(cx)$	$\dfrac{1}{c}\sinh(cx)$
$x\cosh(cx)$	$\dfrac{1}{c}x\sinh(cx) - \dfrac{1}{c^2}\cosh(cx)$
$\cosh^2(cx)$	$\dfrac{1}{4c}\sinh(2cx) + \dfrac{x}{2}$
$\tanh(cx)$	$\dfrac{1}{c}\ln|\cosh(cx)|$
$\coth(cx)$	$\dfrac{1}{c}\ln|\sinh(cx)|$

Arcusfunktionen	
$\arcsin\left(\dfrac{x}{c}\right)$	$x\arcsin\left(\dfrac{x}{c}\right) + \sqrt{c^2 - x^2}$
$\arccos\left(\dfrac{x}{c}\right)$	$x\arccos\left(\dfrac{x}{c}\right) - \sqrt{c^2 - x^2}$
$\arctan\left(\dfrac{x}{c}\right)$	$x\arctan\left(\dfrac{x}{c}\right) - \dfrac{c}{2}\ln(c^2 + x^2)$
$\operatorname{arccot}\left(\dfrac{x}{c}\right)$	$x\operatorname{arccot}\left(\dfrac{x}{c}\right) + \dfrac{c}{2}\ln(c^2 + x^2)$

Areafunktionen	
$\operatorname{arsinh}\left(\dfrac{x}{c}\right)$	$x\operatorname{arsinh}\left(\dfrac{x}{c}\right) - \sqrt{x^2 + c^2}$
$\operatorname{arcosh}\left(\dfrac{x}{c}\right)$	$x\operatorname{arcosh}\left(\dfrac{x}{c}\right) - \sqrt{x^2 - c^2}$
$\operatorname{artanh}\left(\dfrac{x}{c}\right)$	$x\operatorname{artanh}\left(\dfrac{x}{c}\right) + \dfrac{c}{2}\ln|c^2 - x^2| \quad (|x| < |c|)$
$\operatorname{arcoth}\left(\dfrac{x}{c}\right)$	$x\operatorname{arcoth}\left(\dfrac{x}{c}\right) + \dfrac{c}{2}\ln|x^2 - c^2| \quad (|x| > |c|)$

Übersicht A-43 (Fortsetzung)

Exponentialfunktionen	
e^{cx}	$\dfrac{1}{c}\,e^{cx}$
$x\,e^{cx}$	$\dfrac{e^{cx}}{c^2}\,(cx-1)$
$\dfrac{e^{cx}}{x}$	$\ln|x| + \dfrac{cx}{1\cdot 1!} + \dfrac{(cx)^2}{2\cdot 2!} + \dots$
$e^{cx}\sin(bx)$	$\dfrac{e^{cx}}{c^2+b^2}\,(c\sin(bx) - b\cos(bx))$
$e^{cx}\cos(bx)$	$\dfrac{e^{cx}}{c^2+b^2}\,(c\cos(bx) + b\sin(bx))$
Logarithmusfunktionen	
$\ln x$	$x\ln x - x$
$(\ln x)^2$	$x(\ln x)^2 - 2x\ln x + 2x$
$\dfrac{1}{\ln x}$	$\ln|\ln x| + \ln x + \dfrac{(\ln x)^2}{2\cdot 2!} + \dfrac{(\ln x)^3}{3\cdot 3!} + \dots$
$\dfrac{1}{x\ln x}$	$\ln|\ln x|$
$\sin(\ln x)$	$\dfrac{x}{2}\,[\sin(\ln x) - \cos(\ln x)]$
$\cos(\ln x)$	$\dfrac{x}{2}\,[\sin(\ln x) + \cos(\ln x)]$

Übersicht A-44. Anwendungen der Integralrechnung in der Geometrie.

Flächenberechnung			
allgemein			Beispiel
Funktion positiv	Funktion negativ	Flächen zwischen zwei Kurven	$A = \int\limits_{0}^{\pi/2} \sin x\,dx = [-\cos x]_0^{\pi/2}$
			$= 0 + 1 = 1$
$A = \int\limits_{a}^{b} f(x)\,dx$	$A = -\int\limits_{a}^{b} f(x)\,dx$	$A = \int\limits_{a}^{b} |f(x)$ $- g(x)|\,dx$	

Übersicht A-44 (Fortsetzung)

	Flächenberechnung	
	allgemein	Beispiel

Parameterdarstellung

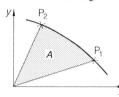

$$x = \varphi(t); \quad y = \psi(t)$$

$$A = \int_{t_1}^{t_2} x\,\mathrm{d}y = \int_{t_1}^{t_2} \varphi(t)\,\psi'(t)\,\mathrm{d}t$$

$$A = \frac{1}{2}\int_{t_1}^{t_2}(xy' - yx')\,\mathrm{d}t$$

Beispiel:

$$x = \varphi(t) = 1 + t^2; \quad t_1 = 0{,}5,\ t_2 = 2$$

$$y = \psi(t) = 3t; \quad \psi'(t) = 3$$

$$A = \int_{0,5}^{2}(1 + t^2);\ 3\,\mathrm{d}t = 3\int_{0,5}^{2}(1 + t^2)$$

$$A = 3\left[t + \frac{1}{3}t^3\right]_{0,5}^{2} = 12{,}375$$

Für geschlossene Randlinie

$$A = \frac{1}{2}\oint(xy' - yx')\,\mathrm{d}t$$

(Leibnizsche Sektorenformel)

Polarkoordinaten

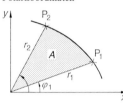

$$r_1 = f(\varphi_1);\ r_2 = f(\varphi_2)$$

$$A = \frac{1}{2}\int_{\varphi_1}^{\varphi_2} r^2\,\mathrm{d}\varphi$$

Beispiel:

$$r = 1 + 2\sin\varphi;\quad \varphi_1 = 0,\ \varphi_2 = \pi/2$$

$$A = \frac{1}{2}\int_{0}^{\pi/2}(1 + 2\sin\varphi)^2\,\mathrm{d}\varphi$$

$$= \frac{1}{2}\int_{0}^{\pi/2}(1 + 4\sin\varphi + 4\sin^2\varphi)\,\mathrm{d}\varphi$$

$$A = \frac{1}{2}\left[\varphi - 4\cos\varphi + 2\left(\varphi - \frac{1}{2}\sin 2\varphi\right)\right]_{0}^{\pi/2}$$

$$A = \frac{3}{4}\pi + 2$$

Bogenlängen (Rektifikation)	

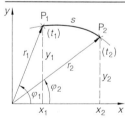

für $y = f(x)$

$$s = \int_{x_1}^{x_2}\sqrt{1 + y'^2}\,\mathrm{d}x$$

$$s = \int_{y_1}^{y_2}\sqrt{1 + \left(\frac{\mathrm{d}x}{\mathrm{d}y}\right)^2}\,\mathrm{d}y$$

Parameterform: $x = \varphi(t);\ y = \psi(t)$

$$s = \int_{t_1}^{t_2}\sqrt{\dot\varphi^2 + \dot\psi^2}\,\mathrm{d}t$$

Polarkoordinaten: $r = f(\varphi)$

$$s = \int_{\varphi_1}^{\varphi_2}\sqrt{r^2 + \left(\frac{\mathrm{d}r}{\mathrm{d}\varphi}\right)^2}\,\mathrm{d}\varphi = \int_{r_1}^{r_2}\sqrt{1 + r^2\left(\frac{\mathrm{d}\varphi}{\mathrm{d}r}\right)^2}\,\mathrm{d}r$$

Zykloide von $t_1 = 0$ bis $t_2 = \pi$

$$x = \varphi(t) = r(t - \sin t);\quad \dot\varphi = r(1 - \cos t)$$

$$y = \psi(t) = r(1 - \cos t);\quad \dot\psi = r\sin t$$

$$s = \int_{0}^{\pi}\sqrt{r^2(1 - \cos t)^2 + r^2\sin^2 t}\,\mathrm{d}t$$

$$s = r\sqrt{2}\int_{0}^{\pi}\sqrt{1 - \cos t}\,\mathrm{d}t$$

Benutze $\cos t = 1 - 2\sin^2\left(\frac{t}{2}\right)$

$$s = 2r\int_{0}^{\pi}\sin\left(\frac{t}{2}\right)\mathrm{d}t = \left[-4r\cos\left(\frac{t}{2}\right)\right]_{0}^{\pi}$$

$$s = 4r$$

Übersicht A-44 (Fortsetzung)

Mantelflächen von Rotationskörpern (Komplanation)		
um x-Achse	um y-Achse	$y = 3x + 5 \quad x_1 = 0, \; x_2 = 3$
Kurve $y = f(x)$	$x = q(y)$	$y' = 3$

$$M_x = 2\pi \int_0^3 (3x + 5) \sqrt{1 + 3^2} \, dx$$

$$M_x = 2\pi \sqrt{10} \int_0^3 (3x + 5) \, dx$$

$$M_x = 2\pi \sqrt{10} \left[\frac{3}{2} x^2 + 5x \right]_0^3 = 367{,}6$$

$M_x = 2\pi \int_{x_1}^{x_2} y \sqrt{1 + y'^2} \, dx$	$M_y = 2\pi \int_{y_1}^{y_2} x \sqrt{1 + \left(\dfrac{dx}{dy}\right)^2} \, dy$	

Parameterform $x = \varphi(t); \; y = \psi(t)$ — $r = \sin\varphi \quad \varphi_1 = 0, \; \varphi_2 = \pi$

$$M_x = 2\pi \int_{t_1}^{t_2} \psi \qquad M_y = 2\pi \int_{t_1}^{t_2} \varphi$$

$$\cdot \sqrt{\dot\varphi^2 + \dot\psi^2} \, dt \qquad \cdot \sqrt{\dot\varphi^2 + \dot\psi^2} \, dt$$

$$\frac{dr}{d\varphi} = \cos\varphi$$

$$M_x = 2\pi \int_0^\pi r \sin\varphi \sqrt{\sin^2\varphi + \cos^2\varphi} \, d\varphi$$

Polarkoordinaten $r = f(\varphi)$

$$M_x = 2\pi \int_{\varphi_1}^{\varphi_2} r \sin\varphi \qquad M_y = 2\pi \int_{\varphi_1}^{\varphi_2} r \cos\varphi$$

$$= 1$$

$$\cdot \sqrt{r^2 + \left(\frac{dy}{d\varphi}\right)^2} \, d\varphi \qquad \cdot \sqrt{r^2 + \left(\frac{dr}{d\varphi}\right)^2} \, d\varphi$$

$$M_x = 2\pi \int_0^\pi r \sin\varphi \, d\varphi = 2\pi \int_0^\pi \sin^2\varphi \, d\varphi$$

$$= \pi \, [\varphi - \sin\varphi \cos\varphi]_0^\pi = \pi^2$$

Volumen von Rotationskörpern (Kubatur)		
um x-Achse	um y-Achse	$y = 3x + 5; \quad x_1 = 0, \; x_2 = 3$
Kurve $y = f(x)$	$x = g(y)$	um y-Achse

$$V_x = \pi \int_{x_1}^{x_2} y^2 \, dx \qquad V_y = \pi \int_{y_1}^{y_2} (g(y))^2 \, dy$$

$$V_y = \pi \int_{x_1}^{x_2} x^2 \, y' \, dx$$

$$x = \frac{1}{3}(y - 5); \quad y' = 3$$

$$V_y = \frac{\pi}{g} \int_0^3 (y - 5)^2 \cdot 3 \, dx = \frac{\pi}{3} \int_0^3 (3x)^2 \, dx$$

$$V_y = 3\pi \int_0^3 x^2 \, dx = \pi \, [x^3]_0^3 = 27\pi$$

Übersicht A-44 (Fortsetzung)

Parameterform $x = \varphi(t)$; $y = \psi(t)$		$x = \varphi(t) = \dfrac{1}{t}$; $t_1 = 1$, $t_2 = 2$
$V_x = \pi \displaystyle\int_{t_1}^{t_2} \psi^2 \lvert \dot\varphi \rvert \, dt$	$V_y = \pi \displaystyle\int_{t_1}^{t_2} \varphi^2 \lvert \dot\psi \rvert \, dt$	$\dot\varphi = -\dfrac{1}{t^2}$; $y = \psi(t) = 1 + t$ $V_x = \pi \displaystyle\int_1^2 (1+t)^2 \cdot \dfrac{1}{t^2} \, dt = \pi \int_1^2 \left(\dfrac{1}{t^2} + \dfrac{2}{t} + 1 \right) dt$ $V_x = \pi \left[-\dfrac{2}{t^3} - \dfrac{1}{t^2} + t \right]_1^2 = 5,5\,\pi$
Polarkoordinaten $r = f(\varphi)$		$r = \text{const} = R$, $0 \le \varphi < \pi$
x-Achse: $V_x = \pi \displaystyle\int_{\varphi_1}^{\varphi_2} r^2 \sin^2 \varphi \left\lvert \dfrac{dr}{d\varphi} \cos\varphi - r \sin\varphi \right\rvert d\varphi$ *y*-Achse $V_y = \pi \displaystyle\int_{\varphi_1}^{\varphi_2} r^2 \cos^2 \varphi \left\lvert \dfrac{dr}{d\varphi} \sin\varphi + r \cos\varphi \right\rvert d\varphi$		$V_x = \pi R^2 \displaystyle\int_0^\pi \sin^3 \varphi \, R \, d\varphi = \pi R^3 \int_0^\pi \sin^3 \varphi \, d\varphi = \dfrac{4\pi}{3} R^3$ wobei $\displaystyle\int_0^\varphi \sin^3 t \, dt = \int_0^\varphi \sin t \, (1 - \cos^2 t) \, dt$ $= -\cos\varphi + \dfrac{1}{3} \cos^3 \varphi + \dfrac{2}{3}$

Übersicht A-45. Anwendung der Integralrechnung in der Physik.

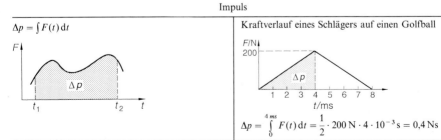

allgemein	Beispiel
Arbeit	
$W = \int F(s)\,ds$	Federkraft $F = cs$ $W = \displaystyle\int_{s_1}^{s_2} cs \, ds$ $W = \dfrac{1}{2} c (s_2^2 - s_1^2)$
Impuls	
$\Delta p = \int F(t)\,dt$	Kraftverlauf eines Schlägers auf einen Golfball $\Delta p = \displaystyle\int_0^{4\,ms} F(t)\,dt = \dfrac{1}{2} \cdot 200\,\text{N} \cdot 4 \cdot 10^{-3}\,\text{s} = 0,4\,\text{Ns}$

Übersicht A-45 (Fortsetzung)

---

statische Momente, Schwerpunkte

homogenes, ebenes Kurvenstück, $y = f(x)$

Gesamtlänge ($\cong$ Gesamtmasse, da $\varrho \equiv$ const):

$$L = \int_a^b \sqrt{1 + (f'(x))^2}\, dx$$

Schwerpunkt $\varsigma = (x_s, y_s)$ ist gegeben durch

$$x_s = \frac{1}{L} \int_a^b x \sqrt{1 + (f'(x))^2}\, dx =: \frac{1}{L} \cdot M_y$$

$$y_s = \frac{1}{L} \int_a^b f(x) \sqrt{1 + (f'(x))^2}\, dx =: \frac{1}{L} M_x$$

M_x und M_y heißen *statische Momente* der Kurve; aus $M_x = L \cdot y_s$, $M_y = L \cdot x_s$ ergibt sich ihre Interpretation als gemittelte Drehmomente.

Ist allgemeiner das Kurvenstück in Parameterform $(x, y) = (\varphi(t), \psi(t))$, $t_1 \leq t \leq t_2$, gegeben, so ist

$$L = \int_{t_1}^{t_2} \sqrt{\dot{\varphi}^2(t) + \dot{\psi}^2(t)}\, dt,$$

$$x_s = \frac{1}{L} \int_{t_1}^{t_2} \varphi(t) \sqrt{\dot{\varphi}^2(t) + \dot{\psi}^2(t)}\, dt,$$

$$y_s = \frac{1}{L} \int_{t_1}^{t_2} \psi(t) \sqrt{\dot{\varphi}^2(t) + \dot{\psi}^2(t)}\, dt.$$

Der Spezialfall Polarkoordinaten:
$x = r \cos\varphi$, $y = r \cdot \sin\varphi$ und $r = r(\varphi)$, $\varphi_1 \leq \varphi \leq \varphi_2$
ist enthalten, und man hat in dieser allgemeinen Parameterform

$$L = \int_{\varphi_1}^{\varphi_2} \sqrt{r^2(\varphi) + \dot{r}^2(\varphi)}\, d\varphi$$

$$x_s = \frac{1}{L} \int_{\varphi_1}^{\varphi_2} r(\varphi) \cos\varphi \sqrt{r^2(\varphi) + \dot{r}^2(\varphi)}\, d\varphi$$

$$y_s = \frac{1}{L} \int_{\varphi_1}^{\varphi_2} r(\varphi) \sin\varphi \sqrt{r^2(\varphi) + \dot{r}^2(\varphi)}\, d\varphi$$

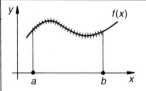

$y(x) = \sqrt{r^2 + x^2}$, $0 \leq x \leq r$,
(Graphenform)

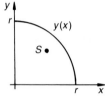

$$L = \int_0^r \sqrt{1 + (y'(x))^2}\, dx = \int_0^r \sqrt{1 + \frac{x^2}{r^2 - x^2}}\, dx$$

$$= r \int_0^r \frac{1}{\sqrt{r^2 - x^2}}\, dx = \left[r \cdot \arcsin\frac{x}{r} \right]_0^r = \frac{\pi}{2} r$$

$$M_y = r \int_0^r \frac{x}{\sqrt{r^2 - x^2}}\, dx = \left[-r\sqrt{r^2 - x^2} \right]_0^r = r^2$$

$$M_x = \int_0^r \sqrt{r^2 - x^2} \cdot \sqrt{1 + \frac{x^2}{r^2 - x^2}}\, dx = \int_0^r r\, dx = r^2$$

$$x_s = \frac{r^2}{\frac{\pi}{2} r} = \frac{2r}{\pi} = y_s \quad \text{(also etwa } 0{,}63\, r\text{)}$$

Übersicht A-45 (Fortsetzung)

homogenes, ebenes Flächenstück

Sei $y = f(x) \geq 0$ und F sei die Fläche unterhalb des Graphen gemäß Skizze. Dann sind

$$A = \int_a^b f(x)\,dx \quad \text{(Flächeninhalt)}$$

$$M_y = \int_a^b x\,f(x)\,dx, \quad M = \frac{1}{2}\int_a^b f^2(x)\,dx$$
(statische Momente)

$$x_s = \frac{M_y}{A} \quad \text{und} \quad y_s = \frac{M_x}{A} \quad \begin{array}{l}\text{(Koordinaten des}\\ \text{Flächenschwerpunktes)}\end{array}$$

Ist F von zwei Funktionsgraphen begrenzt (gemäß Skizze), so sind

$$A = \int_a^b (f_2(x) - f_1(x))\,dx$$

$$M_x = \frac{1}{2}\int_a^b (f_2^2(x) - f_1^2(x))\,dx$$

$$M_y = \int_a^b x\,(f_2(x) - f_1(x))\,dx$$

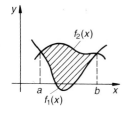

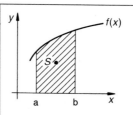

$f_1(x) = x^2$, $f_2(x) = 4$,
$F = \{(x, y) \mid 0 \leq x \leq 2,\ x^2 \leq y \leq 4\}$

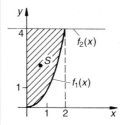

$$A = \int_0^2 (4 - x^2)\,dx = \left[4x - \frac{1}{3}x^3\right]_0^2 = \frac{16}{3}$$

$$M_x = \frac{1}{2}\int_0^2 (16 - x^4)\,dx = \left[8x - \frac{1}{10}x^5\right]_0^2 = 12{,}8$$

$$M_y = \int_0^2 x(4 - x^2)\,dx = \left[2x^2 - \frac{1}{4}x^4\right]_0^2 = 4$$

$$x_s = \frac{4}{\frac{16}{3}} = \frac{3}{4}, \quad y_s = \frac{12{,}8}{\frac{16}{3}} = \frac{12}{5}$$

Trägheitsmomente

allgemeine physikalische Definition

$$I = \int_{\text{Vol}} r^2\,dm \quad dm = d(\varrho V) = \varrho\,dV \quad \text{für } \varrho = \text{const}$$
$$dV = \text{Volumenelement}$$
$$r = \text{Abstand von } dm \text{ zur Drehachse}$$

Das Trägheitsmoment eines Massenpunktes m bezüglich der Rotation um einen Punkt, Abstand r beträgt

$$I = m \cdot r^2$$
Drehpunkt

Hieraus erhält man durch Aufsummieren die wichtige Formel

$$I_{\text{Scheibe}} = \frac{1}{2} M R^2 \quad \begin{array}{l}\text{(Trägheitsmoment einer Scheibe, Masse } M, \text{ Radius } R \text{ bzg.}\\ \text{Rotation um Scheibenachse)}\end{array}$$

Übersicht A-45 (Fortsetzung)

Trägheitsmoment eines Kurvenbogens	
Bei Rotation des „Drahtes" $\{(x, f(x)) \mid a \le x \le b\}$ um die x-Achse bzw. y-Achse $$I_x = \int_a^b y^2(x)\, ds(x) = \int_a^b y^2(x)\sqrt{1 + (y'(x))^2}\, dx$$ $$I_y = \int_a^b x^2\, ds(x) \quad = \int_a^b x^2\sqrt{1 + (y'(x))^2}\, dx$$ In Parameterform $(x, y) = (\varphi(t), \psi(t))$ ergibt sich $$I_x = \int_{t_1}^{t_2} \psi^2(t)\sqrt{\dot\varphi^2(t) + \dot\psi^2(t)}\, dt$$ $$I_y = \int_{t_1}^{t_2} \varphi^2(t)\sqrt{\dot\varphi^2(t) + \dot\psi^2(t)}\, dt$$	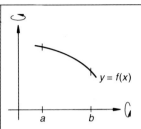

Trägheitsmoment einer Fläche

äquatoriales Trägheitsmoment der Fläche A
allgemein
$$I_x = \int_A y^2\, dA; \quad I_y = \int_A x^2\, dA$$
(dA Flächenelement)

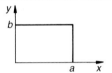

$f(x) = b$

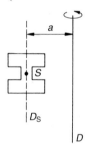

Satz von *Steiner*
$$I_D = I_{D_S} + A a^2$$
$I_{D_S} :=$ Trägheitsmoment bezüglich der durch den Schwerpunkt S parallel verschobenen Drehachse (D_S)
$A =$ Flächeninhalt
$a =$ Abstand Schwerpunkt-Drehachse (D)

$$I_x = \int_A y^2\, dA = \int_0^b y^2 a\, dy = a \left[\frac{y^3}{3}\right]_0^b = \frac{ab^3}{3}$$
$$I_y = \int_A x^2\, dA = \int_0^a x^2 b\, dx = b \left[\frac{x^3}{3}\right]_0^a = \frac{a^3 b}{3}$$

$$I_x = \frac{1}{3}\int_{x_1}^{x_2} (f_2^3(x) - f_1^3(x))\, dx$$
$$I_y = \int_{x_1}^{x_2} x^2 (f_2(x) - f_1(x))\, dx$$

$$I_p = I_x + I_y = \frac{ab^3 + a^3 b}{3}$$

Bezug auf den Schwerpunkt

$$I_x = \frac{1}{3}\int_{x_1}^{x_2} (f(x))^3\, dx$$
$$I_y = \int_{x_1}^{x_2} x^2 f(x)\, dx$$

$$I_x = \frac{1}{12}\, a b^3$$
$$I_y = \frac{1}{12}\, a^3 b$$

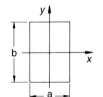

polares Trägheitsmoment (Ursprung)
$$I_p = \int_A r^2\, dA = I_x + I_y$$

zentrifugales Trägheitsmoment
$$I_{xy} = \int_A xy\, dA$$

Übersicht A-45 (Fortsetzung)

Trägheitsmoment eines Rotationskörpers

Der Rotationskörper K entstehe durch Rotation der
Fläche $\{(x, y) \mid a \le x \le b, 0 \le y \le f(x)\}$ um die x-Achse.
Dann ist das Trägheitsmoment von K gleich

$$I_x = \frac{\pi}{2} \int_a^b (f(x))^4 \, dx$$

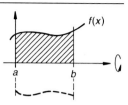

Übersicht A-46. Kurvenintegrale.

Sei C eine parametrisierte Kurve $\{(x(t), y(t)), a \le t \le b\}$, gegeben seien ferner zwei auf C stetige Funktionen $P(x, y)$ und $Q(x, y)$ (Vektorfeld). Dann heißt das Integral

$$\int_C P \, dx + Q \, dy$$

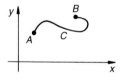

Linien- oder Kurvenintegral (längs C), und es wird
wie folgt berechnet:

$$\int_C P \, dx + Q \, dy = \int_a^b (P(x(t), y(t)) x'(t) + Q(x(t), y(t)) y'(t)) \, dt.$$

Dabei ist das Integral unabhängig bezüglich der speziellen Wahl der Parametrisierung von C – im allgemeinen ist das Integral aber abhängig vom Verlauf von C. Das heißt: Ist $\tilde{C}$ eine andere Kurve mit gleichen Endpunkten A und B, so ist im allgemeinen

$$\int_{\tilde{C}} P \, dx + Q \, dy \ne \int_C P \, dx + Q \, dy \quad \text{(Wegabhängigkeit)}$$

Ist $A = B$, so spricht man von geschlossenen Integralen. Ein Kurvenintegral ist offenbar wegunabhängig, wenn alle entsprechenden Integrale des „Vektorfeldes" $(P(x, y), Q(x, y))$ längs geschlossener Wege verschwinden. Es gilt folgendes Fundamentalkriterium (Satz von Poincaré):

Satz (Exaktheit und Wegunabhängigkeit)

Seien $P(x, y)$ und $Q(x, y)$ differenzierbare Funktionen in einem Gebiet $\Omega \subset \mathbb{R}^2$, welches keine Löcher haben darf! Dann sind äquivalent:

(1) $\int_C P \, dx + Q \, dy$ hängt nur von den Endpunkten A, B der Kurve $C \subset \Omega$ ab

(2) $\int_C P \, dx + Q \, dy = 0$ für alle geschlossenen Kurven C in Ω

(3) $\dfrac{\partial P}{\partial y}(x, y) = \dfrac{\partial Q}{\partial x}(x, y)$ (Exaktheitsbedingung)

Übersicht A-46 (Fortsetzung)

---

(4) Es gibt eine sogenannte Potentialfunktion $f(x, y)$ des Vektorfeldes P, Q, das heißt: Es gibt eine Funktion

f auf Ω mit $P(x, y) = \dfrac{\partial f}{\partial x}(x, y)$ und $Q(x, y) = \dfrac{\partial f}{\partial y}(x, y)$

Beispiel: $P(x, y) = 2xy^2 + xy$, $Q(x, y) = 2xy$, $C = \{(x, y) \mid x = t,\ y = t^2, 0 \le t \le 1\}$
Endpunkte von C sind $(0, 0)$ und $(1, 1)$.
Dann ist mit $dx = dt$, $dy = 2t\,dt = 2x\,dx$

$\int\limits_C P\,dx + Q\,dy = \int\limits_0^1 2xx^4 + xx\,dx + 2xx^2 2x\,dx$

$\qquad = \int\limits_0^1 (2x^5 + x^3 + 4x^4)\,dx = \dfrac{1}{3} + \dfrac{1}{4} + \dfrac{4}{5} = \dfrac{83}{60}$

Ist jetzt $\tilde C$ parallel zu den Achsen – auch A mit B verbindend –,

$\tilde C = \{(x, 0) \mid 0 \le x \le 1\} \cup \{(1, y) \mid 0 \le y \le 1\}$, so ist $\int\limits_{\tilde C} P\,dx + Q\,dy$

$\qquad = \int\limits_0^1 0\,dx + \int\limits_0^1 2 \cdot 1 \cdot y\,dy = 1.$

Beide Werte sind verschieden – die Exaktheitsbedingung ist schließlich verletzt:

$\dfrac{\partial P}{\partial y} = 4xy + x \ne \dfrac{\partial Q}{\partial x} = 2y.$

Das Kurvenintegral einer skalaren Funktion $f(x, y)$, welche auf einer Kurve $C \subset \mathbb{R}^2$ stetig ist, $C = \{(x(t), y(t)) \mid t \in [a, b]\}$ lautet

$\int\limits_C f\,ds := \int\limits_a^b f(x(t), y(t)) \sqrt{\dot x^2(t) + \dot y^2(t)}\,dt\,.$

Dies ist ein Spezialfall des Kurvenintegrals zuvor, nämlich

$P(x(t), y(t)) = \dfrac{f(x(t), y(t))\,\dot x(t)}{\sqrt{\dot x^2(t) + \dot y^2(t)}}, \qquad Q(x(t), y(t)) = \dfrac{f(x(t), y(t))\,\dot y(t)}{\sqrt{\dot x^2(t) + \dot y^2(t)}}$

Übersicht A-47. Mehrfachintegrale

Doppelintegrale

Sei $R = [a, b] \times [c, d]$ ein Rechteck in $\mathbb{R}^2$ und f stetig auf R. Dann ist

$\int\limits_R f = \int\limits_a^b \int\limits_c^d f(x, y)\,dy\,dx = \int\limits_a^b \underbrace{\left(\int\limits_c^d f(x, y)\,dy \right)}\,dx\,,$

Funktion von x

das Integral wird also iteriert berechnet. Ist nun ein Gebiet A (krumme Begrenzungen) gegeben, so führt ein Ausschöpfungsprozeß mittels Rechtecke und anschließender Grenzwertbildung zum Integral

$\int\limits_A f(x, y)\,dx\,dy$

Bedeutung: 1) $f \equiv 1 \;\Rightarrow\; \int\limits_A dy\,dx = |A| \equiv$ Flächeninhalt von A

2) $f > 0 \;\Rightarrow\; \int\limits_A f(x, y)\,dy\,dx \equiv$ Inhalt des säulenartigen

Körpers $K = \{(x, y, z) \in \mathbb{R}^3 \mid (x, y) \in A,\ 0 \le z \le f(x, y)\}$

Übersicht A-47 (Fortsetzung)

Doppelintegrale

Ist die Fläche A in der Form

$$A = \{(x, y) \mid a \le x \le b,\, g_1(x) \le y \le g_2(x)\}$$

durch zwei Begrenzungsfunktionen $g_1(x)$, $g_2(x)$ gegeben (Skizze), so gilt:

$$\int_A f(x, y)\, dx\, dy = \int_a^b \left(\int_{g_1(x)}^{g_2(x)} f(x, y)\, dy \right) dx\,.$$

Beispiel: $f(x, y) = x^2 + 2xy$ und A soll der durch $g_1(x)$ und
$\qquad\quad g_1(x) = x^2$ $g_2(x)$ begrenzte Bereich sein, also

$\qquad\quad g_2(x) = \sqrt{x}$

$\qquad\quad A = \{(x, y) \mid 0 \le x \le 1,\, x^2 \le y \le \sqrt{x}\}$

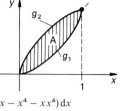

$$\int_A f(x, y)\, dx\, dy = \int_0^1 \int_{x^2}^{\sqrt{x}} (x^2 + 2xy)\, dy\, dx$$

$$= \int_0^1 [x^2 y + xy^2]_{x^2}^{\sqrt{x}}\, dx = \int_0^1 (x^2 \sqrt{x} + x \cdot x - x^4 - xx^4)\, dx$$

$$= \int_0^1 (x^{\frac{5}{2}} + x^2 - x^4 - x^5)\, dx = \left[\frac{2}{7} x^{\frac{7}{2}} + \frac{1}{3} x^3 - \frac{1}{5} x^5 - \frac{1}{6} x^6 \right]_0^1$$

$$= \frac{2}{7} + \frac{1}{3} - \frac{1}{5} - \frac{1}{6} = \frac{53}{210}$$

Die Substitutionsregel (Koordinaten-Transformation) lautet ($x = x(u, v)$, $y = y(u, v)$):

$$\int_A f(x, y)\, dx\, dy = \int_{\tilde{A}} f(x(u, v),\, y(u, v)) \cdot |J(u, v)|\, du\, dv$$

wobei $J(u, v)$ die Determinante der sogenannten Jacobischen Matrix ist,

$$\begin{pmatrix} \dfrac{\partial x}{\partial u} & \dfrac{\partial x}{\partial v} \\[2mm] \dfrac{\partial y}{\partial u} & \dfrac{\partial y}{\partial v} \end{pmatrix} \equiv \text{Jakobische Matrix der Koordinaten-Transformation}$$

und $\tilde{A}$ ist das durch (u, v) beschriebene Gebiet A, d. h. $(u, v) \in \tilde{A} \Leftrightarrow (x(u, v), y(u, v)) \in A$. Für Polarkoordinaten ($x = r \cos\varphi$, $y = r \sin\varphi$) ist die Jakobi-Determinante gerade gleich r, also

$$\int_A f(x, y)\, dx\, dy = \int_{\tilde{A}} \tilde{f}(r, \varphi)\, r\, dr\, d\varphi$$

mit $\tilde{f}(r, \varphi) = f(r \cos\varphi,\, r \sin\varphi)$.

Anwendungen: Sei A eine Fläche in $\mathbb{R}^2$ (begrenzt durch $x = a$, $x = b$, $y = g_1(x)$, $y = g_2(x)$)

$$I_x = \int_A y^2\, dx\, dy \qquad \text{Axiales Flächenträgheitsmoment}$$

$$I_y = \int_A x^2\, dx\, dy \qquad \text{Axiales Flächenträgheitsmoment}$$

$$I_p = \int_A \underbrace{(x^2 + y^2)}_{r^2}\, dx\, dy \qquad \text{Polares Flächenträgheitsmoment}$$

Übersicht A-47 (Fortsetzung)

Dreifach-Integrale, Volumen-Integrale

Es sei: $V \subset \mathbb{R}^3$ eine offene Menge und $f: V \to \mathbb{R}$ eine stetige Funktion dreier Variablen x, y, z. Dann ist das Volumen-Integral

$$\int_V f(x, y, z)\, dV = \int_V f(x, y, z)\, dx\, dy\, dz$$

erklärbar als (additive) Zusammensetzung von Integralen über Würfel (welche als Grenzwert die Menge V ausschöpfen). Ist W der Würfel $a_1 \le x \le b_1$, $a_2 \le y \le b_2$, $a_3 \le z \le b_3$, so ist

$$\int_W f\, dV = \int_{a_3}^{b_3} \underbrace{\left(\underbrace{\int_{a_2}^{b_2} \left(\int_{a_1}^{b_1} f(x, y, z)\, dx \right) dy}_{\text{Funktion von } y, z} \right) dz}_{\text{Funktion von } z}$$

Beispiel: $f(x, y, z) = x^2 - 2yz + \dfrac{1}{z+2}$, $W = [0, 1]^3$

$$\int_W f\, dV = \int_0^1 \left(\int_0^1 \left(\int_0^1 \left(x^2 - 2yz + \frac{1}{z+2} \right) dx \right) dy \right) dz = \int_0^1 \left(\int_0^1 \left[\frac{1}{3} x^3 - 2xyz + \frac{x}{z+2} \right]_0^1 dy \right) dz$$

$$= \int_0^1 \left(\int_0^1 \left(\frac{1}{3} - 2yz + \frac{1}{z+2} \right) dy \right) dz = \int_0^1 \left[\frac{1}{3} y - zy^2 + \frac{y}{z+2} \right]_0^1 dz$$

$$= \int_0^1 \left(\frac{1}{3} - z + \frac{1}{z+2} \right) dz = \left[\frac{1}{3} z - \frac{1}{2} z^2 + \log|z+2| \right]_0^1$$

$$= \frac{1}{3} - \frac{1}{2} + \log \frac{3}{2} = \log \frac{3}{2} - \frac{1}{6}$$

Der häufig auftretende Fall, daß über einen „Säulenkörper" integriert wird, sei an einem Beispiel durchgeführt.

Beispiel: Es sei V definiert durch die Bedingungen $a \le x \le b$, $g_1(x) \le y \le g_2(x)$, $f_1(x, y) \le z \le f_2(x, y)$. Dann ist

$$\int_V f\, dV = \int_a^b \left(\int_{g_1(x)}^{g_2(x)} \left(\int_{f_1(x, z)}^{f_2(x, y)} f(x, y, z)\, dz \right) dy \right) dx$$

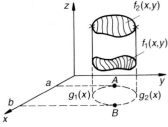

Übersicht A-47 (Fortsetzung)

Dreifachintegrale

---

und für $a = 0$, $b = 2$, $g_1(x) = \dfrac{1}{2}x$, $g_2(x) = \sqrt{x}$, $f_1(x, y) = 0$, $f_2(x, y) = 1 + x^2 - y^2$,

$f(x, y, z) = 1$ ist

$$\int_V f\,dV = \int_0^2 \left(\int_0^{\sqrt{x}} \left(\int_0^{1+x^2+y^2} 1\,dz \right) dy \right) dz = \int_0^2 \left(\int_{\frac{1}{2}x}^{\sqrt{x}} (1 + x^2 + y^2)\,dy \right) dx$$

$$= \int_0^2 \left[y + yx^2 + \frac{1}{3}y^3 \right]_{\frac{1}{2}x}^{\sqrt{x}} dx = \int_0^2 \left(x^{\frac{1}{2}} + x^{\frac{5}{2}} + \frac{1}{3}x^{\frac{3}{2}} - \frac{1}{2}x - \frac{1}{2}x^3 - \frac{1}{24}x^3 \right) dx$$

$$= \left[\frac{2}{3}x^{\frac{3}{2}} + \frac{2}{7}x^{\frac{7}{2}} + \frac{2}{15}x^{\frac{5}{2}} - \frac{1}{4}x^2 - \frac{1}{8}x^4 - \frac{1}{96}x^4 \right]_0^2$$

$$= \sqrt{2}\left(\frac{2}{3} \cdot 2 + \frac{2}{7} \cdot 8 + \frac{2}{15} \cdot 4 \right) - 1 - 2 - \frac{1}{6} = \frac{436}{105} \cdot \sqrt{2} - \frac{19}{6}$$

Bedeutung: Wird die Funktion $f(x, y, z) \equiv 1$ über einen Bereich $V \subset \mathbb{R}^3$ integriert, so folgt
$\int_V 1\,dV = \int_V dx\,dy\,dz = \text{Vol}(V)$ (Volumen).

Transformationsformel: Bei Einführung neuer Koordinaten muß die Determinante der Jacobi-Matrix berechnet und miteinbezogen werden, analog zum 2-dimensionalen Fall. Im Fall der häufig vorkommenden Kugelkoordinaten ist

$x = r \sin\beta \cos\varphi$
$y = r \sin\beta \sin\varphi$
$z = r \cos\beta$

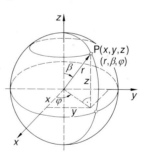

$x = r \sin\beta \cos\varphi$
$y = r \sin\beta \sin\varphi$
$z = r \cos\beta$

$\cos\beta = \dfrac{z}{r}$;

$\cos\varphi = \dfrac{x}{\sqrt{x^2 + y^2}}$

$r = \sqrt{x^2 + y^2 + z^2}$

$$J = \begin{bmatrix} \dfrac{\partial x}{\partial r} & \dfrac{\partial x}{\partial \beta} & \dfrac{\partial x}{\partial \varphi} \\[2ex] \dfrac{\partial y}{\partial r} & \dfrac{\partial y}{\partial \beta} & \dfrac{\partial y}{\partial \varphi} \\[2ex] \dfrac{\partial z}{\partial r} & \dfrac{\partial z}{\partial \beta} & \dfrac{\partial z}{\partial \varphi} \end{bmatrix} = \begin{bmatrix} \sin\beta \, \text{xos}\,\varphi & r \cos\beta \cos\varphi & -r \sin\beta \sin\varphi \\[1ex] \sin\beta \sin\varphi & r \cos\beta \sin\varphi & r \sin\beta \cos\varphi \\[1ex] \cos\beta & -r \sin\beta & 0 \end{bmatrix}$$

$\det J = r^2 \sin\beta$

A.15 Summen, Folgen und Reihen

Übersicht A-48. Summen, Folgen und Reihen.

Summen

Unter Summen versteht man gewöhnlich die Addition endlich vieler Zahlen $a_1, \ldots, a_n \in \mathbb{C}$

$$\sum_{k=1}^{n} a_k = a_1 + a_2 + \ldots + a_n;$$

unter Reihen dagegen die Addition unendlich vieler Summanden – letzteres wird über eine Grenzwertbetrachtung geführt.

Summen oder Reihen heißen alternierend, falls die Summanden abwechselnd verschiedene Vorzeichen haben.

Beispiele für Summen:

(1) $a + (a+d) + (a+2d) + \ldots + (a+(n-1)d) = \sum\limits_{k=0}^{n-1} (a+kd) = n \cdot a + \dfrac{n}{2}(n-1)d$

(diese Summe heißt arithmetische Summe; die Differenz aufeinanderfolgender Glieder ist konstant (d))

(2) $1 + 2 + 3 + \ldots + n = \sum\limits_{k=1}^{n} k = \dfrac{1}{2} n(n+1)$ (ein Spezialfall von (1))

(3) $1 \cdot 2 + 2 \cdot 3 + \ldots + (n-1)n = \dfrac{1}{3}(n-1)n(n+1)$

(4) $1^2 + 3^2 + \ldots + (2n-1)^2 = \dfrac{1}{3} n(2n-1)(2n+1)$

(5) $1^2 + 2^2 + 3^2 + \ldots + n^2 = \dfrac{1}{6} n(n+1)(2n+1)$

(6) $1^3 + 2^3 + 3^3 + \ldots + n^3 = \dfrac{1}{4} n^2(n+1)^2$

(7) Die geometrische Summe ist dadurch gekennzeichnet, daß der Quotient aufeinanderfolgender Glieder konstant ist. Das heißt:

$$a_1 = a_0 \cdot q, \ a_2 = a_1 \cdot q = a_0 \cdot q^2, \ \ldots, \ a_n = a_0 \cdot q^n$$

$$\sum_{k=0}^{n} a_k = a_0 \sum_{k=0}^{n} q^k = a_0(1 + q + q^2 + \ldots + q^n) = a_0 \frac{1 - q^{n+1}}{1 - q}$$

Die geometrische Summe – ebenso wie die geometrische Reihe – hat eine außerordentliche, anwendungsbezogene Bedeutung:

Prozentuale Zuwächse, progressive Vorgänge werden durch Zahlenfolgen

$$a, \ aq, \ aq^2, \ \ldots$$

beschrieben, wie z. B. die Zinsrechnung im Finanzwesen:

Vorgang 1: Ein Kapital (K_0) wird n Jahre mit Zinseszins verzinst.

Zinssatz $i = \dfrac{p}{100}$ (p heißt Zinsfuß)

Auf-, Abzinsfaktor $q_+ = 1 + i$ bzw. $q_- = 1 - i$

K_n bezeichnet das Kapital am Ende der n-ten Zinsperiode (i. d. R. ein Jahr)

$$K_n = K_0 \, q_+^n = K_0 \left(1 + \frac{p}{100} \right)^n$$

Übersicht A-48 (Fortsetzung)

Vorgang 2: Es werden während der Zinsperioden regelmäßige Einzahlungen konstanten Betrages (E) getätigt, welche mit $p\%$
- innerhalb der Zinsperiode linear
- desweiteren mit Zinseszins

verzinst werden. (z. B. monatliche Einzahlungen von 100 DM auf ein Sparbuch, Jahreszins 5%). Nach Ablauf von n Jahren beträgt das angesparte Kapital K_n (bei vorschüssigem Einzahlungsmodus)

$$K_n = m \cdot E \left(1 + \frac{m+1}{2m} \cdot \frac{p}{100} \right) \frac{q^n - 1}{q - 1}$$

Folgen

Eine Folge $(a_n)_{n \in \mathbb{N}}$ (mit $a_i \in \mathbb{R}$ oder $\mathbb{C}$) heißt konvergent, wenn es eine Zahl $a \in \mathbb{R}\,(\mathbb{C})$ gibt mit folgender Eigenschaft:
Für jedes $\varepsilon > 0$ gibt es ein N, so daß für $n \geq N$ gilt

$$|a_n - a| < \varepsilon.$$

Man sagt dann: $a_n \xrightarrow[n \to \infty]{} a, \quad a = \lim_{n \to \infty} a_n$

Eine nicht konvergente Folge heißt divergent.

Regeln: 1) $a_n \to a, \; b_n \to b \;\Rightarrow\; a_n + b_n \to a + b$

2) $a_n \to a, \; b_n \to b \;\Rightarrow\; a_n \cdot b_n \to a \cdot b$

3) $\left. \begin{array}{l} a_n \to a, \; b_n \to b \\ \text{und} \quad b \neq 0 \end{array} \right\} \Rightarrow \dfrac{a_n}{b_n} \to \dfrac{a}{b}$

4) $a_n \to a \qquad \Leftrightarrow |a_n - a| \xrightarrow[n \to \infty]{} 0$

5) Sei $0 \leq b_n \leq a_n$.
Ist dann $a_n \to 0$, so gilt auch $b_n \to 0$.

Eine Funktion $f(x)$ heißt stetig in x_0, falls gilt:

$$x_n \xrightarrow[n \to \infty]{} x_0 \;\Rightarrow\; f(x_n) \xrightarrow[n \to \infty]{} f(x_0)$$

Der Ausdruck $\lim\limits_{x \to x_0} f(x) = a$ bedeutet:

Für jede Folge $(x_n)_{n \in \mathbb{N}}$ mit $x_n \to a$ gilt $\lim\limits_{n \to \infty} f(x_n) = a$.

Beispiele: $\left(\dfrac{1}{n} \right) \to 0$

$\left(1 + \dfrac{1}{n} \right)^n \to e$ (Euler'sche Zahl)

$x^n \qquad \to 0 \Leftrightarrow |x| < 1$

$(\sin n)_{n \in \mathbb{N}}$ ist divergent

$((-1)^n)_{n \in \mathbb{N}}$ ist divergent

Wichtiger Satz (Bolzano-Weierstraß)
Ist $(a_n)_{n \in \mathbb{N}}$ eine Folge (in $\mathbb{R}/\mathbb{C}$), welche beschränkt ist – d. h. es gibt eine Konstante $K > 0$ mit $|a_n| \leq K$ für alle n – so gibt es eine unendliche Teilauswahl der a_n („Teilfolge"), welche konvergent ist.

Übersicht A-48 (Fortsetzung)

Reihen

Gegeben ist eine Folge von Summanden $a_1, a_2, \ldots$ Man setzt

$$S_n := \sum_{k=1}^{n} a_k \quad (n\text{-te ,,Partialsumme''})$$

Dann: Die Reihe der a_k heißt *konvergent* $\Leftrightarrow$ die Folge $(S_n)_{n \in \mathbb{N}}$ ist konvergent

und $\sum_{k=1}^{\infty} a_k = \lim_{n \to \infty} \left(\sum_{k=1}^{n} a_k \right) = \lim_{n \to \infty} S_n = S$

Falls S_n nicht konvergent: Reihe divergent

Beispiele: konvergente Reihen

$$1 = \sum_{n=1}^{\infty} \frac{1}{n(n+1)} = \frac{1}{1 \cdot 2} + \frac{1}{2 \cdot 3} + \frac{1}{3 \cdot 4} + \ldots$$

$$\frac{1}{e} = \sum_{n=0}^{\infty} (-1)^n \frac{1}{n!} = 1 - \frac{1}{1!} + \frac{1}{2!} - \frac{1}{3!} + - \ldots$$

$$\frac{1}{2} = \sum_{n=1}^{\infty} \frac{1}{(2n-1)(2n+1)} = \frac{1}{1 \cdot 3} + \frac{1}{3 \cdot 5} + \frac{1}{5 \cdot 7} + \ldots$$

$$\frac{1}{e} = \sum_{n=0}^{\infty} (-1)^n \frac{1}{n!} = 1 - \frac{1}{1!} + \frac{1}{2!} - \frac{1}{3!} + - \ldots$$

$$\frac{1}{4} = \sum_{n=1}^{\infty} \frac{1}{n(n+1)(n+2)} = \frac{1}{1 \cdot 2 \cdot 3} + \frac{1}{2 \cdot 3 \cdot 4} + \ldots$$

$$\frac{\pi}{4} = \sum_{n=1}^{\infty} (-1)^{n+1} \frac{1}{2n-1} = 1 - \frac{1}{3} + \frac{1}{5} - \frac{1}{7} + - \ldots$$

$$2 = \sum_{n=0}^{\infty} \frac{1}{2^n} = 1 + \frac{1}{2} + \frac{1}{4} + \frac{1}{8} + \ldots$$

$$\frac{\pi^2}{6} = \sum_{n=1}^{\infty} \frac{1}{n^2} = \frac{1}{1^2} + \frac{1}{2^2} + \frac{1}{3^2} + \ldots$$

$$\ln 2 = \sum_{n=1}^{\infty} (-1)^{n+1} \frac{1}{n} = 1 - \frac{1}{2} + \frac{1}{3} - \frac{1}{4} + - \ldots$$

$$\frac{\pi^2}{8} = \sum_{n=0}^{\infty} \frac{1}{(2n+1)^2} = \frac{1}{1^2} + \frac{1}{3^2} + \frac{1}{5^2} + \ldots$$

$$e = \sum_{n=0}^{\infty} \frac{1}{n!} = 1 + \frac{1}{1!} + \frac{1}{2!} + \ldots$$

$$\frac{\pi^2}{12} = \sum_{n=1}^{\infty} (-1)^{n+1} \frac{1}{n^2} = \frac{1}{1^2} - \frac{1}{2^2} + \frac{1}{3^2} - + \ldots$$

$$\sum_{k=0}^{\infty} q^k = 1 + q + q^2 + \ldots \text{ konvergent} \Leftrightarrow |q| < 1 \quad \text{und} \quad \sum_{k=0}^{\infty} q^k = \frac{1}{1-q}$$

divergente Reihen

$$\sum_{n=0}^{\infty} (-1)^n$$

$$\sum_{n=1}^{\infty} \frac{1}{n} = 1 + \frac{1}{2} + \frac{1}{3} + \ldots \quad (= \infty)$$

(harmonische Reihe)

Wichtige Konvergenz-Tests:

① $\left| \sum_{n=1}^{\infty} a_n \right| < \infty \Rightarrow a_n \to 0$ (aber nicht ,,$\Leftarrow$'')

② $a_n \to 0$ mit $0 < a_{n+1} < a_n \Rightarrow \sum_{n=0}^{\infty} (-1)^n a_n$ konvergent (Leibniz)

③ Gilt $\left| \frac{a_{n+1}}{a_n} \right| \le q < 1$ für alle $n \ge n_0$, so ist $\sum_{n=1}^{\infty} a_n$ konvergent (Quotientenkriterium)

Übersicht A-49. Reihenentwicklung von Funktionen.

Potenzreihen

Satz von Taylor: Ist $f(x)$ im Intervall $a < x < b$ $(n+1)$-mal differenzierbar, ist $x_0 \in]a, b[$, so ist

$$\left\| f(x_0 + h) = f(x_0) + \frac{h}{1!} f'(x_0) + \ldots + \frac{h^n}{n!} f^{(n)}(x_0) + R_n \right\| \quad \text{Taylor-Formel}$$

wobei $R_n = R_n(x_0, h) = \dfrac{h^{n+1}}{(n+1)!} f^{(n+1)}(x_0 + \delta h)$ mit einem gewissen $0 \leq \delta \leq 1$ das soge-nannte Lagrange-Restglied ist.

Falls nun $f(x)$ beliebig oft differenzierbar ist, falls ferner $R_n \xrightarrow[n \to \infty]{} 0$ (was leider nicht immer gilt), so gewinnt man aus der Taylor-Formel die Taylor-Reihe/McLaurin'sche Reihe/analytische Entwicklung der Funktion f (um x_0). Im folgenden einige Spezialfälle.

Binomische Reihen

$$\binom{m}{n} = \frac{m(m-1) \cdot \ldots \cdot (m-n+1)}{n!}$$

$$(1 \pm x)^n = 1 \pm \binom{n}{1} x + \binom{n}{2} x^2 \pm \binom{n}{3} x^3 + \pm \ldots \quad |x| \leq 1$$

$$(1 \pm x)^{\frac{1}{2}} = 1 \pm \frac{1}{2} x - \frac{1}{8} x^2 \pm \frac{1}{16} x^3 - \frac{5}{128} x^4 \pm \frac{7}{256} x^5 - \frac{21}{1024} x^6 \pm \ldots \quad |x| \leq 1$$

Exponentialfunktionen

$$e^x = 1 + \frac{x}{1!} + \frac{x^2}{2!} + \ldots = \sum_{i=0}^{\infty} \frac{x^i}{i!} \quad |x| < \infty$$

$$a^x = e^{x \ln a} = 1 + \frac{x \ln a}{1!} + \frac{x^2 \ln^2 a}{2!} + \ldots \quad |x| < \infty$$
$$a > 0$$

Logarithmusfunktionen

$$\ln x = \frac{x-1}{1} - \frac{(x-1)^2}{2} + \frac{(x-1)^3}{3} - + \ldots \quad 0 < x \leq 2$$

$$\ln(1+x) = x - \frac{x^2}{2} + \frac{x^3}{3} - \frac{x^4}{4} + - \ldots \quad -1 < x \leq 1$$

$$\ln(1-x) = -\left(x + \frac{x^2}{2} + \frac{x^3}{3} + \ldots \right) \quad -1 < x < 1$$

$$\ln \frac{(1+x)}{(1-x)} = 2 \operatorname{ar\,tanh} x = 2\left(x + \frac{x^3}{3} + \frac{x^5}{5} + \ldots \right) \quad |x| < 1$$

$$\ln \frac{(x+1)}{(x-1)} = 2 \operatorname{ar\,coth} x = 2\left(\frac{1}{x} + \frac{1}{3x^3} + \frac{1}{5x^5} + \ldots \right) \quad |x| > 1$$

Übersicht A-49 (Fortsetzung)

trigonometrische Funktionen

$$\sin x = x - \frac{x^3}{3!} + \frac{x^5}{5!} - \frac{x^7}{7!} + - \ldots \qquad |x| < \infty$$

$$\cos x = 1 - \frac{x^2}{2!} + \frac{x^4}{4!} - \frac{x^6}{6!} + - \ldots \qquad |x| < \infty$$

$$\tan x = x + \frac{1}{3} x^3 + \frac{2}{15} x^5 + \frac{17}{315} x^7 + \ldots \qquad |x| < \frac{\pi}{2}$$

$$\cot x = \frac{1}{x} - \frac{1}{3} x - \frac{1}{45} x^3 - \frac{2}{945} x^5 - \ldots \qquad 0 < |x| < \pi$$

zyklometrische Funktionen

$$\arcsin x = x + \frac{1}{2} \frac{x^3}{3} + \frac{1 \cdot 3}{2 \cdot 4} \frac{x^5}{5} + \frac{1 \cdot 3 \cdot 5}{2 \cdot 4 \cdot 6} \frac{x^7}{7} + \ldots \qquad |x| < 1$$

$$\arccos x = \frac{\pi}{2} - x - \frac{1}{2} \frac{x^3}{3} - \frac{1 \cdot 3}{2 \cdot 4} \frac{x^5}{5} - \frac{1 \cdot 3 \cdot 5}{2 \cdot 4 \cdot 6} \frac{x^7}{7} + \ldots \qquad |x| < 1$$

$$\arctan x = x - \frac{x^3}{3} + \frac{x^5}{5} - \frac{x^7}{7} + - \ldots \qquad |x| < 1$$

$$\text{arc}\cot x = \frac{\pi}{2} - x + \frac{x^3}{3} - \frac{x^5}{5} + \frac{x^7}{7} - + \ldots \qquad |x| < 1$$

Hyperbelfunktionen

$$\sinh x = x + \frac{1}{3!} x^3 + \frac{1}{5!} x^5 + \frac{1}{7!} x^7 + \ldots \qquad |x| < \infty$$

$$\cosh x = 1 + \frac{1}{2!} x^2 + \frac{1}{4!} x^4 + \frac{1}{6!} x^6 + \ldots \qquad |x| < \infty$$

$$\tanh x = x - \frac{1}{3} x^3 + \frac{2}{15} x^5 - \frac{17}{315} x^7 + - \ldots \qquad |x| < \frac{\pi}{2}$$

$$\coth x = \frac{1}{x} + \frac{x}{3} - \frac{x^3}{45} + \frac{2x^5}{945} - + \ldots \qquad 0 < |x| < \pi$$

Areafunktionen

$$\text{ar}\sinh x = x - \frac{1}{2} \frac{x^3}{3} + \frac{1 \cdot 3}{2 \cdot 4} \frac{x^5}{5} - \frac{1 \cdot 3 \cdot 5}{2 \cdot 4 \cdot 6} \frac{x^7}{7} + - \ldots \qquad |x| < 1$$

$$\text{ar}\cosh x = \pm \left\{ \ln(2x) - \frac{1}{2} \cdot \frac{1}{2x^2} - \frac{1 \cdot 3}{2 \cdot 4} \cdot \frac{1}{4x^4} - \frac{1 \cdot 3 \cdot 5}{2 \cdot 4 \cdot 6} \cdot \frac{1}{6x^6} \right\} \qquad x > 1$$

$$\text{ar}\tanh x = x + \frac{x^3}{3} + \frac{x^5}{5} + \frac{x^7}{7} + \ldots \qquad |x| < 1$$

$$\text{ar}\coth x = \frac{1}{x} + \frac{1}{3} \cdot \frac{1}{x^3} + \frac{1}{5} \cdot \frac{1}{x^5} + \ldots \qquad |x| > 1$$

Übersicht A-49 (Fortsetzung)

Näherungen (ε sehr klein)

$(1 \pm \varepsilon)^n \approx 1 \pm n\varepsilon \quad \|\varepsilon\| \ll 1$	$\dfrac{1}{\sqrt[p]{(1 \pm \varepsilon)^q}} \approx 1 \mp \dfrac{q}{p}\varepsilon$
$(a \pm \varepsilon)n \approx a^n \approx a^n\left(1 \pm n\,\dfrac{\varepsilon}{a}\right)$	$e^\varepsilon \approx 1 + \varepsilon; \quad a^\varepsilon \approx 1 + \varepsilon \ln a$
$\sqrt{1 \pm \varepsilon} \approx 1 \pm \dfrac{1}{2}\varepsilon$	$\ln(1 + \varepsilon) \approx \varepsilon$
$\sqrt{a \pm \varepsilon} \approx \sqrt{a}\left(1 \pm \dfrac{\varepsilon}{2a}\right)$	$\ln\left(\dfrac{1 + \varepsilon}{1 - \varepsilon}\right) \approx 2\varepsilon; \quad \ln(\varepsilon + \sqrt{\varepsilon^2 + 1}) \approx \varepsilon$
$\dfrac{1}{1 \pm \varepsilon} \approx 1 \mp \varepsilon$	$\sin \varepsilon \approx \varepsilon; \quad \cos \varepsilon \approx 1 - \dfrac{1}{2}\varepsilon^2$
$\dfrac{1}{a \pm \varepsilon} \approx \dfrac{1}{a}\left(1 \mp \dfrac{\varepsilon}{a}\right)$	$\tan \varepsilon \approx \varepsilon; \quad \cot \varepsilon \approx \dfrac{1}{\varepsilon}$
$\dfrac{1}{\sqrt{1 \pm \varepsilon}} \approx 1 \mp \dfrac{1}{2}\varepsilon$	$\arcsin \varepsilon \approx \varepsilon; \quad \arctan \varepsilon \approx \varepsilon$
$\dfrac{1}{\sqrt{a \pm \varepsilon}} \approx \dfrac{1}{\sqrt{a}}\left(1 \mp \dfrac{\varepsilon}{2a}\right)$	$\sinh \varepsilon \approx \varepsilon; \quad \cosh \varepsilon \approx 1 + \dfrac{\varepsilon^2}{2}$
	$\tanh \varepsilon \approx \varepsilon; \quad \coth \varepsilon \approx \dfrac{1}{\varepsilon}$
	$\text{ar}\sinh \varepsilon \approx \varepsilon; \quad \text{ar}\tanh \varepsilon \approx \varepsilon$
$\sqrt[p]{(1 + \varepsilon)^q} \approx 1 \pm \dfrac{q}{p}\varepsilon$	allgemein: $f(\varepsilon) \approx f(0) + \varepsilon\, f'(0)$

Diese Entwicklungen können für Näherungen verwendet werden, sowie die Taylorentwicklung selbst:

$$f(h) = f(0) + h \cdot f'(0) + R_2 \quad \text{mit} \quad R_2 \approx h^2$$

A.16 Fourier-Reihen

Übersicht A-50. Fourier-Reihen.

Kurvenform	Fourier-Reihe
Rechteckimpulse	$f(x) = \dfrac{4a}{\pi}\left\{\dfrac{\cos b}{1}\sin x + \dfrac{\cos 3b}{3}\sin(3x) + \right.$ $\left. + \dfrac{\cos 5b}{5}\sin(5x) + \dots\right\}$
	$f(x) = \dfrac{2a}{\pi}\left\{\dfrac{b}{2} + \dfrac{\sin b}{1}\cos x + \dfrac{\cos(2b)}{2}\cos(2x) + \right.$ $\left. + \dfrac{\sin(3b)}{3}\cos(3x) + \dots\right\}$

Übersicht A-50 (Fortsetzung)

Kurvenform	Fourier-Reihe
Rechteckkurve 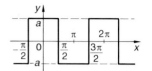	$$f(x) = \frac{4a}{\pi}\left\{\cos x - \frac{\cos(3x)}{3} + \frac{\cos(5x)}{5} - + \ldots\right\}$$
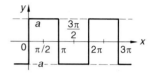	$$f(x) = \frac{4a}{\pi}\left\{\sin x - \frac{\sin(3x)}{3} + \frac{\sin(5x)}{5} + \ldots\right\}$$
Dreieckimpuls 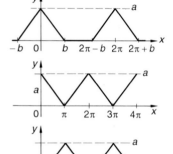	$$f(x) = \frac{ab}{2\pi} + \frac{2a}{\pi^2}\left\{\frac{1-\cos b}{1^2}\cos x + \frac{1-\cos(2b)}{2^2}\cos(2x)\right.$$ $$\left. + \frac{1-\cos(3b)}{3^2}\cos(3x) + \ldots\right\}$$ 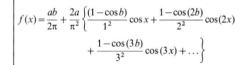
	$$f(x) = \frac{a}{2}\left\{1 + \frac{8}{\pi^2}\left(\cos x + \frac{\cos(3x)}{3^2} + \frac{\cos(5x)}{5^2} + \ldots\right)\right\}$$
	$$f(x) = \frac{a}{2}\left\{1 - \frac{8}{\pi^2}\left(\cos x + \frac{\cos(3x)}{3^2} + \frac{\cos(5x)}{5^2} + \ldots\right)\right\}$$
Dreieckkurve 	$$f(x) = \frac{8a}{\pi^2}\left\{\frac{\sin x}{1^2} - \frac{\sin(3x)}{3^2} + \frac{\sin(5x)}{5^2} - + \ldots\right\}$$
	$$f(x) = \frac{8a}{\pi^2}\left\{\frac{\cos x}{1^2} + \frac{\cos(3x)}{3!} + \frac{\cos(5x)}{5^2} + \ldots\right\}$$

Übersicht A-50 (Fortsetzung)

Kurvenform	Fourier-Reihe

Sägezahnkurve

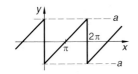

$$f(x) = -\frac{2a}{\pi}\left\{\sin x + \frac{\sin(2x)}{2} + \frac{\sin(3x)}{3} + \ldots\right\}$$

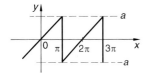

$$f(x) = \frac{2a}{\pi}\left\{\frac{\sin x}{1} - \frac{\sin(2x)}{2} + \frac{\sin(3x)}{3} - + \ldots\right\}$$

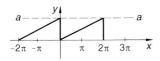

$$f(x) = \frac{a}{2}\left\{1 - \frac{2}{\pi}\left(\frac{\sin x}{1} + \frac{\sin(2x)}{2} + \frac{\sin(3x)}{3} + \ldots\right)\right\}$$

gleichgerichteter Wechselstrom (Einweggleichrichtung

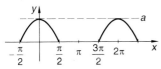

$$f(x) = \frac{a}{\pi}\left\{1 + \frac{\pi}{2}\cos x + \frac{2}{1\cdot3}\cos(2x) - \right.$$
$$\left. - \frac{2}{3\cdot5}\cos(4x) + \frac{2}{5\cdot7}\cos(6x) - + \ldots\right\}$$

gleichgerichteter Wechselstrom (Zweiweggleichrichtung)

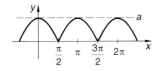

$$f(x) = \frac{2a}{\pi}\left\{1 + \frac{2}{1\cdot3}\cos(2x) - \frac{2}{3\cdot5}\cos(4x) + \right.$$
$$\left. + \frac{2}{5\cdot7}\cos(6x) - + \ldots\right\}$$

A.17 Fourier-Transformation

Übersicht A-51. Fourier-Transformation.

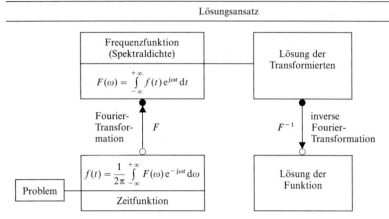

Lösungsansatz

| Frequenzfunktion (Spektraldichte) $F(\omega) = \int\limits_{-\infty}^{+\infty} f(t)\,e^{j\omega t}\,dt$ | Lösung der Transformierten |

Fourier-Transformation $\quad F \qquad F^{-1}\quad$ inverse Fourier-Transformation

| Problem | $f(t) = \dfrac{1}{2\pi} \int\limits_{-\infty}^{+\infty} F(\omega)\,e^{-j\omega t}\,d\omega$ Zeitfunktion | Lösung der Funktion |

Zeitfunktion: zeitlicher Verlauf des Signals
Frequenzfunktion: Frequenzen, Amplituden und Phasen

Eigenschaft der Verschiebung

Verschiebung des Spektrums um ω_0

Zeitfunktion	Frequenzfunktion
amplitudenmodulierte Kosinusfunktion	Spektrum ist um $\pm\,\omega_0$ verschoben

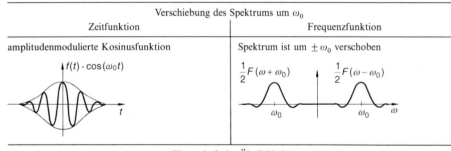

Eigenschaft der Ähnlichkeit

reziprokes Verhalten der Breite der Zeitfunktion Δt und der Breite der Frequenzfunktion $\Delta\omega$.

$\Delta t \cdot \Delta\omega = 1$

Physik: $\Delta x \cdot \Delta p_x \geqq h$ Unschärferelation

Δx Ortsschärfe; Δp_x Impulsschärfe in x-Richtung;
h Plancksches Wirkungsquantum; $h = 6{,}626 \cdot 10^{-34}\ \mathrm{J \cdot s}$

Nachrichtentechnik: $T \cdot 2B = 1$ Shannonsches Abtasttheorem
T Abtastintervall; B Bandbreite

Übersicht A-51 (Fortsetzung)

Eigenschaft der Ähnlichkeit	
Zeitfunktion	Frequenzfunktion
breite Zeitfunktion 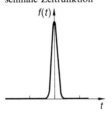	schmale Frequenzfunktion 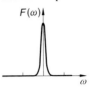
schmale Zeitfunktion	breite Frequenzfunktion 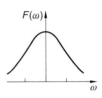

Fourier-Transformation	
Zeitfunktion	Frequenzfunktion
Rechteckimpuls $$f(t) = \frac{4}{\pi}\left(\sin(t) + \frac{1}{3}\sin(3t) + \frac{1}{5}\sin(5t) + \dots \right)$$ 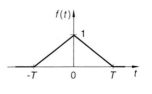	$$F(\omega) = \frac{2\sin(\omega T)}{\omega}$$ 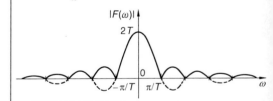
Dreieckimpuls $$f(t) = \frac{1}{2} + \frac{4}{\pi^2}\left(\frac{1}{1^2}\cos(t) + \frac{1}{3^2}\cos(3t)\right.$$ $$\left. + \frac{1}{5^2}\cos(5t) + \dots \right)$$ 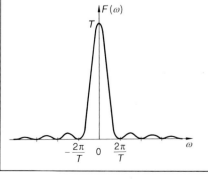	$$F(\omega) = \frac{4\sin^2(\omega T/2)}{T\omega^2}$$

Übersicht A-51 (Fortsetzung)

Fourier-Transformation	
Zeitfunktion	Frequenzfunktion

Impuls einer $\cos^2$-Funktion

$$f(t) = \cos^2\left(\frac{\pi}{2T} \cdot t\right)$$

$$F(\omega) = \frac{\sin(\omega T)}{\omega T} \cdot \frac{T}{1 - \left(\frac{\omega T}{\pi}\right)^2}$$

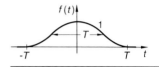

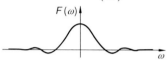

Impuls einer Gauß-Funktion
$$f(t) = e^{-t^2/2T^2}$$

$$F(\omega) = \sqrt{2\pi} \cdot T \cdot e^{-\frac{1}{2}(\omega T)^2}$$

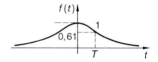

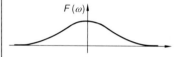

Exponentialimpuls

$$f(t) = e^{-t/T}$$

$$F(\omega) = \frac{T}{1 + j\omega T}$$

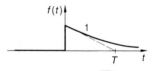

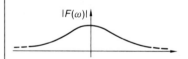

Einheitsimpuls
(Dirac-Impuls)
$$f(t) = \delta(t)$$

$$F(\omega) = 1$$

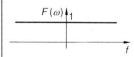

A.18 Gewöhnliche Differentialgleichungen

Differentialgleichungen sind Gleichungen, bei welchen als Lösungen Funktionen gesucht sind. Handelt es sich bei diesen gesuchten Funktionen um solche einer einzigen Variablen, so spricht man von gewöhnlichen Differentialgleichungen – ansonsten von „partiellen Differentialgleichungen". Die allgemeine (oder implizite) Form einer gewöhnlichen Differentialgleichung lautet

$$F(x, y, y', \ldots, y^{(n)}) = 0,$$

und man nennt die höchste in der Gleichung auftretende Ableitungsordnung der zu suchenden Funktion $y(x)$, die – in $F(x, y, y', \ldots, y^{(n)}$ $= 0$ eingesetzt – der Gleichung genügt, die Ordnung der Differentialgleichung. Kann die Gleichung $F(x, y, y', \ldots, y^{(n)}) = 0$ explizit nach $y^{(n)}$ aufgelöst werden, so liegt mit

$$y^{(n)} = f(x, y, \ldots, y^{(n-1)})$$

die allgemeine, explizite Form einer Differentialgleichung n-ter Ordnung vor.

z.B.: $x \cdot e^{yy''} = 1 \Leftrightarrow y'' = \dfrac{-1}{y} \ln x$

Bei mehreren, gekoppelten Gleichungen für mehrere (ebensoviele) gesuchte Funktionen spricht man von Differentialgleichungssystemen; Differentialgleichungen höherer Ordnung können in der Regel in Systeme 1. Ordnung überführt werden.

In Physik und Technik sind insbesondere die beiden (expliziten) Grundtypen wichtig:

$y' = f(x, y)$ (Differentialgleichung 1. Ordnung)

$y'' = f(x, y, y')$ (Differentialgleichung 2. Ordnung)

A.18.1 Differentialgleichung $y' = f(x, y)$

Es sei $f\colon I \times M \to \mathbb{R}$ eine stetige Funktion; I und M seien Intervalle in $\mathbb{R}$. Gesucht ist eine Funktion $y\colon \tilde{I} \to \mathbb{R}$, welche differenzierbar ist und für die die Wohldefiniertheitsbedingung $\tilde{I} \subset I$ und $y(\tilde{I}) \subset M$ gilt, so daß

$$y'(x) = f(x, y(x)) \quad \text{für alle} \quad x \in \tilde{I}$$

identisch erfüllt ist. Solche Differentialgleichungen haben i.a. viele Lösungen, nämlich

a) eine Funktionsschar $y_\lambda(x)$, (die „allgemeine Lösung")

abhängig von einem reellen Parameter $\lambda \in \mathbb{R}$

b) sogenannte „singuläre Lösungen", das sind solche, die in der allgemeinen Lösung nicht vorkommen

Beispiel:

Für die Differentialgleichung

$$y' = x(y - 2)^2$$

hat man die Lösungen

$$y_\lambda(x) = \frac{2}{\lambda - x^2} \quad (\lambda \in \mathbb{R})$$

und

$$y = \text{const} = 2$$

Zentrale Bedeutung für die gesamte Theorie und Praxis der Differentialgleichungen hat der Existenz- und Eindeutigkeitssatz.

Theorem (Existenz- und Eindeutigkeitssatz)

Es sei $f\colon I \times M$ stetig und sei $x_0 \in I$. Dann hat für jedes $y_0 \in M$ das sogenannte Anfangswertproblem (AWP)

$$y' = f(x, y)$$
$$y(x_0) = y_0$$

mindestens eine Lösung. Ist die Funktion f sogar noch differenzierbar auf $I \times M$ (allgemeiner: lokal gleichmäßig lipschitzstetig bzgl. y), so hat das Anfangswertproblem genau eine Lösung. (Die Vorgabe von y_0 kann also als Parameter λ der allgemeinen Lösung (lokal um x_0) dienen.)

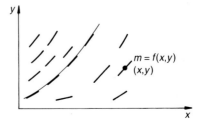

Eine *geometrische* Vorstellung der Lösungsschar der Differentialgleichung $y' = f(x, y)$ bekommt man durch Zeichnen des Richtungsfeldes: Ist nämlich $y(x)$ eine Lösung, so ist $y'(x)$ einerseits die Steigung an diese Kurve in x und andererseits gleich dem Wert $f(x, y(x))$. Durch Zeichnen vieler kleiner Steigungsgeraden erhält man das Richtungsfeld und durch glattes Verbinden gelangt man zu den Lösungskurven.

A.18.2 Lineare Differentialgleichung 1. Ordnung

Sie lautet:

$$y' + g(x)\,y = h(x)$$

mit stetigen Funktionen g und h auf einem Intervall I. Die Gleichung heißt homogen $\Leftrightarrow$ $h(x) = 0$, sonst inhomogen. Es gibt mehrere Lösungsmöglichkeiten:

allgemein	Beispiel
Methode 1 (Lösung nach Formel):	
$y(x)$ löst die gegebene Differentialgleichung $\Leftrightarrow$	$y' + 2y = 3x^2 + 1$
$y(x) = \left[k + \int_{x_0}^{x} [h(t)\,e^{\int g(s)\,ds}]\,dt \right] e^{-\int_{x_0}^{x} g(s)\,ds}$	$y(x) = \left[k + \int_{0}^{x} ((3t^2 + 1)\,e^{2t})\,dt \right] e^{-2x}$
Hierbei ist $k \in \mathbb{R}$ beliebig, $x_0 \in I$ beliebig. Offenbar gilt dann auch $y(x_0) = k$	$= k\,e^{-2x} + \left\{ 3e^{2x}\left(\frac{x^2}{2} - \frac{x}{2} + \frac{1}{4} \right) + \frac{1}{2} \right\} e^{-2}$
	$= k\,e^{-2x} + \frac{3}{2}x^2 - \frac{3}{2}x + \frac{5}{4} \quad (k \in \mathbb{R})$
Methode 2 (Variation der Konstanten):	
Dies ist eine spezielle Form eines Ansatzverfahrens, welches in 2 Schritten verläuft:	$y' + 2y = 3x^2 + 1$
1. Lösung der homogenen Gleichung:	$G(x) = \int_{x_0}^{x} 2\,ds = 2x$
Ist $G(x) = \int_{x_0}^{x} g(s)\,ds$ irgendeine Stammfunktion von $g(x)$, so ist die Gesamtheit aller Lösungen von $y' + g(x)\,y = 0$ durch	$\Rightarrow y(x) = k\,e^{-2x}, \quad k \in \mathbb{R}$
$y(x) - k\,e^{-G(x)}, \quad k \subset \mathbb{R}$ gegeben.	Ansatz: $y(x) = k(x)\,e^{-2x}$
2. „Variation der Konstanten": Der spezielle Ansatz $y(x) = k(x)\,e^{-G(x)}$ führt auf die Bedingung $k'(x)\,e^{-G(x)} = h(x)$, also	$k(x) = \int_{x_0}^{x} [(3t^2 + 1)\,e^{2t}]\,dt$
$k(x) = \int_{x_0}^{x} [h(t)\,e^{G(t)}]\,dt$ in Übereinstimmung mit der angegebenen Formel.	$= \left(\frac{3}{2}x^2 - \frac{3}{2}x + \frac{5}{4} \right) e^{2x} + C$
	$\Rightarrow y(x) = C \cdot e^{-2x} + \frac{3}{2}x^2 - \frac{3}{2}x + \frac{5}{4}, \quad C \in \mathbb{R}$

allgemein	Beispiel

Methode 3 (Spezielle Ansatzmethode)

Ist die Inhomogenität $h(x)$ von einem bestimmten Funktionstyp (z. B. ein Polynom) und ist der Zuwachsfaktor $g(x)$ ähnlichen Typs, so sind auch oftmals Lösungsansätze erfolgreich, bei der eine Lösung $y(x)$ ebenfalls von diesem Typ ist, dargestellt durch unbekannte Parameter, welche durch Einsetzen in die Differentialgleichung bestimmt werden. Hat man auf diese Weise eine Lösung y_{sp} der inhomogenen Differentialgleichung gefunden, so lautet die allgemeine Lösung

$$y(x) = y_0(x) + y_{sp}(x) \quad \text{mit} \quad y_0' + g(x) y_0 = 0.$$

$y' + 2y = 3x^2 + 1$

$y_0(x) := k\,e^{-2x}$ ist die allgemeine Lösung der homogenen Differentialgleichung. Für eine spezielle Lösung der inhomogenen Differentialgleichung macht man den Ansatz

$$y(x) = \alpha x^2 + \beta x + \gamma$$
$$y' + 2y = 2\alpha x + \beta + 2\alpha x^2 + 2\beta x + 2\gamma$$
$$= 3x^2 + 1$$

Koeffizientenvergleich ergibt:

$$\alpha = \frac{3}{2}, \quad \beta = -\frac{3}{2}, \quad \gamma = \frac{5}{4}$$

$$\Rightarrow y(x) = k\,e^{-2x} + \frac{3}{2}x^2 - \frac{3}{2}x + \frac{5}{4}, \quad k \in \mathbb{R}$$

A.18.3 Separierbare Differentialgleichungen

Eine Differentialgleichung ist von separierter Form, falls

$$y' = h(x)\,g(y),$$

so daß man auch schreibt: $\dfrac{dy}{g(y)} = h(x)\,dx$

(die Variablen x und y erscheinen auf getrennten Seiten der Gleichung).

Eine Differentialgleichung heißt separierbar, falls man sie durch Umformungen auf separierte Form bringen kann.

allgemein	Beispiel

Lösung der separierten Differentialgleichung

$$y' = h(x)\,g(y).$$

Zunächst Achtung: Jede Nullstelle von $g(y)$ liefert eine konstante, singuläre Lösung:

$$g(y_0) = 0 \;\Rightarrow\; y(x) = y_0 \text{ ist eine Lösung.}$$

Allgemeine Lösungen lassen sich nur in Intervallen I angeben, in denen $g(y)$ nullstellenfrei ist.

Vorgehensweise:

1. Integriere $\dfrac{1}{g(y)}$ bzgl. y, also $G(y) := \displaystyle\int^y \frac{1}{g(t)}\,dt$

2. Integriere $h(x)$ bzgl. x, also $H(x) := \displaystyle\int^x h(t)\,dt$

$y' = k(a - y)^n$

(chemische Reaktionsgleichung n-ter Ordnung)

Singuläre Lösung: $y \equiv a$

Allgemeine Lösung:

$$\frac{y'}{(a-y)^n} = k$$

$$\Leftrightarrow \frac{1}{1-n}(a-y)^{1-n} = kx + c$$

$$\Leftrightarrow y(x) = a - ((1-n)kx + c)^{\frac{1}{1-n}}, \quad C \in \mathbb{R}$$

$y' = k\,y(a - y)$ (logistische Differentialgleichung)

allgemein	Beispiel

3. Die implizite Darstellung der allgemeinen Lösung lautet

$$G(y) = H(x) + C, \quad C \in \mathbb{R}.$$

Umstellen nach y (sofern möglich) liefert die explizite Lösung $y(x)$.

Singuläre Lösungen

$$y \equiv 0 \quad \text{oder} \quad y \equiv a$$

Allgemeine Lösung:

$$\frac{y'}{y(a-y)} = k$$

$$\Leftrightarrow \frac{1}{a}\left\{\frac{1}{y} + \frac{1}{a-y}\right\} y' = k$$

$$\Leftrightarrow \ln y - \ln(a-y) = akx + c$$

$$\Leftrightarrow \frac{y}{a-y} = k\,e^{akx}, \quad k > 0$$

$$\Leftrightarrow y(x) = a - \frac{a}{1 + k\,e^{akx}}$$

logistische Gleichung für $k > 0$

Besonders wichtige Beispiele für separierte Differentialgleichungen liefern die sogenannten „homogenen" Differentialgleichungen (nicht zu verwechseln mit den „homogenen linearen" Differentialgleichungen). Historisch bedingt, heißt eine Differentialgleichung der Form

$$y' = f\!\left(\frac{y}{x}\right)$$

homogen. Geometrisch bedeutet dies, daß das Richtungsfeld auf allen Halbstrahlen $y = \alpha x$ konstant ist.

allgemein	Beispiel

Die Differentialgleichung ist separierbar:

Man setzt $u = \dfrac{y}{x}$, also

$$y(x) = xu(x) \Rightarrow y'(x) = u(x) + xu'(x)$$

$$\Rightarrow u'(x) = (y'(x) - u(x))/x = \frac{f(u) - u}{x}$$

Dies ist eine separierte Differentialgleichung für u. Ist $u(x)$ bekannt, so erhält man die Lösung $y(x)$ der ursprünglichen Differentialgleichung aus dem Transformationsansatz,

$$y(x) = x \cdot u(x).$$

$$xy' = y + \sqrt{x^2 + y^2}, \quad \text{also}$$

$$y' = \frac{y}{x} + \sqrt{1 + \left(\frac{y}{x}\right)^2}\,;$$

mit $u = \dfrac{y}{x}$ erhalten wir eine Differentialgleichung für u, nämlich

$$u' = \frac{u + \sqrt{1 + u^2} - u}{x} = \frac{1}{x}\sqrt{1 + u^2}$$

$$\Leftrightarrow \frac{u'}{\sqrt{1 + u^2}} = \frac{1}{x}$$

$$\Rightarrow \text{arsinh}\,u = \ln|x| + c$$

$$\Rightarrow 2u = 2\sinh(\ln|x| + c)$$

$$= e^{(\ln|x| + c)} - e^{-(\ln|x| + c)}$$

$$= k|x| - \frac{1}{k|x|} \quad (k > 0)$$

$$\Rightarrow y = \frac{1}{2}kx^2 - \frac{1}{2k} \quad (k \in \mathbb{R})$$

A.18.4 Exakte Differentialgleichungen

Symbolisch kann die Differentialgleichung $y' = f(x, y)$ auch so geschrieben werden:

$$dy - f(x, y)\,dx = 0,$$

so daß man mit einer zunächst willkürlichen Aufspaltung $f(x, y) = -\dfrac{g(x, y)}{h(x, y)}$ auf die Form

$$g(x, y)\,dx + h(x, y)\,dy = 0$$

kommt. Angenommen, es gäbe eine Funktion $V(x, y)$ („Potential") mit

$$\frac{\partial V}{\partial x}(x, y) = g(x, y)$$

und

$$\frac{\partial V}{\partial y}(x, y) = h(x, y),$$

dann wird durch die Gleichung $V(x, y) = \text{const}$ eine implizit gegebene Abhängigkeit zwischen x und y erzwungen, lokal ist $y = y(x)$, und man hat

$$\frac{d}{dx}V(x, y(x)) = 0 = \frac{\partial V}{\partial x} + \frac{\partial V}{\partial y}\frac{dy}{dx}.$$

Das bedeutet: Die Gleichung $y(x, y)\,dx + h(x, y)\,dy = 0$ ist erfüllt. Die Theorie ist in folgendem Theorem zusammengefaßt, welches sagt, wann eine solche Potentialfunktion existiert und wie man sie berechnet.

Theorem (Exakte Differentialgleichungen)

Gegeben ist eine Differentialgleichung in der Form $g(x, y)\,dx + h(x, y)\,dy = 0$, wobei g und h stetige Funktionen sind auf einem 2-dimensionalen Bereich, welcher keine Löcher hat („einfach zusammenhängendes Gebiet"). Dann sind äquivalent

(a) Die Differentialgleichung ist exakt – d. h. per definitionem: Es gibt eine Potential-funktion $V(x, y)$ mit

$$\frac{\partial V}{\partial x} = g \quad \text{und} \quad \frac{\partial V}{\partial y} = h$$

(b) Die Integrabilitätsbedingung

$$\frac{\partial g}{\partial y}(x, y) = \frac{\partial h}{\partial x}(x, y)$$

ist überall erfüllt.

(c) Das Kurvenintegral $\displaystyle\int_{(x_0, y_0)}^{(x, y)} g\,dx + h\,dy$ ist wegunabhängig.

Folgerung: Ist eine Differentialgleichung in der Form $g(x, y)\,dx + h(x, y)\,dy = 0$ gegeben, so prüft man mittels Integrabilitätsbedingung (b), ob die Gleichung exakt ist. Ist dies der Fall, so läßt sich die Potentialfunktion $V(x, y)$ als Kurvenintegral finden,

$$V(x, y) = \int_{(x_0, y_0)}^{(x, y)} g\,dx + h\,dy$$

$$= \int_a^b g(x(t), y(t))\,x'(t)\,dt$$

$$+ h(x(t), y(t))\,y'(t)\,dt,$$

wobei $[a, b] \ni t \to (x(t), y(t)) \in \mathbb{R}^2$ eine Parametrisierung eines Weges von (x_0, y_0) nach (x, y) ist. Eine für viele Fälle praktische Methode besteht in folgender achsenparalleler Integration:

Setze

$$V(x, y) = \int_{x_0}^x g(t, y)\,dt + C(y)$$

$$V(x, y) = \int_{y_0}^y h(x, t)\,dt + D(x)$$

und bestimme C und D durch Vergleich.

Beispiel:

$$2x\,dx + 4y\,dy = 0$$

Die Integrabilitätsbedingung (b) ist erfüllt. Dann ist

$$V(x, y) = \int^x 2t\,dt + C(y) = x^2 + C(y)$$

$$V(x, y) = \int^y 4t\,dt + D(x) = 2y^2 + D(x);$$

also ist $D(x) = x^2 + C$ und $C(y) = 2y^2 - C$, man hat

$$V(x, y) = x^2 + 2y^2 + C,$$

und die Gleichung

$$x^2 + 2y^2 = \text{const} =: r^2$$

liefert Ellipsen als Lösungskurven der Differentialgleichung.

Methode des „integrierenden Faktors":

Die Differentialgleichung

$$g(x, y)\,\mathrm{d}x + h(x, y)\,\mathrm{d}y = 0$$

ist gleichwertig zu derjenigen, wenn man sie mit einer beliebigen Funktion $\mu(x, y)$ multipliziert ($\mu \neq 0$)

$$\underbrace{\mu(x, y)\,g(x, y)}_{\tilde{g}(x, y)}\,\mathrm{d}x + \underbrace{\mu(x, y)\,h(x, y)}_{\tilde{h}(x, y)}\,\mathrm{d}y = 0$$

Ist nun die Integrabilitätsbedingung (b) für die Differentialgleichung $g(x, y)\,\mathrm{d}x + h(x, y)\,\mathrm{d}y = 0$ verletzt, so versucht man durch geschickte Wahl eines sogenannten integrierenden Faktors $\mu(x, y)$, daß die neue Differentialgleichung $\mu(x, y)\,g(x, y)\,\mathrm{d}x + \mu(x, y)\,h(x, y)\,\mathrm{d}y = 0$ diese Bedingung erfüllt.

A.18.5 Lineare Differentialgleichung 2. Ordnung

Grundlegend für alle Schwingungsprobleme der Mechanik wie auch der Elektrotechnik ist die Differentialgleichung

$$y'' + ay' + by = h(x)$$

mit konstanten Koeffizienten $a, b \in \mathbb{R}$ und einer – bis auf eventuelle Sprungstellen – stetigen Inhomogenität $h(x)$. Aufgrund der Linearität der Gleichung ist die Vorgehensweise so:

(I) Man ermittelt die Gesamtheit aller Lösungen y_0 der homogenen Differentialgleichung,

$$y'' + ay' + by = 0\,;$$

dies ist eine von 2 reellen Parametern abhängende Funktionsschar.

(II) Man versucht irgendwie, eine (einzige) Lösung y_{sp} der inhomogenen Gleichung

zu ermitteln. Die allgemeine Lösung der Differentialgleichung lautet dann

$$y(x) = y_{sp}(x) + y_0(x),$$

wobei y_0 die Gesamtheit der Lösungen der homogenen Gleichung durchläuft.

Methode zu I:

Universelle Methode liefert der Ansatz $y_0(x) = e^{\lambda x}$ mit unbekanntem $\lambda \in \mathbb{C}$. Dann ist

$$y_0''(x) + ay_0'(x) + by_0(x) = 0$$
$$\Leftrightarrow \lambda^2 + a\lambda + b = 0$$

mit den beiden Nullstellen $\lambda_1, \lambda_2 \in \mathbb{C}$.

Aus dem Lösungscharakter dieser quadratischen Gleichung ergeben sich 3 Fälle:

① $\lambda_1, \lambda_2 \in \mathbb{R}$ und $\lambda_1 \neq \lambda_2$:

Dann sind alle Lösungen der homogenen Differentialgleichung von der Form

$$y_0(x) = c_1 e^{\lambda_1 x} + c_2 e^{\lambda_2 x}$$

mit $c_1, c_2 \in \mathbb{R}$

② $\lambda_1, \lambda_2 \in \mathbb{R}$ und $\lambda_1 = \lambda_2$:

Dann sind alle Lösungen der homogenen Differentialgleichung von der Form

$$y_0(x) = e^{\lambda_1 x}(c_1 + c_2 x)$$

mit $c_1, c_2 \in \mathbb{R}$

③ λ_1 und λ_2 sind komplex (dann ist automatisch $\lambda_2 = \bar{\lambda}_1$):

Dann sind die Lösungen der homogenen Differentialgleichung von der Form

$$y_0(x) = e^{\alpha x}\{c_1 \cos \omega x + c_2 \sin \omega x\}$$

mit $c_1, c_2 \in \mathbb{R}$

und $\lambda_1 = \alpha + i\omega$, $\lambda_2 = \alpha - i\omega$.

Methoden zu II:

1) Geeignete Ansätze vom Typ der Inhomogenität $h(x)$

2) Grundlösungsverfahren, Faltungsintegral: Man wählt die Parameter c_1, c_2 so, daß die Lösung y_0 der homogenen Gleichung zusätzlich die Bedingungen

$$y_0(x_0) = 0, \quad y_0'(x_0) = 1$$

erfüllt (wobei x_0 fixiert ist). Dann ist

$$y_{sp}(x) = \int_{x_0}^{x} h(t)\, y_0(x_0 + x - t)\, dt$$

eine Lösung der inhomogenen Differentialgleichung.

3) Variation der Konstanten (der Lösungsschar der homogenen Differentialgleichung).

Beispiel:

$$y'' + 2y' + 2y = x^2 + x - 1$$

Mit $e^{\lambda x}$ löst man die homogene Gleichung,

$$\lambda^2 + 2\lambda + 2 = 0 \Leftrightarrow \lambda_{1,2} = -1 \pm i$$
$$\Rightarrow y_0(x) = e^{-x}\{c_1 \cos x + c_2 \sin x\};$$

die inhomogene Gleichung löst man durch Ansatz:

$$y(x) = ax^2 + bx + c$$

mit unbekannten $a, b, c \in \mathbb{R}$

$$2a + 2\{2ax + b\} + 2\{ax^2 + bx + c\}$$
$$= x^2 + x - 1$$
$$\Leftrightarrow 2ax^2 + x\{4a + 2b\} + 2a + 2b + 2c$$
$$= x^2 + x - 1$$
$$\Leftrightarrow 2a = 1, \quad 4a + 2b = 1$$
$$\text{und} \quad 2a + 2b + 2c = -1$$
$$\Leftrightarrow a = \frac{1}{2}, \quad b = -\frac{1}{2}, \quad c = -\frac{1}{2}$$
$$\Rightarrow y(x) = e^{-x}\{c_1 \cos x + c_2 \sin x\}$$
$$+ \frac{1}{2}(x^2 - x - 1)$$

A.18.6 Differentialgleichungen 2. Ordnung und Energie-Satz

Fehlt in der Differentialgleichung $y'' + ay' + by = 0$ der „Reibungstherm" ay' (d. h. ist $a = 0$), so liegt ein Sonderfall der allgemeinen Form einer expliziten Differentialgleichung 2. Ordnung vor:

$$y'' = f(y)$$

Diese Gleichung kann man sofort einmal integrieren – mittels beidseitiger Multiplikation mit y' erhält man

$$y'' y' = y' f(y).$$

Ist nun $F(y) = \int^{y} f(y)\, dy$, so ist

$$\frac{d}{dx}(y')^2 = 2y' y'' \quad \text{und} \quad \frac{d}{dx} F(y) = f(y) \cdot y',$$

also

$$y'' = f(y) \Leftrightarrow \boxed{\frac{1}{2}(y')^2 - F(y) = \text{const}},$$

was gewöhnlich als Energiesatz bezeichnet wird.

A.18.7 Spezielle Differentialgleichungen höherer Ordnung

Lineare Differentialgleichungen höherer Ordnung mit konstanten Koeffizienten,

$$y^{(n)} + a_{n-1} y^{(n-1)} + \ldots + a_0 y = h(x),$$
$$\left(y^{(k)} = \frac{d^k}{dx^k} y \right)$$

mit $a_k \in \mathbb{R}$ und gegebener Inhomogenität $h(x)$ werden so behandelt:

Erstens bestimmt man die Gesamtheit V_0 aller Lösungen der homogenen Gleichung ($h(x) = 0$). Diese Gesamtheit ist ein reell n-dimensionaler Raum und man erhält ihn so: Mit dem Ansatz $y(x) = e^{\lambda x}$ mit unbekanntem $\lambda \in \mathbb{C}$ erhält man die Gleichwertigkeit von Differentialgleichung und polynomialer Gleichung, nämlich

$$y^{(n)} + a_{n-1} y^{(n-1)} + a_{n-2} y^{(n-2)} + \ldots + a_0 y = 0$$
$$\Leftrightarrow \lambda^n + a_{n-1} \lambda^{n-1} + a_{n-2} \lambda^{n-2} + \ldots + a_0 \lambda = 0$$

(charakteristische Gleichung)

In $\mathbb{C}$ besitzt diese charakteristische Gleichung mit Vielfachheiten genau n Lösungen. Weil die Koeffizienten a_k reell sind, ist mit jeder Wurzel $\lambda \in \mathbb{C}$ auch $\bar{\lambda}$ eine Lösung der charakteristischen Gleichung gleicher Vielfachheit, so daß sich folgende allgemeine Vorgehensweise ergibt:

– Es seien $\lambda_1, \ldots, \lambda_r$ die reellen (paarweise verschiedenen) Nullstellen mit Vielfachheiten $n_1, \ldots, n_r$
– Es seien $\alpha_1 \pm i\beta_1, \ldots, \alpha_s \pm i\beta_s$ die (konjugiert) komplexen Nullstellen mit Vielfachheiten $m_1, \ldots, m_s$

Dann ist der Lösungsraum V_0 gegeben durch $y \in V_0 \Leftrightarrow y(x)$ hat folgende Darstellung

$$y(x) = e^{\lambda_1 x} P_1(x) + \ldots + e^{\lambda_r x} P_r(x)$$
$$+ e^{\alpha_1 x}\{Q_1(x)\cos\beta_1 x + R_1(x)\sin\beta_1 x\}$$
$$+ \ldots + e^{\alpha_s x}\{Q_s(x)\cos\beta_s x + R_s(x)\sin\beta_s x\}$$

Hierbei ist P_k ein beliebiges Polynom vom Grad $< n_k$ $(k = 1, \ldots, r)$,
Q_k und R_k sind beliebige Polynome vom Grad $< m_k$ $(k = 1, \ldots, s)$.

Zweitens sucht man irgendeine Lösung y_{sp} der inhomogenen Differentialgleichung, wobei geeignete Ansätze für y_{sp} vorteilhaft sind. Rechnerische Methoden liefern die Laplace-Transformation sowie die Variation aller Konstanten, welche bei der Lösung der homogenen Gleichung auftreten. Die allgemeine Lösung ergibt sich dann aus Gründen der Linearität der Differentialgleichung zu

allgemein	Beispiel
$y(x) = y_{sp}(x) + y_0(x)$ mit $y_0(x) \in V_0$	$y^{(4)} + 2y^{(2)} + 8y' + 5y = 5x^2 + 26x + 5$

Lösung der homogenen Gleichung mit e^{2x}, und die charakteristische Gleichung lautet

$$P(\lambda) = \lambda^4 + 2\lambda^2 + 8\lambda + 5 = 0,$$

es gilt: $P(\lambda) = [(\lambda - 2)^2 + 1][\lambda + 1]^2$

mit den Nullstellen $\lambda_1 = -1$ (Vielfachheit 2)
und $\lambda_2 = 2 \pm i$ (Vielfachheit 1)

$$y_0(x) = e^{-x}\{a_1 + b_1 x\} + e^{2x}\{a_2 \cos x + b_2 \sin x\}$$

ist die allgemeine Darstellung der reellen Lösungen der homogenen Gleichung mit den 4 freien Parametern $a_1, b_1, a_2, b_2 \in \mathbb{R}$.

Für die inhomogene Gleichung macht man einen Polynomansatz gleichen Grades wie die vorliegende Inhomogenität:

$$y_{sp}(x) = ax^2 + bx + c$$
$$\Rightarrow y^{(4)} = 0, \quad y^{(2)} = 2a, \quad y' = 2ax + b, \quad \text{also}$$
$$2 \cdot 2a + 8(2ax + b) + 5(ax^2 + bx + c)$$
$$= 5x^2 + 26x + 5$$
$$\Leftrightarrow 5ax^2 + x\{16a + 5b\} + \{4a + 8b + 5c\}$$
$$= 5x^2 + 26x + 5$$
$$\Leftrightarrow 5a = 5, \quad 5b + 16a = 26, \quad 4a + 8b + 5c = 5$$
$$\Leftrightarrow a = 1, \quad b = 2, \quad c = -3$$

A.19 Elemente der Wahrscheinlichkeitstheorie

A.19.1 Kombinatorik

Die Kombinatorik befaßt sich mit Anzahlproblemen endlicher Mengen (das sind Mengen mit endlich vielen Elementen). Eine typische Fragestellung lautet etwa: Auf wieviele Weisen kann man bei einer Menge mit n Elementen Teilmengen mit k Elementen entnehmen (wobei noch gewisse Bedingungen – wie die Reihenfolge der Elemente u. ä. – eine Rolle spielen können). Diese Anzahlprobleme lassen sich strukturieren in die Prozesse:

Permutationen, Kombinationen (mit und ohne Wiederholungen) und Variationen (mit und ohne Wiederholungen).

Bezeichnungen:

Ist M eine Menge mit n Elementen, $M = \{a_1, \ldots, a_n\}$, so schreibt man $|M| = n$ (manchmal auch $\# M = n$). Für $n \in \mathbb{N}$ ist $n! = 1 \cdot 2 \cdots n$, $0! = 1$ und für $0 \le k \le n$ ist

$$\binom{n}{k} = \frac{n!}{k!\,(n-k)!} \quad \text{(Binomialkoeffizient)}$$

Grundregeln für Anzahlen bei endlichen Mengen:

(1) $M_1 \cap M_2 = \emptyset \Rightarrow |M_1 \cup M_2| = |M_1| + |M_2|$

(2) $|M_1 \times M_2| = |M_1| |M_2|$;
allgemein
$|M_1 \times M_2 \times \cdots \times M_k| = |M_1| |M_2| \cdots |M_k|$

(3) $|P(M)| = 2^{|M|}$
$(P(M) = \{N/N \text{ ist Teilmenge von } M\})$

(4) $|M_1| = |M_2| \Leftrightarrow$ es gibt eine umkehrbar eindeutige (bijektive) Abbildung
$\varphi\colon M_1 \to M_2$

Permutation:

Sei $|M| = n$. Unter einer Permutation von M versteht man

(a) eine bijektive Abbildung $\varphi : M \to M$

(b) eine bijektive Abbildung
$\varphi \cdot \{1, \ldots, n\} \to M$

(c) ein – hinsichtlich der Aufreihung – modifiziertes Anordnen (Aufschreiben) aller Elemente von M

Beispiel: Alle Permutationen der 3 elementigen Menge $M = \{a, b, c\}$ sind:
$(a, b, c), (a, c, b), (b, a, c), (b, c, a), (c, a, b), (c, b, a)$

Satz (Permutationen)

$|M| = n \Rightarrow$ Es gibt $n!$ Permutationen von M

Ist $M = \{a_1, \ldots, a_n\}$, also $|M| = n$, so kann man auf folgende 4 unterschiedliche Weisen sogenannte „k-Proben" von Elementen von M bilden, das heißt „k-Plätze mit Elementen aus M belegen"; hierbei sei $k \in \mathbb{N}$

I   Es kommt auf die Reihenfolge an; Wiederholungen sind erlaubt

II   Es kommt auf die Reihenfolge an; Wiederholungen sind nicht erlaubt

III   Die Reihenfolge spielt keine Rolle; Wiederholungen sind erlaubt

IV   Die Reihenfolge spielt keine Rolle; Wiederholungen sind nicht erlaubt

I und II nennt man Variationen mit/ohne Wiederholung von n Elementen zur k-ten Klasse.

III und IV nennt man Kombinationen mit/ohne Wiederholung von n Elementen zur k-ten Klasse.

„Wiederholung" bedeutet, daß in einer k-Probe ein Element von M mehrmals auftreten kann.

Beispiel:

Sei $|M| = 4$, $M = \{a, b, c, d\}$ und $k = 2$

zu I: (a, a), (a, b), (b, a), (a, c), (c, a),
(a, d), (d, a), (b, b), (b, c), (c, b),
(b, d), (d, b), (c, c), (c, d), (d, c)
und (d, d)
(das sind $16 = 4^2$ Möglichkeiten)

zu II: (a, b), (b, a), (a, c), (c, a), (a, d),
(d, a), (b, c), (c, b), (b, d), (d, b), (c, d)
und (d, c)
$\left(\text{das sind } 12 = \dfrac{4!}{2!} = 4 \cdot 3 \text{ Möglich-}\right.$

keiten $\Big)$

zu III: (a, a), (a, b), (a, c), (a, d), (b, b), (b, c),
(b, d), (c, c), (c, d) und (d, d)
$\left(\text{das sind } 10 = \dbinom{4 + 2 - 1}{2} \text{ Möglich-}\right.$

keiten $\Big)$

zu IV: (a, b), (a, c), (a, d), (b, c), (d, b)
und (c, d)
$\left(\text{das sind } 6 = \dbinom{4}{2} \text{ Möglichkeiten}\right)$

Satz (Grundformeln der Kombinatorik)

Es bezeichne $a_{n, k}(x)$ die Anzahl der Möglichkeiten, aus einer n-elementigen Menge k-Proben zu entnehmen (mit x entweder Typ I, II, III oder IV)

$a_{n, k}(\text{I}) = n^k$
(geordnet, mit Wiederholung)

$a_{n, k}(\text{II}) = \dbinom{n}{k} k! = n \cdot (n - 1) \cdots (n - k + 1)$
(geordnet, ohne Wiederholung)

$a_{n, k}(\text{III}) = \dbinom{n + k + 1}{k}$
(ungeordnet, mit Wiederholung)

$a_{n, k}(\text{IV}) = \dbinom{n}{k}$
(ungeordnet, ohne Wiederholung)

A.19.2 Wahrscheinlichkeiten

Das zugrundeliegende Konzept kann am besten im Falle eines endlichen „Ereignisraumes E" entwickelt werden:

Es sei $E = \{w_1, \ldots, w_n\}$ eine endliche Menge mit n Elementen. Jedes Element w_k stellt – als Teilmenge $\{w_k\} \subset E$ – ein sogenanntes Elementarereignis dar. Der Raum aller Ereignisse aus E ist nichts anderes als $P(E) = \{A \mid A$ ist Teilmenge von $E\}$, und ein Wahrscheinlichkeitsmaß p auf E ist eine Funktion

$$p: P(E) \to [0, 1]$$

mit folgenden Eigenschaften:

(1) $p(E) = 1$ (E heißt „sicheres Ereignis")

(2) $p(\emptyset) = 0$ (die leere Menge $\emptyset$ ist das unmögliche Ereignis")

(3) $p(A \cup B) = p(A) + p(B)$ für $A \cap B = \emptyset$
($A \subset E$ mit $0 < p(A) < 1$ heißt „zufälliges Ereignis")

Aus diesen definierenden Eigenschaften leiten sich folgende Rechenregel ab:

(1) $p(E \backslash A) = 1 - p(A)$
$(E \backslash A = \{w \in E \mid w \notin A\}$

(2) $p(B) \leq p(A)$ für $B \subseteq A$

(3) $p(A \cup B) = p(A) + p(B) - p(A \cap B)$

(4) Ist $A = \{w_i \mid i \in I \subset \{1, \ldots, n\}$,
so ist $p(A) = \sum\limits_{i = I} p(w_i)$

Eine Menge E mit einem Wahrscheinlichkeitsmaß p heißt Wahrscheinlichkeitsraum (E, p). Wichtiger Spezialfall:

Gleichverteilung:

$$p(\{w_k\}) = \frac{1}{n} \qquad k = 1, \ldots, n$$

(alle Elementarereignisse, $\{w_k\}$, sind „gleichwahrscheinlich", Laplace'scher W-Raum)

Ist (E, p) ein Wahrscheinlichkeitsraum, so ist die „*bedingte*" Wahrscheinlichkeit $p(B \mid A)$

$(B \subset E,\ A \subset E)$ diejenige Wahrscheinlichkeit für das Eintreten des Ereignisses B unter der Voraussetzung, daß das Ereignis A schon eingetreten ist; es gilt definitionsgemäß

$$p(B|A) = \begin{cases} p(B \cap A)/p(A) & (\text{für } p(A) \neq 0) \\ 0 & (\text{für } p(A) = 0) \end{cases}$$

Zwei Ereignisse A und B heißen stochastisch unabhängig, wenn

$$p(A|B) = p(A) \quad \text{und} \quad p(B|A) = p(B)$$

gilt. Folgender Satz liefert die grundlegendsten Formeln:

Theorem (Bedingte Wahrscheinlichkeit)

① Ist $p(A_1 \cap A_2 \cap \ldots \cap A_{k+1}) \neq 0$, so ist
$$p(A_1 \cap A_2 \cap \ldots \cap A_{k+1}) = p(A_1) \cdot p(A_2|A_1)$$
$$\cdot p(A_3|A_1 \cap A_2) \ldots p(A_{k+1}|A_1 \cap \ldots \cap A_k)$$

② Sind $p(A) \neq 0$ und $p(B) \neq 0$, so gilt:

A und B unabhängig
$$\Leftrightarrow p(A \cap B) = p(A) \cdot p(B)$$

③ Sind $B_1, \ldots, B_k \in E$ mit
(a) $p(B_i) \neq 0$ $(i = 1, \ldots, k)$
(b) $B_i \cap B_j \neq \emptyset$ $(i, j \in \{1, \ldots, k\}, i \neq j)$
(c) $E = B_1 \cup \ldots \cup B_k$

so heißt $\{B_1, \ldots, B_k\}$ ein (für (E, p)) *vollständiges Ereignissystem.*

Satz über die vollständige Wahrscheinlichkeit:

Es sei $\{B_1, \ldots, B_k\}$ ein vollständiges Ereignissystem für den W-Raum (E, p). Dann gilt für $A \subset E$:

$$p(A) = \sum_{j=1}^{k} p(A|B_j)\, p(B_j)$$

④ *Formel von Bayes*
Es sei $\{B_1, \ldots, B_k\}$ ein vollständiges Ereignissystem für den W-Raum (E, p). Dann gilt für $A \subset E$:

$$p(B_j|A) = \frac{p(A|B_j)\, p(B_j)}{\sum\limits_{i=1}^{k} p(A|B_i)\, p(B_i)}$$

A.19.3 Verteilungsfunktionen

Es sei $p\colon P(\mathbb{R}) \to [0, 1]$ eine Wahrscheinlichkeitsfunktion (additive auf disjunkten Teilmengen, $p(\mathbb{R}) = 1$, $p(\emptyset) = 0$); dann läßt sich die Wahrscheinlichkeit folgendermaßen für eine „Zufallsvariable X" definieren:

Sei M eine Menge und

$$X\colon M \to \mathbb{R}$$

eine (meßbare) Funktion. Dann ist

$$F(a) := p(X < a), \qquad F\colon \mathbb{R} \to [0, 1]$$

die Wahrscheinlichkeitsverteilung (bezüglich des Maßes p) der Zufallsvariablen X. Berechnung: $F(a)$ ist die p-Wahrscheinlichkeit, daß die Größe X Werte zwischen $-\infty$ und a annimmt. In der Regel wird nun das Maß p durch eine „Dichtefunktion" f dargestellt,

– das heißt: Es gibt eine (o. E.) stetige Funktion $f(x)$, $f \geq 0$, mit

$$\int_{-\infty}^{\infty} f(t)\, dt = 1 \quad \text{mit}$$

$$F(a) = \underbrace{\int_{-\infty}^{a} f(t)\, dt}$$

Inhalt der Fläche gemäß Skizze

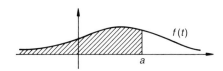

$f(t)$

Mit Hilfe der Dichtefunktion lassen sich Quantile, Erwartungswerte, Standardabweichungen u. a. wie folgt beschreiben:

– $\int_{a}^{\infty} f(t)\, dt = p(X \geq a) = a$-Quantil

– Ist $\varphi\colon \mathbb{R} \to \mathbb{R}$ eine Funktion, so ist mit X auch $\varphi(X)$ eine meßbare Funktion auf M und

$$E(\varphi(X)) = \int_{-\infty}^{\infty} \varphi(t) f(t)\, dt$$

heißt Erwartungswert von $\varphi(X)$ – also

$$E(X) = \int\limits_{-\infty}^{\infty} t\,f(t)\,dt = \mu$$

ist *Erwartungswert* der Zufallsvariablen X.

$$E((X-\mu)^2) = \int\limits_{-\infty}^{\infty} (t-\mu)^2 f(t)\,dt = \sigma$$

heißt *Varianz* (Standardabweichung) von X.

Normalverteilung: Die Funktion

$$f(t) = \frac{1}{\sqrt{2\pi}\,\sigma} \cdot e^{-\frac{(t-\mu)^2}{2\sigma^2}}$$

ist die Dichte der sogenannten Normalverteilung mit den Parametern (μ, σ) – und die Zufallsvariable X mit

$$p(X < a) = \frac{1}{\sqrt{2\pi}\,\sigma} \int\limits_{-\infty}^{a} e^{-\frac{(t-\mu)^2}{2\sigma^2}}\,dt$$

ist dann normal (μ, σ)-verteilt. Die Parameter μ und σ sind hierbei Erwartungswert und Varianz von X.

B Fehlerrechnung

Tabelle B-1. *Wichtige Normen.*

Norm	Bezeichnung
DIN 1319	Grundbegriffe der Meßtechnik
DIN 55 302	Statistische Auswerteverfahren
DIN 55 303	Statistische Auswertung von Daten
DIN 55 350	Qualitätssicherung und Statistik

B.1 Meßgenauigkeit

In der Regel weisen die Wiederholungsmessungen einer physikalischen Größe G Abweichungen auf, die kennzeichnend für die Meßgenauigkeit sind. Dabei ist zwischen den *systematischen*, für das Meßverfahren charakteristischen Abweichungen und den *zufälligen* oder *statistischen*, vom Experimentator abhängigen Abweichungen zu unterscheiden.

Zur grafischen Analyse der Meßwertschwankungen dient das *Histogramm* (Bild B-1). In dieses wird balkenförmig über dem Meßwert x_j die *relative Häufigkeit* h_j des Meßwerts aufgetragen:

$$h_j = \frac{N_j}{N} ; \qquad (B-1)$$

h_j relative Häufigkeit des Meßwertes x_j,
N Gesamtanzahl der Messungen der Größe x,
N_j Anzahl der Messungen mit dem Meßwert x_j.

Bei statistischen Meßabweichungen ist die Häufigkeitsverteilung symmetrisch zu einem *häufigsten Wert*, dem *Erwartungswert* μ. Starke Asymmetrien im Histogramm sind im allgemeinen ein Hinweis auf systematische Abweichungen.

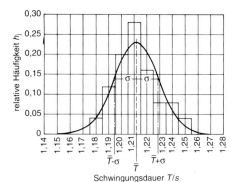

Bild B-1. Histogramm der Häufigkeitsverteilung $h_j(T)$ bei einer Schwingungsdauermessung sowie die Normalverteilungskurve nach Gl. (B-2) für $\mu = \bar{T}$ und $\sigma^2 = s_T^2$ mit $T = 1,2166\,s$ und $s_T = 0,017\,s$.

B.2 Analyse statistischer Meßwertverteilungen

Bei statistischen Abweichungen der Meßwerte geht die Häufigkeitsverteilung $h(x_j)$ in eine *glockenförmige Normalverteilung* der Meßwerte über, wenn die Anzahl der Wiederholungsmessungen stark erhöht wird. Im Grenzfall $N \to \infty$ liegen die Werte des Histogramms auf der von C. F. GAUSS aufgestellten Verteilungsfunktion $h(x)$:

$$h(x) = \frac{1}{\sqrt{2\pi\sigma^2}}\, e^{-\frac{(x-\mu)^2}{2\sigma^2}} ; \qquad (B-2)$$

$h(x)$ Wahrscheinlichkeitsdichte für die Messung des Meßwerts x,
σ^2 Varianz der Normalverteilung,
μ Erwartungswert der Normalverteilung bzw. Meßgröße x mit der höchsten Meßwahrscheinlichkeit.

Die Funktion $h(x)$ ist zum Erwartungswert μ symmetrisch und durch den Faktor $1/\sqrt{2\pi\sigma^2}$

auf die Wahrscheinlichkeit 1 so normiert, daß gilt:

$$\int_{-\infty}^{\infty} h(x)\,dx = 1. \qquad\qquad\text{(B-3)}$$

Die *Varianz* σ^2 ist ein Maß für die Breite der Verteilungsfunktion $h(x)$: 68,3 % der Meßwerte liegen im Bereich $x = \mu \pm \sigma$ und 95,4 % im Bereich $x = \mu \pm 2\sigma$. Die Varianz σ^2 läßt sich aus der *Halbwertsbreite* $b_{1/2}$, d.h. der Breite der Glockenkurve in halber Höhe des Maximums $h(\mu)$ der Normalverteilung, bestimmen:

$$\sigma^2 = \frac{b_{1/2}^2}{8 \ln 2} = 0,18\, b_{1/2}^2\,. \qquad\qquad\text{(B-4)}$$

Bei einer endlichen Anzahl N von Messungen der m diskreten Meßwerte $x_1, x_2, \ldots x_m$ lassen sich für den Erwartungswert μ und die Varianz σ^2 aus der Häufigkeitsverteilung $h(x_j)$ nach der Theorie der Beobachtungsfehler von GAUSS *Schätzwerte* berechnen.

Demnach ist der beste Schätzwert für μ der *arithmetische Mittelwert* $\bar{x}$ nach Gl. (B-5) in Tabelle B-2. Für $\bar{x}$ ist die *Fehlersumme FS* $[FS = \sum (x_i - \bar{x})^2$ mit $i = 1 \ldots N]$ minimal und läßt sich nach Gl. (B-6) berechnen. Mit der auf die Anzahl der Wiederholungsmessungen $N - 1$ normierten minimalen Fehlersumme FS_{min} errechnet sich nach Gl. (B-7) die *Standardabweichung* s, deren Quadrat der beste Schätzwert für σ^2 ist.

Eine Erhöhung der Anzahl N der Messungen vermindert nicht die Standardabweichung s, welche die Breite der Häufigkeitsverteilung bestimmt und damit die Genauigkeit des verwendeten Meßverfahrens beschreibt. Dagegen erhöhen Wiederholungsmessungen die Genauigkeit, so daß der berechnete arithmetische Mittelwert $\bar{x}$ mit dem Erwartungswert μ der Meßgröße übereinstimmt. Gl. (B-9) in Tabelle B-2 für die Standardabweichung $\Delta\bar{x}$ des arithmetischen Mittelwerts ist das Maß für die nach N Messungen bestehenden Abweichung des Schätzwerts $\bar{x}$ zum wahren Wert μ.

Bei einer geringen Anzahl von Wiederholungsmessungen ist das arithmetische Mittel $\bar{x}$

Tabelle B-2. Beziehungen zur Berechnung der Kennwerte der Fehlerrechnung.

Kennwerte der Fehlerrechnung		Beziehungen	
$\bar{x}$	arithmetischer Mittelwert; Schätzwert für den Erwartungswert	$\bar{x} = \dfrac{1}{N} \sum\limits_{i=1}^{N} x_i$	(B-5)
FS_{min}	minimale Fehlersumme einer Anzahl von N Meßwerten	$FS_{min} = \sum\limits_{i=1}^{N} (x_i - \bar{x})^2$	(B-6)
		$= \sum\limits_{i=1}^{N} x_i^2 - N\bar{x}^2$	(B-6)
s	Standardabweichung des Meßwerts bzw. Meßverfahrens; Schätzwert für die Varianz	$s = \sqrt{\dfrac{FS_{min}}{N-1}}$	(B-7)
s_{rel}	relative Standardabweichung des Meßwerts bzw. Meßverfahrens	$s_{rel} = \dfrac{s}{x}$	(B-8)
$\Delta\bar{x}$	Standardabweichung des arithmetische Mittelwerts	$\Delta\bar{x} = \dfrac{s}{\sqrt{N}}$	(B-9)
$\Delta\bar{x}_{rel}$	relative Standardabweichung des arithmetischen Mittelwerts	$\Delta\bar{x}_{rel} = \dfrac{\Delta\bar{x}}{\bar{x}}$	(B-10)
u_z	Zufallskomponente der Meßunsicherheit mit t_P-Faktor der Student-Verteilung	$u_z = \Delta\bar{x}\, t_P$	(B-11)

als Schätzwert für μ sehr ungenau. Charakteristischer für die Genauigkeit der Bestimmung des Erwartungswerts μ ist in diesem Fall der *Vertrauensbereich* $\bar{x} - u$ bis $\bar{x} + u$ *um den arithmetischen Mittelwert*, in dem der Erwartungswert μ der Meßgröße mit einer vorzugebenden Wahrscheinlichkeit, der *statistischen Sicherheit P*, liegt. Die Grenzen des Vertrauensbereichs um den arithmetischen Mittelwert werden durch die *Meßunsicherheit* $u = u_z + u_s$ angegeben, welche sich aus dem Anteil der *statistischen Meßunsicherheit* u_z und der *systematischen Meßunsicherheit* u_s zusammensetzt.

Die systematische Meßunsicherheit u_s muß geschätzt werden. Die statistische Meßunsicherheit u_z wird nach Gl. (B–11) in Tabelle B-2 mit Hilfe der *Standardabweichung* $\Delta\bar{x}$ des arithmetischen Mittelwerts berechnet und mit dem t_P-Faktor der *Student-Verteilung* nach Tabelle B-3 gewichtet. Je nach gewählter statistischer Sicherheit P ist dieser unterschiedlich. In der physikalischen Meßtechnik rechnet man mit der statistischen Sicherheit $P = 68,3\%$. In der Industrie ist ein Wert $P = 95,4\%$ üblich.

Das Ergebnis von N Messungen der Meßgröße x mit einem Meßverfahren, dessen Meßgenauigkeit durch die Standardabweichung s und den Vertrauensbereich u_z mit der statistischen Sicherheit P gekennzeichnet ist, wird in folgender Form angegeben:

$$x_P = \bar{x} \pm u_z = \bar{x} \pm t_P \frac{s}{\sqrt{N}} ; \qquad \text{(B–12)}$$

x_P Ergebnis der Meßwertanalyse der Meßwerte x,

$\bar{x}$ wahrscheinlichster Wert für die Meßgröße x,

u_z Grenzwert des Vertrauensbereichs mit der statistischen Sicherheit P,

t_P Student-Faktor nach Tabelle B–3,

s Standardabweichung nach Gl. (B–7),

N Gesamtanzahl der Messungen der Meßgröße x.

Tabelle B-3. *Zahlenwerte nach DIN 1319 und Anpassungspolynom des t-Faktors der Vertrauensgrenzen für verschiedene statistische Sicherheiten.*

Anzahl der Wiederholungsmessungen $n_w = N - k$	statistische Sicherheit P	
	68,3%	95,4%
	$t_{0,68}$	$t_{0,95}$
1	1,84	12,71
2	1,32	4,30
3	1,20	3,18
4	1,15	2,78
5	1,11	2,57
7	1,08	2,37
10	1,06	2,25
20	1,03	2,09
50	1,01	2,01
100	1,00	1,98
>100	1,00	1,96
Anpassungspolynom	$t_{0,68} = 1$ $+ \dfrac{0,584}{n_w}$ $- \dfrac{0,032}{n_w^2}$ $+ \dfrac{0,288}{n_w^3}$	$t_{0,95} = 1,96$ $+ \dfrac{3,012}{n_w}$ $- \dfrac{1,273}{n_w^2}$ $+ \dfrac{8,992}{n_w^3}$

B.3 Fehlerfortpflanzung

Tabelle B-4. Beziehungen für die Kennwerte der Fehlerrechnung indirekt gemessener physikalischer Größen.

Kennwerte der Fehlerfortpflanzung der Fehlerrechnung		Beziehungen	
$\bar{f}$	wahrscheinlichster Wert der indirekt gemessenen physikalischen Größe f	$\bar{f} = f(\bar{x}, \bar{y}, \bar{z}, \ldots)$	(B-13)
s_f	Standardabweichung der Größe f bzw. des indirekten Meßverfahrens für f	$s_f = \sqrt{\left(\dfrac{\partial f}{\partial x}\right)^2 s_x^2 + \left(\dfrac{\partial f}{\partial y}\right)^2 s_y^2 + \left(\dfrac{\partial f}{\partial z}\right)^2 s_z^2 + \ldots}$	(B-14)
Δf	absoluter Größtfehler der Größe f bzw. des Meßverfahrens für f	$\Delta f = \left|\dfrac{\partial f}{\partial x}\right| s_x + \left|\dfrac{\partial f}{\partial y}\right| s_y + \left|\dfrac{\partial f}{\partial z}\right| s_z + \ldots$	(B-15)
Δf_{rel}	relativer Größtfehler der Größe f bzw. des Meßverfahrens für f	$\Delta f_{rel} = \dfrac{\Delta f}{f}$	(B-16)
$\Delta f_{rel,\,PP}$	relativer Größtfehler eines Potenzprodukts $f = x^k\, y^m\, z^n$	$\Delta f_{rel,\,PP} = \left|k\,\dfrac{s_x}{x}\right| + \left|m\,\dfrac{s_y}{y}\right| + \left|n\,\dfrac{s_z}{z}\right|$	(B-17)

$\bar{x}, \bar{y}, \bar{z}, \ldots$	arithmetische Mittelwerte der Teilmeßgrößen $x, y, z, \ldots$
$s_x, s_y, s_z, \ldots$	Standardabweichungen der Teilmeßgrößen $x, y, z, \ldots$
$\dfrac{\partial f}{\partial x}, \dfrac{\partial f}{\partial y}, \dfrac{\partial f}{\partial z}, \ldots$	partielle Ableitungen der Funktion $f(x, y, z, \ldots)$ nach den Teilgrößen $x, y, z, \ldots$ an der Stelle $\bar{x}, \bar{y}, \bar{z}, \ldots$

B.4 Regression – Kurvenanpassung

Die Regressionsmethode läßt sich dazu verwenden, Theorien von Naturvorgängen meßtechnisch zu überprüfen und die Parameter $a_1, a_2, a_3, \ldots$ solcher Theorien zu bestimmen. Dazu werden für die in $i = 1, 2, \ldots N$ Meßreihen verschieden eingestellten Meßvariablen $x_{1i}, x_{2i}, x_{3i}, \ldots$ (auch Beobachtungen genannt), die durch das experimentelle Vorgehen festgelegt werden, die Meßwerte f_i der Größe f gemessen, mit den aus der Theorie ermittelten Werten $f(x_{1i}, x_{2i}, x_{3i}, \ldots; a_1, a_2, a_3, \ldots)$ verglichen und die Theorieparameter $a_1, a_2, a_3, \ldots$ so gewählt, daß die theoretischen Werte der physikalischen Größe f im Rahmen der Meßgenauigkeit mit den Meßwerten möglichst gut übereinstimmen.

Ist die Anzahl N der Meßreihen gerade so groß wie die Anzahl der zu bestimmenden Theorieparameter, dann lassen diese sich aus den N Bestimmungsgleichungen ausrechnen. Mit der Methode der Fehlerfortpflanzung können dann die Standardabweichungen der Theorieparameter aus den Meßfehlern der Meßvariablen x_i und der Meßwerte f_i bestimmt werden. Dieses Vorgehen hat aber das Risiko, daß schon bei einer Fehlmessung der Meßvariablen oder Meßwerte die ermittelten Regressionsparameter vollkommen falsch sind.

In der Meßpraxis führt man daher in der Regel weit mehr Meßreihen aus, als Theorieparameter zu bestimmen sind. Dadurch entstehen unterschiedliche Wertesätze für die Theorieparameter, welche die Meßungenauigkeit der Meßvariablen und Meßwerte widerspiegeln. Wird davon ausgegangen, daß die

Meßfehler zufällig und voneinander unabhängig sind, dann sollte sich ein Wertesatz für die Theorieparameter ergeben, der bei der Analyse der Meßreihen gehäuft auftritt, der also mit größter Wahrscheinlichkeit bei einer weiteren Meßreihe zu erwarten ist. Ziel der Ausgleichsrechnung oder Regression ist es, aus der Ausgleichung der Differenzen zwischen gemessener und theoretischer Größe f diesen wahrscheinlichsten Satz für die Theorieparameter a als Regressionsparameter zu bestimmen.

Nach der *Theorie der Beobachtungsfehler* von GAUSS sind die Theorieparameter a_1, a_2, ... am wahrscheinlichsten und damit die zu bestimmenden Regressionsparameter, für die bei N Meßreihen die Fehlersumme FS, d. h. die Summe der Quadrate der Abweichungen zwischen dem Meßwert f_i und dem theoretischem Wert $f(x_{1i}, x_{2i}, ...; a_1, a_2, ...)$, ein Minimum ist:

g_i Gewicht der Messung i,
f_i Meßwert der Messung i,
$x_{1i}, x_{2i}, ...$ Werte der Meßvariablen x_1, x_2, ... bei der Messung i,
$a_1, a_2, ...$ anzupassende Regressionsparameter.

Für Linearkombinationen der Regressionsparameter $a_1, a_2, ...$ ist das Normalgleichungssystem linear und geschlossen lösbar; im anderen Fall müssen in der Fachliteratur behandelte Reihenentwicklungen angewendet werden. Manchmal kann durch eine Koordinatentransformation $v = v(f)$ ein lineares Normalgleichungssystem für die Regressionsparameter erreicht werden; dadurch entsteht jedoch in der Regel eine andere Gewichtung der Meßreihen. Ist die Standardabweichung s_f für alle Meßwerte f_i gleich und kann der Meßfehler der Meßvariablen $x_{1i}, x_{2i}, ...$ vernachlässigt werden, dann ergeben sich die Gewichte g_i aus

$$FS = \sum_{i=1}^{N} g_i \, [f_i - f(x_{1i}, x_{2i}, x_{3i}, ...;$$
$$a_1, a_2, a_3, ...)]^2 \rightarrow \text{Minimum}.$$
$$\text{(B-18)}$$

$$g_i = \frac{1}{\left(\dfrac{\partial v(f_i)}{\partial f_i}\right)^2 s_f^2} \cdot \qquad \text{(B-20)}$$

Durch die Gewichte g_i können die Beiträge einzelner Meßreihen i zur Fehlersumme unterschiedlich gewichtet werden.

Die Forderung dieser *Regressionsmethode der kleinsten Quadrate* führt auf ein *System von Normalgleichungen* für die Regressionsparameter $a_1, a_2, ...$:

$$-2 \sum_{i=1}^{N} g_i [f_i - f(x_{1i}, x_{2i}, ...; a_1, a_2, ...)]$$
$$\cdot \frac{\partial f}{\partial a_1} = 0, \qquad \text{(B-19a)}$$

$$-2 \sum_{i=1}^{N} g_i [f_i - f(x_{1i}, x_{2i}, ...; a_1, a_2, ...)]$$
$$\cdot \frac{\partial f}{\partial a_2} = 0; \qquad \text{(B-19b)}$$

Übersicht B-1 vermittelt einen Überblick über die Regression verschiedener Funktionen mit linearen Normalgleichungen. Die Mittelwerte der M Regressionsparameter $\bar{a}_1$, $\bar{a}_2$, ... $\bar{a}_M$ folgen direkt aus der Lösung des Normalgleichungssystems; die Standardabweichungen s_{a1}, s_{a2}, ... folgen aus dem Wert des Minimums der Fehlersumme FS_{min}, der Anzahl der Wiederholungsmessungen $n_W = N - M$ und den Gewichten g_i der Meßreihen.

Spezialfälle der Regression mit zwei Regressionsparametern a_0 und a_1 sind die lineare Regression (Geradenanpassung) und die logarithmische und exponentielle Regression, die sich beide durch eine Koordinatentransformation $v = v(y)$ und $u = u(x)$ in eine Geradendarstellung $v = a_0 + a_1 u$ bringen lassen, wobei sich zum Teil die Gewichte g_i ändern (Übersicht B-1). Die Regressionsparameter Achsenabschnitt a_0 und Steigung a_1 der Regressionsgeraden lassen sich entweder grafisch durch eine Ausgleichsgerade oder rech-

Übersicht B-1. Funktionen mit einem linearen Normalgleichungssystem für die Parameter der Kurvenanpassung.

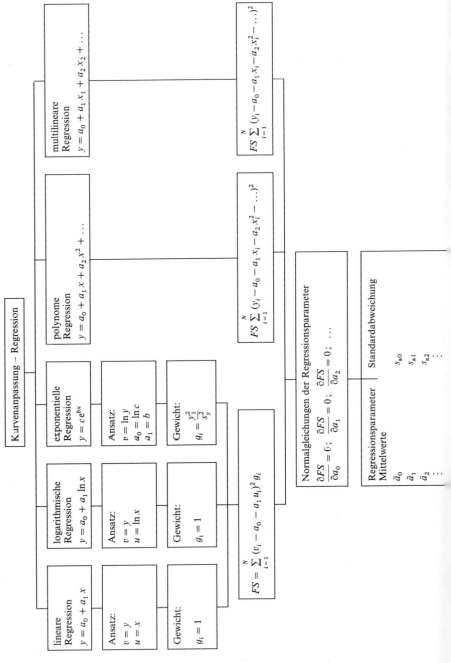

Übersicht B-2. Kurvenanpassung durch lineare, logarithmische und exponentielle Regression.

Einlesen
Anzahl Meßpunkte N
Meßwerte x_i y_i

Regressionsfall

logarithmische	lineare	exponentielle
$v_i = y_i$	$v_i = y_i$	$v_i = \ln y_i$
$u_i = \ln x_i$	$u_i = x_i$	$u_i = x_i$
$g_i = 1$	$g_i = 1$	$g_i = y_i^2$

$$A = \sum_{i=1}^{N} g_i \qquad D = \sum_{i=1}^{N} g_i v_i$$

$$B = \sum_{i=1}^{N} g_i u_i \qquad E = \sum_{i=1}^{N} g_i u_i v_i$$

$$C = \sum_{i=1}^{N} g_i u_i^2 \qquad F = \sum_{i=1}^{N} g_i v_i^2$$

$$a_0 = \frac{CD - BE}{AC - B^2} \qquad s_{a0} = \left(\frac{(F - 2a_0 D - 2a_1 E + 2a_1 a_0 B + a_0^2 A + a_1^2 C)\,C}{(N-2)(AC - B^2)} \right)^{1/2}$$

$$a_1 = \frac{AE - BD}{AC - B^2} \qquad s_{a1} = \left(\frac{(F - 2a_0 D - 2a_1 E + 2a_1 a_0 B + a_0^2 A + a_1^2 C)\,A}{(N-2)(AC - B^2)} \right)^{1/2}$$

Ausgabefall

logarithmische Regression	lineare Regression	exponentielle Regression
Ansatz: $y = c_0 + c_1 \ln x$	Ansatz: $y = c_0 + c_1 x$	Ansatz: $y = c_0 e^{c_1 x}$
Anpassung:	Anpassung:	Anpassung:
$c_0 = a_0 \qquad s_{c0}$	$c_0 = a_0 \qquad s_{c0} = s_{a0}$	$c_0 = e^{a_0} \qquad s_{c0} = s_{a0} e^{a_0}$
$c_1 = a_1 \qquad s_{c1} = s_{a1}$	$c_1 = a_1 \qquad s_{c1} = s_{a1}$	$c_1 = a_1 \qquad s_{c1} = s_{a1}$

nerisch aus den Normalgleichungen der Fehlersumme FS ermitteln:

$$FS = \sum_{i=1}^{N} g_i \, [v_i - a_0 - a_1 u_i]^2 ; \qquad \text{(B–21)}$$

g_i Gewicht der Messung i nach Gl. (B–20),
v_i Meßwert i des Ordinatenwerts der Regressionsgeraden,
u_i Meßwert i des Abszissenwerts der Regressionsgeraden,
a_0 Regressionsparameter Achsenabschnitt,
a_1 Regressionsparameter Steigung der Regressionsgeraden.

In der Übersicht B-2 sind die Algorithmen zur Berechnung der Mittelwerte der Regressionsparameter mit den zugehörigen Standardabweichungen zusammengestellt.

Mit Hilfe von Computern lassen sich die umfangreichen Regressionsrechnungen wesentlich einfacher und mit weniger Rechenfehlern ausführen. Dazu eignet sich jedoch die Fehlerrechnung in Matrizenschreibweise wesentlich besser. In der Übersicht B-3 ist die Vorgehensweise für die Programmierung der *polylinearen Regression* zusammengestellt. Die Mittelwerte $\bar{a}_1, \bar{a}_2, \ldots \bar{a}_M$ der M Regressionsparameter ergeben sich als Elemente des

Übersicht B-3. Matrizenmethode der polylinearen Regression.

Bezeichnungen

f_i Meßwerte $(i = 1 \ldots N)$

$$f_1 = a_1 x_{11} + a_2 x_{21} + \ldots + a_M x_{M1}$$
$$f_2 = a_1 x_{12} + a_2 x_{22} + \ldots + a_M x_{M2}$$
$$\vdots \qquad \cdots\cdots\cdots\cdots\cdots\cdots$$
$$\quad \cdots\cdots\cdots\cdots\cdots\cdots$$
$$f_N = a_1 x_{1N} + a_2 x_{2N} + \ldots + a_M x_{MN} \qquad\qquad (B-22)$$

a_j Regressionsparameter $(j = 1 \ldots M)$

x_{ji} Meßvariable/Beobachtungen $(j = 1 \ldots M; i = 1 \ldots N)$

g_i Gewichte der Meßwerte f_i $(i = 1 \ldots N)$
       (alle Gewichte gleich: $g_i = 1$)

Sonderfälle

$x_{1i} = 1$ multilineare Regression

$x_{ji} = x_i^{j-1}$ polynome Regression

$x_{ji} = x_i^{j-1}$ lineare Regression mit $M = 2$

Beispiel: Bestimmung der Abhängigkeit der Nußelt-Zahl Nu von der Prandtl-Zahl Pr und der Reynolds-Zahl Re bei der Wärmeübertragung an einem geraden Wärmeübertragerrohr entsprechend dem theoretischen Ansatz:

$$Nu = k\, Pr^m\, Re^n.$$

k, m, n sind Wärmeübertrager-Kennwerte, die aus Messungen von Nu bei definierten Werten für Pr und Re bestimmt werden sollen.

Durch Logarithmieren kann die Bestimmungsgleichung zu einem Problem der multilinearen Regression gemacht werden:

$$\ln Nu = \ln k + m \ln Pr + n \ln Re$$

mit $v_i = \ln f_i = \ln Nu_i$, $x_{1i} = 1$, $x_{2i} = \ln Pr_i$, $x_{3i} = \ln Re_i$ und den Regressionsparametern $a_1 = \ln k$, $a_2 = m$ sowie $a_3 = n$.

Gewichte: Durch die Transformation verändern sich die Gewichte g_i der Messungen. Wegen $v(f_i) = \ln f_i$ gilt $\partial v/\partial f_i = f_i^{-1} = Nu_i^{-1}$. Nach Gl. (B-20) sind demnach $g_i = (Nu_i/s_{Nu})^2$.

Um bei der EDV-Anwendung Rundungsproblemen entgegenzuwirken, wird der konstante Faktor $s_{Nu} = 100$ gesetzt; dadurch liegen die Gewichte g_i in der rechentechnisch günstigen Größenordnung von ungefähr eins.

Wertetabelle: 5 Messungen entsprechend Gl. (B-22)

i	Nu	Nu^2	f_i $\ln Nu$	x_{1i}	Pr	x_{2i} $\ln Pr$	Re	x_{3i} $\ln Re$
1	101	10 201	4,615	1	7,00	1,946	16 000	9,680
2	113	12 769	4,727	1	3,57	1,273	26 000	10,166
3	137	18 769	4,920	1	4,33	1,466	30 000	10,309
4	154	23 716	5,037	1	2,56	0,940	45 000	10,714
5	200	40 000	5,298	1	3,00	1,099	58 000	10,968

Übersicht B-3 (Fortsetzung)

Aufstellen der Regressionsmatrizen	**Aufstellen der Regressionsmatrizen**

A Koeffizienten- oder Modellmatrix der Beobachtungen (N, M-Rechenmatrix)

$$A = \begin{bmatrix} x_{11} & x_{12} & x_{13} & \cdots & x_{1M} \\ x_{21} & x_{22} & x_{23} & \cdots & x_{2M} \\ x_{31} & x_{32} & x_{33} & \cdots & x_{3M} \\ \vdots & \vdots & \vdots & & \vdots \\ x_{N1} & x_{N2} & x_{N3} & \cdots & x_{NM} \end{bmatrix}$$

A Koeffizienten- oder Modellmatrix der Beobachtungen (5, 3-Rechenmatrix)

$$A = \begin{bmatrix} 1 & 1.946 & 9.680 \\ 1 & 1.273 & 10.166 \\ 1 & 1.466 & 10.309 \\ 1 & 0.940 & 10.714 \\ 1 & 1.099 & 10.968 \end{bmatrix}$$

f Meßwert-Vektor (1, N-Matrix)

$$f = \begin{bmatrix} f_1 \\ f_2 \\ f_3 \\ \vdots \\ f_N \end{bmatrix}$$

f Meßwert-Vektor (5,1-Matrix)

$$f = \begin{bmatrix} 4.615 \\ 4.727 \\ 4.920 \\ 5.037 \\ 5.298 \end{bmatrix}$$

q Gewichtsmatrix der Meßwerte (N, N-Diagonalmatrix)

$$q = \begin{bmatrix} g_1 & 0 & 0 & \cdots & 0 \\ 0 & g_2 & 0 & \cdots & 0 \\ 0 & 0 & g_3 & \cdots & 0 \\ \vdots & \vdots & \vdots & & \vdots \\ 0 & 0 & 0 & \cdots & g_N \end{bmatrix}$$

für $g_i = 1$: $q - E$
E Einheitsmatrix

g Gewichtsmatrix der Meßwerte (5,5-Diagonalmatrix)

$$g = \begin{bmatrix} 1.0201 & 0 & 0 & 0 & 0 \\ 0 & 1.2769 & 0 & 0 & 0 \\ 0 & 0 & 1.8769 & 0 & 0 \\ 0 & 0 & 0 & 2.3716 & 0 \\ 0 & 0 & 0 & 0 & 4.0000 \end{bmatrix}$$

Übersicht B-3 (Fortsetzung)

Matrizenoperationen	Matrizenoperationen

Matrizenoperationen

A^T transponierte Koeffizienten- oder Modellmatrix (Spiegelung von A an Hauptdiagonale zur M, N-Matrix)

$$A^T = \begin{bmatrix} x_{11} & x_{21} & x_{31} & \cdots & x_{N1} \\ x_{12} & x_{22} & x_{32} & \cdots & x_{N2} \\ x_{13} & x_{23} & x_{33} & \cdots & x_{N3} \\ \vdots & \vdots & \vdots & & \vdots \\ x_{1M} & x_{2M} & x_{3M} & \cdots & x_{NM} \end{bmatrix}$$

N Normalgleichungsmatrix (symmetrische M, M-Matrix)

$$N = \begin{bmatrix} n_{11} & n_{12} & n_{13} & \cdots & n_{1M} \\ n_{21} & n_{22} & n_{23} & \cdots & n_{2M} \\ n_{31} & n_{32} & n_{33} & \cdots & n_{3M} \\ \vdots & \vdots & \vdots & & \vdots \\ n_{M1} & n_{M2} & n_{M3} & \cdots & n_{MM} \end{bmatrix} = A^T q A$$

(B–23)

Q inverse Normalgleichungsmatrix (symmetrische M, M-Matrix) (Berechnung der Matrixelemente q über $N Q = E$ Einheitsvektor mit Computerroutine)

$$Q = \begin{bmatrix} q_{11} & q_{12} & q_{13} & \cdots & q_{1M} \\ q_{21} & q_{22} & q_{23} & \cdots & q_{2M} \\ q_{31} & q_{32} & q_{33} & \cdots & q_{3M} \\ \vdots & \vdots & \vdots & & \vdots \\ q_{M1} & q_{M2} & q_{M3} & \cdots & q_{MM} \end{bmatrix}$$

$$= N^{-1} = (A^T q A)^{-1}$$

(B–24)

c Absolutgliedvektor

$$c = \begin{bmatrix} c_1 \\ c_2 \\ c_3 \\ \vdots \\ c_M \end{bmatrix} = A^T q f$$

Spur Q   Spurvektor der inversen Normalgleichungsmatrix Q

$$\text{Spur } Q = \begin{bmatrix} q_{11} \\ q_{22} \\ c_{33} \\ \vdots \\ q_{MM} \end{bmatrix}$$

Matrizenoperationen

A^T transponierte Koeffizienten- oder Modellmatrix (Spiegelung von A an Hauptdiagonale zur 3, 5-Matrix)

$$A^T = \begin{bmatrix} 1 & 1 & 1 & 1 & 1 \\ 1.946 & 1.273 & 1.466 & 0.940 & 1.099 \\ 9.680 & 10.166 & 10.309 & 10.714 & 10.968 \end{bmatrix}$$

N Normalgleichungsmatrix (symmetrische 3,3-Matrix)

$$N = \begin{bmatrix} 10.5455 & 12.9874 & 111.486 \\ 12.9874 & 16.8927 & 136.206 \\ 111.486 & 136.207 & 1180.44 \end{bmatrix}$$

Q inverse Normalgleichungsmatrix (symmetrische 3,3-Matrix) (Berechnung der Matrixelemente q über $N Q = E$ Einheitsvektor z. B. mit Computerroutine)

$$Q = \begin{bmatrix} 302.830801 & -31.7898600 & -24.9325887 \\ -31.7898600 & 4.18716644 & 2.51923616 \\ -24.9325887 & 2.51923616 & 2.06490758 \end{bmatrix}$$

c Absolutgliedvektor (3,1-Matrix)

$$c = \begin{bmatrix} 53.116 \\ 64.901 \\ 562.55 \end{bmatrix}$$

Spur Q   Spurvektor der inversen Normalgleichungsmatrix Q (5,1-Matrix)

$$\text{Spur } Q = \begin{bmatrix} 302.830801 \\ 4.18716644 \\ 2.06490758 \end{bmatrix}$$

Übersicht B-3 (Fortsetzung)

Regressionsergebnis	Regressionsergebnis

Regressionsergebnis

a) Mittelwerte der angepaßten
   Regressionsparameter $a_1, \ldots a_M$

a Regressionsparameter der Mittelwerte

$$a = \begin{bmatrix} a_1 \\ a_2 \\ a_3 \\ \vdots \\ a_M \end{bmatrix} = N^{-1} c = (A^T q A)^{-1} (A^T q f)$$

$$(B-25)$$

b) Standardabweichung der Regressionsparameter
   $s_{a1}, \ldots s_{aM}$

v Vektor der Abweichungen

$$v_i = f_i - f(x_{1i}, \ldots x_{Mi}; a_1, \ldots a_M)$$

$$v = \begin{bmatrix} v_1 \\ v_2 \\ v_3 \\ \vdots \\ v_N \end{bmatrix} = f - A a \qquad (B-26)$$

v^T transponierter Vektor der Abweichungen

$$v^T \quad [v_1 \; v_2 \; v_3 \; \ldots \; v_N]$$

FS_{min} Wert der Fehlersumme im Minimum
   (Skalar)

$$FS_{min} = v^T q v \qquad (B-27)$$

s_a^2 Vektor der quadratischen
   Standardabweichungen

$$s_a^2 = \begin{bmatrix} s_{a1}^2 \\ s_{a2}^2 \\ s_{a3}^2 \\ \vdots \\ s_{aM}^2 \end{bmatrix} = \frac{FS_{min}}{N - M} \; Spur \; Q \qquad (B-28)$$

Regressionsergebnis

a) Mittelwerte der angepaßten
   Regressionsparameter a_1, a_2, a_3

a Regressionsparameter der Mittelwerte
   (3,1-Matrix)

$$a = \begin{bmatrix} -3.9307585 \\ 0.4050047 \\ 0.8010658 \end{bmatrix} \quad \begin{array}{l} k = e^{a_1} = 0.01963 \\ m = a_2 = 0.40500 \\ n = a_3 = 0.80107 \end{array}$$

b) Standardabweichung der Regressionsparameter
   s_{a1}, s_{a2}, s_{a3}

v Vektor der Abweichungen (5,1-Matrix)

$$v_i = f_i - f(x_{1i}, \ldots x_{Mi}; a_1, \ldots a_M)$$

$$v = \begin{bmatrix} 0.0033027 \\ -0.0014471 \\ -0.0011654 \\ 0.0044354 \\ -0.0024310 \end{bmatrix}$$

v^T transponierter Vektor der Abweichungen
   (1,5-Matrix)

$$v^T \quad [0.0033027 \; -0.0014471 \; -0.0011654 \\ 0.0044354 \; -0.0024310]$$

FS_{min} Wert der Fehlersumme im Minimum
   (Skalar)

$$FS_{min} = 0.00050655$$

s_a^2 Vektor der quadratischen
   Standardabweichungen (3,1-Matrix)
   Es gilt: $N - M = 5 - 3 = 2$
   $$\delta a_1 = k^{-1} \delta k$$

$$s_a^2 = \begin{bmatrix} 0.07670006 \\ 0.00106051 \\ 0.00052299 \end{bmatrix} \quad \begin{array}{l} s_k = k\sqrt{s_{a1}^2} = 0.00544 \\ s_m = \sqrt{s_{a2}^2} = 0.0326 \\ s_n = \sqrt{s_{a3}^2} = 0.0229 \end{array}$$

Regressionsparametervektors **a** von Gl. (B–25), deren Standardabweichungen $s_{a1}, s_{a2},$ ... s_{aM} als Quadratwurzeln aus den Elementen des Vektors s_a^2 von Gl. (B–28).

Die polylineare Regression enthält als Spezialfälle die multilineare und polynome Regression sowie die lineare Regression der Geradenanpassung.

Die Vertrauensgrenzen u_z, welche die statistische Meßungenauigkeit begrenzen, ergeben sich je nach geforderter statistischer Sicherheit P aus dem Faktor $t(n_W)$ von Tabelle B-3; $n_W = N - K > 0$ ist dabei die Anzahl der Wiederholungsmessungen, die sich aus der Anzahl N der Meßreihen und der Anzahl M der Regressionsparameter ergibt. Das Ergebnis der Kurvenanpassung liefert als ermittelte wahrscheinlichste Regressionsparameter einschließlich Vertrauensgrenzen:

$$a_P = \bar{a} \pm t_P(n_W)\, \frac{s_a}{\sqrt{N}}\ ; \qquad (B-29)$$

$\bar{a}$ Mittelwert des Regressionsparameters,

$t_P(n_W)$ t-Faktor nach Tabelle B-3 bei n_W Wiederholungsmessungen und der statistischen Sicherheit P,

s_a Standardabweichung des Regressionsparameters a,

N Anzahl der Meßreihen der Regressionsanalyse.

B.5 Ausgleichsgeradenkonstruktion

Die zeichnerische Darstellung der Meßpunkte in einem Diagramm eignet sich besonders gut für die Analyse, ob die theoretische Kurve im Rahmen der Meßgenauigkeit mit den Meßwerten übereinstimmt. Wird ein linearer Zusammenhang $f = a_1 + a_2 x$ zwischen der Meßvariablen x und dem Meßwert f erwartet, so kann im Meßdiagramm die *Ausgleichsgerade* auch grafisch durch die Meßwerte gezogen und a_1 aus dem Achsenabschnitt sowie a_2 aus der Steigung bestimmt werden (Bild B-2).

Als Maß für den Meßfehler der Ausgleichsgeradenkonstruktion werden die Standardab-

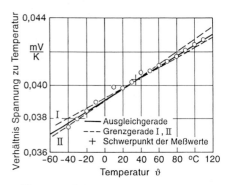

Bild B–2. Grafische Kurvenanpassung für das Thermoelement Cu-CuNi an die Eichkurve nach DIN 43 710.

weichungen Δa_1 und Δa_2 der Geradenparameter genommen, welche sich aus den beiden *Grenzgeraden* I und II an die Meßwerte abschätzen lassen. Diese müssen durch die in den Gln. (B–30) und (B–31) in Tabelle B-5 angegebenen Koordinaten (f_S, x_S) des *Schwerpunkts der Meßwerte* gezogen werden. Aus den der Zeichnung entnommenen Werten a_1^I, a_2^I sowie a_1^{II} und a_2^{II} der Grenzgeraden werden mit Hilfe der Gl. (B–32) die Standardabweichung Δa_1 des Achsenabschnitts und mit Gl. (B–33) Δa_2 der Geradensteigung errechnet. Dabei ist Δf_S die geschätzte Standardabweichung der Ordinate f_S des Schwerpunkts der Meßwerte.

B.6 Korrelationsanalyse

Die *Methode der Ausgleichsgeraden* wird in der Meßwertanalyse benutzt, um zu untersuchen, ob zwischen den N Meßwerten x_i und y_i ein linearer Zusammenhang besteht. Dazu werden die Meßwerte y_i über den Meßvariablen x_i in einem Diagramm aufgetragen und durch eine Ausgleichsgerade analysiert. Liegen die Merkmale y_i mehr oder weniger auf einer Regressionsgeraden, so ist von einer Korrelation der Merkmale x_i und y_i auszugehen. Die Regressionsgerade geht durch den Schwerpunkt S der Merkmale x_i und y_i nach den Gln. (B–34) und (B–35); die Steigung ergibt sich rechnerisch aus der Gl. (B–36) der Tabelle B-6.

Tabelle B-5. Schwerpunkt und Standardabweichung der Ausgleichsgeradenkonstruktion.

Kennwerte der Konstruktion der Grenzgeraden		Beziehungen	
f_S, x_S	Koordinaten des Schwerpunkts S der N Meßwerte	$f_S = \dfrac{1}{N} \sum\limits_{i=1}^{N} f_i$	(B-30)
		$x_S = \dfrac{1}{N} \sum\limits_{i=1}^{N} x_i$	(B-31)
Δa_1	Standardabweichung des Achsenabschnitts der Ausgleichsgerade aus den Grenzgeraden I und II	$\Delta a_1 = \pm \left(\left\| \dfrac{a_1^{I} - a_1^{II}}{2} \right\| + \|\Delta f_S\| \right)$	(B-32)
Δa_1	Standardabweichung des Steigungsparameters der Ausgleichsgerade aus den Grenzgeraden I und II	$\Delta a_2 = \pm \left\| \dfrac{a_2^{I} - a_2^{II}}{2} \right\|$	(B-33)

Tabelle B-6. Kennwerte der Korrelationsanalyse.

Kennwerte und Betrag des Korrelationskoeffizienten		Beziehungen	
$\bar{x}$	Mittelwert der Merkmale x_i	$\bar{x} = \dfrac{1}{N} \sum\limits_{i=1}^{N} x_i$	(B-34)
$\bar{y}$	Mittelwert der Merkmale y_i	$\bar{y} = \dfrac{1}{N} \sum\limits_{i=1}^{N} y_i$	(B-35)
m_r	Steigung der Regressionsgeraden	$m_r = \dfrac{\sum\limits_{i=1}^{N} (x_i y_i - N \bar{x} \bar{y})}{\sum\limits_{i=1}^{N} (x_i^2 - N \bar{x}^2)}$	(B-36)
r	Korrelationskoeffizient	$r = \left\| \dfrac{\sum\limits_{i=1}^{N} (x_i - \bar{x})(y_i - \bar{y})}{\sqrt{\sum\limits_{i=1}^{N} (x_i - \bar{x})^2 \sum\limits_{i=1}^{N} (y_i - \bar{y})^2}} \right\|$	(B-37)
		$r = \left\| m_r \sqrt{\dfrac{\sum\limits_{i=1}^{N} (x_i^2 - N \bar{x}^2)}{\sum\limits_{i=1}^{N} (y_i^2 - N \bar{y}^2)}} \right\|$	(B-38)

Quantitativ ist der *Korrelationskoeffizient r* ein Maß für die Wahrscheinlichkeit, daß zwischen den Merkmalen x_i und y_i eine Abhängigkeit besteht, sie also eventuell korreliert sind. Mit Hilfe von Gl. (B-37) oder Gl. (B-38) der Tabelle B-6 läßt sich der Korrelationskoeffizient r der Merkmale x_i und y_i berechnen. Liegt der Korrelationskoeffizient nahe bei $r = 1$ (also $0.8 < r \leq 1$), dann besteht mit großer bis bestimmter Wahrscheinlichkeit eine Korrelation zwischen den Merkmalen. Ein linearer Zusammenhang ist unwahrscheinlich bis ausgeschlossen, wenn der Korrelationskoeffizient $0 \leq r < 0.5$ beträgt.

C Physikalische Größen und Konstanten

C.1 Physikalische Basisgrößen und Definitionen

Eine *physikalische Größe* kennzeichnet Eigenschaften und beschreibt Zustände sowie Zustandsänderungen von Objekten der Umwelt. Eine physikalische Größe *G* besteht immer aus einer *quantitativen Aussage* (ausgedrückt durch den *Zahlenwert*) und einer *qualitativen Aussage* (ausgedrückt durch die *Einheit*). Für die physikalischen Größen dürfen nur noch die *SI-Einheiten* (Système International d'Unités) verwendet werden. Durch *Vorsätze* oder *Präfixe* können dezimale Vielfache oder Teile der Maßeinheiten angegeben werden (Tabelle C-1).

Die Einheiten aller physikalischen Größen können auf *sieben Basisgrößen* zurückgeführt werden (Tabelle C-2).

C.2 Umrechnungen gebräuchlicher Größen

In Tabelle C-3 sind die wichtigsten physikalischen Größen und ihre Einheiten zusammengestellt. Die weiteren Tabellen zeigen die Umrechnungen der Längen- (Tabelle C-4), der Flächen- (Tabelle C-5) und der Volumeneinheiten (Tabelle C-6) sowie der Kraft (Tabelle C-7), des Drucks (Tabelle C-8), der Energie (Tabelle C-9), der Leistung (Tabelle C-10), der Zeit (Tabelle C-11) und der Geschwindigkeit (Tabelle C-12).

C.3 Naturkonstanten

In den physikalischen Gesetzen befinden sich universelle Naturkonstanten. Die wichtigsten sind in Tabelle C-13 zusammengestellt.

Tabelle C-1. Bezeichnung der dezimalen Vielfachen und Teile von Einheiten.

Zehner-potenz	Vorsilbe	Kurz-zeichen	Beispiel
10^{24}	Yotta	Y	$Y\Omega$
10^{21}	Zetta	Z	$Z\,s^{-1}$
10^{18}	Exa	E	Em, EJ
10^{15}	Peta	P	Pm, PJ
10^{12}	Tera	T	Tm, TJ
10^{9}	Giga	G	Gm, GJ
10^{6}	Mega	M	Mm, MJ
10^{3}	Kilo	k	km, kJ
10^{2}	Hekto	h	hPa, hJ
10^{1}	Deka	da	dam, daJ
10^{-1}	Dezi	d	dm, dJ
10^{-2}	Zenti	c	cm, cJ
10^{-3}	Milli	m	mm, mJ
10^{-6}	Mikro	µ	µm, µJ
10^{-9}	Nano	n	nm, nJ
10^{-12}	Piko	p	pm, pJ
10^{-15}	Femto	f	fm, fJ
10^{-18}	Atto	a	am, aJ
10^{-21}	Zepto	z	zm
10^{-24}	Yocto	y	ym

Tabelle C-2. Basisgrößen, Basiseinheiten und Definitionen im SI-Maßsystem.

Basisgröße	Basiseinheit	Symbol	Definition	relative Unsicherheit
Zeit	Sekunde	s	1 Sekunde ist das 9 192 631 770fache der Periodendauer der dem Übergang zwischen den beiden Hyperfeinstrukturniveaus des Grundzustands von Atomen des Nuklids ^{133}Cs entsprechenden Strahlung.	10^{-14}
Länge	Meter	m	1 Meter ist die Länge der Strecke, die Licht im Vakuum während der Dauer von 1/299 892 458 Sekunden durchläuft.	10^{-14}
Masse	Kilogramm	kg	1 Kilogramm ist die Masse des internationalen Kilogrammprototyps.	10^{-9}
elektrische Stromstärke	Ampere	A	1 Ampere ist die Stärke eines zeitlich unveränderlichen Stroms, der, durch zwei im Vakuum parallel im Abstand von 1 Meter voneinander angeordnete, geradlinige, unendlich lange Leiter von vernachlässigbar kleinem kreisförmigem Querschnitt fließend, zwischen diesen Leitern je 1 Meter Leiterlänge die Kraft $2 \cdot 10^{-7}$ Newton hervorruft.	10^{-6}
Temperatur	Kelvin	K	1 Kelvin ist der 273,16te Teil der thermodynamischen Temperatur des Tripelpunktes des Wassers.	10^{-6}
Lichtstärke	Candela	cd	1 Candela ist die Lichtstärke in einer bestimmten Richtung einer Strahlungsquelle, die monochromatische Strahlung der Frequenz 540 THz aussendet und deren Strahlstärke in dieser Richtung 1/683 W/sr beträgt.	$5 \cdot 10^{-3}$
Stoffmenge	Mol	mol	1 Mol ist die Stoffmenge eines Systems, das aus ebensoviel Einzelteilchen besteht, wie Atome in 12/1000 Kilogramm des Kohlenstoffnuklids ^{12}C enthalten sind. Bei Benutzung des Mol müssen die Einzelteilchen des Systems spezifiziert sein und können Atome, Moleküle, Ionen, Elektronen sowie andere Teilchen oder Gruppen solcher Teilchen genau angegebener Zusammensetzung sein.	10^{-6}

Tabelle C-3. Wichtigste physikalische Größen und ihre Einheiten.

Größe und Formelzeichen		gesetzliche Einheiten			Beziehung
		SI	weitere	Name	
1. Länge, Fläche, Volumen					
Länge	l	m		Meter	
			sm	Seemeile	$1\,\mathrm{sm} = 1852\,\mathrm{m}$
Fläche	A	m^2		Quadratmeter	
			a	Ar	$1\,\mathrm{a} = 100\,\mathrm{m}^2$
			ha	Hektar	$1\,\mathrm{ha} = 100\,\mathrm{a} = 10^4\,\mathrm{m}^2$
Volumen	V	m^3		Kubikmeter	
			l	Liter	$1\,\mathrm{l} = 1\,\mathrm{dm}^3$
2. Winkel					
(ebener) Winkel	α, β usw.	rad		Radiant	$1\,\mathrm{rad} = \dfrac{1\,\mathrm{m\ Bogen}}{1\,\mathrm{m\ Radius}}$
			°	Grad	$1\,\mathrm{rad} = 180°/\pi$ $= 57{,}296° \approx 57{,}3°$
			′	Minute	$1° = 0{,}017453\,\mathrm{rad}$
			″	Sekunde	$1° = 60′ = 3600″$ $1\,\mathrm{gon} = (\pi/200)\,\mathrm{rad}$
			gon	Gon	
Raumwinkel	Ω	sr		Steradiant	$1\,\mathrm{sr} = \dfrac{1\,\mathrm{m}^2\ \mathrm{Kugeloberfläche}}{1\,\mathrm{m}^2\ \mathrm{Kugelradius}}$
3. Masse					
Masse	m	kg		Kilogramm	
			g	Gramm	
			t	Tonne	$1\,\mathrm{t} = 1\,\mathrm{Mg} = 10^3\,\mathrm{kg}$
			Kt	metr. Karat	$1\,\mathrm{Kt} = 0{,}2\,\mathrm{g}$
Dichte	ϱ	$\mathrm{kg/m}^3$			$1\,\mathrm{kg/dm}^3 = 1\,\mathrm{kg/l}$ $= 1\,\mathrm{g/cm}^3$
			$\dfrac{\mathrm{kg}}{\mathrm{dm}^3}$		$= 1000\,\mathrm{kg/m}^3$
			$\dfrac{\mathrm{kg/l}}{\mathrm{g/cm}^3}$		
Trägheitsmoment (Massenträgheitsmoment, Massenmoment 2. Grades)	J	$\mathrm{kg \cdot m}^2$			$J = m \cdot i^2$ $i = \text{Trägheitsradius}$

Tabelle C-3 (Fortsetzung)

Größe und Formelzeichen		gesetzliche Einheiten			Beziehung
		SI	weitere	Name	
4. Zeitgrößen					
Zeit, Zeitdauer, Zeitspanne	t	s		Sekunde	
			min	Minute	1 min = 60 s
			h	Stunde	1 h = 60 min
			d	Tag	1 d = 24 h
			a	Jahr	1 a = 365 d = 8760 h
Frequenz	f	Hz		Hertz	1 Hz = 1/s
Drehzahl (Umdrehungsfrequenz)	n	s^{-1}			$1\,s^{-1} = 1/s$
			min^{-1} 1/min		$1\,min^{-1} = 1/min = (1/60)\,s^{-1}$
Kreisfrequenz $\omega = 2\pi f$	ω	s^{-1}			
Geschwindigkeit	v	m/s	km/h		1 km/h = (1/3,6) m/s
			kn	Knoten	1 kn = 1,852 km/h
Beschleunigung	a	m/s^2			
Winkelgeschwindigkeit	ω	rad/s			
Winkelbeschleunigung	α	rad/s^2			
5. Kraft, Energie, Leistung					
Kraft Gewichtskraft	F G	N N		Newton	$1\,N = 1\,kg \cdot m/s^2$
Druck, allg.	p	Pa		Pascal	$1\,Pa = 1\,N/m^2$
absoluter Druck	p_{abs}		bar	Bar	$1\,bar = 10^5\,Pa$ = 10 N/cm²
Atmosphärendruck	p_{amb}				1 µbar = 0,1 Pa 1 mbar = 1 hPa

| Überdruck $p_e = p_{abs} - p_{amb}$ | p_e | Überdruck usw. wird nicht mehr beim Einheitenzeichen angegeben, sondern beim Formelzeichen. Unterdruck wird als negativer Überdruck angegeben. Beispiele: bisher   jetzt 3 atü, p_e = 2,94 bar ≈ 3 bar 10 ata, p_{abs} = 9,81 bar ≈ 10 bar 0,4 atu, p_e = −0,39 bar ≈ −0,4 bar. |

Tabelle C-3 (Fortsetzung)

Größe und Formelzeichen		gesetzliche Einheiten			Beziehung
		SI	weitere	Name	
mechanische Spannung	σ, τ	N/m^2			$1\,N/m^2 = 1\,Pa$
			N/mm^2		$1\,N/mm^2 = 1\,MPa$
Härte		Als Einheit bei Brinell- und Vickershärte wird nicht mehr kp/mm^2 angegeben. Statt dessen wird hinter den bisherigen Zahlenwert das Kurzzeichen der betr. Härte (gegebenenfalls mit Angabe der Prüfkraft usw.) als Einheit geschrieben.			
Energie, Arbeit	E, W	J		Joule [dschul]	$1\,J = 1\,N \cdot m = 1\,W \cdot s$ $= 1\,kg \cdot m^2/s^2$
Wärme, Wärmemenge	Q	$W \cdot s$		Wattsekunde	
			$kW \cdot h$	Kilowattstunde	$1\,kW \cdot h = 3{,}6\,MJ$
			eV	Elektronenvolt	$1\,eV = 1{,}60219 \cdot 10^{-19}\,J$
Drehmoment	M	$N \cdot m$		Newtonmeter	
Leistung Wärmestrom	P $\dot{Q}, \Phi$	W		Watt	$1\,W = 1\,J/s = 1\,N \cdot m/s$

6. Viskosimetrische Größen

dynamische Viskosität	η	$Pa \cdot s$		Pascalsekunde	$1\,Pa \cdot s = 1\,N \cdot s/m^2$ $= 1\,kg/(s \cdot m)$
kinematische Viskosität	v	m^2/s			$1\,m^2/s = 1\,Pa \cdot s/(kg/m^3)$

7. Temperatur und Wärme

Temperatur	T	K		Kelvin	$t = (T - 273{,}15\,K)\,\dfrac{^\circ C}{K}$
	t, ϑ		$^\circ C$	Grad Celsius	
Temperaturdifferenz	ΔT	K		Kelvin	$1\,K = 1\,^\circ C$
	$\Delta t, \Delta \vartheta$		$^\circ C$	Grad Celsius	
		Temperaturdifferenzen bei zusammengesetzten Einheiten in K angeben, z. B. $kJ/(m \cdot h \cdot K)$; Schreibweise bei Toleranzangaben für Celsiustemperaturen z. B. $t = (40 \pm 2)\,^\circ C$ oder $t = 40\,^\circ C \pm 2\,^\circ C$ oder $t = 40\,^\circ C \pm 2\,K$.			

Wärmemenge und Wärmestrom siehe unter 5.

spezifische Wärmekapazität (spez. Wärme)	c	$\dfrac{J}{kg \cdot K}$			
molare Wärmekapazität	C_m	$\dfrac{J}{mol \cdot K}$			
Wärmeleitfähigkeit	λ	$\dfrac{W}{m \cdot K}$	$\dfrac{kJ}{m \cdot h \cdot K}$		$1\,W/(m \cdot K)$ $= 3{,}6\,kJ/(M \cdot h \cdot K)$

Tabelle C-3 (Fortsetzung)

Größe und Formelzeichen		gesetzliche Einheiten			Beziehung
		SI	weitere	Name	

8. Elektrische Größen

Größe und Formelzeichen		SI	weitere	Name	Beziehung
elektrische Stromstärke	I	A		Ampere	
elektrische Spannung	U	V		Volt	$1\,V = 1\,W/A$
elektrischer Leitwert	G	S		Siemens	$1\,S = 1\,A/V = 1/\Omega$
elektrischer Widerstand	R	Ω		Ohm	$1\,\Omega = 1/S = 1\,V/A$
Elektrizitätsmenge	Q	C		Coulomb	$1\,C = 1\,A \cdot s$
			$A \cdot h$	Amperestunde	$1\,A \cdot h = 3600\,C$
elektrische Kapazität	C	F		Farad	$1\,F = 1\,C/V$
elektrische Flußdichte, Verschiebung	D	C/m^2			
elektrische Feldstärke	E	V/m			$1\,V/m = 1\,N/C$

9. Magnetische Größen

Größe und Formelzeichen		SI	weitere	Name	Beziehung
magnetischer Fluß	Φ	Wb		Weber	$1\,Wb = 1\,V \cdot s$
magnetische Flußdichte, Induktion	B	T		Tesla	$1\,T = 1\,Wb/m^2$
Induktivität	L	H		Henry	$1\,H = 1\,Wb/A$
magnetische Feldstärke	H	A/m			

10. Lichttechnische Größen

Größe und Formelzeichen		SI	weitere	Name	Beziehung
Lichtstärke	I	cd		Candela	
Leuchtdichte	L	cd/m^2			
Lichtstrom	Φ	lm		Lumen	$1\,lm = 1\,cd \cdot sr$ (sr = Steradiant)
Beleuchtungsstärke	E	lx		Lux	$1\,lx = 1\,lm/m^2$

Tabelle C-3 (Fortsetzung)

Größe und Formelzeichen	gesetzliche Einheiten			Beziehung
	SI	weitere	Name	
11. Atomphysikalische u. a. Größen				
Energie W		eV	Elektronenvolt	$1\ \text{eV} = 1{,}60219 \cdot 10^{-19}\ \text{J}$ $1\ \text{MeV} = 10^6\ \text{eV}$
Aktivität einer radioaktiven Substanz A	Bq		Becquerel	$1\ \text{Bq} = 1\ \text{s}^{-1}$
Energiedosis D	Gy		Gray	$1\ \text{Gy} = 1\ \text{J/kg}$
Energiedosisrate $\dot{D}$	W/kg			
Ionendosis J	C/kg	R	Röntgen	$1\ \text{R} = 2{,}580 \cdot 10^{-4}\ \text{C/kg}$
Ionendosisrate $\dot{J}$	A/kg			$1\ \text{A/kg} = 1\ \text{C/(kg\,s)}$
Äquivalentdosis H	Sv	rem	Sievert	$1\ \text{Sv} = 1\ \text{J/kg}$ $1\ \text{rem} = 0{,}01\ \text{J/kg}$
Äquivalentdosisrate $\dot{H}$	Sv/s			$1\ \text{Sv/s} = 1\ \text{W/kg}$
Stoffmenge n	mol		Mol	

Tabelle C-4. Umrechnung der Längeneinheiten.

Einheit	pm	nm	µm	mm	cm	dm	m	km
1 nm =	10^3	1	10^{-3}	10^{-6}	10^{-7}	10^{-8}	10^{-9}	10^{-12}
1 µm =	10^6	10^3	1	10^{-3}	10^{-4}	10^{-5}	10^{-6}	10^{-9}
1 mm =	10^9	10^6	10^3	1	10^{-1}	10^{-2}	10^{-3}	10^{-6}
1 cm =	10^{10}	10^7	10^4	10	1	10^{-1}	10^{-2}	10^{-5}
1 dm =	10^{11}	10^8	10^5	10^2	10	1	10^{-1}	10^{-4}
1 m =	10^{12}	10^9	10^6	10^3	10^2	10	1	10^{-3}
1 km =	10^{15}	10^{12}	10^9	10^6	10^5	10^4	10^3	1

Einheit	in	ft	yd	mile	n mile	mm	m	km
1 in =	1	0,08333	0,02778	–	–	25,4	0,0254	–
1 ft =	12	1	0,33333	–	–	304,8	0,3048	–
1 yd =	36	3	1	–	–	914,4	0,9144	–
1 mile =	63 360	5280	1760	1	0,86898	–	1609,34	1,609
1 n mile =	72 913	6076,1	2025,4	1,1508	1	–	1852	1,852

Einheit	in	ft	yd	mile	n mile	mm	m	km
1 mm =	0,03937	$3{,}281 \cdot 10^{-3}$	$1{,}094 \cdot 10^{-3}$	–	–	1	0,001	10^{-6}
1 m =	39,3701	3,2808	1,0936	–	–	1000	1	0,001
1 km =	39 370	3280,8	1093,6	0,62137	0,53996	10^6	1000	1

in = ich, ft = foot, y = yard, mile = statute mile, n mile = nautical mile

Weitere anglo-amerikanische Einheiten:
1 µin (microinch) = 0,0254 µm
1 mil (milliinch) = 0,0254 mm
1 link = 201,17 mm
1 rod = 1 pole = 1 perch = 5,5 yd = 5,0292 m
1 chain = 22 yd = 20,1168 m
1 furlong = 220 yd = 201,168 m
1 fathom = 2 yd = 1,8288 m

Astronomische Einheiten:
1 Lj (Lichtjahr) = $9{,}46053 \cdot 10^{15}$ m
(von elektromagnetischen Wellen in 1 Jahr zurückgelegte Strecke)
1 AE (astronomische Einheit) = $1{,}496 \cdot 10^{11}$ m
(mittlere Entfernung Erde – Sonne)
1 pc (Parsec, Parallaxensekunde) = 206 265 AE
= $3{,}0857 \cdot 10^{16}$ m
(Entfernung, von der aus die AE unter einem Winkel von 1 Sekunde erscheint)

Tabelle C-5. Umrechnung der Flächeneinheiten.

Einheit		in²	ft²	yd²	mile²	cm²	dm²	m²	a	ha	km²
1 in²	=	1	–	–	–	6,4516	0,06452	–	–	–	–
1 ft²	=	144	1	0,1111	–	929	9,29	0,0929	–	–	–
1 yd²	=	1296	9	1	–	8361	83,61	0,8361	–	–	–
1 mile²	=	–	–	–	1	–	–	–	–	259	2,59
1 cm²	=	0,155	–	–	–	1	0,01	–	–	–	–
1 dm²	=	15,5	0,1076	0,01196	–	100	1	0,01	–	–	–
1 m²	=	1550	10,76	1,196	–	10 000	100	1	0,01	–	–
1 a	=	–	1076	119,6	–	–	10 000	100	1	0,01	–
1 ha	=	–	–	–	–	–	–	10 000	100	1	0,01
1 km²	=	–	–	–	0,3861	–	–	–	10 000	100	1

in² = square inch (sq in), yd² = square yard (sq yd), ft² = square foot (sq ft), mile² = square mile (sq mile)

Weitere anglo-amerikanische Einheiten:

1 mil² (square mil) = 10^{-6} in² = 0,0006452 mm²

1 cir mil (circular mil) = $\frac{\pi}{4}$ mil² = 0,0005067 mm²
(Kreisfläche mit Durchmesser 1 mil)

1 cir in (circular inch) = $\frac{\pi}{4}$ in² = 5,067 cm²
(Kreisfläche mit Durchmesser 1 in)

1 line² (square line) = 0,01 in² = 6,452 mm²
1 rod² (square rod) = 1 pole² (square pole) = 1 perch²
(square perch) = 25,29 m²
1 chain² (square chain) = 16 rod² = 404,684 m²
1 rood = 40 rod² = 1011,71 m²
1 acre = 4840 yd² = 4046,86 m² = 40,4686 a
1 section (US) = 1 mile² = 2,59 km²
1 township (US) = 36 mile² = 93,24 km²

Papierformate: (DIN 476)
Maße in mm
A0 841 × 1189
A1 594 × 841
A2 420 × 594
A3 297 × 420
A4 210 × 297
A5 148 × 210
A6 105 × 148
A7 74 × 105
A8 52 × 74
A9 37 × 52
A10 26 × 37

Tabelle C-6. Umrechnung der Volumeneinheiten.

Einheit		in^3	ft^3	yd^3	gal (GB)	gal (US)	cm^3	dm^3 (l)	m^3
1 in^3	=	1	–	–	–	–	16,3871	0,01639	–
1 ft^3	=	1728	1	0,03704	6,229	7,481	–	28,3168	0,02832
1 yd^3	=	46656	27	1	168,18	201,97	–	764,555	0,76456
1 gal (GB)	=	277,42	0,16054	–	1	1,20095	4546,09	4,54609	–
1 gal (US)	=	231	0,13368	–	0,83267	1	3785,41	3,78541	–
1 cm^3	=	0,06102	–	–	–	–	1	0,001	–
1 dm^3 (l)	=	61,0236	0,03531	0,00131	0,21997	0,26417	1000	1	0,001
1 m^3	=	61023,6	35,315	1,30795	219,969	264,172	10^6	1000	1

in^3 = cubic inch (cu in), yd^3 = cubic yard (cu yd), ft^3 = cubic foot (cu ft), gal = gallon

Weitere Volumeneinheiten

Schiffsvolumen
1 RT (Registerton) = 100 ft^3
= 2,832 m^3; BRT (Brutto-RT)
= gesamter Schiffsinnenraum,
Netto-Registerton = Laderaum eines Schiffes.
BRZ = (Bruttoraumzahl) = gesamter
Schiffsraum (Außenhaut) in m^3.
1 ocean ton = 40 ft^3 = 1,1327 m^3.

Großbritannien (GB)
1 min (minim) = 0,059194 cm^3
1 fluid drachm = 60 min = 3,5516 cm^3
1 fl oz (fluid ounce) = 8 fl drachm = 0,028413 l
1 gill = 5 fl oz = 0,14207 l
1 pt (pint) = 4 gills = 0,56826 l
1 qt (quart) = 2 pt = 1,13652 l
1 gal (gallon) = 4 qt = 4,5461 l
1 bbl (barrel) = 36 gal = 163,6 l
für Trockengüter:
1 pk (peck) = 2 gal = 9,0922 l
1 bu (bushel) = 8 gal = 36,369 l
1 qr (quarter) = 8 bu – 290,95 l

Vereinigte Staaten (US)
1 min (minim) = 0,061612 cm^3
1 fluid dram = 60 min = 3,6967 cm^3
1 fl oz (fluid ounce) = 8 fl dram
= 0,029574 l
1 gill = 4 fl oz = 0,11829 l
1 liq pt (liquid pint) = 4 gills = 0,47318 l
1 liq quart = 2 liq pt = 0,94635 l
1 gal (Gallon) = 231 in^3 = 4 liq quarts
= 3,78541
1 liq bbl (liquid barrel) = 119,24 l
1 barrel petroleum = 42 gal = 158,99 l
für Trockengüter:
1 dry pint = 0,55061 dm^3
1 dry quart = 2 dry pints = 1,1012 dm^3
1 peck = 8 dry quarts = 8,8098 dm^3
1 bushel = 4 pecks = 35,239 dm^3
1 dry bbl (dry barrel) = 7056 in^3
= 115,63 dm^3

Tabelle C-7. Umrechnung der Krafteinheiten.

Einheit		N	lbf
1 N (Newton)	=	1	0,224809
1 lbf (pound-force)	=	4,44822	1

Tabelle C-8. Umrechnung der Druckeinheiten.

Einheit	Pa	μbar	hPa	bar	N/mm²	at	lbf/in²	lbf/ft²	tonf/in²
1 Pa = 1 N/m² =	1	10	0,01	10^{-5}	10^{-6}	–	–	–	–
1 μbar =	0,1	1	0,001	10^{-6}	10^{-7}	–	–	–	–
1 hPa = 1 mbar =	100	1000	1	0,001	0,0001	–	0,0145	2,0886	–
1 bar =	10^5	10^6	1000	1	0,1	1,0197	14,5037	2088,6	–
1 N/mm² =	10^6	10^7	10 000	10	1	10,197	145,037	20 886	0,06475
Anglo-amerikanische Einheiten									
1 lbf/in² =	6894,76	68 948	68,948	0,0689	0,00689	0,07031	1	144	–
1 lbf/ft² =	47,8803	478,8	0,4788	–	–	–	–	1	–
1 tonf/in² =	–	–	–	154,443	15,4443	157,488	2240	–	1

lbf/in² = pound-force per square inch (psi), lbf/ft² = pound-force per square foot (psf), tonf/in² = ton-force (UK) per square inch, 1 pdl/ft² (poundal per square foot) = 1,48816 Pa, 1 barye = 1 μbar; 1 pz (pièce) = 1 sn/m² (sthène/m²) = 10^3 Pa.

Tabelle C-9. Umrechnung der Energieeinheiten.

Einheit	J	kW · h	ft · lbf	Btu
1 J =	1	$277,8 \cdot 10^{-9}$	0,73756	$947,8 \cdot 10^{-6}$
1 kW · h =	$3,6 \cdot 10^6$	1	$2,6552 \cdot 10^6$	3412,13
Anglo-amerikanische Einheiten				
1 ft · lbf =	1,35582	$376,6 \cdot 10^{-9}$	1	$1,285 \cdot 10^{-3}$
1 Btu =	1055,06	$293,1 \cdot 10^{-6}$	778,17	1

ft lbf = foot pound-force, Btu = British thermal unit
1 in ozf (inch ounce-force) = 0,007062 J
1 in lbf (inch pound-force) = 0,112985 J
1 ft pdl (foot poundal) = 0,04214 J
1 hph (horsepower hour) = $2,685 \cdot 10^6$ J = 0,7457 kW · h
1 thermie (franz.) = 1000 frigories (franz.) = 4,1868 MJ
1 kg SKE (Steinkohleneinheiten) = 29,3076 MJ = 8,141 kWh
1 t SKE (Steinkohleneinheiten) = 29,3076 GJ = 8,141 MWh

Tabelle C-10. Umrechnung der Leistungseinheiten.

Einheit	W	kW	hp	Btu/s
1 W =	1	0,001	$1,341 \cdot 10^{-3}$	$947,8 \cdot 10^{-6}$
1 kW =	1000	1	1,34102	$947,8 \cdot 10^{-3}$
Anglo-amerikanische Einheiten				
1 hp =	745,70	0,74570	1	0,70678
1 Btu/s =	1055,06	1,05506	1,4149	1

hp = horsepower
1 ft · lbf/s = 1,35582 W
1 ch (cheval vapeur) (franz.) = 0,7355 kW
1 poncelet (franz.) = 0,981 kW
menschliche Dauerleistung ≈ 0,1 kW

Tabelle C-11. Umrechnung der Zeiteinheiten.

Einheit		s	min	h	d
1 s (Sekunde)	=	1	0,01667	$0,2778 \cdot 10^{-3}$	$11,574 \cdot 10^{-6}$
1 min (Minute)	=	60	1	0,01667	$0,6944 \cdot 10^{-3}$
1 h (Stunde)	=	3600	60	1	0,041667
1 d (Tag)	=	86 400	1440	24	1

1 bürgerliches Jahr = 365 (bzw. 366) Tage = 8760 (8784) Stunden (für Zinsberechnungen im Bankwesen
1 Jahr = 360 Tage)
1 Sonnenjahr = 365,2422 mittlere Sonnentage = 365 d, 5 h, 48 min, 46 s
1 Sternenjahr = 365,2564 mittlere Sonnentage

Tabelle C-12. Umrechnung der Geschwindigkeitseinheiten.

1 km/h $= 0,27778$ m/s	1 m/s $= 3,6$ km/h
1 mile/h $= 1,60934$ km/h	1 km/h $= 0,62137$ mile/h
1 kn (Knoten) $= 1,852$ km/h	1 km/h $= 0,53996$ kn
1 ft/min $= 0,3048$ m/min	1 m/min $= 3,28084$ ft/min
x km/h $\hat{=} \dfrac{60}{x}$ min/km $= \dfrac{3600}{x}$ s/km	x mile/h $\hat{=} \dfrac{37,2824}{x}$ min/km $= \dfrac{2236,9}{x}$ s/km
x s/km $= \dfrac{3600}{x}$ km/h	

Tabelle C-13. Wichtige Naturkonstanten.

Bezeichnung	Symbol	Wert	relative Unsicherheit
Vakuum-Lichtgeschwindigkeit	c	$2,99792458 \cdot 10^8 \dfrac{m}{s}$	0
Gravitationskonstante	γ	$6,67259 \cdot 10^{-11} \dfrac{N \cdot m^2}{kg^2}$	$1,3 \cdot 10^{-4}$
Avogadro-Konstante	N_A	$6,0221367 \cdot 10^{23} \, mol^{-1}$	$6 \cdot 10^{-7}$
Elementarladung	e	$1,60217733 \cdot 10^{-19} \, A \cdot s$	$3 \cdot 10^{-7}$
Ruhemasse des Elektrons	m_{0e}	$9,1093897 \cdot 10^{-31} \, kg$	$6 \cdot 10^{-7}$
Ruhemasse des Protons	m_{0p}	$1,6726231 \cdot 10^{-27} \, kg$	$6 \cdot 10^{-7}$
Plancksches Wirkungsquantum	h	$6,6260755 \cdot 10^{-34} \, J \cdot s$	$6 \cdot 10^{-7}$
Sommerfeldsche Feinstrukturkonstante	α	$7,29735308 \cdot 10^{-3}$	$4,5 \cdot 10^{-8}$
elektrische Feldkonstante	ε_0	$8,85418781762 \cdot 10^{-12} \dfrac{A \cdot s}{V \cdot m}$	0
magnetische Feldkonstante	μ_0	$4\pi \cdot 10^{-7} \dfrac{V \cdot s}{A \cdot m}$	0
Faraday-Konstante	F	$9,6485309 \cdot 10^4 \dfrac{A \cdot s}{mol}$	$6 \cdot 10^{-7}$
universelle Gaskonstante	R_m	$8,314510 \dfrac{J}{mol \cdot K}$	$8,4 \cdot 10^{-6}$
Boltzmann-Konstante	k	$1,380658 \cdot 10^{-23} \dfrac{J}{K}$	$8,5 \cdot 10^{-6}$
Stefan-Boltzmann-Konstante	σ	$5,67051 \cdot 10^{-8} \dfrac{W}{m^2 \cdot K^4}$	$3,4 \cdot 10^{-5}$

D Kinematik

In der Kinematik wird die Bewegung materieller Körper und Systeme untersucht, ohne die verursachenden Kräfte zu betrachten. In diesem Abschnitt wird lediglich die *Kinematik des Punktes* behandelt. Auf die Besonderheiten der *Kinematik starrer Körper* wird im Abschnitt E.7 eingegangen.

D.1 Eindimensionale Kinematik

Bei geführter Bewegung längs einer vorgegebenen Bahn, z. B. Gerade, Kreis, Achterbahn, hat ein Punkt nur einen *Freiheitsgrad*. Zur Beschreibung des Ortes des Punktes genügt eine Koordinate.

D.1.1 Geschwindigkeit

Der Zusammenhang zwischen der Geschwindigkeit eines Punktes und dem längs der Bahn vom Anfangspunkt A aus gemessenen Weg geht aus der Übersicht D-1 hervor. Bei Kreisbewegungen ist es sinnvoll, die Lage eines Punktes durch einen Winkel zu beschreiben und anstatt der *Bahngeschwindigkeit* die *Winkelgeschwindigkeit* zu benutzen.

D.1.2 Beschleunigung

Eine beschleunigte Bewegung liegt vor, wenn die Geschwindigkeit nicht konstant ist (Übersicht D-2).

D.1.3 Kinematische Diagramme

In einer Darstellung der Beträge des Weges (Winkels), der Geschwindigkeit (Winkelgeschwindigkeit) und der Beschleunigung (Winkelbeschleunigung) über der Zeit (Bild D-1) gilt:

– Die Geschwindigkeit ist die Steigung der Kurve im Weg-Zeit-Diagramm,

a)
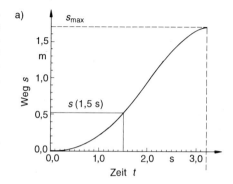

b)
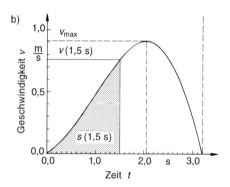

c)
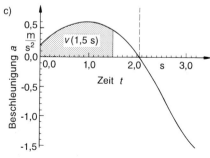

Bild D–1. Kinematische Diagramme.
a) Weg-Zeit-Diagramm,
b) Geschwindigkeit-Zeit-Diagramm,
c) Beschleunigung-Zeit-Diagramm.

Übersicht D-1. Geschwindigkeiten.

Bahngeschwindigkeit	Winkelgeschwindigkeit

mittlere Geschwindigkeit	mittlere Winkelgeschwindigkeit

$$v_m = \frac{s(t + \Delta t) - s(t)}{(t + \Delta t) - t} = \frac{\Delta s}{\Delta t} \qquad \text{(D-1)}$$

$$\omega_m = \frac{\varphi(t + \Delta t) - \varphi(t)}{(t + \Delta t) - t} = \frac{\Delta \varphi}{\Delta t} \qquad \text{(D-2)}$$

Momentangeschwindigkeit

momentane Winkelgeschwindigkeit

$$v = \lim_{\Delta t \to 0} \frac{\Delta s}{\Delta t} = \frac{ds}{dt} = \dot{s} \qquad \text{(D-3)}$$

$$\omega = \lim_{\Delta t \to 0} \frac{\Delta \varphi}{\Delta t} = \frac{d\varphi}{dt} = \dot{\varphi} \qquad \text{(D-4)}$$

$[v] = 1 \text{ m/s}$

$[\omega] = 1 \text{ rad/s} = 1 \text{ s}^{-1}$

Weg

Winkel

$$s(t_1) = s_0 + \int_{t_0}^{t_1} v(t)\, dt \qquad \text{(D-5)}$$

$$\varphi(t_1) = \varphi_0 + \int_{t_0}^{t_1} \omega(t)\, dt \qquad \text{(D-6)}$$

Verknüpfungen für Kreisbewegung

$\varphi = s/r$ (D-7)

$\omega = 2\pi n = 2\pi/T$ (D-8)

$\omega = v/r$ (D-9)

$s(t_1)$ Weg zur Zeit t_1	$\varphi(t_1)$ Winkel zur Zeit t_1
s_0 Weg $s(t_0)$ zur Zeit t_0	φ_0 Winkel $\varphi(t_0)$ zur Zeit t_0
n Drehzahl, -frequenz	T Periodendauer

Übersicht D-2. Beschleunigungen.

Bahnbeschleunigung		Winkelbeschleunigung	
mittlere Beschleunigung		mittlere Winkelbeschleunigung	
$a_m = \dfrac{v(t + \Delta t) - v(t)}{(t + \Delta t) - t} = \dfrac{\Delta v}{\Delta t}$	(D-10)	$\alpha_m = \dfrac{\omega(t + \Delta t) - \omega(t)}{(t + \Delta t) - t} = \dfrac{\Delta \omega}{\Delta t}$	(D-11)
Momentanbeschleunigung		momentane Winkelbeschleunigung	
$a = \lim\limits_{\Delta t \to 0} \dfrac{\Delta v}{\Delta t} = \dfrac{dv}{dt} = \dot{v} = \dfrac{d^2 s}{dt^2} = \ddot{s}$	(D-12)	$\alpha = \lim\limits_{\Delta t \to 0} \dfrac{\Delta \omega}{\Delta t} = \dfrac{d\omega}{dt} = \dot{\omega} = \dfrac{d^2 \varphi}{dt^2} = \ddot{\varphi}$	(D-13)
$[a] = 1 \text{ m/s}^2$		$[\alpha] = 1 \text{ rad/s}^2 = 1 \text{ s}^{-2}$	
Geschwindigkeit		Winkelgeschwindigkeit	
$v(t_1) = v_0 + \int\limits_{t_0}^{t_1} a(t)\,dt$	(D-14)	$\omega(t_1) = \omega_0 + \int\limits_{t_0}^{t_1} \alpha(t)\,dt$	(D-15)

Verknüpfung für Kreisbewegung
$\alpha = a/r$ (D-16)

Δv	Geschwindigkeitsänderung	$\Delta \omega$	Änderung der Winkelgeschwindigkeit
Δt	Zeitspanne	$\omega(t_1)$	Winkelgeschwindigkeit zur Zeit t_1
$v(t_1)$	Geschwindigkeit zur Zeit t_1	ω_0	Winkelgeschwindigkeit $\omega(t_0)$ zur Zeit t_0
v_0	Geschwindigkeit $v(t_0)$ zur Zeit t_0		

– die Beschleunigung ist die Steigung der Kurve im Geschwindigkeit-Zeit-Diagramm,
– der Wegzuwachs ist die Fläche unter der Kurve im Geschwindigkeit-Zeit-Diagramm,
– der Geschwindigkeitszuwachs ist die Fläche unter der Kurve im Beschleunigung-Zeit-Diagramm.

D.1.4 Spezialfälle

Die kinematischen Beziehungen für die Spezialfälle *gleichmäßige Geschwindigkeit* sowie *gleichmäßige Beschleunigung* sind mit den zugehörigen Diagrammen in der Übersicht D-3 zusammengestellt.

Übersicht D-3. Spezielle Bewegungsformen.

gleichmäßige Geschwindigkeit $v = v_0$		
Beschleunigung	$a = 0$	
Geschwindigkeit	$v = v_0$	(D-17)
Weg Anfangsbedingung: $s(0) = 0$	$s = v_0 t$	(D-18)
$s(0) = s_0$	$s = v_0 t + s_0$	(D-19)

Übersicht D-3 (Fortsetzung)

	gleichmäßige Beschleunigung $a = a_0$

Beschleunigung $a = a_0$

Geschwindigkeit
Anfangsbedingung: $v(0) = 0$ $v = a_0 t = \sqrt{2 a_0 s}$ (D-20)
                    $s(0) = 0$ $v_m = a_0 t/2 = s/t$

$v(0) = v_0$ $v = a_0 t + v_0 = \sqrt{v_0^2 + 2 a_0 (s - s_0)}$ (D-21)
$s(0) = s_0$ $v_m = v_0 + a_0 t/2 = (s - s_0)/t$

Weg
Anfangsbedingung: $v(0) = 0$ $s = \frac{1}{2} a_0 t^2$ (D-22)
                    $s(0) = 0$

$v(0) = v_0$ $s = \frac{1}{2} a_0 t^2 + v_0 t + s_0$ (D-23)
$s(0) = s_0$

D.2 Dreidimensionale Kinematik

D.2.1 Ortsvektor und Bahnkurve

Bei einer allgemeinen Bewegung hat ein Punkt drei Freiheitsgrade. Zur eindeutigen Lagebeschreibung sind drei Koordinaten erforderlich. Dies sind die Komponenten des Ortsvektors r, der in kartesischen Koordinaten lautet:

$$r(t) = \begin{pmatrix} x(t) \\ y(t) \\ z(t) \end{pmatrix}. \qquad (D-24)$$

D.2.2 Geschwindigkeitsvektor

Der Vektor v der Geschwindigkeit ergibt sich durch Differentiation des Ortsvektors $r(t)$ nach der Zeit.

$$v = \frac{dr}{dt} = \dot{r} = \begin{pmatrix} \dot{x} \\ \dot{y} \\ \dot{z} \end{pmatrix}. \qquad (D-25)$$

Der Vektor v der Geschwindigkeit liegt stets tangential zur Bahnkurve.

Ist e_{tan} der *Einheitsvektor* in Richtung der Tangente an die Bahnkurve, dann gilt

$$v = v \cdot e_{tan} \qquad (D-26)$$

$v = |v| = ds/dt$ ist der Betrag der Geschwindigkeit.

D.2.3 Beschleunigungsvektor

Der Vektor a der Beschleunigung ist als Ableitung des Geschwindigkeitsvektors v nach der Zeit t definiert:

$$a = \frac{dv}{dt} = \dot{v} = \begin{pmatrix} \dot{v}_x \\ \dot{v}_y \\ \dot{v}_z \end{pmatrix} = \begin{pmatrix} \ddot{x} \\ \ddot{y} \\ \ddot{z} \end{pmatrix}. \qquad \text{(D-27)}$$

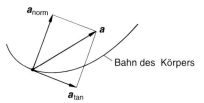

Bild D-2. Tangential- und Normalkomponente des Beschleunigungsvektors.

Im allgemeinen steht der Beschleunigungsvektor a schief zur Bahnkurve und kann in zwei Komponenten zerlegt werden (Bild D-2):

$$a = a_{tan} + a_{norm} \quad \text{mit}$$
$$a_{tan} = \frac{dv}{dt}\, e_{tan} \quad \text{und} \quad a_{norm} = \frac{v^2}{R}\, e_{norm}; \qquad \text{(D-28)}$$

a_{tan} Tangentialkomponente der Beschleunigung,

a_{norm} Normalkomponente der Beschleunigung,

e_{tan}, e_{norm} Einheitsvektoren tangential und normal zur Bahnkurve,

v Momentangeschwindigkeit,

R Krümmungsradius der Bahnkurve.

D.2.4 Kreisbewegungen

Bei Kreisbewegungen weist die Normalbeschleunigung stets zum Kreismittelpunkt und wird als *Zentripetalbeschleunigung* a_{zp} bezeichnet:

$$a_{zp} = v^2/r = r\,\omega^2 = \omega\,v; \qquad \text{(D–29)}$$

v Bahngeschwindigkeit,
ω Winkelgeschwindigkeit,
r Kreisradius.

Die Übersicht D-4 enthält die vektorielle Beschreibung der Winkelgeschwindigkeit und -beschleunigung.

D.2.5 Wurfbewegungen

Beim Wurf im Schwerefeld der Erde (Übersicht D-5) gilt unter Vernachlässigung des Luftwiderstands für die Beschleunigung

$$a = \begin{pmatrix} 0 \\ -g \end{pmatrix}; \qquad \text{(D–33)}$$

$g = 9{,}81 \text{ m/s}^2$ Erdbeschleunigung.

Durch zweimalige Integration in x- und y-Richtung ergeben sich der Geschwindigkeitsvektor v und der Ortsvektor r sowie die Bahnkurve.

Übersicht D-4. Vektoren der Kreisbewegung.

perspektivische Darstellung	ebene Darstellung

Verknüpfungen

$v = \omega \times r$ $\qquad$ (D–30) $\qquad\qquad$ $a_{zp} = \omega \times v = -\omega^2 r$ $\qquad$ (D–31)

$a_{tan} = \alpha \times r$ $\qquad$ (D–32)

v Geschwindigkeit
ω Winkelgeschwindigkeit
r Ortsvektor
a_{zp} Zentripetalbeschleunigung
a_{tan} Tangentialbeschleunigung

Übersicht D-5. Wurfbewegungen.

Wurfarten / Berechnungen	schiefer Wurf β beliebig	senkrechter Wurf $\beta = 90°$	waagerechter Wurf $\beta = 0°$	Grafik
Grundgleichungen 1. Geschwindigkeiten	$v_x = v_0 \cos\beta$ (1) $\quad$ $v_y = v_0 \sin\beta - gt$ (2)	$v_x = 0$ $\quad$ $v_y = v_0 - gt$	$v_x = v_0$ $\quad$ $v_y = -gt$	
	$\lvert v_1 \rvert = \sqrt{v_{x1}^2 + v_{y1}^2}$ $\quad$ $\tan\gamma = \dfrac{v_{y1}}{v_{x1}}$		$\tan\gamma = \dfrac{v_{Ay}}{v_{Ax}}$ $\quad$ $\lvert v_A \rvert = \sqrt{v_{Ax}^2 + v_{Ay}^2}$	
2. Wege	$x = v_0 t \cos\beta$ (3) $\quad$ $y = v_0 t \sin\beta - \dfrac{g}{2}t^2$ (4)	$x = 0$ $\quad$ $y = v_0 t - \dfrac{g}{2}t^2$	$x = v_0 t$ $\quad$ $y = -\dfrac{g}{2}t^2$	
Bahngleichung	$y = \tan\beta\, x - \dfrac{g}{2v_0^2\cos^2\beta}x^2$		$y = -\dfrac{g}{2v_0^2}x^2$ (a)	

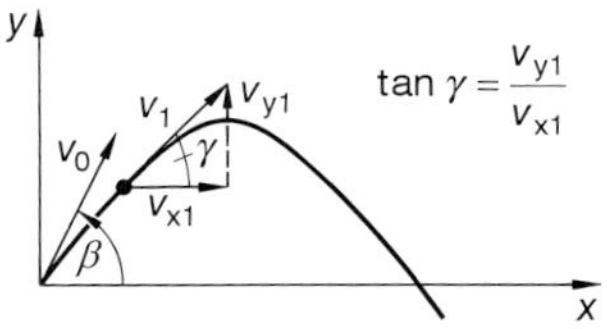

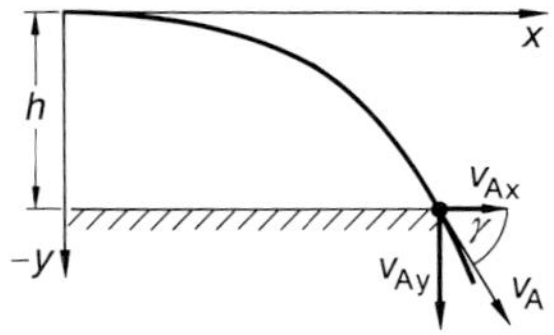

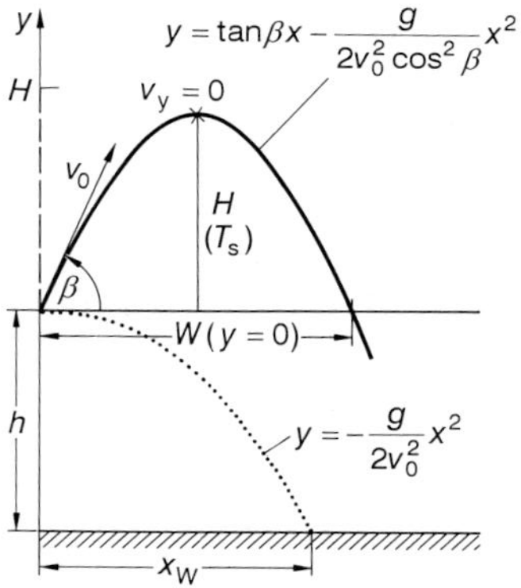

$$y = \tan\beta\, x - \frac{g}{2v_0^2\cos^2\beta}x^2$$

$$y = -\frac{g}{2v_0^2}x^2$$

Übersicht D-5 (Fortsetzung)

Wurfarten — Berechnungen	schiefer Wurf β beliebig	senkrechter Wurf β = 90°	waagerechter Wurf β = 0°
Spezialfälle: Steigzeit T_S ($v_y = 0$)	(2) = 0 $$T_S = \frac{v_0}{g}\sin\beta \quad (5)$$ (4) mit (5)	$$T_S = \frac{v_0}{g}$$	$T_S = 0$
Wurfhöhe ($v_y = 0$)	$$H = \frac{v_0^2}{2g}\sin^2\beta$$	$$H = \frac{v_0^2}{2g}$$	$h = 0$
Auftreffzeit T_A ($y = 0$)	(4) = 0 und $t_1 = 0$ $$T_A = \frac{2v_0}{g}\sin\beta = 2T_S$$	$$T_A = \frac{2v_0}{g} = 2T_S$$	$T_S = 0$
Wurfweite W	aus (3): $W = v_0\,T_A \cos\beta$ $$W = \frac{v_0^2}{g}\sin 2\beta$$ W_{max} für $\beta = 45°$	$W = 0$	aus (a): $$-y = h = \frac{g}{2v_0^2}x_W^2$$ $$x_W = W = v_0\sqrt{\frac{2h}{g}}$$

g Erdbeschleunigung ($g = 9{,}81$ m/s²)
h Höhe beim waagerechten Wurf
H Wurfhöhe (schiefer und senkrechter Wurf)
v_0 Anfangsgeschwindigkeit
v_x Geschwindigkeit in x-Richtung
v_y Geschwindigkeit in y-Richtung
T_A Auftreffzeit
T_S Steigzeit
W Wurfweite (schiefer Wurf)
x_W Wurfweite (waagerechter Wurf)
β Abwurfwinkel

Achtung!
Bei allen Gleichungen liegt der Koordinatenursprung im Abwurfpunkt.

E Dynamik

Die Dynamik untersucht die Ursachen für die Bewegung eines Körpers. Dieser hat eine *Masse* und eine geometrische Ausdehnung, d.h. ein *Volumen*. Bei der Modellvorstellung des materiellen Punktes ist die Masse des Körpers in einem Punkt ohne räumliche Ausdehnung vereinigt, der nicht rotieren und sich verformen kann und somit eine mathematisch einfachere Beschreibung seiner Reaktionen auf Einwirkungen von außen erlaubt. Wie materielle Punkte lassen sich Körper behandeln, deren Volumen klein ist im Vergleich zu den Dimensionen (Abmessungen, Abstände), in denen er sich bewegt. Aus materiellen Punkten bauen sich im allgemeinen *Systeme materieller Punkte* auf; sind die Abstände der materiellen Punkte in Systemen konstant, dann werden diese Körper als *starre Körper* bezeichnet.

E.1 Grundgesetze der klassischen Mechanik

E.1.1 Die Newtonschen Axiome

Die von I. NEWTON im Jahre 1687 veröffentlichten Grundprinzipien der Dynamik sind in Tabelle E-1 zusammengestellt. Als *Grundgesetze der klassischen Mechanik* beschreiben sie die dynamischen Vorgänge exakt; sie versagen, wenn die Geschwindigkeiten nicht mehr erheblich kleiner als die Lichtgeschwindigkeit sind (Relativitätstheorie) oder bei Wechselwirkungen in der mikroskopischen Welt (Quantentheorie).

Dichte ϱ

Die Masse m und das Volumen V der Körper sind über eine materialspezifische Größe, die *Dichte ϱ*, definiert:

$$\varrho = \frac{m}{V} \qquad \text{(E-1)}$$

Die Dichte fester, flüssiger oder gasförmiger Körper (Tabelle E-2) ist mehr oder minder stark temperatur- und druckabhängig. Bei Gasen ist die Dichte im Vergleich zu Festkörpern und Flüssigkeiten etwa tausendmal kleiner und ändert sich besonders stark mit der Temperatur und dem Gasdruck.

Die mittlere Dichte ϱ_m von Körpern mit einem Gesamtvolumen V, das sich aus unterschiedlichen Materialien zusammensetzt, wie z. B.

Tabelle E-1. Die Newtonschen Axiome.

Newtonsche Axiome	Formulierung	Beziehung
1. Axiom Trägheitsgesetz	Jeder Körper behält seine Geschwindigkeit nach Betrag und Richtung so lange bei, wie er nicht durch äußere Kräfte gezwungen wird, seinen Bewegungszustand zu ändern.	allgemein:
2. Axiom Aktionsgesetz Grundgesetz der Mechanik	Die zeitliche Änderung der Bewegungsgröße des Schwerpunktes, des Impulses $p = m v$, ist gleich der resultierenden Kraft F erforderlich, die gleich dem Produkt aus Masse m und Beschleunigug a des Schwerpunktes ist.	$F = \dfrac{d}{dt}(m v)$ speziell: $F = m a$
3. Axiom Wechselwirkungsgesetz actio = reactio	Wirkt ein Körper 1 auf einen Körper 2 mit der Kraft F_{12}, so wirkt der Körper 2 auf den Körper 1 mit der Kraft F_{21}; beide Kräfte haben den gleichen Betrag, aber entgegengesetzte Richtungen.	$F_{12} = -F_{21}$

Tabelle E-2. Dichten von Materialien in kg/m^3 bei Normaldruck.

Festkörper		Flüssigkeiten		Gase (0 °C)	
Platin	21 400	Quecksilber	13 546	Xenon	5,90
Gold	19 290	Schwefelsäure	1 834	Chlor	3,21
Blei	11 340	Glycerin	1 260	CO_2	1,98
Kupfer	8 930	Schweres Wasser D_2O	1 105	Sauerstoff	1,43
Messing	≈ 8 500	Wasser H_2O 0 °C	999,84	Stickstoff	1,25
Stahl	≈ 7 800	4 °C	999,97	Luft 0 °C	1,29
Eisen	≈ 7 500	20 °C	998,21	− 100 °C	2,04
Marmor	≈ 2 700	60 °C	983,21	+ 100 °C	0,95
Glas	≈ 2 500	100 °C	958,35	+ 1000 °C	0,28
Normalbeton	≈ 2 400	Petroleum 20 °C	810	Ammoniak	0,77
PVC-Kunststoff	1 400	Alkohol (100 %) 20 °C	790	Methan	0,72
Eis	920	Kfz-Benzin	780	Helium	0,18
Fichtenholz	≈ 700	Leichtbenzin	700	Wasserstoff	0,09

bei Lochsteinen oder Verbundwerkstoffen, errechnet sich folgendermaßen:

$$\varrho_m = \frac{\varrho_1 V_1 + \varrho_2 V_2 + \dots}{V} ; \qquad \text{(E–2)}$$

$\varrho_1, \varrho_2, \dots$ Dichte der Körperanteile,
$V_1, V_2, \dots$ Teilvolumina der Körperanteile,
V Gesamtvolumen des Körpers
($V = V_1 + V_2 + \dots$).

Kraft

Das *zweite Newtonsche Axiom* definiert die *Kraft F* als Ursache einer Bewegungsänderung und stellt den Zusammenhang zwischen der Bewegungsgröße eines Körpers, also dessen *Impuls*, und der Einwirkung von *Kräften* als Ursache der Bewegungsänderung her:

$$F = \frac{d}{dt} p = \frac{d}{dt}(m v) = m \frac{dv}{dt} + v \frac{dm}{dt} ;$$
$$\text{(E–3)}$$

F Kraft auf den Körper,
p Impuls des Körpers ($p = m v$),
v Momentangeschwindigkeit des Körpers,
m Masse des Körpers.

Bleiben die Massen bei den dynamischen Vorgängen konstant ($dm/dt = 0$), dann folgt aus dem zweiten Newtonschen Axiom das *Newtonsche Grundgesetz der Mechanik:*

$$F = m \frac{dv}{dt} = m a ; \qquad \text{(E–4)}$$

a Beschleunigung des Körpers.

Die Kraft F ist eine vektorielle Größe, deren Richtung parallel zur Beschleunigung a und deren Betrag $F = m a$ ist. Die Einheit für die Kraft ist $[F] = 1$ N (Newton) $= 1$ kg · m/s².

Für die Addition von Kräften und die Zerlegung einer Kraft in verschiedene Kraftrichtungen gelten die Regeln der *Vektorrechnung* (Tabelle E-3).

Kräftegleichgewicht

Das *dritte Newtonsche Axiom* beschreibt die *Wechselwirkungen* zwischen Körpern über Kräfte und sagt aus, daß es keine einzelne isolierte Kraft gibt. Wird eine Systemgrenze vorgegeben, dann kann zwischen *äußeren Kräften*, die von einem Körper außerhalb der Systemgrenzen herrühren, und *inneren Kräften*, die nur innerhalb des Systems wirken, unterschieden und die Beschreibung dynamischer Vorgänge wesentlich vereinfacht werden (Abschnitt E.4.1).

Ist die nach dem Newtonschen Aktionsprinzip resultierende Kraft auf den Körper null, dann ist auch nach Gl. (E–4) die Beschleunigung des Körpers $a = 0$ und er verharrt in seinem Bewegungszustand; war er also vorher in Ruhe, dann bleibt er in Ruhe. Dies ist

Tabelle E-3. Kräftediagramm und Kraftzerlegung.

$F = F_1 + F_2$	Kräfteparallelogramm	Kräfte	Richtungswinkel
Kräfte-addition; gegeben F_1, F_2, α, β		$F_x = F_1 \cos\alpha + F_2 \cos\beta$ $F_y = F_1 \sin\alpha + F_2 \sin\beta$ $F = \sqrt{F_x^2 + F_y^2}$ $F = \sqrt{F_1^2 + F_2^2 + 2F_1 F_2 \cos(\beta-\alpha)}$	$\gamma = \arctan \dfrac{F_1 \sin\alpha + F_2 \sin\beta}{F_1 \cos\alpha + F_2 \cos\beta}$
Kräfte-zerlegung; gegeben F, γ, α, β oder F, γ, F_1, F_2		$F_1 = F\,\dfrac{\sin(\beta-\gamma)}{\sin(\beta-\alpha)}$ $F_2 = F\,\dfrac{\sin(\gamma-\alpha)}{\sin(\beta-\alpha)}$	$\alpha = \gamma - \arccos \dfrac{F^2 + F_1^2 - F_2^2}{2FF_1}$ $\beta = \gamma + \arccos \dfrac{F^2 + F_2^2 - F_1^2}{2FF_2}$

die Bedingung des *statischen Kräftegleichgewichts:*

$$\sum_{i=1}^{N} F_i = F_1 + F_2 + \ldots = 0. \qquad \text{(E–5)}$$

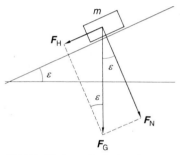

Bild E-1. Kräfte auf schiefer Ebene mit Neigungswinkel ε.

E.1.2 Wechselwirkungskräfte der Mechanik

Schwer- oder Gewichtskraft F_G

Auf der Erdoberfläche fallen im freien Fall alle Körper konstanter Masse mit der konstanten Fallbeschleunigung g, wenn andere Wechselwirkungen, z.B. die Luftreibung, vernachlässigbar sind. Die Ursache dieser gleichmäßig beschleunigten Fallbewegung ist die *Schwer- oder Gewichtskraft F_G* auf die Masse m des Körpers:

$$F_G = m\,g; \qquad \text{(E–6)}$$

g Fallbeschleunigung auf der Erdoberfläche (in Paris: $g = 9,81 \text{ m/s}^2$).

Die Schwerkraft ist, wie die Fallbeschleunigung, zum Erdmittelpunkt hin gerichtet. Ursache der Schwerkraft ist die Gravitationskraft zwischen der Erd- und der Körpermasse (Abschnitt F).

Hangabtriebskraft F_H

Die Schwerkraft führt, wie Bild E-1 zeigt, bei Körpern auf einer *schiefen Ebene* zu einer

hangabwärts, parallel zur schiefen Ebene gerichteten gleichmäßig beschleunigenden Kraft, der *Hangabtriebskraft F_H*, mit dem Betrag

$$F_H = m\,g \sin\varepsilon; \qquad \text{(E–7)}$$

ε Neigungswinkel der schiefen Ebene.

Senkrecht zur schiefen Ebene entsteht durch die Gewichtskraft die *Normalkraft F_N* mit dem Betrag

$$F_N = m\,g \cos\varepsilon. \qquad \text{(E–8)}$$

Zentripetalkraft F_{zp}

Nach dem Newtonschen Grundgesetz ist die Kraft, die einen Körper bei der gleichförmigen

Kreisbewegung (Abschnitt D.2.4) auf der Kreisbahn hält, die *Zentripetalkraft* F_{zp}:

$$\boxed{F_{zp} = m\,a_{zp} = -m\,\omega^2 r\,;} \qquad (E-9)$$

m Masse des Körpers,
a_{zp} Zentripetalbeschleunigung nach Gl. (D–29),
ω Winkelgeschwindigkeit des Körpers auf der Kreisbahn,
r Radiusvektor (Ortsvektor) der Kreisbahn.

Die Zentripetalkraft ist antiparallel zum Radiusvektor r, d. h. zum Mittelpunkt der Kreisbahn hin gerichtet.

Elastische oder Federkraft F_{el}

Kräfte verursachen nicht nur beschleunigte Bewegungen (dynamische Kraftwirkung), sondern ändern auch die geometrische Form von Körpern (Deformationswirkung). Umgekehrt üben daher deformierte Körper Kräfte aus, die *elastischen oder Federkräfte F_{el}*. Nach dem dritten Newtonschen Axiom sind die elastischen Kräfte F_{el} entgegengesetzt gleich der von außen wirkenden deformierenden Kraft F_a.

Alle Festkörper zeigen innerhalb maximaler Deformationsgrenzen ein *elastisches Verhalten* (Abschnitt G). Nach dem *Hookeschen Gesetz*

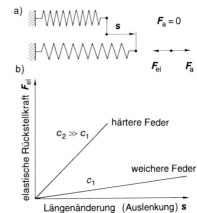

Bild E-2. *Elastische Deformation. a) äußere Kraft F_a und elastische Rückstellkraft F_{el}; b) Federkostante c.*

ist die Längenänderung s (Bild E-2) der elastischen Deformation ein Maß für die *elastische Kraft F_{el}*:

$$\boxed{F_{el} = -c\,s\,;} \qquad (E-10)$$

s Längenänderung des elastischen Körpers $(s \uparrow\downarrow F_{el})$,
c Richtgröße oder Federkonstante.

Tabelle E-4 zeigt die *resultierende Federkonstante c_{res}* für gekoppelte Federn.

Tabelle E-4. Resultierende Federkonstante.

Federkopplung	Resultierende Federkonstante	
Parallelkopplung	$c_{res} = c_1 + c_2 + c_3 + \dots$	(E–11)
Serienkopplung	$c_{res} = \dfrac{1}{\dfrac{1}{c_1} + \dfrac{1}{c_2} + \dfrac{1}{c_3} + \dots}$	(E–12)
Zwischenkopplung	$c_{res} = \dfrac{1}{\dfrac{1}{c_1} + \dfrac{1}{c_2}} + \dfrac{1}{\dfrac{1}{c_3} + \dfrac{1}{c_4}}$	(E–13)

Tabelle E-5. Reibungskräfte.

	äußere Reibung Festkörperreibung (Newtonsche Reibung)	innere Reibung Flüssigkeitsreibung (Stokessche Reibung)	turbulente Reibung Luftreibung (Coulombsche Reibung)
Reibungskraft			
Ansatz	$F_R = \mu F_N$ (E-14)	$F_R = b\,v$ (E-15)	$F_R = d\,v^2$ (E-16)
Proportionalitäts- faktor	μ: Reibungszahl μ ist unabhängig von der Kontaktfläche zwischen Körper und Unterlage; hängt ab von der Kontaktgeometrie und den Materialien von Körper und Unterlage.	b: Zähigkeitskoeffizient b hängt von der Form des Körpers und der Viskosität η der Flüssigkeit ab. Es wird laminare Strömung vorausgesetzt.	d Luftreibungskoeffizient d hängt von der Anströmfläche und der Oberflächenbeschaffenheit des Körpers sowie von der Dichte und Art des strömenden Mediums ab.
Spezialfälle	μ_R Rollreibung μ_G Gleitreibung μ_H Haftreibung	$b = 6\pi\eta r$ laminare Umströmung einer Kugel vom Radius r in einem Medium mit der Zähigkeit η	$d = \frac{1}{2} c_W \varrho A$ Körper mit Anströmfläche A und dem Widerstandsbeiwert c_W im Medium der Dichte ϱ

Reibungskraft F_R

Durch Reibung an der Unterlage (*Festkörperreibung*), an der Grenzschicht zur umgebenden Flüssigkeit (*Flüssigkeitsreibung*) oder dem umgebenden Gas (*Luftreibung*) wird die Bewegung von Körpern verlangsamt. Die Ursache der Bewegungsänderung ist die *Reibungskraft* F_R; sie ist der Richtung der Momentangeschwindigkeit v des Körpers stets entgegengerichtet: $F_R \uparrow\downarrow v$. Der Betrag von F_R setzt sich je nach Situation in unterschiedlicher Weise aus den drei Grenzfällen in Tabelle E-5 zusammen.

Die Festkörperreibung hängt von der Oberflächenbeschaffenheit der beiden reibenden Körper ab. Die *Haft- und Gleitreibungszahlen* unterscheiden sich stark (Tabelle E-6). Bei niedrigen Geschwindigkeiten ist auch die Rollreibung noch näherungsweise proportional zur Normalkraft des Rades auf die Unterlage. In diesem Fall läßt sich die *Rollreibungszahl* μ_R definieren; sie ist abhängig vom

Tabelle E-6. Haft-, Gleit- und Rollreibungszahlen.

Stoffpaar	μ_H	μ_G	μ_R
Stahl auf Stahl	0,15	0,12	0,002
Stahl auf Holz	0,5 bis 0,6	0,2 bis 0,5	
Stahl auf Eis	0,027	0,014	
Holz auf Holz	0,65	0,2 bis 0,4	
Holz auf Leder	0,47	0,27	
Gummi auf Asphalt	0,9	0,85	0,02 bis 0,05
Gummi auf Beton	0,65	0,5	
Gummi auf Eis	0,2	0,15	

Radius R der aufeinander abrollenden Körper. Beispielsweise gilt für das Abrollen von Kugeln auf einer ebenen Unterlage $\mu_R = f/R$, wobei der Faktor f vom Material und von der Oberflächenbeschaffenheit abhängt. So gilt für Stahlkugeln auf einer ebenen Kunststoffunterlage $f = 0,0013$ cm. In Tabelle E-6 sind die Werte von μ_R für Eisenbahn- und Auto-räder angegeben.

Nur Bewegungen mit Festkörperreibung verlaufen gleichmäßig beschleunigt oder verzögert; bei den anderen Reibungsarten sind die Bewegungsgesetze kompliziert.

E.2 Dynamik in bewegten Bezugssystemen

E.2.1 Geradlinig bewegtes Bezugssystem

Für den Fall geradlinig gleichmäßig gegeneinander beschleunigter Bezugssysteme sind im Bild E-3 die Vektoren für die Beschreibung der Bahnkurve eines Punktes P aufgezeichnet und die Transformationsgleichungen für die Orts-, Geschwindigkeits- und Beschleunigungsvektoren angegeben, welche sich zwischen dem

ruhenden System S (x, y, z) und dem sich gegenüber S mit der Beschleunigung a_S bewegenden Bezugssystem S$'$ (x', y', z') ergeben. Dabei ist die für Geschwindigkeiten klein gegenüber der Lichtgeschwindigkeit zulässige Transformationsbedingung einer absoluten Zeit, also einer von den Koordinatensystemen unabhängigen Zeitkoordinate $t = t'$, angewandt worden (*Galilei-Transformation*); der Fall hoher Relativgeschwindigkeiten wird in Abschnitt U (Relativitätstheorie) beschrieben.

Trägheitskraft F_t

Wird in jedem der beiden Bezugssysteme S und S$'$ die gemessene Beschleunigung auf die Wirkung einer beschleunigenden Kraft zurückgeführt, so ergibt sich im ruhenden System S die Kraft $F = ma$, und in S$'$ die Kraft $F' = ma' = ma - ma_S$. Die Differenz ist die nur im bewegten Bezugssystem als Scheinkraft auftretende Trägheitskraft F_t:

$$F_t = -ma_S;\qquad\qquad (E\text{-}17)$$

a_S Beschleunigung des bewegten Koordinatensystems S$'$ in bezug auf das ruhende System S: $a_S \uparrow\downarrow F_t$.

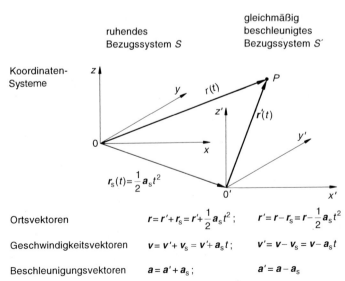

	ruhendes Bezugssystem S	gleichmäßig beschleunigtes Bezugssystem S$'$

Koordinaten-Systeme

$$r_S(t) = \frac{1}{2}a_S t^2$$

Ortsvektoren	$r = r' + r_S = r' + \dfrac{1}{2}a_S t^2$;	$r' = r - r_S = r - \dfrac{1}{2}a_S t^2$
Geschwindigkeitsvektoren	$v = v' + v_S = v' + a_S t$;	$v' = v - v_S = v - a_S t$
Beschleunigungsvektoren	$a = a' + a_S$;	$a' = a - a_S$

Bild E-3. Galilei-Transformation in gleichmäßig gegeneinander beschleunigten Bezugssystemen.

Die Trägheitskraft wirkt im beschleunigten Bezugssystem auf alle Massen. Durch Messung der Trägheitskraft auf einen Körper im beschleunigten Bezugssystem S' läßt sich somit a_S bestimmen.

Prinzip von D'ALEMBERT

Nach dem Prinzip von D'ALEMBERT (1717 bis 1783) ist in einem, geradlinig gleichmäßig beschleunigten Bezugssystem die Trägheitskraft F_t zu der resultierenden Kraft F_{res} aus den Wechselwirkungskräften vektoriell zu addieren. Demnach ist in bewegten Bezugssystemen S' ein Körper im Gleichgewicht ($a' = 0$), wenn das *dynamische Kräftegleichgewicht* erfüllt ist:

$$F_{res} + F_t = \sum_{i=1}^{N} F_i - m\,a_S = 0\,; \qquad (E-18)$$

a_S Beschleunigung des bewegten Bezugssystems,

F_i Wechselwirkungskräfte auf den Körper mit der Masse m im bewegten Bezugssystem.

E.2.2 Gleichförmig rotierende Bezugssysteme

In rotierenden Bezugssystemen treten wegen der beschleunigten Bewegung ebenfalls Scheinkräfte auf, die nur der mitbewegte Beobachter wahrnimmt. Zum einen verspürt der bewegte Beobachter eine Kraft, die ihn von der Drehachse wegtreibt, die *Zentrifugalkraft*; zum anderen eine weitere, bei allen nicht mit der Drehachse von S' übereinstimmenden Geschwindigkeitsrichtungen im bewegten System S' wirkende abtreibende Kraft, die *Coriolis-Kraft.*

Es besteht der Zusammenhang:

$$v' = v - \omega \times r\,; \qquad (E-19)$$

v Geschwindigkeit im ruhenden Koordinatensystem S,

v' Geschwindigkeit im bewegten Koordinatensystem S',

ω Winkelgeschwindigkeit des um die z-Achse rotierenden Koordinatensystems S'.

Für die Beschleunigung $a' = \mathrm{d}\,v'/\mathrm{d}t$ im rotierenden Bezugssystem S' ergibt sich aus Gl. (E-19) folgende Verknüpfung:

$$a' = a - 2\omega \times v' - \omega \times (\omega \times r)\,; \qquad (E-20)$$

$a' = \mathrm{d}\,v'/\mathrm{d}t$ Beschleunigung im rotierenden Bezugssystem,

$a = \mathrm{d}v/\mathrm{d}t$ Beschleunigung im ruhenden Bezugssystem.

Ist R die Komponente des Ortsvektors r, die senkrecht zur Winkelgeschwindigkeit ω steht, dann geht Gl. (E-20) über in

$$a = a' \quad -2v' \times \omega \quad -\omega^2 R\,; \qquad (E-21)$$

Coriolis-   Zentripetal-
Beschleunigung   Beschleunigung

a' Beschleunigung im rotierenden Koordinatensystem,

a Beschleunigung im ruhenden Koordinatensystem,

ω Winkelgeschwindigkeit des rotierenden Koordinatensystems,

v' Bahngeschwindigkeit im rotierenden Koordinatensystem,

R Abstand des Körpers von der Drehachse.

Im rotierenden Bezugssystem wirken also zwei weitere Beschleunigungen, die vom Standpunkt des ruhenden Beobachters aus für bewegte Bezugssysteme Scheinkräfte sind.

Zentrifugalkraft F_{zf}

Im gleichförmig rotierenden Bezugssystem tritt eine Trägheitskraft auf, die *Zentrifugalkraft* F_{zf}. Sie ist senkrecht zur Drehachsenrichtung und entgegengesetzt der Zentripetalkraft F_{zp} radial nach außen gerichtet.

$$F_{zf} = +\,m\,\omega^2\,r\,; \qquad (E-22)$$

m Masse des Körpers,

r Ortsvektor des Körpers auf der Kreisbahn,

ω Winkelgeschwindigkeit der Drehbewegung.

Die Beträge von Zentrifugal- und Zentripetalkraft sind gleich, die Richtungen jedoch entgegengesetzt: $F_{zf} \uparrow\downarrow F_{zp}$.

Coriolis-Kraft F_C

Verläuft in einem rotierenden Bezugssystem der vom mitbewegten Beobachter gemessene Geschwindigkeitsvektor nicht parallel zur Drehachse, dann erfährt der bewegte Körper der Masse m eine weitere Trägheitskraft, die *Coriolis-Kraft* F_C:

$$F_C = +2m(v' \times \omega); \qquad \text{(E–23)}$$

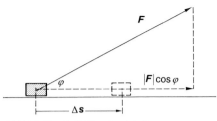

Bild E-4. Zur Definition der Arbeit.

m Masse des Körpers,
v' Bahngeschwindigkeit des Körpers im bewegten System S',
ω Winkelgeschwindigkeit des bewegten Bezugssystems um die Drehachse.

Die Coriolis-Kraft hat den Betrag $F_C = 2mv'\omega \sin(v', \omega)$ und ist senkrecht zur Drehachsenrichtung ω und senkrecht zur Geschwindigkeit v' gerichtet.

E.3 Arbeit, Leistung und Energie

E.3.1 Arbeit W

Wirkt eine Kraft F auf einen Körper und verschiebt ihn dabei um ein Wegelement Δs, so ist durch die Wirkung dieser Kraft der Zustand des Körpers verändert worden; die Kraft hat an dem Körper *Arbeit* verrichtet. Die *mechanische Arbeit* dW auf dem Weg ds ist durch das Skalarprodukt zwischen der Kraft F und dem Wegelement ds definiert (Bild E-4):

$$dW = F \cdot ds = |F| \, |ds| \cos(F, ds); \qquad \text{(E–24)}$$

Ist der Weg von s_1 nach s_2 gekrümmt oder die Kraft $F(r, t)$ nicht konstant, dann ergibt sich die Arbeit aus der Integration der Einzelbeiträge dW auf dem Wegelement ds:

$$W_{12} = \int_{s_1}^{s_2} dW = \int_{s_1}^{s_2} F \cdot ds. \qquad \text{(E–25)}$$

W_{12} mechanische Arbeit für die Verschiebung des Körpers vom Wegpunkt s_1 nach dem Wegpunkt s_2,

Eine Kraft F, die senkrecht auf das Wegelement ds wirkt, verrichtet keine Arbeit, dW ist null.

In Tabelle E-7 ist die Arbeit W_{12} zusammengestellt, welche gegen die im erdnahen Gravitationsfeld näherungsweise konstante Schwerkraft F_G und die von ihr verursachte Hangabtriebskraft F_H sowie die auf dem Verschiebungsweg konstante Festkörper-Reibungskraft F_R aufzuwenden ist. Mit aufgenommen ist die *Beschleunigungsarbeit* gegen die Trägheitskraft F_t der beschleunigten Masse, welche nur von der Differenz der Quadrate der Geschwindigkeiten zu Beschleunigungsbeginn und Beschleunigungsende abhängt.

Die Verformungsarbeit beim Dehnen und Stauchen von elastischen Körpern und die Hubarbeit gegen die Gravitationskraft werden gegen ortsabhängige Kräfte verrichtet; Tabelle E-8 enthält die für diese Fälle sich ergebenden Arbeiten W_{12}.

E.3.2 Leistung P

Die Leistung P ist das Maß dafür, in welcher Zeitspanne Δt die Arbeit ΔW verrichtet wird:

$$P = \frac{\Delta W}{\Delta t}. \qquad \text{(E–32)}$$

Die Einheit der Leistung ist $[P] = 1 \text{ N} \cdot \text{m/s} = 1 \text{ J/s} = 1 \text{ W (Watt)}.$

Tabelle E-7. Arbeit gegen ortsunabhängige Kräfte.

	Geometrie	erforderliche konstante Kraft	Weg	verrichtete Arbeit
Hubarbeit gegen Gewichtskraft F_G		$F = mg$	$s = h_2 - h_1 = h$	$W_{12} = mgh$ nur abhängig von der Höhendifferenz (E-26)
Arbeit auf reibungsfreier schiefer Ebene gegen hangabtriebskraft F_H		$F = mg\sin\alpha$	$s = \dfrac{h}{\sin\alpha}$	$W_{12} = mgh$ nur abhängig von der Höhendifferenz (E-27)
Festkörperreibungsarbeit gegen Reibungskraft F_R		$F = \mu F_N$ $= \mu mg$	$s = s_2 - s_1$	$W_{12} = \mu mgs$ Reibungszahl μ auf Weg konstant (E-28)
Beschleunigungsarbeit ohne Reibung gegen Trägheitskraft F_t		$F = ma$	$s = \dfrac{v_2^2 - v_1^2}{2a}$	$W_{12} = \tfrac{1}{2}m(v_2^2 - v_1^2)$ nur abhängig von Anfangs- und Endgeschwindigkeit (E-29)

Tabelle E-8. Arbeit gegen ortsabhängige Kräfte.

	System	Kraftgesetz	Arbeit
Verformungsarbeit	Feder-Masse-System	$F_{\text{rück}} = -cx$	$W_{12} = \tfrac{1}{2}c(x_2^2 - x_1^2)$ (E-30) normiert: $W = 0$ für $x_1 = 0$
Hubarbeit gegen die Gravitationskraft	Zentralgestirn und Satellit	$F_G = -\gamma_G \dfrac{mM}{r^2}\dfrac{r}{r}$	$W_{12} = \gamma_G Mm\left(\dfrac{1}{r_1} - \dfrac{1}{r_2}\right)$ (E-31) normiert: $W = 0$ für $r_2 \to \infty$

Die *Momentanleistung* P zu einem Zeitpunkt t ergibt sich aus Gl. (E–32) für ein unendlich kurzes Zeitintervall dt:

$$P = \frac{dW}{dt} = \frac{F\,ds}{dt} = F \cdot v; \qquad (E-33)$$

dW Arbeit im Zeitintervall dt,
F momentan wirkende Kraft, mit der Arbeit verrichtet wird,
s Ortsvektor des Körpers,
v Momentangeschwindigkeit des Körpers.

Die *mittlere Leistung* P_m im Zeitraum t_g ergibt sich wie folgt:

$$P_m = \frac{W_g}{t_g}; \qquad (E-34)$$

t_g Zeitraum für die mittlere Leistungsbestimmung,
W_g gesamte, in der Zeit t_g verrichtete Arbeit.

Aus der in der Zeitspanne t_g in meßbare Reibungsarbeit bzw. Reibungswärme umgewandelten Arbeit lassen sich Leistungen von Antrieben bestimmen.

Wirkungsgrad

Der *mechanische Wirkungsgrad* η eines Antriebs oder eines mechanischen Wandlers ist

$$\eta = \frac{W_{ab}}{W_{zu}} = \frac{\int_{t_0'}^{t_1'} P_{eff}\,dt}{\int_{t_0}^{t_1} P_N\,dt}; \qquad (E-35)$$

W_{zu} zugeführte Arbeit im Zeitraum
           $\Delta t = t_1 - t_0$,
W_{ab} abgeführte Nutzarbeit im Zeitraum
           $\Delta t' = t_1' - t_0'$,
P_N momentan zugeführte Nennleistung,
P_{eff} effektive momentane Leistungsabgabe.

Der Wirkungsgrad ist dimensionslos, der Wertebereich $0 \leqq \eta \leqq 1$.

Stimmen bei Leistungswandlern die Zeitintervalle der *zugeführten Nennleistung* P_N und der

abgegebenen *effektiven Leistung* P_{eff} überein, dann ergibt sich als *Wirkungsgrad* η:

$$\eta = \frac{P_{eff}}{P_N} = 1 - \frac{P_V}{P_N}; \qquad (E-36)$$

P_V Leistungsverluste durch Reibung oder andere Verlustmechanismen wie beispielsweise Abstrahlung von Wärme
        ($P_V = P_N - P_{eff}$),
P_N momentane zugeführte Nennleistung.

Werden mehrere Antriebe und Wandler hintereinandergeschaltet, dann ist der *Gesamtwirkungsgrad* η_{ges} der Anlage:

$$\eta_{ges} = \eta_1 \cdot \eta_2 \cdot \eta_3 \ldots \qquad (E-37)$$

E.3.3 Energie E

Körper und Systeme aus materiellen Punkten unterscheiden sich in ihrem physikalischen Zustand dadurch, in welchem Maße ihnen mechanische Arbeit zugeführt oder entnommen wurde. Das Maß hierfür ist die Körpereigenschaft *Energie E*. Die Änderung der Energie durch Zufuhr oder Abfuhr von Arbeit W wird durch den *Energiesatz der Mechanik* beschrieben:

$$\Delta E = E_{nachher} - E_{vorher} = W. \qquad (E-38)$$

Ein Körper besitzt demnach die mechanische Energie:

$$E_{mech} = E_{kin} + E_{pot}$$
$$= \tfrac{1}{2}m\,v^2 + (\tfrac{1}{2}c\,s^2 + m\,g\,h); \qquad (E-39)$$

m Masse des Körpers,
c Federkonstante oder Richtgröße des Körpers,
v Momentangeschwindigkeit des Körpers,
s Weg der elastischen Verformung,
h Höhe der Lage des Körpers.

Die Energieanteile des Körpers hängen davon ab, wo das Bezugsniveau $h = 0$ und der verformungsfreie Ausgangszustand $s = 0$ liegen und auf welches Bezugssystem die Geschwindigkeit v bezogen ist.

Die Reibungsarbeit kann im Gegensatz zu den anderen mechanischen Arbeitsformen nicht vollständig in die anderen Arbeitsarten übergeführt werden; die Reibungsarbeit verändert den Wärmezustand des Körpers. Die mechanische Energie eines Körpers umfaßt nur Energieanteile, die vollständig ineinander umwandelbar sind.

Energieerhaltungssatz

In einem abgeschlossenen System, also einem System aus Körpern, in das weder ein Massenstrom fließt noch Arbeit zu- oder abgeführt wird, gehorchen alle Naturerscheinungen einem fundamentalen Gesetz, dem *Satz von der Erhaltung der Energie:*

> In einem abgeschlossenen System bleibt der Energieinhalt konstant. Energie kann weder vernichtet werden noch aus nichts entstehen; sie kann sich in verschiedene Formen umwandeln oder zwischen Teilen des Systems ausgetauscht werden.

Nach allen Erfahrungen mit Energieumwandlungsprozessen gibt es kein *perpetuum mobile erster Art.* Es ist also unmöglich, eine Maschine zu bauen, die dauernd Arbeit verrichtet, ohne daß ihr von außerhalb des Maschinensystems ein Energiebetrag zugeführt wird.

Ist ein mechanisches System abgeschlossen, wird also keine äußere Arbeit verrichtet ($W = 0$), und sind die Verluste durch Reibungsarbeit vernachlässigbar, dann gilt für die kinetische und potentielle Energie des Systems materieller Punkte bzw. Körper der *Energieerhaltungssatz der Mechanik:*

$$E_{kin} + E_{pot} = \text{(räumlich und zeitlich)}$$
$$\text{konstant.} \qquad \text{(E–40)}$$

Sind die Voraussetzungen des Energieerhaltungssatzes der Mechanik erfüllt, dann ergibt sich für zwei Zeitpunkte t und t' die folgende Gleichung, ohne daß der zeitliche Verlauf der einzelnen Geschwindigkeiten und Koordinaten dazwischen bekannt sein muß:

$$\tfrac{1}{2}m_1(v_1^2 - v_1'^2) + \tfrac{1}{2}m_2(v_2^2 - v_2'^2) + \ldots$$
$$+ \tfrac{1}{2}c_1(s_1^2 - s_1'^2) + \tfrac{1}{2}c_2(s_2^2 - s_2'^2) + \ldots$$
$$+ m_1 g(h_1 - h_1') + m_2 g(h_2 - h_2') + \ldots = 0$$
$$\text{(E–41)}$$

E.4 Impuls und Stoßprozesse

Nach dem zweiten Newtonschen Axiom haben Körper eine *Bewegungsgröße* als Körpereigenschaft, den *Impuls* p; dieser ist definiert als

$$p = m\,v; \qquad \text{(E–42)}$$

m Masse des bewegten Körpers,
v Momentangeschwindigkeit des Körpers.

Der Impuls hat die Einheit $[p] = 1\,\text{kg} \cdot \text{m/s} = 1\,\text{N} \cdot \text{s}$. Nach dem Newtonschen Grundgesetz der Mechanik ändert sich nach Gl. (E–3) der Impuls p unter dem Einfluß einer Kraft F gemäß $F = \mathrm{d}p/\mathrm{d}t$.

Die Wirkung einer Kraft F im Zeitintervall $\Delta t = t_2 - t_1$ wird als Kraftstoß bezeichnet; durch ihn ändert sich der Impuls eines Körpers um Δp:

$$\Delta p = p(t_1) - p(t_2) = \int_{t_1}^{t_2} F(t)\,\mathrm{d}t. \qquad \text{(E–43)}$$

Im allgemeinen hängt die wirkende Kraft von der Zeit ab, wie Bild E-5a zum Ausdruck bringt. Ist die Kraft während der Kontaktzeit Δt des Kraftstoßes konstant, wie im Bild E-5b, dann vereinfacht sich Gl. (E–43) zu

$$\Delta p = F_0 \Delta t = F(t_2 - t_1). \qquad \text{(E–44)}$$

E.4.1 Systeme materieller Punkte

Der *Gesamtimpuls* $p = \sum\limits_{k=1}^{N} p_k$ von Systemen aus mehreren materiellen Punkten der Masse

a)

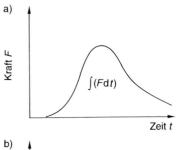

Kraft F

$\int (F \, \mathrm{d}t)$

Zeit t

b)

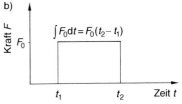

Kraft F F_0

$\int F_0 \mathrm{d}t = F_0 (t_2 - t_1)$

t_1 t_2 Zeit t

Bild E-5. Kraftstöße mit a) zeitabhängigem Kraftverlauf und b) zeitlich konstanter Kraft.

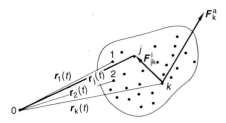

Bild E-6. Kräfte auf Punkt k in einem System materieller Punkte.

äußeren Kräfte F_a auf die einzelnen Massen m_k übrig.

Der Impulssatz für ein System materieller Punkte stimmt formal mit dem Newtonschen Grundgesetz Gl. (E–4) für einen einzelnen Massenpunkt überein, wenn der *Massenmittelpunkt* oder *Schwerpunkt* S eingeführt wird, dessen Ortsvektor r_S folgendermaßen definiert ist:

$$r_S(t) = \frac{\sum_{k=1}^{N} m_k r_k(t)}{m} ; \qquad (E–46)$$

m Gesamtmasse des Systems materieller

Punkte $\left(m = \sum_{k=1}^{N} m_k \right)$

m_k Masse des k-ten materiellen Punkts,
$r_k(t)$ momentaner Ortsvektor des materiellen Punkts.

Weisen Systeme von Massenpunkten mit gleichen Massen eine Symmetrieachse auf, dann liegt der Schwerpunkt S auf dieser Achse.

Die *Schwerpunktsgeschwindigkeit* $v_S(t)$ ergibt sich aus der Differentiation von Gl. (E–46):

$$v_S(t) = \frac{\mathrm{d}r_S(t)}{\mathrm{d}t} = \frac{\sum_{k=1}^{N} m_k \dfrac{\mathrm{d}}{\mathrm{d}t} r_k(t)}{m}$$

$$= \frac{\sum_{k=1}^{N} p_k(t)}{m} = \frac{p}{m} ; \qquad (E–47)$$

p Gesamtimpuls der N materiellen Punkte,
m Gesamtmasse der N materiellen Punkte.

m_k und mit dem Einzelimpuls p_k, wie beispielsweise die N Kügelchen einer abgeschossenen Schrotladung oder die N beteiligten Körper bei Stoßprozessen, gehorcht einem mit dem zweiten Newtonschen Axiom vergleichbaren *Impulssatz für ein System materieller Punkte:*

$$F_a = \sum_{k=1}^{N} F_{ak} = \frac{\mathrm{d}}{\mathrm{d}t} \sum_{k=1}^{N} p_k = \frac{\mathrm{d}p}{\mathrm{d}t} ; \qquad (E–45)$$

F_{ak} äußere Kraft auf den materiellen Punkt k,
p_k Impuls des materiellen Punkts k,
p Gesamtimpuls des Systems,
N Gesamtanzahl der materiellen Punkte des Systems.

In den Bewegungsgleichungen nach Gl. (E–3) für die N materiellen Punkte unter den *inneren Wechselwirkungskräften* $F_{i, jk}$ und den *äußeren Kräften* F_{ak} im Bild E–6 kompensieren sich nämlich nach dem dritten Newtonschen Axiom gerade die inneren Kräfte:

$$\sum_{k, j = 1 \, (k \neq j)}^{N} F_{i, jk} = 0.$$

Als Wechselwirkungskraft auf das System materieller Punkte bleibt also nur die Summe der

Mit der *Schwerpunktsbeschleunigung* $a_S = dv_S/dt$ und dem Impulssatz von Gl. (E–45) folgt für ein System materieller Punkte der *Schwerpunktssatz:*

> Der Schwerpunkt S eines Systems materieller Punkte bewegt sich so, als sei im Schwerpunkt die Gesamtmasse m des Körpers vereinigt, und als würden alle äußeren Kräfte im Schwerpunkt angreifen.

Mit dem Schwerpunktssatz lautet das Newtonsche Grundgesetz für die Bewegung von Systemen materieller Punkte unter der Wirkung äußerer Kräfte F_a:

$$F_a = m\,a_S\,; \qquad \text{(E–48)}$$

F_a Summe der äußeren Kräfte auf das System,
m Gesamtmasse der materiellen Punkte,
a_S Beschleunigung des Schwerpunkts S des Systems materieller Punkte.

Sind die Abstände der materiellen Punkte in den Systemen konstant, dann handelt es sich um *starre Körper*; auch für diese gelten der beschriebene Impuls- und Schwerpunktssatz nach Gl. (E–45) und Gl. (E–48). Wegen ihrer großen Bedeutung in der Praxis wird die Dynamik der starren Körper im Abschnitt E.7 beschrieben.

Wirkt auf ein System materieller Punkte oder starrer Körper keine resultierende äußere Kraft, ist also $F_a = 0$ und damit $dp/dt = 0$, dann ist der Gesamtimpuls p konstant. Für die Einzelimpulse des Systems gilt der *Impulserhaltungssatz:*

$$\begin{aligned} p_1 + p_2 + \ldots + p_N &= p \\ &= \text{(zeitlich) konstant.} \end{aligned} \qquad \text{(E–49)}$$

Bei einem Stoßprozeß erlaubt der Impulserhaltungssatz auch ohne die genaue zeitliche Beschreibung des Stoßvorgangs die Berech-

nung der Impulsänderungen $p_k - p_k'$ der beteiligten Körper:

$$\begin{aligned} &m_1 v_1 + m_2 v_2 + \ldots + m_N v_N \\ &= m_1 v_1' + m_1 v_2' + \ldots + m_N v_N'\,; \end{aligned}$$
$$\text{(E–50)}$$

$m_1, m_2, \ldots m_N$ Massen der am Stoß beteiligten Körper,
$v_1, v_2, \ldots v_N$ Geschwindigkeiten der Körper vor dem Stoß,
$v_1', v_2', \ldots v_N'$ Geschwindigkeiten der Körper nach dem Stoß.

Gl. (E–50) gilt auch eingeschränkt auf die Zeitpunkte kurz vor und kurz nach dem Stoß, wenn äußere Kräfte wirken.

E.4.2 Stoßprozesse

Bei einem Stoßprozeß berühren sich die Stoßpartner kurzzeitig mit kleinen Stoßzeiten und ändern ihre jeweiligen Bewegungszustände. Bei Stoßvorgängen wird prinzipiell zwischen Stößen ohne Energieverlust in der Stoßzeit, den *elastischen Stößen*, und jenen mit Energieumwandlungen, den *inelastischen Stößen*, unterschieden.

Dazu kommt noch die Unterscheidung der Stoßarten nach der Stoßgeometrie, wie diese in Tabelle E-9 klassifiziert sind.

Die Geschwindigkeitsvektoren v_1 und v_2 zweier Stoßpartner vor dem Stoß spannen die *Stoßebene* auf. Bis auf den exzentrischen Stoß verlaufen die Bahnen der Stoßpartner auch nach dem Stoß in der Stoßebene. Im x, y-Koordinatensystem der Stoßebene gelten dann der *Impulserhaltungssatz* nach Gl. (E–49):

$$m_1 v_{1x} + m_2 v_{2x} = m_1 v_{1x}' + m_2 v_{2x}', \qquad \text{(E–51)}$$
$$m_1 v_{1y} + m_2 v_{2y} = m_1 v_{1y}' + m_2 v_{2y}', \qquad \text{(E–52)}$$

Nach dem *Energiesatz der Mechanik* von Gl. (E–38) ist für den Energieaustausch anzusetzen:

Tabelle E-9. Klassifikation der Stoßprozesse.

Stoßart	Bild	Charakteristika
gerade		Die Geschwindigkeitsvektoren liegen auf einer Geraden.
schief		Die Geschwindigkeitsvektoren liegen in einer Ebene und schließen einen Winkel ein.
zentral		Die Schwerpunkte der Stoßpartner liegen auf der Normalen zur Berührungsebene durch den Berührungspunkt (Stoßnormale).
exzentrisch		Die Schwerpunkte liegen nicht auf der Stoßnormalen. Es tritt Rotation auf.

$$\frac{1}{2}m_1\,(v_{1x}^2 + v_{1y}^2) + \frac{1}{2}m_2\,(v_{2x}^2 + v_{2y}^2)$$
$$= \frac{1}{2}m_1\,(v_{1x}'^2 + v_{1y}'^2) + \frac{1}{2}m_2\,(v_{2x}'^2 + v_{2y}'^2) + \Delta W;$$

$$\text{(E}-53)$$

ΔW Energieverlust beim Stoß durch inelastische Verformungsarbeit und dissipative Reibungsvorgänge,

m_1, m_2 Massen der am Stoß beteiligten Körper,

v_{1x}, v_{2x} Geschwindigkeitskomponenten der Körper in x-Richtung *vor* dem Stoß,

v_{1y}, v_{2y} Geschwindigkeitskomponenten der Körper in y-Richtung *vor* dem Stoß,

v_{1x}', v_{2x}' Geschwindigkeitskomponenten der Körper in x-Richtung *nach* dem Stoß,

v_{1y}', v_{2y}' Geschwindigkeitskomponenten der Körper in y-Richtung *nach* dem Stoß.

Zur Beschreibung der inelastischen Stöße genügen die Gln. (E–51) bis (E–53) nicht; dazu sind zusätzlich im Fall des zentralen Stoßes noch eine weitere Randbedingung und beim schiefen Stoß sogar zwei weitere Angaben bezüglich der Energieumwandlung oder der Geschwindigkeiten nach dem Stoß notwendig.

In Tabelle E-10 sind die Stoßverläufe und die Stoßgleichungen der Stöße zusammengestellt, für die einfache Beziehungen aus den Gln. (E–51) bis (E–53) folgen.

Bei den geraden, zentralen Stößen bewegen sich die Stoßpartner nach dem Stoß auf derselben Stoßlinie wie vor dem Stoß. Wird daher die x-Achse in diese Stoßlinie gelegt, dann sind die y-Komponenten in Gl. (E–52) null.

Ohne spezielle, problemabhängige Angaben zum Energieübertrag während des Stoßzeitpunkts lassen sich die Stoßgleichungen schiefer Stöße nicht angeben. In die Tabelle E-10 aufgenommen ist der schiefe, zentrale, elastische Stoß. Ohne Verformungsarbeit wirken keine Reibungskräfte, welche eine Kraft senkrecht zur Stoßgeraden des schiefen Stoßes, also der x-Richtung, übertragen können. Damit ist die Impulsänderung der x-Komponenten der Stoßpartner nach dem Impulssatz Gl. (E–45) null, und es gilt $p_{1x}' = p_{1x}$ und $p_{2x}' = p_{2x}$.

E.4.3 Raketengleichung

Bei einer Rakete ist bei der Bewegungsänderung die Masse des Körpers nicht konstant,

Tabelle E-10. Stoßgleichungen zentraler, gerader und schiefer Stöße.

Stoßart	Stoßverlauf	Rand-bedingung	Stoßgleichungen	Anmerkungen
gerade zentral elastisch	vor dem Stoß nach dem Stoß	$v_1 \parallel v_2$ $\Delta W = 0$	$$v_1' = \frac{(m_1 - m_2)v_1 + 2m_2 v_2}{m_1 + m_2} \quad \text{(E-54)}$$ $$v_2' = \frac{2m_1 v_1 + (m_2 - m_1)v_2}{m_1 + m_2} \quad \text{(E-55)}$$	Spezialfälle sind der Stoß gleichgroßer Massen ($m_1 = m_2$), bei dem $v_1' = v_2$ und $v_2' = v_1$ wird und die Stoßpartner die Geschwindigkeit, den Impuls und die kinetische Energie nur austauschen, sowie der Stoß gegen eine feste Wand ($m_2 \gg m_1$), bei dem die stoßende Masse mit $v_1' = -v_1$ direkt reflektiert wird.
gerade zentral inelastisch	vor dem Stoß nach dem Stoß	$v_1 \parallel v_2$ ΔW gegeben	$$v_1' = \frac{m_1 v_1 + m_2 v_2}{m_1 + m_2} - \frac{m_2(v_1 - v_2)}{m_1 + m_2}\sqrt{1 - 2\,\frac{m_1 + m_2}{m_1 m_2 (v_1 - v_2)^2}\,\Delta W} \quad \text{(E-56)}$$ $$v_2' = \frac{m_1 v_1 + m_2 v_2}{m_1 + m_2} + \frac{m_1(v_1 - v_2)}{m_1 + m_2}\sqrt{1 - 2\,\frac{m_1 + m_2}{m_1 m_2 (v_1 - v_2)^2}\,\Delta W} \quad \text{(E-57)}$$	Sind der relative Stoßenergieverlust ξ bzw. der relative Stoßenergieübertrag $\eta = 1 - \xi$ bekannt, so errechnet sich der Energieverlust daraus zu $\Delta W = \frac{1}{2}\xi(m_1 v_1^2 + m_2 v_2^2)$.

Tabelle E-10 (Fortsetzung)

Stoßart	Stoßverlauf	Randbedingung	Stoßgleichungen	Anmerkungen
gerade zentral unelastisch	vor dem Stoß v_1, m_1; v_2, m_2 — nach dem Stoß v', $m_1 + m_2$	$v_1 \parallel v_2$ $v'_1 = v'_2$ Stoß mit Kopplung	$v' = v'_1 = v'_2 = \dfrac{m_1 v_1 + m_2 v_2}{m_1 + m_2}$ (E–58) $\Delta W_{\text{unelast}} = \dfrac{1}{2}\,\dfrac{m_1 m_2}{m_1 + m_2}\,(v_1 - v_2)^2$ (E–59)	Stößt ein Körper der Masse m_1 einen ruhenden Körper ($v_2 = 0$) gleicher Masse ($m_2 = m_1$) unelastisch, so geht nach Gl. (E–57) genau die Hälfte der kinetischen Energie als Verformungs- und Reibungsarbeit verloren.
schief zentral elastisch		$m_1 v'_{1x} = m_1 v_{1x}$ $m_2 v'_{2x} = m_2 v_{2x}$ $\Delta W = 0$	$v'_{1x} = v_{1x}$; $\quad v'_{1y} = \dfrac{(m_1 - m_2) v_{1y} + 2 m_2 v_{2y}}{m_1 + m_2}$ (E–60) $v'_{2x} = v_{2x}$; $\quad v'_{2y} = \dfrac{2 m_1 v_{1y} + (m_2 - m_1) v_{2y}}{m_1 + m_2}$ (E–61)	Sind die Massen der Stoßpartner gleich ($m_1 = m_2$), und ist der gestoßene Körper vor dem Stoß in Ruhe ($v_2 = 0$), dann folgt im elastischen Fall ($\Delta W = 0$) aus Gl. (E–51) $v_1^2 = v_1'^2 + v_2'^2$. Nach dem schiefen, zentralen, elastischen Stoß stehen also die Geschwindigkeitsrichtungen senkrecht aufeinander: $\sphericalangle(v_1, v_2) = \beta'_1 + \beta'_2 = 90°$. Erfolgt der schiefe Stoß eines Körpers gegen eine Wand ($m_2 \gg m_1$), dann folgt aus Gl. (E–58) die Beziehung $v'_{1y} = -v_{1y}$ und damit $\beta'_1 = \tan(v'_{1y}/v'_{1x}) = \tan(v_{1y}/v_{1x}) = \beta_1$. Die Bahn eines elastisch gegen eine Wand geworfenen Körpers gehorcht also dem Reflexionsgesetz: Der Ausfallswinkel ist gleich dem Einfallswinkel.

der Raketenimpuls also $p = m(t)\,v(t)$; durch den Massenausstoß heißer Gase gemäß Bild E-7 wird die Schubkraft der Rakete erzeugt. Der Impulssatz nach Gl. (E–45) für die Raketenbewegung lautet

$$F_a = \frac{dp}{dt} = m\,\frac{dv}{dt} - v_{rel}\,\frac{dm}{dt} = m\,a - F_{schub};$$

$$(E-62)$$

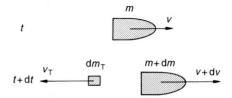

Bild E-7. Massen und Geschwindigkeiten von Rakete und Treibstoff zur Zeit t und $t + dt$.

F_a äußere Gesamtkraft, z. B. Gravitation, Reibung,
F_{schub} Schubkraft ($F_{schub} = v_{rel}\,dm/dt$),
$v(t)$ Momentangeschwindigkeit der Rakete,
v_T Absolutgeschwindigkeit der Treibgase,
v_{rel} Strahlgeschwindigkeit der Treibgase bezüglich der Rakete $[v_{rel} = v_T - (v + dv)]$.

Die Schubkraft ist dabei der Relativgeschwindigkeit v_{rel} der ausströmenden Gase entgegengesetzt.

Die in der Tabelle E-11 zusammengestellten Bewegungsgleichungen der Rakete ergeben sich, wenn Gl. (E–62) unter den folgenden Randbedingungen integriert wird:

– Der Treibstoff wird im Zeitintervall $0 \le t \le t_B$ bis zur Brennschlußzeit t_B ausgestoßen;

– die Strahlgeschwindigkeit v_{rel} ist während der Brennzeit konstant;
– der Massenstrom dm/dt ist konstant und ergibt sich aus der Differenz der Anfangsmasse m_0 der mit Treibstoff beladenen Rakete und der Masse m_{leer} der bis zur Brennschlußzeit t_B ausgebrannten Rakete zu $dm/dt = -\Phi_m = -(m_0 - m_{leer})/t_B$;
– die Zeitabhängigkeit der Raketenmasse ist linear entsprechend $m(t) = m_0 - \Phi_m\,t$;
– der Luftwiderstand ist vernachlässigbar;
– die Erdbeschleunigung $g(h)$ wird näherungsweise als konstant angenommen und damit die Schwerkraft auf die Rakete mit $F_G(t) = m(t)\,g_0$ angesetzt.

Mit der Geschwindigkeit $v(t_B)$ nach Gl. (E–65) erreicht die Rakete nach Brennschluß in der Höhe $h(t_B)$ noch eine zusätzliche Steighöhe von $h_{zusätzlich} = v^2(t_B)/(2g_0)$.

Tabelle E-11. Raketengleichungen nach K. Ziolkowskij.

Bahnparameter	zum Zeitpunkt t nach Zündung mit Anfangsgeschwindigkeit v_0	bei Brennschluß t_B nach Start von Erdoberfläche $v_0 = 0$
Raketen-Beschleunigung	$a(t) = \dfrac{\Phi_m}{m_0 - \Phi_m\,t}\,v_{rel} - g_0$ (E-63)	$a(t_B) = 0$
Raketen-Geschwindigkeit	$v(t) = v_{rel}\ln\left(\dfrac{m_0}{m_0 - \Phi_m\,t}\right) - g_0\,t + v_0$ (E-64)	$v(t_B) = v_{rel}\ln\left(\dfrac{m_0}{m_{leer}}\right) - g_0\,t_B$ (E-65)
Raketen-Steighöhe	$h(t) = \dfrac{v_{rel}(m_0 - \Phi_m\,t)}{\Phi_m}$ $\times\left[\dfrac{m_0}{m_0 - \Phi_m\,t} - 1 - \ln\left(\dfrac{m_0}{m_0 - \Phi_m\,t}\right)\right]$ $- \tfrac{1}{2}g_0\,t^2 + v_0\,t$	$h(t_B) = \dfrac{v_{rel}\,m_{leer}}{\Phi_m}$ $\times\left[\dfrac{m_0}{m_{leer}} - 1 - \ln\left(\dfrac{m_0}{m_{leer}}\right)\right]$ $- \tfrac{1}{2}g_0\,t_B^2$ (E-67)

E.5 Drehbewegungen

Drehbewegungen von Systemen (insbesondere starrer Körper) werden durch Gleichungen beschrieben, die strukturell gleich gebaut sind wie jene der Translation (Tabelle E-12), wenn die folgenden charakteristischen Größen der Rotation definiert werden.

E.5.1 Drehmoment

Um einen Körper in Rotation um eine vorgegebene Drehachse zu versetzen, muß ein Drehmoment auf ihn ausgeübt werden. Das *Drehmoment* **M** definiert die Wirkung einer Kraft bezüglich eines Punktes; es ist als Vektorprodukt definiert:

Tabelle E-12. Analogie Translation und Rotation.

Translation		Rotation	
Größe, Formelzeichen	Einheit	Größe, Formelzeichen	Einheit
Weg s, ds	m	Winkel φ, $d\varphi$	rad = 1
Geschwindigkeit $v = \dfrac{ds}{dt}$	m/s	Winkelgeschwindigkeit $\omega = \dfrac{d\varphi}{dt}$	rad/s = 1/s
Beschleunigung $a = \dfrac{dv}{dt} = \dfrac{d^2 s}{dt^2}$	m/s^2	Winkelbeschleunigung $\alpha = \dfrac{d\omega}{dt} = \dfrac{d^2 \varphi}{dt^2}$	rad/s^2 = 1/s^2
Masse m	kg	Massenträgheitsmoment $J = \sum\limits_i \Delta m_i\, r_i^2$	kg · m^2
Kraft $F = m\,a = \dfrac{dp}{dt}$	kg · m/s^2 = N	Drehmoment $M = J\alpha = \dfrac{dL}{dt}$	N · m
Impuls $p = m\,v$	kg · m/s = N · s	Drehimpuls $L = J\omega$	kg · m^2/s = N · m · s
Kraftkonstante $c = \left\lvert \dfrac{F}{s} \right\rvert$	N/m	Winkelrichtgröße $c^* = \left\lvert \dfrac{M}{\varphi} \right\rvert$	N · m/rad = N · m
Arbeit $dW = F\,ds$	N · m = J = W · s	Arbeit $dW = M\,d\varphi$	N · m = J = W · s
Spannarbeit $W = \frac{1}{2} c\, s^2$	J = N · m	Spannarbeit $W = \frac{1}{2} c^*\, \varphi^2$	N · m · rad^2 = J
kinetische Energie $E_{\text{kin}}^{\text{trans}} = \frac{1}{2} m\, v^2$	J = N · m	kinetische Energie $E_{\text{kin}}^{\text{rot}} = \frac{1}{2} J\, \omega^2$	J = N · m
Leistung $P = \dfrac{dW}{dt} = F\,v$	W = J/s	Leistung $P = \dfrac{dW}{dt} = M\,\omega$	W = J/s

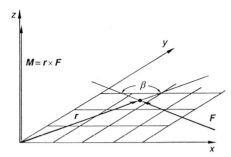

Bild E-8. *Zur Definition des Drehmoments M.*

$$M = r \times F; \qquad (E-68)$$

F Kraftvektor,
r Ortsvektor zum Angriffspunkt der Kraft,
M Drehmoment der Kraft F bezüglich des Koordinatennullpunkts.

Das Drehmoment hat die Einheit $[M] = 1 \, \text{N} \cdot \text{m}$ und den Betrag $M = r F \sin(r, F) = r F \sin \beta$; der Drehmomentvektor steht senkrecht auf der Ebene, die von r und F aufgespannt wird (Bild E-8).

E.5.2 Drehimpuls

Ein materieller Punkt m führt am Ort r auf einer Bahnkurve (Bild E-9), mit der Momentangeschwindigkeit v eine Drehbewegung aus, wenn sein Impuls p eine Komponente senkrecht zum Ortsvektor r hat, das Vektorprodukt $r \times p$ also nicht verschwindet. Diese für die Drehbewegung charakteristische Bewegungsgröße wird als *Drehimpuls L* definiert:

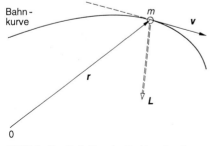

Bild E-9. *Zur Definition des Drehimpulses L.*

$$L = r \times p; \qquad (E-69)$$

r Ortsvektor des Körpers,
p Impuls des Körpers auf der Bahnkurve ($p = m v$).

Der Drehimpuls hat die Einheit $[L] = 1 \, \text{N} \cdot \text{m} \cdot \text{s}$. L steht senkrecht auf den Richtungen des Ortsvektors r und der Momentangeschwindigkeit v. Bei Bewegung in einer Ebene zeigt der Drehimpuls L in Richtung der Drehachse der Drehbewegung und ist

$$L = J \omega; \qquad (E-70)$$

ω Winkelgeschwindigkeit der Drehbewegung des Körpers,
J Massenträgheitsmoment.

Durch Einsetzen von $v = \omega \times r$ aus Übersicht D-4 in Gl. (E-69) läßt sich für die Drehbewegung eines materiellen Punkts dessen *Massenträgheitsmoment J* herleiten:

$$J = m r^2 \qquad (E-71)$$

m Masse des materiellen Punkts,
r Abstand des materiellen Punkts von der Drehachse.

Für starre Körper, bei denen alle materiellen Punkte mit derselben Winkelgeschwindigkeit ω rotieren, läßt sich ebenfalls über $J = \sum m_k r_k^2$ ein Massenträgheitsmoment definieren, wie Gl. (E-97) zeigt, für Systeme materieller Punkte dagegen ist dies nicht sinnvoll.

Unter Berücksichtigung der verschiedenen Winkelgeschwindigkeiten ω_k der Systemteile ist der *Gesamtdrehimpuls L* eines Systems materieller Punkte (Bild E-10)

$$L = \sum_{k=1}^{N} m_k r_k^2 \omega_k = \sum_{k=1}^{N} J_k \omega_k; \qquad (E-72)$$

m_k Masse des k-ten von N materiellen Punkten,
r_k Abstand des k-ten materiellen Punkts von der Drehachse,
ω_k Winkelgeschwindigkeit des k-ten materiellen Punkts,
J_k Massenträgheitsmoment des k-ten materiellen Punkts.

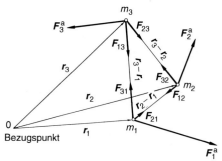

Bild E-10. *System aus drei materiellen Punkten.*

Die zeitliche Differentiation der Gl. (E–69) liefert den *Drehimpulssatz der Rotation:*

> Die zeitliche Änderung des Drehimpulses ist gleich dem Drehmoment der äußeren Kräfte auf den Körper.

$$\frac{dL}{dt} = M;\qquad\text{(E–73)}$$

L Drehimpuls des Körpers oder Gesamtdrehimpuls des Systems materieller Punkte mit Einzeldrehimpulsen L_k

$$\left(L = \sum_{k=1}^{N} L_k\right),$$

M Gesamtdrehmoment der äußeren Kräfte auf den Körper oder das System materieller Punkte

$$\left(M = \sum_{k=1}^{N} M_{a,k}\right).$$

Der Drehimpulssatz der Rotation für ein System materieller Punkte (Bild E-10) entspricht Gl. (E–73) völlig; in diesem Fall ist der *Gesamtdrehimpuls L* der Drehimpulse L_k der einzelnen materiellen Punkte und das *Gesamtdrehmoment M* der am System angreifenden äußeren Drehmomente $M_{a,k}$ einzusetzen. Die Drehmomente der inneren Kräfte $F_{i,jk}$ kompensieren sich wegen des dritten Newtonschen Axioms.

Zentralkräfte, z. B. die Gravitationskraft (Abschnitt F), die entgegengesetzt zum Radiusvektor r ($F \uparrow\downarrow r$) des materiellen Punkts gerichtet sind, üben auf diesen wegen $r \times F = 0$

kein Drehmoment aus; der Bahndrehimpuls L der Körper ist konstant.

Die Integration von Gl. (E–73) ergibt die als *Drehmomentenstoß* bezeichnete Drehimpulsänderung ΔL:

$$\Delta L = L(t_2) - L(t_1) = \int_{t_1}^{t_2} M\, dt.\qquad\text{(E–74)}$$

Bei einem konstanten äußeren Drehmoment M_0 ist der Drehmomentenstoß, also die Drehimpulsänderung, $\Delta L = M_0\,\Delta t$.

Drehimpulserhaltungssatz

Wirken auf ein System von materiellen Punkten oder starren Körpern keine äußeren Drehmomente oder kompensieren sich die Drehmomente äußerer Kräfte, so daß das Gesamtdrehmoment $M = 0$ ist, dann ist nach dem Drehimpulssatz und der Gl. (E–73) die Drehimpulsänderung $dL/dt = 0$ und somit der Gesamtdrehimpuls L konstant. Für das System aus N starren Körpern folgt dann für zwei beliebige Zeitpunkte t_1 und t_2 aus Gl. (E–72) der *Drehimpulserhaltungssatz*

$$J_1\,\omega_1(t_1) + J_2\,\omega_2(t_1) + \ldots + J_N\,\omega_N(t_1)$$
$$= J_1\,\omega_1(t_2) + J_2\,\omega_2(t_2) + \ldots + J_N\,\omega_N(t_2);$$
$$\text{(E–75)}$$

$J_1, J_2 \ldots J_N$ Massenträgheitsmoment der N Körper,
$\omega_1, \omega_2 \ldots \omega_N$ Winkelgeschwindigkeiten der N Körper.

E.5.3 Dyamisches Grundgesetz der Rotation

Mit der Gl. (E–70) läßt sich Gl. (E–73) umschreiben in eine der Newtonschen Grundgleichung vergleichbare Differentialgleichung für die Drehbewegung:

$$M = J\alpha + \omega\,\frac{dJ}{dt};\qquad\text{(E–76)}$$

α Winkelbeschleunigung der Drehbewegung
$\alpha = d\omega/dt = d^2\varphi/dt^2$),
ω Winkelgeschwindigkeit ($\omega = d\varphi/dt$),
φ Drehwinkel,
M Gesamtdrehmoment der äußeren Kräfte,
J Massenträgheitsmoment.

Ist das Massenträgheitsmoment von Körpern konstant, wie beispielsweise bei einem starren Körper oder einem Massenpunkt auf einer Kreisbahn, dann geht Gl. (E–76) über in das *dynamische Grundgesetz der Rotation* für den Drehwinkel φ der Rotationsbewegung:

$$M = J\alpha = J\frac{d\omega}{dt} = J\frac{d^2\varphi}{dt^2}. \qquad (E–77)$$

E.5.4 Arbeit, Leistung und Energie bei der Drehbewegung

Arbeit

Ein Drehmoment $M(\varphi)$, das einen Körper um eine Drehachse in eine Drehbewegung versetzt, verrichtet die *Arbeit* W_{rot} der Rotationsbewegung:

$$W_{rot} = \int_{s_0}^{s_1} F(s)\,ds = \int_{\varphi_0}^{\varphi_1} M(\varphi)\,d\varphi; \qquad (E–78)$$

$M(\varphi)$ Drehmoment auf den Körper mit Drehbewegung $[M(\varphi) = r \times F(\varphi)]$,
$d\varphi$ Drehwinkeländerung,
ds Wegelement auf der Bahnkurve im Abstand r von der Drehachse $(ds = d\varphi \times r)$.

Für ein konstantes Drehmoment M_0 parallel zur Winkeländerung $d\varphi$ gilt $W_{rot} = M_0(\varphi_1 - \varphi_0)$.

Zur Torsion von Körpern im elastischen Bereich oder bei Torsionsfedern ist ein Drehmoment aufzuwenden, das proportional zum Drehwinkel φ ansteigt: $M = c^*\varphi$. Analog zum Hookeschen Gesetz wird die Proportionalitätskonstante c^* mit der Einheit $[c^*] = 1\,N\cdot m$ als *Richtmoment* oder *Drehfederkonstante* bezeichnet. Aus der Integration der Gl. (E–78) für das Drehmoment der Torsion ergibt sich als *Torsionsarbeit* $W_{Torsion}$:

$$W_{Torsion} = \tfrac{1}{2}c^*(\varphi_1^2 - \varphi_0^2); \qquad (E–79)$$

φ Drehwinkel der Torsion,
c^* Richtmoment der elastischen Torsion oder der Torsionsfeder.

Die *Beschleunigungsarbeit* W_{rot}, welche gegen das Drehmoment der Trägheitskraft zur Erhöhung der Winkelgeschwindigkeit ω eines Körpers zu verrichten ist, ergibt sich für Körper mit einem konstanten Massenträgheitsmoment J, wenn in Gl. (E–78) die Gl. (E–77) des dynamischen Grundgesetzes der Rotation und $d\varphi = \omega\,dt$ eingesetzt wird, zu

$$W_{rot} = \int_{\varphi_0}^{\varphi_1} J\alpha\,d\varphi = \frac{1}{2}J(\omega_1^2 - \omega_0^2); \qquad (E–80)$$

φ_0, φ_1 Ausgangs- und Enddrehwinkel der Drehbeschleunigung,
J Massenträgheitsmoment des rotierenden Körpers,
ω_0, ω_1 momentane Winkelgeschwindigkeit des Körpers zu den Zeitpunkten t_0 und t_1 bei den Drehwinkeln φ_0 und φ_1.

Leistung

Aus Gl. (E–78) folgt die *momentane Leistung* P der Kraft, welche das Drehmoment und die Drehbewegung bewirkt:

$$P_{rot} = \frac{dW}{dt} = M\omega; \qquad (E–81)$$

M wirkendes momentanes Gesamtdrehmoment auf den Körper,
ω momentane Winkelgeschwindigkeit des Körpers,
W Dreharbeit.

Energie

Die Zufuhr oder Entnahme von Torsionsarbeit $W_{Torsion}$ ändert die *potentielle Energie* $E_{pot, rot}$ der Torsionskörper:

$$E_{pot, rot} = \tfrac{1}{2}c^*\varphi^2; \qquad (E–82)$$

c^* Richtmoment des elastisch verdrehten Körpers,
φ Drehwinkel der elastischen Torsion.

Die Beschleunigungsarbeit W_{rot}, welche die Geschwindigkeit der rotierenden Körper verändert, erhöht als Rotationsanteil die kinetische Energie der Körper, welche um eine

Drehachse rotieren. Ein rotierender Körper besitzt demach die *kinetische Rotationsenergie* $E_{kin, rot}$:

$$\boxed{E_{kin, rot} = \tfrac{1}{2} J \omega^2\,;} \qquad (E-83)$$

J Massenträgheitsmoment des rotierenden Körpers,
ω Winkelgeschwindigkeit des rotierenden Körpers.

Im allgemeinen Bewegungsfall müssen im Energiesatz der Mechanik nach Gl. (E–38) die rotatorischen Energieanteile zu E_{kin} und E_{pot} dazu genommen werden. Für reine Rotationsbewegungen ohne Arbeitszufuhr oder -abfuhr durch äußere Drehmomente, wie beispielsweise bei freien Drehschwingungen von Torsionskörpern, läßt sich ein *Energieerhaltungssatz der Rotation* formulieren:

$$\boxed{\begin{aligned} &\tfrac{1}{2} J \omega^2 + \tfrac{1}{2} c^* \varphi^2 = \tfrac{1}{2} J \omega'^2 + \tfrac{1}{2} c^* \varphi'^2 \\ &= \text{konstant;} \qquad\qquad\qquad (E-84) \end{aligned}}$$

c^* Richtmoment der Torsionsfeder,
J Massenträgheitsmoment des Torsionskörpers,
φ Drehwinkel der Torsionsfeder zum Zeitpunkt t,
φ' Drehwinkel der Torsionsfeder zum Zeitpunkt t',
ω Winkelgeschwindigkeit zum Zeitpunkt t bei φ,
ω' Winkelgeschwindigkeit zum Zeitpunkt t' bei φ'.

E.6 Erhaltungssätze der Mechanik

Mit den Erhaltungssätzen für die mechanischen Größen Energie, Impuls und Drehimpuls lassen sich viele Probleme auf elegante Art und Weise lösen. In Tabelle E-13 sind die Erhaltungssätze und die Voraussetzungen für ihre Anwendbarkeit dargestellt.

Tabelle E–13. Erhaltungssätze der Mechanik.

Energieerhaltungssatz

In einem abgeschlossenen System, in dem nur konservative Kräfte wirksam sind, bleibt die Gesamtenergie konstant:

$E_{kin} + E_{pot} = \text{const,}$

$dE_{kin} = - dE_{pot}\,.$

Ein abgeschlossenes System nimmt weder von der Umgebung Arbeit auf, noch gibt es Arbeit nach außen ab.

Impulserhaltungssatz

Haben die auf ein System einwirkenden äußeren Kräfte keine Resultierende, dann bleibt der Gesamtimpuls des Systems konstant:

$p = \sum p_k = \text{const,}$ oder

$dp = 0$, falls $F_{res, a} = \sum F_{k, a} = 0$.

Ist die Resultierende der äußeren Kräfte null, dann ist die Geschwindigkeit des Schwerpunkts konstant:

$v_s = \text{const,}$ falls $F_{res, a} = 0$.

Drehimpulserhaltungssatz

Ist die Vektorsumme aller an einem System angreifenden äußeren Drehmomente null, dann bleibt der Gesamtdrehimpuls konstant:

$L = \sum L_k = \text{const,}$ oder

$dL = 0$, falls $M_{res, a} = 0$.

In einem Zentralkraftsystem bleibt die Flächengeschwindigkeit konstant (Flächensatz, 2. Keplersches Gesetz).

E.7 Mechanik starrer Körper

Der starre Körper ist ein makroskopisches System von Massenpunkten, die starr miteinander verbunden sind. Unabhängig von der Beanspruchung durch äußere Kräfte behält der starre Körper seine Form bei.

E.7.1 Freiheitsgrade und Kinematik

Ein starrer Körper benötigt zur vollständigen Beschreibung seiner Lage im Raum sechs Koordinaten; er hat sechs *Freiheitsgrade*, die

a)

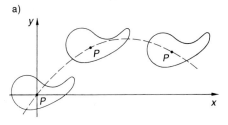

b)

c)

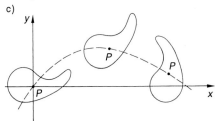

Bild E-11. *Bewegung eines starren Körpers.*
a) Translation, b) Rotation,
c) zusammengesetzte Bewegung

in je drei Freiheitsgrade der *Translation* und der *Rotation* zerlegt werden können (Bild E-11).

E.7.2 Statik

Aus der Voraussetzung der Formstabilität starrer Körper folgt, daß Kräfte, die am starren Körper angreifen, längs ihrer *Wirkungslinie* beliebig verschoben werden können:

> Kräfte am starren Körper sind linienflüchtig.

Bild E-12 zeigt die zeichnerische Konstruktion der resultierenden Kraft, wenn an einem starren Körper zwei Kräfte, die in einer Ebene verlaufen, an verschiedenen Punkten angreifen.

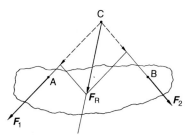

Bild E-12. *Konstruktion der Resultierenden.*

a)

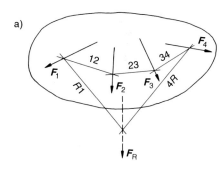

b)

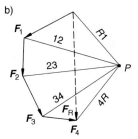

Bild E-13. *Kraft- und Seileck.*
a) Lageplan, Seileck, b) Kräfteplan, Krafteck

Die Reduktion einer ebenen Kräftegruppe mit mehrere Kräften kann grafisch mit Hilfe des *Seileckverfahrens* durchgeführt werden (Bild E-13). Betrag und Richtung der resultierenden Kraft F_R werden grafisch im *Kräfteplan* ermittelt. Die *Polstrahlen* R 1, 12, 23, 34 und 4R zu einem beliebig wählbaren Pol P werden parallel verschoben in den *Lageplan*. Durch den Schnittpunkt der Geraden R 1 und 4R ist die Lage der Resultierenden F_R festgelegt.

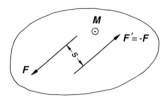

Bild E-14. *Kräftepaar.*

Kräftepaar

Zwei gleich große antiparallele Kräfte
$F = -F'$, die nicht auf einer Wirkungslinie
liegen, werden als *Kräftepaar* bezeichnet
(Bild E-14). Ihre Resultierende ist null
($F + F' = 0$); sie können daher keine Transla-
tionsbeschleunigung hervorrufen. Ein Kräftepaar übt auf den Körper ein Drehmoment aus
vom Betrag

$$M = Fs; \qquad (E-85)$$

M Drehmoment,
F Betrag einer Kraft,
s Abstand der beiden Kräfte.

Der Vektor M steht senkrecht auf der von F
und F' aufgespannten Ebene (Drehsinn nach
Rechtsschraubenregel, Bild E-14). Als *freier*
Vektor ist M beliebig parallel verschiebbar.
Durch ein Kräftepaar erfährt ein starrer Kör-
per eine Winkelbeschleunigung.

Gleichgewichtsbedingungen der Statik

Ein starrer Körper ist im statischen Gleichgewicht, wenn die Vektorsummen aller an ihm
angreifenden äußeren Kräfte und Drehmomente null sind:

$$\sum F_a = 0, \qquad (E-86)$$
$$\sum M_a = 0. \qquad (E-87)$$

Bei der ebenen Kräftegruppe sind die Gleichgewichtsbedingungen erfüllt, wenn Kraft- und
Seileck geschlossen sind. Greifen nur drei
Kräfte am starren Körper an, dann müssen
die Wirkungslinien aller drei Kräfte durch
einen Punkt gehen, und das Krafteck muß geschlossen sein.

Freimachen eines Körpers

Der Körper wird als losgelöst von der Umgebung betrachtet. Anstelle der mechanischen
Verbindungs- oder Berührungsstellen werden
die Kräfte eingesetzt, die von der Umgebung
auf den Körper ausgeübt werden. Auf den frei
gemachten Körper werden die Gleichgewichtsbedingungen der Statik angewandt. Die
Kraftrichtungen der Wechselwirkungskräfte
hängen von der Art der Kontaktstellen zur
Umgebung ab.

Schwerpunkt, potentielle Energie,
Standsicherheit

Ein Körper ist in jeder beliebigen Lage im
statischen Gleichgewicht, wenn er im *Schwerpunkt* oder *Massenmittelpunkt* unterstützt
wird (Tabelle E-14).

Tabelle E-14. *Schwerpunktskoordinaten.*

N diskrete Punktmassen	$r_S = \dfrac{\sum\limits_{k=1}^{N} m_k \, r_k}{m}$	(E-88)
homogene Dichte	$r_S = \dfrac{1}{V} \iiint\limits_{\text{Vol}} r \, dV$	(E-89)

r_S Ortsvektor des Schwerpunkts
r_k Ortsvektor des Punktes k
m_k Masse des Punktes k
m Gesamtmasse

Die potentielle Energie eines starren Körpers
im Schwerefeld der Erde ist

$$E_{pot} = \sum_{k=1}^{N} m_k \, g \, z_k = m \, g \, z_S; \qquad (E-90)$$

E_{pot} potentielle Energie,
m_k Masse des Massenpunkts k,
g Erdbeschleunigung,
z_k Höhenkoordinate des Punkts k,
m Gesamtmasse des Körpers,
z_S Höhenkoordinate des Schwerpunkts.

Abhängig davon, ob bei einer Auslenkung des
Körpers aus seiner Ruhelage die Höhenkoordinate z_S des Schwerpunkts steigt, fällt oder
konstant bleibt, unterscheidet man die Gleich-
gewichtsfälle *stabil*, *labil* und *indifferent*.

E.7.3 Dynamik

Kinetische Energie

Eine beliebige Bewegung eines starren Körpers ist darstellbar als Überlagerung der Translationsbewegung des Schwerpunkts S und der Rotation aller Teile um S. Entsprechend läßt sich die kinetische Energie als Summe von *Translations-* und *Rotationsenergie* berechnen (Tabelle E-15).

Drehimpuls

Der Drehimpuls eines starren Körpers setzt sich aus einem *Bahndrehimpuls* und einem *Eigendrehimpuls* zusammen (Tabelle E-16):

Tabelle E-15. *Kinetische Energie des starren Körpers.*

Gesamtenergie	$E_{kin}^{ges} = E_{kin}^{trans} + E_{kin}^{rot}$	(E–91)
Translations-energie	$E_{kin}^{trans} = \frac{1}{2} m v_S^2$	(E–92)
Rotations-energie	$E_{kin}^{rot} = \frac{1}{2}\left(\sum_k m_k r_{Sk}^2\right)\omega^2 = \frac{1}{2} J_S \omega^2$	(E–93)

m Masse des Körpers
v_S Geschwindigkeit des Schwerpunkts
m_k Masse des Massenpunkts k
r_{Sk} Abstand des Massenpunkts k von der Drehachse durch den Schwerpunkt
ω Winkelgeschwindigkeit der Rotation
J_S Massenträgheitsmoment bezüglich der Drehachse durch den Schwerpunkt

Tabelle E-16. *Drehimpuls des starren Körpers.*

Gesamtdrehimpuls	$L_{ges} = L_S + L$	(E–94)
Bahndrehimpuls	$L_S = m r_S \times v_S$	(E–95)
Eigendrehimpuls bezüglich einer Achse durch den Schwerpunkt	$L = \sum_k m_k r_{Sk} \times (\omega \times r_{Sk})$ $= J_S \omega$	(E–96)

m Masse des Körpers
r_S Ortsvektor des Schwerpunkts
v_S Geschwindigkeit des Schwerpunkts
m_k Masse des Massenpunkts k
r_{Sk} Ortsvektor vom Schwerpunkt zum Massenpunkt k in einem körperfesten Koordinatensystem
ω Winkelgeschwindigkeit des rotierenden Körpers
J_S Massenträgheitsmoment (Trägheitstensor)

Massenträgheitsmoment

Das Massenträgheitsmoment eines Körpers berechnet sich als Summe aller Punktmassen, multipliziert mit dem Quadrat ihres Abstands von einer Bezugsachse (Tabellen E-17 und E-18).

Tabelle E-17. *Massenträgheitsmoment.*

diskrete Massenverteilung	$J_P = \sum_k m_k r_{Pk}^2$	(E–97)
kontinuierliche Massenverteilung	$J_P = \int\limits_{Vol} r^2 \, dm$	
	$= \int\limits_{Vol} \varrho(r) r^2 \, dV$	(E–98)
homogene Dichte	$J_P = \varrho \int\limits_{Vol} r^2 \, dV$	(E–99)
Trägheitsradius	$i = \sqrt{J_P/m}$	(E–100)
Steinerscher Satz	$J_P = J_S + m r_{SP}^2$	(E–101)

J_P Massenträgheitsmoment bezüglich einer Achse durch P
m_k Masse des Massenpunkts k
r_{Pk} Abstand des Massenpunkts k von der Bezugsachse durch P
r Abstand des Volumenelements dV von der Bezugsachse
ϱ Dichte
m Masse des Körpers
J_S Massenträgheitsmoment bezüglich Schwerpunktsachse
r_{SP} Abstand von zwei parallelen Achsen durch S bzw. P

Trägheitstensor

Bei der Rotation eines beliebig geformten Körpers um eine in beliebiger Richtung durch den Schwerpunkt gehende Achse ist im allgemeinen die Richtung des Drehimpulses L nicht parallel zum Vektor der Winkelgeschwindigkeit ω. Gleichung (E-96) zur Berechnung des Drehimpulses ist nur richtig, wenn J als Tensor definiert wird:

$$J = \begin{pmatrix} J_{xx} & J_{xy} & J_{xz} \\ J_{yx} & J_{yy} & J_{yz} \\ J_{zx} & J_{zy} & J_{zz} \end{pmatrix}$$

mit den Trägheitsmomenten

$$J_{xx} = \int\limits_{Vol} (y^2 + z^2)\, \rho \, dV$$

$$J_{yy} = \int\limits_{Vol} (z^2 + x^2)\, \rho \, dV$$

$$J_{zz} = \int\limits_{Vol} (x^2 + y^2)\, \rho \, dV$$

und den Deviations- oder Zentrifugalmomenten

$$J_{xy} = J_{yx} = - \int\limits_{Vol} xy\, \rho \, dV$$

$$J_{yz} = J_{zy} = - \int\limits_{Vol} yz\, \rho \, dV$$

$$J_{zx} = J_{xz} = - \int\limits_{Vol} zx\, \rho \, dV$$

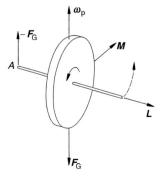

Bild E-15. Präzession eines einseitig aufgehängten Kreisels. M Drehmoment aus Gewichtskraft F_G und Stützkraft $-F_G$ im Punkt A.

Für den Vektor L des Drehimpulses gilt dann nach den Regeln der Matrizenmultiplikation:

$$L = J \circ \omega \,.$$

Ein Körper kann nur dann ohne dynamische Lagerkräfte um eine Achse rotieren, wenn bezüglich dieser Achse die Deviationsmomente verschwinden. Eine solche Achse wird als *freie Achse* oder *Hauptträgheitsachse* bezeichnet. Jeder Körper hat drei senkrecht aufeinander stehende Hauptträgheitsachsen. Die zugehörigen Massenträgheitsmomente J_I, J_{II} und J_{III} heißen *Hauptträgheitsmomente*. Das kleinste und das größte Massenträgheitsmoment eines Körpers (jeweils bezüglich Schwerpunktsachsen) bilden zwei der Hauptträgheitsmomente.

Trägheitsellipsoid

Bestimmt man die Massenträgheitsmomente eines Körpers um verschiedene Schwerpunktachsen und trägt in Polarkoordinaten jeweils in Achsenrichtung die Länge $R = \text{const}/\sqrt{J}$ ab, so liegen alle Endpunkte auf einem Ellipsoid (*Poinsot*-Konstruktion). Die Hauptachsen des Ellipsoids werden durch die Hauptträgheitsachsen gebildet. Aus dem Trägheitsellipsoid kann das Massenträgheitsmoment bezüglich willkürlicher Schwerpunktsachsen grafisch oder analytisch bestimmt werden. Bei rotationssymmetrischen Körpern ist das Trägheitsellipsoid ein Rotationsellipsoid, bei hochsymmetrischen Körpern wie

Kugel, Würfel, Tetraeder usw. bekommt es Kugelform. Diese Körper besitzen keine Deviationsmomente.

Kreisel

Ein schnell rotierender starrer Körper wird als Kreisel bezeichnet. Ein konstantes Drehmoment M, das senkrecht zur Kreiselachse steht, verursacht eine *Präzession*, wobei der Vektor L versucht, sich auf dem kürzesten Weg parallel zu M einzustellen (Bild E-15, Tabelle E-19).

Tabelle E-19. Kreiselpräzession.

Ursache	Auswirkung	Zusammenhang	
Dreh-moment	Präzession	$\omega_P = \dfrac{M}{L} = \dfrac{M}{J\omega}$	(E–105)
		$\omega_P = \dfrac{L \times M}{L^2}$	
Zwangs-drehung	Dreh-moment	$M = L \times \omega_P$	(E–106)

ω_p	Winkelgeschwindigkeit der Präzession
M	Drehmoment senkrecht zur Kreiselachse
L	Drehimpuls
J	Massenträgheitsmoment des Kreisels
ω	Winkelgeschwindigkeit des Kreisels
M	vom Kreisel auf die Umgebung ausgeübtes Moment
ω_p	Winkelgeschwindigkeit der Zwangsdrehung

Tabelle E-18. Massenträgheitsmomente ausgewählter Körper.

	Hohlzylinder	$J_x = \frac{1}{2} m (r_a^2 + r_i^2)$ $J_y = J_z = \frac{1}{4} m (r_a^2 + r_i^2 + \frac{1}{3} l^2)$
	dünnwandiger Hohlzylinder	$J_x = m r^2$ $J_y = J_z = \frac{1}{4} m (2 r^2 + \frac{1}{3} l^2)$
	Vollzylinder	$J_x = \frac{1}{2} m r^2$ $J_y = J_z = \frac{1}{4} m r^2 + \frac{1}{12} m l^2$
	dünne Scheibe $(l \ll r)$	$J_x = \frac{1}{2} m r^2$ $J_y = J_z = \frac{1}{4} m r^2$
	dünner Stab $(l \gg r)$ unabhängig von der Form des Querschnitts	$J_x = \frac{1}{2} m r^2$ $J_y = J_z = \frac{1}{12} m l^2$
	dünner Ring	$J_x = m r^2$ $J_y = J_z = \frac{1}{2} m r^2$
	Kugel, massiv	$J_x = J_y = J_z = \frac{2}{5} m r^2$
	dünne Kugelschale	$J_x = J_y = J_z = \frac{2}{3} m r^2$
	Quader	$J_x = \frac{1}{12} m (b^2 + h^2)$ $J_y = \frac{1}{12} m (l^2 + h^2)$ $J_z = \frac{1}{12} m (l^2 + b^2)$

F Gravitation

Die *Gravitation* bezeichnet die gegenseitige Anziehung von Körpern $i = 1, 2, 3 \ldots$ mit den jeweiligen Massen m_i (*Massenanziehung*). Die physikalische Beschreibung dieser Kraftwirkung zwischen einer Masse und anderen Massen wurde von ISAAC NEWTON aus den in Tabelle F-1 dargestellten, von JOHANNES KEPLER empirisch aus astronomischen Beobachtungen abgeleiteten Gesetzmäßigkeiten der Planetenbewegung aufgestellt.

Tabelle F-1. Die Keplerschen Gesetze.

1. Keplersches Gesetz (Astronomia nova 1609)	Die Planeten bewegen sich auf Ellipsen, in deren gemeinsamen Brennpunkt die Sonne steht.	
2. Keplersches Gesetz (Astronomia nova 1609)	Der von der Sonne zum Planeten gezogene Radiusvektor r überstreicht in gleichen Zeiten Δt gleiche Flächen ΔA: $$\frac{\Delta A}{\Delta t} = \text{konstant.}$$	
3. Keplersches Gesetz (Harmonices mundi 1619)	Die Quadrate der Umlaufzeiten T_1, T_2 zweier Planeten verhalten sich wie die Kuben der großen Halbachsen a_1 und a_2: $$\frac{T_1^2}{T_2^2} = \frac{a_1^3}{a_2^3}.$$	

F.1 Newtonsches Gravitationsgesetz

Zwischen zwei Körpern mit den Massen m_1 und m_2 wirkt eine *anziehende* Kraft, die *Gravitationskraft* F_G; sie ist dem Abstandsvektor r_{12} der Massenschwerpunkte S_1 und S_2 der beiden Körper entgegengerichtet (Bild F-1), und hat den Betrag

$$|F_G| = \gamma_G \, \frac{m_1 m_2}{r_{12}^2} \, ; \qquad \text{(F-1)}$$

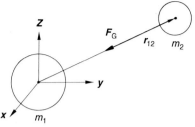

Bild F-1. Massenanziehung, Gravitation.

F_G Gravitationskraft,
m_1, m_2 Massen der Körper 1 und 2,
r_{12} Abstandsvektor der Körper 1 und 2,
γ_G Gravitationskonstante

Die *Gravitationskonstante* γ_G hat als Proportionalitätskonstante des Gravitationsgesetzes den experimentell mit der Gravitationsdrehwaage bestimmten Wert

$$\gamma_G = (6{,}673 \pm 0{,}003) \cdot 10^{-11} \, \frac{\text{m}^3}{\text{kg} \cdot \text{s}^2} \, .$$

F.2 Gravitationsfeldstärke

Die Massenanziehungskräfte F_{i0} verschiedener Körper $i = 1, 2, \ldots$ summieren sich am Ort r_0 eines Körpers mit der Masse m_0 *vektoriell*. Nach dem Gravitationsgesetz ergibt sich für die resultierende Kraft F_{G0} auf den Probekörper mit der Masse m_0:

$$F_{G0} = -m_0 \gamma_G \, \frac{m_1}{r_{10}^2} \frac{r_{10}}{|r_{10}|}$$
$$- m_0 \gamma_G \, \frac{m_2}{r_{20}^2} \frac{r_{20}}{|r_{20}|} - \ldots ; \qquad \text{(F-2)}$$

F_{G0} resultierende Kraft auf den Körper mit der Masse m_0,
m_1, m_2 Massen der Körper, welche auf m_0 eine Massenanziehung ausüben,
r_{10}, r_{20} Abstandsvektoren von den Körpern 1 bzw. 2 zum Körper der Masse m_0,
γ_G Gravitationskonstante.

Das Minuszeichen berücksichtigt, daß die Gravitationskräfte F_G und die Abstandsvektoren r *antiparallel* gerichtet sind.

Die *Gravitationsfeldstärke* $g(r)$ am Ort $r = r_0$ faßt die Wirkung der Massenanziehungen der umgebenden Körper $i = 1 \ldots N$ ortsbezogen, aber unabhängig von der Masse m_0 des Probekörpers zusammen:

$$g(r) = \frac{F_{G0}}{m_0} = -\gamma_G \sum_{i=1}^{N} \frac{m_i}{r_{i0}^2} \frac{r_{i0}}{|r_{i0}|} \, ; \qquad \text{(F-3)}$$

m_i Masse des i-ten Körpers, welche auf den Probekörper mit der Masse m_0 eine Massenanziehung ausübt,
r_{i0} Abstandsvektor vom i-ten Körpers zum Probekörper mit m_0,
γ_G Gravitationskonstante.

Durch Messung der Gravitationskraft $F(r)$ am Ort r auf eine Probemasse m_0 läßt sich die Gravitationsfeldstärke $g(r)$ experimentell bestimmen.

Fallen Körper nur unter dem Einfluß der Gravitationskraft bzw. sind andere Kräfte wie Coriolis- oder Reibungskräfte vernachlässigbar, dann ist die Fallbeschleunigung gleich der Gravitationsfeldstärke g. Auf der Erdoberfläche beträgt die Gravitationsfeldstärke der Erdmasse

$$g_E = \gamma_G \, \frac{m_E}{r_E^2} \, ; \qquad \text{(F-4)}$$

m_E Erdmasse ($m_E = 5{,}977 \cdot 10^{24}$ kg),
r_E Erdradius ($r_E = 6370$ km).

Wegen der Geoidform der Erde ist die Gravitationsfeldstärke bzw. die Fallbeschleunigung abhängig von der geografischen Breite φ; es gilt $g_E(\varphi) = (9{,}832 - 0{,}052 \cos^2 \varphi) \, \text{m/s}^2$. Der *Normwert der Fallbeschleunigung* $g_{E,\text{Norm}} =$

9,80665 m/s^2 gilt für Meereshöhe in etwa 45° geografischer Breite. In der Technik wird im allgemeinen mit einer *mittleren Fallbeschleunigung* $g_{E,m} = 9,81$ m/s^2 gerechnet.

F.3 Gravitations- oder Hubarbeit

Wird ein Körper der Masse m_2 von einem Körper der Masse m_1 wegtransportiert oder angehoben, so ist gegen (deshalb Minuszeichen) die Gravitationskraft F_G zwischen den beiden Körpern *Gravitations- oder Hubarbeit* W_{12} zu verrichten. Da nur Kraftkomponenten in Wegrichtung dr zur Hubarbeit beitragen, ergibt sich

$$W_{12} = -\int_{r_1}^{r_2} F_G \cdot dr = +\int_{r_1}^{r_2} \gamma_G \frac{m_1 m_2}{r_{12}} dr_{12};$$

(F-5)

r_1 Ortsvektor des Körpers mit der Masse m_2 in der Ausgangslage,
r_2 Ortsvektor des Körpers mit der Masse m_2 in der Endlage,
r_{12} Abstand der beiden Körper mit den Massen m_1 und m_2,
m_1, m_2 Massen der Körper 1 und 2,
γ_G Gravitationskonstante.

Unabhängig vom Weg, auf dem der Körper mit der Masse m_2 gegen den Körper mit der Masse m_1 angehoben wird, ergibt sich als *Gravitations- oder Hubarbeit W_{12}*:

$$W_{12} = \gamma_G m_1 m_2 \left(\frac{1}{r_1} - \frac{1}{r_2}\right);$$

(F-6)

r_1 Abstand der beiden Körper in der Ausgangslage,
r_2 Abstand der beiden Körper in der Endlage nach der Hubarbeit,
m_1, m_2 Massen der Körper 1 und 2,
γ_G Gravitationskonstante.

F.4 Potentielle Energie der Gravitation

Die Gravitationsarbeit wird als potentielle Energie E_{pot} des Körpers mit der Masse m_2, bezogen auf den Körper m_1, gespeichert. Die potentielle Energie der Gravitation ist so normiert, daß für einen unendlich großen Abstand der beiden Körper $E_{pot} = 0$ ist. Wird von dieser Ausgangslage der Körper mit der Masse m_2 auf den Körper mit der Masse m_1 zu bewegt, dann wird Arbeit frei, und es vermindert sich mit dem Massenschwerpunktsabstand die *potentielle Energie E_{pot}* des Körpers mit der Masse m_2 auf:

$$E_{pot} = -\gamma_G \frac{m_1 m_2}{r};$$

(F-7)

m_1, m_2 Massen der Körper 1 und 2,
r Abstand des Massenschwerpunkts des Körpers 2 von demjenigen des Körpers 1,
γ_G Gravitationskonstante.

F.5 Gravitationspotential

Die potentielle Energie eines Körpers mit der Masse m_0, der von mehreren Körpern 1 ... N angezogen wird, setzt sich additiv aus den potentiellen Energien zusammen, die er bezüglich der umgebenden Körper im Abstand r_1 bis r_N zu ihm hat. Das *Gravitationspotential* $\varphi_G(r)$ faßt, bezogen auf den Ort r des Probekörpers und dessen Probemasse m_0, die Beiträge der umgebenden Körper zusammen:

$$\varphi_G = -\sum_{k=1}^{N} \gamma_G \frac{m_k}{r_k};$$

(F-8)

m_k k-ter Körper mit der Masse m_k,
r_k Abstand des k-ten Körpers zum Probekörper mit der Masse m_0,
γ_G Gravitationskonstante.

Äquipotentialflächen sind Flächen im Raum, auf denen das Gravitationspotential einer räumlichen Massenverteilung konstant ist.

Ist der Gravitationspotentialverlauf φ_G im Raum bekannt, so ergibt sich die potentielle Energie E_{pot} zu:

$$E_{pot}(r) = m_0 \varphi_G(r);$$

(F-9)

m_0 Masse eines Körpers am Ort r,
$\varphi_G(r)$ Gravitationspotential der räumlichen Massenverteilung am Ort r.

Aus dem Gradienten des Gravitationspotentials berechnet sich die Gravitationskraft $F_G(r)$:

$$F_G(r) = -m_0 \left(\frac{\partial \varphi_G}{\partial x}, \frac{\partial \varphi_G}{\partial y}, \frac{\partial \varphi_G}{\partial z} \right)$$

$$= -m_0 \operatorname{grad} \varphi_G(r); \qquad (F-10)$$

m_0 Masse eines Probekörpers am Ort r,

$\operatorname{grad} \varphi_G(r)$ Gradient des Gravitationspotentials $\varphi_G(r)$ am Ort r.

F.6 Planetenbewegung

Die Bahnkurve der Planeten mit der Masse m im Gravitationsfeld einer großen Sonnenmasse M mit der Gravitationskraft als Zentralkraft ist eben und daher am besten in *Polarkoordinaten* zu beschreiben. Die Bahngleichung läßt sich aus folgenden Erhaltungssätzen der Mechanik herleiten:

Energiesatz:

$$\frac{1}{2} m v^2 - \gamma_G \frac{mM}{r} = \frac{1}{2} m v_0^2 - \gamma_G \frac{mM}{r_0}$$

Drehimpulssatz:

$$|L| = m \left| \left(r \times \frac{dr}{dt} \right) \right| = m r^2 \frac{d\varphi}{dt} = \text{konstant}$$

$$= m 2C.$$

$dA = (1/2) r (r \, d\varphi)$ ist die Fläche, die der Ortsvektor r der Bahnkurve bei einer Drehung um $d\varphi$ überstreicht. $C = dA/dt = 1/2 \, r^2 \, (d\varphi/dt) = (1/2) r^2 \omega = (1/2) r v$ entspricht also gerade der *Flächengeschwindigkeit* $\Delta A/\Delta t$ in Tabelle F-1. Der Drehimpulserhaltungssatz bestätigt somit das 2. Keplersche Gesetz.

Mit den Beziehungen $v^2 = (dr/dt)^2 + r^2(d\varphi/dt)^2$ und $dr/dt = (dr/d\varphi)(d\varphi/dt)$ lassen sich die obigen Gleichungen integrieren; als Bahnkurve ergibt sich die *Polargleichung der Kegelschnitte*, in Übereinstimmung mit dem 1. Keplerschen Gesetz:

$$r(\varphi) = \frac{p}{1 - \varepsilon \cos \varphi} \qquad (F-11)$$

$r(\varphi)$ Betrag des Planeten-Radiusvektors,
φ Polwinkel des Planetenorts,
p Kegelschnitt-Parameter,
ε numerische Exzentrizität.

Die Parameter der Bahngleichung der Planetenbewegung sind

$$p = \frac{4 C^2}{\gamma_G M} \qquad (F-12)$$

$$\varepsilon = \frac{2C}{\gamma_G M} \sqrt{v_0^2 - \frac{2 \gamma_G M}{r_0} + \frac{\gamma_G^2 M^2}{4 C^2}}; \qquad (F-13)$$

p Kegelschnitt-Parameter,
C Flächengeschwindigkeit $C = L/(2m)$ der Bewegung des Planeten mit der Masse m und dem Drehimpuls L,
M Masse des Zentralkörpers der Planetenbahn (Sonnenmasse),
v_0 Geschwindigkeit des Planeten am Ort r_0, z. B. im Bahnscheitel,
ε numerische Exzentrizität der Bahnkurve,
γ_G Gravitationskonstante.

Das Verhältnis der kinetischen Energie $E_{kin} = 1/2 \, m v_0^2$ eines Planeten, Satelliten oder ballistischen (antriebslosen) Flugkörpers der Masse m und der Bahngeschwindigkeit v_0 in der Entfernung r_0 von der Zentralmasse M zur potentiellen Energie der Gravitation $E_{pot} = \gamma_G \, m M/r_0$ an diesem Bahnpunkt bestimmt die Bahnkurve (Tabelle F-2). Körper mit einer Geschwindigkeit kleiner als die *1. kosmische Geschwindigkeit* v_{k1} fallen wieder auf den Zentralkörper, beispielsweise die Erde oder Sonne, zurück; genaugenommen sind damit alle Wurfbahnen auf der Erde elliptische Bahnkurven und nicht Wurfparabeln, wie in der Näherung einer konstanten Gravitationskraft hergeleitet wird. Für Bahngeschwindigkeiten zwischen den beiden kosmischen Geschwindigkeiten v_{k1} und v_{k2} sind die Umlaufbahnen elliptisch, eingeschlossen der Spezialfall der Kreisbahn. Ab der *2. kosmischen Geschwindigkeit* ist die Bahngeschwindigkeit ausreichend, um das Gravitationsfeld einer Zentralmasse auf einer

Tabelle F-2. Bahnkurven um Zentralkörper.

Bahnkurven	numerische Exzentrizität	Energiebilanz	Bahngeschwindigkeit
Kreis	$\varepsilon = 0$	$\frac{1}{2} m v_0^2 = \frac{1}{2} \gamma_G \frac{mM}{r_0}$	$v_0 = \sqrt{\gamma_G \frac{M}{r_0}} = v_{k1}$ (F–14) 1. kosmische Geschwindigkeit
Ellipse	$\varepsilon < 1$	$\frac{1}{2} m v_0^2 < \gamma_G \frac{mM}{r_0}$	$v_0 < \sqrt{2\gamma_G \frac{M}{r_0}}$
Parabel	$\varepsilon = 1$	$\frac{1}{2} m v_0^2 = \gamma_G \frac{mM}{r_0}$	$v_0 = \sqrt{2\gamma_G \frac{M}{r_0}} = v_{k2}$ (F–15) 2. kosmische Geschwindigkeit
Hyperbel	$\varepsilon > 1$	$\frac{1}{2} m v_0^2 > \gamma_G \frac{mM}{r_0}$	$v_0 > \sqrt{2\gamma_G \frac{M}{r_0}}$

Tabelle F-3. Planetendaten des Sonnensystems.

Sonnenmasse $m_S = 1{,}989 \cdot 10^{30}$ kg

Sonnenradius $r_S = 6{,}96 \cdot 10^5$ km

mittlere Sonnendichte $\varrho_S = 1410$ kg/m^3

Planet	große Bahnhalbachse a in m	Umlaufzeit T in s	numerische Exzentrizität der Ellipsenbahn ε	$\dfrac{\text{Radius}}{\text{Erdradius}}$	$\dfrac{\text{Masse}}{\text{Erdmasse}}$	mittlere Dichte ϱ in kg/m^3	Fallbeschleunigung $g_{\text{Oberfläche}}$ in m/s^2	Rotationsdauer in s	Anzahl der Monde
Merkur	$5{,}79 \cdot 10^{10}$	$7{,}60 \cdot 10^6$	0,206	0,38	0,05	$5{,}6 \cdot 10^3$	3,60	$5{,}03 \cdot 10^6$	0
Venus	$1{,}08 \cdot 10^{11}$	$1{,}94 \cdot 10^7$	0,007	0,96	0,81	$5{,}1 \cdot 10^3$	8,50	$2{,}10 \cdot 10^7$	0
Erde	$1{,}50 \cdot 10^{11}$	$3{,}16 \cdot 10^7$	0,017	1,00	1,00	$5{,}5 \cdot 10^3$	9,81	$8{,}62 \cdot 10^4$	1
Mars	$2{,}28 \cdot 10^{11}$	$5{,}94 \cdot 10^7$	0,093	0,52	0,11	$4{,}0 \cdot 10^3$	3,76	$8{,}86 \cdot 10^4$	2
Jupiter	$7{,}78 \cdot 10^{11}$	$3{,}74 \cdot 10^8$	0,048	11,27	317,5	$1{,}3 \cdot 10^3$	26,0	$3{,}54 \cdot 10^4$	14
Saturn	$1{,}43 \cdot 10^{12}$	$9{,}30 \cdot 10^8$	0,056	9,47	95,1	$0{,}68 \cdot 10^3$	11,2	$3{,}68 \cdot 10^4$	10
Uranus	$2{,}87 \cdot 10^{12}$	$2{,}66 \cdot 10^9$	0,046	3,72	14,5	$1{,}6 \cdot 10^3$	9,4	$3{,}89 \cdot 10^4$	5
Neptun	$4{,}50 \cdot 10^{12}$	$5{,}20 \cdot 10^9$	0,009	3,60	17,6	$2{,}4 \cdot 10^3$	15,0	$5{,}64 \cdot 10^4$	2
Pluto	$5{,}92 \cdot 10^{12}$	$7{,}82 \cdot 10^9$	0,249	0,45	0,05	$3{,}0 \cdot 10^3$	8,0	$5{,}51 \cdot 10^5$	0

parabel- oder hyperbelförmigen Bahnkurve zu verlassen.

Für Ellipsenbahnen mit der großen Halbachse a gilt $p = a(1 - \varepsilon^2)$ bzw. $1 - \varepsilon^2 - p/a$. Demnach beträgt unter Berücksichtigung der Gl. (F–12) der Flächeninhalt A der Bahnellipse $A = \pi a^2 \sqrt{1 - \varepsilon^2} = \pi a^2 2C/\sqrt{\gamma_G M a}$. Dieser ist andererseits aber nach dem Flächensatz über $A = CT$ mit der Umlaufdauer T auf der Ellipsenbahn verknüpft. Die Gleichsetzung ergibt das 3. *Keplersche Gesetz für Planetenbahnen:*

$$\frac{T^2}{a^3} = \frac{4\pi^2}{\gamma_G M} = k_z; \qquad (F-16)$$

T Umlaufdauer auf der Ellipsenbahn,

a große Halbachse der Ellipsenbahn,

Tabelle F-4. Satellitendaten bei Erdgravitation.

physikalische Größe	Beziehung
Gravitationsfeldstärke, Erdbeschleunigung g	
auf der Erdoberfläche	$g_0 = \gamma_G \dfrac{M_E}{r_E^2} = 9{,}81 \dfrac{m}{s^2}$ (F-18)
in der Höhe h	$g(h) = g_0 \left(1 + \dfrac{h}{r_E}\right)^{-2}$ (F-19)
Umlaufdauer T eines Erdsatelliten auf einer Kreisbahn in der Höhe h	$T(h) = 2\pi \sqrt{\dfrac{r_E}{g_0}\left(1 + \dfrac{h}{r_E}\right)^3}$
	$= 5060\,s\,(1 + h/r_E)^{3/2}$ (F-20)
Bahnradius r eines Erdsatelliten mit der Umlaufdauer T	$r = \left(\dfrac{r_E^2\, g_0}{4\pi^2}\, T^2\right)^{1/3}$
	$= 2{,}16 \cdot 10^4 \dfrac{m}{s^{2/3}}\, T^{2/3}$ (F-21)
Bahngeschwindigkeit v eines Erdsatelliten in der Höhe h	$v(h) = \sqrt{r_E\, g_0\, \dfrac{1}{1 + h/r_E}}$
	$= 7{,}91 \cdot 10^3 \dfrac{m}{s}\,(1 + h/r_E)^{-1/2}$ (F-22)
mit der Umlaufdauer T	$v(T) = \left(\dfrac{2\pi\, r_E^2\, g_0}{T}\right)^{1/3}$
	$= 1{,}36 \cdot 10^5 \dfrac{m}{s^{2/3}} \cdot T^{-1/3}$ (F-23)
Höhe eines Erd-Synchronsatelliten über der Erdoberfläche	$h_S = \left(\dfrac{g_0\, r_E^2\, T_E^2}{4\pi^2}\right)^{1/3} - r_E$
	$= 35\,800\ km$ (F-24)
1. kosmische Geschwindigkeit v_{k1} (Erdoberfläche)	$v_{k1} = \sqrt{r_E\, g_0} = 7{,}91 \cdot 10^3 \dfrac{m}{s}$ (F-25)
2. kosmische Geschwindigkeit v_{k2} (Erdoberfläche)	$v_{k2} = v_{k1}\sqrt{2} = 11{,}2 \cdot 10^3 \dfrac{m}{s}$ (F-26)

p Ellipsenparameter,
M Masse des Zentralkörpers der Ellipsenbahn (Sonnenmasse),
k_z Zentralkörperkonstante $(k_{Z,\,Erde} = 1{,}01 \cdot 10^{13}\ m^3/s^2;\ k_{Z,\,Sonne} = 3{,}36 \cdot 10^{18}\ m^3/s^2)$,
γ_G Gravitationskonstante.

Durch Einsetzen von Gl. (F-12) und Gl. (F-13) in die Ellipsenbeziehung $p = a(1 - \varepsilon^2)$ läßt sich die *Gesamtenergie E_{ges} der Planetenbewegung* auf der Ellipsenbahn berechnen:

$$E_{ges} = \frac{1}{2}\, m\, v_0^2 - \gamma_G \frac{m\,M}{r_0} = -\gamma_G \frac{m\,M}{2a}\, ;$$

$$(F-17)$$

m Masse des Planeten bzw. Satelliten,
M Masse des Zentralkörpers (Sonnenmasse),
a große Halbachse der Ellipsenbahn,

v_0 Bahngeschwindigkeit des Planeten oder Satelliten am Bahnort r_0, z. B. im Ellipsenscheitel,

γ_G Gravitationskonstante.

Auf Ellipsenbahnen, zu denen auch die Kreisbahn zählt, ist die Gesamtenergie nur von der großen Halbachse a der Bahnkurve, der Zentralmasse m und der Masse e m des Umlaufkörpers abhängig.

Eine Übersicht über die Daten der Planeten des Sonnensystems gibt die Tabelle F-3.

F.7 Schwereeigenschaften der Erde

Mit der Erdmasse $m_E = 5{,}997 \cdot 10^{24}$ kg als Zentralmasse und dem Erdradius $r_E = 6{,}371 \cdot 10^6$ m ergeben sich die speziellen Beziehungen der Tabelle F-4 für die Gravitationswirkungen der Erde. Zum Teil sind diese auf die Höhe h der Körper über der Erdoberfläche umgerechnet.

Daten der Erde, des Monds und der Mondbahn sind in Tabelle F-5 zusammengestellt.

Tabelle F-5. Daten der Erde und des Erdmonds.

Parameter	Erde	Erdmond
Masse	$m_E = 5{,}977 \cdot 10^{24}$ kg	$m_M = 0{,}0549\, m_E$ $= 7{,}352 \cdot 10^{22}$ kg
Radius im Mittel	$r_{E,m} = 6371$ km	$r_M = 0{,}272\, r_E = 1738$ km
Äquatorradius	$r_{E,\ddot{A}} = 6378{,}160$ km	
Polradius	$r_{E,P} = 6356{,}775$ km	
mittlere Dichte	$\varrho_E = 5514$ kg/m^3	$\varrho_M = 0{,}61\, \varrho_E = 3342$ kg/m^3
Fallbeschleunigung auf der Oberfläche	$g_E = 9{,}80665$ m/s^2	$g_M = 0{,}166\, g_E = 1{,}63$ m/s^2
Rotationsdauer	$T_{R,E} = 23$ h, 56 min, 3,95 s $= 8{,}616395 \cdot 10^4$ s	$T_{R,M} = 1{,}84 \cdot 10^6$ s $= T_{U,M}$ (gebundene Rotation)
große Bahnhalbachse (Kreisbahnradius)	$a_E = 1{,}496 \cdot 10^8$ km	$a_M = 3{,}844 \cdot 10^5$ km
Ellipsenparameter	$p_E = 1{,}496 \cdot 10^8$ km	$p_M = 3{,}832 \cdot 10^5$ km
numerische Exzentrizität der Ellipsenbahn	$\varepsilon_E = 0{,}017$	$\varepsilon_M = 0{,}0549$
Umlaufdauer (siderische Umlaufzeit)	$T_{U,E} = 365$ d, 5 h, 48 min, 46 s $= 3{,}1556926 \cdot 10^7$ s	$T_{U,M} = 28$ d $= 2{,}360580 \cdot 10^6$ s

G Festigkeitslehre

Unter dem Einfluß von *Kräften* und *Momenten* treten *Form-* oder *Gestaltänderungen* auf, die beim praktischen Einsatz von Werkstoffen und geometrisch geformten Werkstükken von Bedeutung sind. Bei den *elastischen*

Formänderungen gehen die Verformungen nach Ende der Belastung wieder vollständig zurück; bei den *plastischen* Formänderungen nicht.

Tabelle G-1. Wichtigste DIN-Normen.

Norm	Nummer	Bezeichnung
DIN EN	10 002	Metallische Werkstoffe; Zugversuch
DIN	50 103	Prüfung metallischer Werkstoffe; Härteprüfung nach Rockwell
DIN	50 111	Prüfung metallischer Werkstoffe; Technologischer Biegeversuch
DIN	50 115	Prüfung metallischer Werkstoffe; Kerbschlagbiegeversuch
DIN	50 125	Prüfung metallischer Werkstoffe; Zugproben
DIN	50 133	Prüfung metallischer Werkstoffe; Härteprüfung nach Vickers
DIN	50 145	Prüfung metallischer Werkstoffe; Zugversuch
DIN	50 351	Prüfung metallischer Werkstoffe; Härteprüfung nach Brinell
DIN ISO	409	Metallische Werkstoffe; Härteprüfung Tabellen zur Bestimmung der Vickershärte
DIN ISO	410	Metallische Werkstoffe; Härteprüfung Tabellen zur Bestimmung der Brinellhärte
DIN ISO	3878	Hartmetalle; Vickers-Härteprüfung

G.1 Spannung und Spannungszustand

Übersicht G-1. Spannung und Spannungszustand für isotrope Materialien.

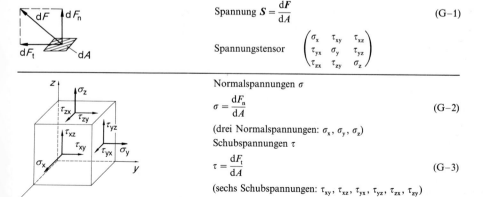

Spannung $S = \dfrac{\mathrm{d}F}{\mathrm{d}A}$ (G–1)

Spannungstensor $\begin{pmatrix} \sigma_x & \tau_{xy} & \tau_{xz} \\ \tau_{yx} & \sigma_y & \tau_{yz} \\ \tau_{zx} & \tau_{zy} & \sigma_z \end{pmatrix}$

Normalspannungen σ

$$\sigma = \frac{\mathrm{d}F_n}{\mathrm{d}A}$$ (G–2)

(drei Normalspannungen: σ_x, σ_y, σ_z)
Schubspannungen τ

$$\tau = \frac{\mathrm{d}F_t}{\mathrm{d}A}$$ (G–3)

(sechs Schubspannungen: τ_{xy}, τ_{xz}, τ_{yx}, τ_{yz}, τ_{zx}, τ_{zy})

Übersicht G-1 (Fortsetzung)

Einachsiger Spannungszustand

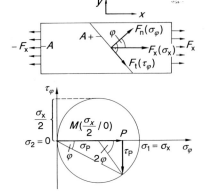

Mohrscher Spannungskreis:

Beanspruchung nur mit Zugkraft F_x

$$\sigma_x = \frac{dF}{dA}; \quad \sigma_y = \sigma_z = 0$$

$$\tau_{xy} = \tau_{xz} = \tau_{yz} = 0$$

Für Fläche A^+ unter Winkel φ gilt:

$$\sigma_\varphi = \frac{F_N}{A^+} = \frac{F}{A} \cos^2 \varphi = \sigma_x \cos^2 \varphi$$

oder   (G–4)

$$\sigma_\varphi = \frac{\sigma_x}{2} [1 + \cos(2\varphi)]$$

$$\tau_\varphi = \frac{F_t}{A^+} = \frac{F}{A} \sin\varphi \cos\varphi$$

(G–5)

$$\tau_\varphi = -\frac{\sigma_x}{2} \sin(2\varphi)$$

$$\left(\sigma_\varphi - \frac{\sigma_x}{2}\right)^2 + \tau_\varphi^2 = \left(\frac{\sigma_x}{2}\right)^2 \quad\quad (G–6)$$

$$\text{Mittelpunkt } M\left(\frac{\sigma_x}{2} \middle/ 0\right); \quad \text{Radius } r = \frac{\sigma_x}{2}$$

dA	Flächenelement	F_t	Tangentialkraft
A^+	Fläche unter Winkel φ	$\sigma_{x,y,z}$	Normalspannungen in x-, y-, z-Richtung
dF	Kraftelement	$\tau_{i,k}$	Schubspannungen in i-, k-Richtung
F_n	Normalkraft		

G.2 Verformungsarten

Tabelle G-2. Verformungsarten.

Verformungsart		Kenngröße	Gesetzmäßigkeit	Zusammenhang
	Dehnung ε $\varepsilon = \dfrac{\Delta l}{l_0}$ (Form-änderung und Volumen-änderung)	Elastizitätsmodul E allgemein: $E_{\sigma,t} = \dfrac{d\sigma}{d\varepsilon}$ (G–7) Hookesches Gesetz: $E = \dfrac{\sigma}{\varepsilon}$ (G–8)	$\dfrac{F}{A} = E\,\dfrac{\Delta l}{l}$ (G–9) $\sigma = E\varepsilon$ (G–10) (Hookesches Gesetz) $\Delta l = \dfrac{\sigma\, l}{E}$ (G–11)	Spannung σ Zugbereich $\sigma = E\varepsilon$ Dehnung ε Druckbereich

Tabelle G-2 (Fortsetzung)

Verformungsart		Kenngröße	Gesetzmäßigkeit	Zusammenhang
	Quer-dehnung ε_q $$\varepsilon_q = \frac{\Delta d}{d}$$ (Form-änderung und Volumen-änderung)	Querdehnungszahl μ (Poisson-Zahl) $$\mu = -\frac{\varepsilon_q}{\varepsilon} \quad (G\text{-}12)$$	$\varepsilon_q = \frac{\Delta d}{d} = -\mu\frac{\Delta l}{l}$ $(G\text{-}13)$ $\varepsilon_q = -\mu\varepsilon \quad (G\text{-}14)$ $\frac{\Delta V}{V} = \varepsilon(1-2\mu) \quad (G\text{-}15)$ $0 < \mu < 0{,}5$	–
	allseitige Kompres-sion (nur Volumen-änderung)	Kompressionsmodul K Kompressibilität $\varkappa$	$\frac{\Delta V}{V} = 3\,\varepsilon(1-2\mu)$ $(G\text{-}16)$ $K = -\frac{\Delta p\,V}{\Delta V} \quad (G\text{-}17)$ $\frac{1}{K} = \varkappa \quad (G\text{-}18)$ $\Delta V = -\frac{1}{K}V\Delta p$ $= -\varkappa V\Delta p \quad (G\text{-}19)$	$K = \frac{E}{3(1-2\mu)}$ $(G\text{-}20)$
	Scherung (nur Form-änderung)	Schubmodul (Torsionsmodul) G allgemein: $G_{\tau,t} = \frac{d\tau}{d\gamma} \quad (G\text{-}21)$ speziell: $G = \frac{\tau}{\gamma} \quad (G\text{-}22)$	$\tau = \frac{F_t}{A} = G\gamma \quad (G\text{-}23)$	$G = \frac{E}{2(1+\mu)}$ $(G\text{-}24)$ $\frac{E}{3} < G < \frac{E}{2}$ $(G\text{-}25)$

A	Fläche	Δp	Druckunterschied
$d, \Delta l$	Dicke, Dickenunterschied	$V, \Delta V$	Volumen, Volumenänderung
E	Elastizitätsmodul	ε	Dehnung
F	Kraft	ε_q	Querdehnung
G	Schubmodul	σ	Spannung
K	Kompressionsmodul	μ	Querdehnungszahl, Poisson-Zahl
l_0	Ausgangslänge	γ	Scherwinkel
$l, \Delta l$	Länge nach Dehnung, Längenunterschied	τ	Schubspannung

Tabelle G-3. Elastische Kenngrößen einiger Werkstoffe.

Werkstoff	Elastizitäts-modul E GN/m^2	Querdehnungs-zahl μ	Kompressions-modul K GN/m^2	Schubmodul G GN/m^2	Bruch-dehnung R_m	Zug- bzw. Druckfestigkeit σ_B GN/m^2
Eis	9,9	0,33	10	3,7		
Blei	17	0,44	44	5,5 bis 7,5		0,014
Al (rein)	72	0,34	75	27	0,5	0,013
Glas	76	0,17	38	33		0,09
Gold	81	0,42	180	28	0,5	0,14
Messing (kaltverf.)	100	0,38	125	36	0,05	0,55
Kupfer (kaltverf.)	126	0,35	140	47	0,02	0,45
V2A-Stahl	195	0,28	170	80	0,45	0,7

Tabelle G-4. Räumliche Spannungszustände.

	Normalspannung σ	Dehnung ε	Schub-spannung τ	Schiebung γ
x-Komponente	$\sigma_x = \dfrac{E}{1+\mu}\left(\varepsilon_x + \dfrac{\mu\varepsilon}{1-2\mu}\right)$	$\varepsilon_x = \dfrac{1}{E}[\sigma_x - \mu(\sigma_y + \sigma_z)]$	$\tau_{xy} = G\gamma_{xy}$	$\gamma_{xy} = \dfrac{1}{G}\tau_{xy}$
y-Komponente	$\sigma_y = \dfrac{E}{1+\mu}\left(\varepsilon_y + \dfrac{\mu\varepsilon}{1-2\mu}\right)$	$\varepsilon_y = \dfrac{1}{E}[\sigma_y - \mu(\sigma_z + \sigma_x)]$	$\tau_{xz} = G\gamma_{xz}$	$\gamma_{xz} = \dfrac{1}{G}\tau_{xz}$
z-Komponente	$\sigma_z = \dfrac{E}{1+\mu}\left(\varepsilon_z + \dfrac{\mu\varepsilon}{1-2\mu}\right)$	$\varepsilon_z = \dfrac{1}{E}[\sigma_z - \mu(\sigma_x + \sigma_y)]$	$\tau_{yz} = G\gamma_{yz}$	$\gamma_{yz} = \dfrac{1}{G}\tau_{yz}$

G.3 Zugversuch nach DIN 50145

Zur Bestimmung von Zug und Druck wird häufig die *Flächenpressung* $p = F/A$ angegeben. Sie ist bestimmt durch die Druckbeanspruchung in der Berührungsfläche (Bild G-1).

Im Zugversuch nach DIN 50145 wird der *Spannungs-Dehnungs-Verlauf* verschiedener Werkstoffe untersucht. Üblicherweise wird die 0,2-%-Dehngrenze $R_{p\,0,2}$ ermittelt. Beim *nicht stetigen Übergang* wird eine *obere Streckgrenze* R_{eH} und eine *untere Streckgrenze* R_{eL} unterschieden. Eine weitere wichtige Werkstoffkenngröße ist die *Bruchdehnung* $\varepsilon_{B'}$ bei der das Material bricht (Bild G-2).

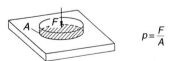

$$p = \frac{F}{A}$$

Bild G-1. Flächenpressung p.

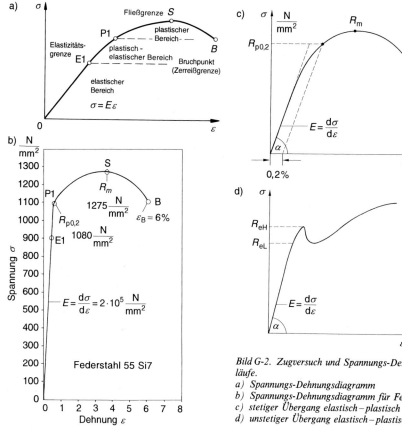

a)

Bild G-2. Zugversuch und Spannungs-Dehnungs-Verläufe.
a) Spannungs-Dehnungsdiagramm
b) Spannungs-Dehnungsdiagramm für Federstahl
c) stetiger Übergang elastisch–plastisch
d) unstetiger Übergang elastisch–plastisch

G.4 Elementare Belastungsfälle

Tabelle G-5. Elementare Belastungsfälle.

Skizze	Bemerkung	Normal-spannung σ	Schub-spannung τ	Dehnung ε	Schiebung γ	Beispiele
Zug bzw. Druck						
Zug: F_y positiv Druck: F_y negativ	Kraft F_y greift im Flächen-schwer-punkt δ des Quer-schnitts A an.	$\sigma_y = \dfrac{F_y}{A}$ $\sigma_x = \sigma_z = 0$	0	$\varepsilon_y = \dfrac{\sigma_y}{E}$ $\varepsilon_x = \varepsilon_z$ $= -\mu\dfrac{\sigma_y}{E}$	0	Seile, Ketten, Zugstäbe, Stützen, Kolben-stangen, Druck-spindeln

Tabelle G-5 (Fortsetzung)

Skizze	Bemerkung	Normal-spannung σ	Schub-spannung τ	Dehnung ε	Schiebung γ	Beispiele
Scherung						
	Meist tritt Scherung in Verbindung mit Biegung auf.	0	$\tau_{yz} = -\dfrac{F_z}{A}$ $\tau_{zy} = \dfrac{F_z}{A}$ sonst $\tau = 0$	0	$\gamma_{yz} = \dfrac{\tau_{yz}}{G}$ sonst $\gamma = 0$	Scherglieder, Nieten
Biegung						
$J_x = \dfrac{bh^3}{12}$	reines Biegemoment $M_b = M_x$	$\sigma_{y(z)} = -\dfrac{M_x}{J_x} z$ sonst $\sigma = 0$	0	$\varepsilon_{y(z)} = \dfrac{\sigma_{y(z)}}{E}$ $\varepsilon_{x(z)} = \varepsilon_{z(z)}$ $= -\mu\dfrac{\sigma_{y(z)}}{E}$	0	Kragbalken, Achsen
Torsion						
$J_y = \dfrac{\pi d^4}{32}$	reines Torsionsmoment $M_t = M_y$	0	$\tau_{xy} = -\dfrac{M_y}{J_y} z$ $\tau_{yx} = \dfrac{M_y}{J_y} z$ sonst $\tau = 0$	0	$\gamma_{xy} = \dfrac{\tau_{xy}}{G}$ sonst $\gamma = 0$	Torsionsstäbe

A Querschnittsfläche	E Elastizitätsmodul ($E = \sigma/\varepsilon$)	τ	Schubspannung
F Kraft	G Schubmodul ($G = \gamma/\tau$)	ε	Dehnung
b Breite	J Flächenträgheitsmoment	γ	Scherung
h Höhe	M Drehmoment	μ	Querdehnungszahl
d Durchmesser	σ Normalspannung		

G.4.1 Biegung

Wird ein Bauteil um die x-Achse auf Biegung beansprucht, dann wächst das Biegemoment M_b vom Lastangriffspunkt ($M_b = 0$) bis zum höchsten Wert an der Einspannstelle.

Übersicht G-2. Belastungsfälle bei Biegung.

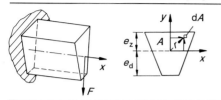

Maximale Biegespannung (Randspannung)

$$\sigma_b = \frac{M_b}{W_b}$$

Biegemoment M_b

$$M_b = \int \sigma(y)\, dA\, y \tag{G-27}$$

$$M_b = \sigma_z \frac{\int dA\, y^2}{e_z} = \sigma_d \frac{\int dA\, y^2}{e_d} = \sigma_z \frac{J_x}{e_z} = \sigma_d \frac{J_x}{e_d} = \sigma_z W_{xz} - \sigma_d W_{xd} \tag{G-28}$$

$$F_A = F$$

$$M_{b\,max} = l\, F$$

$$s = \frac{l^3}{3} \cdot \frac{F}{E J_a}$$

$$F_A = \frac{b}{l} F; \qquad F_B = \frac{a}{l} F$$

$$M_{b\,max} = \frac{ab}{l} F$$

$$s = \frac{a^2 b^2}{3 l} \cdot \frac{F}{E J_a}$$

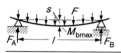

$$F_A = F$$

$$M_{b\,max} = \frac{l}{2} F$$

$$s = \frac{l^3}{8} \cdot \frac{F}{E J_a}$$

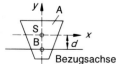

$$F_A = F_B = \frac{F}{2}$$

$$M_{b\,max} = \frac{l}{8} F$$

$$s \approx \frac{l^3}{77} \cdot \frac{F}{E J_a}$$

Flächenträgheitsmoment J

axiale Flächenträgheitsmomente J_a

$$J_x = \int dA\, y^2; \qquad J_y = \int dA\, x^2 \tag{G-29}$$

polare Flächenträgheitsmomente J_p

$$J_p = \int r^2\, dA = \int (x^2 + y^2)\, dA = J_y + J_x \tag{G-30}$$

Steinerscher Satz bei paralleler Achse nicht durch den Schwerpunkt S:

$$J_B = J_x + A\, d^2 \tag{G-31}$$

Widerstandsmoment W_b

$$W_{xz} = \frac{J_x}{e_z}; \qquad W_{xd} = \frac{J_x}{e_d} \tag{G-32}$$

Übersicht G-2 (Fortsetzung)

A, dA	Fläche, Flächenelement	x, y	Koordinatenachsen
a, b	Abstand von den Aufhängepunkten	s	maximale Durchbiegung
e_z, e_d	Abstand der äußersten Faser auf	l	Länge
	der Zug- bzw. Druckseite	d	Abstand vom Schwerpunkt
F	Kraft	r	Radius
E	Elastizitätsmodul	$\sigma_{z,d}$	Zug- bzw. Druckspannung
J	Flächenträgheitsmoment		
W_b	Widerstandsmoment		

Tabelle G-6. Widerstandsmomente und Flächenträgheitsmomente einiger Geometrien. NL = „Neutrale Faser"

	Widerstandsmoment W_b bei Biegung W_t bei Torsion	Flächenträgheitsmoment J_a axial, bezogen auf NL J_p polar, bezogen auf den Schwerpunkt
	$W_b = 0{,}098\,d^3$ $W_t = 0{,}196\,d^3$	$J_a = 0{,}049\,d^4$ $J_p = 0{,}098\,d^4$
	$W_b = 0{,}098\,(d^4 - d_0^4)/d$ $W_t = 0{,}196\,(d^4 - d_0^4)/d$	$J_a = 0{,}049\,(d^4 - d_0^4)$ $J_p = 0{,}098\,(d^4 - d_0^4)$
	$W_b = 0{,}098\,a^2 b$ $W_t = 0{,}196\,a\,b^2$	$J_a = 0{,}049\,d^3 b$ $J_p = 0{,}196\,\dfrac{a^3 b^3}{a^2 + b^2}$
	$W_b = 0{,}098\,(a^3 b - a_0^3 b_0)/a$ $W_t = 0{,}196\,(a\,b^3 - a_0\,b_0^3)/b$	$J_a = 0{,}049\,(a^3 b - a_0^3 b_0)$ $J_p = 0{,}196\,\dfrac{n^3\,(b^4 - b_0^4)}{n^2 + 1}$
	$W_b = 0{,}118\,a^3$ $W_t = 0{,}208\,a^3$	$J_a = 0{,}083\,a^4$ $J_p = 0{,}140\,a^4$
	$W_b = 0{,}167\,b\,h^2$ $W_t = x\,b^2\,h$	$J_a = 0{,}083\,b\,h^3$ $J_p = \eta\,b^3\,h$
	$W_b = 0{,}104\,d^3$ $W_t = 0{,}188\,d^3$	$J_a = 0{,}060\,d^4$ $J_p = 0{,}115\,d^4$

Tabelle G-6 (Fortsetzung)

	Widerstandsmoment W_b bei Biegung W_t bei Torsion	Flächenträgheitsmoment J_a axial, bezogen auf NL J_p polar, bezogen auf den Schwerpunkt
d NL (Sechseck)	$W_b = 0,120\,d^2$ $W_t = 0,188\,d^2$	$J_a = 0,060\,d^4$ $J_p = 0,115\,d^4$
h NL (Trapez, a, b)	$W_b = \dfrac{h^2\,(a^2 + 4ab + b^2)}{12\,(2a + b)}$	$J_a = \dfrac{h^3\,(a^2 + 4ab + b^2)}{36\,(a + b)}$
h_0 NL (I/H-Profile)	$W_b = \dfrac{b\,h^3 - b_0\,h_0^3}{6\,h}$	$J_a = \dfrac{b\,h^3 - b_0\,h_0^3}{12}$
h_0 NL (Kreuzprofile)	$W_b = \dfrac{b\,h^3 + b_0\,h_0^3}{6\,h}$	$J_a = \dfrac{b\,h^3 + b_0\,h_0^3}{12}$

G.4.2 Knickung

Um ein seitliches Ausknicken eines gedrückten Stabes zu vermeiden, muß die Druckspannung $\sigma = F/A$ stets kleiner sein als die *zulässige Knickspannung* $\sigma_{k,\,zul}$. Die zulässige Knickspannung $\sigma_{k,\,zul}$ wird aus der Knickspannung σ_k berechnet, unter Berücksichtigung eines Sicherheitsfaktors S (je nach Angriffspunkt der Kraft zwischen 3 und 6). Für die Berechnungen wird der *Schlankheitsgrad* λ eingeführt, der mit der *freien Knicklänge* l_k zusammenhängt.

Übersicht G-3. Knickung und Knickfälle.

Knickung

$$\sigma_{k\,zul} = \frac{\sigma_k}{S}$$

$$\lambda = l_k \sqrt{J_a/A}$$

für schlanke Stäbe gilt

$$\sigma_k = \pi^2\,\frac{E}{\lambda^2} \approx 10\,\frac{E\,J_a}{l_k^2\,A}$$

Übersicht G-3 (Fortsetzung)

Knickfälle

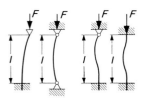

Fall 1   Fall 2   Fall 3   Fall 4

$l_k = 2\,l$ $= l$ $= 0,707\,l$ $= 0,5\,l$

A	Querschnittsfläche
E	Elastizitätsmodul
J_a	axiales Flächenträgheitsmoment
l_k	Knicklänge
S	Sicherheitsfaktor
λ	Schlankheitsgrad
σ_k	Knickspannung
$\sigma_{k\,zul}$	zulässige Knickspannung

Tabelle G-7. Näherungsformeln für die Knickspannungen σ_k.

Werkstoff	schlanke Stäbe (λ groß) $\sigma_k \approx 10\,\dfrac{EJ_a}{l_k^2\,A}$	nicht schlanke Stäbe (λ kleiner) σ_k in N/mm^2
Stahl St 37	$\lambda \geq 100$	$\sigma_k = 284 - 0,8\,\lambda$
Stahl St 52	$\lambda \geq \sqrt{E/R_e}$	$\sigma_k = 578 - 3,74\,\lambda$
Grauguß GG 25	$\lambda \geq 80$	$\sigma_k = 760 - 12\,\lambda$ $\qquad + 0,05\,\lambda^2$
Nadelholz	$\lambda \geq 100$	$\sigma_k = 29 - 0,19\,\lambda$

G.4.3 Torsion

Übersicht G-4. Torsionsbeanspruchung.

Drehwinkel

$$\varphi = \frac{l\,M}{G\,J_p} = \frac{l\,W_t\,\tau}{G\,J_p} \qquad \text{(G–39)}$$

zylindrischer Stab

$$\varphi = \frac{2\,l\,M}{\pi\,G\,r^4} = c^*\,M \qquad \text{(G–40)}$$

Torsionsspannung τ

$$\tau = \frac{M_t}{W_t}$$

Winkelrichtgröße c^*

$$c^* = \frac{\pi\,G\,r^4}{2\,l} \qquad \text{(G–41)}$$

c^*	Winkelrichtgröße
G	Schubmodul
J_p	polares Flächenträgheitsmoment
M	Drehmoment
l	Länge des Körpers
r	Radius des Zylinders
W_t	Widerstandsmoment bei Torsion
φ	Drehwinkel
τ	Torsionsspannung

G.5 Bruchmechanik

Für glatte Stäbe gelten je nach Beanspruchungsfall verschiedene Nennspannungen σ_n. Kerben (z. B. Rillen und Bohrungen) und *Querschnittsänderungen* (z. B. Absätze und Kröpfungen) erzeugen höhere Spannungen σ_{max}, die mittels *Formzahlen* α_k berücksichtigt werden.

Um ein Versagen des Werkstoffes durch Verformung oder Bruch zu verhindern, dürfen die Grenzspannungen σ_{gr} bzw. τ_{gr} in der Praxis nicht erreicht werden. Dazu wird ein Sicherheitsfaktor S eingeführt, mit dem die zulässige Spannung σ_{zul} bzw. τ_{zul} berechnet wird ($\sigma_{zul} = \sigma_{gr}/S$ bzw. $\tau_{zul} = \tau_{gr}/S$). Es gilt für zähe Werkstoffe $S = 1,2$ bis 4 und für spröde Werkstoffe $S = 2$ bis 10.

Übersicht G-5. Formzahlen α_k verschiedener Geometrien und Kerbformen.

Nennspannungen σ_n

Zug:	$\sigma_n = F/A$	
Biegung:	$\sigma_n = M_b/W_b$	$\Big\}$ (G–40)
Torsion:	$\tau_n = M_t/W_t$	

maximale Spannung σ_{max}

$$\sigma_{max} = \alpha_k\,\sigma_n \qquad \text{(G–41)}$$

A	Querschnittsfläche
F	Kraft
$M_b,\,M_t$	Drehmoment der Biegung bzw. Torsion
$W_b,\,W_t$	Widerstandsmoment der Biegung bzw. Torsion
$\sigma_n,\,\tau_n$	Nennspannung
σ_{max}	Maximalspannung
α_k	Formzahl

Formzahlen α_k für Flachstäbe

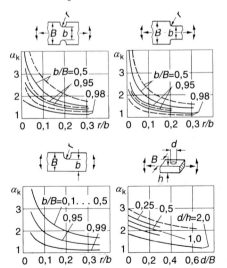

— — — Zug/Druck   ——— Biegung

Übersicht G-5 (Fortsetzung)

Formzahlen α_k für Rundstäbe

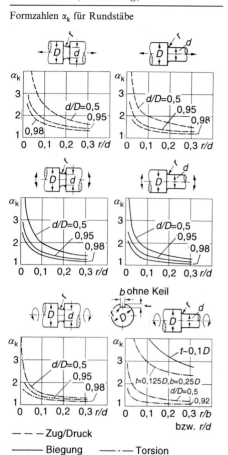

— — — Zug/Druck

———— Biegung   ——·—— Torsion

G.6 Schwingende Beanspruchung

Wenn die Beanspruchung zwischen zwei Spannungen, dem oberen Spannungswert σ_o und dem unteren σ_u, schwankt, dann treten *geringere* Grenzspannungen σ_{gr} auf. Die *größte* um eine gegebene Mittelspannung schwingende Spannung, bei der gerade noch kein Bruch oder keine Verformung auftritt, wird *Dauerschwingfestigkeit* σ_D genannt. Schwankt die Spannung zwischen zwei entgegengesetzt gleich großen Grenzwerten (Mittelspannung $\sigma_m = 0$), dann spricht man von *Wechselfestigkeit* σ_W. Zwischen der Wechselfestigkeit σ_W und der statischen Bruchfestigkeit σ_B bestehen folgende Zusammenhänge:

Stahl (Zug-Druck)	$\sigma_W = (0,30$ bis $0,45)\,\sigma_B$,
Stahl (Biegung)	$\sigma_W = (0,40$ bis $0,45)\,\sigma_B$,
Nichteisenmetalle (Zug-Druck)	$\sigma_W = (0,20$ bis $0,40)\,\sigma_B$,
Nichteisenmetalle (Zug-Druck)	$\sigma_W = 0,30$ bis $0,50\,\sigma_B$.

G.7 Zeitstandverhalten

Werden Werkstoffe über *lange Zeit erhöhten Temperaturen* oder *hohen Spannungen* ausgesetzt, dann kann *Kriechen* oder *Relaxation* einsetzen. Dabei ist *Kriechen* eine *gleichbleibende Verformung* bei gleicher Belastung und gleicher Spannung. Bei der *Relaxation* lassen die *Spannungen* bei der konstanten Verformung nach.

Tabelle G-8. Relaxation verschiedener Werkstoffe.

Werkstoff	Bauteil	σ_B N/mm²	Anfangs- spannung N/mm²	Temperatur °C	Zeit h	Relaxation %
Z Al4 Cu1	Gewinde	280	150	20	500	30
Mg Al8 Zn1	Druck- probe	157	60	150	500	63
Al Si12 (Cu)		207	60	150	500	3,3
Cq35	Schraube	800	540	160	500	11
40 Cr Mo V47	Zugstab	850	372	300	1000	12

G.8 Energie

Übersicht G-6. Elastische und plastische Energie sowie mechanische Hysterese.

Elastische Energie

Verformungsenergie für die Längen- bzw. Volumenänderung von Körpern

$$W = \int \sigma\, A\, l\, d\varepsilon = V \int \sigma\, d\varepsilon \qquad (G-42)$$

Plastische Verformungsenergie

mechanische Hysterese eines Spannungs-Dehnungs-Zyklus

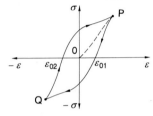

Arbeit, die im Körper verbleibt:

$$W = V \left(\int_{P}^{Q} \sigma\, d\varepsilon + \int_{Q}^{P} \sigma\, d\varepsilon \right)$$

$$= V \int \sigma\, d\varepsilon \qquad (G-43)$$

Verlustdichte $w = W/V$ entspricht der Fläche der Hysteresekurve

$$w = \frac{W}{V} = \int \sigma\, d\varepsilon \qquad (G-44)$$

A	Querschnittsfläche
l	Länge des Körpers
V	Volumen
W	Arbeit
w	Verlustdichte
σ	Spannung
ε	Dehnung

G.9 Härte

Tabelle G-9. Härteprüfverfahren.

Bezeichnung	Brinell-Verfahren DIN 50 351	Vickers-Verfahren DIN 50 137	Rockwell-Verfahren DIN 50 103	
Meßprinzip	D Durchmesser der Prüfkugel d Durchmesser des Kugeleindrucks	$d = \dfrac{d_1 + d_2}{2}$	Härtewert	
Berechnung	$HB = 0{,}102\,\dfrac{F}{A}$ $= \dfrac{0{,}102 \cdot 2F}{\pi D\,(D - \sqrt{D^2 - d^2})}$	$HV = 0{,}102\,\dfrac{F}{A}$ $= 0{,}189\,\dfrac{F}{d^2}$	Rockwell-B (HRB) $F_0 = 98\,\text{N}$ 2 µm je Härteeinheit $F_1 = 883\,\text{N}$ Prüfkörper: Stahlkugel $(D = \tfrac{1}{16}''$ $\approx 1{,}5875\,\text{mm}$	Rockwell-C (HRC) $F_0 = 98\,\text{N}$ 2 µm je Härteeinheit $F_1 = 1373\,\text{N}$ Prüfkörper: Diamantkegel Kegelwinkel $120°$ Bezugshärtewert 100
Angabe der Prüfbedingung	280 HB 2,3/160/20 $D = 2{,}3$ mm, $F = \dfrac{160\,\text{N}}{0{,}102} = 1568\,\text{N},$ $t = 20$ s	700 HV 50/30 $F = \dfrac{50\,\text{N}}{0{,}102} = 490\,\text{N},$ $t = 30$ s	—	
Bemerkung	vergleichbare Härtewerte für $0{,}2\,D < d < 0{,}7\,D$	HB $\approx 0{,}95$ HV für $F > 49$ N und Belastungsgrad (Brinell) $0{,}102\,\dfrac{F}{D^2}$ von 30 bis 4070 HV	automatische Härtemessung	
Anwendungsgebiete	weiche Werkstoffe (max. 450 HB)	weiche Werkstoffe (1,96 < F < 49 N), z. B. Blei 3 HV harte Werkstoffe (49 < F < 980 N), z. B. Hartmetall 1500 HV)	mittelharte Werkstoffe (zwischen 35 HRB und 100 HRB)	gehärtete und angelassene Stähle (zwischen 20 HRC und 70 HRC)

H Hydro- und Aeromechanik

Die Hydro- und Aeromechanik beschreibt Zustände und Bewegungen von *Flüssigkeiten* und *Gasen*. *Flüssigkeiten* sind kaum zusammendrückbar (*inkompressibel*), aber ihre Moleküle lassen sich leicht gegeneinander bewegen (*unbestimmte Gestalt*). *Gase* haben dagegen weder eine bestimmte Gestalt, noch ein bestimmtes Volumen (*kompressibel*). Sind die Flüssigkeiten oder Gase in Ruhe, so gelten die Gesetze der *Hydro-* und *Aerostatik*. Bewegen sich Flüssigkeiten oder Gase, gelten die Gleichungen der *Hydro-* und *Aerodynamik*.

In der *Hydrostatik* sind der *Kolbendruck*, der *Schweredruck* und der *Auftrieb* von Bedeutung, in der *Aerostatik* der Zusammenhang zwischen Druck und Volumen (*Boyle-Mariottesches Gesetz*) sowie die Abhängigkeit des Drucks von der Höhe (*Barometrische Höhenformel*).

In der *Hydro-* und *Aerodynamik* unterscheidet man *ideal-reibungsfreie, laminare* und *turbulente Strömungen*. Ihnen liegen die Newtonschen Gesetze der Flüssigkeitsbewegungen zugrunde, die in den *Navier-Stokes-Gleichungen* zusammengefaßt sind. Bei den ideal-reibungsfreien Flüssigkeiten und Gasen gilt die *Bernoullische Gleichung*, bei den *laminaren* Strömungen sind die Strömungsverhältnisse für Rohre, Kugeln und Platten von Bedeutung. Bei den *turbulenten* Strömungen treten Wirbel auf, die zum *Strömungswiderstand* führen und eine *Strömungsleistung* erfordern. Der Übergang von laminarer zu turbulenter Strömung wird durch die *Reynolds-Zahl* bestimmt, die aus *Ähnlichkeitsgesetzen* berechnet wird.

Übersicht H-2. Übersicht über die wichtigsten DIN-Normen.

DIN 1952	Drosselgeräte
DIN 4320	Wasserturbinen; Benennungen nach der Wirkungsweise und nach der Bauweise
DIN 24 255	Pumpen
DIN 24 312	Fluidtechnik; Druck; Werte; Begriffe
DIN/IEC 607	Thermodynamische Methode zur Messung des Wirkungsgrades von hydraulischen Turbinen, Speicherpumpen und Pump-Turbinen
DIN/ISO 3019	Fluidtechnik – Hydraulik; Hydropumpen und -motoren
DIN/ISO 4391	Fluidtechnik – Hydraulik; Pumpen, Motoren und Kompaktgetriebe

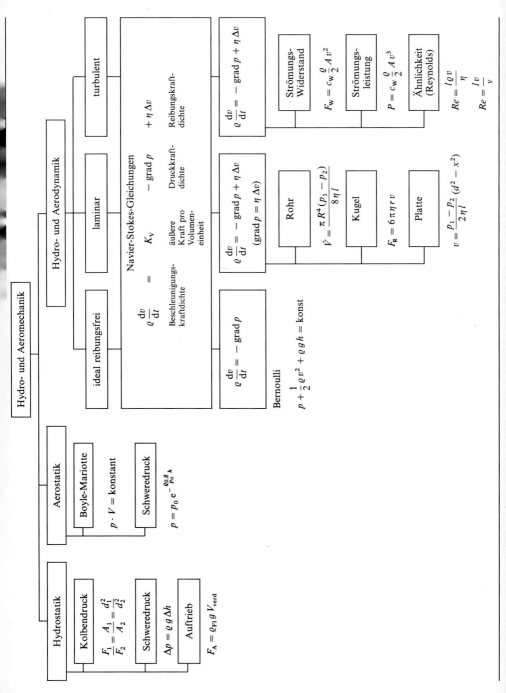

H.1 Ruhende Flüssigkeiten

Flüssigkeiten haben keine Gestalt, sondern nehmen die des Gefäßes an. Unter dem Einfluß einer Kraft stehen die *Oberflächen* der Flüssigkeiten immer *senkrecht* zur wirkenden Kraft. Deshalb gilt:

> Unter dem Einfluß der Schwerkraft ist der Flüssigkeitsspiegel, *unabhängig* von der *Gefäßform*, stets waagrecht und bei *verbundenen* Gefäßen *gleich hoch*.

Tabelle H-1. Kompressibilität $\varkappa$ einiger Flüssigkeiten bei einer Temperatur von 20 °C.

Flüssigkeit	Kompressibilität $\varkappa$ $1/(10^6\,\mathrm{Pa})$
Aceton	1,28
Benzol	0,87
Brom	0,67
Chloroform	1,16
Essigsäure	0,83
Ethanol	1,18
Glyzerin	0,21
Methanol	1,21
Nitrobenzol	0,45
Olivenöl	0,63
Paraffin	0,85
Pentan	1,45
Petroleum	0,83
Quecksilber	0,039
Rizinusöl	0,48
Schwefelsäure	2,85
Terpentinöl	0,83
Tetrachlorkohlenstoff	1,15
Toluol	0,91
Wasser	0,47
Xylol	0,87

H.1.1 Druck, Kompressibilität, Volumenausdehnung

An jeder Stelle der Flüssigkeit wirkt ein Druck p.

Übersicht H-3. Druck, Kompressibilität und Volumenausdehnungskoeffizient.

Druck p

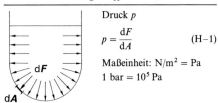

$$p = \frac{\mathrm{d}F}{\mathrm{d}A} \qquad \text{(H–1)}$$

Maßeinheit: $\mathrm{N/m^2} = \mathrm{Pa}$
$1\,\mathrm{bar} = 10^5\,\mathrm{Pa}$

Kompressibilität $\varkappa$
Verhältnis der relativen Volumenänderung $\Delta V/V$ zur erforderlichen Druckänderung Δp

$$\varkappa = -\frac{\Delta V}{V \cdot \Delta p} = \frac{\Delta \varrho}{\varrho \cdot \Delta p} \qquad \text{(H–2)}$$

$$\Delta V = -\varkappa \Delta p\, V$$
$$\mathrm{d}V = -\varkappa\,\mathrm{d}p\, V \qquad \text{(H–3)}$$

Volumenausdehnungskoeffizient γ
Relative Volumenänderung $\Delta V/V$ ist proportional zur Temperaturänderung $\Delta\vartheta$

$$\frac{\Delta V}{V_0} = \gamma\,\Delta\vartheta \qquad \text{(H 4)}$$

(wegen $\varrho_0 = m/V_0$ und $\Delta V = V_0(1 + \gamma\,\Delta\vartheta)$)

$$\varrho = \frac{m}{V} = \frac{\varrho_0}{1 + \gamma\,\Delta\vartheta} \qquad \text{(H–5)}$$

Flüssigkeiten: γ klein
ideale Gase: $\gamma = 1/T_n = 1/273,15\,\mathrm{K}^{-1} = 0,00366\,\mathrm{K}^{-1}$

$\mathrm{d}A$	Flächenelement
$\mathrm{d}F$	Kraftelement
m	Masse
$\Delta V/V$	relative Volumenänderung
Δp	Druckänderung
V_0	Volumen bei 0 °C
T_n	Normal-Temperatur ($T_n = 273,15\,\mathrm{K}$)
γ	Volumenausdehnungskoeffizient
$\Delta\vartheta$	Temperaturdifferenz
$\Delta\varrho/\varrho$	relative Dichteänderung
$\varkappa$	Kompressibilität

H.1.2 Kolbendruck, Schweredruck und Seitendruck

In Gefäßen eingeschlossene Flüssigkeiten haben überall den gleichen Druck, wenn der Schweredruck vernachlässigbar ist. Bei *unterschiedlichen Kolbenflächen A* werden deshalb *verschiedene* Kräfte *F* wirksam. Angewandt wird dieser Zusammenhang bei *hydraulischen Pressen*, wie beispielsweise Hebebühnen, Wagenhebern, Druckwandlern und hydraulischen Bremsen.

Übersicht H-4. Kolbendruck, Schweredruck und Seitendruck.

Kolbendruck

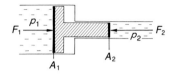

$$p = \frac{F_1}{A_1} = \frac{F_2}{A_2} \qquad (H-6.1)$$

$$\frac{F_1}{F_2} = \frac{A_1}{A_2} = \frac{d_1^2}{d_2^2} \qquad (H-6.2)$$

Schweredruck p_s

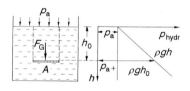

Entspricht der Gewichtskraft einer Flüssigkeitssäule F_G bezogen auf die Fläche A

$$p_s = \varrho\,g\,h \qquad (H-7.1)$$

Druck ist unabhängig von der Gefäßform: nur die Füllhöhe ist entscheidend (hydrostatisches Paradoxon)

Hydrostatischer Druck p_{hydr} = statischer Druck p_a + Schweredruck p_s

$$p_{hydr} = p_a + \varrho\,g\,h \qquad (H-7.2)$$

Seitendruck

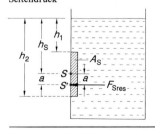

Seitenkraft F_S

$$F_S = \int_{h_1}^{h_2} \varrho\,g\,h\,\mathrm{d}A = \varrho\,g \int_{h_1}^{h_2} h\,\mathrm{d}A = \varrho\,g\,h_S A_S \qquad (H-8.1)$$

$$F_S = \frac{\varrho\,g\,J}{a}; \quad J = \int_{h_1}^{h_2} h^2\,\mathrm{d}A \qquad (H-8.2)$$

$$a = \frac{J}{h_S A_S} = \frac{J}{M_S}$$

A	Fläche	h	Höhe
A_S	Seitenfläche	h_S	Höhe bis zum Flächenschwerpunkt S
$\mathrm{d}A$	Flächenelement	J	Flächenträgheitsmoment
a	Druckmittelpunktsabstand	M_S	statisches Moment
F	Kraft		$(M_S = h_S A_S)$
F_S	Seitenkraft	ϱ	Dichte
g	Erdbeschleunigung ($g = 9{,}81$ m/s^2)		

H.1.3 Auftrieb

Der Schweredruck von Flüssigkeiten und Gasen ist dafür verantwortlich, daß alle in Flüssigkeiten oder Gasen eingetauchte Körper *leichter* sind als außerhalb dieser Medien. Die *Kraft*, die den *scheinbaren* Gewichtsverlust ermöglicht, wird *Auftriebskraft* F_A genannt. Sie errechnet sich aus der Differenz aus den unterschiedlichen Druckkräften auf der Unterseite (F_2) und der Oberseite (F_1) des Körpers.

$$F_A = F_2 - F_1 = A\,(p_2 - p_1) = A\,\varrho_{fl}\,g\,(h_2 - h_1).$$
$$\text{(H-9)}$$

Da $A\,(h_2 - h_1)$ das Volumen des Körpers bzw. das durch den eingetauchten Körper *verdrängte Flüssigkeitsvolumen* V_{verd} ist, gilt:

$$\boxed{F_A = \varrho_{fl}\,g\,V_{verd} = m_{verd}\,g = F_{G,\,verd};\quad \text{(H-10)}}$$

ϱ_{fl} Dichte der Flüssigkeit,
g Erdbeschleunigung ($g = 9{,}81$ m/s^2),
V_{verd} Verdrängtes Flüssigkeitsvolumen,
m_{verd} Masse der verdrängten Flüssigkeit,
$F_{G,\,verd}$ Gewichtskraft der verdrängten Flüssigkeit.

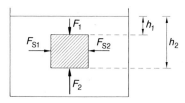

Bild H-1. *Kräfte auf einen eingetauchten Körper.*

Die Auftriebskraft F_A ist demnach die Gewichtskraft des verdrängten Flüssigkeits- bzw. Gasvolumens.

Je nach dem Gewicht F_G des eingetauchten Körpers sind drei Fälle zu unterscheiden:

$F_G < F_A$: Der Körper *schwimmt*.
$F_G = F_A$: Der Körper *schwebt*.
$F_G > F_A$: Der Körper *sinkt*.

Beim Schwimmen können Stabilitätsprobleme auftreten, weil die Auftriebskraft F_A im Schwerpunkt S_{fl} der verdrängten Flüssigkeitsmenge angreift, und die Gewichtskraft F_G im Schwerpunkt S_K des Körpers.

H.1.4 Bestimmung der Dichte

Übersicht H-5. Bestimmung der Dichte fester Körper und der Dichte von Flüssigkeiten.

Hydrostatische Waage

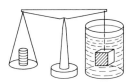

Ermitteln der Auftriebskraft F_A aus dem Gewichtsunterschied zwischen dem Körper in Luft $F_{G,L}$ und in der Flüssigkeit $F_{G,E}$

$$F_{G,L} - F_{G,E} = F_A = \varrho_{fl} V g = \varrho_{fl} \frac{m}{\varrho_K} g = \frac{\varrho_{fl}}{\varrho_K} F_{G,L} \tag{H-11}$$

Dichte fester Körper ϱ_K

$$\varrho_K = \varrho_{fl} \frac{F_{G,L}}{F_{G,L} - F_{G,E}} = \frac{\varrho_{fl}}{1 - (F_{G,E}/F_{G,L})} \tag{H-12}$$

Dichte von Flüssigkeiten ϱ_{fl}

$$\varrho_{fl} = \varrho_K (1 - F_{G,E}/F_{G,L}) \tag{H-13}$$

Eintauchen in Flüssigkeiten unterschiedlicher Dichte ϱ_{fl1} und ϱ_{fl2}

$$\varrho_{fl1} = \varrho_{fl2} \frac{F_{G,L} - F_{G,E1}}{F_{G,L} - F_{G,E2}} \tag{H-14}$$

F_A	Auftriebskraft
$F_{G,L}$	Gewicht des Körpers in Luft
$F_{G,E}$	Gewicht des Körpers in Flüssigkeit eingetaucht
m	Masse des Körpers
g	Erdbeschleunigung ($g = 9{,}81$ m/s^2)
V	Volumen des Körpers
ϱ_{fl}	Dichte der Flüssigkeit
ϱ_K	Dichte des Körpers

H.1.5 Grenzflächeneffekte

Kohäsion und Adhäsion

Anziehende Kräfte, die zwischen *gleichartigen Atomen* oder *Molekülen* eines Stoffes wirken, werden *Kohäsionskräfte* (Zusammenhangskräfte) genannt. Die auch als *van-der-Waals-sche Kräfte* bezeichneten zwischenmolekularen Kräfte haben elektrischen Ursprung. Während bei Festkörpern und Flüssigkeiten starke Kohäsionskräfte auftreten, sind sie bei Gasen relativ klein und nur bei tiefen Temperaturen (nahe der Kondensationstemperatur) feststellbar; sie verursachen Abweichungen vom idealen Gasverhalten.

Anziehungskräfte, die zwischen den Molekülen zweier verschiedener Stoffe wirken, werden *Adhäsionskräfte* genannt. Sie können zwischen festen Körpern, zwischen festen Körpern und Flüssigkeiten sowie zwischen Flüssigkeiten und Gasen wirken.

Oberflächenspannung

Im Inneren einer Flüssigkeit heben sich die Kohäsionskräfte auf. An der Oberfläche dagegen fehlen die nach außen gerichteten Kräfte.

Gas

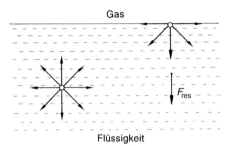

Flüssigkeit

Bild H-2. Oberflächenspannung.

Es gilt:

$$\sigma = \frac{\Delta W}{\Delta A} = \frac{F \Delta s}{2 l \Delta s} = \frac{F}{2 l}; \qquad \text{(H-16)}$$

F Zugkraft am Bügel,
$2l$ gesamte Randlänge der Flüssigkeitshaut
       (Vorder- und Rückseite),
Δs Abstand zwischen Flüssigkeitsoberfläche
       im Bügel und in der Umgebung.

Deshalb entsteht eine ins Innere der Flüssigkeit gerichtete resultierende Kraft F_{res}.

Um ein Molekül an die Oberfläche zu bringen, muß deshalb gegen diese Kraft Arbeit verrichtet werden, weshalb die Moleküle an der Oberfläche eine *Oberflächenenergie* (potentielle Energie) aufweisen. Wird die Arbeit dW zur Oberflächenvergrößerung auf die Oberflächenänderung dA bezogen, dann ergibt sich die *Oberflächenspannung* σ:

$$\sigma = dW/dA ; \qquad \text{(H-15)}$$

Weil in der Physik das Gesetz der *Minimierung der potentiellen Energie* gilt, sind Flüssigkeitsoberflächen stets *Minimalflächen*. Zur Messung der Oberflächenspannung σ wird die *Drahtbügelmethode* nach Bild H-3 herangezogen.

Aus Gl. (H-16) läßt sich der Druck p in einer Flüssigkeitskugel mit dem Radius r ermitteln:

$$p = \frac{2\sigma}{r}. \qquad \text{(H-17)}$$

Der Druck ist um so größer, je kleiner der Radius der Kugel ist.

Kapillarität

Bei der Berührung von Flüssigkeitstropfen mit einer festen Unterlage kommt es, je nach Überwiegen der Adhäsions- über die Kohäsionskräfte, zu einer Benetzung oder nicht.

Von besonderer Bedeutung ist die *Kapillarwirkung* in engen Röhren. Es gilt für die kapillare Steighöhe h_{steig}:

$$h_{\text{steig}} = \frac{2\sigma_{12} \cos\alpha}{\varrho\, g\, r}; \qquad \text{(H-18)}$$

σ_{12} Oberflächenspannung zwischen gasförmiger und flüssiger Phase,
α Winkel zwischen fester Phase und Flüssigkeitsoberfläche,
ϱ Dichte der Flüssigkeit,
g Erdbeschleunigung ($g = 9{,}81$ m/s^2),
r Radius des Rohres.

Wie Gl. (H-18) zeigt, hängt die Steighöhe h_{steig} neben Materialkonstanten nur vom Radius r ab: Je kleiner der Radius, desto höher die Steighöhe: $h_{\text{steig}} \sim 1/r$.

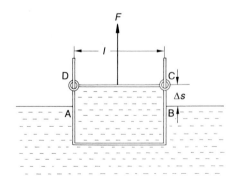

Bild H-3. Drahtbügelmethode zum Messen der Oberflächenspannung.

Tabelle H-2. Kapillarität und Benetzung.

Benetzungsform	Benetzung	keine Benetzung
Ursache	Adhäsionskräfte > Kohäsionskräfte	Adhäsionskräfte < Kohäsionskräfte
Wirkung	Ausbreitung der Flüssigkeit auf der Oberfläche des festen Körpers	Flüssigkeit zieht sich tropfenförmig zusammen
Skizze	gasförmig (1) σ_{12} flüssig (2) α σ_{13} σ_{23} $\sigma_{12} \cos \alpha$ fest (3)	gasförmig (1) α flüssig (2) fest (3)
Gleichung	$\sigma_{12} \cos \alpha = \sigma_{13} - \sigma_{23}$	
Randwinkel	$0 \leqq \alpha \leqq \dfrac{\pi}{2}$	$\dfrac{\pi}{2} < \alpha \leqq \pi$
Kapillarität	Kapillaraszension	Kapillardepression
	z.B. Wasser h_{steig}	z.B. Quecksilber h

H.2 Ruhende Gase

Bei Gasen sind die Kohäsionskräfte vernachlässigbar klein. Deshalb sind sie *unbestimmt* in Gestalt und Volumen.

H.2.1 Druck und Volumen

Sind Temperatur T und Stoffmenge v konstant, dann gilt das *Boyle-Mariottsche Gesetz*, nach dem das Produkt von Druck p und Volumen V konstant ist:

$$p\,V = \text{konstant oder } \frac{p_1}{p_2} = \frac{V_2}{V_1}; \qquad \text{(H–19)}$$

p_1, p_2 Anfangs- bzw. Enddruck des Gases,
V_1, V_2 Anfangs- bzw. Endvolumen des Gases.

Der Gasdruck wird häufig als *Überdruck* $p_{\ddot{u}}$ (Differenz zwischen Innendruck p und äußerem Luftdruck $p_L = 10^5$ Pa) angegeben:

$$p_{\ddot{u}} = p - p_L. \qquad \text{(H–20)}$$

Ist der Luftdruck p_L größer als der Gasdruck, dann existiert ein *Unterdruck*.

H.2.2 Schweredruck

Der Schweredruck p (Druck der über der Bezugsebene stehenden Gassäule) eines Gases fällt mit *zunehmender Höhe h* (bei gleicher Temperatur) *exponentiell* (*barometrische Höhenformel*).

Übersicht H-6.   Barometrische und internationale Höhenformel.

Barometrische Höhenformel

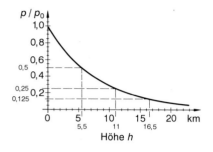

$$p = p_0\, e^{-\frac{\varrho_0 T_0 g h}{p_0 T}} \qquad (H-21)$$

p Luftdruck in Höhe h
p_0 Luftdruck an der Erdoberfläche
ϱ_0 Dichte der Luft an der Erdoberfläche
     ($\varrho_0 = 1{,}293\ \text{kg/m}^3$)
g Erdbeschleunigung ($g = 9{,}81\ \text{m/s}^2$)
h Höhe über der Erdoberfläche
T, T_0 Temperatur, $T_0 = 273{,}15\ \text{K}$

Alle 8 m verringert sich an der Erdoberfläche der Luftdruck um 100 Pa. In 5,4 km Höhe ist der Luftdruck halb so groß wie an der Erdoberfläche.
Für $p_0 = 1{,}01325 \cdot 10^5$ Pa und $\vartheta = 0\,^\circ$C gilt:

$$p = p_0\, e^{-h/7{,}99\ \text{km}} \qquad (H-22)$$

oder

$$h = 18{,}4\ \text{km}\ \lg\left(\frac{p_0}{p}\right)$$

Internationale Höhenformel
Berücksichtigt die Temperaturabnahme mit steigender Höhe. Gilt bis zur Tropopause (11 km).

$$p = 1{,}013 \cdot 10^5\ \text{Pa}\left(1 - \frac{6{,}5}{288\ \text{km}} \cdot h\right)^{5{,}255} \qquad (H-23)$$

p_n Normdruck (entspricht dem Jahresmitteldruck auf Meereshöhe)
    $p_n = 101\,325$ Pa (1013,25 hPa)
Der tatsächliche Luftdruck ist von der Temperatur, dem Ort und dem Wetter abhängig.

Dichteverlauf

$$\varrho = 1{,}2255\ \text{kg/m}^3\left(1 - \frac{6{,}5}{288} \cdot h\right)^{4{,}255} \qquad (H-24)$$

H.3 Strömende Flüssigkeiten und Gase

In der *Strömungsmechanik* wird der Transport von Massen (Flüssigkeiten oder Gasen) beschrieben, der wegen der *Schwerkraft* oder aufgrund von *Druckdifferenzen* unter Berücksichtigung der *Reibungskräfte* zustandekommt. Nach dem Newtonschen Gesetz treten Beschleunigungen (Summe der Kräfte dividiert durch die Masse) auf, wenn die Summe dieser drei Kräfte nicht null wird. Wird die Bewegungsgleichung auf *Kraftdichten* (Kraft pro Volumen) umgerechnet, dann ergibt sich als Bewegungsgleichung die *Navier-Stokessche Gleichung* für inkompressible Medien (Übersicht H-1):

$$\varrho \frac{dv}{dt} = K_{\mathrm{V}} - \operatorname{grad} p + \eta \Delta v; \quad (\text{H}-25)$$

| Kraft-dichte | äußere Kraft pro Volumen | Druckkraft-dichte | Reibungskraft-dichte |

ϱ Dichte der Flüssigkeit (des Gases),
dv/dt Beschleunigung des Teilchens am Ort des Teilvolumens,
K_{V} äußere Kraft pro Volumeneinheit,
$\operatorname{grad} p$ Gradient des Druckes,
η dynamische Viskosität,
Δ Laplace-Operator

$$\left(\Delta = \frac{\partial^2}{\partial x^2} + \frac{\partial^2}{\partial y^2} + \frac{\partial^2}{\partial z^2} \right).$$

Wie Übersicht H-1 zeigt, können die Strömungen in *reibungsfreie, laminare* und *turbulente* eingeteilt werden, für die entsprechende Teile der Navier-Stokes-Gleichungen gelten.

H.3.1 Ideale (reibungsfreie) Strömungen

Die Strömung idealer Flüssigkeiten und Gase ist *reibungsfrei*. Hierbei gilt der in Übersicht H-1 dargestellte Teil der Navier-Stokes-Gleichung.

Für die idealen Strömungen gelten zwei Gleichungen:

1. Massen-Erhaltungssatz (Kontinuitätsgleichung)
2. Energie-Erhaltungssatz (Bernoulli-Gleichung)

Für diesen Fall lassen sich analoge Gesetzmäßigkeiten auch auf die Wärmelehre (Transport von Wärme) und die Elektrizitätslehre (Transport von Ladungen) übertragen. Dabei können mit Hilfe der *Potentialtheorie* und mit *komplexen Funktionen* strömungstechnische Probleme gelöst werden.

Tabelle H-3. Analogie der Felder in der Hydrodynamik, der Wärmelehre und der Elektrizitätslehre.

Gebiet	Hydrodynamik	Wärmelehre	Elektrizitätslehre
Voraussetzungen	Strömung ist inkompressibel und reibungsfrei.	Die Wärmeleitfähigkeit des Materials ist isotrop und konstant. Wärmequelle und -senke liegen außerhalb des betrachteten Raumes.	Die elektrische Leitfähigkeit des Materials ist isotrop und konstant. Spannungsquelle und -senke liegen außerhalb des betrachteten Raumes.
Transportgröße Φ	Masse Φ_H kg	Wärme Φ_W J	Ladung Φ_{el} C
Transportflußdichte $j = \dfrac{\text{Transportgröße } \Phi}{\text{Zeit} \cdot \text{Fläche}}$	$j_H = \dfrac{\text{Masse}}{\text{Zeit} \cdot \text{Fläche}} = \varrho_H v$ in $\dfrac{\text{kg}}{\text{s} \cdot \text{m}^2}$	$j_W = \dfrac{\text{Wärmemenge}}{\text{Zeit} \cdot \text{Fläche}} = q$ in $\dfrac{\text{J}}{\text{s} \cdot \text{m}^2} = \dfrac{W}{\text{m}^2}$	$j_{el} = \dfrac{\text{Ladung}}{\text{Zeit} \cdot \text{Fläche}}$ in $\dfrac{\text{A} \cdot \text{s}}{\text{s} \cdot \text{m}^2} = \dfrac{A}{\text{m}^2}$
Ursache:	Gradient des Geschwindigkeitspotentials	Temperaturgradient	Potentialgradient (Spannung)
Transportfeldstärke E	$v = E_H = -\,\text{grad}\,\Phi$ in $\dfrac{\text{Pa}}{\text{m}}$ Φ_2 / Φ_1, E_H, **grad** Φ, $\Phi_1 > \Phi_2$	$E_W = -\,\text{grad}\,T$ in $\dfrac{\text{K}}{\text{m}}$ T_2 / T_1, E_W, **grad** T, $T_1 > T_2$	$E_{el} = -\,\text{grad}\,\varphi$ in $\dfrac{\text{V}}{\text{m}}$ φ_2 / φ_1, E_{el}, **grad** φ, $\varphi_1 > \varphi_2$
Kontinuitätsgleichung	$\text{div}\,E_H = \dfrac{\partial E_H}{\partial x} + \dfrac{\partial E_H}{\partial y} + \dfrac{\partial E_H}{\partial z} = 0$	$\text{div}\,E_W = \dfrac{\partial E_W}{\partial x} + \dfrac{\partial E_W}{\partial y} + \dfrac{\partial E_W}{\partial z} = 0$	$\text{div}\,E_{el} = \dfrac{\partial E_{el}}{\partial x} + \dfrac{\partial E_{el}}{\partial y} + \dfrac{\partial E_{el}}{\partial z} = 0$
Zusammenhang zwischen Feldstärke und Transportflußdichte	$j_H = \varrho_H E_H = \varrho_H v$ (ϱ_H: Dichte)	$j_W = \dfrac{1}{\varrho_T} E_W = \lambda E_W$ (ϱ_T: spez. Wärmedurchlaßwiderstand, λ: Wärmeleitfähigkeit)	$j_{el} = \dfrac{1}{\varrho} E_{el} = \varkappa E_{el}$ (ϱ: spez. elektrischer Widerstand, $\varkappa$: elektrische Leitfähigkeit)
Laplace-Gleichung $\Delta\varphi = 0$	$\Delta\varphi = \text{div}\,E_H = -\,\text{div}\,\text{grad}\,\Phi = 0$ $\dfrac{\partial^2 \Phi}{\partial x^2} + \dfrac{\partial^2 \Phi}{\partial y^2} + \dfrac{\partial^2 \Phi}{\partial z^2} = 0$	$\Delta\varphi = \text{div}\,E_W = -\,\text{div}\,\text{grad}\,T = 0$ $\dfrac{\partial^2 T}{\partial x^2} + \dfrac{\partial^2 T}{\partial y^2} + \dfrac{\partial^2 T}{\partial z^2} = 0$	$\Delta\varphi = \text{div}\,E_{el} = -\,\text{div}\,\text{grad}\,U = 0$ $\dfrac{\partial^2 \varphi}{\partial x^2} + \dfrac{\partial^2 \varphi}{\partial y^2} + \dfrac{\partial^2 \varphi}{\partial z^2} = 0$

Übersicht H-7. Massen- und Energie-Erhaltungssatz.

Massen-Erhaltungssatz (Kontinuitätsgleichung)

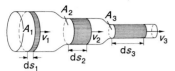

Massenstrom $\dfrac{dm}{dt} = \dot{m} = $ konstant

Für inkompressible Flüssigkeiten gilt
(da ϱ konstant):

Volumenstrom $\dfrac{dV}{dt} = \dot{V} = $ konstant

(kleine Flächen, hohe Durchflußgeschwindigkeiten
und umgekehrt)

$$dm/dt = \varrho_1\, v_1\, A_1 = \varrho_2\, v_2\, A_2 = \varrho\, v\, A = \text{konstant} \qquad \text{(H-26.1)}$$

$$dV/dt = (dm/dt)/\varrho = A\, v = \text{konstant} \qquad \text{(H-26.2)}$$

Energie-Erhaltungssatz (Bernoulli-Gleichung)

$$\frac{m}{\varrho}\, p \quad + \quad \frac{1}{2}\, m v^2 \quad + \quad m g h \quad = \text{konstant} \qquad \text{(H-27)}$$

Druckenergie + kinetische Energie + potentielle Energie = konst.

Auf den Druck p umgerechnet, ergibt sich die Bernoulli-Gleichung

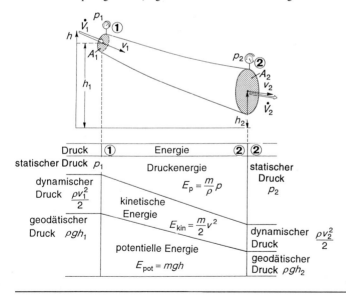

Übersicht H-7 (Fortsetzung)

$$p_1 + \tfrac{1}{2}\varrho\, v_1^2 + \varrho\, g\, h_1 = p_2 + \tfrac{1}{2}\varrho\, v_2^2 + \varrho\, g\, h_2 = \text{konstant} \qquad\qquad (\text{H}-28)$$

oder

$$p \quad + \quad \tfrac{1}{2}\varrho\, v^2 \quad + \quad \varrho\, g\, h \quad = \text{konstant}$$

| statischer Druck | + dynamischer Druck (Staudruck) | + Schweredruck (geodätischer Druck) | = konstant |

A	Durchflußfläche des strömenden Mediums	p	Druck
dm/dt	Massenstrom	h	Höhe
dV/dt	Volumenstrom	m	Masse
v	Geschwindigkeit der Strömung	ϱ	Dichte des strömenden Mediums
g	Erdbeschleunigung ($g = 9{,}81 \text{ m/s}^2$)		

Tabelle H-4. Druckmessung in Strömungen.

Bezeichnung	Drucksonde	Pitot-Rohr	Prandtlsches Staurohr
Skizze	p_{stat}	$p_{\text{stat}} + p_{\text{Stau}}$	p_{Stau} Differenzmessung von Pitot-Rohr und Drucksonde
Meßgröße	statischer Druck	statischer Druck und Staudruck	Staudruck, Strömungsgeschwindigkeit
Berechnungs-Formel	$p = p_{\text{stat}}$	$p_{\text{ges}} = p_{\text{stat}} + \dfrac{\varrho\, v^2}{2}$	$p_{\text{dyn}} = \dfrac{\varrho\, v^2}{2}$ $v = \sqrt{\dfrac{2\, p_{\text{dyn}}}{\varrho}}$

Übersicht H-8. Volumenstrommessung durch Drosselgeräte nach DIN 1952.

Venturi-Düse	Einlaufdüse	Blende

Berücksichtigung der Reibungsarbeit W_R und des Kompressionsverlustes W_K am Drosselgerät:

$$p_1 + \frac{1}{2}\varrho_1 v_1^2 = p_2 + \frac{1}{2}\varrho_2 v_2^2 + \frac{W_R}{\Delta V} + \frac{W_K}{\Delta V} \qquad \text{(H-29)}$$

Die Verlustanteile werden auf die kinetische Energie der Strömung bezogen und als *Expansionszahl* ε (Kompressionsverlust) oder als *Durchflußzahl* α (Reibungsverlust) berücksichtigt:

$$\varepsilon = \sqrt{1 - \frac{W_K/\Delta V}{\frac{1}{2}\varrho_2 v_2^2}} \qquad \text{(H-30)}$$

$$\alpha = \sqrt{1 - \frac{W_R/\Delta V}{\frac{1}{2}\varrho_2 v_2^2}} \qquad \text{(H-31)}$$

Strömungsgeschwindigkeit v_2 an der Drosselstelle:

$$v_2 = \alpha\varepsilon \sqrt{\frac{2(p_1 - p_2)}{\varrho_2\left(1 - \frac{\varrho_2}{\varrho_1}\cdot\frac{A_2^2}{A_1^2}\alpha^2\varepsilon^2\right)}} \qquad \text{(H-32)}$$

Volumenstrom $dV/dt = A_2\,v_2$:

$$dV/dt = \alpha\varepsilon A_2 \sqrt{\frac{2(p_1 - p_2)}{\varrho_2\left(1 - \frac{\varrho_2}{\varrho_1}\cdot\frac{A_2^2}{A_1^2}\alpha^2\varepsilon^2\right)}} \qquad \text{(H-33)}$$

Das Korrekturfaktorprodukt $\alpha\varepsilon$ ist von der Bauweise des Drosselgerätes abhängig (für Normdrosseln in DIN 1952 tabelliert). Für Venturi-Rohre, die häufig zur Bestimmung der Strömungsgeschwindigkeiten eingesetzt werden, ist $\alpha\varepsilon = 1$.

A_1, A_2	Fläche der Eintrittstelle, Austrittstelle (Drosselstelle)	ΔV	Volumenelement
v_1, v_2	Geschwindigkeit an der Eintrittstelle, Drosselstelle	W_R, W_K	Reibungsarbeit, Kompressionsverlust
		ϱ_1, ϱ_2	Dichte an der Eingangstelle, Drosselstelle
p_1, p_2	Druck an der Eintrittstelle, Drosselstelle	α	Durchflußzahl (Reibungsverlust)
		ε	Expansionszahl (Kompressionsverlust)

Übersicht H-9.   Ausfließen von Flüssigkeiten.

kleine Bodenöffnung

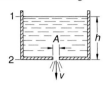

$$v = \mu \sqrt{2gh}$$

$$\frac{dV}{dt} = \mu A \sqrt{2gh} \qquad (H-34)$$

$\mu = \varphi\,\alpha$ Ausflußzahl
φ Geschwindigkeitsziffer
       (Wasser: $\varphi = 0{,}97$)
α Kontraktionszahl
       (Ausflußform; scharfkantig: $\alpha \approx 0{,}61$)

kleine Seitenöffnung

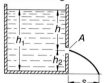

$$v = \mu \sqrt{2gh}$$

$$\frac{dV}{dt} = \mu A \sqrt{2gh} \qquad (H-35)$$

$$s = 2\mu \sqrt{h\,h_2}$$

große Seitenöffnung

$$\frac{dV}{dt} = \mu \frac{2}{3} b \sqrt{2g}\,(h_u^{3/2} - h_o^{3/2}) \qquad (H-36)$$

Druck p_a auf Flüssigkeitsspiegel

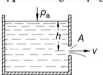

$$v = \mu \sqrt{2\left(gh + \frac{p_a}{\varrho}\right)}$$

$$\frac{dV}{dt} = \mu A \sqrt{2\left(qh + \frac{p_a}{\varrho}\right)} \qquad (H-37)$$

Druck p_a an der Ausflußstelle

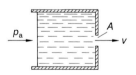

$$v = \mu \sqrt{\frac{2p_a}{\varrho}}$$

$$\frac{dV}{dt} = \mu A \sqrt{\frac{2p_a}{\varrho}} \qquad (H-38)$$

Übersicht H-10. Saugeffekte durch Erhöhen der Strömungsgeschwindigkeit.

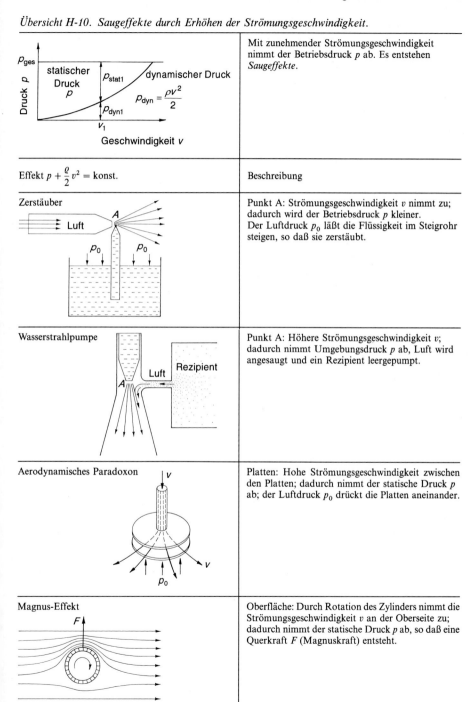

	Mit zunehmender Strömungsgeschwindigkeit nimmt der Betriebsdruck p ab. Es entstehen *Saugeffekte*.
Effekt $p + \dfrac{\varrho}{2} v^2 = \text{konst.}$	Beschreibung
Zerstäuber	Punkt A: Strömungsgeschwindigkeit v nimmt zu; dadurch wird der Betriebsdruck p kleiner. Der Luftdruck p_0 läßt die Flüssigkeit im Steigrohr steigen, so daß sie zerstäubt.
Wasserstrahlpumpe	Punkt A: Höhere Strömungsgeschwindigkeit v; dadurch nimmt Umgebungsdruck p ab, Luft wird angesaugt und ein Rezipient leergepumpt.
Aerodynamisches Paradoxon	Platten: Hohe Strömungsgeschwindigkeit zwischen den Platten; dadurch nimmt der statische Druck p ab; der Luftdruck p_0 drückt die Platten aneinander.
Magnus-Effekt	Oberfläche: Durch Rotation des Zylinders nimmt die Strömungsgeschwindigkeit v an der Oberseite zu; dadurch nimmt der statische Druck p ab, so daß eine Querkraft F (Magnuskraft) entsteht.

H.3.2 Strömungen realer Flüssigkeiten und Gase

H.3.2.1 Laminare Strömung

Laminare Strömungen sind, wie Übersicht H-1 an Hand der Navier-Stokesschen Gleichung zeigt, Strömungen mit *innerer Reibung*. Dabei gleiten die einzelnen Flüssigkeitsschichten (Laminate) mit *verschiedenen Geschwindigkeiten* übereinander, ohne sich zu vermischen. Es entsteht ein Geschwindigkeitsgefälle dv/dx.

Übersicht H-11. Laminare Strömung.

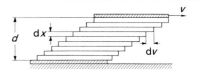

Reibungskraft $\quad F_R = \eta \, A \, \dfrac{dv}{dx}$ $\qquad$ (H–39)

Schubspannung $\quad \tau = \dfrac{F_R}{A} = \eta \, \dfrac{dv}{dx}$ $\qquad$ (H–40)

Temperaturabhängigkeit der dynamischen Viskosität η

Flüssigkeiten $\quad \eta = B \, e^{b/T}$ $\qquad$ (H–41.1)

Gase $\quad \eta = \eta_0 \, \sqrt{T/T_0}$ $\qquad$ (H–41.2)

(nicht druckabhängig, wenn mittlere freie Weglänge der Moleküle wesentlich kleiner als Gefäßdimensionen)

Fluidität $\quad \varphi = \dfrac{1}{\eta}$ $\qquad$ (H–42)

kinematische Viskosität $\quad \nu = \dfrac{\eta}{\varrho}$ $\qquad$ (H–43)

A	Berührungsfläche
B, b	empirisch ermittelte Konstanten
F_R	Reibungskraft
T, T_0	Temperatur, Bezugstemperatur
dv/dx	Geschwindigkeitsgefälle
η, η_0	dyn. Viskosität, dyn. Viskosität bei T_0
ϱ	Dichte

Tabelle H-5. Dynamische Viskosität η und kinematische Viskosität ν einiger Flüssigkeiten (bei 20 °C) und Gase (bei 0 °C).

Flüssigkeit	dynamische Viskosität η 10^{-3} Pa·s	kinematische Viskosität ν mm²/s
Aceton	0,33	0,41
Ameisensäure	1,80	1,45
Benzol	0,65	0,74
Chloroform	0,58	0,37
Essigsäure	1,23	1,17
Ethanol	1,21	1,50
Glyzerin	1485	1175
Methanol	0,59	0,75
Nitrobenzol	2,0	1,68
Olivenöl	81	88
Pentan	0,23	0,37
Quecksilber	1,56	0,12
Rizinusöl	985	1932
Schwefelsäure	30	15
Terpentinöl	1,47	1,72
Tetrachlorkohlenstoff	0,98	0,62
Toluol	0,59	0,68
Wasser	1	1
Xylol	0,59	0,70

Gas	dynamische Viskosität η 10^{-6} Pa·s	kinematische Viskosität ν mm²/s
Chlorwasserstoff	13,0	8,1
Ethan	8,7	6,4
Ethylen	9,3	7,5
Helium	18,9	104,5
Kohlendioxid	13,8	7,0
Kohlenmonoxid	16,7	13,5
Krypton	23,5	6,3
Luft	17,4	13,5
Methan	10,1	14,3
Neon	30,1	33,3
Propan	7,7	3,8
Sauerstoff	19,5	13,5
Schwefeldioxid	11,7	4,0
Schwefelwasserstoff	11,7	7,5
Stickoxid	18,1	13,3
Stickstoff	16,4	13,3
Wasserstoff	8,4	94,1
Xenon	21,2	3,6

Bernoulli-Gleichung bei Reibung

Die Reibungskraft F_R verursacht in einer Strömungsröhre (Übersicht H-7) einen Druckverlust p_v und vermindert dadurch die Druckdifferenz $p_1 - p_2$. Es gilt:

$$\varrho\, g\, h_1 + \tfrac{1}{2}\varrho\, v_1^2 + p_1 = \varrho\, g\, h_2 + \tfrac{1}{2}\varrho\, v_2^2 + p_2 + p_v;$$

$$(\text{H}-44)$$

ϱ Dichte des Mediums,
g Erdbeschleunigung ($g = 9{,}81$ m/s^2),
h_1 Höhe an der Stelle 1,
h_2 Höhe an der Stelle 2,
v_1 Geschwindigkeit an der Stelle 1,
v_2 Geschwindigkeit an der Stelle 2,
p_1 Druck an der Stelle 1,
p_2 Druck an der Stelle 2,
p_v Druckverlust infolge der Reibung.

In der Praxis wird der Druckverlust oft als *Verlusthöhe h_v* angegeben. Sie entspricht derjenigen Höhe, um die der Zufluß angehoben werden muß, um am Ausfluß denselben Druck wie im reibungsfreien Fall zu erreichen. Es gilt:

$$p_v = \varrho\, g\, h_v. \qquad (\text{H}-45)$$

Für die Verlusthöhe h_v in geraden Rohrleitungen mit konstantem Querschnitt gilt:

$$h_v = \lambda\, \frac{l\, v^2}{2\, d\, g}; \qquad (\text{H}-46)$$

λ Rohrreibungszahl (dimensionslos),
l Länge der Rohrleitung,
v Strömungsgeschwindigkeit,
d Durchmesser des Rohres,
g Erdbeschleunigung ($g = 9{,}81$ m/s^2).

Übersicht H-12. Laminare Strömungen in einem Rohr (Hagen-Poiseuillesches Gesetz), um eine Kugel (Stokessches Reibungsgesetz) und zwischen Platten.

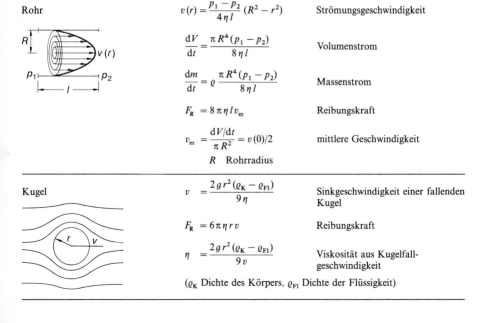

Rohr		
	$v(r) = \dfrac{p_1 - p_2}{4\,\eta\, l}\,(R^2 - r^2)$	Strömungsgeschwindigkeit
	$\dfrac{dV}{dt} = \dfrac{\pi R^4 (p_1 - p_2)}{8\,\eta\, l}$	Volumenstrom
	$\dfrac{dm}{dt} = \varrho\,\dfrac{\pi R^4 (p_1 - p_2)}{8\,\eta\, l}$	Massenstrom
	$F_R = 8\,\pi\,\eta\, l\, v_m$	Reibungskraft
	$v_m = \dfrac{dV/dt}{\pi R^2} = v(0)/2$	mittlere Geschwindigkeit
	R Rohrradius	
Kugel		
	$v = \dfrac{2\, g\, r^2 (\varrho_K - \varrho_{Fl})}{9\,\eta}$	Sinkgeschwindigkeit einer fallenden Kugel
	$F_R = 6\,\pi\,\eta\, r\, v$	Reibungskraft
	$\eta = \dfrac{2\, g\, r^2 (\varrho_K - \varrho_{Fl})}{9\, v}$	Viskosität aus Kugelfallgeschwindigkeit

(ϱ_K Dichte des Körpers, ϱ_{Fl} Dichte der Flüssigkeit)

Übersicht H-12 (Fortsetzung)

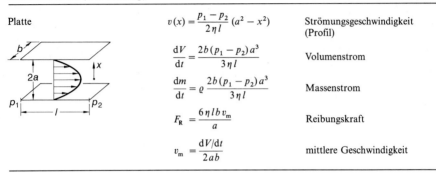

Platte	$v(x) = \dfrac{p_1 - p_2}{2\eta l}(a^2 - x^2)$	Strömungsgeschwindigkeit (Profil)
	$\dfrac{dV}{dt} = \dfrac{2b(p_1 - p_2)a^3}{3\eta l}$	Volumenstrom
	$\dfrac{dm}{dt} = \varrho\,\dfrac{2b(p_1 - p_2)a^3}{3\eta l}$	Massenstrom
	$F_R = \dfrac{6\eta l b v_m}{a}$	Reibungskraft
	$v_m = \dfrac{dV/dt}{2ab}$	mittlere Geschwindigkeit

H.3.2.2 Turbulente Strömung

Bei der *turbulenten* Strömung entstehen *Wirbel* und damit eine *Widerstandskraft F_W*. Sie setzt sich aus zwei Anteilen zusammen, der *Reibungskraft F_R* an der Körperoberfläche und der *Kraft der Druckdifferenz* vor und hinter dem umströmten Körper.

Grenzschicht

Bei der Umströmung von Körpern bildet sich eine *Grenzschicht* der Dicke *D* aus, innerhalb der die Strömungsgeschwindigkeit von $v = 0$ m/s auf den vollen Wert ansteigt. Es wird zunächst eine laminare und später eine turbulente Grenzschicht gebildet.

Übersicht H-13. Strömungswiderstand und Strömungsleistung.

reiner Reibungswiderstand	reiner Druckwiderstand	Reibungs- und Druckwiderstand
längs überströmte Platte	quer angeströmte Platte	überströmte Kugel

Widerstandskraft $F_W = c_W \dfrac{\varrho}{2} A v^2$ (H-47)

Strömungsleistung $P = c_W \dfrac{\varrho}{2} A v^3$ (H-48)

A	gegen die Strömung stehender Querschnitt (Schattenfläche)
F_W	Widerstandskraft
P	Strömungsleistung
c_W	Widerstandsbeiwert (dimensionslos)
v	Relativgeschwindigkeit zwischen Körper und Medium
ϱ	Dichte des strömenden Mediums

Tabelle H-6. *Widerstandsbeiwert einiger Körper.*

Körper	Widerstandsbeiwert c_W
Platte	1,1 bis 1,3
langer Zylinder	$Re > 5 \cdot 10^5$ $c_W = 0,35$ $5 \cdot 10^2 < Re \le 5 \cdot 10^5$ $c_W = 1,2$
Kugel	$Re > 10^6$ $c_W = 0,18$ $10^3 < Re < 10^5$ $c_W = 0,45$
Halbkugel (vorn)	mit Boden 0,4 ohne Boden 0,34

Tabelle H-6 *(Fortsetzung)*

Körper	Widerstandsbeiwert c_W
Halbkugel (hinten)	mit Boden 1,2 ohne Boden 1,3
Kegel mit Halbkugel	0,16 bis 0,2
Halbkugel mit Kegel	0,07 bis 0.09
Stromlinienkörper	0,055

Übersicht H-14. *Laminare und turbulente Grenzschichten.*

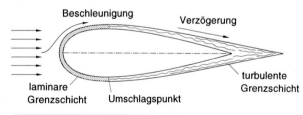

	laminare Grenzschicht	turbulente Grenzschicht
Geschwindigkeits-verteilung		
Grenzschicht D	$D_1 = 5 \sqrt{v \dfrac{1}{v}}$	$D_t = 0,37 \sqrt[5]{v \dfrac{l^4}{v}}$ v kinematische Viskosität

Ähnlichkeitsgesetze

Um Strömungsvorgänge im Labor studieren zu können, werden sie in *ähnlichen Modellen* abgebildet. Dabei unterscheidet man zwischen *geometrischer* und *hydromechanischer* Ähnlichkeit.

Reynolds-Zahl Re

Wirken äußere Druck- und Reibungskräfte, so ist für die hydromechanische Ähnlichkeit die *Reynolds-Zahl Re* maßgebend. Die Variable L ist eine *charakteristische Länge*. Sie wird durch den Versuchsaufbau bestimmt, mit dem die Reynolds-Zahl gemessen wird (z. B. ein Rohr- oder Kugeldurchmesser oder die Länge einer Platte).

$$Re = \frac{L \varrho v}{\eta} = \frac{L v}{v} \; ; \qquad \text{(H–49)}$$

ϱ Dichte des strömenden Mediums,
v Relativgeschwindigkeit zwischen Körper und Medium,
η dynamische Viskosität,
v kinematische Viskosität.

Reynolds-Zahlen, oberhalb derer die Strömung turbulent wird, werden *kritische Reynolds-Zahlen* genannt.

Tabelle H-7. Kritische Reynolds-Zahl Re_{krit} sowie Rohrreibungszahl λ bzw. Widerstandsbeiwert c_W (bei $Re < Re_{krit}$) für verschiedene Strömungsgeometrien.

	Re_{krit}	λ; c_W
kreisrundes Rohr	2320	$\lambda = \dfrac{64}{Re}$
Kugel	$1{,}7 \cdot 10^5$ bis $4 \cdot 10^5$	$c_W = \dfrac{12}{Re}$
Platte	$3{,}2 \cdot 10^5$ bis 10^6	$c_W = \dfrac{1{,}328}{\sqrt{Re}}$

In der Praxis ist man auf empirische Messungen angewiesen, die laminare und turbulente Bereiche beschreiben.

Tabelle H-8. Rohrreibungszahl λ und Widerstandsbeiwert c_W für Rohre mit dem Durchmesser D und Platten mit der Länge l in Abhängigkeit von der Rauhigkeit k und der Reynolds-Zahl.

	laminare Grenzschicht	turbulente Grenzschicht		
		hydraulisch glatt	hydraulisch rauh	Übergangsgebiet
Rohre	$\lambda = \dfrac{64}{Re}$	Blasius $\lambda = \dfrac{0{,}3164}{\sqrt[4]{Re}}$ $(2320 < Re < 10^5)$ Prandtl/Karman $\dfrac{1}{\sqrt{\lambda}} = 2\lg\left(\dfrac{Re\sqrt{\lambda}}{2{,}3\,l}\right)$ $c_W \approx \dfrac{0{,}309}{\lg(Re/7)^2}$	Nikurade $\dfrac{1}{\sqrt{\lambda}} = 2\lg\left(\dfrac{D}{k}\right) + 1{,}14$	Colebrook $\dfrac{1}{\sqrt{\lambda}} = -2\lg\left(\dfrac{2{,}5\,l}{Re\sqrt{\lambda}} + 0{,}27\dfrac{k}{D}\right)$
Platten	$c_W = \dfrac{1{,}328}{\sqrt{Re}}$	$c_W = \dfrac{0{,}0745}{\sqrt[5]{Re}}$	Voraussetzung: $Re\dfrac{k}{l} \geqq 100$ $c_W = \dfrac{0{,}418}{\left(2 + \lg\left(\dfrac{l}{k}\right)\right)^{2{,}53}}$	c_W aus empirischen Tabellenwerken

Froude-Zahl Fr

Sie beschreibt die Ähnlichkeit von Strömungen, wenn vor allem die *Schwerkraft* F_G von Bedeutung ist (z. B. beim Fördern von Sand oder Bewegen von Schiffen in Gewässern). Ihre Gleichung lautet:

$$Fr = \frac{v}{\sqrt{L\,g}}\; ; \qquad (\text{H}-50)$$

v Relativgeschwindigkeit zwischen Körper und Medium,

L charakteristische Länge des Körpers (z. B. Rohrdurchmesser, Kugeldurchmesser, Plattenlänge),

g Erdbeschleunigung ($g = 9,81 \text{ m/s}^2$).

Auftrieb bei umströmten Körpern

Treten bei der Umströmung von Körpern an der Oberseite höhere Geschwindigkeiten als an der Unterseite auf, dann entsteht an der Oberseite ein Gebiet des Unterdrucks und auf der Unterseite ein Gebiet des Überdrucks, und daraus eine *Auftriebskraft* F_A. Zusammen mit der Widerstandskraft F_W entsteht eine resultierende Kraft F_0. Sie greift am *Druckpunkt P* an.

Übersicht H-15. Dynamischer Auftrieb an umströmten Körpern.

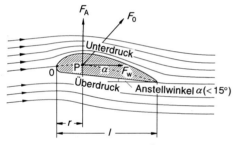

Auftriebskraft	$F_A = c_A \dfrac{\varrho}{2} A v^2$	(H–51)
Widerstandskraft	$F_W = c_W \dfrac{\varrho}{2} A v^2$	(H–52)
Drehmoment	$M = \dfrac{1}{2} \varrho A v^2 r (c_A \cos\alpha + c_W \sin\alpha)$	
	$\quad = \dfrac{1}{2} c_M \varrho A v^2 l$	(H–53)
Gleitzahl	$\varepsilon = \dfrac{F_W}{F_A} = \dfrac{c_W}{c_A}$	

c_A, c_W Auftriebsbeiwert, Widerstandsbeiwert
c_M Momentanbeiwert ($c_M l = r(c_A \cos\alpha + c_W \sin\alpha)$)
A Flügelfläche
F_A, F_W Auftriebskraft, Widerstandskraft
M Drehmoment
l Flügellänge
r Abstand zum Schwerpunkt
α Anstellwinkel
ε Gleitzahl
ϱ Dichte

212   H Hydro- und Aeromechanik

Bernoulli-Gleichung für kompressible Medien

Gase zeigen bei hohen Strömungsgeschwindigkeiten ($v > 0,3c$; c: Schallgeschwindigkeit) nicht vernachlässigbare Dichteänderungen.

Pumpen

Pumpen sind Arbeitsmaschinen zum Fördern flüssiger Medien von einem niedrigen Energieniveau h_e zu einem höheren h_a. *Pumpenkennlinien* zeigen die Förderhöhe H_A in Abhängigkeit vom Förderstrom Q ($Q = A\,v$). Die Kennlinie zeigt einen *statischen Anteil*, der vom Förderstrom unabhängig ist und einen *dynamischen Anteil*, der eine Funktion des Förderstroms Q ist.

Übersicht H-16. Bernoulli-Gleichung für kompressible Medien.

Allgemeine Bernoulli-Gleichung

$$\frac{v^2}{2} + \int \frac{dp}{\varrho} = \text{konstant} \tag{H-54}$$

Adiabatische Strömungen idealer Gase:

$p/\varrho^\varkappa = \text{konstant}$

$$\frac{v^2}{2} + \frac{\varkappa}{\varkappa - 1}\frac{p}{\varrho} = \text{konstant} \tag{H-55}$$

Ideale Gase: $\varkappa = c_p/(c_p - R_i)$

$$\frac{v^2}{2} + c_p T = \text{konstant} \tag{H-56}$$

c_p, c_V spezifische Wärmekapazität bei konstantem Druck, Volumen
p Druck
R_i individuelle Gaskonstannte
T Temperatur
v Geschwindigkeit
$\varkappa$ Isentropenexponent ($\varkappa = c_p/c_V$)

Übersicht H-17. Pumpe und Pumpenkennlinie.

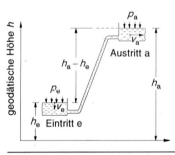 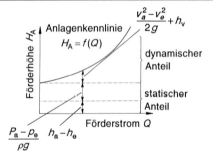

$$\text{Förderhöhe } H_A = (h_a - h_e) + \frac{p_a - p_e}{\varrho g} + \frac{v_a^2 - v_e^2}{2g} + h_v \tag{H-57}$$

$$H_A = (h_a - h_e) + \frac{p_a - p_e}{\varrho g} + \frac{Q^2/A_a^2 - Q^2/A_e^2}{2g} + h_v$$

h_a, h_e, h_v Austrittshöhe, Eintrittshöhe, Verlusthöhe
A_a, A_e Austrittsfläche, Eintrittsfläche
g Erdbeschleunigung ($g = 9,81$ m/s²)
p_a, p_e Austrittsdruck, Eintrittsdruck
Q Förderstrom ($Q = A \cdot v$)
v_a, v_e Austrittsgeschwindigkeit, Eintrittsgeschwindigkeit
H_A Förderhöhe
ϱ Dichte des zu fördernden Mediums

H.4 Molekularbewegungen

Während die Atome in Festkörpern um einen festen Punkt im Kristallgitter schwingen, bewegen sich die Moleküle in Flüssigkeiten um eine veränderliche augenblickliche Lage. Bei Gasen fehlt die Kohäsionskraft weitgehend, weshalb sich dort die Moleküle mit relativ hohen Geschwindigkeiten bewegen können. Die regellose Bewegung in Flüssigkeiten und Gasen wird *Brownsche Molekularbewegung* genannt.

H.4.1 Diffusion

Unter Diffusion versteht man die Mischung zweier Stoffe (meist von Flüssigkeiten und Gasen) ohne Einwirkung von äußeren Kräften. Der Massenstrom dm/dt folgt dabei dem *Konzentrationsgefälle*, das durch den Dichteunterschied dϱ/dx beschrieben wird (*Ficksches Gesetz*):

$$\frac{\mathrm{d}m}{\mathrm{d}t} = -D\,A\,\frac{\mathrm{d}\varrho}{\mathrm{d}x}\,; \qquad \text{(H–58)}$$

D Diffusionskoeffizient (Einheit: z. B. m^2/s),
dϱ/dx Dichtegefälle in x-Richtung,
A senkrecht durchströmte Fläche.

Osmose

Unter Osmose versteht man eine Diffusion in *nur einer Richtung*. Häufig findet sie bei Flüssigkeiten statt, die durch eine *semipermeable Scheidewand* getrennt sind. In diesem Fall können nur die Moleküle einer Sorte durchdiffundieren, weil die Poren so groß sind, daß

semipermeable Membran

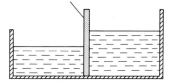

Bild H-4. Osmotischer Druck.

nur die Moleküle der *einen Sorte* durchgehen. Dadurch entsteht in dem einen Raum ein Überdruck, der *osmotische Druck*. Die Osmose ist dann beendet, wenn der osmotische Druck p_{osm} so groß ist, daß ebenso viele Moleküle wieder durch die semipermeable Wand zurückgedrückt werden, wie hineindiffundieren.

Der osmotische Druck p_{osm} gehorcht dem Gasgesetz (Abschn. O):

$$p_{\mathrm{osm}} = \frac{\nu\,R_{\mathrm{m}}\,T}{V}\,; \qquad \text{(H–59)}$$

ν Stoffmenge,
R_{m} molare Gaskonstante ($R_{\mathrm{m}} = 8{,}314\,\mathrm{J}/(\mathrm{mol}\cdot\mathrm{K})$),
T absolute Temperatur,
V Gesamtvolumen der Lösung.

H.4.2 Lösungen

Wenn Teile eines Stoffes gleichmäßig in einem andern verteilt sind, spricht man von *dispersen Lösungen*. Je nach Aggregatzustand des gelösten Stoffes in der Lösung sind andere Bezeichnungen üblich.

Tabelle H-9. Bezeichnungen von Lösungen.

Lösung \ gelöster Stoff	fest	flüssig	gasförmig
fest	festes Sol (Glas)	feste Emulsion, Gel	poröser Körper
flüssig	Suspension dispers (Gleichverteilung) molekular-dispers (Teilchen in Molekülgröße) kolloid-dispers (sehr kleine Stoffteile: 10^{-4} mm bis 10^{-8} mm)	Emulsion	Schaum
gasförmig	Rauch, Aerosol	Aerosol, Nebel	

J Schwingungen und Wellen

elektromagnetischen Systemen betrifft dies die elektrische und die magnetische Feldenergie. Die *Periodizität* des Energieaustausches wird beschrieben durch die *Schwingungsdauer T* für einen Energieaustauschzyklus bzw. durch die *Frequenz f*, die die Anzahl der Zyklen je Zeiteinheit angibt:

$$f = 1/T. \qquad (J-1)$$

Bei Schwingungen und Wellen finden *periodische Zustandsänderungen* statt. In mechanischen Systemen (im festen, flüssigen und gasförmigen Zustand) werden die potentielle und kinetische Energie periodisch bewegt, und in

J.1 Schwingungen

Bei *freien* Schwingungen wird ein Schwinger *einmalig* aus seiner Ruhelage entfernt und sich selbst überlassen. Er schwingt im *ungedämpf-*

Tabelle J-1. Einteilung der harmonischen Schwingungen.

	freie Schwingung	erzwungene Schwingung
	einmalige Auslenkung	periodische Erregung von außen
unge-dämpft	zeitlich konstante Amplitude: $\hat{y}_1 = \hat{y}_2 = \hat{y}_3 = \hat{y}_4$	
ge-dämpft	zeitlich abnehmende Amplitude: $\hat{y}_1 > \hat{y}_2 > \hat{y}_3 > \hat{y}_4$	

ten Fall mit einer *konstanten Eigenfrequenz* f_0, und seine Auslenkung $y(t)$ schwankt zwischen zwei *konstanten Maximalwerten* (Amplituden $\hat{y}$). Bei *gedämpften* freien Schwingungen nimmt die *Amplitude* im zeitlichen Verlauf *ab*. Ferner ist die *Frequenz* der *gedämpften Schwingung* f_d kleiner als die Eigenfrequenz f_0 der ungedämpften freien Schwingung.

Wird einem schwingungsfähigen System (*Oszillator*) durch einen *Erreger* eine Erregerfrequenz f_E aufgezwungen, so werden *erzwungene* Schwingungen stattfinden. Ist die Erregerfrequenz f_E gleich der Eigenfrequenz f_0 des Oszillators, dann tritt *Resonanz* ein. Im *ungedämpften* Fall wächst die Amplitude auf einen unendlich großen Wert an (*Resonanzkatastro*-

phe); im *gedämpften* Fall erreicht die Amplitude einen endlichen *Maximalwert*.

J.1.1 Freie ungedämpfte Schwingung

J.1.1.1 Grundlagen

Die wichtigste Eigenschaft aller Schwingungen ist die *Periodizität*, d. h., bestimmte Zustände kehren in konstanten Zeitabständen wieder.

Dies wird mathematisch durch die *harmonischen* Funktionen Sinus bzw. Kosinus beschrieben.

Tabelle J-2. Charakteristische Kenngrößen ungedämpfter Schwingungen.

Kenngröße	Bedeutung
	Periodizität
Periodendauer T	Zeitspanne zwischen zwei aufeinanderfolgenden, gleichen Schwingungszuständen (z. B. zeitlicher Abstand zwischen zwei Maxima oder Minima)
Frequenz f	Anzahl der Schwingungen je Zeit
	$f = \dfrac{1}{T}$ $1\,\text{Hz} = 1\,\text{s}^{-1}$
Kreisfrequenz ω	$\omega = 2\pi f = \dfrac{2\pi}{T}$ s^{-1}
	Auslenkungen
Augenblickswert $y(t)$	momentane Auslenkung zur Zeit t
Amplitude $\hat{y}$	maximaler Wert der Auslenkung (für $\sin(\omega t + \varphi_0)$ oder $\cos(\omega t + \varphi_0) = 1$)
	Phasenwinkel
Nullphasenwinkel φ_0 (Anfangsphase)	Anfangslage des schwingenden Systems zur Zeit $t = 0$. Er folgt aus $y(t) = \hat{y}\cos(\omega t + \varphi_0)$: $$\varphi_0 = \arccos\frac{y(0)}{\hat{y}}$$ $\varphi_0 > 0$: voreilend $\varphi_0 < 0$: nacheilend
allgemeiner Phasenwinkel φ	$\varphi = \omega t + \varphi_0$ Summe der Phasenlage eines Punktes zur Zeit $t(\omega t)$ und des Nullphasenwinkels φ_0
	Phase
Phase	augenblicklicher Zustand einer Schwingung (bestimmt durch zwei Schwingungsgrößen, z. B. Weg und Zeit)

Übersicht J-2. Mathematische Beschreibung harmonischer Schwingungen.

Cosinus-Schwingung

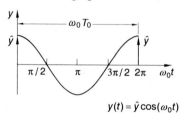

$$y(t) = \hat{y}\cos(\omega_0 t)$$

Sinus-Schwingung

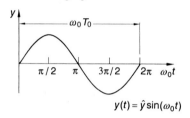

$$y(t) = \hat{y}\sin(\omega_0 t)$$

Phasenverschobene Schwingung

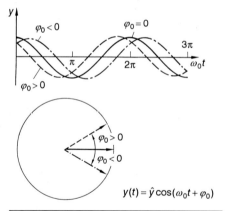

$$y(t) = \hat{y}\cos(\omega_0 t + \varphi_0)$$

$y(t)$	Auslenkung,
$\hat{y}$	Amplitude,
ω_0	Kreisfrequenz,
t	Zeit,
φ_0	Nullphasenwinkel.

J.1.1.2 Allgemeine Beschreibung durch eine Differentialgleichung

Differentialgleichungen der harmonischen Schwingung werden mit dem in der Übersicht J-3 zusammengestellten Ansatz gelöst. Dabei ergeben sich auch die Verläufe des *Weg-Zeit-Gesetzes*, des *Geschwindigkeits-Zeit-Gesetzes* und des *Beschleunigungs-Zeit-Gesetzes* mit ihren maximalen Werten für die Auslenkung, die Geschwindigkeit und die Beschleunigung.

J.1.1.3 Schwingungssysteme

Für das *mathematische Pendel* (punktförmige Masse an einem unelastischen Faden aufgehängt) gelten die Angaben nur für *kleine* Winkel β. Tabelle J-4 zeigt den Korrekturfaktor der Schwingungsdauer T_0 für größere Auslenkungen.

Mit dem *Torsionspendel* können *Massenträgheitsmomente* J_A um den Drehpunkt A experimentell ermittelt werden.

J.1.1.4 Gesamtenergie

Für Schwingungen gilt zu *jedem Zeitpunkt* der *Energieerhaltungssatz*. Die Gesamtenergie E_{ges} ist *proportional* zum Quadrat der Schwingungsamplitude $\hat{y}^2$ bzw. der Maximalgeschwindigkeit $\hat{v}^2$.

Übersicht J-3. Ansatz zur Lösung der Differentialgleichung; zeitlicher Verlauf von Auslenkung, Geschwindigkeit und Beschleunigung.

Gleichungen

Weg-Zeit-Gleichung: $\qquad\qquad y(t) = \hat{y}\cos(\omega_0 t + \varphi_0)$

Geschwindigkeit-Zeit-Gleichung: $\qquad v(t) = -\hat{y}\omega_0 \sin(\omega_0 t + \varphi_0)$

Beschleunigungs-Zeit-Gleichung: $\qquad a(t) = -\hat{y}\omega_0^2 \cos(\omega_0 t + \varphi_0)$

Schwingungsverlauf

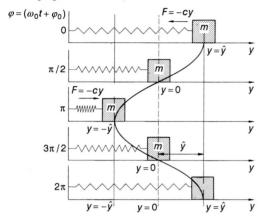

Periodische Funktionen der Auslenkung y, der Geschwindigkeit v und der Beschleunigung a

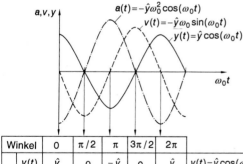

Winkel		0	$\pi/2$	π	$3\pi/2$	2π		
Größe	$y(t)$	$\hat{y}$	0	$-\hat{y}$	0	$\hat{y}$	$y(t)=\hat{y}\cos(\omega_0 t)$	$y_{max}=\hat{y}$
	$v(t)$	0	$-v_{max}$	0	v_{max}	0	$v(t)=-\hat{y}\omega_0\sin(\omega_0 t)$	$v_{max}=\hat{y}\omega_0$
	$a(t)$	$-a_{max}$	0	a_{max}	0	$-a_{max}$	$a(t)=-\hat{y}\omega_0^2\cos(\omega_0 t)$	$a_{max}=\hat{y}\omega_0^2$

$y(t)$	Auslenkung,		a_{max}	maximale Beschleunigung,
$\hat{y}$	Amplitude,		ω_0	Kreisfrequenz,
v	Geschwindigkeit,		φ_0	Nullphasenwinkel,
v_{max}	maximale Geschwindigkeit,		t	Zeit.
a	Beschleunigung,			

Tabelle J-3. Schwingungssysteme, ihre Differentialgleichungen und Lösungen.

Schwingungssystem	Kraft-Momentenansatz Differentialgleichung	$\omega_0 = 2\pi f_0$ $= \dfrac{2\pi}{T_0}$	f_0	T_0
Feder-Masse-System	$F = ma$ $-cy = m\ddot{y}$ $\ddot{y} + \dfrac{c}{m}y = 0$	$\sqrt{\dfrac{c}{m}}$	$\dfrac{1}{2\pi}\sqrt{\dfrac{c}{m}}$	$2\pi\sqrt{\dfrac{m}{c}}$
mathematisches Pendel	$F = ma$ $-mg\beta = ml\ddot{\beta}$ $\ddot{\beta} + \dfrac{g}{l}\beta = 0$	$\sqrt{\dfrac{g}{l}}$	$\dfrac{1}{2\pi}\sqrt{\dfrac{g}{l}}$	$2\pi\sqrt{\dfrac{l}{g}}$
Torsionspendel	$M = J_A \alpha$ $-c^*\beta = J_A\ddot{\beta}$ $\ddot{\beta} + \dfrac{c^*}{J_A}\beta = 0$	$\sqrt{\dfrac{c^*}{J_A}}$	$\dfrac{1}{2\pi}\sqrt{\dfrac{c^*}{J_A}}$	$2\pi\sqrt{\dfrac{J_A}{c^*}}$
physikalisches Pendel	$M = J_A \alpha$ $mgr\beta = J_A\ddot{\beta}$ $\ddot{\beta} + \dfrac{mgr}{J_A}\beta = 0$	$\sqrt{\dfrac{mgr}{J_A}}$	$\dfrac{1}{2\pi}\sqrt{\dfrac{mgr}{J_A}}$	$2\pi\sqrt{\dfrac{J_A}{mgr}}$
Flüssigkeitspendel	$F = ma$ $-2Agy = m_{ges}\ddot{y}$ $\ddot{y} + \dfrac{2A\varrho g}{m_{ges}}y = 0$ $\ddot{y} + \dfrac{2g}{l}y = 0$	$\sqrt{\dfrac{2A\varrho g}{m_{ges}}}$ $\sqrt{\dfrac{2g}{l}}$	$\dfrac{1}{2\pi}\sqrt{\dfrac{2A\varrho g}{m_{ges}}}$ $\dfrac{1}{2\pi}\sqrt{\dfrac{2g}{l}}$	$2\pi\sqrt{\dfrac{m_{ges}}{2A\varrho g}}$ $2\pi\sqrt{\dfrac{l}{2g}}$
elektromagnetischer Schwingkreis	$u_C - u_L = 0$ $u_L = -L\dfrac{d^2q}{dt^2}$ $u_C = \dfrac{1}{C}q$ $\ddot{q} + \dfrac{1}{LC}q = 0$	$\sqrt{\dfrac{1}{LC}}$	$\dfrac{1}{2\pi}\sqrt{\dfrac{1}{LC}}$	$2\pi\sqrt{LC}$

Tabelle J-3 (Fortsetzung)

A	Querschnitt,	q	Ladung,
a	Beschleunigung,	L	Induktivität,
c	Federkonstante,	F	Kraft,
C	Kapazität,	M	Drehmoment,
c^*	Winkelrichtgröße,	J_A	Massenträgheitsmoment um die Drehachse A,
g	Erdbeschleunigung,	y	Auslenkung,
l	Pendellänge, Länge des Wassers,	α	Winkelbeschleunigung,
r	Abstand vom Aufhängepunkt zum Schwerpunkt,	β	Winkel,
		ϱ	Dichte,
m	Masse,		
u_L	Spannung an der Spule,		$\ddot{y} = \dfrac{\mathrm{d}^2 y}{\mathrm{d}t^2};\quad \ddot{\beta} = \dfrac{\mathrm{d}^2 \beta}{\mathrm{d}t^2};\quad \ddot{q} = \dfrac{\mathrm{d}^2 q}{\mathrm{d}t^2}$
u_C	Spannung am Kondensator,		

Tabelle J-4. Korrekturfaktoren für T_0 für größere Winkel des mathematischen und physikalischen Pendels.

Winkel	Korrekturfaktor
1°	1,00002
5°	1,00048
10°	1,00191
30°	1,01741
45°	1,03997

Übersicht J-4. Energieverlauf und Energieerhaltungssatz für den ungedämpften Einmassenschwinger.

Energie-Erhaltungssatz

$$E_{\text{ges}} = E_{\text{pot}}(t) + E_{\text{kin}}(t) = \text{const}$$

$$E_{\text{ges}} = \frac{1}{2} c \hat{y}^2 = \frac{1}{2} m \omega_0^2 \hat{y}^2 = \frac{1}{2} m \hat{v}^2 \rightarrow \omega_0 = \sqrt{\frac{c}{m}}$$

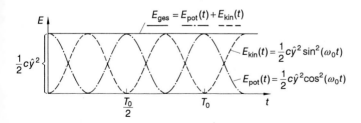

c	Federkonstante,	$\hat{v}$	maximale Geschwindigkeit,
E_{ges}	Gesamtenergie,	$\hat{y}$	Amplitude,
E_{kin}	kinetische Energie,	t	Zeit,
E_{pot}	potentielle Energie,	ω_0	Kreisfrequenz.
m	Masse,		

Übersicht J-5. Gedämpfte Schwingung.

Geschwindigkeitsproportionale Reibung

$$F_R = -bv$$

Differentialgleichung

$$\ddot{y} + \frac{b}{m}\dot{y} + \frac{c}{m}y = 0$$

$$\ddot{y} + 2D\omega_0\dot{y} + \omega_0^2 y = 0$$

Abklingkoeffizient	$\delta = \dfrac{b}{2m} = \dfrac{\ln(\hat{y}_i/\hat{y}_{i+1})}{T_d} = \dfrac{\Lambda}{T_d}$
Dämpfungsgrad	$D = \dfrac{\delta}{\omega_0} = \dfrac{b}{2m\omega_0} = \dfrac{b}{2\sqrt{mc}}$
Verlustfaktor	$d = 2D = \dfrac{b}{m\omega_0} = \dfrac{b}{\sqrt{mc}}$
Güte	$Q = \dfrac{1}{d} = \dfrac{1}{2D} = \dfrac{m\omega_0}{b} = \dfrac{\sqrt{mc}}{b}$

Übersicht J-5 (Fortsetzung)

Amplitudenverhältnis	$\dfrac{\hat{y}_i}{\hat{y}_{i+1}} = e^{\delta T_d} = k$
n-te Amplitude	$\dfrac{\hat{y}_i}{\hat{y}_{i+n}} = k^n$
logarithmisches Dekrement	$\Lambda = \ln\left(\dfrac{\hat{y}_i}{\hat{y}_{i+1}}\right)$
	$= \ln(k) = \delta\, T_d$

b	Dämpfungskoeffizient,
c	Federkonstante,
m	Masse,
k	Amplitudenverhältnis,
$\hat{y}_i$	Amplitude i,
$\hat{y}_{i+1}$	Amplitude $i+1$,
v	Geschwindigkeit,
T_d	Schwingungsdauer der gedämpften Schwingung,
Λ	logarithmisches Dekrement,
ω_0	Kreisfrequenz der ungedämpften Schwingung.

J.1.2 Freie gedämpfte Schwingung

Reibungskräfte F_R bringen eine freie Schwingung im Laufe der Zeit zur Ruhe (Tabelle J-1). Je nach Ansatz für die Reibungskraft F_R entstehen unterschiedliche Differentialgleichungen.

Im folgenden wird die *geschwindigkeitsproportionale Reibung* untersucht, bei der die Reibungskraft F_R proportional zur Geschwindigkeit zunimmt (*Newtonsches Reibungsgesetz*). Tabelle J-6 zeigt die drei möglichen Fälle: den Schwingfall, den Kriechfall und den aperiodischen Grenzfall.

Tabelle J-5. Unterschiedliche Reibungskräfte und Differentialgleichungen für das Feder-Masse-System.

Reibungskraft	geschwindigkeits-unabhängige Reibungskraft $F_R = \mu F_N$	geschwindigkeits-abhängige viskose Reibungskraft $F_R = bv$	geschwindigkeits-abhängige Luftreibungskraft $F_R = kv^2$
Differentialgleichung des Feder-Masse-Systems	$m\ddot{y} \pm \mu F_N + cy = 0$ Substitution: $y_0 = \dfrac{\mu F_N}{c}$ $s = y \pm y_0$ $\ddot{s} = \ddot{y}$ $\boxed{\ddot{s} + \dfrac{c}{m}s = 0}$	$m\ddot{y} + b\dot{y} + cy = 0$ $\boxed{\ddot{y} + \dfrac{b}{m}\dot{y} + \dfrac{c}{m}y = 0}$	$m\ddot{y} + k\dot{y}^2 + cy = 0$ $\boxed{\ddot{y} + \dfrac{k}{m}\dot{y}^2 + \dfrac{c}{m}y = 0}$

Tabelle J-6. Lösungen für die drei Fälle der gedämpften Schwingung.

	Schwingfall	Kriechfall	aperiodischer Grenzfall
Lösung	$D < 1$ $\omega_0 > \delta$	$D > 1$ $\omega_0 < \delta$	$D = 1$ $\omega_0 = \delta$
Bedingung	$\boxed{y(t) = \hat{y}_0\, e^{-\delta t} \cos(\omega_\mathrm{d} t + \varphi_0)}$ $\boxed{\omega_\mathrm{d} = \sqrt{\dfrac{c}{m} - \dfrac{b^2}{4m^2}}}$ $\omega_\mathrm{d} = \sqrt{\omega_0^2 - \delta^2}$ $\boxed{\omega_\mathrm{d} = \omega_0\sqrt{1 - D^2}}$ $\omega_\mathrm{d} < \omega_0$	$\boxed{\begin{array}{l} y(t) = \hat{y}_1\, e^{(-\delta+\sqrt{\delta^2-\omega_0^2})t} \\ \quad + \hat{y}_2\, e^{(-\delta-\sqrt{\delta^2-\omega_0^2})t} \end{array}}$ $y(t) = \hat{y}_1\, e^{-\omega_0(D-\sqrt{D^2-1})t}$ $\quad + \hat{y}_2\, e^{-\omega_0(D+\sqrt{D^2-1})t}$ ω_d imaginär	$\boxed{y(t) = (\hat{y}_1 + \hat{y}_2\,\delta t)\, e^{-\delta t}}$ $y(t) = (\hat{y}_1 + \hat{y}_2\,\delta t)\, e^{-\omega_0 D t}$ $\omega_\mathrm{d} = 0$
Graph der Funktion			

b	Dämpfungskoeffizient,
c	Federkonstante,
D	Dämpfungsgrad ($D = \delta/\omega_0$),
T_d	Schwingungsdauer der gedämpften Schwingung,
T_0	Schwingungsdauer der ungedämpften Schwingung,
$y(t)$	Auslenkung,
$\hat{y}$	Amplitude,
δ	Abklingkoeffizient ($\delta = \omega_0 D$),
ω_0	Kreisfrequenz der ungedämpften Schwingung,
ω_d	Kreisfrequenz der gedämpften Schwingung,
t	Zeit.

Schwingfall für $\omega_0 > \delta$ ($D < 1$)

Wie die Lösung nach Tabelle J-6 und der Kurvenverlauf zeigen, ist die Kreisfrequenz ω_d der gedämpften Schwingung *kleiner* als die der ungedämpften ω_0 ($\omega_\mathrm{d} < \omega_0$). Entsprechend gilt: $T_\mathrm{d} > T_0$. Wie die Lösungsgleichung nach Tabelle J-6 ferner zeigt, nehmen die Amplituden entsprechend der Exponentialfunktion $e^{-\delta t}$ ab. Das bedeutet, daß die *Amplitudenverhältnisse gleich* sind (Amplitudenverhältnis

k). Zur Bestimmung des Abklingkoeffizienten δ wird dieses logarithmiert und das *logarithmische Dekrement Λ* gebildet (Übersicht J-5).

Kriechfall für $\omega_0 < \delta$ ($D > 1$)

Wie Tabelle J-6 zeigt, tritt *keine Schwingung* auf; die Amplitude nimmt monoton ab. Die Anfangsbedingungen für $y(0)$ und $\dot{y}(0)$ bestimmen die beiden Integrationskonstanten $\hat{y}_1$ und $\hat{y}_2$.

Aperiodischer Grenzfall für $\omega_0 = \delta$ $(D = 1)$

In diesem Fall tritt gerade *eben keine Schwingung* mehr auf. Der aperiodische Grenzfall spielt für viele Meßgeräte eine wichtige Rolle, wenn Schwingungen vermieden und die Meßwerte möglichst schnell angezeigt werden sol-

len. Die Lösung ist in Tabelle J-6 zu erkennen. Die beiden Integrationskonstanten werden aus den Anfangsbedingungen $y(0)$ und $\dot{y}(0)$ ermittelt.

Mechanische und elektromagnetische gedämpfte Schwingungen

Übersicht J-6. Vergleich mechanischer und elektromagnetischer gedämpfter Schwingungen.

mechanisch	elektromagnetisch
Masse Feder ┃ Dämpfung 	L C u_0 R
$\dfrac{d^2 y}{dt^2} + \dfrac{b}{m}\dfrac{dy}{dt} + \dfrac{c}{m}y = 0$	$\dfrac{d^2 i}{dt^2} + \dfrac{R}{L}\dfrac{di}{dt} + \dfrac{1}{LC}i = 0$
Masse m Dämpfungskonstante b Federkonstante c Auslenkung y Geschwindigkeit v Federkraft $F = c\,y$	Induktivität der Spule L Widerstand R Kehrwert der Kapazität $\dfrac{1}{C}$ Ladung q Strom i Kondensatorspannung $u_C = \dfrac{1}{C}q$
potentielle Energie $E_{pot} = \dfrac{1}{2}c\,y^2$	elektrische Energie $E_{el} = \dfrac{1}{2C}q^2$
kinetische Energie $E_{kin} = \dfrac{1}{2}m\,v^2$	magnetische Energie $E_{magn} = \dfrac{1}{2}L\,i^2$
ungedämpfte Kreisfrequenz ω_0	
$\omega_0 = \sqrt{\dfrac{c}{m}}$	$\omega_0 = \sqrt{\dfrac{1}{LC}}$
Dämpfungsfrequenz ω_d	
$\omega_d = \sqrt{\dfrac{c}{m} - \left(\dfrac{b}{2m}\right)^2}$	$\omega_d = \sqrt{\dfrac{1}{LC} - \left(\dfrac{R}{2L}\right)^2}$
Abklingkoeffizient δ	
$\delta = \dfrac{b}{2m}$	$\delta = \dfrac{R}{2L}$
Dämpfungsgrad D	
$D = \dfrac{\delta}{\omega_0} = \dfrac{b}{2}\sqrt{\dfrac{1}{mc}}$	$D = \dfrac{\delta}{\omega_0} = \dfrac{R}{2}\sqrt{\dfrac{C}{L}}$
Güte Q	
$Q = \dfrac{1}{2D} = \dfrac{\sqrt{mc}}{b}$	$Q = \dfrac{1}{2D} = \dfrac{1}{R}\sqrt{\dfrac{L}{C}}$

J.1.3 Erzwungene Schwingung

Bei einer *erzwungenen Schwingung* wird einem mechanischen (oder elektrischen) System (dem *Resonator*) von einem *äußeren Erreger* eine *periodische Kraft* (oder Spannung) aufgezwungen. Nach der Einschwingdauer

schwingt das System mit der Frequenz des Erregers ω_E.

J.1.3.1 Erzwungene mechanische Schwingung

Übersicht J-7 zeigt als *Resonator* ein schwingungsfähiges Feder-Masse-System, auf das ein

Übersicht J-7. Erzwungene Schwingung.

Erzwungene Schwingung

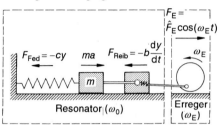

Differentialgleichung

$$\ddot{y} + \frac{b}{m}\dot{y} + \frac{c}{m}y = \frac{\hat{F}_E}{m}\cos(\omega_E\,t)$$

$$\ddot{y} + 2D\omega_0\dot{y} + \omega_0^2 y = \frac{\hat{F}_E}{m}\cos(\omega_E\,t)$$

Schwingungsverhalten des Systems

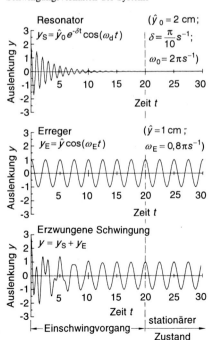

Übersicht J-7 (Fortsetzung)

Kraft als komplexer Zeiger

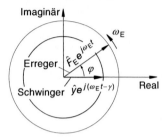

Amplituden-Resonanzfunktion

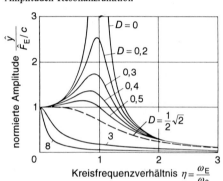

$$\hat{y} = \frac{\hat{F}_E}{m\sqrt{(\omega_0^2 - \omega_E^2)^2 + (2D\omega_0\omega_E)^2}}$$

$$\hat{y} = \frac{\hat{F}_E}{c\sqrt{(1 - \eta^2)^2 + (2D\eta)^2}}$$

$$(\eta = \omega_E/\omega_0)$$

Resonanzamplitude

$$\hat{y}_{Res} = \frac{\hat{F}_E}{c\,2D\sqrt{1 - D^2}} = \frac{\hat{y}_{stat}}{2D\sqrt{1 - D^2}}$$

Resonanzfrequenz

$$\eta_R = \frac{\omega_R}{\omega_0} = \sqrt{1 - 2D^2}$$

Güte des Schwingkreises

$$Q = \frac{1}{2D} = \frac{\hat{y}_{res}}{\hat{y}_{stat}}$$

Phasen-Resonanzfunktion

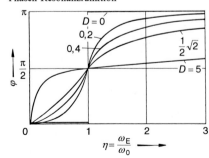

$$\tan\varphi = \frac{2D\omega_E\omega_0}{(\omega_0^2 - \omega_E^2)} = \frac{2D\eta}{(1 - \eta^2)}$$

$$\eta = \arctan\frac{2D\eta}{1 - \eta^2} \qquad \eta < 1$$

$$= \frac{\pi}{2} - \arctan\frac{2D}{\eta^2 - 1} \qquad \eta > 1$$

Übersicht J-7 (Fortsetzung)

b	Dämpfungskoeffizient ($b = 2m\delta$),
c	Federkonstante,
D	Dämpfungsgrad ($D = \delta/\omega_0$),
F_{Fed}, F_R, F_E	Federkraft, Reibungskraft, erregende Kraft,
j	imaginäre Einheit ($j = \sqrt{-1}$),
y	Auslenkung des Schwingers,
$\hat{y}_{res}$	Amplitude im Resonanzfall,
$\hat{y}_{stat}$	Amplitude bei quasistatischer Anregung
t	Zeit,
Q	Güte,
δ	Abklingkoeffizient $\left(\delta = D\omega_0 = \dfrac{b}{2m}\right)$,
ω_0, ω_E	Kreisfrequenz des ungedämpften Systems, des Erregers,
γ	Phasenverschiebung zwischen schwingendem System und Erreger,
η	Frequenzverhältnis ($\eta = \omega_E/\omega_0$; normierte Frequenz).

Erreger mit der Kreisfrequenz ω_E periodisch einwirkt. Dabei wirken drei Kräfte:

- Federkraft $F_{Fed} = -cy$,

- Reibungskraft $F_R = -b\dfrac{dy}{dt}$

- Erregende Kraft $F_E = \hat{F}_E \cos(\omega_E t)$.

Wie Übersicht J-7 zeigt, findet eine Überlagerung der Schwingungen des gedämpften Systems (mit der Kreisfrquenz ω_d) mit den Schwingungen des erregenden Systems (Kreisfrequenz der erregenden Schwingung ω_E) statt. Nach der *Einschwingdauer* schwingt das *gesamte System* mit der Kreisfreuqenz der erregenden Schwingung ω_E. Die erregende Kraft F_E ist ein komplexer Zeiger $\hat{F}_E e^{j(\omega_E t)}$, der mit der erregenden Kreisfrequenz ω_E schwingt. Die Auslenkung des Schwingers $\hat{y} e^{j(\omega_E t - \gamma)}$ rotiert als Zeiger mit derselben Frequenz ω_E, jedoch um die Phasenverschiebung γ verzögert. Die Phasenverschiebung hängt von der Kreisfrequenz des Erregers ω_E, der Eigenfrequenz des Resonators ω_0 und der Dämpfung D ab.

Folgende Fälle treten auf:

Quasistatische Anregung ($\eta \ll 1$)

Als Amplitude ergibt sich: $y_{stat} = \hat{F}_E/c$ (statische Auslenkung aufgrund der Federkraft). Zwischen Erreger und Resonator ist die Phasenverschiebung gleich null, weil die erregende Kraft sich so langsam ändert, daß der Schwinger folgen kann.

Resonanzfall ohne Dämpfung ($\eta = 1$; $D = 0$)

Es tritt ein Phasensprung von 0 auf π auf. Die Amplitude wird *unendlich* groß (Übersicht J-7). Es kommt zur *Resonanzkatastrophe*. Sie kann verhindert werden durch:

- Vermeidung periodischer Kraftwirkungen,
- Einbau geeigneter Dämpfungsglieder,
- großer Unterschied zwischen der Eigenfrequenz des schwingungsfähigen Systems ω_0 und der Erregerfrequenz ω_E.

Resonanzfall mit Dämpfung ($\eta < 1$; $D > 0$)

Mit steigendem Dämpfungsgrad nehmen die Amplituden bis zur *Grenzdämpfung* $D_{Gr} = 1/\sqrt{2}$ ab. Wird die Grenzdämpfung überschritten, dann tritt keine Resonanzüberhöhung mehr ein. Die *Güte Q* eines Schwingkreises wird näherungsweise durch das Verhältnis der Amplitude Resonanzfall $\hat{y}_{Res}$ und der Amplitude im statischen Fall $\hat{y}_{stat}$ bestimmt ($Q = 1/(2D) = \hat{y}_{Res}/\hat{y}_{stat}$). Wichtige Anwendungsgebiete sind die *(mechanischen) Frequenzfilter* in der Nachrichtentechnik.

Hochfrequente Anregung ($\eta \gg 1$)

Der Erreger und der Resonator schwingen annähernd gegenphasig (für $\eta \to \infty$ ist $\gamma = \pi$), und zwar um so genauer, je geringer die Dämpfung D ist. Unabhängig vom Dämpfungsgrad D geht die Amplitude der erwungenen Schwingung gegen null ($\hat{y} \approx 0$). In der Praxis wird damit die *Übertragung von Eigenschwingungen vermieden*.

Tabelle J-7. Amplituden- und Phasenverlauf einer erzwungenen Schwingung für verschiedene Dämpfungsgrade und unterschiedliche Kreisfrequenzen.

Dämpfung D / Kreisfrequenz-verhältnis η	ohne Dämpfung $D = 0$	geringe Dämpfung $D \leq 0{,}1$		überkritische Dämpfung $D \geq \frac{1}{2}\sqrt{2}$
quasistatische Anregung $\eta \approx 0$ ($\omega_E \ll \omega_0$)	Amplitude $\hat{y} = \dfrac{\hat{F}_E}{c}$			
	bis $\eta \approx 1$ zunehmend			mit $\eta > 0$ abnehmend
	Phasenverschiebung $\gamma = 0$			
Resonanz $\eta \approx 1$ ($\omega_E \approx \omega_0$)	Amplitude $\hat{y} \to \infty$	Amplitude $\hat{y} \to$ Maximum		Amplitude $\hat{y} < \dfrac{\hat{F}_E}{c}$
	Phasenverschiebung $\gamma = \dfrac{\pi}{2}$			
hochfrequente Anregung $\eta \gg 1$ ($\omega_E \gg \omega_0$)	Amplitude $\hat{y} \to 0$			
	Phasenverschiebung $\gamma = \pi$	Phasenverschiebung $\gamma \to \pi$ (abhängig von D)		

J.1.3.2 Erzwungene elektrische Schwingung

Der elektrische Reihenschwingkreis wird mit einer Wechselspannung $u_0 = \hat{u}_0 \cos(\omega_E t)$ der Kreisfrequenz ω_E angeregt (Übersicht J-8). Es ist für die Bauteile zu beachten: Bei Schwingkreisen mit hoher Güte Q liegt im Resonanzfall an Kondensator und Spule das Q-fache der Generatorspannung an.

Übersicht J-8. Erzwungene elektrische Schwingung.

Elektromagnetischer Schwingkreis	Differentialgleichung
	$$\frac{d^2 i}{dt^2} + \frac{R}{L}\frac{di}{dt} + \frac{1}{LC}i = -\frac{\hat{u}_0\,\omega_E}{L}\sin(\omega_E t)$$ $$\frac{d^2 i}{dt^2} + 2D\omega_0\frac{di}{dt} + \omega_0^2 i = -\frac{\hat{u}_0\,\omega_E}{L}\sin(\omega_E t)$$

Übersicht J-8 (Fortsetzung)

Stromamplitude

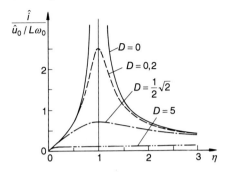

$$\hat{i} = \frac{\hat{u}_0}{\sqrt{R^2 + (\omega_E L - 1/(\omega_E C))^2}}$$

$$\hat{i} = \frac{\hat{u}_0 \eta}{\omega_0 L \sqrt{(2 D \eta)^2 + (\eta^2 - 1)^2}}$$

$$\hat{i}_{Res} = \frac{\hat{u}_0}{R} = \frac{\hat{u}_0 \eta}{\omega_0 L \sqrt{(1 - \eta^2)^2 + (2 D \eta)^2}}$$

Spannungsverlauf

Spannung am Widerstand: $u_R = i R = \hat{u}_R \cos(\omega_E t - \gamma); \ \hat{u}_R = \hat{i} R$

(wie Stromamplitde) $\hat{u}_{R, Res} = \hat{u}_0$

Spannung am Kondensator

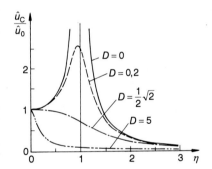

$$\hat{u}_C = \frac{\hat{u}_0}{\sqrt{(2 D \eta)^2 + (\eta^2 - 1)^2}} = \frac{\hat{u}_0}{\sqrt{(1 - \eta^2)^2 + (2 D \eta)^2}}$$

$$\hat{u}_{C, Res} = \frac{\hat{u}_0}{2 D \sqrt{1 - D^2}}$$

$$D = \frac{R}{2} \sqrt{\frac{C}{L}}$$

$$\frac{\hat{u}_{C, Res}}{\hat{u}_0} = \frac{1}{2 D \sqrt{(1 - D^2)}} \approx \frac{1}{2 D} = Q$$

Spannung an der Spule

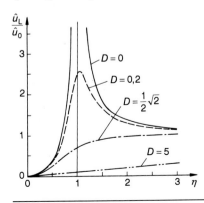

$$\hat{u}_L = \frac{\hat{u}_0 \eta^2}{\sqrt{(2 D \eta)^2 + (\eta^2 - 1)^2}} = \frac{\hat{u}_0 \eta^2}{\sqrt{(1 - \eta^2)^2 + (2 D \eta)^2}}$$

$$\hat{u}_{L, Res} = \frac{\hat{u}_0}{2 D \sqrt{(1 - D^2)}}$$

$$D = \frac{R}{2} \sqrt{\frac{C}{L}}$$

Übersicht J-8 (Fortsetzung)

Phasenwinkel γ zwischen Erregerspannung und Strom

$u_0(t) = \hat{u}_0 \cos \omega_E t$

$i(t) = \hat{i} \cos(\omega_E t - \gamma)$

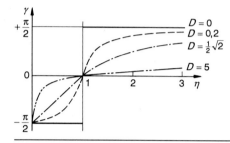

$$\tan \gamma = \frac{\omega_E^2 - \omega_0^2}{\omega_E \cdot R/L}$$

$$\tan \gamma = \frac{\eta^2 - 1}{2D\eta}$$

C	Kapazität,
D	Dämpfungsgrad,
L	Induktivität,
i	elektrischer Strom,
R	ohmscher Widerstand,
$\hat{u}_R, \hat{u}_C, \hat{u}_L$	Amplitude der Spannung am Widerstand, am Kondensator, an der Spule,
$\hat{u}_0$	Amplitude der äußeren Wechselspannung,
γ	Phasenwinkel zwischen erregender Spannung und Strom im Schwingkreis,
ω_E	Kreisfrequenz der erregenden Spannung,
ω_0	Eigen-Kreisfrequenz des Schwingkreises,
η	Verhältnis der Kreisfrequenzen ($\eta = \omega_E/\omega_0$).

J.1.4 Überlagerung von Schwingungen

Schwingungen überlagern sich innerhalb des elastischen Bereichs ungestört (*Superpositionsprinzip*). Tabelle J-8 zeigt die verschiedenen Möglichkeiten, wenn sich die Frequenzen ändern und die Bewegungsrichtungen parallel verlaufen oder aufeinander senkrecht stehen.

Tabelle J-8. Resultierende Schwingung bei Schwingungsüberlagerung.

Frequenzart	Bewegungsrichtungen parallel	Bewegungsrichtungen senkrecht
gleiche Frequenzen	Schwingung gleicher Frequenz, verschiedener Amplitude und/oder Phase	verschiedene Ellipsen, je nach Amplitude und Phasenlage
unterschiedliche Frequenzen	Schwebungen Fourier-Synthese	ganzzahlige Frequenzverhältnisse Lissajous-Figuren

J.1.4.1 Überlagerung in gleicher Raumrichtung und mit gleicher Frequenz

Übersicht J-9. *Überlagerung von Schwingungen.*

Ausgangsschwingungen

$$y_1(t) = \hat{y}_1 \cos(\omega t + \varphi_{01}); \; y_2(t) = \hat{y}_2 \cos(\omega t + \varphi_{02})$$

Neue Schwingung

$$y_{neu} = y_1(t) + y_2(t) = \hat{y}_{neu} \cos(\omega t + \varphi_{neu})$$

Phasenverschiebung $\Delta\varphi = \varphi_{01} - \varphi_{02}$

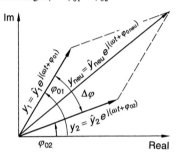

Zeiger-Darstellung

Neue Amplitude

$$\hat{y}_{neu} = \sqrt{\hat{y}_1^2 + 2\hat{y}_1\hat{y}_2 \cos(\varphi_{01} - \varphi_{02}) + \hat{y}_2^2}$$

$$\tan\varphi_{neu} = \frac{\hat{y}_1 \sin\varphi_{01} + \hat{y}_2 \sin\varphi_{02}}{\hat{y}_1 \cos\varphi_{01} + \hat{y}_2 \cos\varphi_{02}}$$

Für $\hat{y}_1 = \hat{y}_2 = \hat{y}$

$$\hat{y}_{neu} = 2\hat{y} \cos\left(\frac{\varphi_{01} - \varphi_{02}}{2}\right)$$

$$\varphi_{neu} = \frac{\varphi_{01} - \varphi_{02}}{2}$$

beliebige Überlagerung

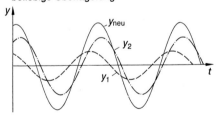

maximale Verstärkung

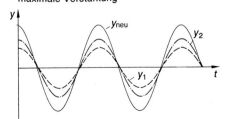

$\Delta\varphi = 0$

$$\hat{y}_{neu} = \sqrt{\hat{y}_1^2 + 2\hat{y}_1\hat{y}_2 + \hat{y}_2^2}$$

Für $\hat{y}_1 = \hat{y}_2 = \hat{y}$

$$\hat{y}_{neu} = 2\hat{y}$$

Übersicht J-9 (Fortsetzung)

Auslöschung	$\Delta\varphi = \pi$

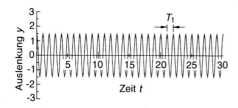

$\hat{y}_{neu} = 0$

y_1, y_2	Schwingung 1, Schwingung 2,
$\hat{y}_{neu}$	Amplitude der neuen Schwingung,
$\varphi_{01}, \varphi_{02}$	Phasenverschiebung Schwingung 1, Schwingung 2,
φ_{neu}	Phasenverschiebung der neuen Schwingung,
ω	Kreisfrequenz.

J.1.4.2 Überlagerung in gleicher Raumrichtung und mit geringen Frequenzunterschieden (Schwebung)

Übersicht J-10. Schwebungen.

Für gleiche Phase ($\varphi_{01} = \varphi_{02}$) und gleiche Amplitude ($\hat{y}_1 = \hat{y}_2$) gilt:

$$y_{neu}(t) = y_1(t) + y_2(t) = \hat{y}\cos(\omega_1 t) + \hat{y}\cos(\omega_2 t)$$

$$y_{neu}(t) = 2\hat{y}\cos\left(\frac{\omega_1 - \omega_2}{2}t\right)\cos\left(\frac{\omega_1 + \omega_2}{2}t\right)$$

Für geringe Frequenzunterschiede: Schwebung

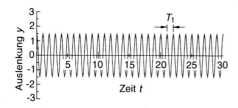

Schwebungsdauer

$$T_S = \frac{T_1 T_2}{T_2 - T_1}$$

Schwebungsfrequenz

$$f_S = f_1 - f_2$$

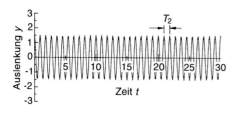

Übersicht J-10 (Fortsetzung)

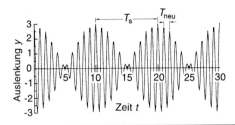

Neue Schwingung:

$$T_{neu} = \frac{2\,T_1\,T_2}{T_2 - T_1}$$

$$f_{neu} = \frac{f_1 + f_2}{2}$$

f_1, f_2, f_{neu}	Frequenz 1. Schwingung, 2. Schwingung, neue Schwingung,
T_1, T_2, T_{neu}	Schwingungsdauer 1. Schwingung, 2. Schwingung, neue Schwingung,
ω_1, ω_2	Kreisfrequenz 1. Schwingung, 2. Schwingung,
y_1, y_2, y_{neu}	Auslenkung 1. Schwingung, 2. Schwingung, neue Schwingung,
T_S	Schwebungsdauer,
f_S	Schwebungsfrequenz.

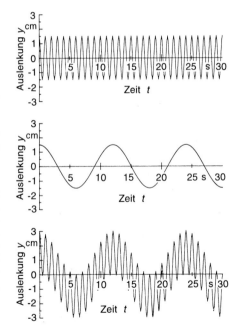

Bild J-1. Schwingungsüberlagerung bei großen Frequenzunterschieden.

J.1.4.3 Überlagerung in gleicher Raumrichtung und mit großen Frequenzunterschieden

Wie Bild J-1 zeigt, schwingt die schnellere Schwingung um die periodische Achse der langsameren Schwingung.

J.1.4.4 Überlagerung in gleicher Raumrichtung mit ganzzahligen Frequenzverhältnissen (Fourier-Analyse)

Ein periodisch wiederkehrendes Muster kann in eine Reihe von elementaren Sinus- und Kosinus-Schwingungen zerlegt werden (*Fourier-Analyse*). Die *Fourier-Koeffizienten* a_k (für die Kosinusfunktion) und b_k (für die Sinusfunktion) geben an, wie stark die einzelnen Anteile vertreten sind. Übersicht J-11 zeigt dies für Kreisfrequenzen mit ω, $3\,\omega$ und $5\,\omega$. Durch Überlagerung bestimmter Sinus- und Kosinusfunktionen (*Fourier-Synthese*) können auch beliebige Kurvenformen erzeugt werden (Abschnitt A, Übersicht A-50).

Übersicht J-11. Fourier-Analyse.

Periodische Wechselgröße

$$y(t) = \frac{a_0}{2} + \sum_{k=1}^{\infty} (a_k \cos(k\omega t)) + \sum_{k=1}^{\infty} (b_k \sin(k\omega t))$$

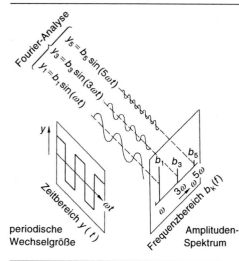

Fourier-Koeffizienten

$$a_0 = \frac{2}{T} \int_0^T y(t)\,dt,$$

$$a_k = \frac{2}{T} \int_0^T y(t) \cos(k\omega t)\,dt,$$

$$b_k = \frac{2}{T} \int_0^T y(t) \sin(k\omega t)\,dt \qquad (\text{für } k = 1, 2, 3, \ldots)$$

periodische
Wechselgröße

Amplituden-
Spektrum

Fourier-Zerlegung am Beispiel

a) Ausgangsschwingung

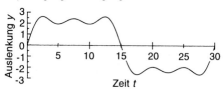

b) Zerlegung in Einzelschwingungen

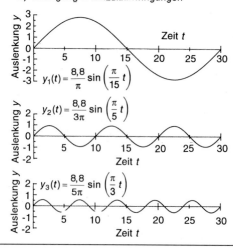

$$y_1(t) = \frac{8,8}{\pi} \sin\left(\frac{\pi}{15} t\right)$$

$$y_2(t) = \frac{8,8}{3\pi} \sin\left(\frac{\pi}{5} t\right)$$

$$y_3(t) = \frac{8,8}{5\pi} \sin\left(\frac{\pi}{3} t\right)$$

Übersicht J-11 (Fortsetzung)

---

c) Frequenzanteile

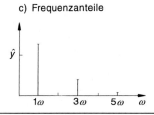

a_k	Fourier-Koeffizienten für die Cosinusfunktionen,
b_k	Fourier-Koeffizienten für die Sinusfunktionen,
$k - 1$	Anzahl der Oberschwingungen,
$y(t)$	periodische Wechselgröße,
t	Zeit,
ω	Kreisfrequenz der Schwingung.

J.1.4.5 Überlagerung von Schwingungen mit ganzzahligen Frequenzverhältnissen, die senkrecht aufeinander stehen (Lissajous-Figuren)

Schwingungen mit gleicher Kreisfrequenz

Übersicht J-12. Senkrechte Überlagerung gleichfrequenter Schwingungen.

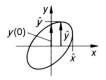

Ausgangsschwingungen

$$x(t) = \hat{x} \sin(\omega t)$$

$$y(t) = \hat{y} \sin(\omega t + \varphi)$$

Daraus wird Ellipsen-Gleichung

$$\frac{y^2}{\hat{y}^2} + \frac{x^2}{\hat{x}^2} - \frac{2yx}{\hat{y}\hat{x}} \cos \varphi = \sin^2 \varphi$$

Berechnung der Phasenverschiebung

$$\sin \varphi = \frac{y(0)}{\hat{y}} = \frac{x(0)}{\hat{x}}$$

Schwingungen mit ungleicher Frequenz

Für ganzzahlige Frequenzverhältnisse ergeben sich geschlossene Kurven. Aus der Anzahl k der senkrechten Maxima und der Anzahl l der waagrechten Maxima können die Frequenzverhältnisse festgestellt werden.

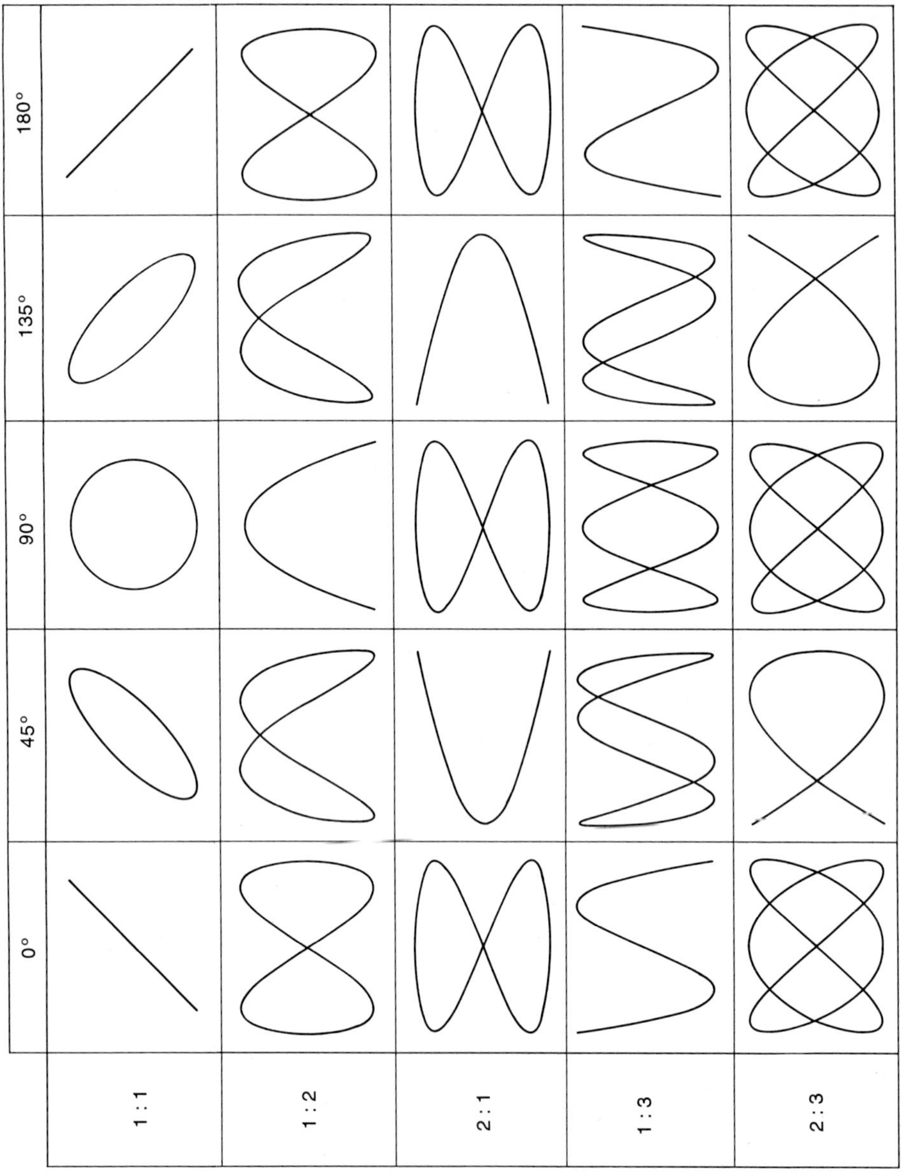

Bild J 2 Lissajous-Figuren von

J.1.5 Gekoppelte Schwingungen

Zwei Schwinger, die miteinander elastisch, über Reibung oder aufgrund der Trägheit gekoppelt sind, tauschen über diese Kopplung Energie aus. Die Geschwindigkeit des Energieaustausches ist vom Kopplungsgrad k abhängig. Die folgenden Ausführungen beziehen sich auf gekoppelte Pendel gleicher Masse m, gleicher Federkonstante c und gleicher Eigenfrequenz ω_0.

Die beiden *Schwingungszustände*, in denen *keine Energie* übertragen wird, werden *Fundamentalschwingungen* genannt. Sie entstehen bei einer *gegenphasigen* und einer *gleichphasigen* Schwingung.

Im allgemeinen Fall sind n Schwinger miteinander gekoppelt; sie besitzen n *Fundamentalschwingungen*. Solche Systeme sind in der Molekül- und Festkörperphysik von Bedeutung.

Übersicht J-13. Elastisch gekoppelte Feder-Masse-Schwinger.

Gekoppelte Pendel

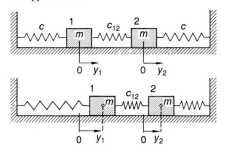

Gleichphasige Schwingung
Koppelglied nicht wirksam

$$f_1 = f_0 = \frac{1}{2\pi} \sqrt{\frac{c}{m}}$$

Gegenphasige Schwingung
Kopplungsfeder bleibt in der Mitte in Ruhe

$$c_{\text{ges}} = c + 2c_{12}$$

$$f_2 = \frac{1}{2\pi} \sqrt{\frac{c + 2c_{12}}{m}}$$

Übersicht J-13 (Fortsetzung)

Allgemeiner Fall

$$f_{\text{S}} = f_2 - f_1$$

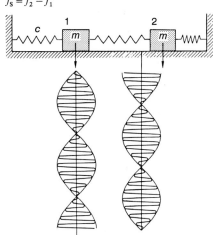

Kopplungsgrad

$$k = \frac{c_{12}}{c + c_{12}} = \frac{T_1^2 - T_2^2}{T_1^2 + T_2^2} = \frac{f_2^2 - f_1^2}{f_1^2 + f_2^2}$$

c	Federkonstante der einzelnen Feder,
c_{12}	Federkonstante der Kopplungsfeder,
f_0	Frequenz der ungedämpften harmonischen Schwingung,
f_1	Eigenfrequenz bei gleichphasiger Schwingung,
f_2	Eigenfrequenz bei gegenphasiger Schwingung,
f_{S}	Schwebungsfrequenz,
k	Kopplungsgrad,
T_1, T_2	1., 2. Schwingungsdauer.

J.1.6 Orts- und zeitabhängige Schwinger

In Tabelle J-9 sind die Differentialgleichungen für die orts- und zeitabhängigen Schwingungen zusammengestellt.

Bei den *parametrischen Schwingungen* hängen die Systemparameter (z. B. die Eigenfrequenz) von der Zeit ab. Dem Schwinger kann *zusätzlich* Energie zugeführt werden, wenn dem Schwingungssystem während des Schwingens eine parametrische Erregung mit der doppelten Eigenfrequenz zugeführt wird (z. B. Pendel mit periodisch bewegtem Aufhängepunkt).

Tabelle J-9. Orts- und zeitabhängige Schwingungen.

orts-abhängig / zeit-abhängig	sklero- (nicht parametrisch)	rheo- (parametrisch)
linear	$\dfrac{d^2 y}{dt^2} + \omega_0^2\, y = 0$	$\dfrac{d^2 y}{dt^2} + \omega_0^2(t)\, y = 0$
nichtlinear	$\dfrac{d^2 y}{dt^2} + \omega_0^2(y)\, y = 0$	$\dfrac{d^2 y}{dt^2} + \omega_0^2(y, t)\, y = 0$

J.2 Wellen

Eine Welle ist ein sich räumlich ausbreitender Erregungszustand, bei dem Energie weitergeleitet wird. Zur Ausbreitung *elastischer* Wellen ist es erforderlich, daß schwingungsfähige Systeme gekoppelt sind. *Elektromagnetische* Wellen brauchen kein Übertragungsmedium, sie breiten sich auch im Vakuum aus (zur Einteilung der elektromagnetischen Wellen in verschiedene Spektralgebiete s. Tabelle L-1). Die Merkmale der fundamentalen Wellentypen sind in Tabelle J-10 zusammengestellt (weitere Details zur Polarisation s. Tabelle L-14).

Die Begriffsbestimmungen zur Beschreibung schwingender Kontinua und Wellen sind in DIN 1311, Blatt 4 definiert.

J.2.1 Harmonische Wellen

Bei harmonischen Wellen ist die räumliche und zeitliche Abhängigkeit der schwingenden Größe durch harmonische Funktionen gegeben (Tabelle J-11, Bild J-3).

J.2.2 Energietransport

In einem Medium, in dem eine Welle läuft, ist Energie gespeichert. Die wichtigsten Gleichungen zum Energietransport bringt Tabelle J-12.

Wellenamplitude

Während bei der ebenen Welle die Energiedichte w und damit die Amplitude in Ausbreitungsrichtung konstant bleibt (abgesehen von Absorptionsverlusten im Übertragungsmedium), muß sich bei anderen Wellenformen die Energie auf immer größere Flächen verteilen, wodurch die Amplitude abnimmt (Tabelle J-13).

Wellenwiderstand

Der *Wellenwiderstand* charakterisiert die Übertragungseigenschaften eines Mediums.

Tabelle J-10. Wellentypen.

Wellentyp	Merkmale	Beispiele
Transversal- oder Querwellen	Schwingungsrichtung steht senkrecht auf Ausbreitungsrichtung. Bei räumlich und zeitlich definierter Schwingungsrichtung ist die Welle *polarisiert*.	Elastische Wellen in Festkörpern (Torsions- und Biegewellen). Elektromagnetische Wellen. Oberflächenwellen an Grenzflächen (z. B.: Wasser – Luft: Wasserwellen).
Longitudinal- oder Längswellen	Schwingungsrichtung ist parallel zur Ausbreitungsrichtung.	Elastische Wellen in Gasen, Flüssigkeiten und Festkörpern (Schallwellen).

Tabelle J-11. Harmonische Wellen.

Größe	Funktion
In x-Richtung laufende Welle	$y(x,t) = \hat{y} \cos\left[2\pi\left(\dfrac{t}{T} - \dfrac{x}{\lambda}\right) + \varphi_0 \right]$
	$y(x,t) = \hat{y} \cos(\omega t - kx + \varphi_0)$
Gegen die x-Richtung laufende Welle	$y(x,t) = \hat{y} \cos(\omega t + kx + \varphi_0)$
Phasengeschwindigkeit	$c = \lambda/T = \lambda f = \omega/k$
Wellenzahl	$k = 2\pi/\lambda$
Schnelle	$v = \dfrac{\partial y}{\partial t} = -\hat{y}\omega \sin(\omega t - kx + \varphi_0) = -\hat{v}\sin(\omega t - kx + \varphi_0)$

y	Auslenkung (Elongation),	f	Frequenz,
x	Ort,	λ	Wellenlänge,
t	Zeit,	φ_0	Nullphasenwinkel,
$\hat{y}$	Amplitude,	ω	Kreisfrequenz,
T	Periodendauer,	$\hat{v}$	Schnelleamplitude.

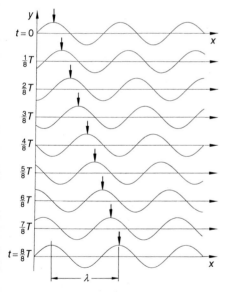

Bild J-3. Momentbilder einer laufenden Transversalwelle. Der Pfeil markiert einen Wellenberg.

Bei elektromagnetischen Wellen werden Spannung (elektrische Feldstärke) und Strom (magnetische Feldstärke) in Analogie zum Ohmschen Gesetz durch den Wellenwiderstand Z verknüpft. Tabelle J-14 gibt eine Übersicht.

Bei Schallwellen werden *Schallwechseldruck* (Abschnitt K.1.5) und Schallschnelle verknüpft:

$$Z = \frac{\hat{p}}{\hat{v}} = \varrho c; \qquad (J-2)$$

$\hat{p}$ Amplitude des Schallwechseldrucks,
$\hat{v}$ Amplitude der Schallschnelle,
ϱ Dichte des Übertragungsmediums,
c Schallgeschwindigkeit.

Reflexion und Transmission

Wenn an der Grenzfläche zweier Medien oder Leitungen der Wellenwiderstand eine Änderung erfährt, dann wird ein Teil der Welle reflektiert. Reflexions- und Transmissionsgrad der Intensität bei senkrechtem Einfall zeigt Übersicht J-14, den Reflexions- und Transmissionsfaktor der Amplitude Tabelle J-15.

Tabelle J-12. Energietransport.

	Elastische Wellen	Elektromagnetische Wellen
Energiedichte	$w = \dfrac{dE}{dV} = \dfrac{1}{2}\,\varrho\,\hat{y}^2\,\omega^2 = \dfrac{1}{2}\,\varrho\,\hat{v}^2$	$w = \dfrac{1}{2}\,\varepsilon_r\,\varepsilon_0\,\hat{E}^2 = \dfrac{1}{2}\,\mu_r\,\mu_0\,\hat{H}^2$
Intensität oder Energiestromdichte	$I = wc = \dfrac{1}{2}\,\varrho\,\hat{v}^2\,c$	$I = \dfrac{1}{2}\sqrt{\dfrac{\varepsilon_r\,\varepsilon_0}{\mu_r\,\mu_0}}\,\hat{E}^2 = \dfrac{1}{2}\sqrt{\dfrac{\mu_r\,\mu_0}{\varepsilon_r\,\varepsilon_0}}\,\hat{H}^2$

w	Energiedichte (Energie pro Volumen, J/m³),	ε_0	elektrische Feldkonstante,
I	Intensität (Leistung pro Fläche, W/m²),		$(\varepsilon_0 = 8{,}854 \cdot 10^{-12}\,\text{As/Vm})$,
ϱ	Dichte des Übertragungsmediums,	μ_r	relative Permeabilität,
$\hat{y}$	Schwingungsamplitude,	μ_0	magnetische Feldkonstante
ω	Kreisfrequenz,		$(\mu_0 = 4\pi \cdot 10^{-7}\,\text{Vs/Am})$,
$\hat{v}$	Schnelleamplitude,	$\hat{E}$	Amplitude der elektrischen Feldstärke,
c	Phasengeschwindigkeit,	$\hat{H}$	Amplitude der magnetischen Feldstärke.
ε_r	relative Permittivität,		

Tabelle J-13. Energiedichte und Amplitude verschiedener Wellen.

Wellenfläche	Energiedichte	Amplitude
eben	$w = \text{konst.}$	$\hat{y} = \text{konst.}$
Zylinder	$w \sim \dfrac{1}{r}$	$\hat{y} \sim \dfrac{1}{\sqrt{r}}$
Kugel	$w \sim \dfrac{1}{r^2}$	$\hat{y} \sim \dfrac{1}{r}$

r Abstand von der Quelle.

Übersicht J-14. Reflexion und Transmission von Wellen: Intensitäten.

Energieerhaltung	$I_e = I_r + I_t$
Reflexionsgrad	$\varrho = \dfrac{I_r}{I_e} = \left(\dfrac{Z_1 - Z_2}{Z_1 + Z_2}\right)^2$
Transmissionsgrad	$\tau = 1 - \varrho = \dfrac{I_t}{I_e} = \dfrac{4Z_1 Z_2}{(Z_1 + Z_2)^2}$

I_e	einfallende Intensität,
I_r	reflektierte Intensität,
I_t	transmittierte Intensität,
Z_1	Wellenwiderstand im Medium 1,
Z_2	Wellenwiderstand im Medium 2.

Tabelle J-14. Wellenwiderstand elektromagnetischer Wellen im freien Raum und auf Leitungen.

	Leitungen	freier Raum
Definition	$\underline{Z}_L = \dfrac{U}{I}$	$\underline{Z}_F = \dfrac{E}{H}$
verlustbehaftet	$\underline{Z}_L = \sqrt{\dfrac{R' + j\,\omega L'}{G' + j\,\omega C'}}$	$\underline{Z}_F = \sqrt{\dfrac{\mu_r\,\mu_0}{\varepsilon_r\,\varepsilon_0 - j\,\kappa/\omega}}$
verlustlos	$Z_{L0} = \sqrt{\dfrac{L'}{C'}}$	$Z_{F0} = \sqrt{\dfrac{\mu_0}{\varepsilon_0}} = 376{,}7\ \Omega$

Z	Wellenwiderstand (reell),
$\underline{Z}$	Wellenwiderstand (komplex, frequenzabhängig),
U	komplexe Spannung,
I	komplexer Strom,
$R' = R/l$	Widerstand pro Länge,
$G' = G/l$	Ableitung (Querleitwert) pro Länge,
$L' = L/l$	Induktivität pro Länge,
$C' = C/l$	Kapazität pro Länge,
E	komplexe elektrische Feldstärke,
H	komplexe magnetische Feldstärke,
μ_r	relative Permeabilität,
μ_0	magnetische Feldkonstante,
ε_r	relative Permittivität,
ε_0	elektrische Feldkonstante,
κ	elektrische Leitfähigkeit,
ω	Kreisfrequenz.

Beläge (Tabelle J-17) — zugeordnet zu R', G', L', C'.

Tabelle J-15. Reflexion und Transmission von Wellen: Amplituden.

Elastische Wellen	Elektromagnetische Wellen	
	elektrische Feldstärke	magnetische Feldstärke
$r = \dfrac{\hat{y}_r}{\hat{y}_e} = \dfrac{Z_1 - Z_2}{Z_1 + Z_2}$	$r_e = \dfrac{\hat{E}_r}{\hat{E}_e} = \dfrac{Z_2 - Z_1}{Z_1 + Z_2} = \dfrac{n_1 - n_2}{n_1 + n_2}$	$r_m = \dfrac{\hat{H}_r}{\hat{H}_e} = \dfrac{Z_1 - Z_2}{Z_1 + Z_2} = \dfrac{n_2 - n_1}{n_1 + n_2}$
$t = \dfrac{\hat{y}_t}{\hat{y}_e} = \dfrac{2Z_1}{Z_1 + Z_2}$	$t_e = \dfrac{\hat{E}_t}{\hat{E}_e} = \dfrac{2Z_2}{Z_1 + Z_2} = \dfrac{2n_1}{n_1 + n_2}$	$t_m = \dfrac{\hat{H}_t}{\hat{H}_e} = \dfrac{2Z_1}{Z_1 + Z_2} = \dfrac{2n_2}{n_1 + n_2}$

r	Reflexionsfaktor,
t	Transmissionsfaktor,
$\hat{y}_e, \hat{E}_e, \hat{H}_e$	Amplituden der einfallenden Wellen,
$\hat{y}_r, \hat{E}_r, \hat{H}_r$	Amplituden der reflektierten Wellen,
$\hat{y}_t, \hat{E}_t, \hat{H}_t$	Amplituden der transmittierten Wellen,
Z_1, Z_2	Wellenzahl im Medium 1 bzw. 2,
n_1, n_2	Brechungsindex im Medium 1 bzw. 2 (Abschnitt L.1.3).

J.2.3 Phasengeschwindigkeit

Die Phasengeschwindigkeit c ist die Geschwindigkeit, mit der sich ein Zustand konstanter Phase ($\omega t - kx + \varphi_0 = $ const) ausbreitet. Sie tritt als Konstante in der *Wellengleichung* auf, die für die Ausbreitung von Wellen charakteristisch ist:

$$\Delta y - \frac{1}{c^2} \frac{\partial^2 y}{\partial t^2} = 0; \qquad (J-3)$$

$$\Delta = \frac{\partial^2}{\partial x^2} + \frac{\partial^2}{\partial y^2} + \frac{\partial^2}{\partial z^2} \quad \text{Laplace-Operator.}$$

Für eindimensionale Wellen gilt:

$$\frac{\partial^2 y}{\partial t^2} = c^2 \frac{\partial^2 y}{\partial x^2}. \qquad (J-4)$$

Tabelle J-16. Phasengeschwindigkeiten verschiedener Wellentypen.

Wellentyp	Phasengeschwindigkeit
Longitudinalwellen in Gasen	$c = \sqrt{\dfrac{\varkappa p}{\varrho}}$
Longitudinalwellen in Flüssigkeiten	$c = \sqrt{\dfrac{K}{\varrho}}$
Longitudinalwellen in Stäben	$c = \sqrt{\dfrac{E}{\varrho}}$
Torsionswellen in Rundstäben	$c = \sqrt{\dfrac{G}{\varrho}}$
Transversalwellen auf Saiten	$c = \sqrt{\dfrac{F}{A\varrho}}$
Elektromagnetische Wellen im Vakuum	$c = \dfrac{1}{\sqrt{\varepsilon_0 \mu_0}}$
Elektromagnetische Wellen in Materie	$c = \dfrac{1}{\sqrt{\varepsilon_r \varepsilon_0 \mu_r \mu_0}}$
Elektromagnetische Wellen auf Leitungen	$c = \dfrac{1}{\sqrt{C' L'}}$

$\varkappa$ Isentropenexponent,
p Druck,
ϱ Dichte,
K Kompressionsmodul,
E Elastizitätsmodul,
G Schubmodul,
F Spannkraft,
A Saitenquerschnitt,
ε_0 elektrische Feldkonstante ($\varepsilon_0 = 8,854 \cdot 10^{-12}$ As/Vm),
μ_0 magnetische Feldkonstante ($\mu_0 = 4\pi \cdot 10^{-7}$ Vs/Am),
ε_r relative Permittivität,
μ_r relative Permeabilität,
C' längenbezogene Kapazität,
L' längenbezogene Induktivität.

In Tabelle J-16 sind Formeln für die Phasengeschwindigkeit verschiedener Wellen zusammengestellt.

Die *Beläge* C' und L' von Leitungen hängen von der Leitergeometrie ab. Tabelle J-17 zeigt zwei Beispiele.

Tabelle J-17. Beläge für lange Leitungen.

Leitungstyp	Kapazität pro Länge	Induktivität pro Länge
Doppelleitung	$C' = \dfrac{\varepsilon_r \varepsilon_0 \pi}{\ln(a/r)}$	$L' = \dfrac{\mu_r \mu_0}{\pi} \ln(a/r)$
Koaxialleitung	$C' = \dfrac{2\varepsilon_r \varepsilon_0 \pi}{\ln(D/d)}$	$L' = \dfrac{\mu_r \mu_0}{2\pi} \ln(D/d)$

J.2.4 Gruppengeschwindigkeit

Als Gruppengeschwindigkeit wird die Geschwindigkeit bezeichnet, mit der die Einhüllende eines Wellenpaketes (Bild J-4) läuft und somit auch die Energie bzw. Information. Die Gruppengeschwindigkeit ist in Medien mit *Dispersion* nicht identisch mit der Phasengeschwindigkeit. Bild J-5 zeigt ein Beispiel.

Für die Gruppengeschwindigkeit gilt:

$$c_{gr} = \frac{d\omega}{dk} = c - \lambda \frac{dc}{d\lambda}; \qquad (J-5)$$

c_{gr} Gruppengeschwindigkeit,
ω Kreisfrequenz,
k Wellenzahl,
c Phasengeschwindigkeit,
λ Wellenlänge.

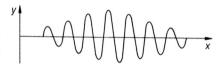

Bild J-4. Wellenpaket endlicher Länge.

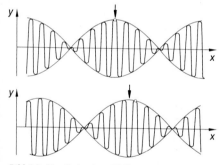

Bild J-5. Zustände einer Wellengruppe an zwei verschiedenen Zeitpunkten. Der Pfeil kennzeichnet das Maximum der Gruppe, der kleine Kreis einen Zustand konstanter Phase.

Tabelle J-18. Dispersionsarten.

$\frac{dc}{d\lambda}$	Ausbreitungs-geschwindigkeit	Bezeichnung
> 0	$c_{gr} < c$	normale Dispersion
$= 0$	$c_{gr} = c$	keine Dispersion
< 0	$c_{gr} > c$	anomale Dispersion

Je nach Übertragungsmedium können die in Tabelle J-18 dargestellten Fälle unterschieden werden.

Zur Dispersion in der Optik und Definition des *Gruppenindex* s. Abschnitt L.1.3.1.

J.2.5 Doppler-Effekt

Schallwellen

Sind eine Schallquelle und/oder ein Beobachter in Bewegung (relativ zum Übertragungsmedium Luft), dann weicht die Frequenz f_B, die der Beobachter wahrnimmt, von der Frequenz f_Q der Quelle ab. Je nach Bewegungszustand sind verschiedene Fälle unterscheidbar, die in Tabelle J-19 zusammengestellt sind.

Tabelle J-19. Doppler-Effekt. Die verschiedenen Bewegungsmöglichkeiten von Quelle und Beobachter sind durch Pfeile angedeutet.

Quelle	Beobachter	beobachtete Frequenz
●	←●	$f_B = f_Q \left(1 + \dfrac{v_B}{c}\right)$
●	●→	$f_B = f_Q \left(1 - \dfrac{v_B}{c}\right)$
●→	●	$f_B = \dfrac{f_Q}{1 - \dfrac{v_Q}{c}}$
←●	●	$f_B = \dfrac{f_Q}{1 + \dfrac{v_Q}{c}}$
●→	←●	$f_B = f_Q \dfrac{c + v_B}{c - v_Q}$
←●	●→	$f_B = f_Q \dfrac{c - v_B}{c + v_Q}$
←●	←●	$f_B = f_Q \dfrac{c + v_B}{c + v_Q}$
●→	●→	$f_B = f_Q \dfrac{c - v_B}{c - v_Q}$

f_B Frequenz beim Beobachter,
f_Q Frequenz der Quelle,
v_B Betrag der Beobachtergeschwindigkeit relativ zur Luft,
v_Q Betrag der Quellengeschwindigkeit relativ zur Luft,
c Schallgeschwindigkeit.

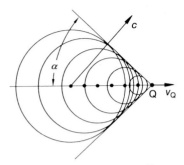

Bild J-6. Machscher Kegel beim Überschallflug.

Bewegt sich die Quelle mit Überschallgeschwindigkeit, dann bilden alle von der Quelle ausgesandten Kugelwellen einen Kegel. Bild J-6 zeigt ein Momentbild dieses *Machschen Kegels*. An der Spitze des Kegels befindet sich die Quelle Q, die sich mit $v_Q > c$ bewegt. Der halbe Öffnungswinkel des Kegels ist der Machsche Winkel. Er beträgt

$$\sin \alpha = \frac{c}{v_Q} = \frac{1}{Ma} \; ; \qquad (J-6)$$

α Machscher Winkel,
c Schallgeschwindigkeit,
v_Q Geschwindigkeit der Quelle,
Ma Mach-Zahl.

Elektromagnetische Wellen

Für die Frequenzverschiebung von elektromagnetischen Wellen ist lediglich die Relativgeschwindigkeit zwischen Quelle (Sender) und Beobachter (Empfänger) maßgebend:

$$f_B = f_Q \sqrt{\frac{c+v}{c-v}} = f_Q \sqrt{\frac{1+\beta}{1-\beta}} \quad \text{bei Annäherung}$$
$$\qquad\qquad (J-7)$$
$$f_B = f_Q \sqrt{\frac{c-v}{c+v}} = f_Q \sqrt{\frac{1-\beta}{1+\beta}} \quad \text{bei Entfernung;}$$

f_B Frequenz beim Beobachter,
f_Q Frequenz der Quelle,
c Lichtgeschwindigkeit,
v Relativgeschwindigkeit zwischen Quelle und Beobachter,
$\beta = \dfrac{v}{c}$ bezogene Relativgeschwindigkeit.

J.2.6 Interferenz

Bei der Überlagerung von Wellen treten Interferenzerscheinungen auf. Im allgemeinen ist das *Prinzip der ungestörten Superposition* gültig.

Wellen mit gleicher Frequenz und Wellenlänge

Gegeben seien zwei Wellen mit gleicher Amplitude, die in dieselbe Richtung laufen:

$$y_1 = \hat{y} \cos(\omega t - kx) \quad \text{und}$$
$$y_2 = \hat{y} \cos(\omega t - kx + \varphi)$$
$$= \hat{y} \cos\left(\omega t - kx + 2\pi \frac{\Delta}{\lambda}\right).$$

Die zweite Welle weist gegenüber der ersten einen *Gangunterschied* Δ auf, der mit der Phasenverschiebung φ verknüpft ist:

$$\Delta = \frac{\varphi}{2\pi} \lambda . \qquad (J-8)$$

Die Überlagerung ergibt:

$$y(x, t) = 2\hat{y} \cos\left(\frac{\varphi}{2}\right) \cdot \cos\left(\omega t - kx + \frac{\varphi}{2}\right)$$
$$= 2\hat{y} \cos\left(\pi \frac{\Delta}{\lambda}\right) \cdot \cos\left(\omega t - kx + \pi \frac{\Delta}{\lambda}\right).$$
$$\qquad\qquad (J-9)$$

Die Summenwelle ist wieder eine Welle mit gleicher Frequenz und Wellenlänge, deren Amplitude je nach Gangunterschied Werte zwischen 0 und $2\hat{y}$ annehmen kann (Tabelle J-20).

Tabelle J-20. Konstruktive und destruktive Interferenz (Ordnungszahl $m = 0, 1, 2, \ldots$).

Bedingung für	konstruktive Interferenz	destruktive Interferenz
Gangunterschied	$\Delta = m\lambda$	$\Delta = (2m+1)\dfrac{\lambda}{2}$
Phasenverschiebung	$\varphi = m\,2\pi$	$\varphi = (2m+1)\pi$

Stehende Wellen

Gegeben seien zwei Wellen mit gleicher Frequenz, Wellenlänge und Amplitude, die sich entgegen laufen:

$$y_1 = \hat{y} \cos(\omega t - kx) \quad \text{und}$$

$$y_2 = \hat{y} \cos(\omega t + kx + \varphi)$$
$$= \hat{y} \cos\left(\omega t + kx + 2\pi \frac{\Delta}{\lambda}\right).$$

Bei der Überlagerung entsteht eine *stehende* Welle:

$$y(x,t) = 2\hat{y} \cos\left(\omega t + \frac{\varphi}{2}\right) \cdot \cos\left(kx + \frac{\varphi}{2}\right)$$
$$= 2\hat{y} \cos\left(\omega t + \pi \frac{\Delta}{\lambda}\right) \cdot \cos\left(kx + \pi \frac{\Delta}{\lambda}\right).$$

$$(J-10)$$

Bild J-7 zeigt Momentbilder von stehenden Wellen. Jeweils im Abstand von $\lambda/2$ entstehen ortsfeste *Schwingungsknoten* und *-bäuche*. Bei einer Reflexion an einem dichteren Medium (größerer Wellenwiderstand Z) tritt an der Grenzfläche ein Phasensprung ($\varphi = \pi$, $\Delta = \lambda/2$) auf, und es entsteht ein Schwingungsknoten (Bild J-7a, Tabelle J-15). Bei einer Reflexion an einem dünneren Medium tritt kein Phasensprung auf, es entsteht ein Schwingungsbauch (Bild J-7b, Tabelle J-15).

Stehende Wellen können auch als *Eigenschwingungen* eines Kontinuums mit charakteristischen *Eigenfrequenzen* aufgefaßt werden. Beispielsweise sind die möglichen Eigenfrequenzen einer schwingenden Saite

$$f_n = (n+1)f_0,$$
$$\text{mit} \quad f_0 = c/2l, \quad n = 0, 1, 2, \ldots ; \quad (J-11)$$

f_0 Frequenz der Grundschwingung,
f_n Frequenz der n-ten Oberschwingung,
c Phasengeschwindigkeit,
l Saitenlänge.

a) Reflexion am dichten Medium

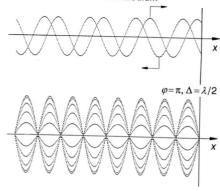

$$\varphi = \pi, \Delta = \lambda/2$$

b) Reflexion am dünnen Medium

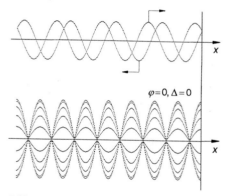

$$\varphi = 0, \Delta = 0$$

Bild J-7. *Ausbildung einer stehenden Welle durch Reflexion am a) dichteren, b) dünneren Medium.*

K Akustik

Die Akustik beschäftigt sich mit der Ausbreitung von longitudinalen Kompressions- und Dilatationswellen in Gasen, Flüssigkeiten und Festkörpern. Von besonderer Bedeutung sind dabei die *Schallausbreitung* in Luft, der *Schalldurchgang* durch Bauteile und die *Schallempfindung* des Menschen (Hörsamkeit und akustische Behaglichkeit).

K.1 Schallausbreitung

Schall ist die Ausbreitung lokaler Druckschwankungen in Medien. In der Akustik sind dabei die Dichteänderungen in den Ausbreitungsmedien und die Geschwindigkeiten der Molekülbewegungen nicht so hoch, daß nichtlineare Wechselwirkungen auftreten, wie sie bei Stoßwellenexperimenten beobachtet werden. Die folgenden Beziehungen der Akustik gelten für den Fall, daß sich die Schalldrücke verschiedener Schallquellen am Ort des Schallfeldes additiv überlagern (*Superpositionsprinzip*) und das zeitliche Produkt der verschiedenen Schallwechselamplituden verschwindet (*nichtkohärente Schallquellen*).

K.1.1 Schallfrequenz

Die Frequenz f der periodischen Erregung von Druckstörungen (z. B. durch eine Lautsprechermembran) bestimmt die Frequenz der lokalen Druckschwankung und damit die Schallfrequenz f. Entsprechend der Schallfrequenzempfindlichkeit des menschlichen Ohres werden verschiedene Schallbereiche definiert (Tabelle K-1).

K.1.2 Schallgeschwindigkeit

Die Schallgeschwindigkeit c ist die Ausbreitungsgeschwindigkeit (Phasengeschwindigkeit) der Druckstörungen in einem kompressiblen Medium.

Für die Schallgeschwindigkeit c in *Flüssigkeiten* und *Gasen* gilt:

$$c = \sqrt{\frac{K}{\varrho}} \; ; \qquad (K-1)$$

c Schallgeschwindigkeit,
K Kompressionsmodul,
ϱ Dichte.

In *Gasen* ergibt sich bei *isentroper Schallausbreitung* die Schallgeschwindigkeit zu:

$$c = \sqrt{\varkappa \frac{p}{\varrho}} = \sqrt{\frac{c_p}{c_V} \cdot \frac{p}{\varrho}} \; ; \qquad (K-2)$$

$\varkappa$ Isentropenexponent ($\varkappa = c_p/c_V$),
c_p isobare spezifische Wärmekapazität,
c_V isochore spezifische Wärmekapazität,
ϱ Dichte des Gases,
p Gasdruck.

Tabelle K-1. Schallbereiche.

Schallbereich	Infraschall	Hörbereich	Ultraschall	Hyperschall
Frequenzbereich	0 Hz bis 15 Hz	16 Hz bis 20 kHz	20 kHz bis 10 GHz	10 GHz bis 10 THz
Schallgeber	mechanische Rüttler (Shaker)	mechanisch: Pfeifen, Sirenen, Musikinstrumente; elektroakustisch: elektrodynamische und elektromagnetische Lautsprecher	mechanisch: Pfeifen, Sirenen, Pneumatik; elektroakustisch: elektrostriktive, piezoelektrische, elektrostatische Lautsprecher	Josephson-Kontakte, piezoelektrisch gekoppelte Mikrowellen-Resonatoren
Schallaufnehmer	piezoelektrische Aufnehmer, Dehnungsmeßstreifen	Kondensatormikrofon, elektrodynamische, piezoelektrische, piezoresistive Mikrofone	Kondensatormikrofon, piezoelektrische Mikrofone	Josephson-Kontakte, piezoelektrisch gekoppelte Mikrowellen-Resonatoren
Anwendungspraxis	Lagerschwingungen, Körperschall, Bauwerksschwingungsanalyse, Erdbebenwellen	Phonotechnik, Schall- und Lärmschutz, Raumakustik, Schwingungsisolierung	Reinigung, Entgasen, Dispergieren, Emulgieren, Polymerisationssteuerung, Ultraschallbearbeitung (Bohren, Schneiden), Werkstoffprüfung, Ultraschalldiagnostik, Modellakustik	Grundlagenphysik, Photonenspektroskopie, Molekularkinetik

Tabelle K-2. Dichte, Schallgeschwindigkeit und Schallkennimpedanz einiger Stoffe beim Normdruck $p_n = 1013$ hPa.

	Dichte ϱ $\dfrac{kg}{m^3}$	Schallgeschwindigkeit c $\dfrac{m}{s}$	Schallkennimpedanz Z_0 $\dfrac{kg}{m^2 \cdot s}$
Luft $-20\,°C$ trocken	1,396	319	445
Luft $0\,°C$ trocken	1,293	331	427
Luft $20\,°C$ trocken	1,21	344	416
Luft $100\,°C$ trocken	0,947	387	366
Wasserstoff $0\,°C$	0,090	1260	113
Wasserdampf $130\,°C$	0,54	450	243
Wasser $0\,°C$	1000	1400	$1,40 \cdot 10^6$
$20\,°C$	998	1480	$1,48 \cdot 10^6$
Glyzerin	1260	1950	$2,46 \cdot 10^6$
Eis	920	3200	$2,94 \cdot 10^6$
Holz	600	4500	$2,70 \cdot 10^6$
Glas	2500	5300	$13,0 \cdot 10^6$
Beton	2100	4000	$8,4 \ \cdot 10^6$
Stahl	7700	5050	$39 \ \cdot 10^6$

Die Schallgeschwindigkeit in *idealen Gasen* ist:

$$c = \sqrt{\varkappa R_i T} = \sqrt{\frac{c_p}{c_V} \cdot R_i T}; \qquad \text{(K-3)}$$

R_i individuelle Gaskonstante ($R_i = R_m/M$),
R_m universelle molare Gaskonstante
($R_m = 8{,}314 \, \text{J/(mol} \cdot \text{K)}$),
M Molmasse des Gases,
T absolute Gastemperatur.

Eine Näherung für die Schallgeschwindigkeit in *Luft* im meterologischen Temperaturbereich von $-20\,°\text{C}$ bis $+50\,°\text{C}$ ist:

$$c_L = 331{,}5 \, \text{m/s} \sqrt{1 + \frac{\vartheta}{273{,}15\,°\text{C}}} \qquad \text{(K-4)}$$
$$\approx (331{,}5 + 0{,}6\,\vartheta/°\text{C}) \, \text{m/s};$$

ϑ Lufttemperatur.

Für die Schallgeschwindigkeit in *dünnen, stabförmigen Festkörpern* gilt:

$$c = \sqrt{\frac{E}{\varrho}}; \qquad \text{(K-5)}$$

E Elastizitätsmodul,
ϱ Dichte.

K.1.3 Schallwellenlänge

Die Schallwellenlänge λ ist der räumliche Abstand zweier benachbarter Stellen mit gleicher Druckphase (z. B. Druckmaximum, Druckminimum). Zwischen der Schallwellenlänge und der Schallfrequenz gilt die allgemeine Wellenbeziehung:

$$c = f\lambda; \qquad \text{(K-6)}$$

c Schallgeschwindigkeit,
f Schallfrequenz,
λ Schallwellenlänge.

K.1.4 Schallwiderstand (Schallkennimpedanz)

Der Schallwiderstand Z ist ein Maß für die Geschwindigkeit, mit der die Moleküle eines Mediums auf eine Druckstörung reagieren; für ebene Wellen gilt:

$$Z = \frac{\hat{p}}{\hat{v}} = \varrho c; \qquad \text{(K-7)}$$

Z Schallwiderstand,
$\hat{p}$ Schalldruckamplitude,
$\hat{v}$ Schallschnelleamplitude,
ϱ Dichte,
c Schallgeschwindigkeit im Medium.

Schallkennimpedanzen einiger Stoffe sind in Tabelle K-2 aufgeführt. Sie hängen über die Dichte ϱ und die Schallgeschwindigkeit c vom statischen Druck p_s und der Temperatur T des Mediums ab.

K.1.5 Schalldruck

Der Schalldruck p ist die Druckänderung in einem homogenen kompressiblen Medium durch Kompression oder Dilatation der Moleküle. Auf die Begrenzungsflächenbereiche des Wellenträgers übt der Schalldruck eine Normalkraft aus. Es gilt:

$$p = \frac{F_n}{A}; \qquad \text{(K-8)}$$

F_n Normalkraft auf die Begrenzungsfläche,
A Flächenelement der Begrenzungsfläche.

Die *Wellengleichung* der Schalldruckausbreitung an einem Ort r zum Zeitpunkt t unter der Annahme kleiner Dichtegradienten- und Schnelleänderungen für ein Medium mit der Schallgeschwindigkeit c ist:

$$\frac{\partial^2 p(r, t)}{\partial t^2} = c^2 \left(\frac{\partial^2}{\partial x^2} + \frac{\partial^2}{\partial y^2} + \frac{\partial^2}{\partial z^2} \right) p(r, t). \qquad \text{(K-9)}$$

Tabelle K-3. Schallquellengeometrie.

	ebene Schallquelle	linienförmige Schallquelle	punktförmige, kugelförmige Schallquelle
Geometrie			
Schallwechseldruck-amplitude	$\hat{p} = \hat{p}_0$	$\hat{p} = \hat{p}(r_0)\sqrt{\dfrac{r_0}{r}}$	$\hat{p} = \hat{p}(r_0)\cdot\dfrac{r_0}{r}$
spezifische Schalleistung	P_A in $\dfrac{W}{m^2}$	P_l in $\dfrac{W}{m}$	P in W
Schallintensität	$I = P_A$	$I = \dfrac{P_l}{2\pi r}$	$I = \dfrac{P}{4\pi r^2}$
Schallpegeldifferenz	$L_1 - L_2 = 0$	$L_1 - L_2 = 10\lg\dfrac{r_2}{r_1}$	$L_1 - L_2 = 20\lg\dfrac{r_2}{r_1}$
Schallpegeldifferenz für $r_2 = 2r_1$	$\Delta L = 0$	$\Delta L = 3\,dB$	$\Delta L = 6\,dB$

Die *eindimensionale* Lösung der Wellenglei-chung bei *sinusförmiger Erregung* mit der Er-regerfrequenz f ist:

$$p(x,t) = p_s + \hat{p}\cos\{2\pi f(t - x/c)\};\quad (K\text{–}10)$$

$p(x,t)$ Schallwechseldruck,
p_s statischer Gasdruck,
$\hat{p}$ Schalldruckamplitude,
f Schallfrequenz des Erregers (z.B. Lautsprecher),
c Schallgeschwindigkeit.

Lösungen für linienförmige und kugelförmige Schallwellen enthält Tabelle K-3.

Der *Effektivwert* p_{eff} des Schallwechseldrucks ist der Meßwert des Schallwechseldrucks einer Schallaufnehmers, integriert über die Meß-geräte-Integrationszeit τ:

$$p_{eff} = \sqrt{\frac{1}{\tau}\int_0^\tau p^2(r,t)\,dt}.\quad (K\text{–}11)$$

Daraus ergibt sich der *Effektivwert* des Schall-drucks *harmonischer Schallwellen* bei sinusför-miger Erregung:

$$p_{eff} = \frac{\hat{p}}{\sqrt{2}};\quad (K\text{–}12)$$

$\hat{p}$ Schalldruckamplitude.

K.1.6 Schallschnelle

Die Schallschnelle v ist die Auslenkungs-geschwindigkeit der Moleküle unter der Wir-kung der Kompressions- und Dilatations-kräfte der Druckstörung ∂p.

Zwischen der Schallschnelle v und dem Schall-druck p gilt das *hydrodynamische Grundgesetz:*

$$\frac{\partial v(x,t)}{\partial t} = -\frac{1}{\varrho}\frac{\partial p(x,t)}{\partial x};\quad (K\text{–}13)$$

ϱ Dichte des Mediums.

Die Schallschnelle v ist mit dem Schallwechseldruck p über den *Schallwiderstand* (Schallkennimpedanz) Z verknüpft:

$$v(x,t) = \frac{1}{Z}\,p(x,t) = \frac{1}{\varrho\,c}\,p(x,t); \quad (K-14)$$

ϱ Dichte des Ausbreitungsmediums,
c Schallgeschwindigkeit im Ausbreitungsmedium.

Die Schallschnelle einer *ebenen, eindimensionalen, harmonischen Schallwelle* mit *sinusförmiger* Schallerregung ist:

$$v(x,t) = \frac{1}{\varrho\,c}\,\hat{p}\cos\left\{2\pi f\left(t - \frac{x}{c}\right)\right\}; \quad (K-15)$$

ϱ Dichte des Schallmediums,
c Schallgeschwindigkeit im Medium,
$\hat{p}$ Schalldruckamplitude,
f Schallfrequenz.

Der *Effektivwert* v_{eff} der Schallschnelle und der über die Integrationszeit τ gemittelte Wert der Schallschnelle einer ebenen harmonischen Schallwelle sind:

$$v_{\text{eff}} = \sqrt{\frac{1}{\tau}\int_0^\tau v^2(r,t)\,\mathrm{d}t} = \frac{\hat{v}}{\sqrt{2}}. \quad (K-16)$$

K.1.7 Energiedichte

Für die Energiedichte w einer harmonischen Schallwelle gilt:

$$w = \mathrm{d}E/\mathrm{d}V = \frac{1}{2}\varrho\,(2\pi f\,\hat{y})^2 = \frac{1}{2}\varrho\,\hat{v}^2$$

$$= \frac{1}{2}\frac{\hat{p}^2}{\varrho\,c^2}; \quad (K-17)$$

w Energiedichte der Schallwelle,
$\hat{y}$ Elongationsamplitude,
$\hat{p}$ Schalldruckamplitude,
$\hat{v}$ Schnelleamplitude,
f Schallfrequenz,
c Schallgeschwindigkeit.

K.1.8 Schallintensität

Die Schallintensität I einer harmonischen Schallwelle beträgt:

$$I = \frac{1}{A}\,\mathrm{d}E/\mathrm{d}t = w\,c$$

$$= \frac{1}{2}\,\hat{v}\,\hat{p} = v_{\text{eff}}\,p_{\text{eff}} = \frac{p_{\text{eff}}^2}{Z}; \quad (K-18)$$

I Schallintensität,
$\hat{v}$ Schnelleamplitude,
$\hat{p}$ Schalldruckamplitude,
Z Schallwiderstand,
w Energiedichte,
c Schallgeschwindigkeit.

K.1.9 Schalleistung

Die Schalleistung P einer Schallquelle ist, wenn auf ein Flächenelement $\mathrm{d}A$ die Schallintensität I einfällt,

$$P = \int_A I\,\mathrm{d}A; \quad (K-19)$$

P Schalleistung,
I Schallintensität,
$\mathrm{d}A$ Flächenelement senkrecht zum Schalleinfall.

K.1.10 Dämpfungskoeffizient der Schallabsorption

Durch innere Reibung und unvollständige isentrope Kompression (*Dissipation*) sowie über die Anregung innerer Molekülfreiheitsgrade (*Relaxation*) auf der Strecke zwischen den Orten r_0 und r wird Schallenergie absorbiert, die Schalldruckamplitude gedämpft und ein Schallintensitätsabfall von $I(r_0)$ auf $I(r)$ verursacht, für den gilt:

$$I(r) = I(r_0)\,e^{-\alpha(r-r_0)}; \quad (K-20)$$

I Schallintensität,
r, r_0 Ortsvektoren,
α Dämpfungskoeffizient der Schallabsorption.

K.2 Schallwandler

Die Schalldrücke überspannen in der Technik einen Wertebereich von mehr als sechs Zehnerpotenzen. Schallempfänger oder *Mikrofone* und Schallgeber oder *Lautsprecher* müssen also in diesem großen Wertebereich den Schallwechseldruck oder die damit verknüpfte Schallschnelle über ein mechanisches Schwingungssystem (*Membran*) in eine elektrische Spannung bzw. Strom umwandeln. Die gebräuchlichen elektroakustischen Wandlerprinzipien zeigt Tabelle K-4.

Tabelle K-4. Elektroakustische Wandler.

Elektroakustische Wandler	technische Ausführungen	Anwendungsbereich
elektrostatisch Leitende Membran — b — Isolation — Gegenelektrode Elektret — $U_\sim$ — R_a $U =$	Kondensatormikrofon (mit äußerer Polarisationsspannung an der Mikrofonkapsel) Elektretmikrofon (permanente elektrische Polarisation an der Mikrofonmembran) Speziallautsprecher	Schallpegelmesser Studiomikrofon Ansteckmikrofon Tieftonmikrofon Handmikrofon Umhängemikrofon extrem breitbandige Kopfhörer
elektrodynamisch (Schwingspule) S — Topfmagnet N — $U_\sim$ S Schwingspule mit Membran	Tauchspulenmikrofon Lautsprecher	Studiorichtmikrofon Handmikrofon Umhängemikrofon Normalschallquellen Beschallungsanlagen Kopfhörer
elektrodynamisch (Bändchen) N Bändchen — Magnet — $U_\sim$ S	Bändchenmikrofon	Studiomikrofon für höchste Lautstärkepegel Vokalmikrofon Blechbläsermikrofon
elektromagnetisch N S — b	Lautsprecher	Telefonhörer Hörgeräte

Tabelle K-4 (Fortsetzung)

Elektroakustische Wandler	technische Ausführungen	Anwendungsbereich
piezoelektrisch 	Kristallmikrofon Keramikmikrofon Piezopolymer-Mikrofon	Körperschallmikrofon Wasserschallmikrofon Beschleunigungsaufnehmer
piezoresistiv 	Kohlemikrofon	Fernsehapparat

K.2.1 Schallpegel

Um handliche Zahlenwerte für den großen Wertebereich der Schalldruckamplituden zu erhalten, werden diese in einem relativen logarithmischen Maßstab angegeben, dem *Schallpegel*. Entsprechend den verschiedenen physikalischen Größen der Schallwelle ergeben sich über die Beziehungen zwischen den Größen unterschiedliche Schallpegel, die jeweils auf eigene Norm-Bezugsgrößen bezogen sind (Tabelle K-5).

K.2.2 Gesamtschallpegel

Der Gesamtschallpegel L_{ges} von n Schallquellen mit den Schallintensitätspegeln $L_{I,i}$ ergibt sich aus der energetischen *Addition der Schallintensitäten* zu:

$$L_{ges} = 10 \lg \left(\sum_{i=1}^{n} 10^{0,1\,L_{I,i}} \right) dB. \qquad (K-21)$$

Tabelle K-5. Schallpegel.

Schallpegel	Definition	Bezugsgröße	Beziehungen
Schalldruckpegel	$L_p = 20 \lg \dfrac{p_{eff}}{p_{eff,0}} dB$	$p_{eff,0} = 2 \cdot 10^{-5}$ Pa	$p_{eff} = Z v_{eff}$
Schallschnellepegel	$L_v = 20 \lg \dfrac{v_{eff}}{v_{eff,0}} dB$	$v_{eff,0} = 5 \cdot 10^{-8} \dfrac{m}{s}$	$I = \dfrac{p_{eff}^2}{Z}$
Schallintensitätspegel	$L_I = 10 \lg \dfrac{I}{I_0} dB$	$I_0 = 10^{-12} \dfrac{W}{m^2}$	$P = A \dfrac{p_{eff}^2}{Z}$
Schallleistungspegel	$L_P = 10 \lg \dfrac{P}{P_0} dB$	$P_0 = 10^{-12}$ W	

In der Praxis führt man die Pegeladdition sukzessive für jeweils zwei Pegel mit Hilfe der Schallpegel-Additionstabelle K-6 aus; zum größeren Pegel L_1 wird der Pegelzuschlag L_2 addiert, der entsprechend der Pegeldifferenz $\Delta L = L_1 - L_2$ der Tabelle K-6 entnommen wird.

K.2.3 Schallfrequenzspektrum, Bandfilter

Zur Bestimmung der Frequenzabhängigkeit des Schallpegels, des Schallfrequenzspektrums, wird das Spannungssignal des elektroakustischen Schallwandlers durch elektrische

Tabelle K-6. *Schallpegel-Additionstabelle (ΔL Pegeldifferenz, L_z Pegelzuschlag).*

ΔL dB	L_z dB	ΔL dB	L_z dB	ΔL dB	L_z dB
0,0	3,0	4,0	1,5	8,0	0,6
0,5	2,8	4,5	1,3	9,0	0,5
1,0	2,5	5,0	1,2	10,0	0,4
1,5	2,3	5,5	1,1	12,0	0,3
2,0	2,1	6,0	1,0	14,0	0,2
2,5	1,9	6,5	0,9	16,0	0,1
3,0	1,8	7,0	0,8	$\geq$ 20	0,0
3,5	1,6	7,5	0,7		

Tabelle K-7. *Terz und Oktavfilter (f_u, f_o untere bzw. obere Frequenzgrenze, Δ_A^* Schallpegelabschwächung bei A-Bewertung).*

Oktave				Terz			
f_u Hz	f_o Hz	f_m Hz	Δ_A^* dB	f_u Hz	f_o Hz	f_m Hz	Δ_A^* dB
11	22	16	+ 56,7	14,1	17,8	16	+ 56,7
				17,8	22,4	20	+ 50,5
				22,4	28,2	25	+ 44,7
22	44	31,5	+ 39,2	28,2	35,5	31,5	+ 39,4
				35,5	44,7	40	+ 34,6
				44,7	56,2	50	+ 30,2
44	88	63	+ 26,2	56,2	70,7	63	+ 26,2
				70,7	89,1	80	+ 22,5
				89,1	112	100	+ 19,1
88	177	125	+ 16,1	112	141	125	+ 16,1
				141	178	160	+ 13,4
				178	224	200	+ 10,9
177	355	250	+ 8,6	224	282	250	+ 8,6
				282	355	315	+ 6,6
				355	447	400	+ 4,8
355	710	500	+ 3,2	447	562	500	+ 3,2
				562	708	630	+ 1,9
				708	891	800	+ 0,8
710	1 420	1 000	0	891	1 122	1 000	0
				1 122	1 413	1 250	− 0,6
				1 413	1 778	1 600	− 1,0
1 420	2 840	2 000	− 1,2	1 778	2 239	2 000	− 1,2
				239	2 818	2 500	− 1,3
				2 818	3 548	3 150	− 1,2
2 840	5 680	4 000	− 1,0	3 548	4 467	4 000	− 1,0
				4 467	5 623	5 000	− 0,5
				5 623	7 079	6 300	+ 0,1
5 680	11 360	8 000	+ 1,1	7 079	8 913	8 000	+ 1,1
				8 913	11 220	10 000	+ 2,5
				11 220	14 130	12 500	+ 4,3
11 360	22 720	16 000	+ 6,6	14 130	17 780	16 000	+ 6,6
				17 780	22 390	20 000	+ 9,3

Filter nur in einem Frequenzintervall zwischen der *oberen* f_0 und der *unteren Grenzfrequenz* f_u um die *Bandmittenfrequenz* f_m des Filters verstärkt.

$$f_m = \sqrt{f_o \cdot f_u} \, . \qquad (K-22)$$

Tabelle K-7 enthält die obere und die untere Grenzfrequenz sowie die Bandmittenfrequenzen des Terzfilter $f_o/f_u = 2^{1/3}$ und des Oktavfilters $f_o/f_u = 2$.

K.3 Schallwelle an Grenzflächen

An der Grenzfläche zweier Medien mit unterschiedlicher Schallkennimpedanz Z wird die einfallende Schallwelle (p_e, I_e) zum Teil reflektiert (p_r, I_r), zum Teil dringt sie als transmittierte Schallwelle (p_t, I_t) in das Medium II ein, (Bild K-1). Die folgenden Beziehungen basieren auf der Voraussetzung, daß für die Schallenergie an der Grenzfläche der Energieerhaltungssatz gültig ist und die Schallenergieumwandlungen in den Medien stattfinden.

K.3.1 Schallreflexionsgrad

Durch den Bezug der reflektierten Schallintensität I_r auf die einfallende I_e ergibt sich eine dimensionslose Größe, der Schallreflexionsgrad ϱ_S mit dem Wertebereich zwischen 0 und 100 %:

$$\varrho_S = \frac{I_r}{I_e} \, . \qquad (K-23)$$

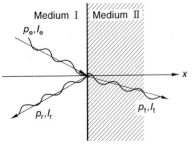

Medium I   Medium II
p_e, I_e

x

p_r, I_r p_t, I_t

Bild K-1. Schall an einer Grenzfläche.

Für den Schallreflexionsgrad einer Grenzfläche zwischen einem Medium I mit der Schallkennimpedanz Z_1 und einem Medium II mit der Schallkennimpedanz Z_2 gilt bei senkrechtem Einfall:

$$\varrho_S = \left(\frac{Z_2 - Z_1}{Z_2 + Z_1} \right)^2 . \qquad (K-24)$$

K.3.2 Schalltransmissionsgrad

Durch den Bezug der transmittierten Schallintensität I_t auf die einfallende Intensität I_e ergibt sich der Schalltransmissionsgrad τ_S:

$$\tau_S = \frac{I_t}{I_e} = \frac{4 Z_1 Z_2}{Z_1 + Z_2} \, ; \qquad (K-25)$$

Z_1, Z_2 Schallkennimpedanzen der Medien I und II.

An der Grenzfläche gilt wegen des Energieerhaltungssatzes der folgende Zusammenhang zwischen dem Reflexions- und Transmissionsgrad, wenn die Schallabsorption vernachlässigbar ist:

$$\varrho_S + \tau_S = 1 \, . \qquad (K-26)$$

K.3.3 Schallabsorptionsgrad

Durch Bezug der Schallintensität I_a, die im Medium II absorbiert und in Wärme umgewandelt wird, auf die einfallende Schallintensität I_e ergibt sich der Schallabsorptionsgrad α_S:

$$\alpha_S = \frac{I_a}{I_e} \, . \qquad (K-27)$$

Wird die gesamte transmittierte Strahlungsleistung im Medium II absorbiert, so ergibt sich mit Gl. (K-26):

$$\alpha_S = \tau_S = 1 - \varrho_S \, ; \qquad (K-28)$$

α_S Schallabsorptionsgrad,
τ_S Schalltransmissionsgrad,
ϱ_S Schallreflexionsgrad.

Mit Gl. (K-24) folgt damit für den Schall-absorptionsgrad durch ein Medium II, das die transmittierte Schallwelle *vollständig* absorbiert:

$$\alpha_S = 1 - \left(\frac{Z_2 - Z_1}{Z_2 + Z_1}\right)^2; \qquad (K-29)$$

α_S Schallabsorptionsgrad,
Z_1 Schallkennimpedanz des Mediums I,
Z_2 Schallkennimpedanz des Mediums II.

Der Schallabsorptionsgrad von Schallabsorbern ist abhängig von der Schallfrequenz; in der Praxis absorbieren alle Schallabsorber-Konstruktionen nur in einem mehr oder minder breiten Schallfrequenzbereich die Schallenergie, weil sie als *Resonanzabsorber* nach dem Prinzip der erzwungenen Schwingung eines Masse-Feder-Systems aufgebaut sind, und daher nur im Bereich der Resonanzfrequenz große Schallenergien aufnehmen und absorbieren. Einen Überblick über die *Bauprinzipien* von Schallabsorbern gibt Tabelle K-8.

Tabelle K-8. Schallabsorber.

	Plattenschwinger	Helmholtz-Resonator	poröser Schallabsorber
Prinzip des Masse-Feder-Systems	ohne Zusatzdämpfung	ohne Zusatzdämpfung	selbsttragendes Dämpfungsmaterial
	mit Zusatzdämpfung	mit Zusatzdämpfung	abgehängtes Dämpfungsmaterial
Richtgröße der „Feder" schwingende „Masse"	Befestigung + Luftschicht d — Flächenmasse m'	Hohlraumvolumen V — Halsvolumen $A_H l_{eff} \varrho_L$	Luftschicht d + Abhängung — Abdeckung (vernachlässigbar)
Dissipation der Schallenergie	innere Reibung in Platte und Luftschicht, äußere Reibung an Befestigung, viskose Strömungsverluste in Zusatzdämpfungs-material	nicht adiabatische Kompression des Hohlraumvolumens, Reibungsverluste im Resonatorhals, viskose Strömungs-verluste in Zusatz-dämpfungsmaterial	viskose Strömungsverluste durch äußere Reibung an Dämpfungsmaterial, Energieverlust durch innere Reibung bei Faserdeformation
Resonator-charakteristik	schmalbandiger Resonanzabsorber	besonders schmal-bandiger Resonanz-absorber	breitbandiger Absorber

Tabelle K-8 (Fortsetzung)

	Plattenschwinger	Helmholtz-Resonator	poröser Schallabsorber
charakteristische Absorberfrequenz	$f_0 = \dfrac{1}{2\pi}\sqrt{\dfrac{\kappa\,p_0}{d\,m'}}$	$f_0 = \dfrac{c}{2\pi}\sqrt{\dfrac{A_H}{V\,l_{eff}}}$	$f_0 \approx \dfrac{c}{4d}$
Einsatzbereiche	Tiefenschlucker in Raumakustik, Luftschalldämmung (leichte Vorsatzschale)	selektive Schallabsorption (Maschinenlärm, Raumakustik), Schalldämmung von Fugen (Tür, Fenster)	Schallpegelminderung, Änderung der Nachhallzeit

K.4 Schalldurchgang durch Trennwände

Die Schalltransmission durch Trennwände läßt sich berechnen, wenn

– das Resonanzverhalten nur durch die Massenträgheit der Trennwand bestimmt ist,
– der Einfluß der Elastizität und anderer nichtlinearer oder frequenzabhängiger Effekte sowie
– die Schallenergieverluste in der Trennwand vernachlässigbar sind und
– die Grenzfläche der Trennwand biegeweich ist.

Die Schallschnelle und der Schalldruck der auf der Wandrückseite abgestrahlten Schallwelle sind unter diesen Annahmen genauso groß wie bei der in die Trennwand eindringenden Schallwelle (Bild K-2).

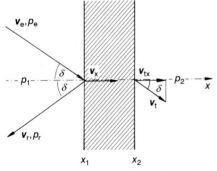

Bild K-2. Schalldurchgang durch eine dünne Wand.

K.4.1 Schalltransmissionsgrad

Die *Winkelabhängigkeit* des Schalltransmissionsgrades $\tau_S(\delta)$ ist:

$$\tau_S(\delta) = \frac{1}{1 + \left(\dfrac{\pi\,m'\,f\cos\delta}{Z}\right)^2}\;; \qquad (K-30)$$

f Schallfrequenz,
m' flächenbezogene Masse der Trennwand ($m' = \varrho\,s$),
δ Einfallwinkel der Schallwelle,
s Dicke der Trennwand,
Z Schallkennimpedanz der Luft ($Z = 410\,\text{kg}/(\text{m}^2\cdot\text{s})$).

Wenn durch Vielfachreflexion die Schalleinstrahlung gleichmäßig über alle Einfallswinkel verteilt ist, also diffus ist, gilt $(\cos^2\delta)_{mittel} = 0{,}5$. Für *senkrechten* Einfall $\delta = 0$ und mit der Näherung $(\pi\,m'\,f/Z) \gg 1$ ergibt sich dann für Schallschutz-Trennwände der *räumlich gemittelte* Schalltransmissionsgrad aus:

$$\tau_{S,\,mittel} = 2\left(\frac{Z}{\pi\,m'\,f}\right)^2. \qquad (K-31)$$

K.4.2 Schalldämmaß einer Trennwand

Der Schallschutz einer Trennwand wird durch das *logarithmische* Schalldämmaß R definiert, das durch den Schalltransmissionsgrad $\tau_{S,\,mittel}$

nach Gl. (K–31) im diffusen Schallfeld bestimmt wird:

$$R = 10 \lg\left(\frac{1}{\tau_{S,\,\text{mittel}}}\right)\,\text{dB}\,. \qquad (K-32)$$

Das *Massengesetz* für das Schalldämmaß einer *biegeweichen* Trennwand im diffusen Schallfeld beträgt demnach:

$$R = 20 \lg\left(\frac{\pi f m'}{Z}\right)\,\text{dB} - 3\,\text{dB}; \qquad (K-33)$$

f Schallfrequenz,
m' flächenbezogene Masse,
Z Schallkennimpedanz der Luft
($Z = 410\ \text{kg}/(\text{m}^2 \cdot \text{s})$).

K.4.3 Spuranpassungs-Schallwellenlänge

Die Ausbreitungsgeschwindigkeit von Biegewellen auf Platten ist *frequenzabhängig* (*anomale Dispersion*):

$$c_B = \left\{\frac{4\pi^2 f^2 B}{m'}\right\}^{1/4}; \qquad (K-34)$$

c_B Biegewellen-Ausbreitungsgeschwindigkeit,
f Schallfrequenz,
B Biegesteifigkeit ($B = E s^3/[12\,(1-\mu^2)]$),
s Dicke der Platte,
E Elastizitätsmodul der Platte,
μ Querkontraktionszahl der Platte,
m' flächenbezogene Masse.

Biegewellen werden von einer auftreffenden Schallwelle der Wellenlänge λ_L resonant erregt, wenn die Wellenlängenkomponente der Schallwelle parallel zur Plattenebene $\lambda_S = \lambda_L/\sin\delta$ (Bild K-3) mit der Wellenlänge $\lambda_B = c_B/f$ der Biegewelle übereinstimmt (*Spuranpassung*). Daraus ergibt sich die Spuranpassungs-Schallwellenlänge zu:

$$\lambda_S = \frac{c_B}{f} = \left\{\frac{4\pi^2 B}{f^2 m'}\right\}^{1/4} \qquad (K-35)$$

f Schallfrequenz,
B Biegesteifigkeit der Trennwand,
m' flächenbezogene Masse der Trennwand,
c_B Biegewellen-Ausbreitungsgeschwindigkeit nach Gl. (K–34).

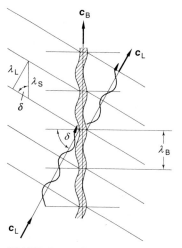

Bild K-3. Biegewellen durch Spuranpassung.

K.4.4 Spuranpassungsfrequenz

Bei einem Einfallswinkel δ tritt bei der Schallfrequenz $f_S = c_L/\lambda_L = c_L/(\lambda_S \sin\delta)$ Spuranpassung auf; die Spuranpassungsfrequenz f_S hat also den Wertebereich:

$$f_S = \frac{c_L^2}{2\pi \sin^2\delta}\sqrt{\frac{m'}{B}}; \qquad (K-36)$$

c_L Schallgeschwindigkeit,
B Biegesteifigkeit der Trennwand,
m' flächenbezogene Masse der Trennwand,
δ Einfallswinkel der Schallwelle.

Demnach ist die *untere Grenzfrequenz* $f_{S,\,g}$ *der Spuranpassung*, wenn $\delta = 90°$ gilt. Im diffusen Schallfeld setzt bei Schallfrequenzen $f > f_{S,\,g}$ die erhöhte, durch den Spuranpassungseffekt verursachte Schalltransmission ein, und das Schalldämmaß weicht vom theoretischen Massengesetz (Bild K-4) ab:

$$f_{S,\,g} = \frac{c_L^2}{2\pi}\sqrt{\frac{m'}{B}}; \qquad (K-37)$$

c_L Schallgeschwindigkeit,
B Biegesteifigkeit der Trennwand,
m' flächenbezogene Masse der Trennwand.

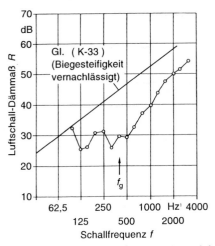

Bild K-4. *Luftschall-Dämmaß R einer 70 mm dicken Gipsplattenwand, beidseitig verspachtelt.*
o—o—o *Meßkurve nach DIN 52210;*
——— *Massengesetz nach Gl. (K–33) mit $m' = 80\ \mathrm{kg/m^2}$, $E = 6 \cdot 10^9\ \mathrm{N/m^2}$, $Z = 2,6 \cdot 10^6\ \mathrm{kg/(m^2 \cdot s)}$; f_g Grenzfrequenz nach Gl. (K–37).*

Die *Grenzfrequenz* $f_{g,\,\mathrm{hom}}$ der *Spuranpassung homogener Platten* ist:

$$f_{g,\,\mathrm{hom}} = \frac{c_L^2}{2\pi s} \sqrt{\frac{12\,(1-\mu^2)\,\varrho}{E}}\ ; \qquad (K-38)$$

c_L Schallgeschwindigkeit in Luft,
s Dicke der Platte,
E Elastizitätsmodul der Platte,
ϱ Dichte der Platte,
μ Querkontraktionszahl des Plattenmaterials.

Bei *Luftschallanregung* $c_L = 340$ m/s und unter Vernachlässigung von μ gilt für homogene Platten folgende Zahlenwertgleichung für die *Spuranpassungs-Grenzfrequenz:*

$$f_{g,\,\mathrm{hom,\,Luft}} = 6,4 \cdot 10^4\,(\mathrm{m/s})^2\,\frac{1}{s} \sqrt{\frac{\varrho}{E}}\ ; \qquad (K-39)$$

s Dicke der Trennwand,
E Elastizitätsmodul des Trennwandmaterials,
ϱ Dichte des Trennwandmaterials.

K.5 Physiologische Akustik

Das menschliche Ohr löst erst dann im Bewußtsein eine Schallempfindung aus, wenn die Frequenz der Schallwelle im Bereich $f = 16$ Hz bis 20 kHz und der Effektivwert des Schalldrucks über ca. $p_{\mathrm{eff}} = 20\ \mu\mathrm{Pa}$ liegt, wobei die obere Grenzfrequenz des Hörbereichs mit zunehmenden Alter erheblich sinkt. Bei Schalldrücken oberhalb $p_{\mathrm{eff}} = 20$ Pa oder Schallpegeln höher als $L = 120$ dB empfindet der Mensch nur noch Schmerz (*akustische Schmerzgrenze*).

K.5.1 Lautstärke

Gleiche Schallpegel unterschiedlicher Schallfrequenz bewirken eine unterschiedliche Schallempfindung. Die *Lautstärke* L_S ist der *Maßstab für das Lautheitsempfinden* des Gehörorgans; sie wird in *phon* gemessen. Die Lautstärke L_S ist so definiert, daß bei der Schallfrequenz $f = 1$ kHz der Zahlenwert in Phon gleich dem Zahlenwert des Schalldruckpegels ist:

$$L_S\,(1000\ \mathrm{Hz}) = 20\,\lg\frac{p_{\mathrm{eff}}\,(1000\ \mathrm{Hz})}{20\,\mu\mathrm{Pa}}\ \mathrm{phon}\,; \qquad (K-40)$$

$p_{\mathrm{eff}}\,(1000\ \mathrm{Hz})$ effektiver Schalldruck bei 1000 Hz.

Die Lautstärke $L_S\,(f)$ bei einer Schallfrequenz f wird durch einen Hörvergleich bestimmt. Der Lautstärkepegel wird subjektiv mit dem Standardschall verglichen, dem Schalldruckpegel $L_p^*\,(1000\ \mathrm{Hz})$ einer akustisch gleich laut empfundenen 1000-Hz-Vergleichsschallquelle. Der Zahlenwert des Schalldruckpegels in dB ist dann der phon-Wert für die Lautstärke $L_S\,(f)$.

Im Bild K-5 ist dargestellt, welcher Schalldruckpegel $L_p\,(f)$ bei einer Schallfrequenz f die gleiche Schallempfindung auslöst wie der Schalldruckpegel $L_p\,(1000\ \mathrm{Hz})$ des ebenen 1-kHz-Vergleichsschalls. Die Kurven gleicher Lautstärke L_S sind in 10-Phon-Stufen dargestellt. Die Wahrnehmungsauflösung des

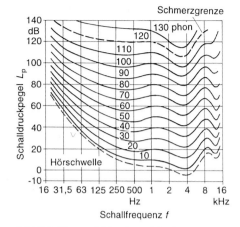

Bild K-5. *Kurven gleicher Lautstärke* L_S.

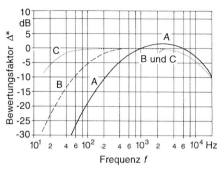

Bild K-6. *Bewertungskurven A, B, C nach DIN 45 633.*

menschlichen Ohres liegt bei etwa $\Delta L_S = 1$ phon, die Hörschwelle bei einem Wert von $L_S = 4$ phon, die Schmerzgrenze bei $L_S = 120$ phon.

K.5.2 Lautheit

Die *Lautheit S* ist ein *Maßstab für die Schallempfindung* des menschlichen Ohres, der proportional zur Stärke der Schallempfindung ansteigt. Die Zahlenwerte der Lautheit werden durch den Zusatz *sone* gekennzeichnet.

$$S = 2^{0,1\,(L_S - 40\,\text{phon})} \text{ sone}; \qquad (K-41)$$

L_S Lautstärke in phon.

Der Lautheit $S = 1$ sone entspricht also definitionsgemäß die Lautstärke $L_S = 40$ phon.

K.5.3 A-bewerteter Schallpegel

Der A-bewertete Schallpegel L_A ist eine *meßtechnische Näherung für die Lautstärkeempfindung* des menschlichen Ohres, welche die komplizierte Phon-Messung vermeidet. Die Bewertungskurve A bildet die Frequenzabhängigkeit der Lautstärkeempfindlichkeit des menschlichen Ohres im Bereich unterhalb

90 phon nach; die Lärmempfindung über 100 phon wird mit der C-Kurve genähert. Mit Hilfe der Bewertungskurven der gemessenen Schallpegel L_p ist auch eine, der menschlichen Schallempfindung vergleichbare Messung von Schall mit einem Schallfrequenzspektrum möglich.

Die bewerteten Schallpegel L_A bzw. L_C werden berechnet, indem zu den terz- oder oktavweise gemessenen Schallpegeln L_i ein *frequenzabhängiger Bewertungsfaktor* Δ_i^* addiert wird. Die Bewertungskurven zeigt Bild K-6, die Zahlenwerte der A-Bewertungsfaktoren Δ_A^* sind in Tabelle K-7 aufgeführt.

Der A-bewertete Schallpegel L_A eines Schallfrequenzspektrums berechnet sich wie folgt:

$$L_A = 10 \lg \left\{ \sum_{i=1}^{n} 10^{0,1\,(L_i + \Delta_{A,i}^*)} \right\} \text{dB(A)};$$

$$(K-42)$$

L_i gemessener Schallpegel in Terzen oder Oktaven,
$\Delta_{A,i}^*$ A-Bewertungsfaktor.

K.5.4 Äquivalenter Dauerschallpegel

Der äquivalente Dauerschallpegel $L_{\text{äq}}$ ist das *Maß für die Belastung des Gehörs* durch die Schallenergie von Geräuschimmissionen in einem Bezugszeitraum t_B, beispielsweise

$t_B = 8$ h für die Gehörbelastung an einem Arbeitstag,

$$L_{\text{äq}} = 10 \lg \left\{ \frac{1}{t_B} \sum_{i=1}^{n} \left[t_i \cdot 10^{0,1\, L_{A,i}} \right] \right\} \text{dB(A)} ;$$

$$(K-43)$$

t_i Zeitintervall i des Bezugszeitraums,
$L_{A,i}$ A-bewerteter Schallpegel im Zeitintervall t_i,
t_B Bezugszeitraum ($t_B = t_1 + t_2 + \dots + t_n$).

K.6 Raumakustik

Die *akustische Behaglichkeit* in einem Raum wird zum einen vom *Schalleistungspegel* L_{diffus} des diffusen Schallfeldes und zum anderen von der *Hörsamkeit* im Raum bestimmt. Die Hörsamkeit hängt vom Verhältnis der Schallintensitäten und der Laufzeiten des geradlinig einfallenden Schalls (*Direktschall*) zu denjenigen des gestreuten Schalls (*indirektem Schall*) sowie von der Zeitspanne ab, in der die Schallenergie nach einem Schallpegelsprung abnimmt (*Nachhall*).

K.6.1 Äquivalente Absorptionsfläche

Die äquivalente Absorptionsfläche ist *charakteristisch für die Schallabsorptionseigenschaften eines Raumes.* Sie beeinflußt sowohl den Schalleistungspegel in einem Raum, als auch den Nachhallverlauf und ergibt sich aus

$$A_{\text{äq}} = \sum A_i \, \bar{\alpha}_i . \qquad (K-44)$$

Der mittlere Schallabsorptionsgrad $\bar{\alpha}_i$ ist definiert als:

$$\bar{\alpha}_i = 2 \int_0^{\pi/2} \alpha_i(\delta) \cos \delta \sin \delta \, d\delta ; \qquad (K-45)$$

$A_{\text{äq}}$ äquivalente Absorptionsfläche,
A_i Oberfläche i im Raum,
$\bar{\alpha}_i$ mittlerer Schallabsorptionsgrad der Oberfläche i,
$\alpha_i(\delta)$ Schallabsorptionsgrad unter dem Einfallswinkel δ,
δ Schalleinfallswinkel.

Die gesamte absorbierte Schalleistung P_{ges} hängt von der Schallintensität I_{diffus} des diffusen Schallfeldes im Raum ab:

$$P_{\text{ges}} = \frac{1}{4} I_{\text{diffus}} A_{\text{äq}} ; \qquad (K-46)$$

I_{diffus} Schallintensität des diffusen Schallfeldes,
$A_{\text{äq}}$ äquivalente Absorptionsfläche.

K.6.2 Schalleistungspegel des diffusen Schallfeldes

Der Schalleistungspegel des diffusen Schallfeldes L_{diffus} wird durch den Schalleistungspegel der Schallquelle und die äquivalente Absorptionsfläche bestimmt.

$$L_{\text{diffus}} = L_W - 10 \lg \frac{A_{\text{äq}}}{4 A_0} \text{dB} ; \qquad (K-47)$$

L_W Schalleistungspegel,
$A_{\text{äq}}$ äquivalente Schallabsorptionsfläche,
A_0 Norm-Bezugsfläche der Luftschallabsorption ($A_0 = 1$ m^2).

K.6.3 Nachhallzeit

Wird eine Schallquelle in einem Raum mit dem Raumvolumen V und der äquivalenten Absorptionsfläche $A_{\text{äq}}$ ausgeschaltet, dann nimmt die Schallenergie $E(t)$ vom Ausgangswert $E(0)$ exponentiell ab:

$$E(t) = E(0) \, e^{-\frac{c\, A_{\text{äq}}}{4 V} t} ; \qquad (K-48)$$

$A_{\text{äq}}$ äquivalente Absorptionsfläche,
c Schallgeschwindigkeit,
V Raumvolumen.

Die Nachhallzeit T^* ist eine für den *Abfall der Schallenergie charakteristische Zeitkonstante* und durch die Zeitspanne definiert, in der der Schallpegel L_{diffus} des diffusen Schallfeldes um $\Delta L = 60$ dB abnimmt:

$$T^* = \frac{24 \ln 10}{c} \frac{V}{A_{\text{äq}}} = 0{,}163 \, \frac{\text{s}}{\text{m}} \frac{V}{A_{\text{äq}}} ; \qquad (K-49)$$

$A_{\text{äq}}$ äquivalente Absorptionsfläche,
c Schallgeschwindigkeit,
V Raumvolumen.

Die Zahlenwertgleichung ergibt sich, wenn für Luftschall die mittlere Schallgeschwindigkeit zu $c = 340$ m/s angesetzt wird.

K.6.4 Hallradius

Das Schallfeld punkt- oder kugelförmiger Schallquellen wird in Räumen durch die Vielfach-Schallreflexionen an den Wänden in ein diffuses Schallfeld umgewandelt. Nur im Nahfeld der Schallquelle überwiegt der Direktschall und damit der Schallintensitätsverlauf wie in einem freien Schallfeld, bei dem die Verdopplung des Abstands zur Schallquelle bei einer Kugel-Schallquelle eine Schallintensitätsabnahme von $\Delta L_I = 6$ dB und bei einer Zylinder-Schallquelle von $\Delta L_I = 3$ dB bewirkt.

Der Hallradius R_H ist der Abstand von einer Schallquelle im Raum, innerhalb dessen die Schallintensität wie bei der Ausbreitung im freien Schallfeld abnimmt und durch Vergrößerung des Abstands zur Lärmquelle eine Lärmminderung möglich ist. Der Hallradius R_H ist:

$$R_H = \frac{1}{4} k_H \sqrt{\frac{A_{\text{äq}}}{\pi}} \; ; \qquad (\text{K}-50)$$

$A_{\text{äq}}$ äquivalente Absorptionsfläche,
k_H Hallradiusfaktor.

Der Hallradiusfaktor k_H berücksichtigt den Einfluß der Symmetrie der Schallquelle, der Raumgeometrie und des Aufstellorts des Schallsenders im Raum. Für Rechteckräume sind k_H-Werte in Tabelle K-9 zusammengestellt.

Tabelle K-9. Hallradiusfaktor k_H von Rechteckräumen.

Aufstellungsort Schallquelle	Kugel-Schallquelle	Zylinder-Schallquelle
im Raumzentrum	1	$\sqrt{2}$
Wand-/Deckenmitte	$\sqrt{2}$	2
Wand-/Deckenkante	2	$2\sqrt{2}$
dreidim. Raumecke	$2\sqrt{2}$	–

K.7 Technische Akustik und Bauakustik

Zur akustischen Behaglichkeit von Räumen gehört es, daß die Räume gegen den Schall aus Nachbarräumen geschützt sind. Dabei wird zwischen der Anregung der Trennflächen über Luftschall (*Luftschalldämmung*) und derjenigen über direkte Bauteilanregung (*Trittschalldämmung*) unterschieden.

K.7.1 Luftschall-Dämmaß

Das Luftschall-Dämmaß R wird über den mittleren Luftschall-Transmissionsgrad τ_S, das ist das Verhältnis zwischen der Schallleistung P_2 im Empfangsraum und der Schallleistung P_1 im Senderaum, definiert:

$$R = 10 \lg \frac{1}{\tau_S} \, \text{dB} = 10 \lg \frac{P_1}{P_2} \, \text{dB}. \qquad (\text{K}-51)$$

Die Schallleistung P_2 und auch der Schallpegel L_2 im Empfangsraum hängen von der Trennfläche zwischen Sende- und Empfangsraum, von der äquivalenten Absorptionsfläche des Empfangsraums sowie vom Schallpegel im Senderaum ab (Bild K-7). Es gilt:

$$R = L_1 - L_2 + 10 \lg \frac{A_T}{A_{\text{äq}}} \, \text{dB}; \qquad (\text{K}-52)$$

$A_{\text{äq}}$ äquivalente Schallabsorptionsfläche des Empfangsraums,
A_T Trennfläche zwischen Sende- und Empfangsraum,
L_1 Schallpegel im Senderaum,
L_2 Schallpegel im Empfangsraum.

Mit Gl. (K−52) kann in der Baupraxis das Schalldämmaß einer Trennwand oder -decke gemessen werden.

K.7.2 Norm-Trittschallpegel

Begehen, Hüpfen, Stühlerücken u. ä. regen den Fußboden direkt zu Schwingungen an. Dieser *Trittschall* wird über die Decke und

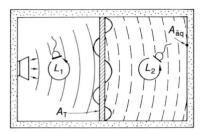

Bild K-7. Luftschallanregung und -abstrahlung einer Trennwand. A schallabstrahlende Oberfläche im Empfangsraum mit der äquivalenten Schallabsorptionsfläche $A_{äq}$.

so bestimmte Norm-Trittschallpegel L_n der Decke:

$$L_n = L_{gem} + 10 \lg \frac{A_{äq,E}}{A_0} \, dB; \qquad (K-53)$$

L_{gem} gemessener Trittschallpegel im Empfangsraum,

$A_{äq,E}$ äquivalente Absorptionsfläche des Empfangsraums,

A_0 Norm-Bezugsfläche der Trittschallabsorption ($A_0 = 10 \, m^2$).

K.7.3 Körperschall-Isolierwirkungsgrad

mit der Decke verbundene Bauteile in andere, insbesondere in darunterliegende Räume geleitet. Die Trittschallübertragung wird nach DIN 52210 gemessen, indem ein Norm-Hammerwerk mit einer Schlagfrequenz von 10 Schlägen je Sekunde auf dem Fußboden aufgestellt wird und im Empfangsraum der Trittschallpegel L_{gem} terzweise registriert wird. Ein Korrekturglied berücksichtigt die aus einer Nachhallzeitmessung ermittelte Schallabsorption im Empfangsraum. Bauakustischen Anforderungen nach DIN 4109 unterliegt der

Körperschall ist die Ausbreitung von Schall im Inneren oder auf der Oberfläche von Festkörpern mit Schallfrequenzen im Hörbereich $f > 15 \, Hz$. Maßnahmen zur Körperschalldämmung führt Tabelle K-10 auf.

Die *elastische Lagerung* eines Schallgebers, also die Erzeugung eines schwingungsfähigen Masse-Feder-Systems aus der Körperschallgebermasse m und der Federkonstante c der Körperschall-Isolierschicht nach Bild K-8, vermindert die Amplitude der Körperschallwelle, wenn die Resonanz- oder Abstimm-

Tabelle K-10. Körperschalldämmung.

Effekt	Maßnahme
Körperschallreflexion	Grenzflächen mit hohen Schallkennimpedanzunterschieden: – Luftschichten in mehrschaligen Trennbauteilen – schwere Sperrmassen, Bleischicht – Federelemente – Gummiplatten
geometrische Körperschalldämmung	Verminderung der Körperschalldichte: – Vergrößerung der Laufstrecke zwischen Körperschallquelle und Empfangsraum – Verkleinerung der körperschallabstrahlenden Fläche
Körperschall-Dissipation	Vernichtung der Körperschallenergie durch innere Reibung und Stoßstellen-Dämmung: – Entdröhnmaterialien wie Sand oder Hochpolymere – Nagelverbindungen, viskoelastische Unterlagen
Abstrahlgrad-Reduktion	Verminderung der Luftschallabstrahlung körperschallangeregter Flächen durch Flächenverminderung und Schallinterferenz-Auslöschung – kleinflächige Unterteilung, Lochung, Aussteifung – gegenphasige Anregung benachbarter Abstrahlflächen

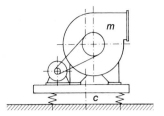

Bild K-8. Körperschalldämmende elastische Maschinenlagerung.

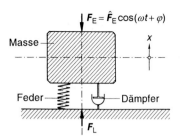

Bild K-9. Viskoelastisches Einmassensystem.

Kreisfrequenz $\omega_0 = \sqrt{c/m}$ weit unterhalb der erregenden Körperschall-Kreisfrequenz ω liegt. Der Körperschall-Isolierwirkungsgrad η ist ein Maß für die Verminderung der Kraftamplitude $\hat{F}_L$, die, in die Bodenplatte eingeleitet, den Körperschall verursacht, bezogen auf die Amplitude $\hat{F}_E$ der erregenden Kraft des Schallgebers.

Für das in Bild K-9 gezeigte Einmassensystem mit dem viskoelastischen Dämpfungsgrad D ist der Isolierwirkungsgrad

$$\eta = 1 - \frac{\sqrt{1 + 4D^2 \left(\frac{\omega}{\omega_0}\right)^2}}{\sqrt{\left[1 - \left(\frac{\omega}{\omega_0}\right)^2\right]^2 + 4D^2 \left(\frac{\omega}{\omega_0}\right)^2}}.$$

(K–54)

Bild K-10 zeigt die Resonanzkurven eines Einmassensystems für verschiedene Dämpfungsgrade. Eingezeichnet ist der *dämpfungsfreie Isolierwirkungsgrad*

$$\eta\,(D = 0) = \frac{\left(\frac{\omega}{\omega_0}\right)^2 - 2}{\left(\frac{\omega}{\omega_0}\right)^2 - 1} ;$$

(K–55)

ω Körperschall-Erregerkreisfrequenz,
ω_0 Resonanz-Kreisfrequenz des Masse-Feder-Systems.

Demnach werden bei der *einfachelastischen* Lagerung von Körperschallerregern Isolierwirkungsgrade über 90% nur erreicht, wenn

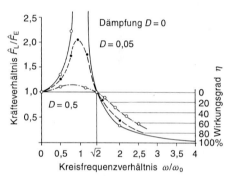

Bild K-10. Resonanzkurve eines Einmassensystems mit Verlauf des Isolierwirkungsgrades η (für $D = 0$).

die Resonanzfrequenz der Lagerung auf weniger als ein Viertel der Erregerfrequenz abgestimmt wird. Eine *doppelelastische* Maschinenaufstellung hat im Vergleich hierzu einen erheblich größeren Isolierungswirkungsgrad; sie ist technisch jedoch wesentlich aufwendiger.

K.7.4 Strömungsgeräusche

Strömungsgeräusche entstehen, wenn in Maschinen und Geräten Strömungsenergie in Schallenergie im Hörfrequenzbereich umgewandelt wird (Tabelle K-11).

Eine ausgeprägte Richtcharakteristik in Ausströmrichtung hat das *Freistrahlgeräusch*; es entsteht durch Wirbelablösung in der Mischzone zwischen dem hochbeschleunigten Freistrahl und dem ruhenden Gas, in das der Freistrahl einströmt (Bild K-11).

Tabelle K-11. Strömungsgeräuscharten.

Strömungsgeräusch	Frequenzspektrum	Ursache
Strömungsrauschen	breitbandig	Druckschwankungen im abströmseitigen Wirbelfeld eines umströmten Körpers (Zylinder, Ventil usw.) oder im Turbulenzbereich einer Rohrströmung
Freistrahlgeräusch	sehr breitbanding in Ausströmrichtung Richtcharakteristik	Wirbelbildung in der Reibungszone zwischen hochbeschleunigtem Freistrahl von Düsenöffungen und dem ruhenden Gas, in das der Freistrahl ausströmt (Bild K-11)
Hiebtöne	schmalbandig	asymmetrische Wirbelablösung umströmter Körper, aufgeprägte Periodizität von Ventilatoren oder Propellern
Kavitationsgeräusch	breitbandig	Druckschwankungen durch die Implosion von Kavitations-Dampfblasen, entstanden an Strömungsengpässen, wo der dynamische Strömungsdruck niedriger als der Sättigungsdampfdruck der Flüssigkeit ist (Bild K-12)

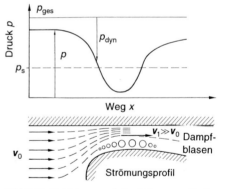

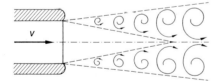

Bild K-11. Wechseldruckerzeugende Wirbel um den turbulenten Freistrahl einer Düse.

Bild K-12. Entstehung und Implosion von Kavitationsblasen. v Strömungsgeschwindigkeit.

Wird die Strömungsgeschwindigkeit an umströmten Profilen oder Strömungskanten sehr hoch, so daß der statische Druck in der strömenden Flüssigkeit niedriger als der Sättigungsdampfdruck der Flüssigkeit wird, dann tritt in der Strömung *Kavitation* auf

(Bild K-12). An Keimen entstehen Dampfblasen, die wieder schlagartig kondensieren, wenn der Druck nach der Strömungskante wieder ansteigt. Dabei entsteht das prasselnde, breitbandige *Kavitationsgeräusch*.

K.8 Ultraschall

Ultraschall ist Schall mit Schallfrequenzen oberhalb des Hörbereichs von etwa 20 kHz bis 10 GHz. Die Erzeugungsmethoden führt Tabelle K-12 auf, die Eigenschaften und Anwendungen die Tabelle K-13. Zum Nachweis von Ultraschall werden piezoelektrische Mikrofone verwendet. Ultraschall läßt sich auch visuell mit phosphoreszierenden Leuchtschirmen nachweisen; die Ultraschallanregung bewirkt bei den mit Lichtenergie aufgeladenen Phosphoren eine beschleunigte Lichtaussendung, so daß die Stellen mit Ultraschalleinwirkung auf den Phosphor-Leuchtschirmen schneller dunkel erscheinen.

Tabelle K-12. Ultraschallerzeugung.

Ultraschallerzeugung	Frequenzbereich	physikalischer Effekt
mechanisch	bis 200 kHz	elastische Schwingungen, resonante Turbulenzwirbelabstrahlung an bewegten Löchern (Sirene), stehende Welle in Pfeifen
magneto-restriktiv	bis 50 kHz	resonante Längenänderung eines ferromagnetischen Stabs (Ni, Fe o.a.) im magnetischen Wechselfeld einer Hochfrequenzspule
elektro-restriktiv	bis 10 MHz	resonante Dickenschwingungen einer Quarzkristall- oder Bariumtitanat-Platte bei angelegter hochfrequenter Wechselspannung (inverser piezoelektrischer Effekt)
Mikrowellen-Resonatorankopplung	bis 10 GHz	resonante Ankopplung eines heliumgekühlten Quarzstabs an Mikrowellen-Koaxialresonatoren

Tabelle K-13. Ultraschalleigenschaften und -anwendungen.

Eigenschaften	Anwendungen
kurze Ultraschall-Wellenlänge in Luft ($\lambda < 1,5$ cm); geradlinige, geometrische Schallausbreitung mit vernachlässigbarer Beugung	Bündelung von Ultraschall-Richtstrahlen zur Ortung von Hindernissen (Ultraschall-Echolot-Verfahren); Reflexionen an Grenzschichten mit Änderung der Schallkennimpedanz, wie bei Luftschichten in Festkörper-Rissen, Lunkern in Gußteilen oder Blechaufdopplungen (Ultraschall-Werkstoffprüfung) und wie beim Übergang Muskelgewebe zu Gewebeflüssigkeit (Ultraschall-Diagnostik); Ultraschall-Kommunikation unter Wasser (SONAR-Prinzip)
hohe Ultraschall-Intensität wegen $I \sim \omega^2$ bei hohen Ultraschall-Kreisfrequenzen ($\omega > 100$ kHz)	Kavitation an Festkörper-Grenzflächen bewirken Materialabtrag (Ultraschall-Reinigung, Ultraschall-Bohren, Ultraschall-Schneiden); resonante Anregung von Zellen (Ultraschall-Massage), von Gasblasen (Entgasung von Schmelzen) und von Tröpfchen (Emulgieren von Öl in Wasser)

L Optik

Tabelle L-1. *Frequenzen f und Wellenlängen λ elektromagnetischer Wellen.*

f in Hz	λ in m	Wellenbereich	λ in m	IR- und UV-Wellenart
10^3			10^{-3}	
10^4	10^5	VLF	8	
10^5	10^4	LF	6	
10^6	10^3	MF	4	
10^7	10^2	HF	2	Fernes IR
10^8	10^1	VHF	10^{-4}	
10^9	10^0	VHF	8	
10^{10}	10^{-1}	UHF ⎫	6	⎫ IR–C
10^{11}	10^{-2}	SHF ⎬ Mikro-	4	
10^{12}	10^{-3}	EHF ⎭ wellen	2	
10^{13}	10^{-4}	⎫	10^{-5}	Mittleres IR
10^{14}	10^{-5}	⎬ Infrarot (IR)	8	
10^{15}	10^{-6}	⎭ sichtbares	6	
10^{16}	10^{-7}	Licht (VIS)	4	⎫ Nahes IR IR–B
10^{17}	10^{-8}	Ultraviolett (UV)	2	⎬ IR–A
10^{18}	10^{-9}	Röntgenstrahlung	10^{-6}	
10^{19}	10^{-10}		8	
10^{20}	10^{-11}	γ-Strahlung	6	VIS Nahes UV UV–A
	10^{-12}		4	Mittleres UV UV–B
			2	Fernes UV ⎫
			10^{-7}	Vakuum–UV ⎬ UV–C

In der Optik werden Phänomene untersucht, die mit der Ausbreitung des Lichts in Zusammenhang stehen. Licht ist eine transversale elektromagnetische Welle. Im gesamten Spektrum der elektromagnetischen Wellen ist das *sichtbare* Licht ein schmaler Bereich im Wellenlängenintervall von $\lambda = 380$ nm bis 780 nm, in dem das menschliche Auge empfindlich ist (Tabelle L-1).

L.1 Geometrische Optik

Sind die Dimensionen der Gegenstände groß gegen die Wellenlänge des Lichts, dann ist die Lichtausbreitung mit Hilfe von *Lichtstrahlen* beschreibbar. In der geometrischen Optik wurden Methoden entwickelt, mit denen der Lichtweg in optischen Systemen berechnet werden kann.

Übersicht L-1. *DIN-Normen zur geometrischen Optik einschließlich optischer Instrumente.*

DIN 1335	Technische Strahlenoptik in der Fotographie
DIN 1349	Durchgang optischer Strahlung durch Medien
DIN 58 925	Optisches Glas
DIN 58 926	Preßlinge für Optikeinzelteile
DIN 58 927	Optisches Glas; Technische Lieferbedingungen
DIN 58 140	Faseroptik
DIN VDE 0472	Prüfung an Kabeln und isolierten Leitungen
DIN VDE 0888	Lichtwellenleiter für Fernmelde- und Informationsverarbeitungsanlagen
DIN VED 0899	Verwendung von Lichtwellenleitern-Fasern, -Einzeladern, -Bündelfasern und -Kabeln für Fernmelde- und Informationsverarbeitungsanlagen
DIN 58 158	Optik-Prismen

Übersicht L-1 (Fortsetzung)

a) reelle Abbildung

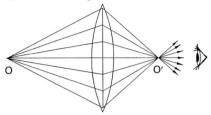

b) virtuelle Abbildung

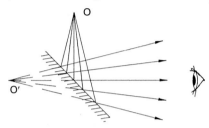

Bild L-1. Optische Abbildung.

L.1.1 Lichtstrahlen und Abbildung

Eine Lichtquelle sendet Strahlen aus, die sich in einem homogenen Medium geradlinig ausbreiten und senkrecht zu den Wellenflächen der elektromagnetischen Welle stehen. Lichtstrahlen, die sich durchkreuzen, beeinflussen sich gegenseitig nicht.

Wird ein von einem *Gegenstandspunkt* O ausgesandtes *homozentrisches* Strahlenbündel durch ein optisches System so verändert, daß sich alle Strahlen wieder in einem *Bildpunkt* O' schneiden, entsteht also wieder ein homozentrisches Bündel, dann liegt eine *Abbildung* vor (Bild L-1).

L.1.2 Reflexion des Lichts

L.1.2.1 Reflexion an ebenen Flächen

Bei der Reflexion eines Lichtstrahls an einer spiegelnden Fläche (Bild L-2) gilt das *Reflexionsgesetz:*

> Einfallender Strahl, reflektierter Strahl und Einfallslot liegen in einer Ebene; der Einfallswinkel ε und der Reflexionswinkel ε_r sind gleich.

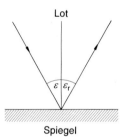

Bild L-2. Reflexion an ebener Fläche.

Abbildung

Nach Bild L-1 b scheint für einen Beobachter jeder Lichtstrahl, der von O aus in den Spiegel fällt, von dem Bildpunkt O' herzukommen. Gegenstandspunkt O und Bildpunkt O' liegen völlig symetrisch zum Spiegel auf einer Normalen zur Spiegelfläche.

> Der ebene Spiegel erzeugt virtuelle Bilder; Gegenstand und Bild liegen symmetrisch zum Spiegel.

Übersicht L-2. Brennpunkt des Hohlspiegels.

Übersicht L-3. Abbildung durch einen Hohlspiegel.

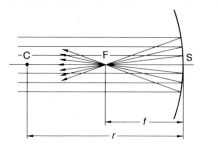

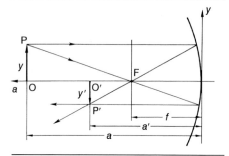

Brennweite $f = r/2$

C   Mittelpunkt der Kugel,
F   Brennpunkt,
S   Scheitel,
r   Kugelradius.

Abbildungsgleichung für paraxiale Strahlen

$$\frac{1}{a} + \frac{1}{a'} = \frac{1}{f}$$

Abbildungsmaßstab

$$\beta' = \frac{y'}{y} = -\frac{a'}{a}$$

L.1.2.2 Reflexion an gekrümmten Flächen

Hohlspiegel

Der Hohl- oder *Konkavspiegel* ist eine innen verspiegelte Kugelkalotte. Parallel zur *optischen Achse* CS einfallende Strahlen, die nahe bei der optischen Achse verlaufen (*paraxiale* Strahlen), treffen sich im *Brennpunkt* (Übersicht L-2). Bei einem *Parabolspiegel* gehen alle achsenparallele Strahlen durch den Brennpunkt, unabhängig vom Abstand, den sie von der Symmetrieachse haben.

Abbildung beim Hohlspiegel

Übersicht L-3 zeigt die Abbildung eines Gegenstandes OP durch einen Hohlspiegel. Die Lage des Bildpunktes P' wird durch den Schnittpunkt zweier ausgezeichneter Strahlen festgelegt.

a   Gegenstandsweite,
a' Bildweite,
f   Brennweite.

Tabelle L-2 zeigt eine Zusammenstellung der Abbildungsverhältnisse beim Hohlspiegel für verschiedene Gegenstandsweiten a.

Wölbspiegel

Beim sphärischen Wölb- oder *Konvexspiegel* ist die Außenseite einer Kugelkalotte verspiegelt. Die Gleichungen in Übersicht L-3 gelten unverändert auch für den Wölbspiegel, lediglich die Brennweite ist negativ:

$$f = -r/2. \qquad (L-1)$$

Tabelle L-2. Abbildungsverhältnisse beim Hohlspiegel.

Gegenstandsweite	Bildweite	Abbildungsmaßstab	Bildart
$a > 2f$	$f < a' < 2f$	$-\beta' < 1$	umgekehrt, reell
$a = 2f$	$a' = 2f$	$-\beta' = 1$	umgekehrt, reell
$2f > a > f$	$a' > 2f$	$-\beta' > 1$	umgekehrt, reell
$a = f$	$a' = \infty$	$\beta' = \infty$	kein Bild im Endlichen
$a < f$	$a' < 0$	$\beta' > 1$	aufrecht, virtuell

Übersicht L-4. Lichtbrechung.

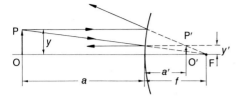

Bild L-3. Bildkonstruktion beim Wölbspiegel.

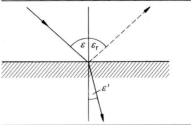

Bild L-3 zeigt die Bildkonstruktion beim Wölbspiegel. Das Bild ist immer virtuell, aufrecht und verkleinert.

L.1.3 Brechung des Lichts

L.1.3.1 Brechungsgesetz

Fällt ein Lichtstrahl auf eine Grenzfläche zwischen zwei verschiedenen Stoffen, so wird ein Teil des Strahls reflektiert, der andere Teil durchquert die Grenzfläche mit geänderter Richtung – er wird *gebrochen* (Übersicht L-4, Tabelle L-3).

Totalreflexion

Ein Strahl, der in einem optisch dichten Medium läuft, wird an der Grenzfläche zu einem optisch dünnen Medium *total* reflektiert, falls der Einfallswinkel größer ist als der *Grenzwinkel der Totalreflexion* (Übersicht L-5).

Snelliussches Brechungsgesetz	$n \sin \varepsilon = n' \sin \varepsilon'$
Brechungsindex	$n = c_{\text{Luft}}/c \approx c_0/c$
Abbe-Zahlen als Maß für die Dispersion	$v_e = \dfrac{n_e - 1}{n_{F'} - n_{C'}}$
	$v_d = \dfrac{n_d - 1}{n_F - n_C}$
Gruppenindex	$n_{gr} = c_0/c_{gr} = n - \lambda \dfrac{dn}{d\lambda}$

c Lichtgeschwindigkeit im Material,
c_{Luft} Lichtgeschwindigkeit in Luft,
c_0 Lichtgeschwindigkeit im Vakuum,
c_{gr} Gruppengeschwindigkeit im Material,
λ Wellenlänge

Wellenlängen einiger *Fraunhoferlinien:*
$\lambda_F = 486{,}1$ nm, $\lambda_{F'} = 480{,}0$ nm, $\lambda_e = 546{,}1$ nm,
$\lambda_d = 587{,}6$ nm, $\lambda_D = 589{,}3$ nm, $\lambda_{C'} = 643{,}8$ nm,
$\lambda_C = 656{,}3$ nm

Tabelle L-3. Brechzahlen n und Abbezahlen v einiger Stoffe.
Die Werte beziehen sich auf feuchte Normalluft von 20 °C und 1013 hPa.

Stoff	n_e	n_d	n_D	v_e	v_d
Festkörper					
Flußspat CaF$_2$	1,43496	1,433872	1,433830	94,7	95,4
Quarzglas SiO$_2$	1,4601	1,4585	1,4584	68,4	67,7
Plexiglas M 222			1,491	52	52
Borkronglas BK 7	1,51872	1,51680	1,51673	64,2	64,0
Steinsalz NaCl	1,54740	1,54437	1,544258	42,5	43,2
Polystyrol			1,588	31	31
Flintglas F 2	1,62408	1,62004	1,61989	36,1	36,4
Schwerflintglas SF 5,6	1,79180	1,78470	1,78444	25,9	26,1
Diamant C			2,4173		
Flüssigkeiten					
Wasser H$_2$O	1,334467	1,333041	1,332988	55,8	55,6
Ethylalkohol C$_2$H$_5$OH	1,3635	1,3618	1,3617	56,8	55,8
Benzol C$_6$H$_6$	1,50545	1,50155	1,50140	30,1	30,1
Schwefelkohlenstoff CS$_2$	1,63560	1,62804	1,62774	18,3	18,4

Übersicht L-5. Totalreflexion.

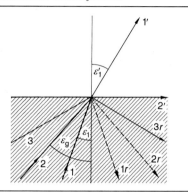

| Grenzwinkel der Totalreflexion | $\sin \varepsilon_g = n'/n$ |
| Grenzwinkel gegen Luft | $\sin \varepsilon_g = 1/n$ |

n' Brechzahl des optisch dünneren Mediums,
n Brechzahl des optisch dichteren Mediums.

L.1.3.2 Lichtwellenleiter

Ein Lichtwellenleiter besteht aus einem *Kern*, der von einem *Mantel* mit kleinerem Brechungsindex umgeben ist (Übersicht L-6). Die Führung des Lichts in einem Lichtwellenleiter beruht auf der Totalreflexion.

L.1.3.3 Brechung an Prismen

Ein Prisma ist ein meist dreikantiger Glaskörper (Übersicht L-7). Die zur brechenden Kante K senkrecht verlaufende Zeichenebene ist der *Hauptschnitt*.

Prismen sind optische Bauelemente mit vielfältigen Anwendungen. Tabelle L-4 zeigt einige Prismenformen. Bei den *Umlenkprismen* bleibt der Ablenkungswinkel beim Pentagonalprisma und beim Bauernfeindschen Prisma konstant. Die *Umlenkprismen* dienen zur Bildumkehr in optischen Systemen. Beim einfachen rechtwinkligen Prisma und beim geradsichtigen Prisma tritt lediglich eine Seitenumkehr ein (z. B. links mit rechts vertauscht). Für eine vollständige Bildumkehr muß auch noch oben und unten vertauscht werden. Beim Porroschen Prismensatz wird dies durch ein zweites Prisma erreicht, dessen Hauptschnitt um 90° gegenüber dem ersten

Übersicht L-6. Lichtwellenleiter.

a) Stufenindexfaser

b) Gradientenfaser

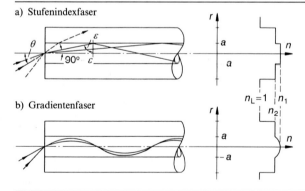

| Numerische Apertur | $A_N = \sin \theta_{max} = \sqrt{n_1^2 - n_2^2}$ |
| Bedingung für das Auftreten nur einer Mode | $\dfrac{a}{\lambda} \leq \dfrac{2{,}405}{2\pi A_N}$ |

a Kernradius,	λ Wellenlänge,
n_1 Brechzahl des Kerns,	θ_{max} Akzeptanzwinkel.
n_2 Brechzahl des Mantels,	

Tabelle L-4. Prismen und Prismensysteme.

Umlenkprismen	Umkehrprismen	
rechtwinkliges Umlenkprisma	rechtwinkliges Umkehrprisma	Dachkantprisma

Pentagonalprisma für konstante Ablenkung	geradsichtiges Wendeprisma (Amici)	Schmidt-Pechan-Prisma

Bauernfeindsches Prisma für konstante Ablenkung	Porro-Prismen	Uppendahl-Prisma

Übersicht L-7. Strahlenverlauf im Haupt-schnitt eines Prismas.

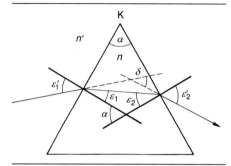

Übersicht L-8. Lichtbrechung an einer Kugel-fläche.

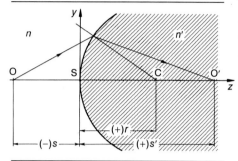

Ablenkungswinkel

$$\delta = \varepsilon'_1 - \alpha + \arcsin \left[\sin \alpha \sqrt{\left(\frac{n}{n'}\right)^2 - \sin^2 \varepsilon'_1} - \cos \alpha \sin \varepsilon'_1 \right]$$

minimaler Ablenkwinkel bei symmetrischem Durchgang

$$\delta_{min} = 2 \arcsin \left(\frac{n}{n'} \sin \frac{\alpha}{2} \right) - \alpha$$

Näherung für kleine brechende Winkel

$$\delta_{min} \approx \alpha \left(\frac{n}{n'} - 1 \right)$$

n Brechzahl des Prismas,
n' Brechzahl des umgebenden Mediums (meist Luft, $n' = 1$),
α brechender Winkel,
ε'_1 Einfallswinkel.

Schnittweitengleichung
(Abbesche Invariante) $n \left(\dfrac{1}{r} - \dfrac{1}{s} \right) = n' \left(\dfrac{1}{r} - \dfrac{1}{s'} \right)$

n Brechzahl im Gegenstandsraum,
n' Brechzahl im Bildraum.

fläche voneinander getrennt. Im folgenden werden für alle Strecken und Winkel Vorzei-chen verwendet, wie sie in der technischen Optik gebräuchlich und durch DIN 1335 fest-gelegt sind. Die Achse durch den Kugelmittel-punkt C ist die optische Achse und zugleich die z-Achse des Koordinatensystems. Die positive z-Richtung wird durch die Laufrich-tung des Lichts bestimmt und geht im allge-meinen von links nach rechts. Die y-Achse steht senkrecht auf der z-Achse und weist von unten nach oben. Der Durchstoßpunkt der optischen Achse durch die Kugelfläche ist der Scheitel S. Der Radius der Kugel ist positiv, wenn der Mittelpunkt C rechts vom Scheitel liegt und negativ, falls C links von S liegt. Sämtliche Strecken, die vom Bezugspunkt S aus nach links gemessen werden, erhalten ein negatives Vorzeichen. Strecken, die nach rechts gemessen werden sind positiv.

gedreht ist. Diese Art der Bildumkehr wird bei Pris-menfeldstechern eingesetzt. Eine vollständige Bild-umkehr wird auch beim Dachkantprisma erreicht, dessen Hypothenusenfläche Dachform besitzt. Voll-ständige Bildumkehr ohne Strahlversatz bieten die Prismensysteme nach Schmidt-Pechan sowie Uppen-dahl. Beide benutzen je ein Dachkantprisma. Ver-schiedene Prismenformen und -bezeichnungen sind in DIN 58 158 genormt.

L.1.3.4 Brechung an Kugelflächen

Vorzeichenkonvention

Zwei Medien mit den Brechzahlen n und n' sind nach Übersicht L-8 durch eine Kugel-

L.1.4 Abbildung durch Linsen

In den meisten optischen Geräten werden Lin-sen mit kugelförmigen Flächen verwendet.

L.1.4.1 Dünne Linsen

Tabelle L-5 zeigt verschiedene Linsenformen. *Konvexlinsen* (Sammellinsen) sind in der Mitte

Tabelle L-5. Linsenformen.

Linsenform						
Bezeichnung	bi-konvex	plan-konvex	konkav-konvex	bi-konkav	plan-konkav	konvex-konkav
Radien	$r_1 > 0$ $r_2 < 0$	$r_1 = \infty$ $r_2 < 0$	$r_1 < r_2 < 0$	$r_1 < 0$ $r_2 > 0$	$r_1 = \infty$ $r_2 > 0$	$r_2 < r_1 < 0$
Brennweite	$f' > 0$	$f' > 0$	$f' > 0$	$f' < 0$	$f' < 0$	$f' < 0$

Sammellinsen | Zerstreuungslinsen

Übersicht L-9. *Linsen- und Abbildungsgleichungen für dünne Linsen.*

bildseitige Brennweite	$\dfrac{1}{f'} = D' = (n_L - 1)\left(\dfrac{1}{r_1} - \dfrac{1}{r_2}\right)$
gegenstandseitige Brennweite	$f = -f'$
Abbildungsgleichung	$\dfrac{1}{a'} - \dfrac{1}{a} = \dfrac{1}{f'}$
Abbildungsmaßstab	$\beta' = \dfrac{y'}{y} = \dfrac{a'}{a}$
Newtonsche Abbildungsgleichung	$z'z = -f'^2$

D' Brechkraft, $[D'] = 1\ m^{-1} = 1$ dpt (Dioptrie),
n_L Brechzahl der Linse,
r_1 Krümmungsradius der linken Fläche,
r_2 Krümmungsradius der rechten Fläche,
a Gegenstandsweite,
a' Bildweite,
y Gegenstandsgröße,
y' Bildgröße,
z Abstand Gegenstand – gegenseitiger Brennpunkt,
z' Abstand Bild – bildseitiger Brennpunkt (Bild L-4).

dicker als am Rand, bei *Konkavlinsen* (Zerstreuungslinsen) ist es umgekehrt. Alle achsennahen Strahlen eines parallel zur optischen Achse einfallenden Bündels treffen sich im *bildseitigen Brennpunkt* F'. Die relevanten Gleichungen für dünne Linsen, die beiderseits von Luft umgeben sind, sind in Übersicht L-9 zusammengestellt.

Bildkonstruktion

Bild L-4 erläutert die zeichnerische Konstruktion einer Abbildung mit einer dünnen Linse anhand von drei ausgezeichneten Strahlen: Der achsenparallele Strahl 1 geht hinter der Linse durch den bildseitigen Brennpunkt F'. Der Mittelpunktstrahl 2 wird nicht gebrochen. Der Strahl 3 durch den gegenstandseitigen Brennpunkt F verläßt die Linse achsenparallel. Der Schnittpunkt der drei Strahlen definiert den Bildpunkt. Bei einer Zerstreungslinse ist das Bild immer aufrecht, verkleinert und virtuell.

L.1.4.2 Dicke Linsen

Der Strahlengang ausgewählter Strahlen durch eine dicke Linse ist in Bild L-5 dargestellt. Die

a) Sammellinse

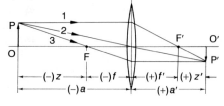

b) Zerstreuungslinse

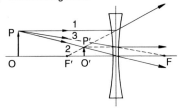

Bild L-4. Bildkonstruktion bei dünnen Linsen.

Übersicht L-10. Linsengleichungen für dicke Linsen.

Brennweite und Brechkraft	$$\frac{1}{f'} = D' = (n_L - 1)\left(\frac{1}{r_1} - \frac{1}{r_2}\right)$$ $$+ \frac{(n_L - 1)^2}{n_L}\frac{d'}{r_1 r_2}.$$
Abstände der Brennpunkte von den Scheiteln	$$s'_{F'} = f'\left(1 - \frac{n_L - 1}{n_L}\frac{d'}{r_1}\right)$$ $$s_F = -f'\left(1 + \frac{n_L - 1}{n_L}\frac{d'}{r_2}\right)$$
Abstände der Hauptebenen von den Scheiteln	$$s'_{H'} = -f'\frac{n_L - 1}{n_L}\frac{d'}{r_1}$$ $$s_H = -f'\frac{n_L - 1}{n_L}\frac{d'}{r_2}$$

D' Brechkraft,
d' Linsendicke,
n_L Brechzahl der Linse,
r_1 Krümmungsradius der linken Fläche,
r_2 Krümmungsradius der rechten Fläche.

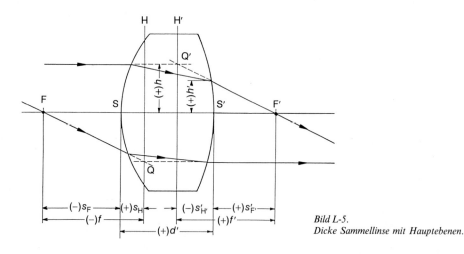

Bild L-5.
Dicke Sammellinse mit Hauptebenen.

ausgezogenen Strahlen innerhalb der Linse können durch die gestrichelten ersetzt werden. So wird beispielsweise der von links kommende Strahl bis zum Schnittpunkt Q' mit der *Hauptebene* H' durchgezogen und geht von dort durch den Brennpunkt F'. Die charakteristischen Größen sind in Übersicht L-10 zusammengestellt.

Bild L-6 zeigt die Konstruktion der Abbildung eines Gegenstandes durch eine Sammellinse. Werden die Gegenstandsweite a und die Bildweite a' als Abstand vor der jeweils zugeordneten Hauptebene definiert, dann behalten die Abbildungsgleichung und die Gleichung für den Abbildungsmaßstab aus Übersicht L-9 ihre Gültigkeit.

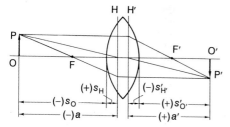

Bild L-6. *Bildkonstruktion bei einer dicken Sammellinse.*

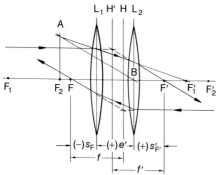

Bild L-7. *Lage der Hauptebenen bei einem System von Sammellinsen.*

Übersicht L-11. Linsensysteme.

Abstände der Brennpunkte von den Scheiteln	$\dfrac{1}{s'_{F'}} = \dfrac{1}{f'_2} + \dfrac{1}{f'_1 - e'}$
	$\dfrac{1}{s_F} = \dfrac{1}{f'_1} + \dfrac{1}{f'_2 - e'}$
Brennweite	$f' = -f = \dfrac{f'_1 f'_2}{f'_1 + f'_2 - e'}$
Brechkraft	$D' = D'_1 + D'_2 - e' D'_1 D'_2$
Brechkraft bei geringem Abstand	$D' = D'_1 + D'_2$

e' Abstand der Linsen,
f'_1, f'_2 Brennweite von Linse L_1 bzw. L_2.

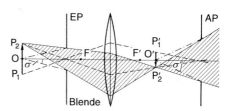

Bild L-8. *Strahlbegrenzung durch eine Blende.*

L.1.4.3 Linsensysteme

Systeme aus mehreren Linsen können wie eine dicke Einzellinse beschrieben werden, wenn die Lage der Hauptebenen sowie die Brennweite des Systems bekannt ist (Bild L-7, Übersicht L-11).

L.1.5 Blenden

In jedem optischen System gibt es Blenden, die den Querschnitt der das System durchlaufenden Strahlen begrenzen (Bild L-8). Die als *Eintrittspupille* EP bezeichnete Blende definiert den objektseitigen *Aperturwinkel* σ. Das Bild der Eintrittspupille ist die *Austrittspupille* AP. Lage und Größe der Austrittspupille bestimmen den bildseitigen Aperturwinkel σ'. Durch die Größe der Pupillen und der Aperturwinkel wird die Helligkeit der Abbildung bestimmt.

L.1.6 Abbildungsfehler

Sind bei einer optischen Abbildung nicht nur paraxiale Strahlen beteiligt, dann treten *Abbildungsfehler* auf, die nur mit großem Aufwand korrigiert werden können (Tabelle L-6).

L.1.7 Optische Instrumente

L.1.7.1 Das menschliche Auge

Bei einem *normalsichtigen Auge* wird ein paralleles Strahlenbündel, das von einem unendlich weit entfernten Gegenstandspunkt kommt, auf einen Punkt der lichtempfindlichen Netzhaut fokussiert. Die Fähigkeit des Auges, durch Veränderung der Krümmung der Augenlinse verschieden weit entfernte Gegenstände auf der Netzhaut scharf abzubilden, wird als *Akkomodation* bezeichnet. Der nächstgelegene Punkt, den man eben

Tabelle L-6. Abbildungsfehler.

Bezeichnung	Ursache und Auswirkung	Beseitigung
sphärische Abberration (Öffnungsfehler)	Ein Objektpunkt auf der optischen Achse wird, falls nur achsennahe Strahlen an der Abbildung beteiligt sind, weiter von einer Sammellinse entfernt abgebildet als bei der ausschließlichen Verwendung achsenferner Strahlen. Daher wird ein Punkt durch weit geöffnete Strahlenbündel nicht als Punkt, sondern als Zerstreuungsscheibchen abgebildet.	Kombinationen mehrerer Linsen verschiedener Brennweite (z. B. Sammellinse und Zerstreuungslinse); Variation der Linsenform. Ein korrigiertes System wird als Aplanat bezeichnet.
Astigmatismus und Bildfeldwölbung	Ausgedehnte ebene Objekte werden nicht in einer Ebene, sondern auf zwei gekrümmten Bildschalen, die sich auf der optischen Achse berühren, abgebildet. Deshalb entsteht bei der Abbildung eines Punktes, der außerhalb der optischen Achse liegt, auch bei der Verwendung schlanker Strahlenbündel kein Bildpunkt, sondern zwei zueinander senkrecht verlaufende Bildstriche auf den beiden Bildschalen in verschiedenen Abständen von der Linse.	Kombination mehrerer Linsen aus geeigneten Gläsern; Veränderung der Blendenlage. Ein korrigiertes System ist ein Anastigmat.
Koma	Strahlenbündel großer Öffnung bilden einen Punkt, der außerhalb der optischen Achse liegt, nicht als Punkt, sondern als ovale Figur mit kometenhaftem Schweif ab.	Abblenden; Fehler ist stark abhängig von der Blendenlage.
Verzeichnung	Bei falscher Blendenlage sind Bild und Objekt nicht geometrisch ähnlich. Liegt die Blende zu weit im Gegenstandsraum, wird ein Quadrat tonnenförmig verzeichnet, liegt sie zu weit im Bildraum, resultiert eine kissenförmige Verzeichnung.	Blende bzw. Pupille sollte in der Linsenebene liegen. Verwirklicht im orthoskopischen Objektiv.
chromatische Aberration	Farbfehler, der aufgrund der Dispersion des Linsenmaterials entsteht, wenn zur Abbildung kein monochromatisches Licht verwendet wird. Das Bild wird unscharf und erhält farbige Ränder.	Kombination von Sammellinse aus Kronglas und Zerstreuungslinse aus Flintglas; korrigiertes Objektiv ist ein Achromat.

noch scharf sehen kann, ist der *Nahpunkt*. Er liegt bei Jugendlichen bei etwa 10 cm und nimmt mit dem Alter zu. Der *Fernpunkt* liegt beim normalsichtigen Auge im Unendlichen. Als *Bezugsweite* oder *deutliche Sehweite* gilt der Abstand $a_B = -25$ cm, bei dem der normalsichtige Mensch Gegenstände ohne Anstrengung betrachten kann.

Sehfehler

Bei einem *kurzsichtigen* Auge vereinigen sich die Strahlen schon vor der Netzhaut. Der Kurzsichtige kann deshalb unendlich weit entfernte Gegenstände nicht scharf sehen; sein Fernpunkt liegt im Endlichen. Zur Korrektur wird eine Brille mit Zerstreuungslinse verwandt. Beim *übersichtigen* (*weitsichtigen*) Auge liegt der Brennpunkt hinter der Netzhaut. Zur Korrektur tragen Übersichtige eine Brille mit Sammellinsen.

L.1.7.2 *Vergrößerungsinstrumente*

Vergrößerung

Von einem ausgedehnten Gegenstand entsteht auf der Netzhaut des Auges ein umgekehrtes reelles Bild (Bild L-9). Die Größe des Netzhautbildes ist abhängig vom *Sehwinkel σ*, unter dem das Objekt erscheint. Die Aufgabe der optischen Instrumente Lupe, Mikroskop und Fernrohr ist es, diesen Sehwinkel und damit das Netzhautbild zu vergrößern. Als Vergrößerung Γ' eines optischen Instruments wird definiert:

$$\Gamma' = \frac{\tan\sigma'}{\tan\sigma} \approx \frac{\sigma'}{\sigma}\ ; \qquad (L-2)$$

σ' Sehwinkel mit Instrument,
σ   Sehwinkel ohne Instrument.

Tabelle L-7 zeigt eine Zusammenstellung der optischen Instrumente, mit denen eine Vergrößerung erzielt wird.

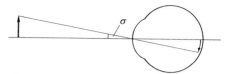

Bild L-9. Definition des Sehwinkels σ.

Lupe

Für die *Normalvergrößerung* der Lupe wird festgelegt, daß der Gegenstand in der Brennebene der Lupe steht und das Auge auf Unendlich entspannt ist. Wird der Abstand zwischen Linse und Objekt verkleinert, entsteht ein vergrößertes virtuelles Bild, das mit dem akkomodierten Auge betrachtet werden kann. Für die *Lupenvergrößerung bei Akkomodation* wird angenommen, daß sich das Auge direkt hinter der Linse befindet und daß das virtuelle Bild in der Bezugssehweite a_B entsteht.

Tabelle L-7. Vergrößerungsinstrumente.

Strahlengang	Vergrößerung
a) Lupe	Normalvergrößerung $\Gamma'_L = -\dfrac{a_B}{f'}$ Vergrößerung bei Akkomodation: $\Gamma'_{L,A} = \Gamma'_L + 1$
b) Mikroskop	$\Gamma'_M = \beta'_{Ob}\,\Gamma'_{Ok}$ $\Gamma'_M = \dfrac{t}{f'_{Ob}} \cdot \dfrac{a_B}{f'_{Ok}}$

Tabelle L-7 (Fortsetzung)

Strahlengang	Vergrößerung
c) Fernrohr	$\Gamma_F' = -\dfrac{f_{Ob}'}{f_{Ok}'}$

Mikroskop

Beim Mikroskop entwirft das *Objektiv* Ob vom Gegenstand G ein vergrößertes reelles *Zwischenbild* ZB, das mit Hilfe des *Okulars* betrachtet wird. Die Mikroskopvergrößerung läßt sich als Produkt des Abbildungsmaßstabs β_{Ob}' des Objektivs und der Lupenvergrößerung Γ_{Ok}' des Okulars darstellen. Sie ist abhängig von der *optischen Tubuslänge t* (meist 160 mm). Normwerte für Objektiv- und Okularvergrößerungen sind in DIN 58 886 festgelegt.

Das Objektiv ist die Eintrittspupille EP des Systems. An der Stelle der Austrittspupille AP sollte sich die Pupille des beobachtenden Auges befinden.

Fernrohr

Beim Fernrohr werden zwei Grundtypen unterschieden: Das *Keplersche* oder *astro-*nomische Fernrohr und das *Galileische* oder *holländische* Fernrohr. Das Verhältnis der Neigungswinkel σ' und σ paralleler Strahlenbündel ergibt die Vergrößerung des Fernrohrs. Sie ist beim holländischen Fernrohr positiv, beim astronomischen negativ. Im *terrestrischen* Fernrohr wird das kopfstehende Bild umgedreht. Dies geschieht beispielsweise dadurch, daß das reelle Zwischenbild mit Hilfe einer Umkehrlinse umgedreht wird. Beim *Prismenfeldstecher* wird zur Bildumkehr der Porrosche Prismensatz (Tabelle L-4) eingesetzt.

L.1.7.3 Fotoapparat

Beim Fotoapparat entwirft das Objektiv ein Bild eines Gegenstandes auf einem lichtempfindlichen Film (Übersicht L-12). Der Lichtstrom wird mit einer Irisblende geregelt, die

Übersicht L-12. Fotoapparat.

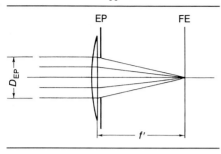

| Blendenzahl | $k = \dfrac{f'}{D_{EP}}$ |

Schärfentiefe
vordere und
hintere
Gegenstands-
weite

$$a_v = \frac{af'^2}{f'^2 - u'k(a+f')}$$

$$a_h = \frac{af'^2}{f'^2 + u'k(a+f')}$$

zulässige
Unschärfe

$$u' = \frac{\text{Formatdiagonale}}{1000}$$

Auszug aus der Hauptreihe der Blendenzahlen
(DIN 4522):

1 1,4 2,8 4 5,6 8 11 16 22

a nominelle Gegenstandsweite,
f' Brennweite des Objektivs,
D_{EP} Durchmesser der Eintrittspupille.

als Eintrittspupille EP wirkt. Ein Maß für den einfallenden Lichtstrom ist nach DIN 4521 die *relative Öffnung* D_{EP}/f' (Kehrwert der Blendenzahl k).

L.2 Fotometrie

Übersicht L-13. DIN-Normen zur Fotometrie.

DIN 5031	Strahlungsphysik im optischen Bereich und Lichttechnik
DIN 5032	Lichtmessung
DIN 5039	Licht, Lampen, Leuchten
DIN 5035	Innenraumbeleuchtung mit künstlichem Licht
DIN 5033	Farbmessung
DIN 6164	DIN-Farbkarte

Radiometrische oder *strahlungsphysikalische* Größen beschreiben die Eigenschaften eines Strahlungssenders bzw. -empfängers. Sie werden mit objektiven Meßgeräten bestimmt; ihre Formelbuchstaben erhalten nach DIN 5031 den Index „e" (energetisch).

Wird der Eindruck einer Strahlung auf das menschliche Auge mit seiner charakteristischen wellenlängenabhängigen Empfindlichkeit beschrieben, dann spricht man von *fotometrischen* oder *lichttechnischen* Größen. Die Formelbuchstaben dieser Größen erhalten den Index „v" (visuell).

L.2.1 Strahlungsphysikalische Größen

Die in DIN 5031 definierten radiometrischen Größen sind in Tabelle L-8 zusammengestellt. Einige der angegebenen Beziehungen gelten nur für den Fall, daß der Abstand zwischen Sender und Empfänger größer ist als die *fotometrische Grenzentfernung*. Ist diese Bedingung nicht erfüllt, müssen die Beziehungen differentiell formuliert und dann über Sender- und Empfängerfläche integriert werden.

Nach DIN 5032 gilt für einen kreisförmigen Lambert-Strahler und für einen kosinusgetreu bewertenden Empfänger die fotometrische Grenzentfernung im Abstand, der 10mal so groß ist wie die größte Ausdehnung von Sender bzw. Empfänger, wenn der Fehler kleiner als 0,25% sein soll.

Übersicht L-14 enthält die wichtigsten Beziehungen zwischen strahlungsphysikalischen Größen.

Spektrale Größen

Die Abhängigkeit der strahlungsphysikalischen Größen von der Wellenlänge wird durch *spektrale Größen* beschrieben. Für jede in Tabelle L-8 angegebene Größe X_e ist eine spektrale Größe $X_{e,\lambda}$ definiert:

$$X_{e,\lambda} = dX_e/d\lambda . \qquad (L-3)$$

Beispiel: $L_{e,\lambda} = dL_e/d\lambda$ ist die spektrale Strahldichte mit der Maßeinheit $W/(m^2 \cdot sr \cdot nm)$.

Spektrale Größen werden experimentell mit Hilfe eines *Spektrometers* bestimmt. Aus dem gemessenen Verlauf der spektralen Größe

Tabelle L-8. Definitionen der strahlungsphysikalischen Größen.

Größe	Symbol	Einheit	Beziehung	Erklärung
Strahlungsenergie bzw. -menge	Q_e	$W \cdot s$	$Q_e = \int \Phi_e \, dt$	durch elektromagnetische Strahlung übertragene Energie
Strahlungsleistung bzw. -fluß	Φ_e	W	$\Phi_e = dQ_e / dt$	mit der Strahlung übertragene Leistung

senderseitige Größen

Spezifische Ausstrahlung	M_e	W/m^2	$M_e = \Phi_e / A_1$	auf die Senderfläche bezogene Strahlungsleistung des Senders
Strahlstärke	I_e	W/sr	$I_e = \Phi_e / \Omega$	Quotient aus dem in einer bestimmten Richtung vom Sender ausgehenden Strahlungsfluß und dem durchstrahlten Raumwinkel
Strahldichte	L_e	$W/(m^2 \cdot sr)$	$L_e = \dfrac{I_e}{A_1 \cos \varepsilon_1}$	Quotient aus Strahlstärke und Projektion der Senderfläche auf eine Ebene senkrecht zur betrachteten Richtung

empfängerseitige Größen

Bestrahlungsstärke	E_e	W/m^2	$E_e = \Phi_e / A_2$	auf einen Empfänger fallende Strahlungsleistung bezogen auf die Empfängerfläche
Bestrahlung	H_e	$W \cdot s/m^2$	$H_e = \int E_e \, dt$	Quotient aus auftreffender Strahlungsenergie und Empfängerfläche

---

Übersicht L-14. Beziehungen zwischen strahlungsphysikalischen Größen.

Fotometrisches Grundgesetz
$$\Phi_e = L_e \frac{A_1 \cos \varepsilon_1 \, A_2 \cos \varepsilon_2}{r^2} \Omega_0$$

Fotometrisches Entfernungsgesetz
$$E_e = \frac{I_e(\varepsilon_1)}{r^2} \cos \varepsilon_2 \, \Omega_0$$

Strahlstärke beim Lambert-Strahler
$$I_e(\varepsilon_1) = I_e(0) \cos \varepsilon_1$$

Definition des Raumwinkels (Bild L-10)
$$\Omega = \frac{A}{r^2} \Omega_0$$

A_1 Senderfläche,
A_2 Empfängerfläche,
E_e Bestrahlungsstärke auf der Empfängeroberfläche,
I_e Strahlstärke,
L_e Strahldichte des Senders,
r Abstand zwischen Sender und Empfänger,
ε_1 Winkel zwischen Strahlrichtung und Sendernormale,

Übersicht L-14 (Fortsetzung)

ε_2 Winkel zwischen Strahlrichtung und Empfängernormale,
Φ_e Strahlungsleistung, die vom Sender auf den Empfänger trifft (Bild L-11),
$\Omega_0 = 1 \, sr$ (Steradiant).

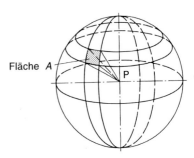

Fläche A

Bild L-10. Zur Definition des Raumwinkels.

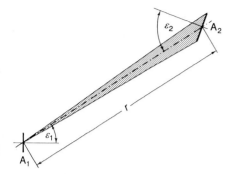

Bild L-11. Strahlenkegel, der vom Sender auf den Empfänger fällt.

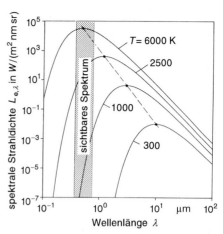

Bild L-12. Spektrale Strahldichte eines schwarzen Strahlers.

$X_{e,\lambda}(\lambda)$ kann die zugeordnete Größe X_e durch Integration über den Wellenlängenbereich, in dem die Strahlung auftritt, berechnet werden:

$$X_e = \int_{\lambda_1}^{\lambda_2} X_{e,\lambda}(\lambda)\, d\lambda. \tag{L-4}$$

Temperaturstrahler

Jeder Körper sendet elektromagnetische Strahlung aus, deren Intensität und Farbe von der Temperatur des Körpers abhängt. Der spektrale Verlauf der Strahlung ist für den *schwar-*

zen Strahler berechenbar (Übersicht L-15, Bild L-12). Der schwarze Strahler besitzt kein Reflexionsvermögen und wird technisch durch den *Hohlraumstrahler* realisiert.

L.2.2 Lichttechnische Größen

Das menschliche Auge ist nicht für alle Lichtwellenlängen gleich empfindlich. Der *Hell-*

Übersicht L-15. Eigenschaften des schwarzen Strahlers.

spektrale Strahldichte (PLANCK)	$L_{e,\lambda}(\lambda, T) = \dfrac{c_1}{\lambda^5} \dfrac{1}{e^{c_2/(\lambda T)} - 1} \dfrac{1}{\Omega_0}$
Verschiebungsgesetz (WIEN)	$\lambda_{max} T = \text{konstant} = 2998\ \mu\text{m} \cdot \text{K}$
spezifische Ausstrahlung (STEFAN-BOLTZMANN)	$M_e(T) = \sigma T^4$

c Vakuumlichtgeschwindigkeit,
h Plancksches Wirkungsquantum,
k Boltzmann-Konstante,
T absolute Temperatur,
λ Wellenlänge,
λ_{max} Wellenlänge maximaler spektraler Strahldichte,
Ω_0 1 sr,
$c_1 = 2hc^2 = 1{,}191 \cdot 10^{-16}\ \text{W} \cdot \text{m}^2,$
$c_2 = hc/k = 1{,}439 \cdot 10^{-2}\ \text{K} \cdot \text{m},$
$\sigma = \dfrac{2\pi^5 k^4}{15 h^3 c^2} = 5{,}670 \cdot 10^{-8}\ \text{W}/(\text{m}^2 \cdot \text{K}^4).$

Tabelle L-9. Spektraler Hellempfindlichkeitsgrad $V(\lambda)$ für Tagessehen.

Wellenläge λ nm	$V(\lambda)$	Wellenlänge λ nm	$V(\lambda)$
380	$3{,}900 \cdot 10^{-5}$	580	0,870 000
390	$1{,}200 \cdot 10^{-4}$	590	0,757 000
400	$3{,}960 \cdot 10^{-4}$	600	0,631 000
410	$1{,}210 \cdot 10^{-3}$	610	0,503 000
420	$4{,}000 \cdot 10^{-3}$	620	0,381 000
430	$1{,}160 \cdot 10^{-2}$	630	0,265 000
440	$2{,}300 \cdot 10^{-2}$	640	0,175 000
450	$3{,}800 \cdot 10^{-2}$	650	0,107 000
460	$6{,}000 \cdot 10^{-2}$	660	$6{,}100 \cdot 10^{-2}$
470	$9{,}098 \cdot 10^{-2}$	670	$3{,}200 \cdot 10^{-2}$
480	0,139 020	680	$1{,}700 \cdot 10^{-2}$
490	0,208 020	690	$8{,}210 \cdot 10^{-3}$
500	0,323 000	700	$4{,}102 \cdot 10^{-3}$
510	0,503 000	710	$2{,}091 \cdot 10^{-3}$
520	0,710 000	720	$1{,}047 \cdot 10^{-3}$
530	0,862 000	730	$5{,}200 \cdot 10^{-4}$
540	0,954 000	740	$2{,}492 \cdot 10^{-4}$
550	0,994 950	750	$1{,}200 \cdot 10^{-4}$
555	1,000 000	760	$6{,}000 \cdot 10^{-5}$
560	0,995 000	770	$3{,}000 \cdot 10^{-5}$
570	0,952 000	780	$1{,}499 \cdot 10^{-5}$

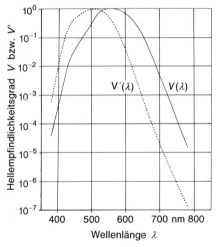

Bild L-13. Hellempfindlichkeitsgrad des Standardbeobachters.
$V(\lambda)$ Tagessehen (2°-Gesichtsfeld);
$V'(\lambda)$ Nachtsehen (10°-Gesichtsfeld).

empfindlichkeitsgrad $V(\lambda)$ eines Standardbeobachters wurde von der Comission International d'Eclairage (CIE) aufgenommen und ist in DIN 5031 in Schritten von 1 nm tabelliert (Tabelle L-9, Bild L-13).

Der Lichtstrom Φ_v ist ein Maß für die Helligkeitsempfindung. Für monochromatisches Licht gilt bei Tagessehen:

$$\Phi_v = K_m \, \Phi_e \, V(\lambda). \qquad \text{(L–5)}$$

Die Konstante K_m wird als Maximalwert des fotometrischen Strahlungsäquivalents bezeichnet. Sie ist eng verknüpft mit der SI-Basiseinheit für die Lichtstärke, der Candela, und beträgt $K_m = 683$ lm/W (Lumen/Watt). Bei Nachtsehen gilt $K'_m = 1699$ lm/W.

Ist die Strahlung nicht monochromatisch, sondern spektral breitbandig, dann muß für die Berechnung des Lichtstromes über das sichtbare Spektrum integriert werden:

$$\Phi_v = K_m \int_{380\,\text{nm}}^{780\,\text{nm}} \Phi_{e,\lambda}(\lambda) \, V(\lambda) \, d\lambda. \qquad \text{(L–6)}$$

Tabelle L-10. Lichttechnische Größen.

Benennung	Zeichen	Maßeinheit
Lichtmenge	Q_v	lm · s
Lichtstrom	Φ_v	lm
spezifische Lichtausstrahlung	M_v	lm/m^2
Lichtstärke	I_v	cd = lm/sr
Leuchtdichte	L_v	cd/m^2
Beleuchtungsstärke	E_v	$lx = lm/m^2$
Belichtung	H_v	lx · s

Nach dem Muster der Berechnung des Lichtstroms Φ_v aus dem Strahlungsfluß Φ_e kann für jede andere radiometrische Größe X_e, die in Tabelle L-8 definiert ist, die zugeordnete fotometrische Größe berechnet werden (Tabelle L-10).

L.3 Wellenoptik

L.3.1 Interferenz und Beugung

Bei der Überlagerung von Wellen gleicher Wellenlänge kommt es zur Auslöschung (destruktive Interferenz), falls der *Gangunterschied* Δ der Wellen ein ungeradzahliges Vielfaches der halben Wellenlänge λ beträgt (Abschnitt J.2.6):

$$\Delta = (2m + 1)\lambda/2; \quad m = 0, 1, 2 \ldots$$

Es kommt zur Verstärkung (konstruktive Interferenz) für

$$\Delta = m\lambda.$$

L.3.1.1 Kohärenz

Interferenz ist nur beobachtbar, wenn die Lichtwellen *kohärent* sind. Dazu muß eine feste Phasenbeziehung zwischen den überlagerten Wellen vorliegen. Der größte Gangunterschied zweier Wellen, bei denen Interferenz beobachtet wird, ist die *Kohärenzlänge* l (mittlere Länge der einzelnen Wellenzüge). Nach FOURIER gilt (Tabelle L-11):

$$l \approx c\tau \approx c/\Delta f; \qquad (L-7)$$

c	Lichtgeschwindigkeit,
τ	Lebensdauer angeregter atomarer Zustände,
Δf	spektrale Breite der Strahlung.

Wird Strahlung einer ausgedehnten Lichtquelle für Interferenzversuche verwendet, so muß die *Kohärenzbedingung* erfüllt sein:

$$2b \sin \sigma \ll \lambda; \qquad (L-8)$$

b	Größe der Strahlungsquelle,
σ	halber Öffnungswinkel der Strahlung,
λ	Wellenlänge.

Übersicht L-16. DIN-Normen zur Wellenoptik.

DIN 58 195	Dünne Schichten für die Optik; Begriffe
DIN 58 196	Dünne Schichten für die Optik; Prüfung
DIN 58 197	Mindestanforderungen für reflexionsmindernde Schichten und Spiegelschichten
DIN 58 190	Optische Strahlungsfilter; Einteilung, Begriffe
DIN 58 191	Optische Strahlungsfilter; Neutralfilter, Kantenfilter, Bandpaßfilter
DIN 3140	Maß- und Toleranzangaben für Optikeinzelteile
DIN 58 960	Fotometer für analytische Untersuchungen
DIN 5030	Spektrale Strahlungsmessung
DIN 58 215	Laserschutzfilter und Laserschutzbrillen

Tabelle L-11. Kohärenzeigenschaften verschiedener Lichtquellen.

Lichtquelle	Frequenzbandbreite Δf	Kohärenzlänge l
weißes Licht	$\approx 200\,THz$	$\approx 1,5\ \mu m$
Spektrallampe, Raumtemperatur	1,5 GHz	20 cm
Kr-Spektrallampe, auf $T = 77\,K$ gekühlt	375 MHz	80 cm
Halbleiterlaser GaAlAs	2 MHz	150 m
HeNe-Laser, frequenzstabilisiert	150 kHz	2 km

Übersicht L-17. Interferenzen an planparalleler Platte.

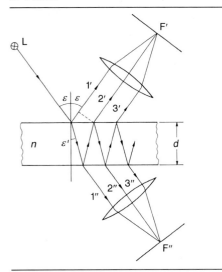

Bedingung für

Helligkeit in F', $2d\sqrt{n^2 - \sin^2 \varepsilon} = \left(m + \dfrac{1}{2}\right)\lambda$;
Dunkelheit in F''
$m = 0, 1, 2, \ldots$

Dunkelheit in F'', $2d\sqrt{n^2 - \sin^2 \varepsilon} = (m + 1)\lambda$;
Helligkeit in F'
$m = 0, 1, 2, \ldots$

d Plattendicke,
n Brechungsindex der Platte,
ε Einfallswinkel,
λ Lichtwellenlänge.

Übersicht L-18. Reflexionsvermindernde Schicht.

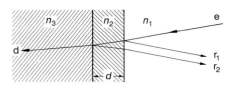

Bedingung für
Reflexminderung $d = \dfrac{\lambda}{4n_2}(2m - 1)$;

$m = 1, 2, 3, \ldots$

Spiegelung $d = \dfrac{\lambda}{2n_2}m$

d Dicke der Vergütungsschicht,
$n_1 < n_2 < n_3$ Brechungsindizes,
λ Wellenlänge.

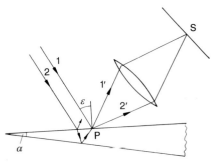

Bild L-14. Interferenzen an einem Keil.

L.3.1.2 Interferenzen an dünnen Schichten

Interferenzen gleicher Neigung

Durch Vielfachreflexionen von Lichtwellen an planparallelen Platten kommt es zu Interferenzerscheinungen (Übersicht L-17).

Farben dünner Blättchen

Dünne Schichten, wie Seifenhäute, Ölfilme, Aufdampfschichten und Oxidschichten, zeigen *Interferenzfarben*. Diese entstehen bei Beleuchtung mit Weißlicht, wenn bestimmte Wellenlängen und damit Farben ausgelöscht werden.

Reflexmindernde Schichten und dielektrische Spiegel

Dielektrische Schichten können optische Bauteile entspiegeln oder zu Spiegeln machen (Übersicht L-18).

Interferenzen gleicher Dicke

Fällt Licht nach Bild L-14 auf einen Keil, dann entstehen helle und dunkle Interferenzstreifen (*Fizeau-Streifen*) für verschiedene Dicken. Alle Orte mit gleicher Dicke d liegen auf einem Streifen, der hier parallel zur Keilkante liegt. Entsteht der Keil (Luftkeil) beispielsweise dadurch, daß eine kugelförmige Glasplatte auf einer ebenen Platte aufliegt, dann sind die Interferenzlinien gleicher Dicke Kreise, die als *Newtonsche Ringe* bezeichet werden.

Oberflächenprüfung

Wird ein Optikteil auf eine exakt ebene Platte gelegt, dann entstehen Fizeau-Streifen, sobald die Oberfläche des Optikteils von der ebenen Form abweicht. Unregelmäßigkeiten im System der Fizeau-Streifen lassen auf Oberflächenfehler (*Paßfehler*) schließen. Da der Abstand zweier Streifen einer Höhendifferenz des Luftkeils von $\lambda/2$ entspricht, können Oberflächenfehler (Rauhigkeiten) im Bereich von Bruchteilen der Lichtwellenlänge vermessen werden. In DIN 3140, Teil 5, sind verschiedene Interferenzmuster, die bei der Oberflächenprüfung auftreten, zusammengestellt.

L.3.1.3 Interferometer

Mit Interferometern können Längen, Winkel, Brechzahlen oder Wellenlängen sehr präzise gemessen werden. Der Grundtyp ist das *Michelson-Interferometer* (Bild L-15). Hier wird das Licht der Lichtquelle L durch den Strahlteiler T in zwei Teilstrahlen zerlegt und nach der Reflexion an den Spiegeln S_1 und S_2 wieder überlagert (Strahlen 1' und 2'). S_2' ist das virtuelle Bild des Spiegels S_2. Mit dem Fernrohr F beobachtet man Interferenzen gleicher Neigung (Haidingersche Ringe) an der „Platte" $S_1 S_2'$ mit der Dicke d. Wird ein

Spiegel leicht gekippt, entstehen Fizeau-Streifen am Keil. Bei der Verschiebung eines Spiegels um $\lambda/2$ wandert jeweils ein neuer Interferenzstreifen durch das Bild, so daß man Längenverschiebungen auf Bruchteile der Lichtwellenlänge genau messen kann.

Im *Interferenzmikroskop* wird die Oberfläche eines Prüflings mit Fizeau-Streifen überlagert, aus deren Form Unebenheiten im Bereich von Bruchteilen der Lichtwellenlänge bestimmt werden können.

L.3.1.4 Beugung am Spalt

Fällt eine ebene Welle auf einen engen Spalt, dann entstehen auf einer weit entfernten Wand (*Fraunhofersche* Betrachtungsweise) helle und dunkle Streifen, die parallel zum Spalt verlaufen (Übersicht L-19).

Bei der Beugung an einer *Lochblende* entsteht eine rotationssymmetrische Figur. Das helle zentrale *Airysche Beugungsscheibchen* ist von dunklen und hellen Ringen umgeben. Die dunklen Ringe treten auf unter den Winkeln

$$\sin \alpha_m = k_m \frac{\lambda}{d}; \qquad (L-9)$$

d Durchmesser der Lochblende,
$k_1 = 1{,}22; \ k_2 = 2{,}232; \ k_3 = 3{,}238$ usw.

Vom gesamten Lichtstrom, der durch die Lochblende geht, trifft 83,8 % in das Airy-Scheibchen.

L.3.1.5 Auflösungsvermögen optischer Instrumente

Durch Beugungserscheinungen an Blenden und Linsenfassungen wird das Auflösungsvermögen optischer Instrumente begrenzt. Mit einem Fernrohr werden zwei strahlende Punkte dann getrennt, wenn die beiden Punkte unter dem Winkel δ erscheinen, für den gilt (*Rayleigh-Kriterium*):

$$\delta \geq 1{,}22 \, \lambda/d; \qquad (L-10)$$

λ Lichtwellenlänge,
d Objektivdurchmesser.

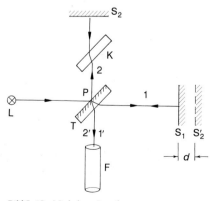

Bild L-15. Michelson-Interferometer.

Übersicht L-19. Beugung am Spalt.

a) Beugungsbild

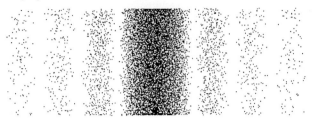

b) Intensitätsverlauf

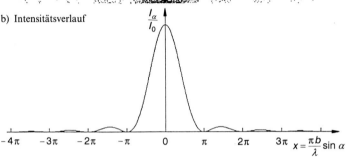

-4π -3π -2π $-\pi$ 0 π 2π 3π $x = \dfrac{\pi b}{\lambda} \sin \alpha$

Intensität in Richtung α

$$I_\alpha = I_0 \frac{\sin^2\left(\dfrac{\pi b}{\lambda}\sin\alpha\right)}{\left(\dfrac{\pi b}{\lambda}\sin\alpha\right)^2}$$

Winkel der Nullstellen

$$\sin\alpha_m = +m\frac{\lambda}{b}; \quad m = 1, 2, 3, \ldots$$

b Spaltbreite,
I_0 Intensität in Vorwärtsrichtung ($\alpha = 0$),
m Ordnungszahl,
λ Wellenlänge.

Beim Mikroskop werden zwei Objektpunkte getrennt, falls für ihren Abstand y gilt:

$$\boxed{y \geq 0{,}61\,\lambda/A_N;} \qquad (L-11)$$

$A_N = n\sin\sigma$ numerische Apertur des Objektivs,
σ halber Öffnungswinkel.

Bei nicht selbstleuchtenden durchstrahlten Objekten ist nach einer Theorie von ABBE
$y \geq \lambda/A_N$.

Durch die modernen Rastermikroskope (z. B. Rastertunnelmikroskop) lassen sich die oben angegebenen Grenzen des Auflösungsvermögens überwinden.

L.3.1.6 Beugung am Gitter

Wird ein Gitter mit parallelem Licht beleuchtet, so beobachtet man in großem Abstand helle und dunkle Streifen, die parallel zu den Spalten verlaufen (Übersicht L-20). Die Inten-

Übersicht L-20. Beugung am Gitter (Beugungsbild für g/b = 6, p = 10).

a) Beugungsbild

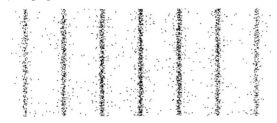

b) Intensitätsverlauf

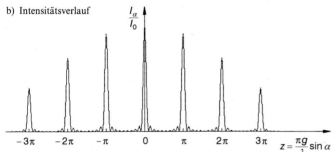

Intensität in Richtung α

$$\frac{I_\alpha}{I_0} = \frac{\sin^2\left(\dfrac{\pi b}{\lambda}\sin\alpha\right)}{\left(\dfrac{\pi b}{\lambda}\sin\alpha\right)^2} \cdot \frac{\sin^2\left(p\dfrac{\pi g}{\lambda}\sin\alpha\right)}{\sin^2\left(\dfrac{\pi g}{\lambda}\sin\alpha\right)}$$

(Produkt aus Spaltbeugungsfunktion und Interferenzfunktion des Gitters)

Winkel für Intensitätsmaxima

$$\sin\alpha_m = \pm m\frac{\lambda}{g}; \quad m = 0, 1, 2, \dots$$

b	Spaltbreite,
g	Gitterkonstante,
I_0	Intensität in Vorwärtsrichtung ($\alpha = 0$),
p	Zahl der interferierenden Spalte,
λ	Lichtwellenlänge.

sitätsmaxima sind um so schärfer, je größer die Zahl der interferierenden Lichtwellen (Spalte) ist.

L.3.1.7 Spektralapparate

Zur Bestimmung von Spektren wurden verschiedene Spektralapparate entwickelt (Tabelle L-12). Als dispersives Element dient ent-

weder ein Gitter oder ein Prisma (Übersicht L-21).

L.3.1.8 Röntgenbeugung an Kristallgittern

An den regelmäßig angeordneten dreidimensionalen Kristallgittern werden Röntgenstrahlen gebeugt. Nach Bild L-16 kommt es zu konstruktiver Interferenz an den Netzebenen eines

Tabelle L-12. Spektralapparate.

Benennung	Anwendung
Spektroskop	Beobachtung eines Spektrums mit dem Auge. Häufig als Tascheninstrument in der analytischen Chemie eingesetzt.
Spektrograph	Komplettes Spektrum wird auf Fotoplatte registriert. Vergleich mit Eichspektrum bekannter Spektrallinien liefert die Wellenlänge. Schwärzung ist Maß für die Lichtintensität.
Spektrometer	Wellenlängenbestimmung einzelner Spektrallinien anhand einer geeichten Wellenlängenskala über Winkelmessung.
Monochromator	Ausblenden eines schmalbandigen Wellenlängenbereichs aus einem angebotenen Spektrum.
Spektralfotometer	Kombination von Monochromator und fotoelektrischem Empfänger (*Fotomultiplier*) zur Bestimmung spektraler Stoffdaten, z. B. Absorptionsgrad und Transmissionsgrad.

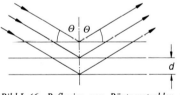

Bild L-16. Reflexion von Röntgenstrahlen an einer Netzebenenschar.

Übersicht L-21. Spektrometer.

a) Gitterspektrometer

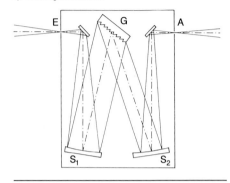

b) Prismenspektrometer

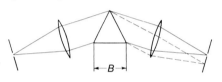

Auflösungsvermögen eines Gitters	$\dfrac{\lambda}{\mathrm{d}\lambda} = m\,p$

nutzbarer Wellenlängenbereich	$\Delta\lambda = \lambda/m$

Auflösungsvermögen eines Prismas	$\dfrac{\lambda}{\mathrm{d}\lambda} = B\,\dfrac{\mathrm{d}n}{\mathrm{d}\lambda}$

B	durchstrahlte Basisbreite des Gitters,
m	Beugungsordnung,
p	Strichzahl des Gitters,
$\mathrm{d}\lambda$	kleinstes trennbares Wellenlängenintervall,
$\mathrm{d}n/\mathrm{d}\lambda$	Dispersion des Prismenglases,
λ	Wellenlänge.

Kristalls (Abschnitt V) wenn die *Braggsche Bedingung* erfüllt ist:

$$2\,d \sin\theta = m\,\lambda; \quad m = 1, 2, 3, \ldots \quad \text{(L-12)}$$

d Netzebenenabstand,
θ Glanzwinkel,
λ Wellenlänge der Röntgenstrahlung.

L.3.1.9 Holografie

Zur Aufnahme eines *Hologramms* wird das Licht eines Lasers in einem Strahlteiler in zwei Teilstrahlen zerlegt (Bild L-17), von denen einer das Objekt O beleuchtet. Die vom Objekt reflektierten Wellen interferieren mit dem zweiten Teilstrahl des Lasers (Referenzstrahl) und bilden auf der Fotoplatte F ein Interferenzmuster, das alle Informationen über die

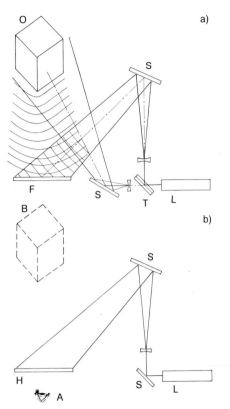

*Bild L-17. Holographie-Apparatur für a) Aufnahme,
b) Wiedergabe.
A: Auge, B: Bild, F: Fotoplatte, H: Hologramm,
L: Laser, O: Objekt, S: Spiegel, T: Strahlteiler*

Form des Objekts enthält. Zur Wiedergabe
wird das Hologramm nur noch mit der Refe-
renzwelle beleuchtet. Für das Auge A entsteht
ein dreidimensionales Bild B an der Stelle, wo
vorher das Objekt stand.

Tabelle L-13 gibt einen Überblick über die
wichtigsten technischen Anwendungen der
Holografie.

L.3.2 Polarisation des Lichts

L.3.2.1 Polarisationsformen

Bei Lichtwellen schwingen der elektrische und
der magnetische Feldvektor transversal zur
Ausbreitungsrichtung $(E \perp H)$. Bei *natürli-
chem* Licht nehmen die Feldvektoren in einer
Ebene senkrecht zur Ausbreitungsrichtung
regellos jede Richtung ein. Wird eine bestimmte Schwingungsrichtung bevorzugt, so
ist das Licht *polarisiert*. Tabelle L-14 zeigt die
möglichen Fälle.

Linear polarisiertes Licht wird mit Hilfe eines
Polarisators (Analysator), der nur eine bestimmte Schwingungsrichtung durchläßt, als
solches erkannt. Ist die Analysatorrichtung
um den Winkel φ gegen die Schwingungsrichtung des Lichts verdreht, dann ist die Intensität I des durchgelassenen Lichts durch das
Gesetz von Malus gegeben:

$$I = I_0 \cos^2 \varphi \; ; \qquad (L-13)$$

I_0 Intensität des aufftreffenden Lichts.

Tabelle L-13. Technische Anwendungen der Holografie.

Speicherung von Informationen	holografische Korrelation	Interferenzholografie	Herstellung optischer Bauteile
Archivierung von – dreidimensionalen Bildern, z. B. Werk- stücke, Modelle, Kunstwerke, – zweidimensionalen Bildern, wie Ätz- masken für Halb- leiterfertigung, digitale optische Datenspeicher	Vergleich eines Werk- stückes mit einem holo- grafisch fixierten Muster, automatische Formerkennung, Er- kennung von Form- fehlern an Werk- stücken und Werk- zeugen	Zerstörungsfreie Werk- stoffprüfung, Vermessen von Bewegungen und Verformungen aufgrund mechanischer oder thermischer Belastung, Schwingungsanalyse	Ersatz von lichtbre- chenden optischen Bauteilen, wie Linsen, Spiegel, Prismen, Strahlteiler, durch Hologramme. Holografische Her- stellung von Beugungs- gittern

Tabelle L-14. Polarisatiosformen des Lichts.

Polarisationsart	Merkmale
linear polarisiertes Licht	E-Vektor und Ausbreitungsrichtung spannen eine raumfeste Ebene auf (die *Schwingungsebene*)
zirkular (elliptisch) polarisiertes Licht	Der E-Vektor läuft auf einer Schraubenlinie um die Ausbreitungsachse. In einer Ebene senkrecht zur Ausbreitungsrichtung läuft der E-Vektor auf einem Kreis (Ellipse).
rechts (links) zirkular bzw. elliptisch	Bei Blickrichtung gegen die Strahlrichtung erfolgt der Umlauf im Uhrzeigersinn (Gegenuhrzeigersinn).

L.3.2.2 Erzeugung von polarisiertem Licht

Reflexion und Brechung

Nach der Reflexion an einer Glasoberfläche schwingt der E-Vektor der Lichtwelle vorwiegend senkrecht zur Einfallsebene. Vollständige Polarisation wird erreicht, wenn der reflektierte Strahl senkrecht auf dem gebrochenen steht. Der zugehörige Einfallswinkel α_P wird als *Polarisationswinkel* oder *Brewster-Winkel* bezeichnet:

$$\alpha_P = \text{arc tan } n; \qquad (L-14)$$

n Brechzahl des Glases.

Doppelbrechung

Natürliches Licht wird in einem doppelbrechenden Kristall in zwei senkrecht zueinander polarisierte Teilstrahlen zerlegt, die sich mit unterschiedlichen Geschwindigkeiten ausbreiten (ordentlicher n_o und außerordentlicher n_e Brechungsindex). Im allgemeinen haben ordentlicher und außerordentlicher Strahl in einem Kalkspat nicht die gleiche Richtung (*Doppelbrechung*). Wird einer der beiden Strahlen beseitigt, bleibt der andere, und damit linear polarisiertes Licht, übrig.

Dichroismus

Dichroitische Substanzen absorbieren den ordentlichen und den außerordentlichen Strahl, d. h. die zwei zueinander senkrecht stehenden Schwingungsrichtungen, verschieden stark. Bei genügender Dicke ist das durchgehende Licht praktisch vollständig linear polarisiert. Moderne *Polarisationsfolien* werden aus Kunststoffen gefertigt, die mit dichroitischen Farbstoffen eingefärbt sind und deren Makromoleküle durch mechanisches Recken parallel ausgerichtet sind.

λ/4-Platten

Wird ein doppelbrechender Kristall so geschliffen, daß ordentlicher und außerordentlicher Strahl parallel verlaufen, dann besteht nach Durchlaufen des Kristalls zwischen den beiden senkrecht zueinander polarisierten Teilstrahlen der Gangunterschied $\Delta = d(n_o - n_e)$. Falls die Amplituden der elektrischen Feldvektoren gleich sind und der Gangunterschied ein ungeradzahliges Vielfaches von $\lambda/4$ beträgt, entsteht hinter dem Kristall zirkular polarisiertes Licht. Ein $\lambda/4$-Plättchen hat also die Dicke

$$d = \frac{\lambda}{4(n_o - n_e)}(2k + 1); \quad k = 0, 1, 2 \ldots;$$

$$(L-15)$$

λ Lichtwellenlänge,
n_o, n_e ordentlicher bzw. außerordentlicher Brechungsindex.

Ist der Gangunterschied $\Delta = \lambda/2$, so entsteht wieder linear polarisiertes Licht, dessen Schwingungsebene aber gegenüber der Ausgangsrichtung um 90° gedreht ist. Bei beliebigem Gangunterschied entsteht elliptisch polarisiertes Licht.

L.3.2.3 Technische Anwendungen der Doppelbrechung

Spannungsdoppelbrechung

Optisch isotrope Gläser und Kunststoffe werden unter mechanischer Spannung doppelbrechend. Bei Betrachtung solcher Bauteile zwischen gekreuzten Polarisationen wird das an sich schwarze Gesichtsfeld durch das entstehende elliptisch polarisierte Licht aufgehellt. Punkte gleicher Hauptspannung liegen auf schwarzen Linien, den *Isoklinen*. Bei Verwendung von weißem Licht entstehen farbige

Tabelle L-15. Elektrooptische Effekte.

	Kerr-Effekt (J. KERR, 1875)	Pockels-Effekt (F. C. POCKELS, 1893)
Erklärung	optisch isotropes Material wird im transversalen elektrischen Feld doppelbrechend.	piezoelektrische Kristalle ohne Symmetriezentrum werden im elektrischen Feld doppelbrechend.
Feldabhängigkeit	$\lvert n_0 - n_e \rvert \sim E^2$	$\lvert n_0 - n_e \rvert \sim E$
Gangunterschied nach Durchlaufen der Länge l	$\Delta = \lambda l K E^2$; K Kerr-Konstante, z. B. $K = 2{,}48 \cdot 10^{-12}\,\mathrm{mV}^{-2}$ für Nitrobenzol bei $\lambda = 589$ nm.	$\Delta = l n_0^3 r_{63} E$ für longitudinale Zelle; r_{63} elektrooptische Konstante, z. B. $r_{63} = 24 \cdot 10^{-12}\,\mathrm{mV}^{-1}$, $n_0 = 1{,}5$ für KD*P
Geometrie	elektrisches Feld senkrecht zur Ausbreitungsrichtung des Lichtes	Feld meist in longitudinaler Richtung, auch transversal möglich
Materialien	Nitrobenzol, Nitrotoluol, Schwefelkohlenstoff, Benzol; in Festkörpern um eine Zehnerpotenz, in Gasen um drei Zehnerpotenzen kleinerer Effekt	ADP (Ammoniumdihydrogenphosphat), KDP (Kaliumdihydrogenphosphat), KD*P (deuteriertes KDP), Lithiumniobat
typische Feldstärke für Gangunterschied $\Delta = \lambda/2$	$E \approx 10^6$ V/m	Halbwellenspannung bei longitudinaler Zelle mit KD*P, $U \approx 4$ kV
Modulationsfrequenz	modulierbar bis etwa 200 MHz	modulierbar über 1 GHz

Isochromaten, die alle Orte gleicher Hauptspannungsdifferenz $\sigma_1 - \sigma_2$ oder Hauptschubspannung τ_{max} verbinden.

Elektrische Lichtschalter

Elektrische Felder können in isotropen Substanzen Doppelbrechung hervorrufen. Ist eine solche Substanz zwischen gekreuzten Polarisatoren angeordnet, dann läßt sich mit Hilfe einer angelegten Spannung der Lichtdurchgang steuern. Im spannungslosen Fall wird kein Licht durchgelassen. Wird eine Spannung angelegt, so daß der Gangunterschied zwischen dem ordentlichen und dem außerordentlichen Strahl $\Delta = \lambda/2$ beträgt, dann wird die Polarisationsebene um 90° gedreht und das Licht vom zweiten Polarisator durchgelassen (Tabelle L-15).

L.3.2.4 Optische Aktivität

In einer *optisch aktiven* Substanz dreht sich die Schwingungsebene von linear polarisiertem Licht. Verschiedene Kristalle und Flüssigkeiten zeigen diesen Effekt, wobei es rechts- und linksdrehende Stoffe gibt. Bei Lösungen mit

inaktiven Lösungsmitteln (z. B. Wasser) ist der Drehwinkel zur Konzentration des gelösten Stoffes proportional.

Flüssigkristallanzeigen

Die Drehung der Polarisationsebene von linear polarisiertem Licht wird auch bei der *Flüssigkristallanzeige* eingesetzt. Bei der Drehzelle nach *Schadt-Helfrich* befindet sich zwischen zwei verdrehten transparenten Elektroden ein nematischer Flüssigkristall (Bild L-18). In der verdrillten nematischen Phase (TN-Zelle: Twisted Nematic) dreht sich der E-Vektor um 90°, so daß Licht von der Zelle durchgelassen wird. Im Fall einer angelegten Spannung richten sich die Moleküle in Längsrichtung aus. Dadurch wird die Schwingungsebene des Lichts nicht mehr gedreht und die Zelle sperrt (Dunkelheit). Je nach Form der Elektroden lassen sich beliebige Symbole darstellen (z. B. Sieben-Segment-Anzeigen).

Faraday-Effekt

Eine Drehung der Polarisationsebene erfolgt auch, wenn eine Substanz in einem longitudi-

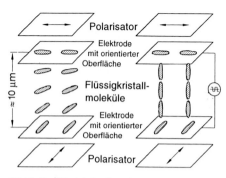

Bild L-18. Flüssigkristallanzeige.
a) spannungslos,
b) mit angelegter Spannung.

Übersicht L-22. Photonen.

Photonenenergie $E_{ph} = hf$

$$E_{ph} = \frac{hc}{\lambda} = \frac{1{,}24\,\mu m \cdot eV}{\lambda}$$

Photonenimpuls $\quad p_{ph} = \dfrac{hf}{c} = \dfrac{h}{\lambda}$

h Planck-Konstante
  (*Plancksches Wirkungsquantum*),
  $h = 6{,}626 \cdot 10^{-34}\,\text{J} \cdot \text{s} = 4{,}136 \cdot 10^{-15}\,\text{eV} \cdot \text{s}$,
f Frequenz der Welle,
c Lichtgeschwindigkeit,
λ Wellenlänge.

---

nalen Magnetfeld durchstrahl wird. Diese *Magnetorotation* wird als *Faraday-Effekt* bezeichnet. Der Drehwinkel α beträgt

$$\alpha = V\,d\,H; \qquad (L-16)$$

V Verdetsche Konstante
  (Materialkonstante),
d Dicke der Substanz,
H Magnetfeldstärke.

Modulatoren, die den Faraday-Effekt ausnutzen, lassen eine Modulation des Lichts mit Frequenzen von über 200 MHz zu.

L.4 Quantenoptik

L.4.1 Lichtquanten

Photonenenergie

Eine Lichtquelle transportiert Energie in wohldefinierten Energiepaketen. Von EINSTEIN wurde deshalb in seiner *Lichtquantenhypothese* Licht als ein Strom von *Lichtquanten* oder *Photonen* interpretiert (Übersicht L-22).

Dualismus Welle – Teilchen

Licht hat sowohl Wellen- als auch Teilcheneigenschaften. Die Übersichten L-19 und L-20 zeigen sowohl die statistische Schwärzung einer Fotoplatte durch auftreffende Photonen,

als auch die klassische Beugungsfunktion, d. h. die Intensitätsverteilung des gebeugten Lichts an einer Wand. Der Vergleich zeigt:

Die klassische Wellenfunktion ist proportional zur Photonendichte.

L.4.2 Laser

Photonen können mit Atomen auf drei verschiedene Arten in Wechselwirkung treten:

Absorption: Ein Photon der Energie $E_{ph} = E_2 - E_1$ wird vernichtet und dafür beispielsweise ein Elektron vom Energiezustand E_1 auf den höheren Wert E_2 gehoben.

Spontane Emission: Das Atom kehrt vom angeregten Zustand in den Grundzustand zurück unter Aussendung eines Photons der Energie $E_{ph} = E_2 - E_1$.

Stimulierte Emission: Nach EINSTEIN wird durch ein bereits vorhandenes Photon der Energie $E_{ph} = E_2 - E_1$ ein Übergang vom angeregten in das tiefer liegende Niveau induziert, wonach zwei Photonen mit jeweils derselben Energie vorliegen. Die auslösende Lichtwelle wird bei diesem Prozeß phasenrichtig verstärkt; es entsteht eine *kohärente* Welle.

Die Lichtverstärkung durch stimulierte Emission von Strahlung führte zum Namen der Lichtquelle: LASER (**L**ight **A**mplification by **S**timulated **E**mission of **R**adiation).

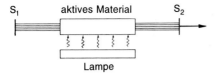

Bild L-19. *Aufbau eines optisch gepumpten Lasers.*

Laserbedingung

In einem System aus vielen Atomen sind die relativen Besetzungszahlen N_1 und N_2 der Energieniveaus E_1 und E_2 gegeben durch den *Boltzmann-Faktor:*

$$\frac{N_2}{N_1} = e^{-\frac{E_2 - E_1}{kT}} ; \qquad (L-17)$$

k Boltzmann-Konstante,
T absolute Temperatur.

Es ist also stets $N_2 < N_1$. Um eine kräftige stimulierte Emission zu erhalten, muß aber $N_2 > N_1$ sein (*erste Laserbedingung*). Eine solche *Besetzungsinversion* wird bei den Festkörperlasern durch *optisches Pumpen* mit Hilfe einer Lampe bewirkt (Bild L-19). Bei Gaslasern läuft der Pumpmechanismus über

Stöße in einer Gasentladung. Bei Halbleiterlasern wird in einem p, n-Übergang eine Besetzungsinversion erreicht.

Damit im Lasermedium eine Oszillation einsetzt, bedarf es der *Rückkopplung* (*zweite Laserbedingung*). Die erzeugten Photonen durchlaufen das gepumpte Gebiet mehrmals, wenn das aktive Material in einen optischen Resonator eingebaut wird (Spiegel S_1 und S_2 in Bild L-19). Die hin- und herlaufenden Wellen bilden stehende Wellen im Resonator. Einer der Spiegel ist nicht vollständig verspiegelt, so daß hier die Lichtwelle ausgekoppelt wird.

Q-switching

Laserimpulse hoher Leistung erhält man durch *Q-switching*. Während des Pumpens wird die Resonatorgüte Q künstlich niedrig gehalten, damit der Laser nicht anschwingt und eine hohe Besetzungsinversion entsteht. Wird die Resonatorgüte erhöht, entlädt sich die im Resonator gespeicherte Energie in einem kurzen leistungsstarken Lichtblitz. *Riesenimpulslaser* haben Pulse von etwa 1 ns Dauer bei einer Leistung von etwa 10 GW. Tabelle L-16 zeigt eine Zusammenstellung von Daten der wichtigsten Laser. Von der Viel-

Übersicht L-23. Materiewellenlänge.

Materiewellenlänge (*De-Broglie-Beziehung*)	$\lambda = h/p$
beschleunigte Ladungsträger:	
klassische Rechnung	$\lambda = \dfrac{h}{\sqrt{2\,e\,U\,m_0}}$
relativistische Rechnung	$\lambda = \dfrac{\lambda_C}{\left(1 + \dfrac{e\,U}{m_0\,c^2}\right)\sqrt{1 - \dfrac{1}{\left(1 + \dfrac{e\,U}{m_0\,c^2}\right)^2}}}$
Grenzfall sehr großer Spannung	$\lambda = h\,c/e\,U$

e Elementarladung,
c Lichtgeschwindigkeit,
h Planck-Konstante,
m_0 Masse der Ladungsträger,
p Impuls des Teilchens,
U Beschleunigungsspannung,
λ_C Compton-Wellenlänge, $\lambda_C = \dfrac{h}{m_0\,c} = 2{,}426 \cdot 10^{-12}$ m (für Elektron).

Tabelle L-16. Daten wichtiger LASER.
cw: Dauerstrichbetrieb (continuous wave), p: Pulsbetrieb.

Lasermedium		Wellenlänge	max. Leistung	Anwendungen
gas- förmig	Helium – Neon	543,5 … **632,8** … 3391 nm	cw: 50 mW	Meßtechnik, Justierlaser Holographie
	Krypton	350,7 … **647,1** … 869,0 nm	cw: 10 W	Fotolithographie Spektroskopie Pumpen von Farbstoff- lasern
	Argon	457,9 … **514,5** … 1092 nm	cw: 100 W	Holographie, Spektroskopie Pumpen von Farbstoff- lasern
	Helium – Cadmium	325,0 … 441,6 nm	cw: 50 mW	Fotolithographie Spektroskopie
	Kohlendioxid	10,6 µm	cw: 100 kW p: 1 TW	Materialbearbeitung Lidar
	Stickstoff	337,1 nm	p: 5 kW	Spektroskopie, Pumpen von Farbstofflasern
	Excimer	Ar*F: 193 nm Kr*F: 248 nm Xe*F: 350 nm	p: 20 MW	Fotochemie Spektroskopie Medizin
flüssig	Farbstoffe	360 … 1300 nm	cw: 10 W p: 1 MW	Spektroskopie
fest	Rubin	694,3 nm	cw: 1 W p: 1 GW	Materialbearbeitung Lidar
	Nd-YAG	1,064 µm	cw: 100 W p: 1 GW	Materialbearbeitung Spektroskopie
	Halbleiter	600 nm … 40 µm	cw: 100 mW p: 10 kW	optische Datenübertragung, optische Datenspeicher, Umweltmeßtechnik

Tabelle L-17. Anwendungen des Lasers.

Optische Meßtechnik	Materialbearbeitung	Nachrichtentechnik	Medizin und Biologie
Interferometrie, Holographie, Spektroskopie, Entfernungsmessung über Laufzeit von Laserpulsen, Laser-Radar, Leitstrahl beim Tunnel-, Straßen- und Brückenbau	Bohren, Schweißen, Schneiden, Aufdampfen; Auswuchten und Ab- gleichen von rotierenden und schwingenden Teilen; Trimmen von Wider- ständen.	optische Nachrichten- übertragung durch modulierte Lichtpulse. Signale von Halbleiter- lasern werden in Glas- fasern geführt. – Optische Datenspeicherung und -wiedergabe, Beispiel: Tonwiedergabe von digitaler Schallplatte, Compact-Disc.	Anheften der Netzhaut bei Ablösung; Durch- bohren verschlossener Blutgefäße; Zerstörung von Krebszellen; Schneiden von Gewebe; Zahnbehandlung.

zahl der Anwendungen des Lasers zeigt Tabelle L-17 eine Auswahl.

L.4.3 Materiewellen

So wie einer Lichtquelle nach EINSTEIN ein Strom von Photonen zugeordnet werden kann, wurde von DE BROGLIE einem Strom materieller Teilchen Welleneigenschaften zugeordnet (Übersicht L-23).

Die Welleneigenschaften materieller Teilchen treten bei Beugungsexperimenten zutage. Sämtliche mit Photonen durchführbaren Beugungsexperimente wurden auch mit Teilchen, wie Elektronen, Protonen und Neutronen, nachgewiesen.

Elektronenmikroskope benutzen zur Abbildung eines Objektes einen Elektronenstrahl.

Sie zeigen ein wesentlich besseres Auflösungsvermögen als Lichtmikroskope, da die Wellenlänge der Elektronen, die das Auflösungsvermögen begrenzt, kleiner gemacht werden kann als die Lichtwellenlänge (Übersicht L-23).

Wellenfunktion

Alle Mikroteilchen besitzen Welleneigenschaften (*Welle-Teilchen-Dualismus*). Materiewellen werden durch eine *Wellenfunktion* $\Psi(x, y, z, t)$ beschrieben, deren Wellenlänge durch die *De-Broglie-Beziehung* (Übersicht L-23) gegeben ist.

Das Quadrat der Wellenfunktion $|\Psi(x, y, z)|^2 dV$ gibt die Wahrscheinlichkeit an, im Volumenelement dV am Ort (x, y, z) ein Teilchen anzutreffen.

M Elektrizität und Magnetismus

Tabelle M-1. *Normen in der Elektrizitätslehre und im Magnetismus.*

Norm	Bezeichnung
DIN 1323	Elektrische Spannung, Potential, Zweipolquelle, elektromotorische Kraft
DIN 1324	Elektromagnetisches Feld
DIN 1339	Einheiten magnetischer Größen
DIN 1344	Nachrichtentechnik
DIN 1357	Einheiten elektrischer Größen
DIN 5483	Zeitabhängige Größen
DIN 5487	Fourier-, Laplace- und Z-Transformationen
DIN 5489	Richtungssinn und Vorzeichen in der Elektrotechnik
DIN 40 040	Anwendungsklassen und Zuverlässigkeitsangaben für Bauelemente der Nachrichtentechnik und Elektronik
DIN 40 100	Bildzeichen der Elektrotechnik
DIN 40 108	Elektrische Energietechnik; Stromsysteme
DIN 40 110	Wechselstromgrößen
DIN 40 148	Übertragungssysteme und Zweitore
DIN 40 150	Begriffe zur Ordnung von Funktions- und Baueinheiten
DIN 40 719	Schaltungsunterlagen; Regeln für Stromlaufpläne der Elektrotechnik
DIN 40 900	Graphische Symbole für Schaltungsunterlagen
DIN 41 485	Halbleiterbauelemente; Kurzzeichen zur Verwendung in Datenblättern; Aufbau der Kurzzeichen
DIN 41 791	Halbleiterbauelemente für die Nachrichtentechnik; Angabe in Datenblättern

Für alle Erscheinungen der Elektrizität und des Magnetismus ist die *Ladung Q* maßgebend. Ihre Einheit ist Coulomb (C) oder Ampere mal Sekunde: $1\,C = 1\,A \cdot s$. Die Eigenschaften gehen aus Tabelle M-2 hervor.

Tabelle M-2. *Ladung und ihre Eigenschaften.*

Eigenschaft der Ladung	Bemerkungen
quantisiert	nur Vielfache der Elementarladung e ($e = 1,6021773 \cdot 10^{-19}\,A \cdot s$)
gebunden an Materie	Ladung kommt nicht für sich allein vor, sondern ist immer an Materie gebunden
Ladungs-erhaltungs-satz	In einem abgeschlossenen System bleibt die Nettoladung (Differenz der positiven und negativen Ladungen) konstant
Ladungs-transport	Elektronen oder Ionen (elektrisch geladene Atome oder Moleküle) tragen die Ladung

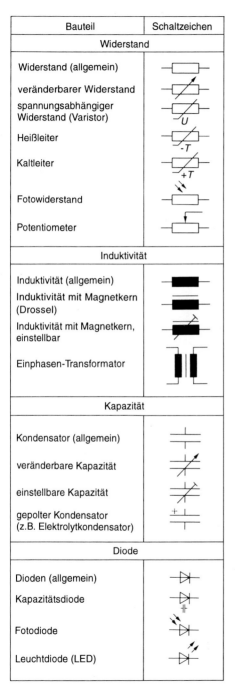

Bauteil	Schaltzeichen
Widerstand	
Widerstand (allgemein)	
veränderbarer Widerstand	
spannungsabhängiger Widerstand (Varistor)	
Heißleiter	
Kaltleiter	
Fotowiderstand	
Potentiometer	
Induktivität	
Induktivität (allgemein)	
Induktivität mit Magnetkern (Drossel)	
Induktivität mit Magnetkern, einstellbar	
Einphasen-Transformator	
Kapazität	
Kondensator (allgemein)	
veränderbare Kapazität	
einstellbare Kapazität	
gepolter Kondensator (z.B. Elektrolytkondensator)	
Diode	
Dioden (allgemein)	
Kapazitätsdiode	
Fotodiode	
Leuchtdiode (LED)	

Diode	
Z-Diode	
Zweirichtungsdiode (Diac)	
Thyristor (allgemein)	
Thyristor, Katode gesteuert	
Zweirichtungsthyristor (Triac)	
Transistor	
bipolar	
npn-Transistor	B — C E
pnp-Transistor	B — C E
Fototransistor (npn-Typ)	C E
Sperrschicht-Feldeffekt-Transistor (JFET)	
Sperrschicht-Feldeffekt-Transistor, n-Kanal	
Sperrschicht-Feldeffekt-Transistor, p-Kanal	
Tor (Gate)	Senke (Drain) / Quelle (Source)
Isolierschicht-Feldeffekt-Transistor (IGFET)	
Anreicherungstyp (Enhancement)	
G — D B S	G — D B S
n-Kanal	p-Kanal
G: Gate (Tor); S: Source (Quelle); B: Bulk; D: Drain (Senke)	

Bild M-1. Symbole und Bildzeichen nach DIN 40 100.

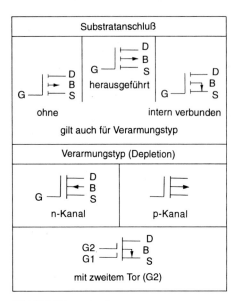

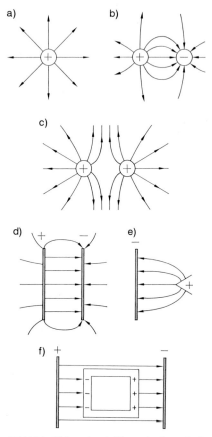

Bild M-1 (Fortsetzung)

M.1 Elektrisches Feld

Ladungen spannen ein elektrisches Feld auf, das durch *elektrische Feldlinien* veranschaulicht wird (Bild M-2).

Die elektrischen Feldlinien beschreiben die Kräfte, die auf eine positive Probeladung im Raum wirken. Je nach Verlauf der Feldlinien gibt es *homogene* (parallele Feldlinien, Bild M-2d) und *inhomogene* Felder. Ein besonders wichtiger Typ eines inhomogenen Feldes ist das *radiale* Feld einer *Punktladung*. Weitere Eigenschaften der Feldlinien sind, wie Bild M-2 zeigt:

– Pfeilrichtung von positiver zu negativer Ladung.
– Auf Leitern stehen die Feldlinien immer senkrecht.
– Bei Leitern verschieben sich die Ladungen auf der Oberfläche, bis das Innere feldfrei ist (Faradayscher Käfig, Bild M-2f).
– Feldlinien schneiden sich nicht.

M.1.1 Elektrische Feldstärke

Die elektrische Feldstärke wird bestimmt durch die Kraft F, die eine Ladung Q im elek-

Bild M-2. Elektrisches Feld verschiedener Ladungsgeometrien.

trischen Feld erfährt. Weitere Zusammenhänge gehen aus Übersicht M-1 hervor.

Übersicht M-1 zeigt, daß die elektrische Feldstärke aus der *Ladungsverteilung* errechnet werden kann. Für verschiedene Geometrien stehen die Ergebnisse in Tabelle M-3.

Die *elektrischen Feldlinien* stehen *senkrecht* auf den *Äquipotentiallinien* bzw. *-flächen*. Deshalb können aus den Äquipotentiallinien (Linien gleichen Potentials, bzw. gleicher Spannung) die elektrischen Feldlinien, d.h. die elektrischen Felder, bestimmt werden (Bild M-3).

Übersicht M-1. Elektrische Feldstärke.

elektrische Feldstärke

$$E = \frac{F}{Q}$$

In inhomogenen Feldern ist die elektrische Feldstärke räumlich nicht konstant.

elektrische Feldstärke zwischen den Platten eines Plattenkondensators

$$E = U/d$$

elektrische Feldstärke und elektrische Flußdichte (Verschiebungsdichte *D*)

$$D = \varepsilon E$$

elektrische Feldstärke und Ladungsverteilung

$$\oint E \, dA = (1/\varepsilon_0) \sum Q_i$$

elektrische Feldstärke und Potential

$$E = -d\varphi/ds$$

$$E = -\text{grad } \varphi$$

Übersicht M-1 (Fortsetzung)

D	elektrische Flußdichte (Verschiebungsdichte)
d	Plattenabstand
E	elektrische Feldstärke
$\oint E \, dA$	Oberflächenintegral über eine geschlossene Fläche
$\sum Q_i$	Summe aller Ladungen innerhalb der Fläche
ds	Wegelement
grad	Gradient
	$(\text{grad} = (\partial/\partial x)\,i + (\partial/\partial y)\,j + (\partial/\partial z)\,k;$
	i, j, k Einheitsvektoren in x-, y- und z-Richtung)
U	Spannung
ε	Permittivität
	$(\varepsilon = \varepsilon_0\,\varepsilon_r;$
	ε_0 elektrische Feldkonstante
	$\varepsilon_0 = 8{,}854 \cdot 10^{-12}\ C^2/(N \cdot m^2)$
	ε_r Permittivitätszahl)
φ	elektrisches Potential

Tabelle M-3. Feldstärken unterschiedlicher geometrischer Ladungsverteilungen.

Körper	Geometrie	Ort r	elektrische Feldstärke
Massivkugel	*R*: Kugelradius	innen	$E = \dfrac{1}{4\pi\,\varepsilon_0} \dfrac{Q}{R^3}\,r$
		außen	$E = \dfrac{1}{4\pi\,\varepsilon_0} \dfrac{Q}{r^2}$
Hohlkugel		innen	$E = 0$
		außen	$E = \dfrac{1}{4\pi\,\varepsilon_0} \dfrac{Q}{r^2}$
Stab	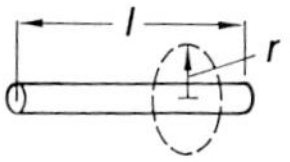 λ : Ladung je Länge	außen	$E = \dfrac{1}{2\pi\,\varepsilon_0} \dfrac{\lambda}{r}$
Zylinder	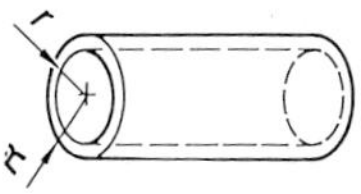	innen	$E = \dfrac{1}{2\pi\,\varepsilon_0} \dfrac{\lambda}{R^2}\,r$
dünne Platte	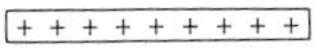 σ : Flächenladungsdichte	beide Seiten	$E = \dfrac{1}{2\varepsilon_0}\,\sigma$

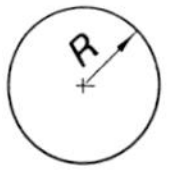

Tabelle M-3 (Fortsetzung)

Körper	Geometrie	Ort	elektrische Feldstärke
zwei dünne Platten	$+\sigma$ [+ + + + + + + + +] [‒ ‒ ‒ ‒ ‒ ‒ ‒ ‒ ‒] $-\sigma$	zwischen den Platten	$E = \dfrac{1}{\varepsilon_0}\,\sigma$
dicke Platte	ρ : Raum-ladungs-dichte x	Abstand x von der Mittellinie	$E = \dfrac{1}{\varepsilon_0}\,\varrho\,x$
Leiter		Oberfläche	$E = \dfrac{1}{\varepsilon_0}\,\sigma$

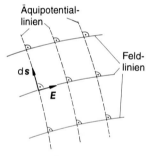

Äquipotential-linien

Feld-linien

ds

E

Bild M-3. Äquipotentiallinien und elektrische Feld-linien.

M.1.2 Elektrische Kraft

Übersicht M-2. Vergleich der Kraft im elektrischen und im magnetischen Feld.

Kraft im elektrischen Feld

Coulomb-Kraft

$F = Q \cdot E$

immer wirksam
Kraft in Richtung des elektrischen Feldes

Kraft im magnetischen Feld

Lorentz-Kraft

nur bei bewegter Ladung wirksam
Kraft senkrecht zur Geschwindigkeit v und zur magnetischen Flußdichte B

E elektrische Feldstärke
F Kraft
B magnetische Flußdichte
Q Ladung
v Geschwindigkeit

Übersicht M-3. Elektrische Kräfte zwischen Punktladungen und Platten.

elektrische Kräfte zwischen Punktladungen (Coulombsches Gesetz)	elektrische Kräfte zwischen Platten
	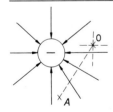
$$F = \frac{1}{4\pi\varepsilon} \cdot \frac{Q_1 Q_2}{r^2};$$	$$F = \frac{\varepsilon A U^2}{2 d^2};$$
Q_1, Q_2 1. bzw. 2. Punktladung, ε Permittivität ($\varepsilon = \varepsilon_0\,\varepsilon_r$) ε_0 elektrische Feldkonstante $\varepsilon_0 = 8,854 \cdot 10^{12}\ \mathrm{C^2/(N \cdot m^2)}$ ε_r Permittivitätszahl, werkstoffabhängig, $\dfrac{1}{4\pi\varepsilon_0} = 8,988 \cdot 10^9\ \mathrm{m/F},$ r Abstand der Punktladungen. Hinweise: – Gilt auch für Kugeln, wenn Abstand $r \gg$ Kugelradius R. – Bei mehreren Ladungen: Kräfteaddition.	A Plattenfläche, U Spannung zwischen den Platten, d Plattenabstand oder $$F = \frac{\varepsilon E^2 A}{d};$$ E elektrische Feldstärke oder $$F = \frac{E D A}{2} = \frac{Q E}{2};$$ D elektrische Flußdichte, Q elektrische Ladung.

M.1.3 Elektrisches Potential

Übersicht M-4. Definition des elektrischen Potentials.

Wird eine Ladung Q im elektrischen Feld E von einem Punkt 0 zu einem Punkt A verschoben, dann ist dazu die Arbeit W_{0A} gegen die elektrische Kraft $F = QE$ erforderlich:

$$W_{0A} = \int_0^A F\, ds = -Q \int_0^A E\, ds.$$

Elektrisches Potential ist der Quotient aus der Verschiebungsarbeit W_{0A} und der verschobenen Ladung Q:

$$\varphi_A = \frac{W_{0A}}{Q} = -\int_0^A E\, ds.$$

Übersicht M-4 (Fortsetzung)

– Bezugspunkt für Potential prinzipiell willkürlich, häufig aber unendlich ferner Punkt (positive Ladung erhält positives Potential) oder die Leiteroberfläche.

– Bei Bewegung der Ladung Q von A nach B ändert sich das Potential von φ_A auf φ_B

$$U_{AB} = \varphi_A - \varphi_B = \int_A^B E\, ds.$$

Die Potentialdifferenz zwischen zwei Punkten ist eine Spannung.

E	elektrische Feldstärke
F	elektrische Kraft
Q	Ladung
ds	Wegelement
U_{AB}	Spannung zwischen den Punkten A und B
W_{0A}	Verschiebungsarbeit von 0 nach A
φ_A, φ_B	Potential am Punkt A bzw. B

M.1.4 Materie im elektrischen Feld

Befindet sich Materie im elektrischen Feld, dann wirkt auf alle Ladungen in dieser Materie eine elektrische Kraft. Im *Leiter* erfolgt eine *Ladungsverschiebung (Influenz)* der positiven und negativen Ladungen, während im *Nichtleiter* die Ladungen nur geringfügig verschoben werden können (*Polarisation*).

Flächenladungsdichte σ und elektrische Flußdichte D

In einem Leiter sind die Ladungen frei verschiebbar. Deshalb ist das *Leitungsinnere* immer *feldfrei*, und die nicht kompensierten Ladungen befinden sich auf der *Oberfläche* des Leiters. Die Flächenladungsdichte gibt an, wieviel Ladung Q je Fläche A vorhanden ist (Einheit C/m^2):

$$\sigma = Q/A \quad \text{bzw.} \quad \sigma = dQ/dA ; \quad (M-1)$$

Q Ladung auf der Oberfläche eines Leiters,
A Oberfläche des Leiters.

Die *elektrische Flußdichte (Verschiebungsdichte) D* ist ein Vektor mit dem Betrag der Flächenladungsdichte σ und der Richtung der Flächennormalen (Richtung von der positiven zur negativen Ladung). Der Zusammenhang zwischen elektrischer Feldstärke E und elektrischer Flußdichte D lautet:

$$D = \varepsilon\, E \qquad (M-2)$$

ε Permittivität ($\varepsilon = \varepsilon_0\, \varepsilon_r$)
(ε_0 elektrische Feldkonstante, ε_r Permittivitätszahl oder relative Permittivität, werkstoffabhängige Größe (Tabelle M-4)),
E elektrische Feldstärke.

Permittivität ε

$$\varepsilon = D/E \qquad (M-3)$$
$$\varepsilon = \varepsilon_0\, \varepsilon_r$$
$$\varepsilon_0 = 1/(\mu_0\, c^2) = 8{,}854 \cdot 10^{-12}\, C^2/(N \cdot m^2)$$

ε_0 elektrische Feldkonstante
ε_r Permittivitätszahl oder relative Permittivität, temperatur-, frequenz- und werkstoffabhängige Größe, (Tabelle M-4).

Tabelle M-4. Permittivitätszahl einiger Werkstoffe.

Werkstoffe	Permittivitätszahl ε_r
Paraffin	2,2
Polypropylen	2,2
Polystyrol	2,5
Polycarbonat	2,8
Polyester	3,3
Kondensatorpapier	4 bis 6
Zellulose	4,5
Al_2O_3	12
Ta_2O_5	27
Wasser	81
Keramik (NDK)	10 bis 200
Keramik (HDK)	10^3 bis 10^4

Je nachdem, ob die *wahren Ladungen konstant* sind (elektrische Flußdichte D invariant), oder ob die *Spannung konstant* ist (elektrische Feldstärke E invariant), ändert sich die elektrische Feldstärke E oder die elektrische Flußdichte D (Tabelle M-5).

Kristalle haben *anisotrope* Eigenschaften. Hier hat im allgemeinen der E-Vektor eine *andere Richtung* als der D-Vektor. Besonders bemerkbar ist dieser Effekt bei höheren Frequenzen. In solchen Substanzen ist die Permittivitätszahl ε_r ein *Tensor*.

$$D_{\underline{xyz}} = \varepsilon_r\, \varepsilon_0\, E_{\underline{xyz}} \qquad (M-4)$$

$$\varepsilon_r = \begin{matrix} \varepsilon_{\underline{xx}} & \varepsilon_{\underline{xy}} & \varepsilon_{\underline{xz}} \\ \varepsilon_{\underline{yx}} & \varepsilon_{\underline{yy}} & \varepsilon_{\underline{yz}} \\ \varepsilon_{\underline{zx}} & \varepsilon_{\underline{zy}} & \varepsilon_{\underline{zz}} \end{matrix} \qquad (M-5)$$

Kondensatoren und Kapazität

Kondensatoren sind Bauelemente, die zur Speicherung von elektrischer Energie und elektrischer Ladung dienen. Sie bestehen aus zwei Körpern mit verschiedenen Ladungen Q, zwischen denen eine Spannung herrscht (Übersicht M-5). Die Geometrie und der Abstand der Leiteroberflächen bestimmen die Ladungstrennarbeit und die Spannung.

Tabelle M-5. Materie im elektrischen Feld.

Wahre Ladungen konstant → elektrische Flußdichte D invariant	Spannung konstant → elektrische Feldstärke E invariant
$D = \varepsilon_0 E_0$	$D_0 = \varepsilon_0 E$
$D = \varepsilon_r \varepsilon_0 E = \varepsilon E$	$D = \varepsilon_r \varepsilon_0 E$
Permittivitätszahl	Permittivitätszahl
$\varepsilon_r = E_0/E$	$\varepsilon_r = D/D_0$
elektrische Polarisation P	elektrische Polarisation P
$P/\varepsilon_0 = E_0 - E$	$P = D - D_0$
$P = \varepsilon_0 E_0 - \varepsilon_0 E$	$P = \underbrace{(\varepsilon_r - 1)}_{\chi_e} \varepsilon_0 E = \chi_e \varepsilon_0 E$
$\quad = \underbrace{(\varepsilon_r - 1)}_{\chi_e} \varepsilon_0 E = \chi_e \varepsilon_0 E$	
$P = D - \varepsilon_0 E$	$P = D - \varepsilon_0 E$
$D = \varepsilon_0 E + P = \varepsilon_0 (E + P/\varepsilon_0)$	$D = \varepsilon_0 E + P = \varepsilon_0 (E + P/\varepsilon_0)$

D, D_0	elektrische Flußdichte in Materie bzw. im Vakuum,
E, E_0	elektrische Feldstärke in Materie bzw. im Vakuum,
P	elektrische Polarisation,
ε_0	elektrische Feldkonstante ($\varepsilon_0 = 8{,}854 \cdot 10^{12}$ C^2/(N · m^2)),
ε_r	Permittivitätszahl,
χ_e	elektrische Suszeptibilität ($\chi_e = \varepsilon_r - 1$)

Übersicht M-5. Kapazität.

Schaltzeichen

$$C = \frac{\oint D\,dA}{\int E\,ds} \qquad C = Q/U$$

Übersicht M-5 (Fortsetzung)

Die Einheit der Kapazität C ist F (= A · s/V).
In der Praxis gebräuchlich:

$$\text{mF} = 10^{-3}\,\text{F}, \quad \mu\text{F} = 10^{-6}\,\text{F}$$
$$\text{nF} = 10^{-9}\,\text{F}, \quad \text{pF} = 10^{-12}\,\text{F}$$

D	elektrische Flußdichte
dA	Flächenelement
E	elektrische Feldstärke
Q	Ladung
ds	Wegelement
U	Spannung

Die Kapazität C gibt an, wieviel Ladung Q je Spannungseinheit 1 V gespeichert werden kann.

Tabelle M-6. Kapazitäten verschiedener Leitergeometrien.

Körper	Geometrie	Kapazität
Platten		$C = \dfrac{\varepsilon A}{d}$
Kugel Gegenelektrode im Unendlichen		$C = 4\pi\varepsilon r$
zwei Hohlkugeln		$C = 4\pi\varepsilon\,\dfrac{r_1 r_2}{r_2 - r_1}$
zwei gleiche Kugeln		$C = 2\pi\varepsilon r\left[1 + \dfrac{r(a^2 - r^2)}{a(a^2 - ar - r^2)}\right]$
Zylinder		$C = \dfrac{2\pi\varepsilon l}{\ln(r_2/r_1)}$
Doppelleitung		$C = \dfrac{\pi\varepsilon l}{\ln(d/r)}$

Tabelle M-7. Parallel- und Reihenschaltung von Kondensatoren.

Schaltungsart	Parallelschaltung	Reihenschaltung
konstante Größe	Spannung U = konstant	Ladung Q = konstant
Anordnung		
Addition	Gesamtladung $Q_{Ges} = Q_1 + Q_2 + \ldots + Q_n$	Gesamtspannung $U_{Ges} = U_1 + U_2 + \ldots + U_n$
Ersatzkapazität	$C_{Ges}\, U = C_1\, U + C_2\, U + \ldots C_n\, U$	$\dfrac{Q}{C_{Ges}} = \dfrac{Q}{C_1} + \dfrac{Q}{C_2} + \ldots + \dfrac{Q}{C_n}$
	$C_{Ges} = C_1 + C_2 + \ldots + C_n$ $C_{Ges} = \sum\limits_{i=1}^{n} C_i$	$\dfrac{1}{C_{Ges}} = \dfrac{1}{C_1} + \dfrac{1}{C_2} + \ldots \dfrac{1}{C_n}$ $C_{Ges} = \left(\sum\limits_{i=1}^{n} \dfrac{1}{C_i} \right)^{-1}$

Kondensatoren

- Metallfolie und Dielektrikumsfolie
- metallisierte Dielektrikumsfolie
- Elektrolyt

K	MP	MK	Aluminium (Al-Elko)	Fest-Alu
Kunststoff	metallisiertes Papier	metallisierte Kunsstoffolie		

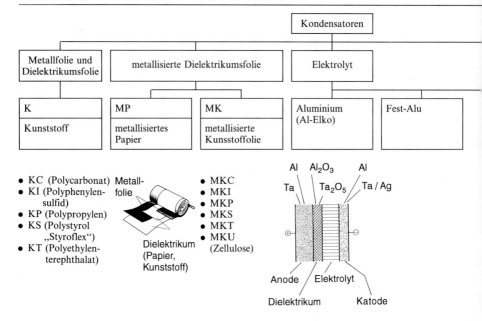

- KC (Polycarbonat)
- KI (Polyphenylensulfid)
- KP (Polypropylen)
- KS (Polystyrol „Styroflex")
- KT (Polyethylenterephthalat)

Metallfolie — Dielektrikum (Papier, Kunststoff)

- MKC
- MKI
- MKP
- MKS
- MKT
- MKU (Zellulose)

Al Al_2O_3 Al
Ta Ta_2O_5 Ta / Ag

Anode / Elektrolyt
Dielektrikum   Katode

Nennspannung	50 V bis 630 V	200 V bis 5 kV	50 V bis 2 kV	6 V bis 600 V
Kapazitätsbereich	2 pF bis 500 nF	100 pF bis 10 mF	100 pF bis 10 µF	1 µF bis 1 F
Verlustfaktor $\tan\delta \cdot 10^{-3}$	10 kHz: 0,1 bis 1	1 kHz: 4 bis 15	10 kHz: 0,25 bis 10	50 Hz: 80
gespeicherte Energie pro Volumen	mittel	mittel	mittel	hoch
Güte	1000	1000	1000	gering
Frequenzbereich	Gleichspannung und Niederfrequenz bis MHz-Bereich			NF und Gleichspannung
Normen	IEC 384-7/11/12/13 CECC 30100 CECC 30900 CECC 31700 CECC 31800 DIN 45910-22/25/26/27		IEC 384-2/6/16 CECC 30400 CECC 30500 CECC 31200 CECC 32200 DIN 45910-11/13/23/28	IEC 384-11 CECC 30300
Anwendungsbereiche	Schwingkreise, Koppel-Filter-Kondensator, Kfz-Elektronik, Schaltnetzteile, Impulsschaltungen		Motorkondensator, Filterkondensator, Stoßkondensator, Funkentstörkondensator	Energiespeicher, Sieben bei niedrigen und hohen Frequenzen

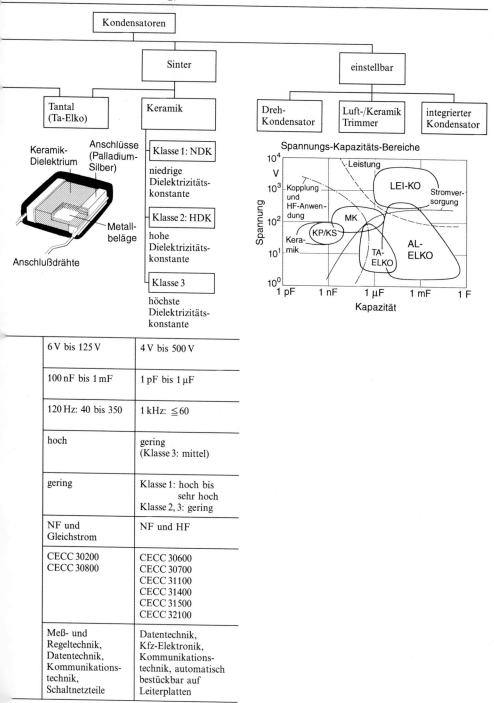

Kondensatoren

Sinter — einstellbar

Tantal (Ta-Elko) — Keramik — Dreh-Kondensator — Luft-/Keramik Trimmer — integrierter Kondensator

Keramik-Dielektrium — Anschlüsse (Palladium-Silber) — Metallbeläge — Anschlußdrähte

Klasse 1: NDK
niedrige Dielektrizitätskonstante

Klasse 2: HDK
hohe Dielektrizitätskonstante

Klasse 3
höchste Dielektrizitätskonstante

Spannungs-Kapazitäts-Bereiche

Spannung: 10^4, 10^3, 10^2, 10^1, 10^0 V
Kapazität: 1 pF, 1 nF, 1 µF, 1 mF, 1 F

Leistung, LEI-KO, Stromversorgung, Kopplung und HF-Anwendung, MK, KP/KS, Keramik, TA-ELKO, AL-ELKO

6 V bis 125 V	4 V bis 500 V
100 nF bis 1 mF	1 pF bis 1 µF
120 Hz: 40 bis 350	1 kHz: ≤ 60
hoch	gering (Klasse 3: mittel)
gering	Klasse 1: hoch bis sehr hoch Klasse 2, 3: gering
NF und Gleichstrom	NF und HF
CECC 30200 CECC 30800	CECC 30600 CECC 30700 CECC 31100 CECC 31400 CECC 31500 CECC 32100
Meß- und Regeltechnik, Datentechnik, Kommunikationstechnik, Schaltnetzteile	Datentechnik, Kfz-Elektronik, Kommunikationstechnik, automatisch bestückbar auf Leiterplatten

Energie und Energiedichte

Übersicht M-7. Energie und Energiedichte im elektrischen Feld.

elektrische Stromstärke I

$$I = \frac{dQ}{dt}; \quad Q = \int_{t_1}^{t_2} I(t)\, dt$$

Elektrische Energie eines Kondensators

Gleichstrom

$$W = \frac{Q^2}{2C} = \frac{QU}{2} = \frac{CU^2}{2}$$

$$I = \frac{Q}{t}; \quad Q = I t$$

Energie des elektrischen Feldes

elektrische Stromdichte j

$$W = \frac{1}{2}\varepsilon A d E^2 = \frac{1}{2}\varepsilon E^2 V = \frac{1}{2} D E V$$

$$j = \varkappa E; \quad j = \frac{I}{A}$$

Energiedichte

$$w = \frac{W}{V} = \frac{1}{2}\varepsilon E^2 = \frac{1}{2} D E$$

A	Querschnittsfläche
E	elektrische Feldstärke
I	elektrische Stromstärke
j	elektrische Stromdichte
Q	Ladung
dQ	Ladungselement
t	Zeit
dt	Zeitintervall
$\varkappa$	elektrische Leitfähigkeit

A	Plattenfläche
C	Kapazität
d	Plattenabstand
D	elektrische Flußdichte (Verschiebungsdichte)
E	elektrische Feldstärke
Q	Ladung
U	Spannung
V	Volumen
W	Arbeit
w	Energiedichte
ε	Permittivität ($\varepsilon = \varepsilon_0 \varepsilon_r$)
	ε_0 elektrische Feldkonstante
	$\varepsilon_0 = 8{,}854 \cdot 10^{-12}\,\mathrm{C^2/(N \cdot m^2)}$
	ε_r Permittivitätszahl

M.2.2 Elektrische Spannung

Elektrische Spannung entsteht, wenn elektrische Ladungen durch Zuführung von elektrischer Arbeit W getrennt werden. Die elektrische Spannung U ist der Quotient aus der Arbeit W, die zur Verschiebung einer Ladung Q notwendig ist, und dieser Ladung Q. Die Einheit ist Volt (V).

M.2 Gleichstromkreis

M.2.1 Stromstärke

Die Stromstärke I (oder der elektrische Strom) ist eine *Basisgröße* und wird in Ampere (A) gemessen:

$$U = W/Q. \tag{M-6}$$

Zwischen der elektrischen Spannung und dem Potential besteht folgender Zusammenhang:

1 A ist die Stärke eines zeitlich unveränderten Stroms, der durch zwei geradlinige parallele Leiter (durch Vakuum getrennt) im Abstand von 1 m fließt und der zwischen diesen Leitern je 1 m Leiterlänge die Kraft $F = 2 \cdot 10^{-7}$ N hervorruft.

Die *Potentialdifferenz* $\Delta\varphi$ zwischen zwei Punkten P_1 und P_2 entspricht der *Spannung* zwischen diesen beiden Punkten (Bild M-4).

$$U_{12} = \varphi_1 - \varphi_2.$$

In der Technik sind *Spannungspfeile* üblich, die von Plus nach Minus weisen, d.h. von hohem Potential zu niedrigem Potential. Die Spannung zeigt von Plus nach Minus, wenn $\varphi_1 > \varphi_2$ ist. Bild M-5 zeigt die Vorzeichenregelung für Strom und Spannung.

Der Strom fließt beim Verbraucher vom Plus- zum Minuspol, in Spannungsquellen vom Minus- zum Pluspol.

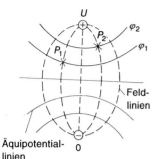

Äquipotential- 0
linien

Bild M-4. Zusammenhang zwischen elektrischem Potential und Spannung.

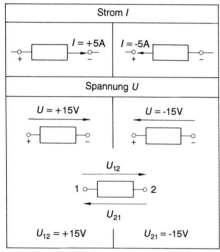

Bild M-5. Vorzeichenregelung für Strom und Spanung nach DIN 5489.

M.2.3 Widerstand und Leitwert

Widerstand R

Der elektrische Widerstand ist ein Maß für die Hemmung des Ladungstransports und ist folgendermaßen definiert:

> Der elektrische Widerstand R beträgt 1 Ohm, wenn zwischen zwei Punkten eines Leiters bei einer Spannung von 1 V ein Strom von genau 1 A fließt.

Die Einheit ist 1 V/A = 1 Ω (Ohm).

Durch den von KLITZING entdeckten Quanten-Hall-Effekt läßt sich das Ohm *unabhängig von*

der Geometrie und den *Werkstoffeigenschaften* festlegen.

Ein *Widerstandsnormal* beträgt 25 812,8 Ω. Dieser Wert errechnet sich folgendermaßen aus Naturkonstanten: $h/e^2 = 25\,812,8\ \Omega$ (h Plancksches Wirkungsquantum: $h = 6,626176 \cdot 10^{-34}$ J · s; e Elementarladung: $e = 1,602 \cdot 10^{-19}$ C).

Leitwert G

Der elektrische Leitwert ist der Kehrwert des elektrischen Widerstandes:

$$G = 1/R. \qquad (M-7)$$

Seine Einheit ist S (Siemens), Ω^{-1} oder mho („Ohm rückwärts", im englischsprachigen Raum verwendet).

Widerstand eines metallischen Leiters

Übersicht M-9. Widerstand, spezifischer Widerstand und elektrische Leitfähigkeit eines metallischen Leiters.

Widerstand R

$R = \varrho\, l/A$; Einheit Ω

spezifischer elektrischer Widerstand ϱ (Resistivität)

$\varrho = (R\,A)/l$; Einheit $(\Omega \cdot mm^2)/m = 10^{-6}\ \Omega \cdot m$

elektrische Leitfähigkeit $\varkappa$

$\varkappa = 1/\varrho = l/(R\,A)$

Temperaturabhängigkeit
– Temperaturkoeffizient α

$\alpha = \Delta R/(R\,\Delta T) = \Delta\varrho/(\varrho\,\Delta T)$
– Temperaturabhängigkeit des Widerstandes bei Metallen

$R(\vartheta) \approx R_{20}[1 + \alpha(\vartheta - 20\,°C)]$

$\varrho(\vartheta) \approx \varrho_{20}[1 + \alpha(\vartheta - 20\,°C)]$
– für hohe Temperaturen

$R = R_{20}(1 + \alpha\,\Delta T + \beta\,\Delta T^2)$

A	Querschnittsfläche des Leiters
l	Länge des Leiters
R	Widerstand
ΔR	Widerstandsänderung
R_{20}	Widerstand bei 20 °C
ΔT	Temperaturdifferenz
α	Temperaturkoeffizient
β	zweiter Temperaturkoeffizient
ϑ	Temperatur in °C
$\varkappa$	elektrische Leitfähigkeit
ϱ	spezifischer elektrischer Widerstand

Übersicht M-10. Widerstände als elektronische Bauelemente.

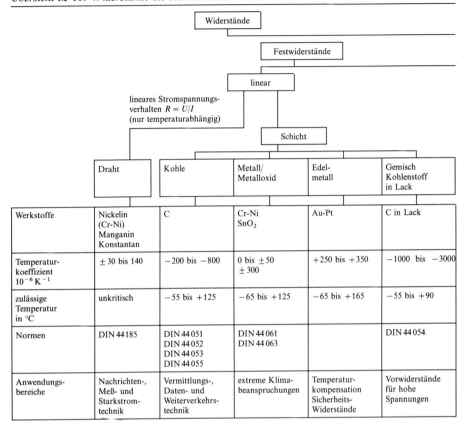

	Draht	Kohle	Metall/ Metalloxid	Edel- metall	Gemisch Kohlenstoff in Lack
Werkstoffe	Nickelin (Cr-Ni) Manganin Konstantan	C	Cr-Ni SnO$_2$	Au-Pt	C in Lack
Temperatur- koeffizient 10^{-6} K^{-1}	± 30 bis 140	−200 bis −800	0 bis ±50 ± 300	+250 bis +350	−1000 bis −3000
zulässige Temperatur in °C	unkritisch	−55 bis +125	−65 bis +125	−65 bis +165	−55 bis +90
Normen	DIN 44185	DIN 44051 DIN 44052 DIN 44053 DIN 44055	DIN 44061 DIN 44063		DIN 44054
Anwendungs- bereiche	Nachrichten-, Meß- und Starkstrom- technik	Vermittlungs-, Daten- und Weiterverkehrs- technik	extreme Klima- beanspruchungen	Temperatur- kompensation Sicherheits- Widerstände	Vorwiderstände für hohe Spannungen

Within the diagram:

Widerstände → Festwiderstände → linear

lineares Stromspannungs- verhalten $R = U/I$ (nur temperaturabhängig)

Schicht

Übersicht M-10 (Fortsetzung)

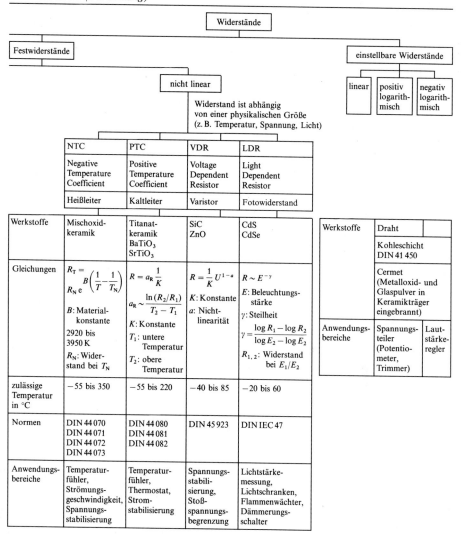

Widerstände

Festwiderstände — einstellbare Widerstände

nicht linear
Widerstand ist abhängig
von einer physikalischen Größe
(z. B. Temperatur, Spannung, Licht)

einstellbare Widerstände: linear | positiv logarithmisch | negativ logarithmisch

	NTC	PTC	VDR	LDR
	Negative Temperature Coefficient	Positive Temperature Coefficient	Voltage Dependent Resistor	Light Dependent Resistor
	Heißleiter	Kaltleiter	Varistor	Fotowiderstand
Werkstoffe	Mischoxidkeramik	Titanatkeramik BaTiO$_3$ SrTiO$_3$	SiC ZnO	CdS CdSe
Gleichungen	$R_T = \dfrac{1}{R_N\,e^{B\left(\frac{1}{T}-\frac{1}{T_N}\right)}}$ B: Materialkonstante 2920 bis 3950 K R_N: Widerstand bei T_N	$R = a_R\dfrac{1}{K}$ $a_R \sim \dfrac{\ln(R_2/R_1)}{T_2 - T_1}$ K: Konstante T_1: untere Temperatur T_2: obere Temperatur	$R = \dfrac{1}{K}U^{1-a}$ K: Konstante a: Nichtlinearität	$R \sim E^{-\gamma}$ E: Beleuchtungsstärke γ: Steilheit $\gamma = \dfrac{\log R_1 - \log R_2}{\log E_2 - \log E_2}$ $R_{1,2}$: Widerstand bei E_1/E_2
zulässige Temperatur in °C	−55 bis 350	−55 bis 220	−40 bis 85	−20 bis 60
Normen	DIN 44070 DIN 44071 DIN 44072 DIN 44073	DIN 44080 DIN 44081 DIN 44082	DIN 45923	DIN IEC 47
Anwendungsbereiche	Temperaturfühler, Strömungsgeschwindigkeit, Spannungsstabilisierung	Temperaturfühler, Thermostat, Stromstabilisierung	Spannungsstabilisierung, Stoßspannungsbegrenzung	Lichtstärkemessung, Lichtschranken, Flammenwächter, Dämmerungsschalter

	Werkstoffe	Draht	
		Kohleschicht DIN 41 450	
		Cermet (Metalloxid- und Glaspulver in Keramikträger eingebrannt)	
	Anwendungsbereiche	Spannungsteiler (Potentiometer, Trimmer)	Lautstärkeregler

Tabelle M-8. Spezifischer elektrischer Widerstand, elektrische Leitfähigkeit und Temperaturkoeffizient ausgewählter Leiterwerkstoffe (bei 0 °C).

Werkstoff	Spezifischer elektrischer Widerstand ϱ $10^{-2}\dfrac{\Omega \cdot mm^2}{m}$	Spezifische elektrische Leitfähigkeit $\varkappa$ $\dfrac{S \cdot m}{mm^2}$	Temperaturkoeffizient α $10^{-4}\,K^{-1}$
Aluminium	2,65	37,7	42,9
AlMgSi	3	32	36
Al-Bronze	13	8	32
$(Cu_{90}Al_{10})$			
Blei	19	5,3	42
Bronze	18	5,6	5
CrAl 205	137	0,7	0,5
(Heizleiterlegierung)			
CrAl 305	144	0,7	0,1
(Heizleiterlegierung)			
Dynamoblech	13	8	45
Eisen	8,9	11,2	65
Gold	2,04	49	40
Graphit	800	0,13	−2
Grauguß	80	1,2	19
Indium	8,4	11,9	49
Iridium	5,3	18,9	39
Konstantan	50	2	0,1
Kupfer	1,56	64,1	43
Magnesium	4,6	22	38
Manganin	43	2,3	0,1
Messing	7	14,3	13
Monel	42	2,8	2
Neusilber	30	3,3	32
$Ni_{60}Cr_{15}Fe$	110	1	1,3
Nickel	6,84	14,6	68
Nickelin	43	2,32	
Palladium	10	10	38
Platin	10	10,2	39,2
Platin-Iridium	32	3,1	
Platin-Rhodium	20	5	
Quecksilber	95	1	1
Silber	1,51	66,2	41
Stahl (0,1 % C; 0,5 % Mn)	13	7	45
Stahl (0,25 % C; 0,3 % Si)	18	5,5	45
Tantal	16	6,2	35
Wismut	120	0,8	45
Wolfram	4,9	20,4	48
Zink	5,5	18,2	42
Zinn	10,4	9,6	46

M.2.4 Elektrische Arbeit, elektrische Leistung und Wirkungsgrad

Um eine Ladung Q von einem Punkt P_1 zu einem Punkt P_2 zu bewegen, zwischen denen eine Spannung U liegt, ist eine *elektrische Arbeit* W erforderlich. Die Leistung P ist die je Zeiteinheit dt erbrachte Arbeit dW. Der elektrische Wirkungsgrad η errechnet sich als Quotient aus abgegebener P_{ab} und zugeführter Leistung P_{zu} (Übersicht M-11).

Übersicht M-11. Elektrische Arbeit, elektrische Leistung und Wirkungsgrad.

elektrische Arbeit W

$$W = Q\,U$$

– für zeitabhängige Ströme und Spannungen

$$W = \int u(t)\,i(t)\,dt = \int P(t)\,dt$$

– für Gleichstrom

$$W = P\,t = U\,I\,t = I^2\,R\,t = U^2\,t/R$$

Einheit: W · s, J oder kWh, 1 kWh = $3{,}6 \cdot 10^6$ W · s

elektrische Leistung P

$$P(t) = dW/dt$$

– für zeitlich konstanten Strom

$$P = W/t = U\,I = U^2/R = I^2\,R$$

Einheit: 1 W = 1 J/s

Wirkungsgrad η elektrischer Maschinen

$$\eta = P_{ab}/P_{zu} = W_{ab}/W_{zu}$$

Wirkungsgrad η eines elektrischen Verbrauchers

$$\eta = P_n/(P_n + P_v)$$

I	elektrische Stromstärke
R	elektrischer Widerstand
t	Zeit
P	elektrische Leistung
U	Spannung
W	elektrische Arbeit
P_{ab}	abgegebene Leistung
P_{zu}	zugeführte Leistung
W_{ab}	abgegebene Arbeit
W_{zu}	zugeführte Arbeit
P_n	Nutzleistung
P_v	Leistungsverlust

M.2.5 Ohmsches Gesetz

In einem metallischen Leiter nimmt bei konstanter Temperatur der Strom I proportional zur angelegten Spannung U zu. Die *charakteristische Kennlinie* des ohmschen Widerstandes ist eine *Gerade*, deren *Steigung* der elektrische Leitwert G ist (Übersicht M-12).

Viele elektronische Bauelemente zeigen einen *nichtlinearen* Verlauf der Kennlinie (Bild M-6).

Differentieller Widerstand

Sind die Kennlinien nicht linear, dann hat der Widerstand in jedem Punkt der Kennlinie

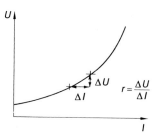

Bild M-7. Differentieller Widerstand.

einen anderen Wert. Es wird dann der *differentielle Widerstand r* angegeben (Bild M-7).

Richtungssinn

Das Ohmsche Gesetz gilt nur, wenn die Spannung U und der Strom I *dieselbe Richtung* aufweisen (sonst müssen Minuszeichen verwendet werden). Die Regeln für die Vorzeichen und Richtungen des elektrischen Stroms I und der elektrischen Spannung U sind Übereinkünfte in DIN 5489 genormt (Bild M-5). Beim *positiven Strom* ist der *Minuspol* an der *Pfeilspitze*. Bei einer Indizierung wird dringend empfohlen, daß der Pfeil vom *Index* 1 auf den *Index* 2 zeigt. Doppelpfeile müssen unter allen Umständen vermieden werden, da in solchen Fällen das Vorzeichen der Spannung unbestimmt ist.

Übersicht M-12. Ohmsches Gesetz.

$I = G U = U/R$

$I = P/U;\quad I = \sqrt{P/R}$

$U = R I;\quad U = I/G;\quad U = P/I;$

$R = U/I;\quad R = U^2/P;\quad R = P/I^2$

G elektrischer Leitwert
I elektrischer Strom
R Widerstand
P Leistung
U Spannung

---

linearer ohmscher Widerstand	Glühlampe	Gasentladungsröhre
I ⬈ U	I U	I U
Halbleiter - Diode	Transistor	Thyristor
I U	I_C I_{B1} I_{B2} U_{CE}	I U

Bild M-6. Kennlinien verschiedener elektronischer Bauelemente.

M.2.6 Elektrische Netze – Kirchhoffsche Regeln

Ein *Netzwerk* ist aus Knoten und Maschen aufgebaut. Ein *Knoten* ist ein Punkt, an dem sich die *Ströme I* verzweigen, und eine *Masche* beschreibt einen *geschlossenen Umlauf* innerhalb des Netzwerkes (Bild M-8).

Knotenregel (1. Kirchhoffsches Gesetz)

In einem Stromknoten kann keine Ladung entstehen oder verschwinden (*Ladungserhaltungssatz*). Deshalb gilt, wie Bild M-9 zeigt:

> Die Summe aller Ströme eines Stromknotens ist null: $\sum I_i = 0$.

Die *zuströmenden* Ströme sind *positiv*, die *abfließenden negativ* zu nehmen.

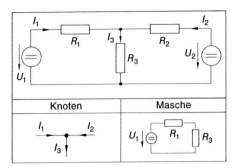

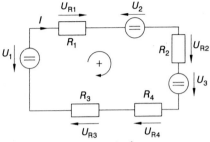

Bild M-11. Beispiel einer Masche.

Knoten	Masche

Bild M-8. Elektrisches Netz: Knoten und Maschen.

$U_1 = R_1 I \qquad U_2 = R_2 I \qquad U_3 = R_3 I$

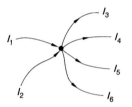

Bild M-9. Ströme im Stromknoten.

$U_1 : U_2 : U_3 = R_1 : R_2 : R_3$

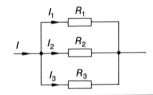

$I : I_1 : I_2 : I_3 = G : G_1 : G_2 : G_3 = \dfrac{1}{R} : \dfrac{1}{R_1} : \dfrac{1}{R_2} : \dfrac{1}{R_3}$

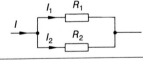

$U_1 = U \dfrac{G_2}{G_1 + G_2} = U \dfrac{R_1}{R_1 + R_2}$

Bild M-12. Spannungsverhältnisse bei Reihenschaltung.

Maschenregel (2. Kirchhoffsches Gesetz)

Bei einem kompletten Umlauf einer Ladung in einer *Masche* ist die zugeführte und die abgeführte elektrische Arbeit gleich groß. Deshalb gilt:

> Die Summe aller Spannungen eines Stromkreises (Masche) ist null: $\sum U_i = 0$.

$I_1 = I \dfrac{G_1}{G_1 + G_2} \qquad I_1 = I \dfrac{R_2}{R_1 + R_2}$

Bild M-10. Stromverhältnisse bei Parallelschaltung.

Der gewählte Umlaufsinn ist beliebig. Die in Zählrichtung zeigenden Spannungen werden *positiv*, die gegen die Zählrichtung laufenden werden *negativ* eingesetzt (Bild M-11).

Stromverhältnis

In einer *Parallelschaltung* nach Bild M-10 verhalten sich die *Teilströme* wie die *Teilleitwerte G* und *umgekehrt* wie die *Teilwiderstände R:*

Spannungsverhältnis

In einer *Reihenschaltung* nach Bild M-12 verhalten sich die *Teilspannungen* wie die *Teilwiderstände R:*

Reihen- und Parallelschaltung von Widerständen

Übersicht M-13. Reihen- und Parallelschaltung von Widerständen.

a) Reihenschaltung

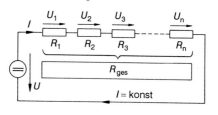

$$I = \text{konst}$$

$$R_{ges} = R_1 + R_2 + R_3 + \ldots R_n = \sum_{i=1}^{n} R_i$$

Gesamtwiderstand = Summe Teilwiderstände

$U_m/U_k = R_m/R_k \quad (m, k = 1, 2, 3 \ldots n)$

Teilspannungen verhalten sich wie die Teilwiderstände

b) Parallelschaltung

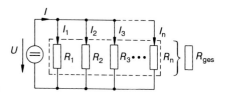

$$\frac{1}{R_{ges}} = \frac{1}{R_1} + \frac{1}{R_2} + \frac{1}{R_3} + \ldots \frac{1}{R_n}$$

$$G_{ges} = G_1 + G_2 + G_3 + \ldots G_n = \sum_{i=1}^{n} G_i$$

Gesamtleitwert = Summe Teilleitwerte

$$\frac{I_m}{I_k} = \frac{G_m}{G_k} = \frac{R_k}{R_m} \quad (m, k = 1, 2, 3 \ldots n)$$

Teilströme verhalten sich wie Teilleitwerte oder umgekehrt wie Teilwiderstände.

Übersicht M-13 (Fortsetzung)

Parallelschaltung von zwei Widerständen

Schaltung	Formeln
R_1 R_2	$R_{ges} = \dfrac{R_1 R_2}{R_1 + R_2}$ Widerstände gleich groß $R_{ges} = \dfrac{R}{2}$

Parallelschaltung von drei Widerständen

Schaltung	Formeln
R_1 R_2 R_3	$R_{ges} = \dfrac{R_1 R_2 R_3}{R_1 R_2 + R_1 R_3 + R_2 R_3}$ Widerstände gleich groß $R_{ges} = \dfrac{R}{3}$

Dreieck-Stern-Umwandlung

In Widerstandsnetzen ist es häufig sinnvoll, eine *Dreieckschaltung* in eine *Sternschaltung* umzurechnen (oder umgekehrt). Die Widerstände zwischen den Anschlußklemmen 1, 2 und 3 bleiben dabei erhalten (Übersicht M-14).

Grundstromkreis mit Spannungsquelle

Übersicht M-15 zeigt den Grundstromkreis, dargestellt mit einer *realen Spannungsquelle* (Teilbild a) oder mit einer *realen Stromquelle* (Teilbild b).

Ein Stromkreis besteht im einfachsten Fall aus einer Spannungsquelle, die den Strom I liefert, der durch den äußeren Widerstand R_a fließt. Wie das Teilbild a) in der Übersicht M-15 zeigt, hat die Spannungsquelle selbst einen *inneren Widerstand* R_i (z. B. der Elektrolyt eines galvanischen Elements). Der Spannungsabfall am Innenwiderstand ist nach dem Ohmschen Gesetz $U_i = R_i I$ von der Stromstärke I abhängig.

Grundstromkreis mit Stromquelle

Der Stromkreis kann auch aus einer Stromquelle bestehen, zu der parallel ein *innerer Leitwert* G_i liegt (Übersicht M-15, Teilbild b).

Übersicht M-14. Stern-Dreieck-Umwandlung.   *Übersicht M-14 (Fortsetzung)*

a) Sternschaltung	b) Dreieckschaltung	c) gleiche Widerstände
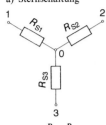	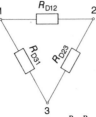	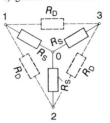

$$R_{S1} = \frac{R_{D12}\,R_{D31}}{R_{D12} + R_{D23} + R_{D31}}$$

$$R_{D12} = R_{S1} + R_{S2} + \frac{R_{S1}\,R_{S2}}{R_{S3}}$$

$$R_S = \frac{R_D}{3}$$

$$R_{S2} = \frac{R_{D12}\,R_{D23}}{R_{D12} + R_{D23} + R_{D31}}$$

$$R_{D23} = R_{S2} + R_{S3} + \frac{R_{S2}\,R_{S3}}{R_{S1}}$$

$$R_D = 3\,R_S$$

$$R_{S3} = \frac{R_{D23}\,R_{D31}}{R_{D12} + R_{D23} + R_{D31}}$$

$$R_{D31} = R_{S3} + R_{S1} + \frac{R_{S3}\,R_{S1}}{R_{S2}}$$

Übersicht M-15. Grundstromkreis mit realer Spannungs- bzw- Stromquelle.

reale Spannungsquelle	reale Stromquelle
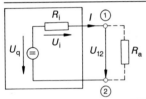	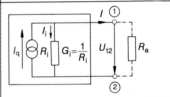
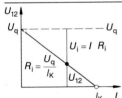	

Strom im Außenkreis

$$I = \frac{U_q}{R_i + R_a}$$

$$I = I_q - I_i = I_q - \frac{U_{12}}{R_i} = I_q - U_{12}\,G_i$$

Klemmenspannung

$$U_{12} = I R_a = U_q - I R_i = U_q \frac{R_a}{R_i + R_a}$$

$$U_{12} = \frac{I_q}{\dfrac{1}{R_a} + \dfrac{1}{R_i}} = \frac{I_q}{G_a + G_i}$$

Leerlaufspannung (offene Klemmen)

$$U_L = U_q$$

$$U_L = I_q R_i = I_q / G_i$$

Kurzschlußstrom ($U_{12} = 0$)

$$I_K = \frac{U_q}{R_i} = \frac{U_L}{R_i}$$

$$I_K = I_q$$

Übersicht M-15 (Fortsetzung)

reale Spannungsquelle	reale Stromquelle
Leistungen	
$P_e = P_i + P_a$	$P_e = P_i + P_a$
$P_a = \dfrac{R_a U_q^2}{(R_i + R_a)^2} = \dfrac{U_q^2}{R_i} \cdot \dfrac{v}{(1+v)^2}$	$P_a = \dfrac{G_a I_q^2}{(G_i + G_a)^2} = I_q^2 R_i \cdot \dfrac{v}{(1+v)^2}$
Leistungsanpassung (maximale Leistungsentnahme) bei	
$R_a = R_i$, $v = 1$	
$P_{a,max} = \dfrac{1}{4} \dfrac{U_q^2}{R_i}$	$P_{a,max} = \dfrac{1}{4} I_q^2 R_i$

I_i, I_q	Strom durch Innenwiderstand, Quellenstrom
R_a, R_i	Außen-, Innenwiderstand
G_a, G_i	Leitwert außen, innen
P_e, P_a, P_i	elektrische Leistung, äußere, innere Leistung
$U_{12} U_q$	Klemmenspannung zwischen 1 und 2, Quellenspannung
v	Widerstandsverhältnis, $v = R_a/R_i$

*Lineare Überlagerung
(Helmholtzsches Superpositionsprinzip)*

Es gilt der *Überlagerungssatz:*

> Jede Stromstärke I_m in einem Stromzweig m errechnet sich aus der Summe aller durch diesen Zweig fließenden Teilströme I_{m1} bis I_{mn}, die durch die einzelnen Quellenspannungen verursacht werden.

Bild M-13 zeigt die Berechnungen.

Der Strom I_2 soll berechnet werden. Er wird durch die beiden Quellenspannungen U_{01} und U_{02} erzeugt. Deshalb gilt $I_2 = k_1 U_{01} + k_3 U_{03}$. Zur Berechnung von $I_2^* = k_1 U_{01}$ wird die Spannungsquelle U_{03} kurzgeschlossen ($U_{01} = 0$), und zur Berechnung von $I_2^{**} = k_3 U_{03}$ wird die Spannungsquelle U_{01} kurzgeschlossen. Die Summe beider Beiträge ergibt die gesuchte Stromstärke.

Allgemein gilt für die Stromstärke I_m im Zweig m:

> $I_m = k_1 U_{01} + k_2 U_{02} + k_3 U_{03} + \ldots + k_n U_{0n}$;
> $I_m = I_{m1} + I_{m2} + I_{m3} + \ldots + I_{mn}$.

M.2.7 Messung von Strom und Spannung

Strommessung

Der Strommesser muß *im Stromkreis* liegen (*Hauptschluß*).

Bei der Meßbereichserweiterung muß der überschüssige Stromanteil durch einen *parallelen Widerstand* (Shunt) R_P am Meßgerät vorbeigeleitet werden (Bild M-14).

Spannungsmessung

Der Spannungsmesser liegt *parallel* zum zu messenden Spannungsabfall (*Nebenschluß*). Sein Innenwiderstand R_i muß möglichst groß sein, damit der Strom möglichst ganz durch den Außenwiderstand fließt.

Bei einer *Meßbereichserweiterung* muß der überschüssige Spannungsanteil an einem *Vorwiderstand* R_V abfallen (Bild M-15).

M.2.8 Ausgewählte Meßverfahren

Spannungsteiler

Mit Hilfe dieser Schaltung ist eine Aufteilung einer Gesamtspannung in kleinere Einzelspannungen möglich. Bild M-16 zeigt den Unter-

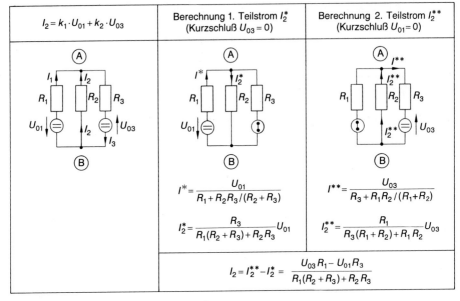

$I_2 = k_1 \cdot U_{01} + k_2 \cdot U_{03}$	Berechnung 1. Teilstrom I_2^* (Kurzschluß $U_{03} = 0$)	Berechnung 2. Teilstrom I_2^{**} (Kurzschluß $U_{01} = 0$)
	$I^* = \dfrac{U_{01}}{R_1 + R_2 R_3 / (R_2 + R_3)}$	$I^{**} = \dfrac{U_{03}}{R_3 + R_1 R_2 / (R_1 + R_2)}$
	$I_2^* = \dfrac{R_3}{R_1(R_2 + R_3) + R_2 R_3} U_{01}$	$I_2^{**} = \dfrac{R_1}{R_3(R_1 + R_2) + R_1 R_2} U_{03}$

$$I_2 = I_2^{**} - I_2^* = \frac{U_{03} R_1 - U_{01} R_3}{R_1(R_2 + R_3) + R_2 R_3}$$

Bild M-13. Berechnung der Teilströme mit dem Überlagerungssatz.

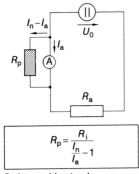

$$R_p = \frac{R_i}{\dfrac{I_n}{I_a} - 1}$$

R_i Innenwiderstand
I_n neue maximale Stromstärke
I_a alte maximale Stromstärke

Bild M-14. Meßbereichserweiterung von Strommessern.

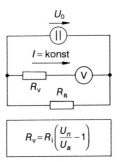

$$R_v = R_i \left(\frac{U_n}{U_a} - 1 \right)$$

R_i Innenwiderstand
U_n neue maximale Meßspannung
U_a alte maximale Meßspannung

Bild M-15. Meßbereichserweiterung von Spannungsmessern.

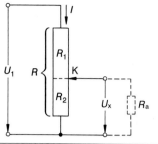

unbelastet	$U_x = U_1 \dfrac{R_2}{R_1 + R_2}$
belastet	$U'_x = U_1 \dfrac{R_2 R_a}{R_1 R_2 + R_a(R_1 + R_2)}$

Bild M-16. Spannungsteiler.

schied zwischen einem *unbelasteten* und einem *belastetem* Spannungsteiler.

Brückenschaltungen

Brückenschaltungen dienen zum Messen von Widerständen. Üblicherweise verwendet man die *Wheatstonesche Brücke* nach Bild M-17a. Bei sehr kleinen Widerständen ($R_x < 0,1\ \Omega$) machen sich die Widerstände in den Zuleitungen störend bemerkbar. In diesen Fällen mißt man mit einer *Thomson-Brücke* nach Bild M-17b.

M.3 Ladungstransport in Flüssigkeiten

Der elektrische Strom in Flüssigkeiten wird von *geladenen Atomen* oder *Molekülen*, den *Ionen*, getragen. Diese Ladungsträger entstehen dadurch, daß sich Salze, Säuren oder Laugen beim Eintragen in Lösungsmittel in positiv und negativ geladene Moleküle bzw. Atome aufspalten, sie *dissoziieren*.

Die positiven Ionen werden *Kationen* genannt, weil sie zur Katode wandern (negative Elektrode) und die negativen Ionen nennt man *Anionen*, weil sie zur Anode wandern (positive Elektrode). Elektrisch leitende Flüssigkeiten, die aus Kationen und Anionen bestehen, werden *Elektrolyte* genannt. Werden zwei Elektroden (Katode und Anode) in einen Elektrolyten getaucht und an eine Spannungsquelle angeschlossen, dann findet eine *elektrolytische* Stromleitung statt, in der der Elektrolyt zersetzt wird. An der *Katode* (Minuspol) scheidet sich stets Metall oder Wasserstoff ab, an der *Anode* (Pluspol) der Molekülrest (Anionen), wie Bild M-18 zeigt.

Die Elektrolyse spielt in der Technik vor allem beim Aufbringen von Metallüberzügen (*Galvanisieren*) eine wichtige Rolle. Die häufigsten Metallüberzüge bestehen aus Chrom, Nickel, Gold und Silber.

a)

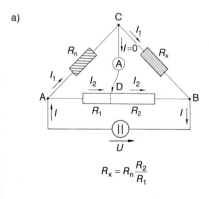

$$R_x = R_n \frac{R_2}{R_1}$$

Bild M-17. Wheatstone-Brücke (a) und Thomson-Brücke (b).

b)

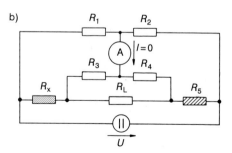

R_5 Normalwiderstand (etwa wie R_x)
R_L Leitungswiderstand
Voraussetzung: $R_1 / R_2 = R_3 / R_4$

$$R_x = \frac{R_1 R_5}{R_2}$$

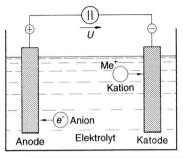

Anode   Elektrolyt   Katode

Elektrolyt	Anode (+)	Katode (−)
$CuSO_4$	O_2 (aus SO_4)	Cu
$ZnCl_2$	Cl_2	Zn
NaOH	O_2 (aus OH)	H_2
HCl	Cl_2	H_2
H_2SO_4	O_2 (aus SO_4)	H_2

Bild M-18. Elektrolyse.

Übersicht M-16. Faradaysches Gesetz.

$$m = v\,M = \frac{M}{z\,N_A\,e}\,I\,t = \frac{M}{z\,F}\,I\,t = \ddot{A}\,I\,t = \ddot{A}\,Q$$

elektrochemisches Äquivalent $\ddot{A}$

$$\ddot{A} = \frac{M}{z\,F} = \frac{m}{Q}$$

Faraday-Konstante F

$$F = N_A\,e = 9{,}648 \cdot 10^4 \text{ A} \cdot \text{s/mol}$$

e Elementarladung ($e = 1{,}602 \cdot 10^{-19}$ A · s)
I elektrischer Strom
M Molmasse
m abgeschiedene Masse
N_A Avogadro-Konstante ($N_A = 6{,}022 \cdot 10^{23}$ mol^{-1})
v Stoffmenge (Molzahl)
Q Ladung
t Zeit
z Wertigkeit

1. Faradaysches Gesetz

Die Masse m des abgeschiedenen Stoffes ist nur der transportierten Ladungsmenge $Q = I\,t$ proportional. Sie hängt weder von der Geometrie noch von der Konzentration des Elektrolyten ab.

Mit dem 1. Faradayschen Gesetz ist es möglich, aus den *abgeschiedenen Massen* den *Strom* oder die *Ladung* zu messen, oder aus Strom und Ladung die abgeschiedenen Stoffmengen zu bestimmen.

Das *elektrochemische Äquivalent* $\ddot{A}$ gibt an, wieviel Masse (in kg) eines Stoffes bei einer Stromstärke von 1 A in der Zeit von 1 s abgeschieden wird.

Das Produkt aus Avogadro-Zahl N_A und Elementarladung e wird *Faraday-Konstante* F genannt ($F = 9{,}648 \cdot 10^4$ (As · s)/mol).

2. Faradaysches Gesetz

Die von gleichen Elektrizitätsmengen abgeschiedenen Massen (elektrochemische Äquivalente) verhalten sich wie die Molmassen je Wertigkeit.

Elektrochemische Spannungsreihe

Wird ein Metall in einen Elektrolyten getaucht, dann stellt sich gegen eine Vergleichselektrode eine Spannung ein, die vom Material abhängig ist. Wird das Potential gegen eine *Standardwasserstoff-Elektrode* gemessen, dann ergibt sich die elektrochemische Spannungsreihe.

Galvanische Elemente

Galvanische Elemente wandeln chemische Energie in elektrische Energie um. Findet keine Rückumwandlung statt, dann spricht man von *Primärelementen*. Kann die elektrische Energie wieder in chemische rückverwandelt werden (z. B. bei wieder aufladbaren Batterien), dann handelt es sich um *Sekundärelemente*.

Übersicht M-17. 2. Faradaysches Gesetz.

$$\frac{m_1}{m_2} = \frac{M_1}{z_1} : \frac{M_2}{z_2} = \frac{\ddot{A}_1}{\ddot{A}_2}$$

m_1, m_2 abgeschiedene Massen
M_1, M_2 Molmassen 1 und 2
z_1, z_2 Wertigkeit 1 und 2
$\ddot{A}_1, \ddot{A}_2$ elektrochemische Äquivalente 1 und 2

Elektrochemische Daten einiger Elemente

Element	Wertigkeit	Molmasse $\dfrac{g}{mol}$	Molmasse / Wertigkeit $\dfrac{g}{mol}$	elektrochemisches Äquivalent $10^{-3}\,\dfrac{g}{A \cdot s}$	Faraday-Konstante $\dfrac{A \cdot s}{mol}$
Wasserstoff	1	1,00797	1,00797	0,01046	96 364
Sauerstoff	2	15,9994	7,9997	0,08291	96 486
Aluminium	3	26,9815	8,9938	0,09321	96 489
Eisen	3	55,847	18,616	0,19303	96 441
Nickel	2	58,71	29,355	0,30415	96 515
Kupfer	2	63,54	31,77	0,32945	96 433
Zink	2	65,37	32,685	0,33875	96 487
Silber	1	107,870	107,870	1,11817	96 470
Zinn	4	118,69	29,673	0,30755	96 482
Platin	4	195,09	48,773	0,50588	96 412

Tabelle M-9. Elektrochemische Spannungsreihe der Metalle.

Metall	Spannung U in V
Li/Li^+	$-3,02$
Cs/Cs^+	$-2,92$
K/K^+	$-2,92$
Ca/Ca^{2+}	$-2,84$
Na/Na^+	$-2,71$
Mg/Mg^{2+}	$-2,38$
Al/Al^{3+}	$-1,66$
Mn/Mn^{2+}	$-1,05$
Zn/Zn^{2+}	$-0,76$
Fe/Fe^{2+}	$-0,44$
Cd/Cd^{2+}	$-0,40$
Ni/Ni^{2+}	$-0,25$
Sn/Sn^{2+}	$-0,136$
Pb/Pb^{2+}	$-0,126$
H/H^+	± 0
Cu/Cu^{2+}	$+0,34$
Cu/Cu^+	$+0,52$
Hg/Hg_2^{2+}	$+0,798$
Ag/Ag^+	$+0,80$
Hg/Hg^{2+}	$+0,854$
Pt/Pt^{2+}	$+1,2$
Au/Au^+	$+1,42$
Au/Au^{3+}	$+1,5$

Tabelle M-10. Primärelemente.

Bezeichnung	Zink/Braunstein (Leclanché)	Zink-/Braunstein (alkalisch)	Zink/Luft (alkalisch)	Zink/Luft (sauer)	Zink/Silberoxid
positive Elektrode	$MnO_2 + e^- + NH_4^+$ $\longrightarrow$ $MnOOH + NH_3$	$MnO_2 + e^- + H_2O$ $\longrightarrow$ $MnOOH + OH^-$	$O_2 + 4e^- + 2H_2O$ $\longrightarrow$ $4OH^-$	$O_2 + e^- + H_4^+$ $\longrightarrow$ $2OH^- + NH_3$	$Ag_2O + 2e^- + H_2O$ $\longrightarrow$ $Ag + 2OH^-$
negative Elektrode	Zn $\longrightarrow$ $Zn^2 + 2e^-$	$Zn + 2OH^-$ $\longrightarrow$ $ZnO + H_2O + 2e^-$	$Zn + 2OH^-$ $\longrightarrow$ $ZnO + H_2O + 2e^-$	Zn $\longrightarrow$ $Zn^{2+} + 2e^-$	$Zn + 2OH^-$ $\longrightarrow$ $ZnO + H_2O + 2e^-$
Zellenreaktion	$Zn + 2MnO_2 +$ $2NH_4Cl$ $\longrightarrow$ $2MnOOH +$ $Zn(NH_3)_2Cl_2$	$Zn + 2MnO_2 +$ H_2O $\longrightarrow$ $2MnOOH + ZnO$	$2Zn + O_2 +$ $2H_2O$ $\longrightarrow$ $2Zn(OH)_2$	$2Zn + O_2 +$ $4NH_4Cl$ $\longrightarrow$ $2H_2O +$ $2Zn(NH_3)Cl_2$	$Zn + Ag_2O$ $\longrightarrow$ $ZnO + 2Ag$
Energiedichte in Wh/l	120 bis 190	200 bis 300	650 bis 800	200 bis 300	350 bis 650
Energiedichte in Wh/kg	25 bis 70	80 bis 120	300 bis 380	130 bis 170	70 bis 100
Nennspannung in V	1,5	1,5	1,4	1,45	1,55
Strombelastung in mA/cm²	2	2	2	2	2
Einsatzgebiete	Konsumtechnik: Taschenlampen, Meßgeräte, Spielzeug, Radio, Tonband, Haushalt	Hörgeräte, Nachrichtengeräte (Sender), Rechner, Großuhren, Meßgeräte	Langzeitanwendungen, Hörgeräte	Langzeitanwendungen Fernmeldegeräte, Baustellenbeleuchtung. Weidezaun	Armbanduhren, Hörgeräte

Bezeichnung	Cadmium/Quecksilber	Zink/Quecksilber	Lithium/Braunstein	Lithium Thionylchlorid
positive Elektrode	$HgO + 2e^- + H_2O$ $\longrightarrow$ $Hg + 2OH^-$	$HgO + 2e^- + H_2O$ $\longrightarrow$ $Hg + 2OH^-$	$MnO_2 + e^- + Li^+$ $\longrightarrow$ $MnO_2(Li^+)$	$2SOCl_2 + 4e^-$ $\longrightarrow$ $SO_2 + S + 4Cl^-$
negative Elektrode	$Cd + 2OH^-$ $\longrightarrow$ $CdO + H_2O + 2e^-$	$Zn + 2OH^-$ $\longrightarrow$ $ZnO + H_2O + 2e^-$	Li $\longrightarrow$ $Li^+ + e^-$	Li $\longrightarrow$ $Li^+ + e^-$
Zellenreaktion	$Cd + HgO$ $\longrightarrow$ $Hg + CdO$	$Zn + HgO$ $\longrightarrow$ $Hg + ZnO$	$Li + MnO_2$ $\longrightarrow$ $MnO_2(Li^+)$	$4Li + 2SOCl_2$ $\longrightarrow$ $4LiCl + SO_2 + S$
Energiedichte in Wh/l	250 bis 350	400 bis 520	500 bis 800	700 bis 900
Energiedichte in Wh/kg	50 bis 70	90 bis 120	300 bis 500	500 bis 700
Nennspannung in V	1,03	1,35	1,5 bis 3,8	3,7
Strombelastung in mA/cm²	2	2	0,5	0,5
Einsatzgebiete	militärische Anwendungen	Fotos, Blitzgeräte, Hörgeräte, Belichtungsmesser, Uhren	Konsumtechnik: Fotos, Blitzgeräte, Computer, Notstrom, Medizintechnik	Herzschrittmacher, Bojenbeleuchtung

Tabelle M-11. Sekundärelemente.

Eigenschaften		Batterietypen		
		Blei	Nickel/Cadmium	Nickel/Eisen
Eigenschaften	positive	PbO_2	NiOOH	NiOOH
	negative Elektrode	Pb	Cd	Fe
	Elektrolyt	$H_2SO_4 + H_2O$	$KOH + H_2O$	–
	Reaktion	$2PbSO_4 + H_2O$ $\xrightarrow{\text{Laden}}$ $\xleftarrow{\text{Entladen}}$ $PbO_2 + 2H_2SO_4 + Pb$	$Cd(OH)_2 + 2Ni(OH)_2$ $\xrightarrow{\text{Laden}}$ $\xleftarrow{\text{Entladen}}$ $Cd + 2NiOOH + H_2O$	$Fe(OH)_2 + 2Ni(OH)_2$ $\xrightarrow{\text{Laden}}$ $\xleftarrow{\text{Entladen}}$ $Fe + 2NiOOH + H_2O$
	Kapazität in Ah	1 bis 63	10^{-2} bis 15	bis 100
	Energiedichte in Wh/l	10 bis 100	30 bis 80	30 bis 70
	Energiedichte in Wh/kg	25 bis 35	15 bis 45	10 bis 32
	Zellspannung in V	2	1,20	1,20
	Strombelastung in A	1 bis 20	$2 \cdot 10^{-3}$ bis 24	bis 300
	Lade-/Entladezyklen	500 bis 1500	bis 8000	bis 4000
	Normen	DIN 72 310, 72 311 72 331, 72 333 43 534 bis 43 539 40 734, 40 735	DIN 40 751 bis 40 759 40 761 40 764 bis 40 768	DIN 40 752 (2) 40 760 40 764
	Einsatzbereiche	Notstrom Starter Antriebe	Konsumelektronik Hörgeräte Kameras Datensicherung	Schienenfahrzeuge Schiffe

M.4 Ladungstransport im Vakuum und in Gasen

M.4.1 Ladungstransport im Vakuum

Für einen Ladungsträgertransport im Vakuum müssen freie Ladungsträger erzeugt werden. Von großer Wichtigkeit ist die *Elektronenemission*. Elektronen sind im Metallverbund zwar leicht beweglich, doch werden sie an der Oberfläche wegen der Anziehungskräfte der zurückbleibenden Atomrümpfe am Verlassen gehindert. Es ist notwendig, Energie in Höhe der *Austrittsarbeit* W_A zuzuführen.

Thermische Emission

Durch Erwärmen der Glühkatode entsteht eine Stromdichte j, die der *Richardsonschen Gleichung* gehorcht:

$$j = A\,T^2\,e^{-W_A/kT}; \qquad (M-9)$$

A Richardson-Konstante [liegt zwischen 10^6 A/(m$^2 \cdot$ K^2) für Wolfram und 10^2 A/(m$^2 \cdot$ K^2) für Metalloxide],

T Temperatur der Katode,

W_A Austrittsarbeit des Katodenmaterials,

k Boltzmann-Konstante ($k = 1{,}380 \cdot 10^{-23}$ J/K $= 8{,}617 \cdot 10^{-5}$ eV/K).

Hinweis: Die Austrittsarbeit W_A wird meist in eV angegeben. Für die Umrechnung in J gilt:

$$1 \text{ eV} = 1{,}602 \cdot 10^{-19} \text{ J} . \qquad (M-10)$$

Photoemission

Treffen Lichtquanten (Abschn. L.4) mit der Energie $E = hf$ auf eine Metalloberfläche, dann lösen sich Elektronen aus dem Metallverbund, wenn die Energie der Photonen größer als die Austrittsarbeit W_A ist. Die kinetische Energie der freigesetzten Elektronen E_{kin} errechnet sich aus

$$E_{kin} = \frac{m_e \, v^2}{2} = hf - W_A ; \qquad (M-11)$$

m_e Masse des Elektrons
    $(m_e = 9{,}109 \cdot 10^{-31} \text{ kg})$
v Geschwindigkeit des freigesetzten
    Elektrons,
h Plancksches Wirkungsquantum
    $(h = 6{,}626 \cdot 10^{-34} \text{ J} \cdot \text{s})$,
f Frequenz der auftreffenden Photonen,
W_A Austrittsarbeit.

Je höher die Lichtfrequenz f, um so höher ist die kinetische Energie der freigesetzten Elektronen.

Je höher die Lichtintensität (Photonenstrom), um so mehr Elektronen werden je Zeiteinheit freigesetzt,

Die *Mindestfrequenz* f_g, bei der die Freisetzung erfolgen kann, ist

$$f_g = W_A/h . \qquad (M-12)$$

Daraus errechnet sich die *maximale Wellenlänge* λ_g des Lichts zu

$$\lambda_g = \frac{c\,h}{W_A} = \frac{1240}{W_A/\text{eV}} \text{ nm} ; \qquad (M-13)$$

c Vakuumlichtgeschwindigkeit
    $(c = 2{,}9979 \cdot 10^8 \text{ m/s})$,
h Plancksches Wirkungsquantum
    $(h = 6{,}626 \cdot 10^{-34} \text{ J/s})$.

Sekundärelektronenemission

Wird Materie mit schnellen Elektronen beschossen, so kann die kinetische Energie der Elektronen wiederum die Austrittsarbeit W_A überwinden und nochmals Elektronen freisetzen (*Sekundärelektronen*). Der *Sekundäremissionsfaktor* gibt an, wieviele Sekundärelektronen im Verhältnis zu den Primärelektronen emittiert werden. Er liegt bei reinen Metallen bei 1 und für Halbleiter zwischen 2 und 15. Im *Photo-Multiplier* (Sekundärelektronenvervielfacher, SEV) wird der Effekt zur Messung sehr kleiner Lichtintensitäten angewandt.

Feldemission

Die Kraft des elektrischen Feldes reicht ab einer elektrischen Feldstärke von $E = 10^9$ V/m aus, um Elektronen freizusetzen. Auf diesem Effekt beruht das *Feldelektronenmikroskop*, mit dem atomare Strukturen sichtbar gemacht werden können.

M.4.2 Stromleitung im Vakuum

Kinetische Energie und Geschwindigkeit

Ein elektrisch geladenes Teilchen wird im elektrischen Feld der Feldstärke E wegen der elektrischen Kraft $F_{el} = QE$ in Feldrichtung mit der Beschleunigung a beschleunigt (Übersicht M-18).

Übersicht M-18. Kinetische Energie und Geschwindigkeit geladener Teilchen im elektrischen Feld.

Beschleunigung a

$$a = \frac{Q}{m} \, E$$

kinetische Energie E_{kin}

$$E_{kin} = \frac{1}{2} m \, v^2 = Q \, U$$

Energien werden in der Atom- und Kernphysik üblicherweise in Elektronenvolt (eV) gemessen. Das ist diejenige Energie, die ein Elektron mit der Elementarladung $e = 1{,}602 \cdot 10^{-19} \text{ A} \cdot \text{s}$ beim Durchlaufen der Spannung $U = 1$ V erhält.

$$1 \text{ eV} = 1{,}602 \cdot 10^{-19} \text{ J}$$
$$1 \text{ J} = 6{,}2415 \cdot 10^{18} \text{ eV}$$

Übersicht M-18 (Fortsetzung)

Geschwindigkeit v

$$v = \sqrt{\frac{2QU}{m}}$$

Für Elektronen ($m_e = 9{,}109 \cdot 10^{-31}$ kg; $e = 1{,}602 \cdot 10^{-19}$ A·s) ist

$$v = \sqrt{\frac{2eU}{m_e}} = 5{,}931 \cdot 10^5 \ \sqrt{U/V} \ \text{m/s}.$$

Hinweis:
Für sehr schnelle Teilchen ($v > 10\%$ der Vakuumlichtgeschwindigkeit) muß der *relativistische Massenzuwachs* berücksichtigt werden:

$$m = \frac{m_0}{\sqrt{1 - \dfrac{v^2}{c^2}}}$$

Geschwindigkeit v

$$v = c \ \sqrt{1 - \frac{1}{\left(\dfrac{QU}{m_0 c^2} + 1\right)^2}}$$

Für Elektronen ist

$$v = 2{,}998 \cdot 10^8 \ \sqrt{1 - \frac{1}{(1 + 1{,}957 \cdot 10^{-6} \ U/V)^2}} \ \text{m/s}.$$

a	Beschleunigung
c	Vakuumlichtgeschwindigkeit ($c = 2{,}9979 \cdot 10^8$ m/s)
E	elektrische Feldstärke
E_{kin}	kinetische Energie
e	Elementarladung ($e = 1{,}602 \cdot 10^{-19}$ A·s)
m, m_0	Masse, Ruhemasse
m_e	Masse eines Elektrons ($m_e = 9{,}109 \cdot 10^{-31}$ kg)
Q	Ladung
U	Spannung
v	Geschwindigkeit

Übersicht M-19.   Flugbahn eines Elektrons quer zum elektrischen Feld.

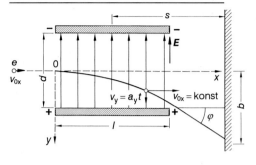

Bahngleichung $y = f(x)$

$$y = \frac{eE}{2 m_e v_{0x}^2} x^2 = \frac{U_{\text{Kond}}}{4 d \, U_a} x^2$$

Ablenkwinkel φ

$$\tan \varphi = \frac{v_y}{v_{0x}} = \frac{eE}{m_e v_{0x}} t = \frac{eEl}{m_e v_{0x}^2} = \frac{l \, U_{\text{Kond}}}{2 d \, U_a}$$

Ablenkung b am Schirm

$$b = \frac{eEls}{m_e v_{0x}^2} = \frac{e \, U_{\text{Kond}} \, l \, s}{m_e \, d \, v_{0x}^2} = \frac{l \, s \, U_{\text{Kond}}}{2 d \, U_a}$$

a_y	Beschleunigung in y-Richtung
b	Ablenkung am Schirm
d	Plattenabstand
e	Elementarladung ($e = 1{,}602 \cdot 10^{-19}$ A·s)
E	elektrische Feldstärke
l	Plattenlänge
m_e	Masse eines Elektrons ($m_e = 9{,}109 \cdot 10^{-31}$ kg)
s	Abstand Plattenmitte – Schirm
t	Zeit
U_{Kond}	Spannung zwischen den Kondensatorplatten
U_a	Anodenspannung (Beschleunigungsspannung)
v_{0x}	Anfangsgeschwindigkeit in x-Richtung
φ	Ablenkwinkel

Bewegung eines Elektrons senkrecht zum elektrischen Feld

Die Bewegung entspricht, wie Übersicht M-19 zeigt, einem *waagerechten Wurf:* In x-Richtung bewegt sich das Teilchen mit konstanter Geschwindigkeit v_{0x}, und in y-Richtung ist die Beschleunigung $a = eE/m$ wirksam.

Bewegung eines Ladungsträgers parallel zum elektrischen Feld

Ein geladenes Teilchen wird, wie Übersicht M-20 zeigt, parallel zum elektrischen Feld beschleunigt.

Übersicht M-20. Bewegung eines Ladungsträgers parallel zum elektrischen Feld.

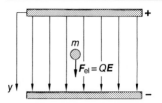

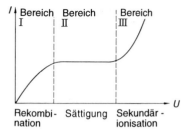

Bild M-19. Strom-Spannung-Verlauf einer unselbständigen Gasentladung.

Geschwindigkeit v

$$v = \frac{QE}{m} t = \sqrt{\frac{2QE}{m}} \, y$$

Weg in y-Richtung

$$y = \frac{QE}{2m} t^2$$

Q	Ladung
E	elektrische Feldstärke
F_{el}	elektrische Kraft ($F_{el} = QE$)
m	Masse des Teilchens
v	Geschwindigkeit
y	y-Koordinate

M.4.3 Stromleitung in Gasen

Gase sind gewöhnlich *Nichtleiter*. Um sie elektrisch leitend zu machen, müssen entweder Ladungsträger eingebracht (*Ladungsträgerinjektion*) oder die Gase *ionisiert* werden.

Unselbständige Gasentladung

Hierbei befinden sich ionisierte Gase zwischen zwei Elektroden der Spannung U. Bild M-19 zeigt den Strom-Spannungs-Verlauf.

Im Bereich I gilt das Ohmsche Gesetz: Die Gasionen stoßen auf dem Weg zur gegenpoligen Elektrode auf den Widerstand anderer Gasatome und *rekombinieren*, falls sie auf entgegengesetzte Ladungen treffen (*Rekombinationsbereich*). Steigt die Spannung weiter, dann fließen die Gasionen so schnell zur entgegengesetzten Elektrode ab, daß keine Rekombinationen stattfinden können. Es stellt sich ein *Sättigungsstrom* ein. Werden die Elektronen so stark beschleunigt, daß ihre kinetische Energie neutrale Gasatome zu ioni-

sieren vermag, kommt es zur Sekundärionisation. Diese *Sekundärionen* tragen zur weiteren Stromzunahme bei (Bereich III).

Selbständige Gasentladung

Diese Entladung heißt *selbständig*, weil sie ohne ständige Zufuhr von Ionen abläuft. Die kinetische Energie der Ionen ist so hoch, daß diese weitere neutrale Gasatome ionisieren können. Für die Ionisationsenergie gilt

$$W \sim \frac{eE}{p}; \qquad (M-14)$$

e elektrische Elementarladung
   ($e = 1{,}602 \cdot 10^{-19}\,A \cdot s$),
E elektrische Feldstärke,
p Gasdruck.

Der *Ionisierungskoeffizient* s gibt an, wieviel Ionen je Wegstrecke zusätzlich erzeugt werden und ist eine Funktion von E/p, so daß gilt

$$s = f(E/p). \qquad (M-15)$$

Mit der Zunahme des Stroms steigt die Anzahl der Ladungsträger. Deshalb müssen selbständige Gasentladungen mit einem strombegrenzenden Vorwiderstand (*Drossel*) betrieben werden.

Glimmentladung

Wird der Gasdruck stark verringert, dann entstehen *Leuchtbereiche*. In der Nähe der Katode entsteht das Licht durch die Rekombination der auftreffenden *positiven Ionen*. Hier findet auch der größte Spannungsabfall statt.

Die Glimmentladung spielt in der Lichttechnik eine bedeutende Rolle: Leuchtröhren und Leuchtstoffröhren, Glimmlampen, Elektronenblitzröhren und Quecksilberdampflampen.

Katodenstrahlen

Wird in einer Gasentladungsröhre der Druck auf 10 Pa bis 1 Pa verringert, so ist die Wahrscheinlichkeit für Stoßprozesse gering. Deshalb können die Elektronen aus der Katode das Feld mit hoher und unverminderter Geschwindigkeit durchlaufen (*Katodenstrahlen*). Die Katodenstrahlen können fotografische Schichten *schwärzen* oder bestimmte Stoffe zum *Leuchten* bringen. Ferner werden sie durch magnetische und elektrische Felder abgelenkt. Sie werden zur Bilderzeugung in *Fernsehröhren* eingesetzt.

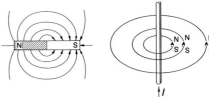

Bild M-20. Magnetfelder.
a) Stabmagnet,
b) gerader, stromdurchflossener Leiter

– Die magnetischen Feldlinien sind (im Gegensatz zu den elektrischen Feldlinien) *in sich geschlossen*, d. h., sie weisen weder eine Quelle noch eine Senke auf (Fortsetzung der Feldlinien im Innern des Magneten).
– Die Tangente an die magnetischen Feldlinien gibt die *Kraftrichtung* an. Die Richtung der Kraft ist eindeutig. Im Gegensatz zu den elektrischen schneiden sich die magnetischen Feldlinien nicht.

M.5 Magnetisches Feld

M.5.1 Beschreibung

Stromdurchflossene Leiter und *Werkstoffe* mit nicht gesättigten Spinmomenten bilden die *Magnete*. Die Richtung der im Raum wirkenden *magnetischen Kräfte* (Unterschied zur elektrischen Kraft, s. Übersicht M-2) lassen sich durch die Kraftwirkung auf einen kleinen Probemagneten bestimmen. Das magnetische Feld ist ein *Vektorfeld:*

> Das magnetische Feld rührt von *elektrischen Strömen* her und beschreibt die *Wirkungslinien* der magnetischen Kräfte in Betrag und Richtung.

Bild M-20 zeigt das Magnetfeld eines Stabmagneten und eines geraden, stromdurchflossenen Leiters.

Allen Magneten ist folgendes gemeinsam:

– Ein Magnet besitzt zwei Pole: den Nord- und den Südpol. Es gibt keine magnetischen Monopole.
– Gleichnamige Pole stoßen sich ab, ungleichnamige ziehen sich an.
– Außerhalb des Magneten verlaufen die magnetischen Feldlinien vom Nord- zum Südpol (positive Feldrichtung).

Erdmagnetfeld

Der *magnetische Südpol* der Erde liegt in der Nähe des geografischen Nordpols (74° nördlicher Breite und 100° westlicher Länge auf der Halbinsel Boothia im Norden Kanadas). Der *magnetische Nordpol* befindet sich in der Nähe des geografischen Südpols (72° südlicher Breite und 155° östlicher Länge in der Antarktis). Die Magnetpole der Erde sind nicht stabil; sie wandern geringfügig.

Deklination ist die Abweichung des Erdmagnetfeldes von der geografischen Nord-Süd-Richtung (für Deutschland etwa 2° westlich).
Inklination ist die Abweichung von der Horizontalen.

Elektromagnetismus

Ein stromdurchflossener Leiter ist *immer* von einem Magnetfeld umgeben. Ein stromdurchflossener, gerader Leiter weist ein Magnetfeld auf, das aus konzentrischen Kreisen besteht (Bild M-20 b).

M.5.2 Magnetische Feldstärke (magnetische Erregung)

Der elektrische Strom I und das Magnetfeld bilden ein Rechtssystem, das man sich gut mit der *Rechten Hand-Regel* merken kann: Der

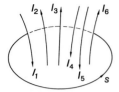

Bild M-21. Durchflutungsgesetz.

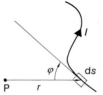

Bild M-22. Zum Biot-Savartschen Gesetz.

Daumen der rechte Hand zeigt in *Stromrichtung*, und die gekrümmten Finger weisen in *Feldrichtung*.

Das *Durchflutungsgesetz* beschreibt den Zusammenhang zwischen der Stromdichte j und der magnetischen Feldstärke (magnetischen Erregung) H:

$$\Theta = \oint H \, ds = \oint_A j \, dA = \sum I_i. \qquad (M\text{-}16)$$

Das Integral der magnetischen Feldstärke längs einer geschlossenen Umlauflinie ist gleich dem gesamten durch diese Fläche hindurchfließenden Strom I, der Durchflutung.

Bild M-21 zeigt die Durchflutung als *Summe aller Ströme* (Vorzeichen beachten), die eine geschlossene Kurve (bzw. eine abgegrenzte Fläche) durchströmen.

Einheit der magnetischen Feldstärke H ist 1 A/m.

Analog zur elektrischen Spannung $\int E \, ds$ wird $\int H \, ds$ als *magnetische Spannung V* bezeichnet. Für eine Zylinderspule und eine Ringspule ergibt sich

$$V = H \, l = I \, N; \qquad (M\text{-}17)$$

H magnetische Feldstärke,
l Länge der Zylinderspule,
I Stromstärke,
N Windungszahl.

Ist die magnetische Feldstärke entlang des Weges *unterschiedlich groß*, dann werden die magnetischen Teilspannungen aufsummiert:

$$V = H_1 \, l_1 + H_2 \, l_2 + H_3 \, l_3 + \ldots + H_n \, l_n$$
$$= \sum H_i \, l_i = \int H \, ds. \qquad (M\text{-}18)$$

Mit dem *Biot-Savartschen Gesetz* können die magnetischen Feldstärken beliebiger Leitergeometrien berechnet werden. Ein kleines Leiterstück ds liefert in einem Punkt P in der Entfernung r einen Beitrag dH zum magnetischen Feld (Bild M-22):

$$dH = \frac{I \, ds}{4\pi \, r^2} \sin \varphi; \qquad (M\text{-}19)$$

I elektrische Stromstärke,
r Abstand vom stromdurchflossenen Leiter,
φ Winkel zwischen Abstandsvektor zum Raumpunkt P und stromdurchflossenen Leiter.

M.5.3 Magnetische Induktion (Flußdichte)

Kraft auf bewegte Ladungsträger im Magnetfeld

Werden Kräfte im Magnetfeld betrachtet, dann wird dazu die magnetische Induktion B benötigt. Sie hängt mit der magnetischen Feldstärke H über die *magnetische Feldkonstante* μ_0 zusammen (gilt nur für Vakuum):

$$B = \mu_0 \, H; \qquad (M\text{-}20)$$

μ_0 magnetische Feldkonstante
$[\mu_0 = 4\pi \cdot 10^{-7} = 1{,}257 \cdot 10^{-6} \, \text{V} \cdot \text{s}/(\text{A} \cdot \text{m})]$,
H magnetische Feldstärke.

Tabelle M-12. Magnetische Feldstärke unterschiedlicher Leiteranordnungen.

Leitergeometrie	Bezugspunkt	Formel
kreisförmiger Leiter	Mittelpunkt	$H = \dfrac{I}{2\,r}$
langer, gerader Leiter	im Abstand r_0	$H = \dfrac{I}{2\,\pi\,r_0}$
Ringspule (Toroid)	im Abstand R	$H = \dfrac{N\,I}{2\,\pi\,R}$
Zylinderspule (Solenoid)	Achsmittelpunkt im Inneren (Länge l)	$H = \dfrac{I\,N}{\sqrt{l^2 + d^2}}$
	Mittelpunkt der Endflächen	$H = \dfrac{I\,N}{2\sqrt{l^2 + d^2}}$
	im Inneren (Spule sehr lang; $l \gg d$)	$H = \dfrac{I\,N}{l}$
voller zylindrischer Leiter	Abstand x von der Achse	$H = \dfrac{I\,x}{2\,\pi\,r^2}$

Lorentz-Kraft

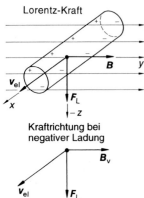

Kraftrichtung bei
negativer Ladung

Bild M-23. Lorentz-Kraft.

Bewegt sich eine Ladung Q mit der Geschwindigkeit v durch ein Magnetfeld der magnetischen Induktion B, so wirkt auf die Ladung die *Lorentz-Kraft* F:

$$F = Q(v \times B);$$
$$|F| = Q v B \sin(v, B); \qquad \text{(M-21)}$$

Q Ladung,
v Geschwindigkeit des geladenen Teilchens,
B magnetische Induktion.

Die Einheit der magnetischen Induktion ist $1 \text{ V} \cdot \text{s/m}^2 = 1 \text{ T (Tesla)}$.

Die Lorentz-Kraft wirkt senkrecht zur Fläche, die v und B aufspannen (Kreuzprodukt). Bei einer negativen Ladung wirkt die Kraft entgegengesetzt.

Da die Lorentz-Kraft – analog zur Zentripetalkraft einer Kreisbewegung in der Mechanik – senkrecht zur Bahngeschwindigkeit v

wirkt, führen die geladenen Teilchen im homogenen Magnetfeld eine *Kreisbewegung* aus. Für den Radius gilt

$$r = \frac{m v}{Q B}; \qquad \text{(M-22)}$$

m Masse des geladenen Teilchens,
v Geschwindigkeit des geladenen Teilchens,
Q Ladung des Teilchens,
B magnetische Induktion.

Für die *spezifische Ladung* Q/m ergibt sich

$$\frac{Q}{m} = \frac{v}{r B}. \qquad \text{(M-23)}$$

Die spezifische Ladung eines Elektrons beträgt

$$\frac{-e}{m_{el}} = -1{,}76 \cdot 10^{11} \text{ C/kg}; \qquad \text{(M-24)}$$

e Elementarladung
$\quad$ $(e = 1{,}602 \cdot 10^{-19} \text{ A} \cdot \text{s})$,
m_{el} Masse des Elektrons
$\quad$ $(m_{el} = 9{,}109 \cdot 10^{-31} \text{ kg})$.

Kraft auf stromdurchflossenen Leiter im Magnetfeld

Auf einen stromdurchflossenen geraden Leiter wirkt im Magnetfeld folgende Kraft (Bild M-24):

$$F = l(I \times B), \; F = I l B \sin(l, B); \qquad \text{(M-25)}$$

I Strom,
l Länge des Drahtes.

a) Kraftwirkung

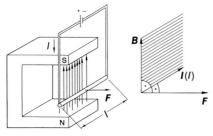

b) Überlagerung der Magnetfelder

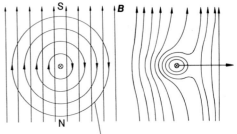

Bild M-24. Kraftwirkung auf stromdurchflossenen Leiter.   Magnetfelder des Leiters

Die Richtungen werden durch die *Rechte-Hand-Regel* veranschaulicht: Daumen in Stromrichtung, Zeigefinger in magnetischer Feldrichtung. Dann zeigt Mittelfinger in Kraftrichtung.

Folgende Gleichung erklärt die magnetische Induktion *B:*

$$B = \frac{F}{I\,l}. \qquad (M-26)$$

Die magnetische Induktion B gibt an, wie groß die Kraft F ist, die auf einen mit dem Strom I durchflossenen Leiter der Länge l wirkt, der senkrecht zu den Feldlinien steht.

Kraft zwischen zwei parallelen, stromdurchflossenen Leitern

Befinden sich zwei stromdurchflossene Leiter im Abstand d voneinander, so spürt der Leiter 1 das Magnetfeld des Leiters 2 (und umgekehrt). Die magnetische Feldstärke des Leiters 2 am Ort des Leiters 1 ist nach Tabelle M-12:

$$H = \frac{I_2}{2\pi d}. \qquad (M-27)$$

Daraus läßt sich die magnetische Induktion B wegen $B = \mu_0 H$ errechnen. Man erhält für die Kraft F_{12} zwischen zwei parallelen, stromdurchflossenen Leitern:

$$F_{12} = \frac{\mu_0\,I_1\,I_2\,l}{2\pi d}. \qquad (M-28)$$

Die Basiseinheit der elektrischen Stromstärke I, das Ampere, ist mit der Kraftwirkung festgelegt: Auf zwei parallele, stromfließende Leiter im Abstand von 1 m wirkt die Kraft $2 \cdot 10^{-7}$ N pro Meter Leiterlänge, wenn ein Strom von 1 A fließt.

Wie Bild M-25 zeigt, ziehen sich parallele Leiter mit *gleicher Stromrichtung an*, mit entgegengesetzter Stromrichtung stoßen sie sich ab.

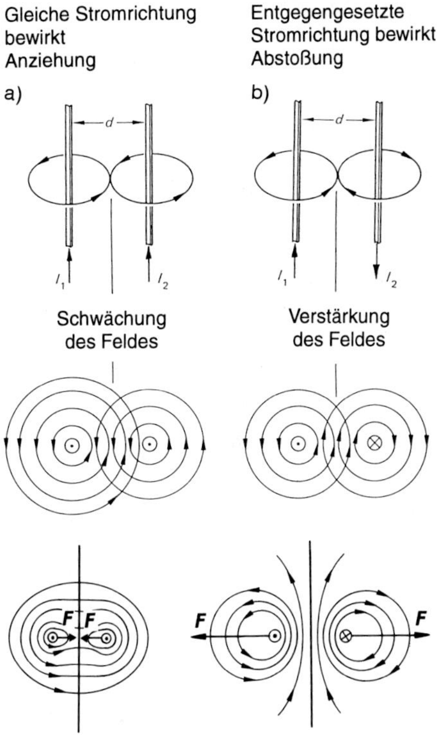

Hall-Effekt

Befindet sich ein stromdurchflossener Leiter in einem Magnetfeld, dessen Feldrichtung

Gleiche Stromrichtung bewirkt Anziehung

a)

Entgegengesetzte Stromrichtung bewirkt Abstoßung

b)

Schwächung des Feldes

Verstärkung des Feldes

Bild M-25. Kraft zwischen parallelen, stromdurchflossenen Leitern.

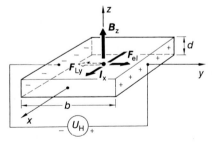

Bild M-26. Hall-Effekt.

senkrecht zur Stromrichtung steht, dann werden die Ladungen senkrecht zur Strom- und Magnetfeldrichtung abgelenkt. Dadurch entsteht in dieser Richtung ein elektrisches Feld und folglich auch eine Spannung, die *Hall-Spannung* U_H genannt wird (Bild M-26):

$$U_H = B_z v_x b = \frac{1}{ne} j_x B_z b = R_H j_x B_z b$$

$$= R_H \frac{I_x B_z}{d} ; \qquad \text{(M-29)}$$

B_z magnetische Induktion in z-Richtung,
v_x Geschwindigkeit der Ladungsträger in x-Richtung,
b Breite der Platte,
R_H Hall-Koeffizient [$R_H = 1/(ne)$],
n Elektronendichte (Anzahl der Elektronen je Volumen),
e Elementarladung ($e = 1{,}602 \cdot 10^{-19}$ A $\cdot$ s),
j_x Stromdichte in x-Richtung,
I_x Stromstärke,
d Dicke der Platte.

Die Hall-Spannung ist proportional zur magnetischen Induktion. Deshalb werden *Hall-Sonden* zur Messung von Magnetfeldern verwendet. In *Hall-Generatoren* werden zwei elektrische Größen multipliziert ($I_x B_z$).

Der Hall-Koeffizient R_H ist bestimmt durch

$$R_H = 1/(ne). \qquad \text{(M-30)}$$

Durch seine Messung können folgende Größen bestimmt werden:

- Vorzeichen der Ladungsträger,
- Ladungsträgerkonzentration n,
- räumliche Ladungsdichte $Q/V = ne = 1/R_H$,
- Beweglichkeit der Ladungsträger $\mu = \varkappa R_H$ ($\varkappa$ elektrische Leitfähigkeit).

Magnetisches Moment

Während das elektrische Feld E als Kraft F je Ladung Q definiert werden kann, wird (wegen des Fehlens von Monopolen, die der Ladung entsprechen würden) die magnetische Induktion B durch ein Drehmoment M beschrieben (Bild M-27a). Die stromdurchflossene Leiterschleife besitzt ein *magnetisches Moment m*, dessen Vektor senkrecht auf der Fläche der Leiterschleife steht.

Das magnetische Moment m kann analog zum elektrischen Feld (elektrisches Dipolmoment) als *magnetisches Dipolmoment* interpretiert werden (Bild M-27b).

Tabelle M-13. Hall-Koeffizient verschiedener Werkstoffe.

Werkstoff		R_H 10^{-11} m³/C
Elektronenleitung		
Kupfer	Cu	−5,5
Gold	Au	−7,5
Natrium	Na	−25
Caesium	Cs	−28
Löcherleitung		
Cadmium	Cd	+ 6
Zinn	Sn	+14
Beryllium	Be	+24,4
Halbleiter		
Wismut	Bi	−5 · 10⁴
Indium-Arsenid	InAs	−10⁷

a)

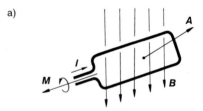

b)

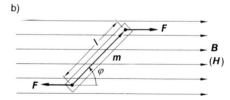

Bild M-27. *Drehmoment einer Leiterschleife (a) und magnetisches Moment (b).*

$M = m \times B$ $m = P\,l$

$m = A\,I$

A *Fläche der Leiterschleife (Richtung senkrecht zur Fläche)*
B *magnetische Induktion*
l *fiktiver Abstand zwischen Nord- und Südpol*
m *magnetisches Moment ($m = A\,I$)*
P *magnetische Polstärke ($P = F/H$: Quotient aus Kraft und magnetischer Feldstärke; analog zur elektrischen Ladung $Q = F/E$)*

Man unterscheidet das *Ampèresche* magnetische Moment m_A (äußeres Magnetfeld wird durch die magnetische Induktion B bestimmt) und das *Coulombsche* magnetische Moment m_C (äußeres Magnetfeld wird durch die magnetische Feldstärke H bestimmt).

Magnetische Induktion

Die magnetische Induktion B kann auch über den magnetischen Fluß definiert werden; denn beim Ändern des magnetischen Flusses Φ durch eine Leiterschleife entsteht ein Spannungsstoß $\int U(t)\,dt$:

$$\Delta \Phi = \frac{\int U(t)\,dt}{N};\qquad (M-31)$$

$\int U(t)\,dt$ Spannungsstoß,
N Windungszahl der Schleife.

Einheit des Flusses ist $1\,V \cdot s = 1\,Wb$ (Weber).

Die magnetische Induktion (Flußdichte) B beschreibt den magnetischen Fluß *je Flächeneinheit:*

$$B = \frac{d\Phi}{dA}.\qquad (M-32)$$

Die Einheit ist $1\,V \cdot s/m^2 = 1\,T$ (Tesla).

Für den Spannungsstoß ist nur die Flußdichte senkrecht zur Fläche von Bedeutung. Sind die magnetischen Feldlinien im Winkel φ zur Flächennormalen geneigt, dann ergibt sich (Bild M-28).

$$\Phi = \int B\,dA = B \cos\varphi\,dA\,.$$

Streufluß

Bei Luftzwischenräumen im Magneten befindet sich ein Teil des Flusses Φ_s außerhalb der betrachteten Fläche. Er wird *Streufluß* Φ_S genannt. Der Nutzfluß Φ_N ergibt sich als Differenz des Gesamtflusses Φ_{ges} und des Streuflusses Φ_S:

$$\Phi_N = \Phi_{ges} - \Phi_S\,.\qquad (M-33)$$

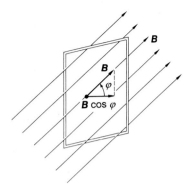

Bild M-28. *Beliebig orientierte Schleife im Magnetfeld.*

Als *Streufaktor* σ bezeichnet man das Verhältnis von Streufluß Φ_S zum Nutzfluß Φ_N:

$$\sigma = \Phi_S/\Phi_N\,.\qquad (M-34)$$

M.5.4 Materie im Magnetfeld

Wird Materie in ein magnetisches Feld gebracht, so ändert sich die magnetische Induktion von B_0 (magnetische Induktion ohne Materie) auf B (magnetische Induktion mit Materie), während die magnetische Feldstärke H invariant ist, da der eingeprägte Strom konstant ist (Übersicht M-21). Durch die magnetische Polarisation J bzw. die Magnetisierung M ändert sich die magnetische Flußdichte B.

Werkstoffe werden entsprechend ihrem Verhalten im Magnetfeld nach Tabelle M-14 eingeordnet.

Ferromagnetismus

Der Ferromagnetismus ist technisch sehr bedeutend. Die magnetische Wirkung rührt von unaufgefüllten inneren Elektronenschalen her, wie dies vor allem bei Übergangsmetallen zu finden ist (Fe, Ni, Co, Gd, Er). Es existieren ganze Kristallbereiche gleicher Magnetisierung (*Weißsche Bezirke*). Die magnetischen Eigenschaften verschwinden oberhalb der *Curie-Temperatur* (Tabelle M-15).

Wie Bild M-29 zeigt, ist die Permeabilitätszahl μ_r bzw. die magnetische Suszeptibilität χ_m eine

Übersicht M-21. Materie im Magnetfeld.

eingeprägter Strom → magnetische Feldstärke H invariant

$B_0 = \mu_0 H$

$B = \mu_r \mu_0 H = \mu H$

Permeabilitätszahl

$\mu_r = \dfrac{B}{B_0}$

magnetische Polarisation J (Änderung der Flußdichte)

$J = B - B_0 = B - \mu_0 H$

$J = \underbrace{(\mu_r - 1)}_{\chi_m} \mu_0 H = \chi_m \mu_0 H$

Magnetisierung M (scheinbare Änderung der magnetischen Feldstärke)

$M = J/\mu_0 = (\mu_r - 1) H = \chi_m H$

$M = B/\mu_0 - H$

$B = \mu_0 H + J = \mu_0 (H + J/\mu_0) = \mu_0 (H + M)$

B	magnetische Induktion in Materie
B_0	magnetische Induktion ohne Materie
H	magnetische Feldstärke
J	magnetische Polarisation
M	Magnetisierung
μ	Permeabilität ($\mu = \mu_0 \mu_r$)
μ_0	magnetische Feldkonstante $[\mu_0 = 4\pi \cdot 10^{-7} = 1{,}2566 \cdot 10^{-6}\ \mathrm{V \cdot s/(A \cdot m)}]$
μ_r	Permeabilitätszahl
χ_m	magnetische Suszeptibilität ($\chi_m = \mu_r - 1$)

komplizierte Funktion der magnetischen Feldstärke H. Typisch ist auch der Hystereseverlauf, der die Abhängigkeit der magnetischen Induktion B von der magnetischen Feldstärke H beschreibt.

Bei einem zylindrischen Probekörper wird durch die entmagnetisierende Wirkung der Enden die magnetische Feldstärke H im Innern geschwächt:

$$H = H_a - NM \qquad (\text{M–35})$$

H_a außen anliegende Feldstärke,
N Entmagnetisierungsfaktor (Tabelle M-17),
M Magnetisierung ($M = \chi_m H = J/\mu_0$).

Tabelle M-14. Einteilung der magnetischen Werkstoffe.

$\mu_r (\chi_m)$	
	ferromagnetisch
	$\mu_r \gg 1;\quad \chi_m \gg 0$
	(Fe, Ni, Co)
$\mu_r > 1\,(\chi_m > 0)$	
	paramagnetisch
↑	$10^{-6} < \chi_m < 10^{-2}$
	(Al, Pt, Ta)
$\mu_r = 1\,(\chi_m = 0)$	
	diamagnetisch
↓	$-10^{-4} < \chi_m < -10^{-9}$
$\mu_r < 1\,(\chi_m < 0)$	(Cu, Bi, Pb)

Werkstoff	magnetische Suszeptibilität χ_m
Ferromagnetika	
Mu-Metall (75 Ni-Fe)	bis $9 \cdot 10^4$
Fe (rein)	10^4
Fe-Si	$6 \cdot 10^3$
Ferrite (weich)	$1 \cdot 10^3$
AlNiCo	3
Ferrite (hart)	0,3
Paramagnetika	
O_2 (flüssig)	$3{,}6 \cdot 10^{-3}$
Pt	$2{,}5 \cdot 10^{-4}$
Al	$2{,}4 \cdot 10^{-5}$
O_2 (gasförmig)	$1{,}5 \cdot 10^{-6}$
Diamagnetika	
N_2 (gasförmig)	$-6{,}75 \cdot 10^{-9}$
Bi	$-1{,}5 \cdot 10^{-4}$
Au	$-2{,}9 \cdot 10^{-5}$
Cu	$-1 \cdot 10^{-5}$
H_2O	$-7 \cdot 10^{-6}$

Tabelle M-15. Curie-Temperatur einiger ferromagnetischer Werkstoffe.

Werkstoff	ferromagnetische Curie-Temperatur T_C K
Dy	87
Gd	289
Cu_2MnAl	603
Ni	631
Fe	1042
Co	1400

Permeabilitätszahl in Abhängigkeit von der magnetischen Feldstärke H

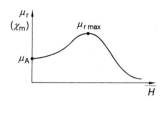

Hysteresekurve

Entmagnetisierungs-
kurve

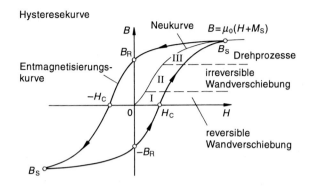

Bild M-29. Hystereseschleife.

Wird bei einer Messung der Hysteresekurve $B(H_a)$ aufgezeichnet, so entsteht eine *gescherte* Kurve. Durch Anwendung von Gl. (M–35) kann sie in die Form $B(H)$ übergeführt werden (*Zurückscheren*).

Hysteresekurve

Die Hysteresekurve kommt folgendermaßen zustande:

– *Neukurve.*
Sie wird bei völlig unmagnetischem Material durchlaufen.

Bereich I:
Die magnetischen Wandverschiebungen (Vergrößerung von magnetischen Bereichen in Feldrichtung) sind reversibel.

Bereich II:
Die magnetischen Wandverschiebungen sind nicht mehr reversibel.

Bereich III:
Hier finden Drehprozesse statt; die magnetischen Bereiche werden vollends in die Richtung des äußeren Feldes gedreht.

– *Sättigungsinduktion B_S*
Ab einer bestimmten äußeren Feldstärke kann die Magnetisierung nicht weiter gesteigert (Sättigungsmagnetisierung M_S) werden, da alle magnetischen Bereiche bereits in Vorzugsrichtung liegen.

– *Entmagnetisierungskurve*
Remanenzinduktion B_R
Beim Abschalten des Feldes ($H = 0$) ist das Material nicht wieder völlig unmagnetisch, sondern besitzt eine magnetische Restinduktion, die man als Remanenzinduktion B_R bezeichnet.

Koerzitivfeldstärke H_C
Mit der Gegenfeldstärke H_C gelingt es, das Material wieder unmagnetisch zu machen ($B = 0$).

Berechnung von Dauermagnetsystemen

Ein Dauermagnetsystem nach Bild M-30 besteht aus einem Dauermagneten und zwei weichmagnetischen Polschuhen, die den magnetischen Fluß verlustarm zum Luftspalt leiten. Dort wird die magnetische Energie genutzt. Von Bedeutung ist deshalb der *2. Quadrant* der Hysteresekurve.

Die *maximal nutzbare Energie je Volumen* beträgt $(BH)_{max}$.

Zur Berechnung eines Dauermagnetsystems sind folgende Gleichungen von Bedeutung:

– *Durchflutungsgesetz für $\Theta = 0$*
allgemein:

$$\oint H \, ds = 0.$$

Magnetkreis (Bild M-30):

$$H_m l_m = -\gamma H_1 l_1 ; \qquad (M–36)$$

H_m, H_1 magnetische Feldstärke im Magneten bzw. im Luftspalt,

l_m, l_1 Länge des Magneten bzw. des Luftspalts,

γ Spannungsfaktor ($\gamma > 1$). Er berücksichtigt unmagnetische Bereiche, z. B. die unmagnetischen Zwischenräume von Klebeschichten (in der Praxis $\gamma = 1$ bis 1,3).

Tabelle M-16. Technische Daten wichtiger Hartmagnetwerkstoffe.

	ab-schreckungs-gehärteter Stahl	aus-scheidungs-gehärtete Legierungen	kalt-bearbeitete Legierungen	Pulver-magnete	Legierungen mit Ordnungs-struktur	Seltene Erden (SE)
Werkstoffe	36 % Co 64 % Fe	AlNiCo (9 Al 15 Ni 23 Co 4 Cu) CuNiCo (35 Cu 24 Ni 41 Co) CoFe (52 Co 38 Fe 10 V) FeMo (68 Fe 20 Mo 12 Co)	CuNiFe (60 Cu 20 Ni 20 Fe) CoV (53 Co14 V 33 Fe)	Ba-Ferrit Sr-Ferrit	CoPt FePt	SECo$_5$ (SE: Sm, Ce) NdFeB
B_R in T	0,9	1,3	1	0,38	0,6	0,9; 1,2
$-H_c$ in $\dfrac{kA}{m}$	20	56	42	132	360	700; 800
$(BH)_{max}$ in $10^6 \dfrac{kJ}{m^3}$	8	56	28	25	64	160; 280
Bemerkungen	gute Form-barkeit; teuer; kleines $(BH)_{max}$	gute magnetische Stabilität	Anwendung: Drähte zur Tonauf-zeichnung	beliebig formbar; sehr hart	teuer; Spezial-magnete	teuer; Spezial-magnete

– *Erhaltung des magnetischen Flusses*
(Flußgleichung)
allgemein:

$$\oint B \, dA = \text{konstant}$$

Magnetkreis (Bild M-30):

$$B_m A_m = \sigma B_1 A_1 \, ; \qquad \text{(M–37)}$$

B_m, B_1 magnetische Induktion im Magneten bzw. im Luftspalt,
A_m, A_1 Querschnittsfläche des Magneten
bzw. des Luftspalts,
σ Streufaktor. Er berücksichtigt die
magnetische Induktion, die nicht
durch den Luftspalt geht (in der
Praxis zwischen 1 und 10; 10 bedeutet, daß nur 10 % des magnetischen
Flusses des Dauermagneten als
Nutzfluß im Luftspalt zur Verfügung steht).

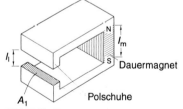

Bild M-30. Dauermagnetsystem.

Bild M-31 zeigt die Entmagnetisierungskurve
(2. Quadrant) und den Arbeitspunkt A [maxi-
maler Energiewert: $(BH)_{max}$]. Der Arbeitspunkt A hat die Koordinaten $(-H_m, B_m)$. Die
Scherungsgerade ist die Gerade vom Nullpunkt (0) zum Arbeitspunkt A. Sie hat die
Steigung s:

$$s = \dfrac{-B_m}{H_m} \, . \qquad \text{(M–38)}$$

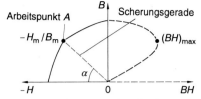

Bild M-31. Scherungsgerade und Arbeitspunkt eines Dauermagneten.

Tabelle M-17. Entmagnetisierungsfaktoren.

Geometrie	Magnetisierung	Entmagneti-sierungs-faktor N
dünne Platte	in Plattenebene	0
	senkrecht zur Plattenebene	1
sehr langer Stab	in Längsrichtung	0
	in Querrichtung	1/2
Kugel		1/3

Wird für $- B_m$ die Gleichung zur Flußerhaltung und für H_m das Durchflutungsgesetz eingesetzt, dann ergibt sich für die Gleichung der Scherungsgeraden:

$$- B_m = + s H_m = \mu_0 \frac{\sigma A_1 l_m}{\gamma A_m l_1} H_m. \quad \text{(M–39)}$$

Hieraus ist erkennbar, daß die Scherungsgerade *nur von der Geometrie* des Magneten, nicht aber vom Werkstoff abhängt. Der Ausdruck

$$N = \frac{\gamma A_m l_1}{\sigma A_1 l_m} \quad \text{(M–40)}$$

wird als *Entmagnetisierungsfaktor* bezeichnet. Damit wird die Scherungsgerade

$$B_m = - \frac{\mu_0}{N} H_m.$$

Das Produkt $(B H)$ stellt die gespeicherte magnetische Energie je Volumen dar. Zur Berechnung der im Luftspalt zur Verfügung stehenden *Energie* wird $(B H)$ mit dem Volumen des Luftspaltes multipliziert, und man erhält

$$(B_m H_m) V_m = B_1 H_1 V_1 \gamma \sigma = \mu_0 \gamma \sigma H_1^2 V_1. \quad \text{(M–41)}$$

Nach B_1 aufgelöst, ergibt sich

$$B_1 = \sqrt{\frac{\mu_0 V_m}{\gamma \delta V_1}} (B H)_m; \quad \text{(M–42)}$$

B_m, B_1 magnetische Induktion im Magneten bzw. Luftspalt,
H_m, H_1 magnetische Feldstärke im Magneten bzw. im Luftspalt,
V_m, V_1 Volumen des Magneten bzw. des Luftspalts,
$(B H)$ magnetische Energie je Volumen,
μ_0 magnetische Feldkonstante $[\mu_0 = 4 \pi \cdot 10^{-7} \, \text{V} \cdot \text{s}/(\text{A} \cdot \text{m})]$,
γ Spannungsfaktor (unmagnetische Bereiche),
σ Streufaktor (Verlustinduktion im Luftspalt).

Das bedeutet: Die im Luftspalt zur Verfügung stehende magnetische Induktion B_1 ist proportional zum Magnetvolumen V_m und zum $(B H)_m$-Wert. Um das Magnetvolumen möglichst *klein* zu halten, muß also der $(B H)_{max}$-Wert eingestellt werden.

Energie des magnetischen Feldes

Im Magnetfeld ist die Arbeit W_{magn} gespeichert. Diese wird zum Aufbau des Magnetfeldes benötigt und beim Abbau des Feldes wieder frei.

Elektromagnetische Induktion

Das *Induktionsgesetz* zeigt den Zusammenhang zwischen elektrischem und magnetischem Feld. Es besagt, daß jede zeitliche Änderung des magnetischen Flusses $d\Phi/dt$ eine *elektrische Spannung* u_{ind} induziert:

$$u_{ind} = - N \frac{d\Phi}{dt} = - N \left(\frac{dB}{dt} A_n + \frac{dA_n}{dt} B \right); \quad \text{(M–43)}$$

N Windungszahl,
$d\Phi$ Änderung des magnetischen Flusses,
dt Zeitintervall,
dB Änderung der magnetischen Induktion,
A_n Fläche senkrecht zu den magnetischen Feldlinien.

Übersicht M-22. Magnetische Energie, Energiedichte und Tragkraft eines Elektromagneten.

magnetische Energie allgemein

$$W_{magn} = \int_0^t u_{ind}\, i\, dt = \frac{1}{2} L I^2$$

magnetische Energie eines inhomogenen Magnetfeldes

$$W_{magn} = \frac{1}{2} \int B H\, dV = \frac{1}{2} \mu \int H^2\, dV$$

Feldenergie einer Spule

$$W_{magn} = \frac{1}{2} \mu H^2 A l = \frac{1}{2} L I^2 = \frac{1}{2} \mu H^2 V$$

$$= \frac{1}{2} B H V = \frac{1}{2} I N \Phi$$

Energiedichte (Energie je Volumen) w

$$w = \frac{W_{magn}}{V} = \frac{1}{2} B H$$

Tragkraft eines Magneten F_{magn}

$$F_{magn} = \frac{\mu H^2 A}{2} = \frac{B H A}{2} = \frac{B^2 A}{2 \mu}$$

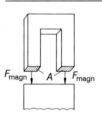

A	Fläche, durch die das Magnetfeld dringt
B	magnetische Induktion
H	magnetische Feldstärke
I, i	Stromstärke
L	Selbstinduktivität
F_{magn}	magnetische Kraft
l	Länge der Spule
N	Windungszahl
u_{ind}	induzierte Spannung
V	Volumen des Magnetfeldes
W_{magn}	magnetische Energie
w	Energiedichte
μ	Permeabilität ($\mu = \mu_0 \mu_r$)
μ_0	magnetische Feldkonstante [$\mu_0 = 4\pi \cdot 10^{-7}$ V·s/(A·m)]
μ_r	Permeabilitätszahl
Φ	magnetischer Fluß

Übersicht M-23. Induktionsgestz für bewegte Leiter im Magnetfeld und Flächenrotation mit konstanter Drehzahl.

bewegter Leiter im Magnetfeld

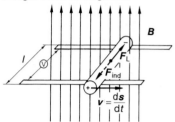

$$u_{ind} = N B l v$$

Flächenrotation mit konstanter Drehzahl

$$u_{ind} = N B A \omega \sin(\omega t)$$

A	rotierende Fläche
B	magnetische Induktion
l	Länge des Leiters
N	Windungszahl (in den Bildern ist $N = 1$)
u_{ind}	induzierte Spannung
v	Geschwindigkeit des Leiters, senkrecht zum Magnetfeld
ω	Kreisfrequenz

Aus dieser Gleichung geht hervor, daß es gleichgültig ist, ob sich

– das Magnetfeld ändert (dB/dt) bei konstanter Fläche A_n (*Transformatorprinzip*) oder

– bei gleichbleibender magnetischer Induktion B sich die senkrecht zum Magnetfeld stehende Fläche ändert (dA_n/dt) (*Generatorprinzip*).

Wirbelströme

Werden leitende Körper in einem Magnetfeld bewegt oder sind sie ruhend wechselnden Magnetfeldern ausgesetzt, dann werden in dem Leiter *Ströme induziert*. Man nennt sie Wirbelströme, weil die *Induktionsstromlinien* wie Wirbel in sich geschlossen sind (Bild M-32).

Wirbelströme erzeugen wiederum Magnetfelder, die das ursprüngliche magnetische Feld

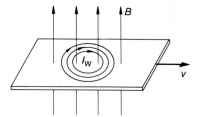

Bild M-32. Prinzip der Wirbelstromentstehung.

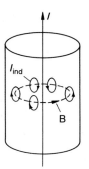

Bild M-33. Skin-Effekt.

schwächen (Gegenfeld nach der *Lenzschen Regel*).

Der Wirbelstrom I_w kann folgendermaßen abgeschätzt werden:

$$I_w \approx U/(2\,R); \qquad \text{(M-44)}$$

U   induzierte Spannung,
R   Widerstand des im Magnetfeld liegenden Leiters.

Beispiele für technische Anwendungen sind Drehzahlmesser, Wirbelstrombremsen oder Meßgeräte für elektrische Energie (kWh-Zähler).

Skineffekt

In einem von Wechselstrom durchflossenen geraden Leiter treten Wirbelströme in der Weise auf, daß diese *im Innern entgegen dem Wechselstrom* und *im äußeren in Stromrichtung* fließen. Bei hohen Frequenzen ($f > 10^7$ Hz) führt nur noch die Außenhaut des Leiters Strom (Skineffekt: Hauteffekt, Bild M-33). In der Hochfrequenztechnik werden deshalb entweder viele dünne Drähte zu einem Kabel verdrillt, oder es werden Hohlleiter verwendet.

Die *Eindringtiefe* δ beschreibt die Entfernung von der Leiteroberfläche bis zu der Stelle im Leiterinnern, bei welcher der elektrische Strom auf den e-ten Teil (37%) abgesunken ist. Sie berechnet sich nach

$$\delta = \sqrt{2/(\varkappa\,\mu\,\omega)}; \qquad \text{(M-45)}$$

$\varkappa$ elektrische Leitfähigkeit,
μ Permeabilität ($\mu = \mu_0\,\mu_r$),
ω Kreisfrequenz.

Selbstinduktion

Bei der Änderung des magnetischen Flusses wird nicht nur in räumlich getrennten Leitern

Übersicht M-24. Selbstinduktion.

induzierte Spannung u_{ind}

$$u_{ind} = -N A_n \mu \frac{dH}{dt} = -\frac{N\Phi}{I}\frac{di}{dt} = -L\frac{di}{dt}$$

Induktivität L

$$L = \frac{N\Phi}{I} \qquad \text{Einheit 1 H} = 1\,\text{V}\cdot\text{s/A}$$

Definition:
Wenn bei der Änderung der Stromstärke I um 1 A innerhalb von 1 s eine Spannung U von 1 V induziert wird, dann beträgt die Induktivität $L = 1$ H.

Reihenschaltung von Induktivitäten

$$L_{R\,ges} = L_1 + L_2 + L_3 + \ldots + L_n = \sum_{i=1}^{n} L_i$$

Parallelschaltung von Induktivitäten

$$\frac{1}{L_{P\,ges}} = \frac{1}{L_1} + \frac{1}{L_2} + \frac{1}{L_3} + \ldots + \frac{1}{L_n} = \sum_{i=1}^{n} \frac{1}{L_i}$$

A_n	Fläche senkrecht zum Magnetfeld
f	Spulenformfaktor, beschreibt die Streuverluste ($0 < f < 1$)
I, i	Stromstärke
H	magnetische Feldstärke
N	Windungszahl
L	Induktivität
l	Spulenlänge
Φ	magnetischer Fluß
μ	Permeabilität ($\mu = \mu_0\,\mu_r$)
μ_0	magnetische Feldkonstante [$\mu_0 = 4\pi\cdot 10^{-7}$ V·s/(A·m)]
μ_r	Permeabilitätszahl

eine Spannung induziert, sondern auch in der magnetfelderzeugenden Spule selbst. Diese Erscheinung nennt man *Selbstinduktion*. Der dann fließende Induktionsstrom ist dem vorhandenen Strom entgegengesetzt gerichtet (Lenzsche Regel; Übersicht M-24, Tabelle M-18).

Tabelle M-18. Induktivitäten verschiedener Leitergeometrien (NF: Niederfrequenz; HF: Hochfrequenz).

Spulengeometrie	Formel	Bemerkung
Ringspule	$$L = \frac{\mu A_n N^2}{l}$$	μ Permeabilität $(\mu = \mu_0 \mu_r)$ A_n Spulenfläche N Windungsanzahl l mittlerer Spulenumfang oder Spulenlänge
sehr lange Zylinderspule		
kurze Spule, einlagig	$$L = f \frac{\mu A_n N^2}{l}$$	f Formfaktor $$f \approx \frac{1}{1 + d/2l}$$ für $l/d \geqq 0{,}3$ d Spulendurchmesser l Spulenlänge
kurze Spule, mehrlagig	$$L = \frac{21\,\mu N^2 R}{4\pi} \left(\frac{R}{l+h}\right)^n \quad \text{NF}$$	R Spulenradius h Höhe der Wicklung $n = 0{,}75$, wenn $\left(\dfrac{R}{l+h} < 1\right)$, $n = 0{,}5$, wenn $\left[1 < \left(\dfrac{R}{l+h}\right) \leqq 3\right]$
einfacher Ring	$$L = \mu R \left[\ln\left(\frac{R}{r}\right) + 0{,}25\right] \quad \text{NF}$$ $$L = \mu R \ln\left(\frac{R}{r}\right) \quad \text{HF}$$	R Ringradius r Leiterradius
dünnwandiges Rohr	$$L = \mu R \left[\ln\left(\frac{R}{l}\right) + 1{,}5\right] \quad \text{NF}$$ $$L = \mu R \ln\left(\frac{R}{l}\right) \quad \text{HF}$$	R Rohrradius l Rohrlänge
Einfachleitung	$$L = \frac{\mu l}{2\pi}\left[\ln\left(\frac{2l}{r}\right) - 0{,}75\right] \quad \text{NF}$$ $$L = \frac{\mu l}{2\pi}\ln\left(\frac{2l}{r}\right) \quad \text{HF}$$	l Leiterlänge r Leiterradius

Tabelle M-18 (Fortsetzung)

Spulengeometrie	Formel	Bemerkung
Doppelleitung	$L = \dfrac{\mu\, l}{\pi}\left[\ln\left(\dfrac{a}{r}\right) + 0{,}25\right]$ NF $L = \dfrac{\mu l}{\pi}\ln\left(\dfrac{a}{r}\right)$ HF	l Leiterlänge a Leiterabstand r Leiterradius
Koaxialkabel	$L = \dfrac{\mu\, l}{2\pi}\left[\ln\left(\dfrac{r_a}{r_i}\right) + 0{,}25\right]$ NF $L = \dfrac{\mu l}{2\pi}\ln\left(\dfrac{r_a}{r_i}\right)$ HF	l Leiterlänge r_a Radius des Außenleiters r_i Radius des Innenleiters

Tabelle M-19. Analogie des elektrischen und des magnetischen Feldes.

elektrisches Feld	Einheit	magnetisches Feld	Einheit
elektrische Urspannung U_0	V	magnetische Urspannung (Durchflutung) $\Theta = N\,I$	A
elektrische Feldstärke $E = -\dfrac{\mathrm{d}U}{\mathrm{d}s}$	$\dfrac{\mathrm{V}}{\mathrm{m}}$	magnetische Feldstärke $H = \dfrac{\mathrm{d}I}{\mathrm{d}l}$	$\dfrac{\mathrm{A}}{\mathrm{m}}$
elektrische Spannung $U = \int E(s)\,\mathrm{d}s$	V	magnetische Spannung $\Theta = \int H(l)\,\mathrm{d}l$	A
elektrische Stromstärke $I = \dfrac{\mathrm{d}Q}{\mathrm{d}t}$	A	induzierte Spannung $U = -N\dfrac{\mathrm{d}\Phi}{\mathrm{d}t}$	V
elektrische Ladung (Verschiebungsfluß) $Q = \int I(t)\,\mathrm{d}t$	A · s	magnetischer Fluß $\Phi = B\,A$	V · s
Verschiebungsdichte $D = \varepsilon\, E$	$\dfrac{\mathrm{A}\cdot\mathrm{s}}{\mathrm{m}^2}$	magnetische Flußdichte (Induktion) $B = \mu \cdot H$	$\dfrac{\mathrm{V}\cdot\mathrm{s}}{\mathrm{m}^2}$
elektrische Feldkonstante $\varepsilon_0 = \dfrac{1}{\mu_0\,c^2}$	$\dfrac{\mathrm{A}\cdot\mathrm{s}}{\mathrm{V}\cdot\mathrm{m}}$	magnetische Feldkonstante $\mu_0 = \dfrac{1}{\varepsilon_0\,c^2}$	$\dfrac{\mathrm{V}\cdot\mathrm{s}}{\mathrm{A}\cdot\mathrm{m}}$
Dielektrizitätszahl ε_r Permittivität (Dielektrizitätskonstante) $\varepsilon = \varepsilon_0\,\varepsilon_r$	$\dfrac{\mathrm{A}\cdot\mathrm{s}}{\mathrm{V}\cdot\mathrm{m}}$	Permeabilitätszahl μ_r Permeabilität $\mu = \mu_0\,\mu_r$	$\dfrac{\mathrm{V}\cdot\mathrm{s}}{\mathrm{A}\cdot\mathrm{m}}$

Tabelle M-19 (Fortsetzung)

elektrisches Feld	Einheit	magnetisches Feld	Einheit
elektrischer Widerstand eines homogenen Drahtes $$R_{el} = \frac{1}{\varkappa}\frac{l}{A}$$	Ω	magnetischer Widerstand eines homogenen Magnetkerns $$R_{m} = \frac{1}{\mu}\frac{l}{A}$$	$\dfrac{A}{Wb}$
elektrische Stromstärke $$I = \frac{U_0}{R_{el}} \qquad \begin{array}{l} I = -\dot{Q} \\ \text{Strom} \end{array}$$	A	magnetischer Fluß $$\Phi = \frac{\Theta}{R_{m}} \qquad \begin{array}{l} U = -\dot{\Phi} \\ \text{Spannung} \end{array}$$	V · s
elektrischer Spannungsabfall $$U = R\,I$$	V	magnetischer Spannungsabfall $$\Theta = \Phi\,R_{m} = H\,l$$	A
Kapazität $$C = \frac{Q}{U}$$	F	Induktivität $$L = \frac{\Phi}{I}$$	H
Kapazität eines Plattenkondensators $$C = \varepsilon\,\frac{A}{d}$$	F	Induktivität einer Ringspule $$L = \mu\,\frac{A\,N^2}{l}$$	H
elektrische Kraft $$F_{el} = Q\,E$$	N	magnetische Kraft $$F_{m} = Q\,v \times B$$	N
elektrisches Dipolmoment $$p = \frac{M}{E} = Q\,l$$	A · s · m	magnetisches Dipolmoment $$m = \frac{M}{H} = \Phi\,I$$	V · s · m
elektrische Energie des Kondensators $$W_C = \frac{1}{2}C\,U^2$$	W · s = J	magnetische Energie einer Spule $$W_L = \frac{1}{2}L\,I^2$$	W · s = J
elektrische Energiedichte $$w_{el} = \frac{1}{2}\varepsilon\,E^2 = \frac{1}{2}D\,E$$	$\dfrac{W\cdot s}{m^3} = \dfrac{J}{m^3}$	magnetische Energiedichte $$w_{m} = \frac{1}{2}\mu\,H^2 = \frac{1}{2}B\,H$$	$\dfrac{W\cdot s}{m^3} = \dfrac{J}{m^3}$

Analogie elektrisches und magnetisches Feld

In Tabelle M-19 sind die entsprechenden Größen für das elektrische und das magnetische Feld zusammengestellt.

M.6 Wechselstromkreis

M.6.1 Wechselspannung und Wechselstrom

Im Wechselstromkreis findet ein *periodischer Verlauf* der Spannung $u(t)$ und des Stromes $i(t)$ statt. Die folgenden Bezeichnungen orientieren sich an DIN 40 110 (Wechselstromgrößen).

Übersicht M-25. Sinusförmiger Wechselstrom und sinusförmige Wechselspannung.

a) periodischer Verlauf

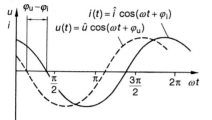

$$i(t) = \hat{i}\,\cos(\omega t + \varphi_i)$$
$$u(t) = \hat{u}\,\cos(\omega t + \varphi_u)$$

b) Zeigerdiagramm

$\varphi_u > \varphi_i$: Die Spannung eilt dem Strom voraus.
$\varphi_u < \varphi_i$: Die Spannung eilt dem Strom nach.
Die Phasenverschiebung hängt von der *Induktivität* L einer Spule und der *Kapazität* C eines Kondensators im Stromkreis ab.

c) Gleichungen

$$\underline{u}(t) = \hat{u}\,e^{j(\omega t + \varphi_u)} \qquad \underline{i}(t) = \hat{i}\,e^{j(\omega t + \varphi_i)}$$

f Frequenz
$\underline{i}$ komplexer Strom
$\hat{i}$ Amplitude des Stroms
T Periodendauer ($T = 1/f$)
t Zeit
$\hat{u}$ Amplitude der Spannung
$\underline{u}$ komplexe Spannung
j imaginäre Einheit ($j = \sqrt{-1}$)
φ_i Nullphasenwinkel des Stroms
φ_u Nullphasenwinkel der Spannung
ω Kreisfrequenz ($\omega = 2\pi f = 2\pi/T$)

Übersicht M-26. Kenngrößen des Wechselstromkreises.

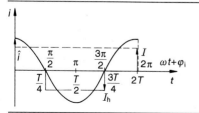

Übersicht M-26 (Fortsetzung)

Effektivwert

Der *Effektivwert* ist diejenige Gleichstromgröße, die dieselbe Leistung erzeugt wie die Wechselstromgröße. Der Effektivwert ist der *zeitlich quadratische Mittelwert* der entsprechenden elektrischen Größe.

$$I = \sqrt{\frac{1}{T}\int_0^T i^2\,dt}$$

Effektivwert für sinusförmigen Verlauf des Stroms

$$I = \frac{\hat{i}}{\sqrt{2}} \approx 0{,}707\,\hat{i}$$

Spannung

$$U = \frac{\hat{u}}{\sqrt{2}} \approx 0{,}707\,\hat{u}$$

Halbschwingungsmittelwert

Der arithmetische Mittelwert über einer ganzen Periode wird *Gleichrichtwert* genannt; er ist bei einer reinen Cosinus- bzw. Sinusschwingung gleich null. Deshalb wird häufig der größte Wert des arithmetischen Mittelwerts über einer halben Periode der Wechselgröße ermittelt, welcher *Halbschwingungsmittelwert* genannt wird. Er entspricht deshalb der Höhe eines Rechtecks, dessen Flächeninhalt gleich dem Halbwelle ist.

$$I_h = \frac{1}{\pi}\int_{\pi/2}^{3\pi/2} \hat{i}\cos\varphi\,d\varphi = \frac{\hat{i}}{\pi}\,[\sin\varphi]_{\pi/2}^{3\pi/2}$$
$$= \frac{2\hat{i}}{\pi} \approx 0{,}637\,\hat{i}$$

Scheitelfaktor (Crestfaktor) k_s

$$k_s = \frac{\text{Scheitelwert der Wechselgröße}}{\text{Effektivwert der Wechselgröße}} = \frac{\hat{i}}{I}$$

für Sinus bzw. Cosinus $k_s = \sqrt{2} \approx 1{,}414$
für Dreieck $k_s = 1{,}73$

Formfaktor k_f

$$k_f = \frac{\text{Effektivwert}}{\text{Halbschwingungsmittelwert}} = \frac{I}{I_h}\ (1 < k_f < \infty)$$

für Sinus bzw. Cosinus $k_f = \dfrac{\pi}{2\sqrt{2}} \approx 1{,}111\ldots$

I Effektivwert des Stroms
$\hat{i}$ Amplitude des Stroms
I_h Halbschwingungsmittelwert des Stroms
k_f Formfaktor
k_s Scheitelfaktor
T Periodendauer
U Effektivwert der Spannung
$\hat{u}$ Amplitude der Spannung
φ Phasenwinkel

Tabelle M-20. Komplexe Rechnung mit Effektivwerten im Wechselstromkreis.

	Komplexer Widerstand $\underline{Z}$	Komplexer Leitwert $\underline{Y}$
Wechselspannung	\multicolumn{2}{c}{$\underline{U} = U\,e^{j(\omega t + \varphi_u)} = U\,e^{j\omega t}\,e^{j\varphi_u}$}	
Wechselstrom	\multicolumn{2}{c}{$\underline{I} = I\,e^{j(\omega t + \varphi_i)} = I\,e^{j\omega t}\,e^{j\varphi_i}$}	
Ohmsches Gesetz	$\underline{Z} = \dfrac{\underline{U}}{\underline{I}}$	$\underline{Y} = \dfrac{\underline{I}}{\underline{U}}$
	$\underline{Z} = \dfrac{U}{I}\,e^{j(\varphi_u - \varphi_i)}$	$\underline{Y} = \dfrac{I}{U}\,e^{j(\varphi_i - \varphi_u)}$
Zeiger-Diagramm		
	$\underline{Z} = R + jX = Z\,e^{j\varphi}$	$\underline{Y} = G - jB = Y\,e^{-j\varphi}$
		$\underline{Y} = \dfrac{1}{\underline{Z}}$
Scheinanteil	Scheinwiderstand $Z = Z\cos\varphi$ (Impedanz)	Scheinleitwert Y (Admittanz)
	$Z = \dfrac{U}{I}$	$Y = \dfrac{1}{Z}$
Wirkanteil	Wirkwiderstand $R = Z\cos\varphi$ (Resistanz)	Wirkleitwert $G = Y\cos\varphi = \dfrac{R}{Z^2} = \dfrac{R}{R^2 + X^2}$ (Konduktanz)
Blindanteil	Blindwiderstand $X = Z\sin\varphi$ (Reaktanz)	Blindleitwert $B = Y\sin\varphi = \dfrac{X}{Z^2} = \dfrac{X}{R^2 + X^2}$ (Suszeptanz)
	$X = \sqrt{Z^2 - R^2}$	$B = \sqrt{Y^2 - G^2}$
Absolutbetrag	$Z = \sqrt{R^2 + X^2}$	$Y = \sqrt{G^2 + B^2}$
Phasenwinkel	$\varphi = \varphi_u - \varphi_i$	$\varphi = -(\varphi_u - \varphi_i)$
	$\tan\varphi = \dfrac{X}{R}$	$\tan\varphi = -\dfrac{X}{R} = -\dfrac{B}{G}$

M.6.2 Wechselstromkreis

Zur Beschreibung der Verhältnisse in einem Wechselstromkreis mit sinus- bzw. cosinusförmigen Wechselgrößen wird die komplexe Rechnung herangezogen (s. Abschnitt A, Übersicht A-4).

Zeigerdarstellung komplexer Größen und Ohmsches Gesetz

Wechselgrößen gleicher Frequenz werden in der Gaußschen Zahlenebene als *komplexe Zeiger* $\underline{Z}$ dargestellt (Tabelle M-20).

Der Realteil ist der Wirkanteil, der Imaginärteil der Blindanteil der Wechselstromgröße. Beide zusammen ergeben als komplexen Zeiger die *Scheingröße* $\underline{Z}$.

Verhalten der Bauelemente im Wechselstromkreis

Tabelle M-21. Bauelemente ohmscher Widerstand R, Induktivität L und Kapazität C im Wechselstromkreis.

Bauelement und Symbol	ohmscher Widerstand $\;\;\boxed{}\;\;$ R (Wirkwiderstand)	Induktivität (Spule) $\;\;\blacksquare\;\;$ L (induktiver Blindwiderstand)	Kapazität (Kondensator) $\;\;\dashv\vdash\;\;$ C (kapazitiver Blindwiderstand)
Ausgangsgröße	$\underline{U}_R = U_R\, e^{j(\omega t + \varphi)}$	$\underline{I}_L = I_L\, e^{j(\omega t + \varphi)}$	$\underline{U}_C = U_C\, e^{j(\omega t + \varphi)}$
Gesetz	Ohmsches Gesetz $\underline{I}_R = \dfrac{\underline{U}_R}{R}$ $\underline{I}_R = \dfrac{U_R}{R}\, e^{j(\omega t + \varphi)}$	Induktionsgesetz $\underline{U}_L = L \cdot \dfrac{d\underline{I}_L}{dt}$ $\underline{U}_L = j\,\omega\, L\, \underline{I}_L$	$\underline{I}_C = C \cdot \dfrac{d\underline{U}_C}{dt}$ $\underline{I}_C = j\,\omega\, C\, \underline{U}_C$
Zeigerdiagramm	 Spannung $\underline{U}_R$ und Strom $\underline{I}_R$ in Phase $(\varphi_u - \varphi_i = 0).$	 Spannung $\underline{U}_L$ eilt Strom $\underline{I}_L$ um $\pi/2$ voraus $(\varphi_u - \varphi_i = \pi/2).$	 Strom $\underline{I}_C$ eilt Spannung $\underline{U}_C$ um $\pi/2$ voraus $(\varphi_i - \varphi_u = \pi/2).$
Zeitlicher Verlauf			
Komplexer Widerstand	$\underline{Z}_R = \dfrac{\underline{U}_R}{\underline{I}_R} = R$ (reelle Achse)	$\underline{Z}_L = \dfrac{\underline{U}_L}{\underline{I}_L} = j\,\omega\, L = j X_L$ (positive imaginäre Achse)	$\underline{Z}_C = \dfrac{\underline{U}_C}{\underline{I}_C} = \dfrac{1}{j\,\omega\, C} = -j X_C$ (negative imaginäre Achse)
Frequenzabhängigkeit	 keine Frequenzabhängigkeit	 $X_L \sim \omega$	 $X_C \sim \dfrac{1}{\omega}$

Reihenschaltung der Bauelemente

Tabelle M-22. Reihenschaltung der Bauelemente.

Schaltung	R–L Reihenschaltung	R–C Reihenschaltung	R–L–C Reihenschaltung
Zeiger-diagramm	(Zeigerdiagramm U, φ, U_L, U_R, I Re; Z, φ, X_L, R, I Re)	(Zeigerdiagramm U_R, I, U_C, U Re; R, I, φ, X_C, Z Re)	(Zeigerdiagramm U_L, U_R, I, U_C, U, φ Re; X_L, R, I, X_C, Z, φ Re)
Maschen-regel	$\underline{U} = \underline{U}_R + \underline{U}_L$ $\underline{U} = \underline{I}(R + jX_L)$ $\underline{U} = \underline{I}(R + j\omega L)$	$\underline{U} = \underline{U}_R + \underline{U}_C$ $\underline{U} = \underline{I}(R - jX_C)$ $\underline{U} = I\left(R - \dfrac{j}{\omega C}\right)$	$\underline{U} = \underline{U}_R + \underline{U}_L + \underline{U}_C$ $\underline{U} = \underline{I}[R + j(X_L - X_C)]$ $\underline{U} = I\left[R + j\left(\omega L - \dfrac{1}{\omega C}\right)\right]$
Komplexer Widerstand	$\underline{Z} = Z\,e^{j\varphi}; \quad |\underline{Z}| = \sqrt{\mathrm{Real}\,(\underline{Z})^2 + \mathrm{Im}\,(\underline{Z})^2}; \quad \tan\varphi = \dfrac{\mathrm{Im}\,(\underline{Z})}{\mathrm{Real}\,(\underline{Z})}$		
Spezieller komplexer Widerstand	$\underline{Z} = \dfrac{\underline{U}}{\underline{I}} = R + jX_L$ $\underline{Z} = R + j\omega L$ $|\underline{Z}| = \sqrt{R^2 + (\omega L)^2}$ $\tan\varphi = \dfrac{\omega L}{R}$	$\underline{Z} = \dfrac{\underline{U}}{\underline{I}} = R - jX_C$ $\underline{Z} = R - j\dfrac{1}{\omega C}$ $|\underline{Z}| = \sqrt{R^2 + \left(-\dfrac{1}{\omega C}\right)^2}$ $\tan\varphi = -\dfrac{1}{R\omega C}$	$\underline{Z} = \dfrac{\underline{U}}{\underline{I}} = R + j(X_L - X_C)$ $\underline{Z} = R + j\left(\omega L - \dfrac{1}{\omega C}\right)$ $|\underline{Z}| = \sqrt{R^2 + \left(\omega L - \dfrac{1}{\omega C}\right)^2}$ $\tan\varphi = \dfrac{\omega L - \dfrac{1}{\omega C}}{R}$
Resonanz	—	—	$\omega L = \dfrac{1}{\omega C}$ $\omega_{\mathrm{res}} = \dfrac{1}{\sqrt{LC}}$ $f_{\mathrm{res}} = \dfrac{1}{2\pi\sqrt{LC}}$

Tabelle M-23. Parallelschaltung der Bauelemente.

Schaltung	(R ∥ L)	(R ∥ C)	(R ∥ L ∥ C)
Zeigerdiagramm			
Knotenregel	$\underline{I}_{ges} = \underline{I}_R + \underline{I}_L$ $\underline{I}_{ges} = \dfrac{U}{R} + \dfrac{U}{jX_L}$ $\underline{I}_{ges} = \underline{U}(G - jB_L)$	$\underline{I}_{ges} = \underline{I}_R + \underline{I}_C$ $\underline{I}_{ges} = \underline{U}\left(\dfrac{1}{R} + \dfrac{1}{-jX_C}\right)$ $\underline{I}_{ges} = \underline{U}(G + jB_C)$	$\underline{I}_{ges} = \underline{I}_R + \underline{I}_L + \underline{I}_C$ $\underline{I}_{ges} = \underline{U}\left(\dfrac{1}{R} + \dfrac{1}{jX_L} + \dfrac{1}{-jX_C}\right)$ $\underline{I}_{ges} = \underline{U}[G + j(B_C - B_L)]$
Komplexer Leitwert	$\underline{Y} = Ye^{j\varphi}$; $|\underline{Y}| = \sqrt{\operatorname{Real}(\underline{Y})^2 + \operatorname{Im}(\underline{Y})^2}$; $\tan\varphi = \dfrac{\operatorname{Im}(\underline{Y})}{\operatorname{Real}(\underline{Y})}$		
spezieller komplexer Leitwert	$\underline{Y} = \dfrac{\underline{I}}{\underline{U}} = G - jB_L$ $\underline{Y} = G - j\dfrac{1}{\omega L}$ $|\underline{Y}| = \sqrt{G^2 + \left(-\dfrac{1}{\omega L}\right)^2}$ $\tan\varphi = \dfrac{-B_L}{G} = -\dfrac{R}{\omega L}$	$\underline{Y} = \dfrac{\underline{I}}{\underline{U}} = G + jB_C$ $\underline{Y} = G + j\omega C$ $|\underline{Y}| = \sqrt{G^2 + (\omega C)^2}$ $\tan\varphi = \dfrac{B_C}{G} = \omega CR$	$\underline{Y} = \dfrac{\underline{I}}{\underline{U}} = G + j(B_C - B_L)$ $\underline{Y} = G + j\left(\omega C - \dfrac{1}{\omega L}\right)$ $|\underline{Y}| = \sqrt{G^2 + \left(\omega C - \dfrac{1}{\omega L}\right)^2}$ $\tan\varphi = \dfrac{B_C - B_L}{G} = R\left(\omega C - \dfrac{1}{\omega L}\right)$
Resonanz	—	—	$\omega L = \dfrac{1}{\omega C}$ $\omega_{res} = \dfrac{1}{\sqrt{LC}}$ $f_{res} = \dfrac{1}{2\pi\sqrt{LC}}$

Übersicht M-27. Äquivalente Umwandlungen.

a) Parallelschaltung

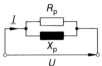

b) Reihenschaltung

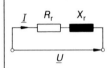

$$R_r = \frac{R_p X_p^2}{R_p^2 + X_p^2}$$

$$X_r = \frac{R_p^2 X_p}{R_p^2 + X_p^2}$$

$$R_p = \frac{R_r^2 + X_r^2}{R_r}$$

$$X_p = \frac{R_r^2 + X_r^2}{X_r}$$

R_r, R_p ohmscher Widerstand der Reihenschaltung bzw. Parallelschaltung

X_r, X_p Blindwiderstand der Reihenschaltung bzw. Parallelschaltung

Äquivalente Umwandlungen (Parallel- in Reihenschaltung und umgekehrt

Bei gleicher Frequenz f (bzw. Kreisfrequenz ω) läßt sich jede Reihenschaltung von komplexen Widerständen in eine *äquivalente Parallelschaltung* verwandeln und umgekehrt (Übersicht M-27).

M.6.3 Arbeit und Leistung

Momentanleistung

Die Momentanleistung $p(t)$ ist das Produkt aus Spannung $u(t)$ und Strom $i(t)$ zu jeder Zeit:

$$p(t) = u(t)\,i(t). \qquad \text{(M–46)}$$

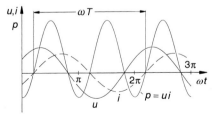

Bild M-34. Strom, Spannung und Momentanleistung.

Mit

$$u(t) = \hat{u}\cos(\omega t + \varphi_u)$$
$$= U\sqrt{2}\cos(\omega t + \varphi_u)$$

und

$$i(t) = \hat{i}\cos(\omega t + \varphi_i)$$
$$= I\sqrt{2}\cos(\omega t + \varphi_i)$$

ergibt sich

$$p(t) = UI\cos\varphi + UI\cos(2\omega t + \varphi_u + \varphi_i);$$
$$\text{(M–47)}$$

U Effektivwert der Spannung,
I Effektivwert des Stroms,
φ Phasenverschiebung zwischen Wechselspannung und Wechselstrom,
ω Kreisfrequenz des Stroms ($\omega = 2\pi f$),
φ_u Phasenwinkel der Spannung,
φ_i Phasenwinkel des Stroms.

Wie Bild M-34 zeigt, schwingt die Momentanleistung mit der doppelten Frequenz der Wechselspannung.

In der Übersicht M-28a ist zu erkennen, daß der Durchschnittswert, um den die Momen-

Übersicht M-28. Momentanleistung, Wirk-, Blind- und Scheinleistung sowie Wechselstromwiderstände und Wechselstromleitwerte.

a) Momentanleistung

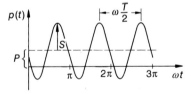

b) Schein-, Wirk- und Blindleistung

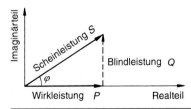

Übersicht M-28 (Fortsetzung)

Wirkleistung P

$$P = U I \cos \varphi = S \cos \varphi = Q/\tan \varphi = \sqrt{S^2 - Q^2}$$

Blindleistung Q

$$Q = U I \sin \varphi = S \sin \varphi = P \tan \varphi = \sqrt{S^2 - P^2}$$

Scheinleistung S

$$S = U I = P/\cos \varphi = Q/\sin \varphi = \sqrt{P^2 + Q^2}$$

Leistungsfaktor $\cos \varphi$

$$\cos \varphi = \frac{\text{Wirkleistung}}{\text{Scheinleistung}} = \frac{P}{S}$$

Verlustfaktor $\tan \varphi$

$$\tan \varphi = \frac{\text{Blindleistung}}{\text{Wirkleistung}} = \frac{Q}{P}$$

Blindfaktor $\sin \varphi$

$$\sin \varphi = \frac{\text{Blindleistung}}{\text{Scheinleistung}} = \frac{Q}{S} = \sqrt{(1 - \cos^2 \varphi)}$$

Um den Wechselstrom möglichst vollständig nutzen zu können, sollte der *Verlustfaktor* $\tan \varphi$ möglichst *klein* gehalten werden und der *Leistungsfaktor* $\cos \varphi$ möglichst *groß* werden.

Wechselstromwiderstände und Wechselstromleitwerte

	Widerstand	Leitwert
Wirkanteil	$R = P/I^2$ Resistanz	$G = P/U^2$ Konduktanz
Blindanteil	$X = Q/I^2$ Reaktanz	$B = Q/U^2$ Suszeptanz
Scheinanteil	$Z = U/I$ Impedanz	$Y = I/U$ Admittanz

B	Suszeptanz
I	Effektivwert des elektrischen Stroms
G	Konduktanz
P	Wirkleistung
Q	Blindleistung
R	Widerstand
S	Scheinleistung
U	Effektivwert der elektrischen Spannung
X	Reaktanz
Y	Admittanz
Z	Impedanz
$\cos \varphi$	Leistungsfaktor
$\sin \varphi$	Blindfaktor
$\tan \varphi$	Verlustfaktor

tanleistung mit der doppelten Strom- bzw. Spannungsfrequenz schwingt, der Wirkleistung P entspricht. In Übersicht M-28 b ist zu sehen, wie sich daraus die Blindleistung Q und die Scheinleistung S errechnen.

M.6.4 Transformation von Wechselströmen

Mit einem Transformator können *Spannungen* transformiert werden. Er besteht aus zwei induktiv gekoppelten Spulen, deren Windungszahlen unterschiedlich sind (Übersicht M-29).

Übersicht M-29. Transformator.

a) Schaltzeichen

b) Aufbau

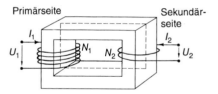

idealer, unbelasteter Transformator

$$\frac{u_1}{u_2} = \frac{N_1}{N_2} = \ddot{u}$$

belasteter Transformator
(vernachlässigbare Verluste)

$$\frac{u_1}{u_2} = \frac{i_2}{i_1} \frac{N_1}{N_2} = \ddot{u}$$

i_1, i_2	Ströme in der Primär- bzw. Sekundärseite
N_1, N_2	Windungszahl der Primär- bzw. Sekundärspule
u_1, u_2	Spannung an der Primär- bzw. Sekundärspule
$\ddot{u}$	Übertragungsverhältnis (Verhältnis der Windungszahlen)

Tabelle M-24. Ein- und Ausschalten eines Kondensators.

	Ladevorgang	Entladevorgang
Schaltung		
Differentialgleichung	$\dfrac{dQ}{dt} + \dfrac{1}{RC}\,Q - \dfrac{U}{R} = 0$	$\dfrac{dQ}{dt} + \dfrac{1}{RC}\,Q = 0$
Lösungen	$Q_C = CU\left(1 - e^{-\frac{1}{RC}t}\right)$ $U_C = U\left(1 - e^{-\frac{1}{RC}t}\right)$ $I = \dfrac{U}{R}\,e^{-\frac{1}{RC}t}$	$Q_C = Q_0\,e^{-\frac{1}{RC}t}$ $U_C = U_0\,e^{-\frac{1}{RC}t}$ $I = \dfrac{U_0}{R}\,e^{-\frac{1}{RC}t}$
Verlauf der Spannung		
Verlauf der Stromstärke		

M.7.2 Ein- und Ausschalten einer Spule

Tabelle M-25. Ein- und Ausschalten einer Spule.

	Einschaltvorgang	Ausschaltvorgang
Schaltung		
Differentialgleichung	$\dfrac{dI}{dt} + \dfrac{R}{L}I - \dfrac{U}{L} = 0$	$\dfrac{dI}{dt} + \dfrac{R}{L}I = 0$
Lösung	$I = \dfrac{U}{R}\left(1 - e^{-\frac{R}{L}t}\right)$	$I = I_0\, e^{-\frac{R}{L}t}$
Verlauf der Stromstärke		

M.8 Elektrische Maschinen

In elektrischen Maschinen wird mechanische Energie in elektrische umgewandelt (*Generatoren*) oder elektrische Energie in mechanische (*Elektromotoren*).

Wechselstromgenerator

Bei einem Generator rotiert eine Leiterschleife mit einer konstanten Winkelgeschwindigkeit ω (Übersicht M-30).

Bei Wechselstromwiderständen kann eine Phasenverschiebung zwischen Spannung und Strom auftreten.

Der Wechselstromgenerator besteht aus einem *Rotor* oder Läufer (rotierendes Teil) und einem *Stator* (stehendes Teil). In Generatoren kleiner Leistung dient als Rotor eine Spule und als Stator ein Magnet (Elektromagnet oder Dauermagnet). Für Generatoren großer Leistung (*Innenpolmaschine*) wird als Rotor ein Magnet und als Stator eine Spule verwendet. Über die Schleifringe wird dann nur die kleine Leistung des Feldmagneten übertragen.

Gleichstromgenerator

Der Gleichstromgenerator besitzt, wie die Übersicht M-30 zeigt, zwei isolierte Halbringe, die bei Richtungsänderung der Spannung diese umpolen. So entsteht eine *pulsierende Wechselspannung*, die durch entsprechende Beschaltungen geglättet werden kann.

Drehstromgenerator

Drehströme sind drei, um einen Phasenwinkel von 120° verschobene, sinusförmige Wechselspannungen (Bild M-35). Die sechs Spulen-

Übersicht M-30. Wechselstrom- und Gleichstromgenerator.

	Wechselstromgenerator	Gleichstromgenerator
Prinzip		
Spannung		
	$u_{ind} = N B A \omega \sin(\omega t)$ $u_{ind} = \hat{u} \sin(\omega t)$ $i(t) = \hat{i} \sin(\omega t)$	Durch zwei isolierte Halbringe wird die Spannung umgepolt. Es entsteht eine pulsierende Wechselspannung.

A rotierende Fläche
B magnetische Induktion
i elektrischer Strom
$\hat{i}$ Amplitude des elektrischen Stroms
N Windungszahl
u_{ind} induzierte Spannung
$\hat{u}$ Amplitude der Spannung ($\hat{u} = N B A \omega$)
ω Kreisfrequenz

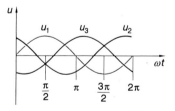

$$u_1 = u \sin(\omega t)$$

$$u_2 = u \sin\left(\omega t + \frac{2\pi}{3}\right)$$

$$u_3 = u \sin\left(\omega t + \frac{4\pi}{3}\right)$$

Bild M-35. Drehstrom.

endpunkte können durch eine *Dreieck-* bzw. *Sternschaltung* auf maximal drei begrenzt werden. Tabelle M-26 zeigt die entsprechenden Strangströme bzw. Strangspannungen (bei gleicher Belastung aller drei Stränge). Im öffentlichen Netz ist die Strangspannung 220 V und die Leiterspannung $\sqrt{3} \cdot 220\,\text{V} = 380\,\text{V}$.

Tabelle M-26. Dreieck- und Sternschaltung.

	Leiterstrom	Leiterspannung
Dreieck-schaltung 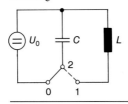	$I_R = I_S = I_T =$ $\sqrt{3} \cdot$ Strang-strom	$U_{RS} = U_{RT} = U_{ST}$ $=$ Strangspannung
Stern-schaltung	$I_R = I_S = I_T =$ Strangstrom	$U_{RS} = U_{RT} = U_{ST} =$ $\sqrt{3} \cdot$ Strang-spannung
	(Mittelpunkt-strom $=$ null)	Strangspannung $U_{RO} = U_{SO} = U_{TO}$

M.9 Elektromagnetische Schwingungen

Bei elektromagnetischen Schwingungen werden im Wechselstromkreis zwischen Kondensator und Spule elektrische und magnetische Energie periodisch ausgetauscht. Fehlt im Stromkreis der ohmsche Widerstand, dann werden ungedämpfte Schwingungen ausgeführt (die Scheitelwerte von Strom und Spannung sind immer gleich groß). Bei Anwesenheit eines ohmschen Widerstandes werden gedämpfte Schwingungen ausgeführt (die Scheitelwerte von Strom und Spannung nehmen ab). Die Schwingungen werden ausführlich im Abschnitt J.1 behandelt.

M.9.1 Ungedämpfte elektromagnetische Schwingung

Übersicht M-31 zeigt einen elektromagnetischen Schwingkreis, der eine *ungedämpfte* Schwingung hervorruft, wobei sich Spannung und Strom periodisch ändern.

Übersicht M-31. Elektromagnetischer Schwingkreis.

Schaltung

Strom- und Spannungsverlauf

Übersicht M-31 (Fortsetzung)

Differentialgleichung und Lösungen

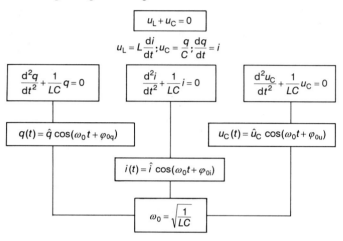

$$u_L + u_C = 0$$

$$u_L = L\frac{di}{dt}; u_C = \frac{q}{C}; \frac{dq}{dt} = i$$

$$\frac{d^2q}{dt^2} + \frac{1}{LC}q = 0$$

$$\frac{d^2i}{dt^2} + \frac{1}{LC}i = 0$$

$$\frac{d^2u_C}{dt^2} + \frac{1}{LC}u_C = 0$$

$$q(t) = \hat{q}\cos(\omega_0 t + \varphi_{0q})$$

$$u_C(t) = \hat{u}_C \cos(\omega_0 t + \varphi_{0u})$$

$$i(t) = \hat{i}\cos(\omega_0 t + \varphi_{0i})$$

$$\omega_0 = \sqrt{\frac{1}{LC}}$$

C	Kapazität
$i, \hat{i}$	Strom, Amplitude des Stroms
L	Induktivität
$q, \hat{q}$	Ladung, Amplitude der Ladung
u_C, u_L	Spannung am Kondensator, an der Spule
φ	Phasenwinkel
ω_0	Kreisfrequenz

M.9.2 Gedämpfte elektromagnetische Schwingung

Bei gedämpften Schwingungen ist ein ohmscher Widerstand vorhanden (Abschnitt J.1.2,
Übersicht J-6). Auch in diesem Fall müssen
nach der Maschenregel die Summe aller Spannungen null ergeben:

$$u_L + u_C + u_R = 0.$$

N Nachrichtentechnik

Die Nachrichtentechnik befaßt sich mit der *Übertragung, Vermittlung* und *Verarbeitung* von Nachrichten. Wichtige Normen sind in Tabelle N-1 zusammengestellt.

Tabelle N-1. Wichtige Normen der Nachrichtentechnik.

Norm	Bezeichnung
DIN 1324	Elektromagnetisches Feld
DIN 1344	Elektrische Nachrichtentechnik, Formelzeichen
DIN 5483	Zeitabhängige Größen
DIN 5493	Logarithmierte Größenverhältnisse
DIN 40 110	Wechselstromgrößen
DIN 40 146	Begriffe der Nachrichtenübertragung
DIN 40 148	Übertragungssysteme
DIN 44 300	Informationsverarbeitung
DIN 44 301	Informationstheorie
DIN 44 302	Datenübertragung, Datenübermittlung
DIN 44 331	Vermittlungstechnik – Systemtechnik

N.1 Informationstheorie

Die wichtigsten Beziehungen der Informationstheorie sind in Tabelle N-2 (s. S. 339) zusammengestellt. Die verwendete Einheit für I, H, H_0 und R ist das Bit (Einheitensymbol: bit). Der Logarithmus zur Basis 2 ($\operatorname{ld} x = \log_2 x$) hängt mit dem Zehnerlogarithmus $\lg x$ folgendermaßen zusammen:

$$\operatorname{ld} x = \frac{\lg x}{\lg 2} = \frac{\lg x}{0,301} . \qquad (\text{N--1})$$

N.2 Signale und Systeme

N.2.1 Zeit- und Frequenzbereich

Zeitlich periodische Signale mit der Grundfrequenz f_0 können nach FOURIER als Reihe von harmonischen Schwingungen dargestellt werden. Die Frequenzen der Oberschwingungen sind ganze Vielfache der Grundfrequenz. Bei *nicht periodischen* Vorgängen geht die Fourier-Reihe in das *Fourier-Integral* über und das diskrete Linienspektrum in ein *kontinuierliches Spektrum* (Bild N-1). Weitere Einzelheiten zur Fourier-Analyse bzw. Fourier-Transformation sind in den Abschnitten J.1.4.4 bzw. A.16 und A.17 dargestellt.

Bandbreite

Die Frequenzen, die im Spektrum eines Signals enthalten sind, bestimmen seine Bandbreite B. Sie ist das Frequenzintervall zwischen oberer und unterer Grenzfrequenz:

$$B = f_o - f_u . \qquad (\text{N--2})$$

Die obere und untere Grenzfrequenz ist nicht eindeutig festgelegt. In der Praxis wird häufig davon ausgegangen, daß Frequenzanteile, deren Amplituden kleiner sind als 10 % der Maximalamplitude, vernachlässigbar sind.

Für das Beispiel des Rechteckpulses im Bild N-1 gilt, wenn als obere Grenzfrequenz der Nulldurchgang der Spektraldichte $f_0 = 1/T_i$ festgelegt wird:

$$B = 1/T_i \quad \text{bzw.} \quad B\,T_i = 1 . \qquad (\text{N--3})$$

Zeitfunktion $s(t)$ und Spektralfunktion $\underline{S}(f)$ sind immer folgendermaßen korreliert:

Die Zeitdauer eines Vorgangs und seine spektrale Breite stehen in einem reziproken Verhältnis.

periodische Signale

Zeitfunktion :

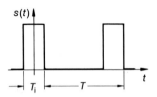

$s(t) = s(t+T)$, $f_0 = 1/T$

Fourier-Reihe

$$s(t) = \sum_{n=-\infty}^{+\infty} \underline{c}_n\, e^{jn\omega_0 t}$$

$$\underline{c}_n = \frac{1}{T} \int_{-T/2}^{+T/2} s(t) e^{-jn\omega_0 t}\, dt$$

Spektrum :

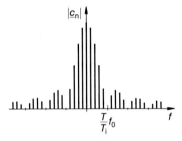

nicht periodische Signale

Zeitfunktion :

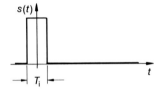

Fourier-Integral (-Transformation)

$$s(t) = \int_{-\infty}^{+\infty} \underline{S}(f) e^{j2\pi ft}\, df$$

$$\underline{S}(f) = \int_{-T/2}^{+T/2} s(t) e^{-j2\pi ft}\, dt$$

Spektraldichte :

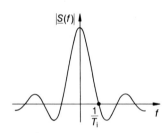

Bild N-1. Korrespondenz zwischen Zeit- und Frequenzbereich.

Bei Netzwerken (Übertragungseinrichtungen) wird meist die *3-dB-Bandbreite* benutzt. Sie gibt den Frequenzbereich an, in dem die *Übertragungsfunktion H(f)*

$$H(f) = \frac{U_2(f)}{U_1(f)} ; \qquad (N-4)$$

$U_1(f)$ Eingangsspannung,
$U_2(f)$ Ausgangsspannung,

um weniger als den Faktor $1/\sqrt{2} = 0{,}707$ von ihrem Maximalwert abweicht.

Für das *Fernsprechen* wurde von CCITT (Comité Consultatif International Télégra-

phique et Téléfonique) das Frequenzband von $f_u = 300$ Hz bis $f_o = 3{,}4$ kHz ($B = 3{,}1$ kHz, Tabelle N-3) festgelegt.

Die in Tabelle N-2 definierte Kanalkapazität C hängt von der Bandbreite B des Kanals, der Signalleistung P_s und der Rauschleistung P_n (Abschnitt N.2.6) ab (Tabelle N-3). Nach SHANNON gilt

$$C = B \operatorname{ld}\left(1 + \frac{P_s}{P_n}\right) \approx \frac{B}{3}\, 10 \lg\left(1 + \frac{P_s}{P_n}\right).$$

$$(N-5)$$

Tabelle N-2. Informationstheoretische Begriffe.
Die Beispiele der letzten Spalte beziehen sich auf ein System mit $n = 4$ Zeichen, die mit den Wahrscheinlichkeiten 40%, 30%, 20% und 10% auftreten.

Definitionen	Gleichungen	Beispiel
Wahrscheinlichkeit für das Auftreten der Nachricht x_i (Zeichen, Symbol)	$p(x_i)$	$p(x_1) = 0,4$ $p(x_2) = 0,3$ $p(x_3) = 0,2$ $p(x_4) = 0,1$
Informationsgehalt der Nachricht x_i	$I(x_i) = \mathrm{ld}\left[\dfrac{1}{p(x_i)}\right]$ bit	$I(x_1) = 1,32$ bit $I(x_2) = 1,74$ bit $I(x_3) = 2,32$ bit $I(x_4) = 3,32$ bit
Entropie: mittlerer Informationsgehalt einer Nachricht aus n Elementen $x_1 \ldots x_n$	$H = \sum\limits_{i=1}^{n} p(x_i)\, I(x_i)$ bit	$H = 1,85$ bit
Entscheidungsgehalt: maximaler Informationsgehalt einer Menge von n Zeichen	$H_0 = \mathrm{ld}\, n$ bit	$H_0 = 2$ bit
Redundanz: Differenz zwischen maximal möglichem Informationsgehalt und tatsächlich ausgenutztem	$R = (H_0 - H)$ bit	$R = 0,15$ bit
relative Redundanz	$r = \dfrac{H_0 - H}{H_0}$	$r = 0,077$
Informationsfluß (T_m ist die mittlere Zeit für die Übertragung eines Nachrichtenelements)	$F = H/T_m$ bit/s	
Kanalkapazität: maximaler Informationsfluß, der fehlerfrei über einen Kanal übertragen werden kann	$C = F_{max} = \left[\dfrac{H}{T_m}\right]_{max}$ bit/s	

Tabelle N-3. Kanalkapazitäten.

Kanal	B kHz	S dB	C bit/s
Fernsprechen	3,1	40	$4,1 \cdot 10^4$
UKW-Rundfunk	15	60	$3 \cdot 10^5$
Fernsehen	5000	45	$6,5 \cdot 10^7$

Häufig ist $P_s \gg P_n$, so daß gilt

$$C \approx \frac{B}{3}\, 10\, \lg\, (P_s/P_n) = \frac{B}{3}\, S. \qquad (\text{N–6})$$

S Störabstand in dB (Übersicht N-5).

N.2.2 Abtasttheorem

Zur Digitalübertragung müssen zeitkontinuierliche Signale durch Abtastung in diskrete Signale umgewandelt werden (Bild N-2). Nach SHANNON wird eine Zeitfunktion $s(t)$, deren Spektrum durch die Bandbreite B begrenzt ist, durch Abtasten eindeutig beschrieben, wenn gilt:

$$T_A \leq \frac{1}{2\,B}, \qquad f_A \geq 2\,B; \qquad (\text{N–7})$$

T_A Abtastintervall,
f_A Abtastfrequenz.

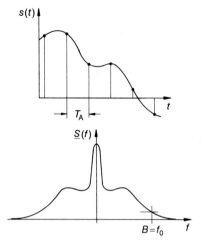

Bild N-2. Abzutastendes Signal s (t) und Spektraldichte $\underline{S}(f)$.

den Gleichungen in Übersicht N-1 entsteht symmetrisch zur Trägerfrequenz f_T eine obere und eine untere Seitenbandfrequenz $f_T + f_M$ bzw. $f_T - f_M$ (Bild N-4). Sind in einem Signal Fourier-Koeffizienten im Frequenzbereich von f_1 bis f_2 enthalten, so entsteht ein oberes und ein unteres Seitenband mit Frequenzen von $f_T + f_1$ bis $f_T + f_2$ bzw. $f_T - f_2$ bis $f_T - f_1$. Mit einer einfachen Gleichrichterschaltung läßt sich das AM-Signal demodulieren.

N.2.3 Modulation

Nach NTG 0101 ist die Modulation die Veränderung von *Signalparametern eines Trägers* in Abhängigkeit von einem *modulierenden* Signal (Basisbandsignal). Nach Übertragung des modulierten Signals wird durch *Demodulation* das Basisbandsignal wieder gewonnen (Bild N-3). Von den in Tabelle N-4 dargestellten Modulationsverfahren sollen im folgenden einige genauer dargestellt werden.

Amplitudenmodulation AM

Bei der AM wird die Amplitude eines Trägers durch das Basisbandsignal moduliert. Nach

Einseitenbandmodulation EM

Da bei der AM jedes Seitenband die volle Information des modulierenden Signals trägt, ist eine Übertragung mit nur einem Band (mit und ohne Träger) möglich. In der Regel wird das obere Seitenband übertragen. Die erforderliche Bandbreite ist nur halb so groß wie bei der AM.

Frequenzmodulation FM

Bei der FM wird die Momentanfrequenz $\Omega(t)$ des Trägers durch das zu übertragende Signal moduliert (Bild N-5, Übersicht N-2). Es entstehen symmetrisch zur Trägerfrequenz f_T Seitenbanden im Abstand $\pm n f_M (n = 1, 2, 3 \ldots)$, deren Amplituden durch Besselfunktionen $J_n(\eta)$ bestimmt werden. Bei bestimmten Modulationsindizes (z. B. $\eta = 2,405$; $3,832$ usw.) sind Nullstellen der Bessel-Funktionen, was zur Folge hat, daß der Träger bzw. bestimmte Seitenbänder verschwinden (Bild N-5). Die FM benötigt bei großem Modulationsindex η eine wesentlich größere Bandbreite als die AM, weshalb sie nur im UKW-Bereich und noch höheren Frequenzen angewendet wird.

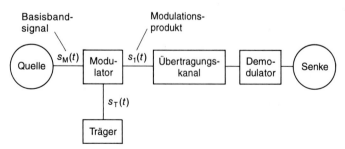

Bild N-3. Modulationsprinzip.

Tabelle N-4. Modulationsverfahren.

Sinusträger	modulierendes Signal			
	analog		digital	
	Amplitudenmodulation *amplitude modulation*	AM	Amplitudenumtastung *amplitude shift keying*	ASK
	Einseitenbandmodulation *single sideband modulation*	EM *SSB*		
	Restseitenbandmodulation *vestigial sideband modulation*	RM *VSB*		
	Frequenzmodulation *frequency modulation*	FM	Frequenzumtastung *frequency shift keying*	FSK
	Phasenmodulation *phase modulation*	PM	Phasenumtastung *phase shift keying*	PSK
Pulsträger	modulierendes Signal			
	unkodiert		kodiert	
	Pulsamplitudenmodulation *pulse amplitude modulation*	PAM	Pulskodemodulation *pulse code modulation*	PCM
	Pulsdauermodulation *pulse duration modulation*	PDM		
	Pulsfrequenzmodulation *pulse frequency modulation*	PFM		
	Pulsphasenmodulation *pulse phase modulation*	PPM		

Übersicht N-1. Amplitudenmodulation.

Träger	$s_T(t) = \hat{s}_T \cos \omega_T\, t$
modulierendes Basisband-signal	$s_M(t) = \hat{s}_M \cos \omega_M\, t$
Zeitfunktion	$s_{AM}(t)$ $= (\hat{s}_T + \hat{s}_M \cos \omega_M\, t) \cos \omega_T\, t$ $= \hat{s}_T\left[\cos \omega_T t + \dfrac{m}{2} \cos(\omega_T + \omega_M) t \right.$ $\left. + \dfrac{m}{2} \cos(\omega_T - \omega_M)\, t \right]$
Modulations-grad	$m = \hat{s}_M / \hat{s}_T$
benötigte Bandbreite	$B_{AM} \approx 2\, B_{NF}$

$\hat{s}_T, \omega_T$ Amplitude und Kreisfrequenz des Trägers
$\hat{s}_M, \omega_M$ Amplitude und Kreisfrequenz des modulierenden Signals
B_{NF} Bandbreite des niederfrequenten Basisbandsignals

Phasenmodulation PM

Bei der PM wird der Phasenwinkel des Trägers durch das Basisbandsignal moduliert. Bei einem nur mit einer Sinusschwingung modulierten Träger sind PM und FM identisch. Beide werden unter dem Begriff *Winkelmodulation* zusammengefaßt.

Pulsmodulation

Bild N-6 verschafft einen Überblick über die verschiedenen Pulsmodulationsverfahren. Bei den gezeigten Methoden entstehen zwar *zeitdiskrete*, aber *wertkontinuierliche* Signale.

Pulskodemodulation PCM

Durch Quantisierung wertkontinuierlicher Signale (z. B. der PAM) entstehen *wertdiskrete* Signale. Bild N-7 zeigt ein Beispiel mit acht Amplitudenstufen (3-bit-Kode). Anstelle des gezeigten *Dualkodes* werden meist andere Kodes mit geringerer Störanfälligkeit zur Übertragung verwendet (z. B. *Gray-Kode*, Abschn. Y.1.2).

a) Zeitverlauf

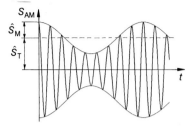

a) Zeitverlauf

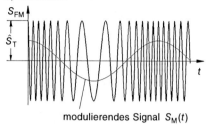

modulierendes Signal $S_M(t)$

b) Spektrum

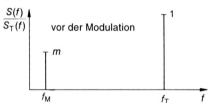

b) Spektren bei verschiedenen
Modulationsindizes η

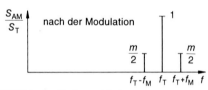

Bild N-4. Amplitudenmodulation.

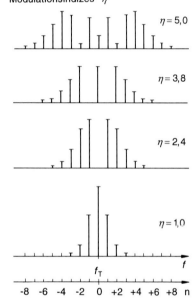

Bild N-5. Frequenzmodulation.

Dem Vorteil der hohen Störsicherheit bei der digitalen Übertragung steht der Nachteil gegenüber, daß eine große Bandbreite benötigt wird. In der Praxis rechnet man mit einer erforderlichen Bandbreite von

$$B \approx 0{,}75 f_A N; \qquad (N\text{-}8)$$

f_A Abtastfrequenz, Schrittgeschwindigkeit,
N Anzahl der Quantisierungs-Bits.

So wird beispielsweise bei der PCM-Fernsprechübertragung mit $f_A = 8$ kHz ($T_A = 125\,\mu s$) abgetastet und die Meßwerte mit 8 bit quantisiert (256 Amplitudenstufen). Für die Übertragung dieses 64-kbit/s-Signals ist also eine Bandbreite von $B = 48$ kHz erforderlich, während die Analogübertragung mit nur 3,4 kHz auskommt.

Der große Vorteil der PCM besteht darin, daß in der Zeit zwischen den einzelnen Abtastpulsen andere Signale abgetastet und übertragen werden können (*Zeitmultiplex*). Bei dem in Europa eingeführten *PCM-Grundsystem* (PCM 30) werden innerhalb des Zeitrahmens von $T_A = 125\,\mu s$ 32 Kanäle übertragen, davon sind 30 für Sprache oder Daten ausnutzbar. Insgesamt werden also $32 \cdot 64$ kbit/s = 2,048 Mbit/s übertragen.

a) Pulsamplitudenmodulation, PAM

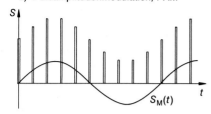

$S_M(t)$

b) Pulsdauermodulation, PDM

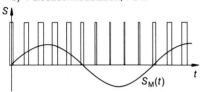

$S_M(t)$

c) Pulsphasenmodulation, PPM

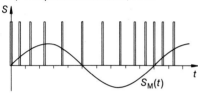

$S_M(t)$

d) Pulsfrequenzmodulation, PFM

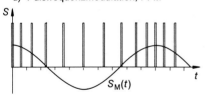

$S_M(t)$

Bild N-6. Pulsmodulationsverfahren, $s_M(t)$ ist das modulierende Signal.

Übersicht N-2. Frequenzmodulation.

Augenblicks-frequenz des Trägers	$\Omega(t) = \omega_T + \Delta\Omega \cos\omega_M t$
modulierendes Basis-bandsignal	$s_M(t) = \hat{s}_M \cos\omega_M t$
Zeitfunktion	$s_{FM}(t) = \hat{s}_T \cos(\omega_T t + \eta \sin\omega_M t)$
Modulations-index	$\eta = \Delta\Omega/\omega_M = \Delta F/f_M$
Fourier-Reihe	$s_{FM}(t)$
	$= \hat{s}_T \sum\limits_{n=-\infty}^{n=+\infty} J_n(\eta)\cos(\omega_T + n\omega_M)t$
benötigte Bandbreite	$B_{FM} \approx 2(\Delta F + B_{NF})$
	$= 2(\eta f_M + B_{NF})$

$(\Delta\Omega)\Delta F$	(Kreis) Frequenzhub	
ω_M	Modulationskreisfrequenz	
ω_T	Trägerkreisfrequenz	
$J_n(\eta)$	Besselfunktionen 1. Art, n-ter Ordnung	
B_{NF}	Bandbreite des niederfrequenten Basisbandsignals	

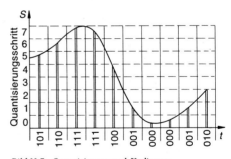

Bild N-7. Quantisierung und Kodierung.

N.2.4 Pegel und Dämpfungsmaß

In der Nachrichtentechnik treten Signal-amplituden auf, die viele Größenordnungen überstreichen (z. B. Signalleistung am Anfang und Ende einer Leitung, Spannungsamplituden am Ein- und Ausgang eines Verstärkers). Deshalb werden Größenverhältnisse häufig logarithmiert und in dB angegeben (Tabelle N-5).

Neben dem in Tabelle N-5 definierten (absoluten) Pegel ist der *relative* Pegel gebräuchlich, bei dem der Bezugswert eines bestimmten Bezugspunkts (z. B. Eingang, Ausgang) zum Vergleich herangezogen wird. Der Bezugspunkt hat den relativen Pegel null. Die relativen Pegel werden mit dem Hinweiszeichen dBr angegeben.

Ist das Dämpfungsmaß *negativ*, dann liegt *Verstärkung* (Gewinn, gain) vor.

Tabelle N-5. Logarithmierte Größenverhältnisse.

Pegel (absoluter Pegel)
Bezugsgröße ist ein festgelegter Wert

Beispiel	Definition	Bezugsgröße	Einheitenzeichen IEC	UIT
Leistungspegel	$L_P = 10 \lg \dfrac{P}{P_0} \, \mathrm{dB}$	$P_0 = 1 \, \mathrm{mW}$ $P_0 = 1 \, \mathrm{W}$	dB (mW) dB (W)	dBm dBW
Spannungspegel	$L_U = 20 \lg \dfrac{U}{U_0} \, \mathrm{dB}$	$U_0 = 0{,}775 \, \mathrm{V}$ $U_0 = 1 \, \mathrm{V}$	dB (0,775 V)* dB (V)	– dBV
Strompegel	$L_I = 20 \lg \dfrac{I}{I_0} \, \mathrm{dB}$	$I_0 = 1 \, \mathrm{mA}$	dB (mA)	–

Dämpfungsmaß

Leistungs-dämpfungsmaß	$a_P = 10 \lg \dfrac{P_1}{P_2} \, \mathrm{dB} = L_{P1} - L_{P2}$	
Spannungs-dämpfungsmaß	$a_U = 20 \lg \dfrac{U_1}{U_2} \, \mathrm{dB} = L_{U1} - L_{U2}$	

* 0,775 V entspricht am Bezugswiderstand 600 Ω von Fernsprecheinrichtungen einer Leistung von 1 mW

N.2.5 Verzerrungen

Lineare Verzerrungen entstehen beispielsweise während einer Übertragung dadurch, daß die verschiedenen Fourier-Komponenten eines Signals verschieden stark gedämpft werden (*Amplitudenverzerrungen*) oder unterschiedliche Laufzeiten aufweisen (*Laufzeitverzerrungen*). In beiden Fällen weicht das übertragene Signal vom Ausgangssignal ab. Bei den linearen Verzerrungen ändern sich im Fourier-Spektrum lediglich die Amplituden bzw. Phasen, es entstehen aber keine neuen Frequenzanteile.

Nichtlineare Verzerrungen entstehen bei der Aussteuerung eines Senders oder Netzwerks mit einer gekrümmten Kennlinie. Bild N-8 zeigt die gekrümmte Kennlinie eines Halbleiterlasers (Abschnitt X.1.3) als Sender für die optische Nachrichtenübertragung und die entstehende Verzerrung eines sinusförmigen Modulationssignals.

Eine nichtlineare Kennlinie kann mathematisch durch eine Taylor-Reihe beschrieben

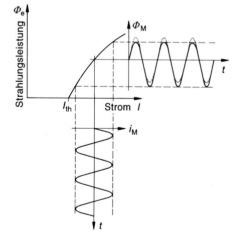

Bild N-8. Aussteuerung einer nichtlinearen Laserkennlinie.

Übersicht N-3. Nichtlineare Verzerrungen.

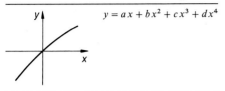

$$y = ax + bx^2 + cx^3 + dx^4$$

Modulation mit einem Signal: $x(t) = \hat{x} \cos \omega t$

$y(t) = \dfrac{1}{2} b\hat{x}^2 + \dfrac{3}{8} d\hat{x}^4$	Konstante
$+ \left(a\hat{x} + \dfrac{3}{4} c\hat{x}^3 \right) \cos \omega t$	Grundfrequenz
$+ \left(\dfrac{1}{2} b\hat{x}^2 + \dfrac{1}{2} d\hat{x}^4 \right) \cos 2\omega t$	zweite Harmonische (2HD)
$+ \dfrac{1}{4} c\hat{x}^3 \cos 3\omega t$	dritte Harmonische (3HD)
$+ \dfrac{1}{8} d\hat{x}^4 \cos 4\omega t$	vierte Harmonische (4HD)

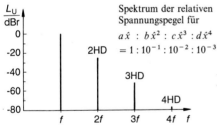

Spektrum der relativen Spannungspegel für

$$a\hat{x} : b\hat{x}^2 : c\hat{x}^3 : d\hat{x}^4 = 1 : 10^{-1} : 10^{-2} : 10^{-3}$$

Modulation mit zwei Signalen:
$x(t) = \hat{x}(\cos \omega_1 t + \cos \omega_2 t)$

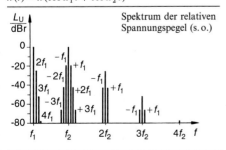

Spektrum der relativen Spannungspegel (s. o.)

Übersicht N-4. Verzerrungsfaktoren.

Klirr-faktor (Gesamt-klirr-faktor)	$k = \sqrt{\dfrac{\sum\limits_{n=2}^{\infty} U_n^2}{\sum\limits_{n=1}^{\infty} U_n^2}} = \sqrt{\sum\limits_{n=2}^{\infty} k_n^2}$
Klirr-faktor n-ter Ordnung (Teil-klirr-faktor)	$k_n = \sqrt{\dfrac{U_n^2}{\sum\limits_{i=1}^{\infty} U_n^2}} \quad n = 2, 3, 4 \dots$
Klirr-dämp-fungs-maß	$a_k = 20 \lg \dfrac{1}{k} \text{ dB}$
Klirr-dämp-fungs-maß n-ter Ordnung	$a_{k_n} = 20 \lg \dfrac{1}{k_n} \text{ dB}$
Inter-modula-tions-faktor	$m = \dfrac{\sqrt{\sum\limits_{n=1}^{n_{max}} (U_{f_2 - nf_1} + U_{f_2 + nf_1})^2}}{U_{f_2}}$

U_n Effektivwert der Spannung der n-ten Harmonischen

werden (Übersicht N-3). Bei der Aussteuerung entstehen neue Harmonische zur Grund-frequenz (**H**armonic **D**istortion, HD). Ein Maß für die Verzerrung ist der *Klirrfaktor k* (Übersicht N-4). Bei der Aussteuerung einer nichtlinearen Kennlinie mit einem Frequenz-gemisch entstehen Summen- und Differenz-frequenzen (*Intermodulation*). Übersicht N-3 zeigt die Intermodulationsprodukte von zwei Frequenzen f_1 und f_2. Zur Beurteilung der Intermodulationsleistung gibt es verschiedene Definitionen (DIN 40148, Blatt 3). Der in der Elektroakustik übliche *Intermodulationsfaktor* m ist in Übersicht N-4 angegeben. Der Inter-modulationsfaktor und der Klirrfaktor werden durch Ausmessen eines Zweitonspektrums mit einem Spektrumanalysator bestimmt.

N.2.6 Rauschen

Die wichtigste *Störung* bei der Übertragung eines Nachrichtensignals ist das *Rauschen* (Noise). Folgende Rauscharten werden unterschieden:

- Widerstandsrauschen (thermisches Rauschen eines Widerstands),
- Generations-Rekombinationsrauschen (Schwankungen der Ladungsträgerdichte in einem Halbleiter),
- Schrotrauschen (statistisch regelloses Überqueren einer Sperrschicht durch Ladungsträger),
- Modulationsrauschen (1/f-Rauschen modulierter Halbleiter),
- Antennenrauschen (Einfangen atmosphärischer Störungen).

Nach der Frequenzabhängigkeit der spektralen Rauschleistungsdichte werden unterschieden:

- weißes Rauschen (frequenzunabhängige Leistungsdichte),
- breitbandiges Rauschen (Leistungsdichte ist frequenzunabhängig bis zu einer oberen (3-dB-)Grenzfrequenz),
- farbiges Rauschen (entsteht durch Filterung aus breitbandigem Rauschen),
- rosa Rauschen (Leistungsdichte ist umgekehrt proportional zur Frequenz).

In Übersicht N-5 sind die wichtigsten Beziehungen zusammengestellt.

N.3 Nachrichtenübertragung

Nach DIN 40146 besteht ein Nachrichtenübertragungssystem aus *Sender, Übertragungskanal* und *Empfänger*.

N.3.1 Sender

Signale der Nachrichtenquelle werden vom Sender so aufbereitet, daß sie für die Übertragung im Übertragungskanal geeignet sind und am Empfängereingang noch einen ausreichenden Pegel (Störabstand) aufweisen. Die zunächst in beliebiger Form vorliegende Nachricht wird mit Hilfe des *Aufnahmewandlers* in ein meist elektrisches Signal überführt. Die Signale werden meist nicht in ihrer Originalfrequenzlage (NF) übertragen, sondern als modulierte HF-Signale. Die Modulation (Abschnitt N.2.2) eines hochfrequenten Trägers gehört deshalb mit zu den Aufgaben des Senders.

Übersicht N-5. Rauschen.

effektive Rauschspannung eines Wirkwiderstands R	$U_\mathrm{n} = \sqrt{4\,k\,T\,R\,B}$
verfügbare Rauschleistung bei Anpassung	$P_\mathrm{n} = k\,T\,B$
Rauschtemperatur	$T_\mathrm{n} = P_\mathrm{n}/(k\,B)$
Rauschzahl eines Vierpols	$F = \dfrac{(P_\mathrm{s}/P_\mathrm{n})_\mathrm{e}}{(P_\mathrm{s}/P_\mathrm{n})_\mathrm{a}} = 1 + \dfrac{P_{\mathrm{n,v}}}{G_\mathrm{L}\,P_{\mathrm{n,e}}} = 1 + \dfrac{T_{\mathrm{n,v}}}{T_{\mathrm{n,q}}}$
Rauschmaß	$F^* = 10\,\lg F$ dB
Störabstand	$S = 10\,\lg\,(P_\mathrm{s}/P_\mathrm{n})$ dB

B	Bandbreite
e, a	Eingang, Ausgang
G_L	Leistungsverstärkung
k	Boltzmann-Konstante
P_n, P_s	Rausch-, Signalleistung
$T_{\mathrm{n,q}}$, $T_{\mathrm{n,v}}$	Rauschtemperatur von Signalquelle und Vierpol

N.3.2 Übertragungsmedium

Die wichtigsten Übertragungsmedien sind

- Leitungen (Drähte, Koaxialkabel),
- Hohlleiter,
- Lichtwellenleiter (Abschnitt L.1.3.2),
- freier Raum.

Übersicht N-6. Leitungsgleichungen.

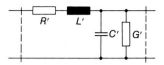

Ersatzschaltbild

Differentialgleichung der ortsabhängigen komplexen Spannung	$\dfrac{d^2\,\underline{U}(x)}{d\,x^2} = (R' + j\omega L')\,(G' + j\omega C')\,\underline{U}(x)$
Ausbreitungskonstante	$\gamma = \alpha + j\beta = \sqrt{(R' + j\omega L')\,(G' + j\omega C')}$
Für *verlustarme* Leitungen $(\omega L' \gg R'$ und $\omega C' \gg G')$ gilt: Dämpfungskonstante (längenbezogene Dämpfung von $\underline{U}$)	$\alpha = \dfrac{1}{2}\left(R'\,\sqrt{\dfrac{C'}{L'}} + G'\,\sqrt{\dfrac{L'}{C'}} \right)$
Phasenkonstante (längenbezogene Phasendrehung von $\underline{U}$)	$\beta = \omega\,\sqrt{L'\,C'}$

C' längenbezogene Kapazität
G' längenbezogener Querleitwert
L' längenbezogene Induktivität   } Beläge
R' längenbezogener Widerstand
ω Kreisfrequenz

Die wichtigsten Leitungsgleichungen sind in Übersicht N-6 zusammengestellt. Informationen zum Wellenwiderstand sowie der Reflexion und Transmission von Wellen an Stoßstellen sind im Abschnitt J.2.2 zu finden.

Bei der Ausbreitung von elektromagnetischen Wellen im *freien* Raum treten verschiedene Wellentypen auf (Bild N-9). *Bodenwellen* sind vor allem für Wellenlängen über 100 m von Bedeutung (Tabelle N-6). *Raumwellen* sind bei hohen Frequenzen (ab UKW) praktisch nur innerhalb optischer Sichtverbindung einsetzbar. Im Bereich der Kurz-, Mittel- und Langwellen ist die an der Ionosphäre reflektierte Raumwelle von großer Bedeutung. Bei Mittelwellen kann es zu Interferenzerscheinungen zwischen der Bodenwelle und der am Erdboden reflektierten Raumwelle kommen. Durch zeitlich wechselnde Ausbreitungsbedingungen kommt es zu *Schwund* (Fading). Übersicht N-7 enthält Antennengleichungen für Freiraumübertragung ($\lambda < 3$ m).

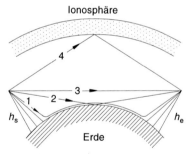

Bild N-9. Ausbreitungswege elektromagnetischer Wellen.
1 Bodenwelle, an Grenzfläche Erde – Luft geführt,
2 Raumwelle, an Erdoberfläche reflektiert,
3 Raumwelle, optische Sichtverbindung,
4 Raumwelle, an Ionosphäre reflektiert.

Tabelle N-6. Elektromagnetische Wellen.

Wellenlänge	Frequenz	Bodenwelle	Raumwelle
100 km ————	3 kHz ————		
Myriameterwellen Längstwellen	very low frequency VLF	Reichweite > 10 000 km	unbedeutend
10 km ————	30 kHz ————		
Kilometerwellen Langwellen LW	low frequency LF	Reichweite > 1000 km	tagsüber gedämpft, nachts große Reichweite durch Reflexion an Ionosphäre
1 km ————	300 kHz ————		
Hektometerwellen Mittelwellen MW	medium frequency MF	Reichweite > 100 km	
100 m (1 hm) ————	3 MHz ————		
Dekameterwellen Kurzwellen KW	high frequency HF	Reichweite < 100 km	
10 m (1 dam) ————	30 MHz ————		
Meterwellen Ultrakurzwellen UKW	very high frequency VHF	–	Ausbreitung im Bereich der optischen Sichtverbindung, Überreichweite durch Beugung
1 m ————	300 MHz ————		
Dezimeterwellen	ultra high frequency UHF	–	
1 dm ————	3 GHz ————		
Zentimeterwellen	super high frequency SHF	–	
1 cm ————	30 GHz ————		
Millimeterwellen	extremely high frequency EHF	–	
1 mm ————	300 GHz ————		

Übersicht N-7. Antennengleichungen.

wirksame Antennenfläche – Hertzscher Elementardipol	$A_{\text{w, Hz}} = \dfrac{3\,\lambda^2}{8\,\pi}$
– Kugelstrahler	$A_{\text{w, K}} = \dfrac{\lambda^2}{4\,\pi}$
aufgenommene Leistung der Empfangsantenne	$P_{\text{e}} = P_{\text{s}} \left[\dfrac{\lambda}{4\,\pi\,r}\right]^2 G_{\text{e}}\,G_{\text{s}}$
Antennengewinn	$G = A_{\text{w}}/A_{\text{w, K}}$
Antennengewinnmaß	$a_{\text{G}} = 10\,\lg G \ \text{dB}$
Freiraumdämpfungsmaß	$a_0 = 10\,\lg\,(P_{\text{s}}/P_{\text{e}})\ \text{dB}$
Reichweite (quasioptische Sichtweite)	$d = \sqrt{2\,R'}\,(\sqrt{h_{\text{s}}} + \sqrt{h_{\text{e}}})$

A_{w} wirksame Antennenfläche
G_{e}, G_{s} Gewinn Empfangs-, Sendeantenne
h_{e}, h_{s} Höhe Empfangs-, Sendeantenne
P_{s} Sendeleistung
r Abstand zwischen Sende- und Empfangsantenne
R' effektiver Erdradius, 8470 km
λ Wellenlänge

N.3.3 Empfänger

Der Empfänger nimmt das übertragene Signal auf und verstärkt es. Nach *Demodulation* wird die Nachricht über einen *Wiedergabewandler* der Senke zugeführt.

Erfolgt die Übertragung in der Originalfrequenzlage, wird zur Verstärkung ein *Geradeausempfänger* eingesetzt, der auf die Signal-frequenz abgestimmt ist. Bei der Übertragung mit Hilfe eines modulierten hochfrequenten Trägers wird meist ein *Überlagerungsempfänger* (Heterodyn-Empfang, Superhet) benutzt. Durch Mischung des HF-Signals mit der Schwingung eines lokalen Oszillators wird das Signal in eine niedrigere Zwischenfrequenz (ZF) umgesetzt und in der ZF-Lage weiter verarbeitet (Bild N-10).

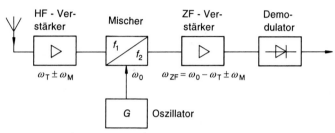

Bild N-10. Überlagerungsempfänger.

O Thermodynamik

Tabelle O-1. *Wichtige Normen und Richtlinien.*

Norm	Bezeichnung
DIN 1343	Referenzzustand, Normzustand, Normvolumen
DIN 1345	Thermodynamik; Formelzeichen, Einheiten
DIN 1953	Temperaturmessung
DIN 5491	Stoffübertragung; Diffusion und Stoffübergang, Grundbegriffe, Größen, Formelzeichen, Kenngrößen
DIN 13 346	Temperatur, Temperaturdifferenz; Grundbegriffe, Einheiten
VDE/VDI 3511	Technische Temperaturmessungen
VDE/VDI 3512	Meßanordnungen für Temperaturmessungen

Die Thermodynamik befaßt sich mit Energieumwandlungen unter besonderer Berücksichtigung von Wärmeerscheinungen. In der *phänomenologischen* Thermodynamik wird ein System durch makroskopische Variable beschrieben, während in der *statistischen* Thermodynamik eine mikroskopische Betrachtungsweise angewendet wird. Die wichtigsten Erkenntnisse der Thermodynamik sind in drei *Hauptsätzen* zusammengefaßt.

O.1 Grundlagen

O.1.1 Thermodynamische Grundbegriffe

Systeme

Nach Art der Systemgrenzen werden verschiedenartige Systeme unterschieden (Tabelle O-2).

Zustand, Zustandsgrößen

Der Zustand eines Systems wird durch Zustandsgrößen beschrieben (Tabelle O-3).

Befindet sich ein System in einem *Gleichgewichtszustand*, dann nehmen die Zustandsgrö-

Tabelle O-2. *Thermodynamische Systeme.*

Bezeichnung des Systems	Kennzeichen der Systemgrenzen	Beispiele
offen	durchlässig für Materie und Energie	Wärmeübertrager, Gasturbine
geschlossen	durchlässig für Energie, undurchlässig für Materie	geschlossener Kühlschrank, Warmwasserheizung, Heißluftmotor
abgeschlossen	undurchlässig für Energie und Materie	verschlossenes Thermosgefäß
adiabat	undurchlässig für Materie und Wärme, durchlässig für mechanische Arbeit	rasche Kompression in einem Gasmotor

Tabelle O-3. *Beispiele für Zustandsgrößen.*

thermische Zustandsgrößen		kalorische Zustandsgrößen	
Druck	p	innere Energie	U
Volumen	V	Enthalpie	H
Temperatur	T	Entropie	S

ßen Z konstante Werte an. Wird von einem Ausgangszustand 1 das System in den neuen Zustand 2 überführt, dann ist die *Änderung* der Zustandsgröße

$$\Delta Z = \int_1^2 dZ = Z_2 - Z_1 \qquad (O\text{-}1)$$

unabhängig von der Art der Prozeßführung; sie hängt nur vom Anfangs- und Endzustand ab. Wird ein *Kreisprozeß* durchlaufen, so daß nach einer Folge von Zustandsänderungen der Anfangszustand wieder vorliegt, dann gilt

$$\oint dZ = 0; \qquad (O-2)$$

dZ totales Differential der Zustandsgröße Z.

Prozeßgrößen

Im Gegensatz zu den wegunabhängigen Zustandsgrößen sind Wärme und Arbeit wegabhängige, d. h. von der Art der Prozeßführung abhängige *Prozeßgrößen*. Differentiell kleine Größen von Prozeßgrößen, die nicht als totales Differential schreibbar sind, werden im folgenden mit δ gekennzeichnet, also z. B. δQ und δW.

Spezifische und molare Größen

Thermodynamische Größen, die von der Substanzmenge abhängen, werden als *extensive* Größen (Quantitätsgrößen) bezeichnet (z. B. Volumen, innere Energie). *Intensive* Größen (Qualitätsgrößen) hängen nicht von der Substanzmenge ab, behalten also bei einer Zerlegung des Systems in Teilsysteme ihren Wert bei (z. B. Druck, Temperatur). Wird eine extensive Größe X durch die Substanzmenge dividiert, ergibt sich eine intensive Größe (Tabelle O-4).

Atom- und Molekülmassen

Die Masse eines Atoms m_A oder Moleküls m_M ist

$$m_A = A_r\,u, \qquad m_M = M_r\,u; \qquad (O-6)$$

A_r relative Atommasse (angegeben z. B. im Periodensystem),
M_r relative Molekülmasse (Summe der relativen Atommassen),
u atomare Masseneinheit,

$$1\,u = \frac{1}{12}\,m_A\,(^{12}C) = 1,66055 \cdot 10^{-27}\,kg.$$

Für die Gesamtmasse m eines Einstoffsystems gilt

$$m = N\,m_M = v\,M; \qquad (O-7)$$

N Zahl der Teilchen (Moleküle, Atome) eines Systems,
v Stoffmenge,
M Molmasse.

Tabelle O-4. Spezifische und molare Größen.

extensive Größe	intensive Größen	
	molar	spezifisch
X	$X_m = X/v$ (O-3)	$x = X/m$ O-4)
	Zusammenhang:	
	$X_m = x\,(m/v) = x\,M$	(O-5)

m Masse des Systems
v Stoff- oder Teilchenmenge
M Molmasse

Die Stoffmenge (Teilchenmenge) v wird gemessen in mol. Die SI-Basiseinheit 1 mol ist die Menge eines Stoffs, der genau so viel Teilchen enthält, wie Atome in 12,000 g ^{12}C enthalten sind. Diese Zahl ist die *Avogadrosche Konstante* $N_A = 6,022 \cdot 10^{23}\,mol^{-1}$. Für die Stoffmenge v gilt

$$v = N/N_A = m/M; \qquad (O-8)$$

N Teilchenzahl des Systems,
N_A Avogadrosche Konstante,
m Masse des Systems,
M Molmasse, d. h. Masse von $v = 1$ mol des Stoffes.

Die Molmasse M bestimmt sich aus der relativen Atommasse A_r bzw. Molekülmasse M_r gemäß

$$M = A_r\,g/mol \quad bzw. \quad M = M_r\,g/mol. \qquad (O-9)$$

O.1.2 Temperatur

Befinden sich zwei Körper auf verschiedenen Temperaturen, dann findet bei Kontakt der Körper ein Temperaturausgleich statt. Im *nullten Hauptsatz der Thermodynamik* wird formuliert:

Im thermodynamischen Gleichgewicht haben alle Bestandteile eines Systems dieselbe Temperatur.

Die physikalische Bedeutung der Temperatur wird im Abschnitt O.2.2 beschrieben; die exakte Definition der *thermodynamischen Temperatur* erfolgt im Abschnitt O.3.5.

Zur Definition einer Temperaturskala sind zwei Fixpunkte erforderlich. Ein Fixpunkt ist der *absolute Temperaturnullpunkt*, der nicht unterschritten werden kann. Als zweiter Fixpunkt wurde der *Tripelpunkt* (Abschnitt O.4.3.2) des Wassers zu 273,16 K festgelegt. Daraus folgt für die SI-Basiseinheit der Temperatur:

> 1 Kelvin (1 K) ist der 273,16te Teil der thermodynamischen Temperatur des Tripelpunkts von Wasser.

Die Kelvin-Skala hat dieselbe Teilung wie die ältere Celsius-Skala, deren Fixpunkte Schmelz- und Siedepunkte von Wasser (0 °C bzw. 100 °C) beim Normdruck $p_n = 101325$ Pa sind. Es gilt folgender Zusammenhang:

$$\frac{\vartheta}{°C} = \frac{T}{K} - 273,15; \qquad (O-10)$$

ϑ Celsius-Temperatur,
T Kelvin-Temperatur.

Für Temperaturdifferenzen gilt

$$\Delta\vartheta - \Delta T. \qquad (O-11)$$

Hinweise zur Temperaturmessung sowie eine Zusammenstellung der relevanten DIN-Normen finden sich in den VDE/VDI-Richtlinien 3511 und 3512.

Übersicht O-1. Thermische Ausdehnung.

relative Längenänderung	$\dfrac{\Delta l}{l} = \alpha\,\Delta T$	(O-12)
absolute Länge	$l_2 = l_1\,[1 + \alpha\,(T_2 - T_1)]$	(O-13)
relative Volumenänderung	$\dfrac{\Delta V}{V} = \gamma\,\Delta T$, mit $\gamma = 3\,\alpha$	(O-14)
absolutes Volumen	$V_2 = V_1\,[1 + \gamma\,(T_2 - T_1)]$	(O-15)
Dichte	$\varrho(\vartheta) = \dfrac{\varrho_0}{1 + \gamma\,\vartheta} \approx \varrho_0\,(1 - \gamma\,\vartheta)$	(O-16)

α Längenausdehnungskoeffizient
γ Raumausdehnungskoeffizient
ΔT Temperaturänderung
l_1, l_2 Länge bei der Temperatur T_1 bzw. T_2
V_1, V_2 Volumen bei der Temperatur T_1 bzw. T_2
$\varrho(\vartheta)$ Dichte bei der Temperatur ϑ
ϱ_0 Dichte bei der Temperatur $\vartheta_0 = 0$ °C

Tabelle O-5. Mittlerer linearer Längenausdehnungskoeffizient α einiger Festkörper in verschiedenen Temperaturbereichen.

Temperaturbereich	$10^6\,\alpha$ K^{-1} $0\,°C \leqq \vartheta$ $\leqq 100\,°C$	$10^6\,\alpha$ K^{-1} $0\,°C \leqq \vartheta$ $\leqq 500\,°C$
Aluminium	23,8	27,4
Kupfer	16,4	17,9
Stahl C60	11,1	13,9
rostfreier Stahl	16,4	18,2
Invarstahl	0,9	
Quarzglas	0,51	0,61
gewöhnliches Glas	9	10,2

O.1.3 Thermische Ausdehnung

Festkörper

Die meisten Festkörper dehnen sich bei Erwärmung aus (Übersicht O-1).

Der lineare Ausdehnungskoeffizient ist nur näherungsweise konstant. Bei großen Temperaturdifferenzen werden Mittelwerte gebildet (Tabelle O-5).

Flüssigkeiten

Die Gln. (O-14) bis (O-16) in Übersicht O-1 gelten auch für Flüssigkeiten. Zahlenwerte des kubischen Ausdehnungskoeffizienten sind in Tabelle O-6 angegeben.

Gase

Bei einem Gas unter konstantem Druck existiert ein linearer Zusammenhang zwischen

Tabelle O-6. *Raumausdehnungskoeffizient* γ *einiger Flüssigkeiten bei der Temperatur* $\vartheta = 20\,°C$.

Stoff	$10^3 \gamma$ in K^{-1}
Wasser	0,208
Quecksilber	0,182
Pentan	1,58
Ethylalkohol	1,10
Heizöl	0,9 bis 1,0

Volumen und Temperatur (*Gay-Lussacsches Gesetz*):

$$V(\vartheta) = V_0(1 + \gamma\,\vartheta);\qquad (O-17)$$

$V(\vartheta)$ Volumen bei der Temperatur ϑ,
V_0 Volumen bei der Temperatur $\vartheta_0 = 0\,°C$,
γ Raumausdehnungskoeffizient.

Für alle Gase ist der Volumenausdehnungskoeffizient bei kleinem Druck ($p \to 0$)

$$\gamma = 0,003661\ K^{-1} = \frac{1}{273,15\ K}.$$

Ein Gas in diesem Zustand wird als *ideales Gas* bezeichnet.

Mit der absoluten Temperatur T gilt

$$V(T) = V_0\,\frac{T}{T_0}\quad \text{bzw.}\quad V/T = \text{konst.,}\quad (O-18)$$

$V(T)$ Volumen bei der absoluten Temperatur T,
V_0 Volumen bei der absoluten Temperatur $T_0 = 273,15\ K$.

O.1.4 Allgemeine Zustandsgleichung idealer Gase

Beim idealen Gas wird das Eigenvolumen der Gasmoleküle sowie deren Wechselwirkungen vernachlässigt. Die Zustandsgrößen p, V und T eines idealen Gases gehorchen der Beziehung

$$p\,\frac{V}{T} = \text{konst.};\qquad (O-19)$$

p Druck,
T absolute Temperatur,
V Volumen des Gases.

Die Konstante auf der rechten Seite der Zustandsgleichung kann auf verschiedene Arten ausgedrückt werden (Übersicht O-2).

Die in Übersicht O-2 aufgeführten Konstanten sind:

– *individuelle* (spezifische, spezielle) Gaskonstante R_i

$$R_i = \frac{p_n}{T_n\,\varrho_n};\qquad (O-27)$$

p_n Normdruck ($p_n = 101325$ Pa),
T_n Normtemperatur ($T_n = 273,15$ K),
ϱ_n Dichte des Gases im Normzustand.

Jedes Gas hat eine individuelle Gaskonstante, die sich von der anderer Gase unterscheidet.

– *allgemeine* (molare, universelle) Gaskonstante R_m

$$R_m = \frac{p_n\,V_{mn}}{T_n} = 8,31441\ \frac{J}{mol \cdot K};\qquad (O-28)$$

V_{mn} Molvolumen eines idealen Gases im Normzustand ($V_{mn} = 22,414$ dm^3/mol).

Die allgemeine Gaskonstante hat für alle idealen Gase denselben Wert.

– *Boltzmann-Konstante k*

$$k = \frac{R_m}{N_A} = 1,3807 \cdot 10^{-23}\ J/K;\qquad (O-29)$$

N_A Avogadrosche Konstante.

Übersicht O-2. Zustandsgleichung idealer Gase.

	Gasgleichung in Verbindung mit der Masse		Stoffmenge	
extensiv	$pV = mR_i T$	(O–20)	$pV = \nu R_m T$	(O–23)
			$pV = NkT$	(O–24)
intensiv	$pv = R_i T$	(O–21)	$pV_m = R_m T$	(O–25)
	$p = \varrho R_i T$	(O–22)	$p = nkT$	(O–26)

p	Gasdruck
V	Volumen
v	spezifisches Volumen ($v = V/m$)
V_m	Molvolumen ($V_m = V/v$)
R_i	individuelle Gaskonstante
R_m	allgemeine Gaskonstante
k	Boltzmann-Konstante

m	Masse
ϱ	Dichte ($\varrho = m/V$)
ν	Stoffmenge
N	Teilchenzahl
n	Teilchenzahldichte ($n = N/V$)
T	absolute Temperatur

O.2 Kinetische Gastheorie

O.2.1 Gasdruck

Die Moleküle eines Gases sind in ständiger Bewegung. Bei jedem Stoß auf die Gefäßwände wird eine Kraft auf die Wand ausgeübt. Der dadurch entstehende Druck kann für ideale Gase berechnet werden (*Grundgleichung der kinetischen Gastheorie*):

$$p = \frac{1}{3}\frac{N}{V} m_M \overline{v^2} = \frac{1}{3} n\, m_M \overline{v^2} = \frac{1}{3}\varrho\, \overline{v^2}; \qquad \text{(O–30)}$$

p	Druck,
N	Teilchenzahl,
n	Teilchenzahldichte ($n = N/V$),
V	Volumen,
m_M	Masse eines Moleküls,
ϱ	Dichte,
$\overline{v^2}$	Mittelwert der Geschwindigkeitsquadrate.

Für die *mittlere Geschwindigkeit* v_m gilt

$$v_m = \sqrt{\overline{v^2}} = \sqrt{3p/\varrho}. \qquad \text{(O–31)}$$

O.2.2 Thermische Energie und Temperatur

Für die Temperaturabhängigkeit der mittleren Geschwindigkeit v_m gilt

$$v_m = \sqrt{\overline{v^2}} = \sqrt{3kT/m_M} = \sqrt{3 R_m T/M}; \qquad \text{(O–32)}$$

k	Boltzmann-Konstante,
R_m	allgemeine Gaskonstante,
m_M	Masse eines Moleküls,
M	Molmasse,
T	absolute Temperatur.

Die mittlere kinetische Energie eines Moleküls ist

$$\overline{E}_{kin} = \frac{1}{2} m_M \overline{v^2} = \frac{3}{2} kT. \qquad \text{(O–33)}$$

Diese Gleichung gilt für punktförmige Moleküle, bei denen die kinetische Energie gleichmäßig auf die drei Freiheitsgrade der *Translation* ($f = 3$) verteilt ist. Mit der mittleren Energie je Freiheitsgrad

$$\overline{E}_f = \frac{1}{2} kT \qquad \text{(O–34)}$$

folgt für ein Gas, dessen Moleküle f Freiheitsgrade haben:

$$\bar{E}_{kin} = \frac{f}{2} k T; \qquad (O-35)$$

$\bar{E}_{kin}$ mittlere kinetische Energie eines Moleküls,
f Zahl der Freiheitsgrade,
k Boltzmann-Konstante,
T absolute Temperatur.

O.2.3 Geschwindigkeitsverteilung von Gasmolekülen

In einem Gas ändern sich infolge von Stößen ständig die Geschwindigkeiten der einzelnen Gasmoleküle. Dennoch wird im zeitlichen Mittel ein konstanter Bruchteil $f(v)\,dv$ der Gasmoleküle Geschwindigkeiten zwischen v und $v + dv$ annehmen. Die *Maxwellsche Geschwindigkeitsverteilung* gibt dieses Verhältnis an:

$$f(v)\,dv = 4\pi v^2 \left(\frac{m_M}{2\pi kT}\right)^{3/2} e^{-\frac{m_M v^2}{2kT}}\,dv; \qquad (O-36)$$

$f(v)\,dv$ Wahrscheinlichkeit, mit der Geschwindigkeiten zwischen v und $v + dv$ auftreten,
m_M Masse eines Moleküls,
T absolute Temperatur,
k Boltzmann-Konstante.

Bild O-1 zeigt die Maxwellsche Geschwindigkeitsverteilung bei verschiedenen Temperaturen. Das Maximum der Funktion definiert die *wahrscheinlichste* Geschwindigkeit v_w:

$$v_w = \sqrt{2kT/m_M} = \sqrt{2/3}\,v_m. \qquad (O-37)$$

Die *durchschnittliche* Geschwindigkeit $\bar{v}$ ist

$$\bar{v} = \sqrt{\frac{8kT}{\pi m_M}} = \sqrt{\frac{8}{3\pi}}\,v_m. \qquad (O-38)$$

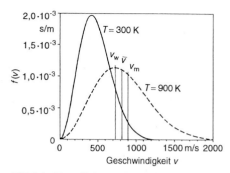

Bild O-1. Maxwellsche Geschwindigkeitsverteilung für Stickstoffmoleküle.

O.3 Hauptsätze der Thermodynamik

O.3.1 Wärme

Die Temperatur eines Körpers (Systems) ist ein Maß für die kinetische Energie, die in der ungeordneten Bewegung seiner Moleküle steckt (Abschnitt O.2.2). Die Temperatur kann demnach nur dadurch erhöht werden, daß dem Körper Energie zugeführt wird. Die erforderliche Energie kann auf verschiedene Arten zugeführt werden, beispielsweise in Form mechanischer, elektrischer oder elektromagnetischer Arbeit. Eine spezielle Form der Energieübertragung tritt auf, wenn zwei Körper in Kontakt gebracht werden, die sich auf verschiedenen Temperaturen befinden:

Energie, die aufgrund eines Temperaturunterschieds zwischen zwei Systemen ausgetauscht wird, wird als *Wärme* bezeichnet.

Die Wärme fließt stets vom System mit der höheren zum System mit der niedrigeren Temperatur.

Falls keine Phasenübergänge (Abschnitt O.4) stattfinden, ist mit einer Wärmeübertragung stets auch eine Temperaturänderung verknüpft (Übersicht O-3).

Molare Wärmekapazitäten von Gasen sind in den Tabellen O-7 und O-8 zusammengestellt. Weitere Werte finden sich in Tabelle P-1.

372   O Thermodynamik

Übersicht O-3. Wärmekapazitäten.

Wärme für infinitesimal kleine Temperaturänderung:

$$\delta Q = C\, dT \qquad (O-39)$$

spezifische Wärmekapazität

$$c = C/m \qquad (O-40)$$

molare Wärmekapazität

$$C_m = C/v \qquad (O-41)$$

Wärme für endliche Temperaturänderung:

$$Q_{12} = m \int_{T_1}^{T_2} c(T)\, dT = v \int_{T_1}^{T_2} C_m(T)\, dT \qquad (O-42)$$

$$Q_{12} = m\, \bar{c}\,(T_2 - T_1) = v\, \bar{C}_m (T_2 - T_1) \qquad (O-43)$$

C Wärmekapazität, $[C] = 1\ \text{J/K}$
c spezifische Wärmekapazität $[c] = 1\ \text{J/(kg·K)}$
C_m molare Wärmekapazität, $[C_m] = 1\ \text{J/(mol·K)}$
$\bar{c}$ mittlere spezifische Wärmekapazität
$\bar{C}_m$ mittlere molare Wärmekapazität
m Masse des Systems
v Stoffmenge des Systems
T Temperatur

Die spezifische bzw. molare Wärmekapazität von *Gasen* hängt von der Prozeßführung ab. Für zwei spezielle Randbedingungen, die leicht realisierbar sind, werden Wärmekapazitäten definiert:

− C_v, C_{mv}, c_v *isochore* Wärmekapazität für Wärmeumsatz bei konstantem Volumen,
− C_p, C_{mp}, c_p *isobare* Wärmekapazität für Wärmeumsatz bei konstantem Druck.

Wärmekapazitäten werden mit Kalorimetern gemessen. Beim *Mischungskalorimeter* befindet sich im Innern eines wärmeisolierten Dewar-Gefäßes eine Flüssigkeit (meist Wasser) der Masse m_1 und der spezifischen Wärmekapazität c_1 bei der Temperatur T_1. Wird ein Körper der Masse m_2 und der Temperatur T_2 eingetaucht, so kann aus der Mischungstemperatur T_m und der Wärmekapazität C_K des Kalorimeters die spezifische

Übersicht O-4. Erster Hauptsatz der Thermodynamik.

differentiell: $dU = \delta Q + \delta W$ (O-45)
integriert: $\Delta U = U_2 - U_1 = Q_{12} + W_{12}$ (O-46)

$dU, \Delta U$ Änderung der inneren Energie
$\delta Q, Q_{12}$ umgesetzte Wärme
$\delta W, W_{12}$ übertragene Arbeit

Vorzeichenregel: Wärme und Arbeit, die dem System zugeführt werden, erhalten ein positives Vorzeichen. Vom System nach außen abgegebene Energie ist negativ.

Wärmekapazität c_2 des Körpers bestimmt werden:

$$c_2 = \frac{(m_1 c_1 + C_K)(T_m - T_1)}{m_2 (T_2 - T_m)}. \qquad (O-44)$$

O.3.2 Erster Hauptsatz der Thermodynamik

Die kinetische Energie, die in der ungeordneten Bewegung der Moleküle eines Systems steckt, sowie die potentielle Energie der gegenseitigen Wechselwirkungen der Teilchen wird zusammengefaßt zur *inneren Energie* eines Systems.

In einem abgeschlossenen System bleibt die innere Energie eines Systems konstant; es gibt kein *perpetuum mobile* erster Art.

Die innere Energie U erfährt eine Änderung dU, wenn das System mit der Umgebung Energie austauscht; dabei ist es unerheblich, ob die Energie in Form von Wärme oder Arbeit übertragen wird. Der erste Hauptsatz bilanziert die Änderung der inneren Energie durch zu- oder abgeführte Wärme und Arbeit (Übersicht O-4).

Die innere Energie ist eine *Zustandsgröße* (Abschnitt O.1.1). Sie hängt nur vom augenblicklichen Zustand ab, nicht aber davon, wie das System in diesen Zustand gelangt ist.

Beim idealen Gas besteht die innere Energie nur in der kinetischen Energie der

Molekülbewegung. Nach Abschnitt O.2.2 gilt

$$U = N\,\bar{E}_{kin} = N\frac{f}{2}\,k\,T = v\,\frac{f}{2}\,R_m\,T = m\,\frac{f}{2}\,R_i\,;$$

$$(O-47)$$

U innere Energie eines idealen Gases,
N Teilchenzahl,
v Teilchenmenge,
m Masse,
f Zahl der Freiheitsgrade,
$\bar{E}_{kin}$ mittlere kinetische Energie je Molekül,
R_m allgemeine Gaskonstante,
R_i individuelle Gaskonstante,
k Boltzmann-Konstante,
T absolute Temperatur.

Für beliebige Zustandsänderungen ist die Änderung dU der inneren Energie U eines idealen Gases

$$dU = v\,C_{mv}\,dT = m\,c_v\,dT\,;\qquad (O-47)$$

C_{mv} isochore molare Wärmekapazität,
c_v isochore spezifische Wärmekapazität,
dT differentielle Temperaturänderung.

Volumenänderungsarbeit

Wird in einem geschlossenen System das Volumen eines Gases verändert (Bild O–2), dann ist das Differential der Arbeit $dW = F\,ds$ ausdrückbar als

$$\delta W = -p\,dV.\qquad (O-48)$$

Bei einer Volumenänderung von V_1 auf V_2 gilt

$$W_{12} = -\int_{V_1}^{V_2} p(V)\,dV\,;\qquad (O-49)$$

W_{12} Volumenänderungsarbeit,
$p(V)$ Druck in Abhängigkeit vom Volumen.

Die Volumenänderungsarbeit entspricht der Fläche unter der Kurve der Zustandsänderung im p,V-Diagramm.

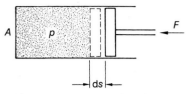

Bild O-2. Zur Bestimmung der Volumenänderungsarbeit. A Kolbenfläche; F Kraft; p Druck; ds Wegelement.

Enthalpie

Im Gegensatz zur inneren Energie benutzt man bei Vorgängen mit isobarer Zustandsänderung (z. B. bei offenen Systemen) die Enthalpie H.

$$H = U + p\,V\,;\qquad (O-50)$$

H Enthalpie,
U innere Energie,
p Druck,
V Volumen.

Bei einer isobaren Zustandsänderung ($p = $ konst.) ist das totale Differential der Enthalpie $dH = dU + p\,dV$. Mit dem ersten Hauptsatz ergibt sich

$$\left.dH\right|_{p=\text{konst.}} = \left.\delta Q\right|_{p=\text{konst.}} = v\,C_{mp}\,dT$$
$$= m\,c_p\,dT\,;\qquad (O-51)$$

$\left.dH\right|_{p=\text{konst.}}$ Enthalpieänderung bei konstantem Druck,
$\left.\delta Q\right|_{p=\text{konst.}}$ Wärmeumsatz bei konstantem Druck,
C_{mp}, c_p isobare molare und spezifische Wärmekapazität,
v Stoffmenge,
m Masse,
dT Temperaturänderung.

O.3.3 Wärmekapazität idealer Gase

Die Wärmekapazitäten idealer Gase gehorchen einfachen Gesetzmäßigkeiten (Übersicht O-5).

Tabelle O-7 zeigt eine Zusammenstellung der berechneten molaren Wärmekapazitäten so-

Übersicht O-5. Wärmekapazitäten idealer Gase.

isobare und isochore Wärmekapazitäten	$C_{mp} - C_{mv} = R_m$ $c_p - c_v = R_i$ (O–52)
isochore Wärmekapazitäten	$C_{mv} = \dfrac{1}{v}\dfrac{dU}{dT}, \quad c_v = \dfrac{1}{m}\dfrac{dU}{dT}$ (O–53)
Einfluß der Freiheitsgrade der Gasmoleküle	$C_{mv} = \dfrac{f}{2} R_m, \; C_{mp} = \left(\dfrac{f}{2} + 1\right) R_m$ (O–54) $c_v = \dfrac{f}{2} R_i, \quad c_p = \left(\dfrac{f}{2} + 1\right) R_i$ (O–55)
Isentropenexponent, Adiabatenexponent	$\varkappa = \dfrac{C_{mp}}{C_{mv}} = \dfrac{c_p}{c_v} = 1 + \dfrac{2}{f}$ (O–56)

R_m, R_i allgemeine bzw. individuelle Gaskonstante
v Stoffmenge
m Masse
U innere Energie
f Zahl der Freiheitsgrade eines Moleküls

wie des Isentropenexponenten für verschiedene Molekülformen und mögliche Freiheitsgrade. Experimentelle Ergebnisse sind in Tabelle O-8 angegeben.

Hinweise zur Berechnung der Wärmekapazität idealer Gase mit komplizierten Molekülformen finden sich beispielsweise im VDI-Wärmeatlas, Abschnitt Da.7.1.

Tabelle O-8. Gemessene molare Wärmekapazitäten C_m einiger Gase beim Normdruck $p_n = 1013\ hPa$ und der Temperatur $\vartheta = 20\,°C$.

Gas		C_{mv} $\dfrac{J}{mol \cdot K}$	C_{mp} $\dfrac{J}{mol \cdot K}$	$\varkappa$
Helium	He	12,47	20,80	1,67
Argon	Ar	12,47	20,80	1,67
Wasserstoff	H_2	20,43	28,76	1,41
Sauerstoff	O_2	21,06	29,43	1,40
Stickstoff	N_2	20,76	29,09	1,40
Luft		20,77	29,10	1,40
Chlor	Cl_2	25,74	34,70	1,35
Kohlendioxid	CO_2	28,46	36,96	1,30
Schwefeldioxid	SO_2	31,40	40,39	1,29
Methan	CH_4	26,19	34,59	1,32
Ethan	C_2H_6	43,12	51,70	1,20
Ammoniak	NH_3	27,84	36,84	1,31

Die Außenseiterrolle von Cl_2 bei den zweiatomigen Molekülen (Tabelle O-8) kommt daher, daß in Chlor bei 20 °C etwa die Hälfte der Moleküle sich wie starre Hanteln und die andere Hälfte wie schwingende Hanteln verhält. Während alle Moleküle die Freiheitsgrade der Translation ($f = 3$) besitzen, werden die Freiheitsgrade der Rotation und der Oszillation mit steigender Temperatur sukzessive angeregt.

In einem Festkörper schwingen die Atome um ihre Ruhelagen in drei Raumrichtungen. Mit $f = 6$ Schwingungsfreiheitsgraden je Atom folgt $C_{mv} = 3 R_m = 24,9\ J/(mol \cdot K)$. Dieses Ergebnis, als *Dulong-Petitsches Gesetz* bekannt, gilt bei hohen Temperaturen. Mit abnehmender Temperatur geht die Wärmekapazität gegen null. In der Nähe des absoluten

Tabelle O-7. Freiheitsgrade, molare Wärmekapazitäten C_m und Isentropenexponent $\varkappa$ für verschiedene Molekülformen.

Molekülform	Symbol	Freiheitsgrade				C_{mv} $\dfrac{J}{mol \cdot K}$	C_{mp} $\dfrac{J}{mol \cdot K}$	$\varkappa$
		Trans-lation	Rota-tion	Oszilla-tion	gesamt			
punktförmig	●	3	–	–	3	12,47	20,79	1,67
starre Hantel	●—●	3	2	–	5	20,79	29,10	1,40
schwingende Hantel	●〜〜●	3	2	2	7	29,10	37,41	1,29
mehratomig, starr	△	3	3	–	6	24,94	33,26	1,33

Tabelle O-9. Spezielle Zustandsänderungen idealer Gase.

Zustandsänderung	Bedingung	p, V-Diagramm	thermische Zustandsgrößen	erster Hauptsatz	Wärme	Volumenänderungsarbeit
isotherm	$dT = 0$ $T = $ konstant		$pV = $ konstant BOYLE-MARIOTTE	$\delta Q + \delta W = 0$ $Q_{12} + W_{12} = 0$	$\delta Q = -\delta W$ $Q_{12} = \nu R_m T \ln \dfrac{V_2}{V_1}$ $= m R_i T \ln \dfrac{V_2}{V_1}$	$\delta W = -p\,dV$ $W_{12} = \nu R_m T \ln \dfrac{V_1}{V_2}$ $= m R_i T \ln \dfrac{V_1}{V_2}$
isochor	$dV = 0$ $V = $ konstant		$\dfrac{p}{T} = $ konstant CHARLES	$dU = \delta Q$ $U_2 - U_1 = Q_{12}$	$\delta Q = n C_{mv}\,dT$ $Q_{12} = n C_{mv}(T_2 - T_1)$ $= m c_v (T_2 - T_1)$	$\delta W = 0$ $W_{12} = 0$
isobar	$dp = 0$ $p = $ konstant		$\dfrac{V}{T} = $ konstant GAY-LUSSAC	$dU = \delta Q + \delta W$ $U_2 - U_1 =$ $Q_{12} + W_{12}$	$\delta Q = n C_{mp}\,dT$ $Q_{12} = n C_{mp}(T_2 - T_1)$ $= m c_p (T_2 - T_1)$	$\delta W = -p\,dV$ $W_{12} = p(V_1 - V_2)$
isentrop	$dS = 0$ $\delta Q = 0$ $S = $ konstant		$p V^{\varkappa} = $ konstant $T V^{\varkappa-1} = $ konstant $p^{1-\varkappa} T^{\varkappa} = $ konstant	$dU = \delta W$ $U_2 - U_1 = W_{12}$	$\delta Q = 0$ $Q_{12} = 0$	$\delta W = \nu C_{mv}\,dT$ $W_{12} = \nu C_{mv}(T_2 - T_1)$ $= \dfrac{p_2 V_2 - p_1 V_1}{\varkappa - 1}$
polytrop			$p V^{n} = $ konstant $T V^{n-1} = $ konstant $p^{1-n} T^{n} = $ konstant	$dU = \delta Q + \delta W$ $U_2 - U_1 =$ $Q_{12} + W_{12}$	$\delta Q = dU - \delta W$ $Q_{12} = \nu R_m (T_2 - T_1)$ $\cdot \left(\dfrac{1}{\varkappa - 1} - \dfrac{1}{n - 1} \right)$	$\delta W = -p\,dV$ $W_{12} = \dfrac{\nu R_m}{n-1}(T_2 - T_1)$ $= \dfrac{p_2 V_2 - p_1 V_1}{n - 1}$

Temperaturnullpunkts gilt $C_{mv} \sim T^3$ (DEBYE, Abschnitt V).

O.3.4 Spezielle Zustandsänderungen idealer Gase

Die wichtigsten Formeln für Zustandsänderungen idealer Gase sind in Tabelle O-9 zusammengestellt. Die Zustandsänderungen werden mit konstanter Stoffmenge v bzw. Masse m durchgeführt (geschlossenes System). Das Gas ist in einem Zylinder mit reibungsfrei verschiebbarem Kolben eingeschlossen (Bild O-2). Zu jeder Zeit sollen Druck und Temperatur des Gases mit der Umgebung im Gleichgewicht sein. Derartig kontrollierte Prozesse sind *reversibel* (Abschnitt O.3.6).

Die in Tabelle O-9 angegebenen Beziehungen zwischen den thermischen Zustandsgrößen p, V und T bei der *polytropen* Zustandsänderung können als Verallgemeinerung der Beziehungen bei den anderen Zustandsänderungen aufgefaßt werden. Je nach Wahl des *Polytropenexponenten n* ergeben sich die Spezialfälle

- Isotherme $(n = 1)$,
- Isochore $(n = \infty)$,
- Isobare $(n = 0)$,
- Isentrope $(n = \varkappa)$.

O.3.5 Kreisprozesse

Durchläuft ein System eine Folge von Zustandsänderungen, so daß der Endzustand wieder mit dem Anfangszustand übereinstimmt, dann liegt ein *Kreisprozeß* vor. Je nach Umlaufsinn im p, V-Diagramm unterscheidet man rechts- und linksläufige Kreisprozesse (Tabelle O-10).

Da die innere Energie U als Zustandsgröße bei einem vollständigen Umlauf keine Änderung erfährt, lautet der erste Hauptsatz bei Kreisprozessen:

$$\oint dU = 0 = \oint \delta W + \oint \delta Q = W + Q ; \quad (O–57)$$

W　je Zyklus umgesetzte Arbeit,
Q　je Zyklus umgesetzte Wärme.

Die umgesetzten Energiebeträge treten im p, V-Diagramm (Bild O-3) als Fläche der umfahrenen Figur auf.

Rechtsläufiger Carnot-Prozeß

Der *Carnotsche* Kreisprozeß (Bild O-4) verläuft zwischen zwei Isothermen und zwei Isentropen. Er hat große theoretische Bedeutung, weil er den größten thermischen Wirkungsgrad besitzt, mit dem Wärme in mechanische Arbeit umgewandelt werden kann.

Die Energieumsätze auf den einzelnen Teilschritten sind in Tabelle O-11 zusammengestellt. Die auftretenden Energieströme sind im Bild O-5 anschaulich dargestellt. Dem System wird bei der hohen Temperatur T_3 Wärme zugeführt $(Q_{zu} = Q_{34})$; bei der tiefen Temperatur T_1 gibt das System Wärme an die Umgebung ab $(Q_{ab} = Q_{12})$. Je Umlauf wird die Nutzarbeit W abgegeben.

Das Verhältnis von betragsmäßig abgegebener Nutzarbeit $|W|$ und zugeführter Wärme Q_{zu} wird als *thermischer Wirkungsgrad* η_{th} einer Wärmekraftmaschine bezeichnet:

$$\eta_{th} = \frac{|W|}{Q_{zu}} . \quad (O–58)$$

Mit den Gleichungen von Tabelle O-11 ergibt sich für die Nutzarbeit je Zyklus

$$W = W_{12} + W_{23} + W_{34} + W_{41}$$
$$= - v R_m \ln \frac{V_4}{V_3} (T_3 - T_1) .$$

Mit der Wärme $Q_{zu} = Q_{34}$ wird der thermische Wirkungsgrad des Carnot-Prozesses $\eta_{th,C}$:

$$\eta_{th,C} = \frac{T_3 - T_1}{T_3} = 1 - \frac{T_1}{T_3} ; \quad (O–59)$$

T_3　Temperatur der Wärmequelle,
T_1　Temperatur der Wärmesenke.

Thermodynamische Temperatur

Der thermische Wirkungsgrad des Carnot-Prozesses hängt nur von den Temperaturen der beteiligten Wärmebäder ab, nicht aber vom Arbeitsmedium. Dadurch wird es mög-

Tabelle O-10. Eigenschaften von Kreisprozessen.

Umlaufsinn	rechtsläufig	linksläufig
Bezeichnung	Kraftmaschinen-prozeß	Arbeitsmaschinen-prozeß
Wärmefluß	Wärme wird bei hoher Temperatur aufgenommen und bei tiefer Temperatur abgegeben.	Wärme wird bei tiefer Temperatur aufgenommen und bei hoher Temperatur abgegeben.
mechanische Arbeit	Differenz von zu- und abgeführter Wärme wird als mechanische Nutzarbeit abgegeben.	Differenz von ab- und zugeführter Wärme wird als mechanische Arbeit zugeführt.
Beispiele	Verbrennungs-motor, Wärme-kraftmaschine	Kältemaschine, Wärmepumpe

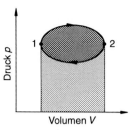

Bild O-3. Rechtsläufiger Kreisprozeß.
helle Graufläche: zugeführte Volumenänderungsarbeit, gesamte Graufläche: abgegebene Volumenänderungsarbeit, umfahrene Fläche: Nutzarbeit.

lich, die *thermodynamische Temperatur* stoffunabhängig zu definieren. Die Temperaturen zweier Wärmebäder lassen sich also (im Prinzip) dadurch vergleichen, daß der Wirkungsgrad eines Carnot-Prozesses bestimmt wird, der zwischen den Wärmebädern betrieben wird.

Linksläufiger Carnot-Prozeß

Beim linksläufigen Kreisprozeß treten Energieströme auf, die im Bild O-6 dargestellt sind. Es sind zwei Betriebsweisen möglich: *Kältemaschine* und *Wärmepumpe*. Die Leistungszahlen für diese Arbeitsmaschinenprozesse sind in Übersicht O-6 zusammengestellt.

Technische Kreisprozesse

Kreisprozesse, die in realen Maschinen ablaufen, können durch idealisierte *Vergleichsprozesse* angenähert werden (Tabelle O-12). Die Pfeile im *p, V*-Diagramm zeigen an, bei wel-

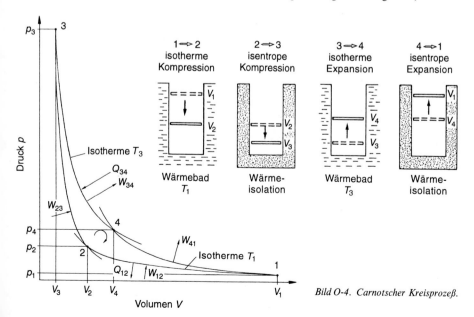

Bild O-4. Carnotscher Kreisprozeß.

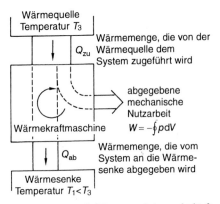

Bild O-5. *Energieflußdiagramm beim rechtsläufigen Carnot-Prozeß.*

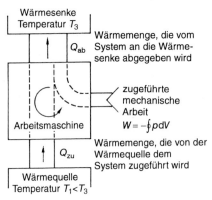

Bild O-6. *Energieflußdiagramm beim linksläufigen Carnot-Prozeß.*

Übersicht O-6. Leistungsziffer von Kältemaschine und Wärmepumpe.

	Kältemaschine	Wärmepumpe
Definition der Leistungsziffer ε	$\varepsilon_K = \dfrac{Q_{zu}}{W} = \dfrac{\dot{Q}_{zu}}{P}$ (O–60)	$\varepsilon_W = \dfrac{|Q_{ab}|}{W} = \dfrac{|\dot{Q}_{ab}|}{P}$ (O–61)
Leistungsziffer des Carnot-Prozesses	$\varepsilon_{K,C} = \dfrac{T_1}{T_3 - T_1}$ (O–62)	$\varepsilon_{W,C} = \dfrac{T_3}{T_3 - T_1} = \dfrac{1}{\eta_{th,C}}$ (O–63)

$\dot{Q}_{zu}$ zugeführter Wärmestrom (dem kalten Wärmebad entzogen)
P zugeführte Leistung
$|\dot{Q}_{ab}|$ abgegebener Wärmestrom (an das Wärmebad hoher Temperatur)

Tabelle O-11. Energieumsätze beim Carnot-Prozeß.

Prozeß-schritt	Arbeit	Wärme
1 → 2: isotherme Kompression	$W_{12} =$ $\nu R_m T_1 \ln(V_1/V_2)$ zugeführt	$Q_{12} =$ $-\nu R_m T_1 \ln(V_1/V_2)$ abgegeben
2 → 3: isentrope Kompression	$W_{23} =$ $\nu C_{mv}(T_3 - T_1)$ zugeführt	–
3 → 4: isotherme Expansion	$W_{34} =$ $-\nu R_m T_3 \ln(V_4/V_3)$ abgegeben	$Q_{34} =$ $\nu R_m T_3 \ln(V_4/V_3)$ zugeführt
4 → 1: isentrope Expansion	$W_{41} =$ $-\nu C_{mv}(T_3 - T_1)$ abgegeben	–

chen Zustandsänderungen Wärme übertragen wird; die schraffierten Flächen stellen die Nutzarbeit dar.

O.3.6 Zweiter Hauptsatz der Thermodynamik

Reversible und irreversible Prozesse

Zustandsänderungen eines Systems können *reversibel* (umkehrbar) oder *irreversibel* (nicht umkehrbar) sein.

Ein Prozeß ist reversibel, wenn bei seiner Umkehr der Ausgangszustand wieder erreicht werden kann, ohne daß eine Änderung in der Umgebung zurückbleibt; ist dies nicht möglich, dann ist der Prozeß irreversibel.

Tabelle O-12. Technische Kreisprozesse.

		Bezeichnung	p, V-Diagramm	Einzelprozesse	thermischer Wirkungsgrad
Kolbenmaschinen	Verbrennungsmotoren	Seiliger-Prozeß		2 Isentropen, 2 Isochoren, 1 Isobare	$\eta_{th} =$ $1 - \dfrac{T_5 - T_1}{T_3 - T_2 + \varkappa(T_4 - T_3)}$
		Otto-Prozeß		2 Isentropen, 2 Isochoren	$\eta_{th} = 1 - \dfrac{1}{\left(\dfrac{V_1}{V_2}\right)^{\varkappa-1}}$
		Diesel-Prozeß		2 Isentropen, 1 Isochore, 1 Isobare	$\eta_{th} =$ $1 - \dfrac{\left(\dfrac{V_3}{V_2}\right)^{\varkappa} - 1}{\varkappa\left(\dfrac{V_3}{V_2} - 1\right)\left(\dfrac{V_1}{V_2}\right)^{\varkappa-1}}$
	Heißluftmotor	Stirling-Prozeß		2 Isothermen, 2 Isochoren	$\eta_{th} = 1 - \dfrac{T_1}{T_3} = \eta_{th,C}$

Bei genauer Untersuchung zeigt es sich, daß alle natürlich ablaufenden Vorgänge irreversibel sind. Reversible Prozesse sind nur idealisierte Grenzfälle. Reversible Zustandsänderungen von Gasen (z. B. isotherme Expansion) sind denkbar, wenn die Prozeßführung quasistatisch, d. h. über Gleichgewichtszustände, verläuft und wenn keine Reibung auftritt.

Beispiele für irreversible Zustandsänderungen sind

- Diffusion,
- Überströmprozesse (freie Expansion),
- Wärmeübergang,
- gedämpfte Schwingungen.

Tabelle O-12 (Fortsetzung)

	Bezeichnung	p, V-Diagramm	Einzelprozesse	thermischer Wirkungsgrad
Strömungsmaschinen	offene Gasturbine	Joule-Prozeß		2 Isentropen, 2 Isobaren	$\eta_{th} = 1 - \dfrac{T_1}{T_2}$ $= 1 - \left(\dfrac{p_1}{p_2}\right)^{\frac{\varkappa-1}{\varkappa}}$
	geschlossene Gasturbine	Ericsson-Prozeß		2 Isothermen, 2 Isobaren	$\eta_{th} = 1 - \dfrac{T_1}{T_3} = \eta_{th,C}$
Dampfkraftanlagen	Clausius-Rankine-Prozeß		2 Isentropen, 2 Isobaren	$\eta_{th} = \dfrac{h_3 - h_4}{h_3 - h_1} \approx 1 - \dfrac{h_4}{h_3}$

Formulierungen des zweiten Hauptsatzes

Es sind viele Prozesse in Übereinstimmung mit dem ersten Hauptsatz denkbar, die aber nicht realisierbar sind; sie verstoßen gegen den zweiten Hauptsatz. Eine klassische Formulierung lautet:

> Es gibt keine periodisch arbeitende Maschine, die Wärme aus einer Wärmequelle entnimmt und vollständig in mechanische Arbeit umwandelt.

Eine Maschine, die dies könnte, wird als *perpetum mobile 2. Art* bezeichnet.

Die linksläufigen Kreisprozesse zeigen, daß es unter Arbeitsaufwand möglich ist, Wärme einem kalten Körper zu entziehen und bei einer höheren Temperatur wieder abzugeben (Wärmepumpe). Dagegen gilt:

> Wärme geht nicht von selbst von einem kalten auf einen warmen Körper über.

Entropie

Mit Hilfe des Entropiebegriffs ist es möglich, den zweiten Hauptsatz mathematisch darzustellen. Für den reversibel geführten Carnotschen Kreisprozeß läßt sich zeigen, daß die Summe von zu- und abgeführter Wärme, jeweils dividiert durch die Temperatur, bei der die Wärme umgesetzt wird, null ergibt:

$$\frac{Q_{12}}{T_1} + \frac{Q_{34}}{T_3} = 0 \, .$$

Übersicht O-7. Entropie.

Differential der Entropie	$$\mathrm{d}S = \frac{\delta Q_{rev}}{T} \qquad (O-65)$$
Entropie-differenz zwischen zwei Zuständen	$$\Delta S = S_2 - S_1 = \int_1^2 \frac{\delta Q_{rev}}{T} \qquad (O-66)$$
Entropie-differenz bei idealen Gasen	$$\Delta S = v\left[C_{mv}\ln\frac{T_2}{T_1} + R_m\ln\frac{V_2}{V_1}\right]$$ $$= v\left[C_{mp}\ln\frac{T_2}{T_1} - R_m\ln\frac{p_2}{p_1}\right]$$ $$(O-67)$$

S Entropie, SI-Einheit $[S] = 1\,\mathrm{J/K}$
δQ_{rev} reversibel umgesetzte Wärme
T_1, T_2 Temperatur ⎫
p_1, p_2 Druck   ⎬ von Zustand 1 und 2
V_1, V_2 Volumen   ⎭
v Stoffmenge
R_m allgemeine Gaskonstante
C_{mp}, C_{mv} isobare bzw. isochore molare
            Wärmekapazität

Diese Beziehung gilt etwas modifiziert für beliebige Kreisprozesse bei reversibler Führung:

$$\oint \frac{\delta Q_{rev}}{T} = 0 . \qquad (O-64)$$

Die Größe $\delta Q_{rev}/T$ ist nach Gl. (O-2) das Differential einer Zustandsgröße, die als Entropie S bezeichnet wird (Übersicht O-7).

Der Nullpunkt der Entropie ist im Prinzip frei wählbar. Häufig wird in der Technik die Entropie eines Systems bei $\vartheta = 0\,^\circ\mathrm{C}$ null gesetzt. Der dritte Hauptsatz zeigt, daß die Entropie reiner Stoffe am absoluten Temperaturnullpunkt null ist.

In *adiabaten geschlossenen* Systemen sind nur solche Vorgänge möglich, bei denen die Entropie zunimmt:

$$\mathrm{d}S \geqq 0 . \qquad (O-68)$$

Das Gleichheitszeichen gilt für reversible, das Größer-als-Zeichen für irreversible Prozesse. In *abgeschlossenen* Systemen verlaufen alle Prozesse bei konstanter innerer Energie und

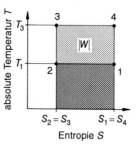

Bild O-7. *T, S-Diagramm des rechtsläufigen Carnot-Prozesses. W Arbeit; 1 bis 4 Zustandspunkte.*

ansteigender Entropie. Wenn die Entropie ein Maximum erreicht hat, liegt der Gleichgewichtszustand vor (Abschnitt O.4.3).

Aus der Definitionsgleichung für die Entropie folgt, daß in einem T, S-Diagramm die reversibel übertragene Wärme als Fläche unter der Kurve der Zustandsänderung abgelesen werden kann. Mit $\delta Q_{rev} = T\,\mathrm{d}S$ ergibt sich

$$Q_{12,\,rev} = \int_1^2 T\,\mathrm{d}S . \qquad (O-69)$$

Bild O-7 zeigt das *Wärmeschaubild* des Carnot-Prozesses. Die zugeführte Wärme Q_{34} entspricht der Fläche unter der Geraden $3-4$, die abgegebene Wärme Q_{12} ist die Fläche unter der Geraden $1-2$. Die Nutzarbeit entspricht wie beim p, V-Diagramm dem Flächeninhalt der umfahrenen Figur $1-2-3-4$. Der thermische Wirkungsgrad ist das Verhältnis zwischen der umfahrenen Fläche und der Gesamtfläche.

Statistische Deutung der Entropie

Es besteht ein enger Zusammenhang zwischen der Entropie eines Systems in einem bestimmten Zustand und der Wahrscheinlichkeit der Realisierung dieses Zustandes. Nach BOLTZMANN gilt

$$S = k \ln P ; \qquad (O-70)$$

S Entropie eines Systems,
k Boltzmann-Konstante,
P thermodynamische Wahrscheinlichkeit des Zustandes.

Der Entropieunterschied zweier Zustände 1 und 2 ist

$$\Delta S = S_2 - S_1 = k \ln (P_2/P_1) . \qquad (O-71)$$

Da in abgeschlossenen Systemen natürlich ablaufende Prozesse sowohl mit einem Anstieg der Entropie als auch einer Abnahme des Ordnungsgrades verknüpft sind (z. B. Mischung zweier vorher getrennter Gase), gilt:

> Die Entropie ist ein Maß für den Grad der Unordnung in einem System.

Exergie und Anergie

Die Erfahrung zeigt, daß nicht jede Energie in beliebige andere Energieformen umwandelbar ist. Während sich z. B. die mechanische Energie (kinetische und potentielle) und die elektrische Energie praktisch unbeschränkt in andere Energieformen umwandeln lassen, ist die Umwandlung der inneren Energie oder der Wärme in andere Energieformen durch den zweiten Hauptsatz begrenzt. Der Anteil einer Energie, der unter Mitwirkung der Umgebung in jede andere Energieform umwandelbar ist, wird als *Exergie*, der nicht umwandelbare Anteil als *Anergie* bezeichnet. Es gilt folgende Beziehung:

> Energie = Exergie + Anergie.

Jede Energie läßt sich aufspalten in Exergie und Anergie, wobei ein Anteil auch null sein kann.

Als Beispiel soll die Exergie und Anergie der Wärme betrachtet werden. Die Exergie der Wärme ist jener Anteil, der sich in einem rechtsläufigen, reversibel geführten Kreisprozeß mit der Umgebung als Wärmesenke in Nutzarbeit verwandeln läßt. Die Anergie ist die Abwärme des Kreisprozesses. Die Exergie E_Q einer bestimmten Wärmemenge Q bei der Temperatur T ergibt sich aus Nutzarbeit eines Carnot-Prozesses, der zwischen der Temperatur T und der Umgebungstemperatur T_u abläuft (Bild O-8):

$$E_Q = \eta_C Q . \qquad (O-72)$$

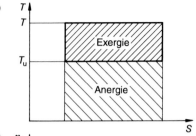

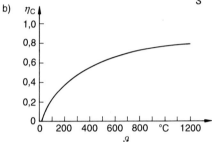

Bild O-8. Exergie und Anergie der Wärme Q (t) bei der Umgebungstemperatur T_u.
a) Wärmeschaubild; b) Carnot-Faktor η_C für die Umgebungstemperatur $\vartheta_u = 20\,°C$.

η_C ist der als *Carnot-Faktor* bezeichnete thermische Wirkungsgrad des betrachteten Carnot-Prozesses:

$$\eta_C = 1 - T_u/T . \qquad (O-73)$$

Die Anergie A_Q der Wärme Q beträgt

$$A_Q = Q(1 - \eta_C) . \qquad (O-74)$$

Wie Bild O-8 zeigt, ist die Exergie der Wärme um so größer, je höher die Temperatur T und je niedriger die Umgebungstemperatur T_u ist.

Zur Abschätzung der sinnvollen Ausnutzung von Primärenergie ist der *exergetische Wirkungsgrad* besser geeignet als der thermische:

$$\zeta = |W|/E_{Q,\,zu} ; \qquad (O-75)$$

ζ exergetischer Wirkungsgrad,
$|W|$ Betrag der abgegebenen Nutzarbeit,
$E_{Q,\,zu}$ Exergie der zugeführten Wärme Q_{zu}.

Tabelle O-13. Thermodynamische Potentiale.

thermodynamisches Potential	$F = U - TS$ (O-76) freie Energie	$G = H - TS = U + pV - TS$ (O-77) freie Enthalpie
Richtung spontaner Prozesse	isotherm-isochores System: $$\mathrm{d}F \underset{rev}{\overset{irr}{\leqq}} 0$$	isotherm-isobares System: $$\mathrm{d}G \underset{rev}{\overset{irr}{\leqq}} 0$$
Gleichgewichtsbedingung	$F = $ Min!	$G = $ Min!
Differentialquotienten	$p = -(\partial F/\partial V)_T$ $S = -(\partial F/\partial T)_V$	$V = (\partial G/\partial p)_T$ $S = -(\partial G/\partial T)_p$

Nach BAEHR läßt sich der zweite Hauptsatz folgendermaßen formulieren:

– Bei allen irreversiblen Prozessen verwandelt sich Exergie in Anergie.
– Nur bei reversiblen Prozessen bleibt die Exergie konstant.
– Es ist unmöglich, Anergie in Exergie zu verwandeln.

O.3.7 Thermodynamische Potentiale

Durch Kombination von bereits bekannten Zustandsgrößen lassen sich neue gewinnen. Von besonderer Bedeutung sind die *thermodynamischen Potentiale* (Tabelle O-13). Die Potentiale geben die Richtung an, in der spontane Prozesse (z. B. chemische Reaktionen) in isothermen Systemen verlaufen. Für das Gleichgewicht thermodynamischer Systeme sind die Minimalbedingungen entscheidend (Abschnitt O.4.3).

O.3.8 Dritter Hauptsatz der Thermodynamik

Entropieunterschiede verschiedener Phasen eines Stoffes verschwinden bei Annäherung an den absoluten Temperaturnullpunkt:

$$\lim_{T \to 0} \Delta S = 0. \qquad (O-78)$$

Dieses *Nernstsche Wärmetheorem* wurde von PLANCK erweitert:

$$\lim_{T \to 0} S = 0. \qquad (O-79)$$

Die Entropie reiner Stoffe ist am absoluten Temperatur-Nullpunkt null.

Eine Konsequenz aus dieser Festlegung ist:

Der absolute Temperaturnullpunkt ist nicht erreichbar.

O.4 Reale Gase

Sind die Wechselwirkungen zwischen den Gasmolekülen nicht mehr zu vernachlässigen, so handelt es sich um *reale Gase*. Die spezifische Gaskonstante R_i wird mit dem *Realgasfaktor Z* korrigiert, um diese Wechselwirkungen zu beschreiben (Übersicht O-8).

O.4.1 Van-der-Waalssche Zustandsgleichung

Die Zustandsgleichung $pV_m = R_m T$ (Übersicht O-2) ist bei *realen Gasen* um folgende zwei Korrekturglieder zu ergänzen:

– *Binnendruck* (a/V_m^2). Er trägt den Anziehungskräften (Kohäsion) zwischen den Gasmolekülen Rechnung.
– *Kovolumen* (b). Es beschreibt das Eigenvolumen der Gasmoleküle.

Übersicht O-9 zeigt den Verlauf von Isothermen der Van-der-Waalsschen-Zustandsgleichung (für CO_2). Die schraffierten Teile sind nicht realistisch. Im ganzen grau unterlegten Gebiet (*Koexistenzgebiet*) sind die gasförmige und die flüssige Phase gleichzeitig vorhanden. Der höchste Punkt des Koexistenzgebietes ist der kritische Punkt mit der kritischen Temperatur T_k, dem kritischen Druck p_k und dem kritischen Volumen V_{mk}.

Übersicht O-8. Dichte realer Gase und Real-gasfaktor.

Dichte idealer Gase

$$\varrho = \frac{p}{R_i T}$$

Dichte realer Gase

$$\varrho = \frac{p}{Z R_i T}$$

Verlauf des Realgasfaktors von Luft

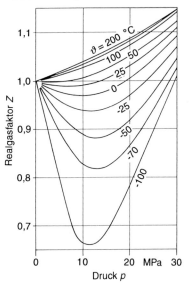

Übersicht O-9. Van-der-Waalssche Zustands-gleichung, Verlauf im p, V-Diagramm für CO_2.

van-der-Waalssche Zustandsgleichung

$$\left(p + \frac{a}{V_m^2}\right)(V_m - b) = R_m T$$

Isothermen für CO_2 im p, V-Diagramm

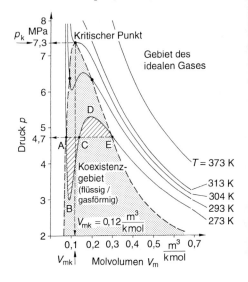

Dichte eines Gasgemisches

$$\varrho_G = \frac{\sum \varrho_i V_i}{V}$$

p	Druck
R_i	individuelle Gaskonstante
T	Temperatur
V	Volumen
V_i	Volumen des i-ten Gases
Z	Realgasfaktor
ϱ	Dichte
ϱ_G	Dichte eines Gasgemisches

kritische Werte

$$V_{mk} = 3b; \quad T_k = \frac{8a}{27 b R_m}; \quad p_k = \frac{a}{27 b^2}$$

$$\frac{p_k V_{mk}}{T_k} = \frac{3}{8} R_m; \quad Z_k = \frac{p_k V_{mk}}{R_m T_k} = \frac{3}{8}$$

$$a = 3 p_k V_{mk}^2; \quad b = \frac{V_{mk}}{3}$$

a, b	van-der-Waalssche Konstante
p, p_k	Druck bzw. kritischer Druck
R_m	allgemeine Gaskonstante
T, T_k	Temperatur bzw. kritische Temperatur
V_m	molares Volumen
V_{mk}	kritisches molares Volumen
Z_k	Realgasfaktor am kritischen Punkt

Tabelle O-14. Kritische Temperatur T_k, kritischer Druck p_k sowie van-der-Waalssche Kostanten a und b verschiedener Stoffe.

Stoff	T_k K	p_k MPa	a $10^5 \dfrac{N \cdot m^4}{kmol^2}$	b $10^{-2} \dfrac{m^3}{kmol}$
Elemente				
Wasserstoff (H_2)	33,240	1,296	0,2486	2,666
Helium (He)	5,2010	0,2275	0,0347	2,376
Stickstoff (N_2)	126,20	3,400	1,366	3,858
Sauerstoff (O_2)	154,576	5,043	1,382	3,186
Luft	132,507	3,766	1,360	3,657
anorganische Verbindungen				
Chlor (Cl_2)	417	7,70	6,59	5,63
Wasser (H_2O)	647,30	22,120	5,5242	3,041
Ammoniak (NH_3)	405,6	11,30	4,246	3,730
Kohlendioxid (CO_2)	304,2	7,3825	3,656	4,282
organische Verbindungen				
Methan (CH_4)	190,56	4,5950	2,3047	4,310
Propan (C_3H_8)	370	4,26	9,37	9,03
Butan (C_4H_{10})	425,18	3,796	13,89	11,64

Gase lassen sich durch Druck nur *unterhalb der kritischen Temperatur* T_k verflüssigen (Tabelle O-14).

O.4.2 Gasverflüssigung (Joule-Thomson-Effekt)

Bei einem realen Gas ist wegen der zwischenmolekularen Wechselwirkungen (Kohäsionskräfte) und des Eigenvolumens der Moleküle die innere Energie U *volumen-* und *druckabhängig*. Wird deshalb ein reales Gas ohne Wärmeübertragung (adiabat) und ohne Arbeitsverrichtung (Drosselung) entspannt, dann *kühlt* es sich ab (*Joule-Thomson-Effekt*). Zur Überwindung der zwischenmolekularen Anziehungskräfte muß Energie aufgewendet werden, die aus dem Vorrat der inneren Energie genommen wird. Die druckbezogenen Temperaturdifferenzen betragen für Luft $\Delta T/\Delta p = 2{,}5$ K/MPa und für Kohlendioxid $\Delta T/\Delta p = 7{,}5$ K/MPa. Eine Abkühlung tritt nur ein, wenn die Anfangstemperatur *unterhalb der Inversionstemperatur* T_i ist (Luft: 490 °C, Wasserstoff: − 80 °C). Die Inversions-temperatur läßt sich aus der van-der-Waalsschen-Zustandsgleichung berechnen:

$$T_i \approx 2a/(R_m b).$$

In der Praxis wird in einer Kältemaschine nach dem *Linde-Verfahren* Luft mit 20 MPa über ein Drosselventil auf etwa 2 MPa entspannt. Dabei entsteht eine Abkühlung von $(20\ \text{MPa} - 2\ \text{MPa}) \cdot 2{,}5\ \text{K/MPa} = 18\ \text{MPa} \cdot 2{,}5\ \text{K/MPa} = 45\ \text{K}$. Anschließend wird die Luft in einem Kompressor wieder auf 20 MPa verdichtet, und der Prozeß läuft erneut ab.

Um zu tieferen Temperaturen zu gelangen, als es der Joule-Thomson-Prozeß ermöglicht, müssen *magnetische Effekte* herangezogen werden (adiabate Entmagnetisierung von Molekülen, Atomen oder Atomkernen). In ihnen werden geordnete Strukturen (magnetische Bereiche) in ungeordnete überführt. Dadurch wird dem Stoff Wärme entzogen.

Übersicht O-10. Technisch bedeutsame Temperaturen.

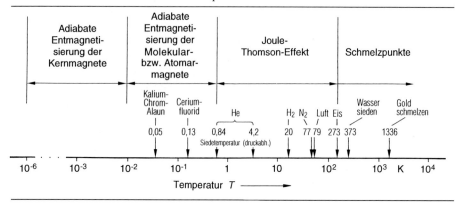

Übersicht O-11. Phasenübergänge und spezifische Enthalpie als Funktion der Temperatur.

Phasenübergänge und Enthalpien

nach / von	fest	flüssig	gasförmig
fest	Modifikationsänderung (Modifikationsenthalpie ΔH_M)	Schmelzen (Schmelzenthalpie ΔH_S)	Sublimieren (Sublimationsenthalpie $\Delta H_{Sub} = \Delta H_S + \Delta H_V$)
flüssig	Erstarren (Erstarrungsenthalpie $-\Delta H_S$)	–	Sieden (Verdampfungsenthalpie ΔH_V)
gasförmig	Desublimieren (Desublimationsenthalpie $-\Delta H_{Sub} = -\Delta H_S - \Delta H_V$)	Kondensieren (Kondensationsenthalpie $-\Delta H_V$)	–

Temperaturverlauf der spezifischen Enthalpie (Wasser)

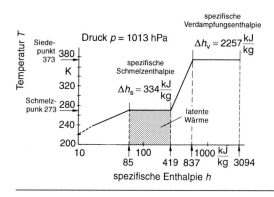

Tabelle O-15. Schmelz- und Verdampfungstemperaturen sowie spezifische Schmelzenthalpie Δh_S und spezifische Verdampfungsenthalpie Δh_V verschiedener Stoffe beim Normdruck $p_n = 1013\ hPa$.

Stoff	Schmelzen		Verdampfen	
	ϑ °C	Δh_S kJ/kg	ϑ °C	Δh_V kJ/kg
Elemente				
Wasserstoff (H_2)	−259,15	58,6	−252,75	461
Helium (He)	−270,7	3,52	−268,94	20,9
Stickstoff (N_2)	−209,85	25,75	−195,75	201
Sauerstoff (O_2)	−218,75	13,82	−182,95	214
Luft	−213		−192,3	197
anorganische Verbindungen				
Chlor (Cl_2)	−100,95	90,4	− 34,45	289
Wasser (H_2O)	0,00	335	100,00	2257
Ammoniak (NH_3)	− 80	339	− 33,45	1369
Kohlendioxid (CO_2)	− 56,55	184	− 78,45	574
organische Verbindungen				
Methan (CH_4)	−182,45	58,6	−161,45	510
Propan (C_3H_8)	−187,65	80,0	− 42,05	426
Buthan (C_4H_{10})	−138,35	77,5	− 0,65	386

Tabelle O-16. In der Technik gebräuchliche Kältemischungen.

Kältemischung	Erstarrungs- temperatur ϑ °C
100 g Wasser + 23 g Ammoniumchlorid	−16
100 g Wasser + 143 g Calciumchlorid	−55
100 g Wasser + 84 g Magnesiumchlorid	−34
100 g Wasser + 31 g Natriumchlorid	−21

O.4.3 Phasenumwandlungen

Eine Phase ist ein räumlich abgegrenztes Gebiet mit *gleichen physikalischen Eigenschaften*. Die Phasen fest, flüssig und gasförmig werden auch *Aggregatzustände* genannt. Allen *Phasenübergängen* ist gemeinsam, daß Wärme zu- oder abgeführt werden muß (latente Wärme), ohne daß sich die Temperatur ändert (z. B.

dient die Energiezufuhr bei der Umwandlung der festen in die flüssige Phase dazu, das Festkörpergitter aufzubrechen). Die bei konstantem Druck und konstanter Temperatur zugeführte Wärme erhöht die *Enthalpie* der Substanz: $H_{flüssig} = H_{fest} + \Delta H_s$. ΔH_s wird als *Schmelzenthalpie* bezeichnet.

Wird ein fester Körper in einer Flüssigkeit gelöst, dann wird die dazu benötigte Wärmemenge der Flüssigkeit entzogen; sie kühlt ab. Damit können tiefere Temperaturen (Kältemischungen) oder niedrigere Erstarrungspunkte (z. B. von Wasser) erreicht werden (Tabelle O-16).

O.4.3.1 Thermodynamisches Gleichgewicht

Gleichgewicht herrscht in einem System, wenn der physikalische Zustand des Systems gleichbleibt. Ein stabiles Gleichgewicht liegt vor, wenn die treibenden Kräfte verschwinden (z. B. Minimum der potentiellen Energie in der Mechanik). Je nach Systemzustand treten in der Thermodynamik fünf Gleichgewichtszustände auf (Tabelle O-17).

Tabelle O-17. Gleichgewichtsbedingungen.

	isobar $dp = 0$	isochor $dV = 0$	isotherm $dT = 0$	$dU = 0$	adiabat $\delta Q = 0$
Maximum der Entropie $dS \geq 0$				▓	▓
Minimum der freien Enthalpie $dG \leq 0$	▓		▓		
Minimum der freien Energie $dF \leq 0$		▓	▓		
Minimum der Enthalpie $dH \leq 0$	▓				▓
Minimum der inneren Energie $dU \leq 0$		▓			▓

$$\overbrace{\underbrace{\text{freie Enthalpie}\;}\; G \;=\; U + pV}^{\text{Enthalpie } H} - TS$$
$$\underbrace{ pV - TS}_{\text{freie Energie } F}$$

F	freie Energie $(F = U - TS)$	T	Temperatur
G	freie Enthalpie $(G = U + pV - TS)$	S	Entropie
H	Enthalpie $(H = U + pV)$	U	innere Energie
p	Druck	V	Volumen

Bei den Übergängen gasförmig-flüssig und flüssig-fest sind die Drücke von der Temperatur abhängig. Sie werden durch *Dampfdruckkurven* bzw. *Schmelzdruckkurven* beschrieben (Übersicht O-12). Wie beispielsweise die Dampfdruckkurve zeigt, steigt der Siedepunkt mit zunehmendem Druck.

Der Siedepunkt eines Lösungsmittels steigt um die Siedepunktserhöhung $\Delta\vartheta$, wenn in ihm ein Stoff gelöst wird.

$$\Delta\vartheta = E\,\frac{m}{m_{fl}\,M_r}\,;$$

E ebullioskopische Konstante (Tabelle O-18),

m, m_{fl} Masse der gelösten Substanz bzw. des Lösungsmittels,

M_r relative Molekülmasse der gelösten Substanz.

Tabelle O-18. Ebullioskopische Konstanten.

Lösungsmittel	ebullioskopische Konstante E 10^3 K
Ammoniak	0,34
Wasser	0,52
Ethanol	1,07
Diethylether	1,83
Schwefelkohlenstoff	2,29
Benzol	2,64
Essigsäure	3,07
Chloroform	3,80
Tetrachlorkohlenstoff	4,88

Übersicht O-12. Dampfdruck- und Schmelz-druckkurve.

Gleichgewicht flüssig – gasförmig

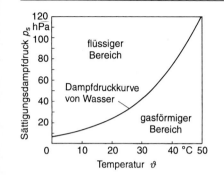

Steigung der Dampfdruckkurve

$$\frac{\mathrm{d}p_\mathrm{s}}{\mathrm{d}T} = \frac{\Delta H_\mathrm{mv}}{(V_\mathrm{m}^\mathrm{D} - V_\mathrm{m}^\mathrm{Fl})\,T}$$

$$\ln\left(\frac{p_\mathrm{s}}{p_\mathrm{s\,0}}\right) = -\frac{\Delta H_\mathrm{mv}}{R_\mathrm{m}\,T} + c$$

Dampfdruckkurve vieler Substanzen

$$\ln\left(\frac{p_\mathrm{s}}{p_\mathrm{s0}}\right) = -\frac{a}{T} - b\,\ln(T/T_0) + c$$

$$p_\mathrm{s} \sim \mathrm{e}^{-\frac{\Delta H_\mathrm{ms}}{R_\mathrm{m}\,T}}$$

Gleichgewicht fest – flüssig

Steigung der Schmelzdruckkurve

$$\frac{\mathrm{d}p_\mathrm{f}}{\mathrm{d}T} = \frac{\Delta H_\mathrm{ms}}{(V_\mathrm{m}^\mathrm{Fl} - V_\mathrm{m}^\mathrm{Fest})\,T}$$

Der Kurvenverlauf ist ähnlich dem bei flüssig–gasförmig, aber steiler, da Volumenänderung $V_\mathrm{m}^\mathrm{Fl} - V_\mathrm{m}^\mathrm{Fest}$ kleiner.

a, b, c	substanzabhängige Konstanten
ΔH_ms	molare Schmelzenthalpie
ΔH_mv	molare Verdampfungsenthalpie
p_f	Schmelzdruck
p_s	Sättigungsdampfdruck
p_s0	Sättigungsdampfdruck bei T_0
R_m	molare Gaskonstante
	$R_\mathrm{m} = 8{,}314\,\mathrm{J/(mol \cdot K)}$
T	Temperatur
V_m^D	molares Volumen Dampf
V_m^Fl	molares Volumen Flüssigkeit
$V_\mathrm{m}^\mathrm{Fest}$	molares Volumen fest

O.4.3.2 Koexistenz dreier Phasen

Die Phasengrenzen zwischen den Aggregatzuständen fest, flüssig und gasförmig sind vom Druck p, der Temperatur T und vom Volumen V abhängig. Dies beschreibt ein Zustandsdiagramm, wie es Bild O-9 zeigt. Die grauen Gebiete sind Gleichgewichtsgebiete zwischen Festkörper und Flüssigkeit (1), Flüssigkeit und Gas (2) sowie Festkörper und Gas (3). Im *Tripelpunkt* T_Tr stehen die feste, die flüssige und die gasförmige Phase im Gleichgewicht. Der Tripelpunkt des Wassers dient zur Festlegung der Temperatureinheit Kelvin ($T_\mathrm{Tr} = 273{,}16\,\mathrm{K}$; $p_\mathrm{Tr} = 612\,\mathrm{Pa}$).

Die *Gibbssche* Phasenregel beschreibt die Anzahl der physikalischen Größen (z. B. Druck p und Temperatur T), die frei variierbar sind, um einen bestimmten Zustand einzustellen:

$$f = k + 2 - P;$$

f Anzahl der Freiheitsgrade,
k Anzahl der unabhängigen chemischen Komponenten,
P Anzahl der Phasen.

O.4.4 Dämpfe und Luftfeuchtigkeit

In der Klimatechnik werden vor allem *Luft-Wasserdampf-Gemische* berechnet und die Anlagen entsprechend ausgelegt. Dabei werden vor allem Luftmassen befeuchtet oder getrocknet (Übersicht O-13).

Für klimatechnische Berechnungen werden *Mollier-Diagramme* verwendet (Bild O-10).

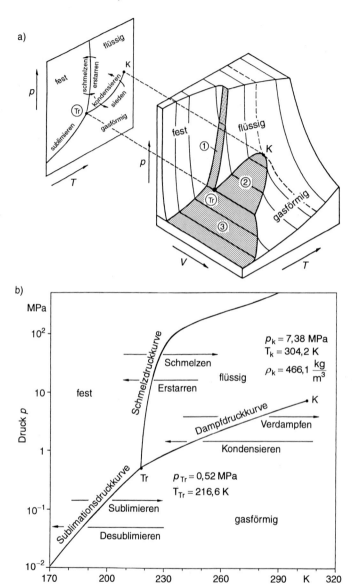

Bild O-9. Zustandsdiagramm (a) und p, T-Diagramm (b) für CO_2.

*Übersicht O-13. Aufgaben der Klimatechnik
und ihre physikalischen Größen.*

Aufgaben	Befeuchten	Trocknen
technische Lösung		
Mischung von Luftmassen	Zufuhr feuchter Luft	Zufuhr trockener Luft
Wärmezu- bzw. -abfuhr	Temperatur- absenkung	Temperatur- erhöhung
Wasserzu- bzw. -abfuhr	Wasserzufuhr (durch Ein- sprühen)	Wasserentzug (durch Ab- kühlen unter Taupunkt)

Druck der feuchten Luft p_{Fl}

$$p_{Fl} = p_{TL} + p_D$$

absolute Luftfeuchtigkeit φ_a

$$\varphi_a = m_D / V_{FL}$$

relative Luftfeuchtigkeit φ

$$\varphi = p_D / p_s$$

Feuchtegrad x

$$x = m_D / m_{TL}$$

Übersicht O-13 (Fortsetzung)

Dichte der feuchten Luft ϱ_{FL}

$$\varrho_{FL} = \varrho_{TL} + \varrho_D$$

$$\varrho_{FL} = \frac{1}{T}\left(\frac{p_{FL} - p_D}{R_{iTL}} + \frac{p_D}{R_{iD}}\right)$$

spezifische Enthalpie feuchter Luft h_{FL}

$$h_{FL} = h_{TL} + x\,h_D$$

h_D, h_{FL}, h_{TL}	spezifische Enthalpie des Wasserdampfs, der feuchten Luft, der trockenen Luft
m_D, m_{TL}	Masse des Wasserdampfs bzw. der trockenen Luft
p_D, p_{FL}, p_{TL}	Druck des Wasserdampfs, der feuchten Luft, der trockenen Luft
p_s	Sättigungsdampfdruck
R_{iD}, R_{iTL}	individuelle Gaskonstante des Wasserdampfs bzw. der trockenen Luft
T	absolute Temperatur
V_{FL}	Volumen der feuchten Luft
x	Feuchtegrad
φ, φ_a	relative bzw. absolute Luftfeuchtigkeit
$\varrho_D, \varrho_{FL}, \varrho_{TL}$	Dichte des Wasserdampfs, der feuchten Luft, der trockenen Luft

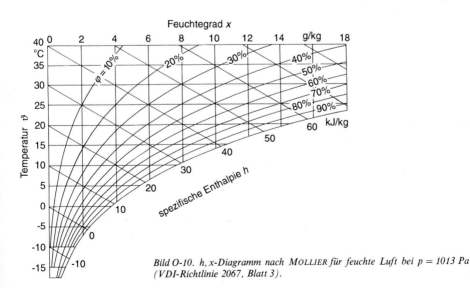

*Bild O-10. h, x-Diagramm nach MOLLIER für feuchte Luft bei p = 1013 Pa
(VDI-Richtlinie 2067, Blatt 3).*

P Wärme- und Stoffübertragung

Die *Wärmeübertragung* befaßt sich mit dem *Übergang der Wärmeenergie* von Fluiden auf feste Trennbauteile oder zwischen unterschiedlichen Bereichen in Fluiden oder Festkörpern sowie dem Wärmetransport durch Festkörper, stehende Flüssigkeiten und Gase, wenn räumliche Temperaturunterschiede vorhanden sind. *Wärmeleitung, Konvektion* und *Wärmestrahlung* sind die Mechanismen der Wärmeübertragung (Übersicht P-1). Charakteristisch ist dabei der jeweilige *Wärmeübergangskoeffizient* für die Wärmeübertragungssituation; im allgemeinen hängt dieser sowohl von der Zeit, aber auch von den äußeren Einflußgrößen, wie z. B. von Geometrie, Stoffwerten und Temperatur, ab.

Die *Stoffübertragung* umfaßt das Gebiet des *Stofftransports* in Fluiden unter dem Einfluß von Dichteunterschieden oder Druckgradienten. Diffusion bezeichnet dabei den Stofftransport einer Stoffkomponente in einem Fluidgemisch, wenn örtliche Konzentrationsunterschiede vorhanden sind. Konvektion wiederum ist ein Stofftransport im Fluid, der mit einer gleichzeitigen Wärmeübertragung verknüpft ist.

P.1 Wärmeleitung

Das *Fouriersche Grundgesetz des Wärmetransports* beschreibt den Zusammenhang zwischen der Ursache eines Wärmetransports, einem räumlichen Temperaturgefälle in einer Raumrichtung und dem dadurch bewirkten Wärmestrom durch eine Grenzfläche senkrecht zur Temperaturgradientenrichtung:

$$j_q = - \lambda \, \frac{\partial \vartheta}{\partial n} ; \qquad (P-1)$$

j_q Wärmestromdichte,
λ Wärmeleitfähigkeit,
n Raumrichtung,
$\partial \vartheta / \partial n$ Temperaturgradient in Raumrichtung n.

Übersicht P-1. Wärmeübertragungsmechanismen.

Wärmeleitung	Konvektion	Wärmestrahlung
Energieübertragung gekoppelter Gitterschwingungen (Phononentransport) und durch bewegliche Ladungsträger (freie Elektronenbewegung)	Wärmeübertragung durch die freie oder erzwungene Strömung von Materie (Massentransport)	Wärmeübertragung durch elektromagnetische Strahlung (Photonentransport)

Tabelle P-1. Wärmetechnische Stoffwerte.

Stoff	ϑ °C	ϱ $10^3 \dfrac{kg}{m^3}$	c_p $\dfrac{J}{kg \cdot K}$	λ $\dfrac{W}{m \cdot K}$	a $10^6 \dfrac{m^2}{s}$
Festkörper					
Aluminium	20	2,70	920	221	88,89
Eisen	20	7,86	465	67	18,33
Grauguß	20	ca. 7,2	545	ca. 50	ca. 13
Stahl 0.6 C	20	7,84	460	46	12,78
Gold	20	19,30	125	314	130,57
Kupfer	20	8,90	390	393	113,34
Schamottestein	100	1,7	835	0,5	0,35
Normalbeton	10	2,4	880	$2,1^R$	1,0
Gasbeton	10	0,5	850	$0,22^R$	0,5
Ziegelstein	10	1,2	835	$0,5^R$	0,5
Eis	0	0,92	1 930	2,2	1,25
Schnee	0	0,1	2 090	0,11	0,53
Fichtenholz	10	0,6	2 000	$0,13^R$	0,11
Polystyrol fest	20	1,05	1 300	0,17	0,125
Glas	20	2,5	800	0,8	0,4
Schaumglas	10	0,1	800	$0,045^R$	0,6
Mineralfaser	10	0,2	800	$0,04^R$	0,3
Kies	20	1,8	840	0,64	0,42
Flüssigkeiten					
Wasser	20	0,998	4 182	0,600	0,144
Wärmeträgeröl	20	0,87	1 830	0,134	0,084
Kältemittel R 12	−20	1,46	900	0,086	0,065
Ethanol	20	0,789	2 400	0,173	0,091
Heizöl	20	0,92	1 670	0,12	0,078
Quecksilber	20	13,55	138	0,143	5,62
Gase					
Luft	20	0,00119	1 007	0,026	21,8
Kohlendioxid	0	0,00195	827	0,015	9,08
Wasserdampf	150	0,00255	2 320	0,031	5,21
Helium	0	0,00018	5 200	0,143	153
Wasserstoff	0	0,00009	14 050	0,171	135

ϑ Temperatur
ϱ Dichte
c_p spezifische Wärmekapazität bei konstantem Druck

λ Wärmeleitfähigkeit (R Rechenwert DIN 4108)
a Temperaturleitfähigkeit

Die *Wärmeleitfähigkeit* ist eine Stoffkonstante des Wärmekontakts zwischen den Bereichen unterschiedlicher Temperatur. Die Werte der Wärmeleitfähigkeit sind sehr unterschiedlich; bei ruhenden Gasen besonders niedrig, bei elektrisch gut leitenden Metallen besonders hoch (Tabelle P-1). *Wärmedämmstoffe* sind porosierte, luft- oder schwergasgeschäumte sowie faserartige Stoffe mit einer Wärmeleitfähigkeit $\lambda < 0,1$ W/(m · K). Die Wärmeleitfähigkeit ist abhängig von der Dichte, der elektrischen Leitfähigkeit, der Temperatur und dem Feuchtegehalt des Materials. Zur Beurteilung des Wärmeschutzes im Hochbau dürfen daher nur *Rechenwerte der Wärmeleitfähigkeit* λ_R benutzt werden, welche entsprechende Zuschläge zu den experimentell im trockenen Zustand bei 10 °C bestimmten Werten enthalten. Für einige Abhängigkeiten der Wärmeleitfähigkeit lassen sich Näherungsgleichungen angeben (Tabelle P-2).

Der Wärmetransport durch Wärmeleitung in Festkörpern, stehenden Flüssigkeiten und ruhenden Gasen beschreibt die *Fouriersche Differentialgleichung für die Wärmeleitung* und das *Temperaturfeld im Wärmeleiter:*

Wärmestromdichte

$$c\varrho \frac{\partial \vartheta}{\partial t} = \dot{f} - \left(\frac{\partial j_{qx}}{\partial x} + \frac{\partial j_{qy}}{\partial y} + \frac{\partial j_{qz}}{\partial z} \right)$$

Temperaturfeld

$$c\varrho \frac{\partial \vartheta}{\partial t} = \dot{f} - \lambda \left(\frac{\partial^2 \vartheta}{\partial x^2} + \frac{\partial^2 \vartheta}{\partial y^2} + \frac{\partial^2 \vartheta}{\partial z^2} \right)$$

stationär $\partial \vartheta / \partial t = 0$
wärmequellenfrei $\dot{f} = 0$
(Laplace-Gleichung)

$$\frac{\partial^2 \vartheta}{\partial x^2} + \frac{\partial^2 \vartheta}{\partial y^2} + \frac{\partial^2 \vartheta}{\partial z^2} = 0 ; \qquad \text{(P–2)}$$

$\partial \vartheta / \partial t$ zeitliche Änderung der Temperatur,
$\partial^2 \vartheta / \partial x^2$, $\partial^2 \vartheta / \partial y^2$, $\partial^2 \vartheta / \partial z^2$ räumlicher Differentialquotient des Temperaturfeldes $\vartheta (x, y, z, t)$,
$\partial j_{qx} / \partial x$, $\partial j_{qy} / \partial y$, $\partial j_{qz} / \partial z$ räumliche Gradienten der Wärmestromdichte,
$\dot{f}$ Energiedichte der internen Wärmequellen und Wärmesenken,
c spezifische Wärmekapazität,
ϱ Dichte,
λ Wärmeleitfähigkeit.

Rand- und Anfangsbedingungen bestimmen die Lösungen dieser partiellen Differentialgleichungen der Wärmeleitung. Lösungen der stationären, wärmequellenfreien *Laplace-Gleichung* sind für die einfachen Geometrien der Platte, des Zylinders und der Kugel geschlossen angebbar (Tabelle P-3). Für die wärmetechnische Planung von wärmegedämmten Bauteilen im Hochbau ist besonders der Spezialfall der ebenen ausgedehnten Platte von Bedeutung (Tabellen P-4 und P-5).

Tabelle P-2. Abhängigkeit der Wärmeleitfähigkeit.

Stoffgruppe	Wärmeleitfähigkeitsabhängigkeit
Metalle	$\lambda = 2,45 \cdot 10^{-8} \dfrac{V^2}{K^2} T \varkappa$
	Wiedemann-Franzsches Gesetz
Isolatoren	$\lambda = \dfrac{1}{3} \varrho c c_s l_{Ph}$
	$\lambda \sim T^{-3} \qquad (T \ll T_D)$
	$\lambda \sim T^{-1} \qquad (T \gg T_D)$
lufttrockene porosierte Baustoffe ($400 \text{ kg/m}^3 \leq \varrho \leq 2500 \text{ kg/m}^3$)	$\lambda = a e^{b\varrho}$ $a = 0,072 \text{ W/(m} \cdot \text{K)}$ $b = 1,16 \, 10^{-3} \text{ m}^3/\text{kg}$

T absolute Temperatur
$\varkappa$ elektrische Leitfähigkeit
ϱ Dichte
c spezifische Wärmekapazität
c_S Schallgeschwindigkeit
l_{Ph} freie Phonon-Weglänge
T_D Debye-Temperatur

Die Lösungen der instationären Fourier-Differentialgleichung sind selbst in geometrisch einfachen Fällen mathematisch kompliziert (Tabelle P-6). Charakteristische Kenngrößen für instationäre Wärmeleitungsvorgänge sind:

Kenngröße	Definition	Wärmeübertragungsart
Wärmeeindringkoeffizient	$b = \sqrt{\lambda c_p \varrho}$	Aufheizen, Abkühlen, Kontakttemperatur
Temperaturleitfähigkeit	$a = \dfrac{\lambda}{c_p \varrho}$	Temperaturzyklen, schnelle Änderungen

b Wärmeeindringkoeffizient,
a Temperaturleitfähigkeit,
c_p spezifische Wärmekapazität,
λ Wärmeleitfähigkeit,
ϱ Dichte.

Tabelle P-3. Stationäre Wärmeübertragung durch Wärmeleitung.

Geometrie	planparallele Platte (eindimensionaler Fall)	zylindrisches Rohr (zweidimensionaler Fall)	Hohlkugel (dreidimensionaler Fall)
Fourier-Grundgleichung	$j_{qx} = -\lambda \dfrac{dT}{dx}$ $\dot{Q} = j_{qx} A$	$j_{qr} = -\lambda \dfrac{dT}{dr}$ $\dot{Q} = j_{qr} 2\pi r h$	$j_{qr} = -\lambda \dfrac{dT}{dr}$ $\dot{Q} = j_{qr} 4\pi r^2$
Temperaturprofil	$T = T_1 - \dfrac{T_1 - T_2}{s} x$	$T = \dfrac{T_1 \ln\dfrac{r}{r_2} - T_2 \ln\dfrac{r}{r_1}}{\ln\dfrac{r_1}{r_2}}$	$T = \dfrac{(r_2 T_2 - r_1 T_1)}{r_2 - r_1} + \dfrac{r_1 r_2 (T_2 - T_1)}{(r_2 - r_1)} \dfrac{1}{r}$
Wärmestrom, einschichtige Trennwand	$j_{qx} = \dfrac{\lambda}{s}(T_1 - T_2)$	$j_{qr} = \dfrac{\lambda}{r}\dfrac{1}{\ln\dfrac{r_2}{r_1}}(T_1 - T_2)$ $\dfrac{\dot{Q}}{h} = \dfrac{2\pi\lambda}{\ln\dfrac{r_2}{r_1}}(T_1 - T_2)$	$j_{qr} = \dfrac{\lambda}{r^2}\dfrac{r_1 r_2}{r_1 - r_2}(T_1 - T_2)$ $\dot{Q} = \dfrac{4\pi\lambda}{\dfrac{1}{r_1} - \dfrac{1}{r_2}}(T_1 - T_2)$
Wärmestrom mehrschichtige Trennwand	$j_{qx} = \dfrac{T_1 - T_2}{\dfrac{s_1}{\lambda_1} + \dfrac{s_2}{\lambda_2} + \dfrac{s_3}{\lambda_3}}$	$\dfrac{\dot{Q}}{h} = \dfrac{2\pi(T_1 - T_2)}{\dfrac{1}{\lambda_1}\ln\dfrac{r_2}{r_1} + \dfrac{1}{\lambda_2}\ln\dfrac{r_3}{r_2} + \dfrac{1}{\lambda_3}\ln\dfrac{r_4}{r_3}}$	$\dot{Q} = \dfrac{4\pi(T_1 - T_2)}{\dfrac{1}{\lambda_1}\left(\dfrac{1}{r_1} - \dfrac{1}{r_2}\right) + \dfrac{1}{\lambda_2}\left(\dfrac{1}{r_2} - \dfrac{1}{r_3}\right) + \dfrac{1}{\lambda_3}\left(\dfrac{1}{r_3} - \dfrac{1}{r_4}\right)}$

Tabelle P-4. Temperaturverlauf in einer mehrschichtigen Wand im Beharrungszustand.

Modell

Wärme-stromdichte	$j_q = k(\vartheta_{Li} - \vartheta_{La})$
Wärme-durchgangs-widerstand	$\dfrac{1}{k} = \dfrac{1}{\alpha_i} + \dfrac{s_1}{\lambda_1} + \dfrac{s_2}{\lambda_2} + \dfrac{s_3}{\lambda_3} + \dfrac{s_4}{\lambda_4} + \dfrac{1}{\alpha_a}$
Temperatur-verlauf	$\vartheta_{Oi} = \vartheta_i - \dfrac{1}{\alpha_i} j_q$
	$\vartheta_1 = \vartheta_{Oi} - \dfrac{s_1}{\lambda_1} j_q$
	$\vartheta_2 = \vartheta_1 - \dfrac{s_2}{\lambda_2} j_q$
	$\vartheta_3 = \vartheta_2 - \dfrac{s_3}{\lambda_3} j_q$
	$\vartheta_{Oa} = \vartheta_3 - \dfrac{s_4}{\lambda_4} j_q = \vartheta_a + \dfrac{1}{\alpha_a} j_q$

k	Wärmedurchgangskoeffizient
s	Schichtdicke
λ	Wärmeleitfähigkeit
α_i	Wärmeübergangskoeffizient, innen
α_a	Wärmeübergangskoeffizient, außen
ϑ_i	Innentemperatur
ϑ_a	Außentemperatur
ϑ_{Oa}	Oberflächentemperatur, außen
ϑ_{Oi}	Oberflächentemperatur, innen
$\vartheta_1, \vartheta_2, \vartheta_3$	Schichttemperaturen

Tabelle P-5. Eindimensionaler Wärmetransport durch ein- und mehrschichtige Bauteile.

Größe	Beziehung
Wärme-durchlaß-widerstand	einschichtig $\quad \dfrac{1}{\Lambda} = R = \dfrac{s}{\lambda}$
	mehrschichtig $\quad \dfrac{1}{\Lambda} = \dfrac{s_1}{\lambda_1} + \dfrac{s_2}{\lambda_2} + \dfrac{s_3}{\lambda_3} \cdots$
Wärme-durchgangs-widerstand	$\dfrac{1}{k} = \dfrac{1}{\alpha_i} + \dfrac{1}{\Lambda} + \dfrac{1}{\alpha_a}$
Wärme-durchgangs-koeffizient	$k = \dfrac{1}{\dfrac{1}{\alpha_1} + \dfrac{1}{\alpha_2} + \dfrac{1}{\alpha_3} + \cdots}$

s	Schichtdicke
λ	Wärmeleitfähigkeit
α_i	Wärmeübergangskoeffizient innen
α_a	Wärmeübergangskoeffizient außen

Die Kontakttemperatur, die sich beim Berühren zweier Halbkörper mit unterschiedlicher Temperatur einstellt, hängt von den Wärmeeindringkoeffizienten der sich berührenden Körper ab:

$$\vartheta_0 = \frac{b_1 \vartheta_1 + b_2 \vartheta_2}{b_1 + b_2}; \qquad (P-3)$$

ϑ_1, ϑ_2	Temperaturen der Körper 1 und 2,
ϑ_0	Kontakttemperatur der Berührungsfläche,
b_1, b_2	Wärmeeindringkoeffizienten der sich berührenden Körper 1 und 2.

Berührt die menschliche Haut einen anderen Körper, so ist die Kontakttemperatur die subjektiv empfundene Temperatur am Anfang der Berührung.

Tabelle P-6. Instationäre Wärmeleitungsvorgänge, Näherungen für kurze Aufheiz- oder Abkühlzeiten.

	ebene Platte	dünner Draht
Modellfall		
Aufheizverlauf	$\vartheta_{oi}(t) = \vartheta_{oi}(0) + \dfrac{2q_0}{b\sqrt{\pi}} \cdot \sqrt{t}$	$\vartheta_o(t) = \vartheta_o(0) + \dfrac{Q_1}{2\pi\lambda} \ln \dfrac{4at}{1{,}781\,r^2}$ $(t \gg 0)$

ϑ_o	Oberflächentemperatur	ϱ	Dichte
q_0	Wärmestromdichte	b	Wärmeeindringkoeffizient ($b = \sqrt{\lambda\,c_p\,\varrho}$)
Q_1	längenbezogene Heizleistung	r	Drahtradius
c_p	spezifische Wärmekapazität	a	Temperaturleitfähigkeit
λ	Wärmeleitfähigkeit	t	Zeit

P.2 Konvektion

Für die konvektive Wärmeübertragung ist die Relativbewegung der beiden thermodynamischen Systeme mit unterschiedlichen Temperaturen charakteristisch, wie es beispielsweise beim Wärmeübergang von einem Fluid, einer strömenden Flüssigkeit oder einem Gas, auf eine Wand der Fall ist (Bild P-1). Zwei Konvektionsarten werden unterschieden:

– *Freie Konvektion*
Die Strömung des Fluids wird durch ein temperaturabhängiges Dichtegefälle im Fluid und die daraus resultierenden Auftriebskräfte verursacht
– *Erzwungene Konvektion*
Die gerichtete Zwangsströmung im Fluid wird durch äußere Kräfte, z. B. die Antriebskräfte von Pumpen und Ventilatoren, oder auch von Winddrücken erzwungen.

Die Wärmestromdichte zwischen Fluid und Wand ergibt sich aus folgenden Beziehungen:

Fouriersches Gesetz der Grenzschicht-Wärmeleitung	$j_{q,K} = -\lambda \left(\dfrac{\partial\vartheta}{\partial n}\right)_{Gr}$
Wärmeübergangsgleichung	$j_{q,K} = a_K^* (\vartheta_F - \vartheta_W)$; (P–4)

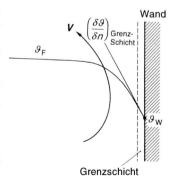

Bild P-1. Konvektiver Wärmeübergang mit Grenzschicht vor der wärmeübertragenden Wand.

$j_{q,K}$	Wärmestromdichte der konvektiven Wärmeübertragung,
λ	Wärmeleitfähigkeit des ruhenden Fluids,
a_K^*	Wärmeübergangskoeffizient,
ϑ_F	Fluidtemperatur,
ϑ_W	Oberflächentemperatur der Wand,
$(\partial\vartheta/\partial n)_{Gr}$	Temperaturgradient in der Fluid-Grenzschicht.

Tabelle P-7. Grundgleichungen der konvektiven Wärmeübertragung.

	Beziehungen
Wärmeleitungsgleichung (Energiesatz)	$c_p \varrho \left[\dfrac{\partial \vartheta}{\partial t} + \left(v_x \dfrac{\partial \vartheta}{\partial x} + v_y \dfrac{\partial \vartheta}{\partial y} + v_z \dfrac{\partial \vartheta}{\partial z} \right) \right] = \lambda \left(\dfrac{\partial^2 \vartheta}{\partial x^2} + \dfrac{\partial^2 \vartheta}{\partial y^2} + \dfrac{\partial^2 \vartheta}{\partial z^2} \right)$
λ = konst.	Fourier-Gleichung
Bewegungsgleichung der Hydromechanik (Impulssatz)	$v_x \dfrac{\partial v_x}{\partial x} + v_y \dfrac{\partial v_y}{\partial y} + v_z \dfrac{\partial v_z}{\partial z} = -\dfrac{1}{\varrho} \dfrac{\partial p}{\partial x} + \nu \left(\dfrac{\partial^2 v_x}{\partial x^2} + \dfrac{\partial^2 v_x}{\partial y^2} + \dfrac{\partial^2 v_x}{\partial z^2} \right)$ $\qquad\qquad + \dfrac{\nu}{3} \dfrac{\partial}{\partial x} \left(\dfrac{\partial v_x}{\partial x} + \dfrac{\partial v_y}{\partial y} + \dfrac{\partial v_z}{\partial z} \right) + \gamma g \,\Delta T$ (x-Komponente)
ϱ = konst.	$v_x \dfrac{\partial v_x}{\partial x} + v_y \dfrac{\partial v_y}{\partial y} + v_z \dfrac{\partial v_z}{\partial z} = -\dfrac{1}{\varrho} \dfrac{\partial p}{\partial x} + \nu \left(\dfrac{\partial^2 v_x}{\partial x^2} + \dfrac{\partial^2 v_x}{\partial y^2} + \dfrac{\partial^2 v_x}{\partial z^2} \right)$ Navier-Stokes-Gleichung (x-Komponente)
ϱ = konst. $\nu = 0$ inkompressible Fluide	$v_x \dfrac{\partial v_x}{\partial x} + v_y \dfrac{\partial v_x}{\partial y} + v_z \dfrac{\partial v_x}{\partial z} = -\dfrac{1}{\varrho} \dfrac{\partial p}{\partial x}$ Euler-Gleichung für ideale Fluide (x-Komponente)
Kontinuitätsgleichung (Massenerhaltungssatz)	$\dfrac{\partial \varrho}{\partial t} + \varrho \left(\dfrac{\partial v_x}{\partial x} + \dfrac{\partial v_y}{\partial y} + \dfrac{\partial v_z}{\partial z} \right) + \left(v_x \dfrac{\partial \varrho}{\partial x} + v_y \dfrac{\partial \varrho}{\partial y} + v_z \dfrac{\partial \varrho}{\partial z} \right) = 0$
ϱ = konst.	$\dfrac{\partial v_x}{\partial x} + \dfrac{\partial v_y}{\partial y} + \dfrac{\partial v_z}{\partial z} = 0$

c_p	spezifische Wärmekapazität bei konstantem Druck	ϑ	Temperatur
ϱ	Dichte	v_x, v_y, v_z	Komponenten der Strömungsgeschwindigkeit
λ	Wärmeleitfähigkeit	g	Fallbeschleunigung
ν	kinematische Viskosität	ΔT	Temperaturgefälle für den thermischen
γ	thermischer Ausdehnungskoeffizient		Auftrieb

Der Zahlenwert für den *konvektiven Wärme-übergangskoeffizienten* a_K^* hängt entscheidend von der Festlegung der Fluidtemperatur ϑ_F ab. Diese ist bei inhomogenen Temperaturen im Fluid, besonders bei der freien Konvektion, nicht einfach und von der experimentellen Meßanordnung im Modellversuch abhängig. Die Bestimmung des Temperaturgradienten in der Grenzschicht ist meßtechnisch aufwendig.

Die Grundgleichungen der konvektiven Wärmeübertragung (Tabelle P-7) sind wegen der räumlichen Mitführung des Temperaturfeldes mit der Fluidbewegung extrem kompliziert.

Die Lösungsfamilien dieser gekoppelten partiellen Differentialgleichungen liegen zwischen den Lösungsfamilien für die Grenzfälle:

– *Laminare Strömung*
  Die Stromfäden der Fluidströmung verlaufen parallel zur Wand; keine konvektive Wärmeübertragung in Richtung auf die parallele Wand, sondern Wärmetransport durch Wärmeleitung senkrecht zu den Stromfäden. Strenge mathematische Lösungen für einfache laminare Strömungen sind vorhanden.
– *Turbulente Strömung*
  Ungeordnete Querbewegungen durch sog. Turbulenzballen in der Fluidbewegung sorgen für ein gleichmäßiges Strömungsprofil in der turbulenten

Kernströmung und beeinflussen durch ihr Eindringen in die laminare Grenzschichtströmung deren Strömungsform. Mathematische Lösungen für die turbulente Strömung fehlen; zur Beschreibung dienen Näherungsgleichungen für empirische Beobachtungen und Messungen.

Nahezu alle praktisch interessanten konvektiven Wärmeübergänge haben turbulente Strömungsprofile; laminare Strömungsformen schlagen durch Störungen (Anströmkanten, Rauhigkeit, Temperaturinhomogenitäten usw.) leicht in turbulente Zustände um. Deshalb muß in der Praxis der konvektive Wärmeübergangskoeffizient aus Modellversuchen ermittelt werden. Die Versuchsergebnisse lassen sich auf andere konvektive Wärmeübertragungsverhältnisse anwenden, wenn diese *geometrisch und hydrodynamisch ähnlich* sind. Damit die Lösungen eines Modellfalls übertragen werden können, müssen die Maßstabsfaktoren, die *dimensionslosen Ähnlichkeitskenngrö-*

ßen der Wärmeübertragung (Tabelle P-8), des Anwendungs- und des Modellfalls übereinstimmen. Die in die Kenngrößen eingehenden Stoffwerte der Fluide sind z. T. stark temperaturabhängig (Tabelle P-9); zur Bildung der Ähnlichkeitskenngrößen sind die Stoffwerte der Mitteltemperatur des Fluids einzusetzen.

Die Kenngröße für die konvektive Wärmeübertragung ist die *Nußelt-Zahl Nu*. Aus der Nußelt-Zahl des zugeordneten Modellfalls läßt sich der konvektive Wärmeübergangskoeffizient für das Wärmeübertragungsproblem angeben:

$$a_K^* = \frac{Nu\,\lambda}{L}\,; \qquad (P-5)$$

a_K^* Wärmeübergangskoeffizient,
Nu Nußelt-Zahl,
λ Wärmeleitfähigkeit des Fluids,
L charakteristische Länge.

Tabelle P-8. Dimensionslose Kenngrößen der Wärmeübertragung.

Zeichen	Kenngrößen	Definition	Problembereich
Bi	Biot-Zahl	$Bi = \dfrac{\alpha_a L}{\lambda_i}$	Wärmeübertragung Festkörper/Fluid
Fo	Fourier-Zahl	$Fo = \dfrac{a\,t}{L^2}$	instationäre Wärmeleitung
Fr	Froude-Zahl	$Fr = \dfrac{v^2}{g\,L}$	Strömungen unter Schwerkrafteinfluß
Ga	Galilei-Zahl	$Ga = \dfrac{g\,L^3}{v^2} = \dfrac{Re^2}{Fr}$	Auftrieb in Fluiden
Gr	Grashof-Zahl	$Gr = \dfrac{g\,\beta\,\Delta T\,L^3}{v^2}$	freie Konvektion bei Temperaturgradient
Gz	Graetz-Zahl	$Gz = \dfrac{L^2}{a\,t_v} = Fo^{-1}$	stationäre Strömungen mit konstanten Verweilzeiten in Rohrstücken
Ka	Kapitza-Zahl	$Ka = \dfrac{g\,\eta^4}{\varrho\,\sigma^3} = \dfrac{We^3}{Fr\,Re^4}$	Filmströmungen und Fluidfilm-Kondensation
Le	Lewis-Zahl	$Le = \dfrac{a}{\delta} = \dfrac{Sc}{Pr}$	Trocknung und Verdunstungskühlung
Nu	Nußelt-Zahl	$Nu = \dfrac{\alpha_K^* L}{\lambda}$	stationärer konvektiver Wärmeübergang

Tabelle P-8 (Fortsetzung)

Zeichen	Kenngrößen	Definition	Problembereich
Pe	Péclet-Zahl	$Pe = \dfrac{vL}{a} = Re\,Pr$	erzwungene instationäre Konvektion
Pr	Prandtl-Zahl	$Pr = \dfrac{v}{a}$	Wärmeübertragungskennwert des Fluids
Ra	Rayleigh-Zahl	$Ra = \dfrac{g\,\beta\,\Delta T\,L^3}{v\,a} = Re\,Pr$	freie Konvektion im Temperaturgradienten
Re	Reynolds-Zahl	$Re = \dfrac{\varrho\,v\,L}{\eta} = \dfrac{v\,L}{v}$	Strömungen unter Reibungseinfluß
Sc	Schmidt-Zahl	$Sc = \dfrac{v}{\delta}$	Kopplungskennwert Wärmetransport mit Diffusion
St	Stanton-Zahl	$St = \dfrac{\alpha_K^*}{\varrho\,c_p\,v} = \dfrac{Nu}{Pe}$	Wärmeübergang bei erzwungener instationärer Konvektion
We	Weber-Zahl	$We = \dfrac{v^2\,L\,\varrho}{\sigma} = (Ka\,Fr\,Re^4)^{1/3}$	Strömungsvorgänge mit freien Oberflächen, Zerstäubung von Flüssigkeiten

a	Temperaturleitfähigkeit	α_a	Wärmeübergangskoeffizient außen
c_p	spezifische Wärmekapazität bei konstantem Druck	β	Wärmeausdehnungskoeffizient
g	Fallbeschleunigung	δ	Diffusionskoeffizient
L	charakteristische Länge	η	dynamische Viskosität
t	charakteristische Zeit	λ	Wärmeleitfähigkeit
t_V	Verweilzeit	λ_i	Wärmeleitfähigkeit des Innenkörpers
ΔT	Temperaturunterschied	v	kinematische Zähigkeit
v	Strömungsgeschwindigkeit	ϱ	Dichte
α_K^*	Wärmeübergangskoeffizient	σ	Oberflächenspannung

Tabelle P-9. Wärmetechnische Stoffwerte von Wasser und trockener Luft beim Druck p = 1 bar (aus VDI-Wärmeatlas, 6. Aufl.. 1991).

ϑ °C	ϱ kg/m³	c_p kJ/(kg·K)	γ 10^{-3}/K	λ 10^{-3} W/(m·K)	η 10^{-6} kg/(m·s)	v 10^{-6} m²/s	a 10^{-6} m²/s	Pr
Wasser								
0,01	999,8	4,217	−0,0852	562	1791,4	1,792	0,1333	13,44
10	999,7	4,193	0,0821	582	1307,7	1,308	0,1388	9,42
20	998,3	4,182	0,2066	600	1002,7	1,004	0,1436	6,99
30	995,7	4,179	0,3056	615	797,7	0,801	0,1478	5,42
40	992,2	4,179	0,3890	629	653,1	0,658	0,1516	4,34
60	983,1	4,185	0,5288	651	466,8	0,475	0,1582	3,00
80	971,6	4,197	0,6473	667	355,0	0,365	0,1635	2,23
100	958,1	4,216	0,7547	677	282,2	0,294	0,1677	1,76
120	942,8	4,245	0,8590	683	232,1	0,246	0,1707	1,44
150	916,8	4,310	1,0237	684	181,9	0,198	0,1730	1,15
200	864,7	4,497	1,3721	663	133,6	0,154	0,1706	0,91
250	799,2	4,869	1,9552	618	105,8	0,132	0,1589	0,83
300	712,2	5,773	3,2932	545	85,8	0,120	0,1325	0,91

Tabelle P-9 (Fortsetzung)

ϑ °C	ϱ kg/m³	c_p kJ/(kg·K)	γ 10^{-3}/K	λ 10^{-3} W/(m·K)	η 10^{-6} kg/(m·s)	ν 10^{-6} m²/s	a 10^{-6} m²/s	Pr
trockene Luft								
−100	2,019	1,011	5,852	16,02	11,77	5,829	7,851	0,7423
− 40	1,495	1,007	4,313	21,04	15,16	10,14	13,97	0,7258
− 20	1,377	1,007	3,968	22,63	16,22	11,78	16,33	0,7215
− 10	1,324	1,006	3,815	23,41	16,74	12,64	17,57	0,7196
0	1,275	1,006	3,674	24,18	17,24	13,52	18,83	0,7179
10	1,230	1,007	3,543	24,94	17,74	14,42	20,14	0,7163
20	1,188	1,007	3,421	25,69	18,24	15,35	21,47	0,7148
30	1,149	1,007	3,307	26,43	18,72	16,30	22,84	0,7134
60	1,045	1,009	3,007	28,60	20,14	19,27	27,13	0,7100
100	0,9329	1,012	2,683	31,39	21,94	23,51	33,26	0,7070
140	0,8425	1,016	2,422	34,08	23,65	28,07	39,80	0,7054
200	0,7356	1,026	2,115	37,95	26,09	35,47	50,30	0,7051
300	0,6072	1,046	1,745	44,09	29,86	49,18	69,43	0,7083
500	0,4502	1,093	1,293	55,64	36,62	81,35	113,1	0,7194
1000	0,2734	1,185	0,7853	80,77	50,82	1859	249,2	0,7458

ϑ Celsius-Temperatur
ϱ Dichte
c_p spezifische Wärmekapazität
  bei konstantem Druck
γ Wärmeausdehnungskoeffizient

λ Wärmeleitfähigkeit
η dynamische Viskosität
ν kinematische Viskosität
a Temperaturleitfähigkeit
Pr Prandtl-Zahl

Die charakteristische Länge ist entsprechend dem Modellfall anzusetzen (Tabelle P-10). Im Übergangsbereich von laminarer zu turbulenter Strömung gilt mit für technische Zwecke ausreichender Genauigkeit:

$$a_K^* = \sqrt{a_{K,\,lam}^{*\,2} + a_{K,\,turb}^{*\,2}}\,. \qquad (P\text{–}6)$$

P.3 Wärmestrahlung

Die Wärmeübertragung durch Wärmestrahlung ist im Vakuum der einzige Wärmetransportmechanismus; in Gasen kommt der Wärmeübergang durch Wärmestrahlung additiv zu demjenigen der Wärmekonvektion hinzu.

Tabelle P-10. Modellfälle konvektiver Wärmeübergänge (nach VDI-Wärmeatlas, 6. Aufl. 1991).

Strömungsmodell	laminarer Bereich	turbulenter Bereich	Hinweise
erzwungene Konvektion längs einer Platte	$Nu = 0,664\,Re^{1/2}\,Pr^{1/3}$	$Nu = \dfrac{0,037\,Re^{0,8}\,Pr}{1 + 2,443\,Re^{-0,1}\,(Pr^{2/3}-1)}$	L Plattenlängen in Strömungsrichtung $\vartheta_m = \frac{1}{2}(\vartheta_E + \vartheta_A)$ ϑ_E Eintrittstemperatur ϑ_A Ausströmtemperatur
erzwungene Strömung im Rohrinneren	$Nu = 0,664\left(Re\,\dfrac{d_i}{L}\right)^{1/2} Pr^{1/3}$	$Nu = \dfrac{0,125\,\xi\,(Re-1000)\,Pr}{1+4,49\sqrt{\xi}\,(Pr^{2/3}-1)}\left[1+\left(\dfrac{d_i}{L}\right)^{2/3}\right]$ $\xi = (1,82\,\lg Re - 1,64)^{-2}$	d_i Innendurchmesser Rohr L Rohrlänge $\vartheta_m = \frac{1}{2}(\vartheta_E + \vartheta_A)$

Tabelle P-10 (Fortsetzung)

Strömungs-modell	laminarer Bereich	turbulenter Bereich	Hinweise
freie Konvektion an vertikaler Wand oder um ein senkrechtes Rohr	$Nu = \left\{ 0{,}825 \right.$ $\left. + \dfrac{0{,}387\,Gr\,Pr}{\left[1+\left(\dfrac{0{,}492}{Pr}\right)^{9/16}\right]^{8/27}} \right\}^{2}$	$Nu = 0{,}15 \left\{ \dfrac{Gr\,Pr}{\left[1+\left(\dfrac{0{,}322}{Pr}\right)^{11/20}\right]^{20/11}} \right\}^{1/5}$	L Höhe der vertikalen Wand oder des Rohres bzw. kurze Seitenlänge der horizontalen Platte
freie Konvektion längs einer horizontalen Platte (nach oben)	$Nu = 0{,}766$ $\cdot \left\{ \dfrac{Gr\,Pr}{\left[1+\left(\dfrac{0{,}322}{Pr}\right)^{11/20}\right]^{20/11}} \right\}^{1/5}$	$Nu = \left\{ 0{,}825 + \dfrac{0{,}387\,Gr\,Pr}{\left[1+\left(\dfrac{0{,}492}{Pr}\right)^{9/16}\right]^{8/27}} \right\}^{2}$	$\Delta T = (\vartheta_0 - \vartheta_\infty)$ ϑ_0 Oberflächentemperatur in Flächenmitte ϑ_∞ Fluidtemperatur außerhalb Grenzschicht $\vartheta_m = \frac{1}{2}(\vartheta_0 + \vartheta_\infty)$

Tabelle P-11. Emissionsgrade für Gesamtstrahlung ε und in Richtung der Flächennormalen ε_n einiger Metalle und Nichtmetalle (nach VDI-Wärmeatlas, 6. Aufl. 1991).

Oberfläche	ϑ °C	ε_n	ε
Metalle			
Aluminium			
walzblank	20	0,04	0,05
oxidiert	20	0,20	
Chrom poliert	150	0,058	0,071
Gold poliert	230	0,018	
Eisen poliert	100	0,17	
angerostet	20	0,65	
verzinkt	25	0,25	
Messing			
nicht oxidiert	25	0,035	
oxidiert	200	0,61	
Nichtmetalle			
Beton	20		0,94
Dachpappe	20	0,91	
Glas	20	0,94	
Holz	25	0,94	0,90
Mauerwerk	20		0,93
Kunststoffe	20		0,90
Lacke, Farben	100	0,92 bis 0,97	
Wasser	20	0,95	

Die spezifische Ausstrahlung eines Temperaturstrahlers hängt nur von dessen absoluter Temperatur und seiner elektronischen Oberflächenstruktur ab. Die höchste Wärmestrahlungsdichte emittiert ein *schwarzer Körper*; dieser absorbiert andererseits auch die gesamte auffallende Strahlungsenergie. Auf den schwarzen Körper sind daher das Emissions- und Absorptionsvermögen der anderen *grauen Körper* bezogen (Tabelle P-11):

Emissionszahl	$\varepsilon = M_e / M_{e,\,s}$
Absorptionszahl	$\alpha = M_a / M_{a,\,s}$
Kirchhoffsches Gesetz	$\varepsilon = \alpha\,;$ (P–7)

M_e spezifische Abstrahlung des grauen Körpers,

$M_{e,\,s}$ spezifische Abstrahlung des schwarzen Körpers,

M_a absorbierte Strahlungsleistung des grauen Körpers,

$M_{a,\,s}$ absorbierte Strahlungsleistung des schwarzen Körpers.

Nach dem *Stefan-Boltzmann-Gesetz* ist die spezifische Abstrahlung eines grauen Körpers

$$M_e(T) = \varepsilon\,\sigma\,T^4\,; \qquad (P-8)$$

T absolute Temperatur des Strahlers,
$M_e(T)$ spezifische Ausstrahlung,
ε Emissionszahl,
σ Stefan-Boltzmann-Konstante
$[\sigma = 5{,}670 \cdot 10^{-8}\,\text{W}/(\text{m}^2 \cdot \text{K}^4)]$

Temperaturstrahler emittieren nicht nur Wärmestrahlung, sie empfangen auch vom kälteren Strahlungsleistung; für die Wärmestrahlungsübertragung vom wärmeren Körper 1 an den kälteren Körper 2 gilt

$$Q_{12} = C_{12}\,A_1\,(T_1^4 - T_2^4)$$

$$C_{12} = \frac{\varepsilon_1\,\varepsilon_2\,\sigma\,\varphi_{12}}{1 - (1 - \varepsilon_1)(1 - \varepsilon_2)\,\dfrac{A_1}{A_2}\,\varphi_{12}^2},$$

für $\varepsilon \geqq 0{,}9$ ist $C_{12} = \varepsilon_1\,\varepsilon_2\,\sigma\,\varphi_{12}$

$$\varphi_{12} = \frac{1}{\pi A_1} \int\limits_{A_1} \int\limits_{A_2} \frac{\cos\beta_1 \cos\beta_2}{r^2}\,dA_1\,dA_2;$$

$$\text{(P-9)}$$

Q_{12} Wärmestrom durch Wärmeübertragung durch Strahlung von Körper 1 nach Körper 2,
C_{12} Strahlungsaustauschkoeffizient,
φ_{12} Einstrahlzahl zwischen den Flächen A_1 und A_2,
A_1, A_2 abstrahlende Fläche der Körper 1 bzw. 2,
T_1, T_2 Oberflächentemperatur der Körper 1 bzw. 2,
$\varepsilon_1, \varepsilon_2$ Emissionszahl des Körpers 1 bzw. 2,
β_1, β_2 Richtungswinkel zwischen der Strahlungsrichtung und den Flächennormalen von A_1 und A_2,
σ Stefan-Boltzmann-Konstante
$[\sigma = 5{,}670 \cdot 10^{-8}\,\text{W}/(\text{m}^2 \cdot \text{K}^4)]$.

Die Strahlungsaustauschkoeffizienten berücksichtigen die geometrische Situation der Wärmeübertragung durch Wärmestrahlung (Tabelle P-12).

Die Wärmestromdichte der Wärmeübertragung durch Wärmestrahlung der Oberfläche des Körpers 1 an den Körper 2 ist über den Wärmeübergangskoeffizienten α_S^* mit der

Tabelle P-12. Strahlungsaustauschkoeffizienten.

Geometrie	Strahlungsaustauschkoeffizient
parallele Flächen (A_1, A_2)	$C_{12} = \dfrac{\sigma}{\dfrac{1}{\varepsilon_1} + \dfrac{1}{\varepsilon_2} - 1}$
konvexe Fläche A_1 von konkaver Fläche A_2 umschlossen	$C_{12} = \dfrac{\sigma}{\dfrac{1}{\varepsilon_1} + \dfrac{A_1}{A_2}\left(\dfrac{1}{\varepsilon_2} - 1\right)}$
Halbraum A_2 über ebener Fläche A_1	$C_{12} = \dfrac{\varepsilon_1\,\varepsilon_2\,\sigma}{1 - \dfrac{1}{2}(1 - \varepsilon_1)(1 - \varepsilon_2)}$
Rechteckfläche parallel zum Flächenelement ΔA_1	$C_{12} = \sigma\,\varepsilon_1\,\varepsilon_2\,\dfrac{1}{2\pi}$ $\cdot\left(\dfrac{b}{\sqrt{a^2+b^2}}\arctan\dfrac{c}{\sqrt{a^2+b^2}} + \dfrac{c}{\sqrt{a^2+c^2}}\arctan\dfrac{b}{\sqrt{a^2+c^2}}\right)$
Rechteckfläche senkrecht zum Flächenelement ΔA_1	$C_{12} = \sigma\,\varepsilon_1\,\varepsilon_1\,\dfrac{1}{2\pi}\left(\arctan\dfrac{b}{a}\right.$ $\left. - \dfrac{a}{\sqrt{a^2+c^2}}\arctan\dfrac{b}{\sqrt{a^2+c^2}}\right)$

Oberflächentemperaturdifferenz der beiden Körper verknüpft:

$$j_{q,s} = \frac{Q_{12}}{A_1} = \alpha_S^* (\vartheta_1 - \vartheta_2) = \alpha_S^* (T_1 - T_2)$$

$$\alpha_S^* = C_{12} (T_1^2 + T_2^2)(T_1 + T_2); \qquad \text{(P-10)}$$

$j_{q,s}$ Wärmestromdichte der Wärmestrahlungsemission des Körpers 1,
Q_{12} Wärmestrom durch Wärmeübertragung durch Strahlung von Körper 1 nach Körper 2,
C_{12} Strahlungsaustauschkoeffizient;,
A_1 abstrahlende Fläche des Körpers 1,
T_1, T_2 Oberflächentemperatur der Körper 1 bzw. 2 in K,
ϑ_1, ϑ_2 Oberflächentemperatur der Körper 1 bzw. 2 in °C,
α_K^* Wärmeübergangskoeffizient für Wärmestrahlung.

P.4 Wärmedurchgang

Beim Wärmedurchgang wird durch konvektive Wärmeübertragung Wärme des Fluids 1 und durch Wärmestrahlungsabgabe Strahlungswärme der Umgebungsflächen 1 von der wärmeren Seite 1 auf eine Trennwand übertragen, durch Wärmeleitung an die Oberfläche der kalten Seite 2 transportiert und dort konvektiv an das kältere Fluid 2 und die kalten Umgebungsflächen 2 abgegeben (Bild P-2).

Im Beharrungszustand der Wärmeübertragung addieren sich die Wärmeströme der Konvektion und der Wärmestrahlung auf die Trennwand, und der Transmissionswärmestrom Q_T durch die Trennwand hängt vom *Wärmedurchgangskoeffizient k* der Trennwand ab:

$$Q_T = k\, A\, (\vartheta_{\text{äq},1} - \vartheta_{\text{äq},2})$$

$$\vartheta_{\text{äq},1} = \frac{\alpha_{K,1}^* \vartheta_{F,1} + \vartheta_{S,1}^* \vartheta_{U,1}}{\alpha_1^*}$$

$$\vartheta_{\text{äq},2} = \frac{\alpha_{K,2}^* \vartheta_{F,2} + \vartheta_{S,2}^* \vartheta_{U,2}}{\alpha_2^*}$$

$$\alpha_1^* = \alpha_{K,1}^* + \alpha_{S,2}^*$$

$$\alpha_2^* = \alpha_{K,1}^* + \alpha_{S,2}^*; \qquad \text{(P-11)}$$

Q_T Transmissionswärmestrom durch die Trennwand,
A Wärmedurchgangsfläche innen oder außen,
k Wärmedurchgangskoeffizient,
$\vartheta_{\text{äq},1}, \vartheta_{\text{äq},2}$ äquivalente Temperatur der Seite 1 bzw. 2,
$\vartheta_{F,1}, \vartheta_{F,2}$ Fluidtemperatur auf der Seite 1 bzw. 2,
$\vartheta_{U,1}, \vartheta_{U,2}$ mittlere Oberflächentemperatur der Umgebungsflächen auf der Seite 1 bzw. 2,
α_1^*, α_2^* Wärmeübergangskoeffizient auf den Fluidseiten 1 bzw. 2,
$\alpha_{K,1}^*, \alpha_{K,2}^*$ Wärmeübergangskoeffizient für Konvektion auf der Seite 1 bzw. 2,
$\alpha_{S,1}^*, \alpha_{S,2}^*$ Wärmeübergangskoeffizient für Wärmestrahlung auf der Seite 1 bzw. 2.

Bei gekrümmten wärmeübertragenden Trennwandflächen wird der Wärmedurchgangskoeffizient k auf die Innenoberfläche A_1 oder die Außenoberfläche A_2 bezogen. In der Praxis wird häufig angesetzt, daß die

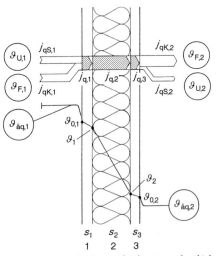

Bild P-2. Wärmedurchgang durch eine mehrschichtige Trennwand.

Umschließungsflächentemperaturen und die Fluidtemperaturen näherungsweise gleich sind und $\vartheta_{\text{äq}} = \vartheta_{\text{F}}$ ist.

Der Wärmedurchgangskoeffizient einer ebenen planparallelen Trennwand aus mehreren Schichten (Bild P-2) ist:

$$k = \cfrac{1}{\alpha_1^{*-1} + \cfrac{s_1}{\lambda_1} + \cfrac{s_2}{\lambda_2} + \cfrac{s_3}{\lambda_3} + \alpha_2^{*-1}} \; ; \quad (\text{P--}12)$$

$s_1, s_2, \ldots$ Dicke der Bauteilschichten,
$\lambda_1, \lambda_2, \ldots$ Wärmeleitfähigkeit der Bauteilschichten,
$\alpha_1^{*-1}, \alpha_2^{*-1}$ Wärmeübergangswiderstand auf der Seite 1 bzw. 2.

P.5 Stoffübertragung

Die Grundgleichungen der Stoffübertragung sind die *Fickschen Gesetze* (Tabelle P-13). Sie sind vom mathematischen Aufbau her identisch mit den Fourierschen Gesetzen der Wärmeleitung. So lassen sich vergleichbare Modellergebnisse bei Wärmeleitungsvorgängen auch für vergleichbare Stoffübertragungen übernehmen.

Im allgemeinen müssen bei Stoffübertragungen, genauso wie bei der Wärmeübertragung durch Konvektion, Versuchsergebnisse von Modellversuchen auf den Anwendungsfall übernommen werden, wobei im Fall der Stoffübertragung die dimensionslosen Kenngrößen der Stoffübertragung von Modellversuchen und Anwendungsfall übereinstimmen müssen. Die *Sherwood-Zahl Sh* ist, vergleichbar mit der Nußelt-Zahl, die Kenngröße für den *Stoffübergangskoeffizienten* β:

$$\beta = \frac{D\,\text{Sh}}{s} \qquad (\text{P--}13)$$

β Stoffübergangskoeffizient,
D Diffusionskoeffizient,
s charakteristische Diffusionslänge,
Sh   Sherwood-Zahl.

Für einzelne Anwendungsfälle gibt es Beziehungen $\text{Sh} = \text{Sh}\,(\text{Re, Sc, } \ldots)$ zwischen der Sherwood-Zahl *Sh* und den anderen Kenngrößen der Stoffübertragung.

Ein Spezialfall der Stoffübertragung ist die *Dampfdiffusion*, insbesondere die Wasser-

Tabelle P-13. Ficksche Gesetze.

	allgemein	ideale Gase $\dfrac{p}{\varrho} = \dfrac{R_{\text{m}} T}{M}$
1. Ficksches Gesetz	$i = -D\left(\dfrac{\partial \varrho}{\partial n}\right)$	$i = -\dfrac{D\,M}{R_{\text{m}} T}\left(\dfrac{\partial p}{\partial n}\right)$
2. Ficksches Gesetz	$\dfrac{\partial \varrho}{\partial t} = -\left(\dfrac{\partial i_x}{\partial x} + \dfrac{\partial i_y}{\partial y} + \dfrac{\partial i_z}{\partial z}\right)$	$\dfrac{\partial p}{\partial t} = -\dfrac{R_{\text{m}} T}{M}\left(\dfrac{\partial i_x}{\partial x} + \dfrac{\partial i_y}{\partial y} + \dfrac{\partial i_z}{\partial z}\right)$
ideales Fluid $\eta = 0$	$\dfrac{\partial \varrho}{\partial t} = -D\left(\dfrac{\partial^2 \varrho}{\partial x^2} + \dfrac{\partial^2 \varrho}{\partial y^2} + \dfrac{\partial^2 \varrho}{\partial z^2}\right)$	$\dfrac{\partial p}{\partial t} = -D\left(\dfrac{\partial^2 p}{\partial x^2} + \dfrac{\partial^2 p}{\partial y^2} + \dfrac{\partial^2 p}{\partial z^2}\right)$

ϱ	Dichte	R_{m}	universelle Gaskonstante
$(\partial \varrho / \partial n)$	Dichtegradient in n-Richtung		$[R = 8{,}3144\,\text{J}/(\text{mol} \cdot \text{K})]$
p	Druck im Fluid	T	absolute Temperatur im Fluid
$(\partial p / \partial n)$	Druckgradient in n-Richtung	M	Molmasse
D	Diffusionskoeffizient, $[D] = 1\,\text{m}^2/\text{s}$	t	Zeit
i	Massenstromdichte	x, y, z	Ortskoordinaten
	$[i] = 1\,\text{kg}/(\text{m}^2 \cdot \text{s})$		

Tabelle P-14. Analogie von Wärmeübertragung und Dampfdiffusion.

	Wärmetransport	Dampfdiffusion
Modell	$\vartheta_1 \longrightarrow \boxed{j_q} \longrightarrow \vartheta_2$	$p_1 \longrightarrow \boxed{i} \longrightarrow p_2$
Ursache	Temperaturgefälle $\Delta T = \vartheta_1 - \vartheta_2$	Dampfdruckgefälle $\Delta p = p_1 - p_2$
Wirkung	Wärmestrom $j_q = k\,(\vartheta_1 - \vartheta_2)$	Diffusionsstrom $i = k_D\,(p_1 - p_2)$
Transportgrößen	$k = \dfrac{1}{\dfrac{1}{\alpha_1} + \dfrac{1}{\Lambda} + \dfrac{1}{\alpha_2}}$ $\dfrac{1}{\Lambda} = \dfrac{s_1}{\lambda_1} + \dfrac{s_2}{\lambda_2} + \dfrac{s_3}{\lambda_3}$	$k_D = \dfrac{1}{\dfrac{1}{\beta_1} + \dfrac{1}{\Delta} + \dfrac{1}{\beta_2}}$ $\dfrac{1}{\Delta} = \dfrac{s_1}{\delta_1} + \dfrac{s_2}{\delta_2} + \dfrac{s_3}{\delta_3}$

ϑ	Temperatur	α	Wärmeübergangskoeffizient
j_q	Wärmestromdichte	Λ^{-1}	Wärmedurchlaßwiderstand
p	Dampfdruck	k_D	Diffusionsdurchgangskoeffizient
i	Dampfdiffusionsstromdichte	δ	Dampfleitfähigkeit
k	Wärmedurchgangskoeffizient	β	Dampfübergangskoeffizient
λ	Wärmeleitfähigkeit	Δ^{-1}	Dampfdurchlaßwiderstand
s	Schichtdicke		

dampfdiffusion, durch feste Bauteile. Für diesen Fall ist die Analogie zwischen der Dampfdiffusion und der Wärmeübertragung durch Wärmeleitung vollständig (Tabelle P-14). In der Regel sind dabei die Wasserdampfübergangswiderstände $1/\beta$ vernachlässigbar klein gegenüber dem Wasserdampfdurchlaßwiderstand $1/\Delta$.

Q Energietechnik

Die physikalischen Grundlagen der Energietechnik finden sich zum großen Teil in den Abschnitten M Elektrizität und Magnetismus, O Thermodynamik, P Energie- und Stoffübertragung, T Kernphysik und W Metall- und Halbleiterphysik. Die Energietechnik sichert durch ihre ingenieurmäßige Anwendung die Strom- und Wärmeversorgung zum Lebenserhalt und zum menschlichen Komfort. Das Gebiet der Energietechnik reicht von der Primärenergiegewinnung bis zur Energiedienstleistung und der Entsorgung des Energieabfalls (Übersicht Q-1).

Anstrengungen zur Energieeinsparung bei weitem übertrifft (Bild Q-1).

Dem stehen die wirtschaftlich gewinnbaren fossilen Energiereserven (Tabelle Q-2) gegenüber; die Reichweite der fossilen Reserven würde bei einem auf den Wert von 1990 von 11 TWa eingefrorenem Primärenergieverbrauch noch 100 Jahre betragen. Angesichts dieser historisch kurzen Zeitspanne setzt man zum einen auf Energieeinsparung durch rationelle Energieverwendung und zum anderen auf die Nutzung der regenerativen Energieträ-

Q.1 Energieträger

Die Energieträger werden eingeteilt in *Primärenergien*, also energetisch nutzbare Stoffe aus Lagerstätten, Natur- oder Sonnenenergie, und *Sekundärenergien*, also für die Energienutzung im Energiewandler im allgemeinen verlustbehaftet aufbereitete und veredelte Energieträger und Brennstoffe (Übersicht Q-1). Der Verbrauch an Primärenergie steigt seit der Industrialisierung, insbesondere in den Industrieländern der nördlichen Hemisphäre, stark; 1990 betrug der Welt-Primärenergieverbrauch etwa 11 TWa, was $12 \cdot 10^9$ tSKE entspricht. Nach wie vor steigt der Weltenergieverbrauch, wobei die Verbrauchszunahme aufgrund des Bevölkerungswachstums die Ergebnisse von

Tabelle Q-1. Energieeinheiten.

Einheit	Umrechnung in SI-Einheit Joule
Kilowattstunde	$1\ \text{kWh} = 3,6 \cdot 10^6\ \text{J}$
Terawattjahr	$1\ \text{TWa} = 8,76 \cdot 10^{12}\ \text{kWh}$ $= 3,15 \cdot 10^{19}\ \text{J}$
Tonne-Steinkohleneinheit	$1\ \text{tSKE} = 9,3 \cdot 10^{-10}\ \text{TWa}$ $= 29,3 \cdot 10^9\ \text{J}$
British thermal unit	$1\ \text{btu} = 1,055 \cdot 10^3\ \text{J}$

Tabelle Q-2. Wirtschaftlich gewinnbare fossile Energievorräte (Stand 1990).

Region	Kohle TWa	Erdöl TWa	Erdgas TWa	gesamt TWa	Anteil %
GUS	154,1	10,6	49,4	214,1	19,5
Nordamerika	179,0	5,9	8,5	193,4	17,6
Naher Osten/ Nordafrika	8,9	130,4	51,3	190,6	17,3
China	129,7	4,4	1,1	135,2	12,3
Westeuropa	82,5	2,5	5,3	90,3	8,2
Ferner Osten	60,9	4,4	7,6	72,9	6,6
Australien	58.5	0,3	0,7	59,5	5,4
Südafrika	51,4	0,0	0,1	51,5	4,7
Osteuropa	46,0	0,4	0,6	47,0	4,3
Mittel- und Südamerika	13,8	22,9	8,4	45,1	4,1
Welt absolut	784,8	181,8	133,0	1099,6	100,0
Welt prozentual in %	71,4	16,5	12,1		100,0

Übersicht Q-1. Energiefluß.

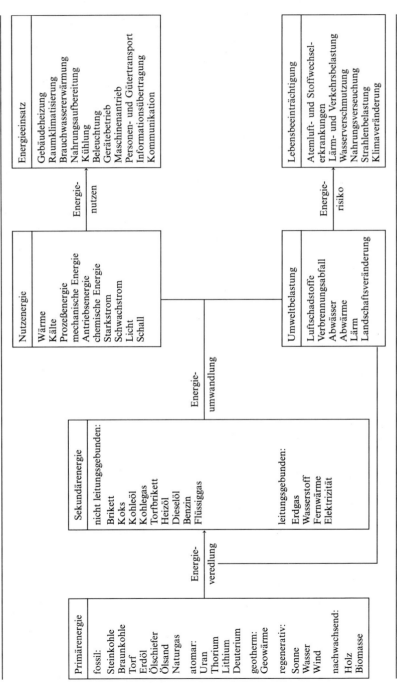

Primärenergie		Sekundärenergie		Nutzenergie		Energieeinsatz
fossil:	Energie-veredlung	nicht leitungsgebunden:	Energie-umwandlung	Wärme	Energie-nutzen	Gebäudeheizung
Steinkohle		Brikett		Kälte		Raumklimatisierung
Braunkohle		Koks		Prozeßenergie		Brauchwassererwärmung
Torf		Kohleöl		mechanische Energie		Nahrungsaufbereitung
Erdöl		Kohlegas		Antriebsenergie		Kühlung
Ölschiefer		Torfbrikett		chemische Energie		Beleuchtung
Ölsand		Heizöl		Starkstrom		Gerätebetrieb
Naturgas		Dieselöl		Schwachstrom		Maschinenantrieb
		Benzin		Licht		Personen- und Gütertransport
atomar:		Flüssiggas		Schall		Informationsübertragung
Uran						Kommunikation
Thorium		leitungsgebunden:				
Lithium		Erdgas				
Deuterium		Wasserstoff				
		Fernwärme				
geotherm:		Elektrizität				
Geowärme						
regenerativ:				Umweltbelastung	Energie-risiko	Lebensbeeinträchtigung
Sonne				Luftschadstoffe		Atemluft- und Stoffwechsel-erkrankungen
Wasser				Verbrennungsabfall		Lärm- und Verkehrsbelastung
Wind				Abwässer		Wasserverschmutzung
				Abwärme		Nahrungsverseuchung
nachwachsend:				Lärm		Strahlenbelastung
Holz				Landschaftsveränderung		Klimaveränderung
Biomasse						

Jahr	1960	1980	2000	2020	2040	2060	
Weltbevölkerung	3,1	4,5	6,1	7,8	8,7	9,6	Milliarden
spezifischer Weltenergieverbrauch	1,5	2,2	2,4	2,6	2,8	2,9	kWa/Kopf

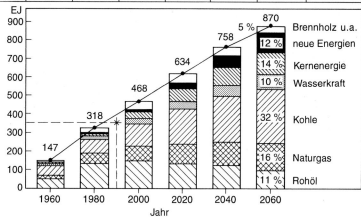

Bild Q-1. Historischer und prognostizierter Weltenergieverbrauch, mittlere Entwicklung (nach Weltenergiekonferenz 1986), × Verbrauchswert 1990 von 347 EJ.

Tabelle Q-3. Potential regenerativer Primärenergien.

Energieart	geschätzte Primärenergie	technisch nutzbares Potential	Verhältnis von technisch nutzbarem Potential zum Weltprimärenergieverbrauch 1990
	TWa/a	TWa/a	(11 TWa/a)
Solarstrahlung auf Kontinente	25 000	19	170 %
Windenergie	350	1,0	9 %
Biomasse	100	2,1	19 %
Wasserkraft	5	1,5	14 %
Geothermie	35	0,6	5 %
Meeresenergie	20	0,5	5 %
	25 510	34,7	222 %

ger (Tabelle Q-3), die theoretisch um den Faktor 2 größer sind als 1990 der Primärenergieverbrauch in der Welt.

Der Energieinhalt der für die Energiebereitstellung wichtigen Sekundärenergieträger wird gekennzeichnet durch den *oberen Heizwert* H_o, welcher die chemische Reaktionsenthalpie einschließlich der Verdampfungswärme der Verbrennungsgase darstellt, und den *unteren Heizwert* H_u (Tabelle Q-4). Beim unteren Heizwert ist von der Reaktionsenthalpie die Verdampfungswärme der Brenngase abgezogen, welche bis auf Ausnahmen (Kon-

Tabelle Q-4. Heizwerte von Sekundärenergieträgern.

Brennstoffe	unterer Heizwert H_u	
	kJ/kg	kJ/m$_n^3$
fest		
Kohlenstoff (rein)	33 820	
Steinkohle	31 500	
Pechkohle	22 900	
Braunkohlenbrikett	19 000*)	
Braunkohle (roh)	9 600*)	
Torf	13 800*)	
Holz	14 600*)	

Tabelle Q-4 (Fortsetzung)

Brennstoffe	unterer Heizwert H_u	
	kJ/kg	kJ/m_n^3
flüssig		
Methanol	19 510	
Ethanol/Alkohol	29 960	
Benzol	40 230	
Benzin	42 500	
Heizöl EL	42 000	
Heizöl S	39 500	
gasförmig		
Wasserstoff	119 970	10 780
Methan	50 010	35 880
Propan	46 350	93 210
Butan	45 720	123 800
Erdgas L	39 600	32 800
Erdgas H	46 900	37 000
Stadtgas	24 800	16 120

*) stark schwankend je nach Lagerstätte und Wassergehalt

densationskraftwerk, Brennwertkessel) in der Regel in der Energieumwandlung energetisch nicht nutzbar ist.

Q.2 Energiewandler

Die Sekundärenergien werden in Energiewandlern in Nutzenergien umgewandelt. Der Energieinhalt der Brennstoffe kann insbesondere bei thermischen Umwandlungsprozessen nicht vollständig umgewandelt werden. In der Energietechnik wird deshalb die Energie aufgeteilt in die *Exergie* und die *Anergie* (Tabelle Q-5, Abschnitt O.3.6)

$$E = Ex + An \qquad (Q-1)$$

Ex Exergie; dieser Energieanteil läßt sich vollständig in andere Energieformen umwandeln,

An Anergie, der in der Energieumwandlung nicht nutzbare Energieanteil.

Tabelle Q-5. Energie, Exergie, Anergie.

Energieart	Energieinhalt	Exergie	Anergie
kinetische Energie	$E_{kin} = \dfrac{1}{2} m (v_1^2 - v_2^2)$	$Ex = E_{kin}$	$An = 0$
potentielle Energie	$E_{pot} = \dfrac{1}{2} D (s_1^2 - s_2^2)$ $+ m g (h_1 - h_2)$	$Ex = E_{pot}$	$An = 0$
elektrische Energie	$E_{el} = \int\limits_{t_1}^{t_2} u\, i\, dt$	$Ex = E_{el}$	$An = 0$
Volumenänderungs-arbeit	$W_{12} = - \int\limits_{V_1}^{V_2} p\, dV$	$Ex = W_{12} - p_U (V_1 - V_2)$	$An = p_U (V_1 - V_2)$
innere Energie	$\Delta U = c_V m (T_1 - T_2)$	$Ex = \Delta U - c_V (T_U - T_2)$ $- T_U (S_1 - S_U)$	$An = c_V (T_U - T_2)$ $+ T_U (S_1 - S_U)$
Wärme	$Q_1 = \int\limits_{T_U}^{T_1} c\, m\, dT$	$Ex = Q_1 \dfrac{T_1 - T_U}{T_1}$	$An = Q_1 \dfrac{T_U}{T_1}$
Reaktionsenergie	$E_R = - (H_{R,1} - H_{R,2})$	$Ex = E_R - T_U (S_1 - S_U)$	$An = T_U (S_1 - S_2)$

c	spezifische Wärmekapazität	p_U	Umgebungsdruck
c_V	spezifische Wärmekapazität bei konstantem Volumen	s	Lage des elastischen Körpers
		S	Entropie
D	Richtgröße des elastischen Körpers	S_U	Entropie bei Umgebungsbedingungen
g	Fallbeschleunigung	t	Zeit
h	Höhe	T	Temperatur
H_R	Reaktionsenthalpie	T_U	Umgebungstemperatur
i	elektrischer Strom	u	elektrische Spannung
m	Masse	v	Geschwindigkeit
p	Druck	V	Volumen

Übersicht Q-2. Güte- und Wirkungsgrade der Energieumwandlung.

Energiefluß

$$
\begin{array}{ccc}
\dot{H}_E & \to & \dot{H}_A \\
\dot{Q}_E & \to \boxed{\text{Energie-wandler}} \to & \dot{Q}_A \\
P_E & \to & P_A \\
& \downarrow & \\
& \dot{Q}_V &
\end{array}
$$

energetischer Gütegrad η

$$\eta = 1 - \frac{\dot{Q}_V}{\dot{H}_E + \dot{Q}_E + P_E}$$

thermischer Wirkungsgrad von Kreisprozessen η_{th}

$$\eta_{th} = \frac{|P_A|}{\dot{Q}_E}$$

Exergiefluß

$$
\begin{array}{ccc}
\dot{E}_E & \to & \dot{E}_A \\
\dot{Ex}_E & \to \boxed{\text{Energie-wandler}} \to & \dot{Ex}_A \\
P_E & \to & P_A \\
& \downarrow & \\
& \Delta\dot{E}_V &
\end{array}
$$

exergetischer Gütegrad ζ

$$\zeta = 1 - \frac{\Delta\dot{E}_V}{\dot{E}_E + \dot{Ex}_E + P_E}$$

exergetischer Wirkungsgrad ζ_{Ex}

$$\zeta_{Ex} = \frac{|P_A|}{\dot{Ex}_E}$$

$\dot{E}_A = \Sigma_j \dot{E}_{A,j}$	austretende Energieströme	$P_A = \Sigma_j P_{A,j}$	abgegebene mechanische Leistungen
$\dot{E}_E = \Sigma_i \dot{E}_{E,i}$	eintretende Energieströme	$P_E = \Sigma_i P_{E,i}$	zugeführte mechanische Leistungen
$\dot{Ex}_A = \Sigma_j \dot{Ex}_{A,j}$	austretende Exergieströme	$\dot{Q}_A = \Sigma_j \dot{Q}_{A,j}$	ausströmende Wärmeströme
$\dot{Ex}_E = \Sigma_i \dot{Ex}_{E,i}$	eintretende Exergieströme	$\dot{Q}_E = \Sigma_i \dot{Q}_{E,i}$	einströmende Wärmeströme
$\dot{H}_A = \Sigma_j \dot{H}_{A,j}$	austretende Enthalpieströme	$\dot{Q}_V = \Sigma_k \dot{Q}_{V,k}$	Wärmeverluste
$\dot{H}_E = \Sigma_i \dot{H}_{E,i}$	eintretende Enthalpieströme	$\Delta\dot{E}_V = \Sigma_k \Delta\dot{E}_{V,k}$	Energieumwandlungsverluste

Abhängig von der Art des verarbeiteten Primär- bzw. Sekundärenergieträgers sind die Energieumwandlungsprozesse und ihre technische Realisierung sehr unterschiedlich. Sie lassen sich durch *Gütegrade* des Umwandlungsprozesses und *Wirkungsgrade* für die Nutzenergieerzeugung charakterisieren. Beim Gütegrad beziehen sich die Umwandlungsverluste auf die eingesetzten Energien oder Exergien; der Wirkungsgrad bezieht sich auf die tatsächlich erwünschte Nutzenergie im Verhältnis zur eingesetzten Energie oder Exergie (Übersicht Q-2).

Die Unterschiede zwischen den energetischen und den exergetischen Wirkungsgraden sind besonders groß, wenn, wie bei der Wärmeerzeugung, das Nutzwärmeniveau durch die Umgebungstemperatur bzw. die minimale Abgastemperatur begrenzt ist (Tabelle Q-6).

Die Energiewandler lassen sich in stromerzeugende, wärmeerzeugende und kombinierte

(Kraft-Wärme-Kopplung) Anlagen einteilen. Durch die *energetische Amortisationszeit* τ_E und den *Erntefaktor* f_E kann die Energiebereitstellungsqualität der verschiedenen Kraftwerksarten beurteilt werden (Tabelle Q-7). Derzeit werden für Kernkraft-, Kohlekraft-, Wasser- und Windkraftanlagen zur Stromerzeugung Amortisationszeiten von weniger als einem Jahr und Erntefaktoren von deutlich über 10 angegeben, bei Photovoltaikanlagen dagegen liegen die Werte bei $\tau_E \approx 20$ a bzw. $f_E \approx 1$. Diese Angaben sind jedoch insbesondere hinsichtlich der energetischen Beurteilung des Entsorgungsaufwands und der Umweltbelastung umstritten.

Tabelle Q-6. Energiewandler-Wirkungsgrade.

Energiewandler	energetischer Wirkungsgrad η_{th}	exergetischer Wirkungsgrad ζ_{Ex}
Wärmeerzeugung		
Elektro-Heizung (Kraftwerk $\eta = 0{,}33$)	0,9	0,035
Öl/Gas-Heizung	0,6	0,07
Elektro-Wärmepumpe	2 bis 3	0,1 bis 0,2
Elektro-Warmwasserbereitung	0,75	0,016
Heizöl/Gas-Warmwasserbereitung	0,50	0,032
Solar-Warmwasserbereitung	0,6	0,04
Stromerzeugung		
Dampfkraftwerk		0,33
Wasserkraftwerk		0,8
Windenergiekraftwerk		0,3
Antriebsenergieerzeugung		
Ottomotor		0,1
Dieselmotor		0,15
Elektroantrieb		0,1 bis 0,15
Elektromotor		0,6 bis 0,9
Dampfmaschine	0,5	0,8
Wasserturbine		0,8

Tabelle Q-7. Energetische Amortisationszeit, Erntefaktor.

Kenngröße	Definition
energetische Amortisationszeit	$\tau_E = \dfrac{E_{inv}}{\dot{E}_{a,\,el,\,N}} = \dfrac{E_{inv}}{P_{el,\,N}\,t_a}$
Energie-Erntefaktor	$f_E = \dfrac{\tau_L \cdot \dot{E}_{a,\,el,\,N}}{E_{inv} + \tau_L\,\dot{E}_{a,\,B}}$ $= \dfrac{\tau_L \cdot \dot{E}_{a,\,el,\,N}}{\tau_E \cdot \dot{E}_{a,\,el,\,N} + \tau_L \cdot \dot{E}_{a,\,B}}$

E_{inv} benötigte Energieinvestition zur Herstellung des Kraftwerks
$\dot{E}_{a,\,el,\,N}$ elektrische Nettoenergieerzeugung pro Jahr
$\dot{E}_{a,\,B}$ energetische Aufwendungen zum Kraftwerksbetrieb pro Jahr
$P_{el,\,N}$ elektrische Netto-Kraftwerksleistung
t_a Jahres-Betriebsstunden
τ_L Lebensdauer des Kraftwerks

Q.3 Energiespeicher

Diskrepanzen im Energieverbrauch sowohl im Tagesgang als auch im Jahresverlauf erfordern zur rationellen Energienutzung wirksame Kurzzeit- und Langzeit-Energiespeicher. Insbesondere ist dies für eine optimale Sonnenenergienutzung und Nutzung von Grundlast-Kraftwerken notwendig. Im Bereich der Stromspeicherung dominieren Pumpspeicher- und Staustufenspeicherwerke. Elektrochemische Batteriespeicher eignen sich nur für die niederenergetische Kurzzeitspeicherung. Unter den verschiedenen Speicherprinzipien (Tabelle Q-8) dominieren sowohl im Heizwärme- und Strombereich als auch unangefochten im Verkehrsbereich die Brennstoffspeicher nach dem Reaktionswärmeprinzip.

Energiespeicher werden nach der *massenbezogenen* und der *volumenbezogenen Energiedichte* charakterisiert:

$$\sigma = E_{Sp}/m, \quad \sigma' = E_{Sp}/V; \qquad (Q-2)$$

E_{Sp} gespeicherte Energie,
m Masse des Energiespeichers,
V Volumen des Energiespeichers,
σ massenbezogene Speicherdichte,
σ' volumenbezogene Speicherdichte.

Der Brennwert je 1 kg oder 1 m³ Brennstoff ist für die Praxis von untergeordneter Bedeutung. Zur Masse oder dem Volumen des Brennstoffs ist die Masse und das Raumvolumen der Speicherbehälter und Speichermaterialien hinzuzurechnen. Unter diesen Gesichtspunkten ist die Energiespeicherung in Heizöl oder in den Kraftstoffen Benzin und Dieselöl unübertroffen (Tabelle Q-9). Deshalb haben bisher elektrische oder mit Wasserstoff angetriebene

Tabelle Q-8. Möglichkeiten der Energiespeicherung.

Speicherprinzip	Speicherenergie	Energiespeicher
Reaktionswärme	$E_{Sp} = m\,H_u$ $E_{Sp} = \Delta m\,c^2$	Brennstoffspeicher, Bunker, Tanks, Druckgasspeicher, H_2-Hydritspeicher für Nuklearbrennstoff
innere Energie	$E_{Sp} = c_p\,m\,\Delta T$	Heißwasserspeicher, Stein-, Fels-, Erdspeicher, Aquiferspeicher
Phasenumwandlung Latente Wärme	$E_{Sp} = m\,\Lambda$	Eis-, Salz-Latentwärmespeicher, Ruths-Dampfspeicher
mechanische Energie	$E_{Sp} = m\,g\,\Delta h$ $= V\,\Delta p$ $= \tfrac{1}{2}\,J\,(\Delta\omega)^2$	Pumpspeicher, Druckluftspeicher, Schwungradspeicher
elektrische Energie	$E_{Sp} = \Delta Q\,U$ $= \tfrac{1}{2}\,C\,(\Delta U)^2$ $= \tfrac{1}{2}\,L\,(\Delta I)^2$	Batterien, Kondensatoren, Magnetfeldspulen

c	Lichtgeschwindigkeit ($c = 3 \cdot 10^8$ m/s)	L	Induktivität
c_p	spezifische Wärmekapazität	m	Speichermasse
C	Kapazität	p	Gasdruck
E_{Sp}	Speicherenergie	Q	elektrische Ladung
g	Fallbeschleunigung	T	Temperatur
h	Höhe	U	elektrische Spannung
H_u	unterer Heizwert	V	Speichervolumen
I	elektrischer Strom	Λ	spezifische Phasenumwandlungswärme
J	Massenträgheitsmoment		

Tabelle Q-9. Speicherdichten von Fahrzeugspeichern.

Fahrzeugspeicher	Speicherdichte Wh/kg
Benzintank	9 700
Dieseltank	10 100
Methanoltank	4 400
Flüssig-Wasserstoffspeicher	5 000
TiFe-Hydritspeicher	400
Hochdruck-Wasserstoffspeicher	300
Silber-Zink-Batterie	120
Blei-Akku-Traktionsbatterie	35

Fahrzeuge geringe Marktchancen; günstiger ist die Situation im Heizwärmebereich, wo die kritische massenbezogene Speicherdichte keine Rolle spielt.

Q.4 Energieverbrauch

Die Sekundärenergie wird in der Industrie, im Verkehr, in den Haushalten und im Kleinverbrauch als Nutzenergie verbraucht (Bild Q-2). Letztendlich wird in einem hochentwickelten Land wie der Bundesrepublik Deutschland nur etwas mehr als ein Viertel der Primärenergie zu Nutzenergie. Ins Auge springt insbesondere der niedrige Nutzungsgrad im Verkehrsbereich; dies ist jedoch vor den im Vergleich zum stationären Einsatz hohen Anforderungen an den Energieeinsatz im Fahrzeug (minimale Energiespeicherdichte, Start- und Fahrdynamik, Unfall- und Tanksicherheit) zu verstehen.

Nachdem bisher die wirtschaftliche Bereitstellung von Nutzenergie zum Energieverbrauch dominierte und Erntefaktoren sowie Kapitalrückflußzeiten im Vordergrund der energietechnischen Anstrengungen standen, hat sich der Schwerpunkt energietechnischer Beurtei-

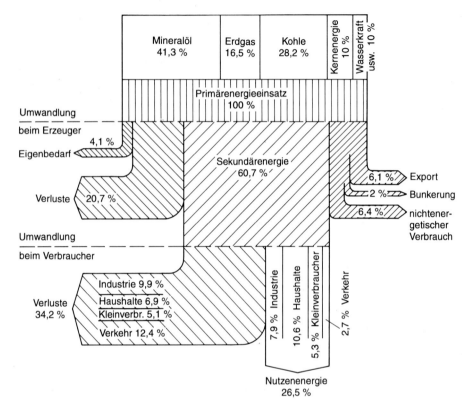

Bild Q-2. Energieumwandlung und Energieverbrauch in der Bundesrepublik Deutschland 1987 (Primärenergieverbrauch 0,392 TWa = 100%).

lung spätestens seit Tschernobyl bei den Kernkraftwerken und der Weltenergiekonferenz 1989 in Montreal bei den fossilen Energieumwandlern zu den Belastungen der Umwelt (Tabelle Q-10) durch die Energieverwendung und den ökologischen Wirkungen des Nutzenergieeinsatzes verlagert.

Die ökologisch-ökonomische Bilanzierung der Umweltbelastung der Energienutzung im Spannungsfeld Ökonomie – Energietechnik – Ökologie ist noch nicht gegeben. Derzeitiger Stand ist der Appell zur rationellen Energieumwandlung und -nutzung und die Förderung der Energiegewinnung aus regenerativen Energiequellen. Für die Beurteilung der Planung von energetischen Maßnahmen

und der Sanierung von Energieumwandlern hinsichtlich ihres Energiebedarfs sind Energiekennzahlen (Tabelle Q-11) hilfreich.

Der Heizwärmebedarf von wohnähnlich genutzten Gebäuden ohne Abwärmenutzung wird nach ISO 9164 unter Berücksichtigung der solaren Wärmegewinne durch die Verglasungen und der internen Wärmequellen (Personenwärme, Stromverbrauch) berechnet. Der Jahres-Energienutzungsgrad des Heizsystems berücksichtigt zusätzlich zum Heizwärmebedarf den Wärmebedarf der Warmwasserbereitung und die Anlagenverluste der Heizung und der Heizungsverteilung (Tabelle Q-12).

Tabelle Q-10. Umweltbelastungen.

Schadstoff	Verursacher	Belastung
Stäube, Ruß	Kraftwerke, Verkehr, industrielle Prozesse	Atemwegserkrankung, Korrosion, Verschmutzung
Abwässer, Aerosole	Rauchgaskondensation, Tankleckagen	Klärstörung, Trinkwasserverunreinigung, Hautallergie, Gewässerschaden
SO_2, NO_x, Kraftstoff-additive, Spurenstoffe	Verkehr, Kraftwerke, industrielle Prozesse	Atemwegserkrankung, Bodenversäuerung, Gewässerkippen, Waldschäden
Kohlendioxid CO_2	Kraftwerke, Haushalt, Verkehr, industrielle Prozesse	Klimaveränderung (Treibhauseffekt)
Methan CH_4	Tierhaltung, Erdöl-gewinnung, Reisanbau	Treibhauseffekt
Fluor-Chlor-Kohlen-wasserstoffe (FCKW)	industrielle Herstellung, Entfettung, Privateinsatz	Störung der Erdatmosphäre (Ozonloch)
radioaktive Stoffe	Kernkraftwerke, fossile Kraftwerke	Genmutationen, Krebserkrankung

Tabelle Q-11. Energiekennzahlen.

Kennzahl	Beziehung flächenbezogen	Beziehung volumenbezogen
Wohngebäude:		
Energie-Kennzahl Raumwärme	$EKZ_{W,F} = \dfrac{Q_h}{EBF}$	$EKZ_{W,V} = \dfrac{Q_h}{V}$
Energie-Kennzahl Elektrizität	$EKZ_{el} = \dfrac{Q_{el}}{EBF}$	
Nutzungsgrad Heizanlage	$\eta_h = \dfrac{Q_h + Q_{WW}}{E_W}$	
Industriebau:		
Energie-Kennzahl Produktivität	$EKZ_P = \dfrac{E_V}{PE}$	

EBF	Energiebezugsfläche (Stockwerksfläche, Putzfläche, Nutzfläche usw.)
E_W	Heizenergiebedarf Heizanlage
E_V	Energieverbrauch
PE	Produktionseinheit (z. B. je 1 kg Mehlverbrauch, je Pkw)
Q_{el}	Elektroenergiebedarf
Q_h	Jahres-Heizwärmebedarf
Q_{WW}	Heizwärmebedarf Warmwasserbereitung
V	Gebäudevolumen (z. B. innerhalb der wärmeübertragenden Hüllfläche)

Tabelle Q-12. Berechnung des Heizungs-Nutzungsgrads.

Größe	Beziehung
Nutzungsgrad η_h	$\eta_h = \dfrac{Q_h + Q_{ww} + Q_{V,H} + Q_{V,ww}}{E_W}$
Warmwasser-Energiebedarf Q_{WW}	$Q_{WW} = c_W \, \dot{m}_W \, P \, (\vartheta_W - \vartheta_K) \, t_d$
Energieverluste Raumheizung $Q_{V,H}$	$Q_{V,H} = Q_{V,Hb} + Q_{V,Hs} + Q_{V,Hv}$
Energieverluste Warmwasser $Q_{V,ww}$	$Q_{V,ww} = Q_{V,Sp} + Q_{V,Vz} + Q_{V,Vu}$

c_W	spezifische Wärmekapazität von Wasser [$c_W = 1{,}16\,\text{Wh/(kg}\cdot\text{K)}$]
E_W	Sekundärenergiebedarf des Heizungssystems
$\dot{m}_W$	Warmwasserverbrauch pro Person und Tag
P	Personenzahl der Warmwassernutzung
Q_h	Heizwärmebedarf
$Q_{V,Hb}$	Wärmeverluste des Wärmeerzeugers im Betrieb
$Q_{V,Hs}$	Wärmeverluste des Wärmeerzeugers im Stillstand
$Q_{V,Hv}$	Wärmeverluste der Heizungsverteilung
$Q_{V,Sp}$	Wärmeverlust des Warmwasserspeichers
$Q_{V,Vz}$	Wärmeverlust der Warmwasser-Zirkulationsleitung
$Q_{V,Vu}$	Wärmeverlust der Stichleitungs-Unterverteilung des Warmwassernetzes
t_d	Warmwasser-Bereitstellungszeit (i. a. $t_d = 365$ d)
ϑ_W	mittlere Warmwassertemperatur an der Entnahmestelle
ϑ_K	Kaltwassertemperatur

Als Zielwerte für eine energiesparende Bauplanung sind derzeit eine Heizwärme-Kennzahl von $EKZ_{W,F} = 50$ bis $60\,\text{kWh/(m}^2\cdot\text{a)}$ (Wärmeschutz-Verordnung BRD, Entwurf 1992) und ein Nutzungsgrad der Heizanlage von $\eta_h = 0{,}75$ bis $0{,}85$ (SIA 380/1 von 1988) im Gespräch.

R Umwelttechnik

Die Umwelttechnik ist die Anwendung technischer Lösungen zur Vermeidung der Bildung von Schadstoffen (*Primärmaßnahmen*) und zur Abreinigung gebildeter Schadstoffe (*Sekundärmaßnahmen*). Emissionen entstehen durch nicht geschlossene Stoffströme; das Ziel umwelttechnischer Anwendungen ist deshalb die Bildung von *Stoffkreisläufen*.

Tabelle R-1. Gesetze, Verordnungen, Verwaltungsvorschriften, Normen.

Gesetz, Norm	Inhalt
Wasserhaushaltsgesetz (WHG, 23. 9. 1986)	Stand der Technik (§ 7a) Umgang mit wassergefährdenden Stoffen (§§ 19g bis l)
Landwassergesetz (WG, z. B. B.-W., 1. 7. 1988)	Genehmigungspflicht für Abwasseranlagenbetrieb
Rahmenabwasser-VwV und Anhänge (z. B. Anhang 40, 1. 1. 1990)	Grenzwerte für Abwasserableitung Pflichten der Produktion DIN-Normen der Analytik
Indirekteinleiter-Verordnung (Bayern/Nordrhein-Westf.: VGS; Baden-Württ. ab 1. 10. 1990)	Schwellenwerte für die Genehmigungspflicht der Abwasserableitung
Abwasserherkunftsverordnung (3. 7. 1987)	Aufzählung der Produktionsbereiche mit gefährlichen Stoffen
Verordnung über Anlagen zum Umgang mit wassergefährdenden Stoffen (VAwS, z. Z. Entwurf)	Lagern, Abfüllen und Umschlagen von Chemikalien
Verordnung über Anlagen zum Herstellen, Behandeln und Verwenden wassergefährdender Stoffe (HBV-AnlagenV, z. Z. Entwurf)	Einsatz von Chemikalien in der Produktion
DIN 38 405 – D bis H	Abwasseranalytik
Bundesimmissionsschutzgesetz (BImSchG, 1990)	Regelung (allgemein) des – anlagenbezogenen, – produktbezogenen und – gebietbezogenen Immissionsschutzes.
1. Bundesimmissionsschutz-Verordnung (1. BImSchV)	Kleinfeuerungsanlagen
2. Bundesimmissionsschutz-Verordnung (2. BImSchV)	Emissionsbegrenzung von leichtflüchtigen Halogenkohlenwasserstoffen
3. Bundesimmissionsschutz-Verordnung (3. BImSchV)	Schwefelgehalt von leichtem Heizöl und Dieselkraftstoff
4. Bundesimmissionsschutz-Verordnung (4. BImSchV)	Genehmigungsbedürftige Anlagen
5. Bundesimmissionsschutz-Verordnung (5. BImSchV)	Immissionsschutzbeauftragte

Tabelle R-1 (Fortsetzung)

Gesetz, Norm	Inhalt
6. Bundesimmissionsschutz-Verordnung (6. BImSchV)	Fachkunde und Zuverlässigkeit von Immissionsschutzbeauftragten
7. Bundesimmissionsschutz-Verordnung (7. BImSchV)	Auswurfbegrenzung von Holzstaub
9. Bundesimmissionsschutz-Verordnung (9. BImSchV)	Grundsätze des Genehmigungsverfahrens
10. Bundesimmissionsschutz-Verordnung (10. BImSchV)	Beschränkungen von PCB, PCT und VC* (Polychlorierte Biphenyle, -Terphenyle und Vinylchlorid)
11. Bundesimmissionsschutz-Verordnung (11. BImSchV)	Emissionserklärung
12. Bundesimmissionsschutz-Verordnung (12. BImSchV)	Störfallverordnung
13. Bundesimmissionsschutz-Verordnung (13. BImSchV)	Großfeuerungsanlagen (z. B. Kraftwerke)
17. Bundesimmissionsschutz-Verordnung (17. BImSchV)	Abfallverbrennungsanlagen
1. Allgemeine Verwaltungsvorschrift zum BImSchG (1. BImSchVwV)	Technische Anleitung zur Reinhaltung der Luft (TA Luft)
4. Allgemeine Verwaltungsvorschrift zum BImSchG (4. BImSchVwV)	Ermittlung von Immissionen in Belastungsgebieten
5. Allgemeine Verwaltungsvorschrift zum BImSchG (5. BImSchVwV)	Erstellung von Emissionskatastern in Belastungsgebieten
VDI-Richtlinie 2310	Maximale Immissionskonzentrationen (MIK-Werte) zum Schutz des Menschen
Abfallgesetz (AbfG 1986)	Definitionen, Grundsätze und allgemeine Pflichten der Bereiche – Abfalleinsammeln/-befördern – Abfallentsorgung – Reststoffverwertung – Abfallverbringung (Ausland) – Betriebsbeauftragter für Abfall – Rücknahmepflichten, Pfandsysteme
Landesabfallgesetze	Detailregelung der Andienungspflichten
Abfallbestimmungs-Verordnung (AbfBestV, 1990)	Benennung der besonders überwachungsbedürftigen Abfälle („Sondermüll")
Reststoffbestimmungs-Verordnung (RestBestV, 1990)	Benennung der besonders überwachungsbedürftigen Reststoffe
Abfall- und Reststoffüberwachungs-Verordnung (AbfRestÜberwV, 1990)	Detaillierte Regelung von – Einsammlung und Beförderung – Entsorgungs-Nachweis – Begleitscheinverfahren – Reststoff-Nachweis

Tabelle R-1 (Fortsetzung)

Gesetz, Norm	Inhalt
Verpackungs-Verordnung (VerpackV, 1991)	Pflichten der Wieder- oder Weiterverwertung von – Verkaufsverpackungen, – Transportverpackungen, – Umverpackungen
Altöl-Verordnung (AltölV, 1987)	Klassifizierung der Altöle in – rückgewinnbare Öle – verwertbare Öle – zu entsorgende Öle Vermischungsverbot, Pflichten für Rückstellproben/Analysen
Verordnung über das Verbot des Einsatzes von PCB, PCT und VC* (1989)	Stoffeinsatzverbote mit Regelung der Übergangsfristen
TA Abfall (2. Allgemeine Verwaltungsvorschrift zum AbfG, 1991)	Detailregelung der Abfallentsorgung, u. a. – Zuordnung der Abfälle zu Entsorgungsverfahren – Aufbauorganisation von Entsorgungsanlagen – Betriebsorganisation von Entsorgungsanlagen

R.1 Abwassertechnik

R.1.1 Entstehung von schadstoffbelastetem Abwasser

Die Oberflächenbehandlung (z. B. Galvanik, Härterei, Lackierbetrieb, mechanische Fertigung) besteht in der Regel aus einer Abfolge von Wirkbädern (Wirkschritte, z. B. Entfetten, Beizen, Entrosten, Phosphatieren, Brünieren, Metallisieren), zwischen denen Spülschritte angeordnet sind. Abwasser- und Schadstoffemission finden statt, sobald der Wirkstoff (Elektrolyt) das Wirkbad verläßt.

> Abwasser- und Schadstoffemissionen entstehen durch Verwerfen und Ausschleppen des Wirkstoffes aus dem Wirkbad.

Das Wirkbad wird verworfen, weil Verunreinigungen seine Wirkung zu stark abgeschwächt haben. Ausgeschleppt wird der Elektrolyt durch Werkstücke und Werkstückträger. Die Ausschleppungen müssen an-

schließend von den Werkstücken abgespült werden.

> Verwerfen des Wirkbades: geringe Abwassermenge, hohe Schadstofffracht.

> Ausschleppen von Wirkstoff: hohe Abwassermenge, geringe Schadstoffmenge.

R.1.2 Verminderung der Ausschleppungen

Die Ausschleppungen werden von der Oberflächengeometrie der Werkstücke stark beeinflußt. Dennoch gibt es allgemein gültige Ansätze zur Ausschleppungsverminderung, die sich in chemische und mechanische Maßnahmen unterteilen (Tabelle R-2).

R.1.3 Standzeitverlängerung des Wirkbades

Je länger die Standzeit eines Wirkbades (weniger häufiges Verwerfen), desto geringer die emittierte Schadstofffracht.

Tabelle R-2. Maßnahmen zur Ausschleppungsverringerung.

Maßnahme	Praxisbeispiel
a) chemisch	
Oberflächenhydrophobierung	wäßrige Reinigung vor Härten, Lackieren, Prüfen
Verringerung der Wirkstoff Konzentration	Nachschärfen anstelle Wochenbedarfsansatz
	Senkung des Lösungsmittelanteils im Lacksystem
b) mechanisch	
Overspray vermindern	Drehscheibe hinter zu lackierendem Teil (Overspray-Recycling)
	Airless-Verfahren
	elektrostatisch lackieren
Anlagenbedienung und -steuerung	Abtropfzeiten, Warenbewegung, Teilepositionierung
Anlagentechnik	Abblasen, Abquetschen, Absprühen
	Kaskadenführung, Badkombinationen

Tabelle R-3. Maßnahmen zur Standzeitverlängerung.

Vorreinigungsverfahren	mehrstufige Spültechnik
	vorgeschaltete Reinigungsstufen, z. B. Entölen, mechanisches Reinigen
	Wirkbadkaskade
Nachreinigungsverfahren	Entschlammung
	Ionenaustausch
	Dialyse/Elektrodialyse
	Elektrolyse
	thermische Behandlung (Kristallisation, Eindampfen)
	Membranabtrennung (Ultra- und Mikrofiltration, Umkehrosmose)

Standzeitverlängerung durch
- Vorreinigung der Einschleppungen (Verunreinigung von außen);
- Nachreinigung der prozeßbedingten Verunreinigungen (Abbauprodukte).

Demzufolge untergliedern sich die Maßnahmen zur Standzeitverlängerung in Vorreinigung der Werkstücke und Nachreinigung der Wirkbadlösung (Tabelle R-3).

R.1.4 Spültechnik

Die Spültechnik hat die Aufgabe,
- ausgeschleppte Wirkstoffe vom Werkstück zu entfernen,
- die Reaktion der Werkstückoberfläche mit dem Wirkstoff abzubrechen,
- Einschleppungen in das folgende Wirkbad zu unterbinden.

Gesetzesforderung ist die Einrichtung einer *mehrstufigen* Spültechnik (in der Regel drei Spülstufen), die als Voraussetzung für minimierten Abwasser- und Schadstoffanfall gilt. Als einzelne Spülstufe gilt auch eine Spritzeinrichtung über einem Spülbad (Spülbad + Spritzeinrichtung = zweistufiges System).

Unterschieden wird zwischen *Standspülen* (nicht durchflossen) und *Fließspülen* (kontinuierlicher Wasserdurchsatz $\dot{Q}$). Die Bilder R-1, R-2 und R-3 zeigen Beispiele verschiedener dreifacher Spülstufen nach dem Wirkbad.

Die Effektivität des Spülvorgangs wird ausgedrückt durch das Spülkriterium Sk, das als Quotient der Wirkbadkonzentration in

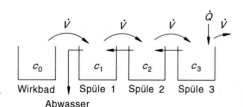

Bild R-1. Dreistufige Spültechnik als Dreifachkaskade.

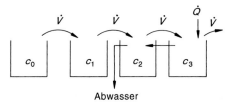

Bild R-2. *Dreistufige Spültechnik als Standspüle und Zweifachkaskade.*

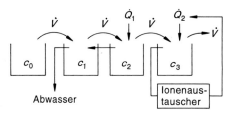

Bild R-3. *Dreistufige Spültechnik als Vorspülkaskade und Fließspüle.*

Gramm/Liter oder val/Liter und der Restkonzentration im letzten Spülbad n definiert ist:

$$Sk = c_0/c_n ; \qquad (R-1)$$

c_0 Elektrolytkonzentration im Wirkbad,
c_n Elektrolytkonzentration im n-ten Spülbad nach dem Wirkbad.

Spülkriterien liegen üblicherweise zwischen 10^3 und 10^7.

Die Konzentration eines Standspülbades nach der Betriebszeit t beträgt

$$c_t = c_0 \left[1 - \left(\frac{V_B}{V_B + V} \right)^t \right] ; \qquad (R-2)$$

t Betriebsdauer in Stunden,
c_0 Elektrolytkonzentration im Wirkbad,
c_t Elektrolytkonzentration im Standspülbad nach t Stunden Betriebszeit,
V Verschleppungsvolumen, normiert auf 1 h,
V_B Volumen des Spülbades.

Tabelle R-4. *Vergleich benötigter Spülwassermengen in Liter je Stunde für $c_0 = 10 \, val/l$, $Sk = 10^4$, $\dot{V} = 10 \, l/h$, Standspülwechsel in 8 h, Badvolumen $V_B = 1000 \, l$.*

Spülsystem	benötigte Spülwassermenge l/h	erzeugte Abwassermenge l/h
1 Fließspüle	100 000	100 000
1 Standspüle und 1 Fließspüle	7777	7777
Zweifachkaskade	1000	1000
1 Standspüle und Zweifachkaskade	402	402
Dreifachkaskade [1])	215	215
Zweifachkaskade und 1 Fließspüle	50 + 4000 100 + 1000 200 + 250	114 116 204

[1]) Bei direkter Rückführung ins Wirkbad ist die Dreifachkaskade vorteilhaft, bei Kreislaufführung des Spülwassers (Ionenaustauscher) das System Vorspülkaskade und Schlußspüle.

Die Gleichgewichtskonzentrationen von Einzelfließspülen und Fließspülkaskaden betragen (Voraussetzung: $\dot{V} \ll \dot{Q}$)

$$c_n = c_0 (\dot{V}/\dot{Q})^n ; \qquad (R-3)$$

c_0 Elektrolytkonzentration im Wirkbad,
c_n Elektrolytkonzentration im n-ten Spülbad nach dem Wirkbad,
$\dot{V}$ Ausschleppungsvolumen,
$\dot{Q}$ Spülwasserdurchsatz.

Mit Hilfe dieser Formeln lassen sich vergleichende Betrachtungen des notwendigen Wassereinsatzes unterschiedlicher Spülsysteme durchführen und läßt sich der jeweils resultierende Abwasseranfall berechnen (Tabelle R-4).

Tabelle R-5. Ionenaustauscherharze.

Harztyp	funktionelle Austauscher-gruppe	Reaktion
stark saures Kationen-austauscher-harz	Sulfonsäure-gruppe $(-SO_3H)$	Kation $\leftrightarrow H^+$
schwach saures Kationen-austauscher-harz	Carbonsäure-gruppe $(-COOH)$	Kation $\leftrightarrow H^+$
schwach alkalisches Anionen-austauscher-harz	tertiäre Ammonium-gruppe $(-R_2NHOH)$	Anion $\leftrightarrow OH^-$
stark alkalisches Anionen-austauscher harz	quartäre Ammonium-gruppe $(-R_3NOH)$	Anion $\leftrightarrow OH^-$

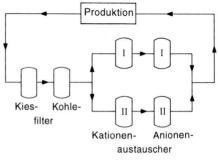

Bild R-4. Ionenaustauscheranlage in Straßenschaltung.

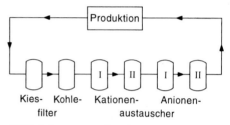

Bild R-5. Ionenaustauscheranlage in Reihenschaltung.

R.1.5 Kreislaufführung des Spülwassers (Ionenaustauscher)

Ionenaustauscher sind organische Polymer-harze mit funktionellen Gruppen.

Die Vollentsalzung des Wassers geschieht in hintereinandergeschalteten Kationen- und Anionenaustauscherharzen (Tabelle R-5). Voraussetzung für den sinnvollen Einsatz von Ionenaustauschern ist ein geringer Salzgehalt (= Elektrolytgehalt) im kreislaufgeführten Wasser. Es gibt unterschiedliche verfahrenstechnische Schaltungsmöglichkeiten der Ionenaustauscheranlagen (Straßen- und Reihenschaltung, Bilder R-4 und R-5).

Abwasser (Regenerat, Eluat) entsteht bei der Regeneration der beladenen Harze. Kationenharze werden mit Säure (5%), Anionenharze mit Lauge (5%) regeneriert.

Je 1 val Salz Beladung auf die Austauscheranlage entstehen etwa 14 l Abwasser bei der Regeneration.

R.1.6 Abwasseraufbereitung (-behandlung)

Der Grundsatz lautet: Unnötige Mischungen vermeiden.

Die Verfahrensstufen (Bild R-6) sind

– Cyanidoxidation,
– Nitritoxidation oder -reduktion,
– Chromatreduktion,
– Neutralisation,
– Flockung,
– Sedimentation,
– Schlammentwässerung,
– Schlußfiltration.

Probleme entstehen

– durch Bildung von (an Aktivkohle adsorbierbaren) Halogenkohlenwasserstoffen [AOX] bei der Oxidation mit Bleichlauge (NaOCl),
– bei der Entsorgung des anfallenden schwermetallhaltigen Galvanikschlamms (Sondermüll, Abschnitt R-3).

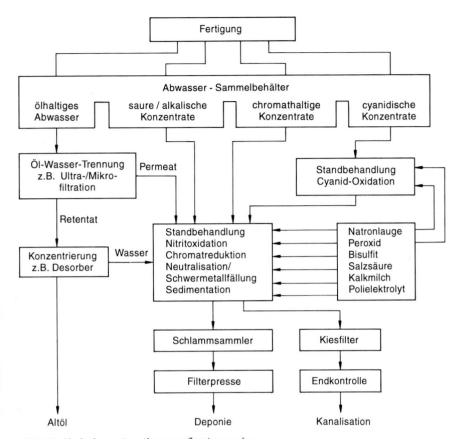

Bild R-6. Blockschema einer Abwasseraufbereitungsanlage.

R.2 Reinhaltung der Luft

Tabelle R-6. Begriffserläuterungen.	
Luftverun-reinigung	alle Stoffe, die die natürliche Zusammensetzung der Luft verändern
Emission	an die Umwelt abgegebene Luftverunreinigung
Immission	die Einwirkung der Luftverunreinigungen auf die Umwelt
Transmission	Ausbreitung der Luftverunreinigung (zwischen Emissionsquelle und Immissionseinwirkung)

Tabelle R-6 (Fortsetzung)	
Smog	hohe Immissionskonzentrationen von Schadstoffen in Verbindung mit Nebel (Kombination von „smoke" und „fog")
Abgas	an die Umwelt abgegebenes Gas
Rauchgas	Abgas von Feuerungsanlagen
Abluft	Abgas, dessen Trägergas Luft ist

R.2.1 Entstehung von Luftverunreinigungen

Die natürliche Zusammensetzung der Luft ist

- Stickstoff (N_2)   78,10 %,
- Sauerstoff (O_2)   20,93 %
- Argon (Ar)   0,93 %
- Kohlendioxid (CO_2)   0,035%,
- Spuren
  - andere Edelgase
  - Methan
  - Wasserstoff.

Hauptquellen der Luftverunreinigungen sind Energieerzeugung (Kraftwerke), Hausheizungen, Verkehr und Industrie. Hauptsächlich werden folgende Luftverunreinigungen emittiert:

- Kohlendioxid (CO_2),
- Stickoxide (NO und NO_2),
- Schwefeldioxid (SO_2),
- Kohlenwasserstoffe ($C_m H_n$),
- Kohlenmonoxid (CO),
- Ruß und Staub.

R.2.2 Auswirkungen von Luftverunreinigungen

Die hauptsächlichen Auswirkungen der Luftverunreinigungen sind Tabelle R-7 zu entnehmen. Bei der Beurteilung der Auswirkungen von Luftverunreinigungen ist stets die Transmission der Stoffe und ihre chemische Umwandlung zu anderen Produkten mit zu betrachten.

R.2.3 Primärmaßnahmen der Schadstoffbegrenzung

Schwefeldioxid → Entschwefelung der Brennstoffe
Stickoxide   → mehrstufige Verbrennung
          → Abgasrückführung
Kohlenwasserstoffe, Ruß, Kohlenmonoxid
          → vollständige Verbrennung, dabei
- ausreichender Luftüberschuß ($\lambda > 1$),
- hohe Verbrennungstemperaturen,
- lange Verweilzeit des Brennstoffes in Zonen hoher Temperatur,
- gute Durchmischung von Luft und Brennstoff.

Tabelle R-7. Auswirkungen von Luftverunreinigungen.

Schadensart	Verursacher (Leitstoff)	Auswirkungen
Ozonloch	Fluorchlorkohlenwasserstoffe (FCKW)	Zerstörung der Ozonschicht in der Stratosphäre: härtere Strahlung gelangt auf Erdoberfläche
hoher Ozongehalt in der Atemluft	Stickoxide und Licht	Herz-/Kreislaufbeschwerden
Treibhauseffekt	IR-aktive Gase (z.B. CO_2, CH_4)	Erwärmung der Erdoberfläche: Klimastörungen
Waldsterben	vermutete Synergie aller Luftverunreinigungen	Änderung von Klima, Flora und Fauna
Smog	Nebel und austauscharme Wetterlagen	Erkrankung von Atemwegen und -organen, Herz-/Kreislauf-Schwäche
fotochemischer Smog	Stickoxide, Licht und Kohlenwasserstoffe	Erkrankung von Atemwegen und -organen, Herz-/Kreislauf-Schwäche
saurer Regen	Stickoxide, Schwefeldioxid	Schädigung der Pflanzenwurzeln, Korrosion an Metallen/Baustoffen

R.2.4 Sekundärmaßnahmen der Schadstoffbegrenzung

Unter Sekundärmaßnahmen sind Abreinigungsverfahren zu verstehen.

Ruß und Staub

→ Staubabscheidung
Maßgebend für die Abscheidefähigkeit eines Staubes ist die Sinkgeschwindigkeit v_s der Partikeln aus dem Gasstrom, die sich für das

Modell kugelförmiger Partikeln wie folgt ergibt:

$$v_s = \frac{d^2 (\varrho_P - \varrho_G) g}{18 \eta_G} ; \qquad \text{(R-4)}$$

v_s Sinkgeschwindigkeit der Staubpartikeln,
d Staubpartikeldurchmesser,
ϱ_P Dichte der Staubpartikeln,
ϱ_G Dichte des Abgases,
g Erdbeschleunigung,
η_G Viskosität des Abgases.

Alle Faktoren, die die Sinkgeschwindigkeit erhöhen, tragen zur Verbesserung der Abscheideleistung bei:

– Vergrößerung von Dichte und Partikeldurchmesser im Naßabscheider
  • Wirbelwäscher,
  • Venturiwäscher,
  • Rotationswäscher;

– Erhöhung der Beschleunigung im
  • Elektrofilter,
  • Zyklon.

Elektrofilter und Zyklone sind typische Vertreter der *Querstromfiltration* (Partikeln werden quer zur Gasströmung abgeschieden); Tuchfilter und Filterkerzen, die eine Sekundärfilterschicht durch abgeschiedene Staubteilchen ausbilden, sind typische Beispiele für die *Hauptstromfiltration* (Partikeln- und Gasbewegung in gleicher Richtung, Bild R-7).

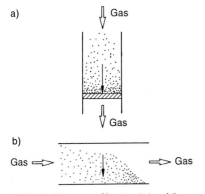

a)

b)

Bild R-7. Hauptstromfiltration (a) und Querstromfiltration (b).

Schwefeldioxid

– (Rauchgas-)Entschwefelung
Trockenes, halbtrockenes und nasses Verfahren. Unter Zugabe von Kalk (Kalkmilch) und mit Hilfe von Luftsauerstoff wird Gips gebildet ($CaSO_4 \cdot 2H_2O$; Abfallproblematik).

Stickoxide

– Oxidationsverfahren (selten angewendet)
Oxidation der Stickoxide zu Stickstoffdioxid mit Hilfe von Ozon und Abreinigung durch Bildung von Salpetersäure.

– Reduktionsverfahren (katalytisch: SCR-Verfahren; nicht katalytisch: SNCR-Verfahren[1]).
Durch Eindüsung von Ammoniak werden Stickoxide zu Stickstoff reduziert, was einer Rückbildung des Ausgangsstoffes (Luft-N_2) entspricht.

Kohlenwasserstoffe

– Nachverbrennung (thermisch: TNV; katalytisch: KNV).
Nachgeschaltete Verbrennung bei hohen Temperaturen, Einsatz von Katalysatoren und allen Bedingungen vollständiger Verbrennung.

– Adsorption
Aktivkohlefiltration. Probleme der anschließenden Regeneration der beladenen Aktivkohle: Dampf gelangt in das Abwasser, Heißgas erfordert Energieaufwand. Bei Verwerfen der beladenen Aktivkohle entsteht Abfallproblematik.

– Kondensation
„Ausfrieren" der Kohlenwasserstoffe in Kältefallen. Energieaufwendig, für einzuhaltende Grenzwerte nicht ausreichend, nur für schwerer flüchtige Kohlenwasserstoffe. Wird in der Regel als Abreinigungsvorstufe benutzt.

– Membrantrennung und biologische Abreinigung
Verfahren z. Zt. in der Markteinführung; Einzelfallbetrachtung des Einsatzes notwendig.

---

[1] SCR: selective catalytic reduction, SNCR: selective non catalytic reduction.

Kfz-Katalysator

> Der Dreiwege-Katalysator dient zur Umsetzung der drei Schadstoffe Kohlenmonoxid, Kohlenwasserstoffe und Stickoxide.

– Katalysatoraufbau
Platin (Oxidationsprozesse) und Rhodium (Reduktionsvorgänge) als Katalysatormetalle, die auf Träger Aluminiumoxid („washcoat", hohe Oberfläche) aufgebracht sind, das auf Keramikkörper oder Metallträger aufgetragen wird.

– Betriebsbedingungen
Der optimale Temperaturbereich liegt zwischen 300 und 850 °C. Luftregelung mittels Lambda-Sonde auf $\lambda \rightarrow 1$ (stöchiometrischer Lufteinsatz, kein Luftüberschuß).

– Reaktionen
• Kohlenwasserstoffe und Kohlenmonoxid oxidieren an Platin zu Kohlendioxid (= Endprodukt vollständiger Verbrennung).

• Stickoxide (überwiegend NO) werden an Rhodium zu Stickstoff reduziert.

• Unerwünschte Nebenreaktionen (Luftüberschuß, Luftmangel, ungünstige Temperaturen) führen zur Bildung von Schwefeltrioxid, Schwefelwasserstoff und Ammoniak.

Lambda-Sonde

Notwendiges Aggregat, um Luftüberschußzahl gegen 1 zu regeln (Voraussetzung für Funktion des Dreiwege-Katalysators).

– Aufbau
Fingerhutförmig angeordnete Zirkondioxid-Membran, auf deren Innenseite sich Luft befindet. An der Außenseite werden Abgase vorbeigeführt. Beide Seiten der Membran sind mit einem Platingitter versehen, das als Ableitungselektrode dient.

– Meßprinzip
Potentiometrisches Meßprinzip. In Abhängigkeit vom jeweiligen Sauertoffpartialdruck (Innen- und Außenseite der Membran) bilden sich – bedingt durch Diffusion von Sauerstoff-Ionen in Fehlstellen des Zirkondioxidgitters – unterschiedliche Potentiale aus. Die Potentialdifferenz kann als

Membranspannung U abgegriffen werden (Nernstsches Gesetz). Zur Bildung der Sauerstoffionen werden Temperaturen > 400 °C benötigt (Betriebstemperatur der Sonde).

$$U = \frac{R_m\,T}{z\,F}\,\ln\frac{p_{O2\,(Luft)}}{p_{O2\,(Abgas)}}\;; \qquad (R-5)$$

R_m molare Gaskonstante
         $[R_m = 8{,}3144\ \text{J}/(\text{K}\cdot\text{mol})]$,
T absolute Temperatur,
z Anzahl Elementarladungen,
F Faraday-Konstante
         $(F = 96\,486\ \text{A}\cdot\text{s/mol})$,
p_{O2} Sauerstoffpartialdruck.

– Meß- und Regeltechnik
Je geringer der Sauerstoffanteil im Abgas, desto höher die abgegriffene Spannung. Die Sonde regelt die Begrenzung der Luftzufuhr so weit, bis steiler Spannungsanstieg eintritt. Die Regelung erfolgt also nicht durch exakte Sauerstoffmessung, sondern das Luft-Kraftstoff-Verhältnis wird so geregelt, daß der Sauerstoffanteil an der Abgasseite der Sonde gegen null geht (steiler Spannungsanstieg).

R.3 Abfallwirtschaft

Tabelle R-8. Begriffserläuterungen.

Abfall	bewegliche Sache, derer sich der Besitzer entledigen will oder deren geordnete Entsorgung zur Wahrung des Wohls der Allgemeinheit geboten ist
Reststoff	bewegliche Sache, derer sich der Besitzer entledigen will und die einer stofflichen oder sonstigen Verwertung zugeführt wird
besonders überwachungsbedürftiger Abfall/Reststoff („Sonderabfall")	Abfälle/Reststoffe, die aufgrund ihrer Eigenschaften ein besonderes Gefahrenpotential aufweisen (z.B. giftig, erbgutschädigend)
Entsorgungsanlage	Anlage zum Verwerten, Behandeln, Lagern und Entsorgen von Abfällen/Reststoffen

R.3.1 Entstehung von Abfällen

Abfälle entstehen durch Vermischung und daraus folgender Feinverteilung von Wertstoffen.

Abfalldeponie: Wertstoffe in feinverteilter Form.
Rohstofflager: Wertstoffe in konzentrierter Form.

R.3.2 Grundsatz der Abfallwirtschaft

Der Grundsatz des Umgangs mit Abfall ist allgemeingültig im Abfallgesetz definiert:

Vermeiden vor Verwerten vor Entsorgen.

Voraussetzung ist die Einbindung dieses Aspekts in die Fertigungsplanung, durch Schaffen eines Versorgungs- und Entsorgungskonzeptes, das die notwendigen Vorbereitungen zur Abfallvermeidung und -verwertung enthält.

Abfallvermeidung kann durch gezielte Einwirkung auf zwei Planungsbereiche unterstützt werden:

Abfallvermeidung durch
– Vermeidung des Entstehens von Reststoffen *(Primärmaßnahmen)*,
– Schaffen von Stoffkreisläufen angefallener Reststoffe (Sekundärmaßnahmen).

R.3.3 Primärmaßnahmen der Abfallvermeidung

Ersatz abfallproblematischer Einsatzstoffe (Beispiele)

– Umstellung der CKW-Reinigung (Chlorkohlenwasserstoffe) auf wässrige Reinigungssysteme,
– Asbestersatz in der Baustoffindustrie,
– Ersatz cyanidischer Wirkbäder in der Oberflächenbehandlung,
– Umstellung cadmium- und bleichromathaltiger Lacke auf organische Pigmente,
– Ersatz von Quecksilber und Cadmium bei der Batterieherstellung.

Umstellung des Fertigungsverfahrens und der Produkte (Beispiele)

– Umstellung lösemittelhaltiger Lacke auf Wasserlacksysteme,
– Erhöhung des Auftragwirkungsgrades,
– Einsatz von NC-Bearbeitungsautomaten und CNC-Fertigungs-„poolcentern" mit optimierter Materialausnutzung,
– verringerter Materialeinsatz (Hausgeräte, Verpackung),
– längere Produktlebensdauer.

R.3.4 Sekundärmaßnahmen der Abfallvermeidung

Die Weiterverwertung von Reststoffen (Schaffung von Stoffkreisläufen) setzt in der Regel unvermischte Reststoffe voraus.

Sortierung anfallender Abfallgemische

Das Sortieren des Mischabfalls dient der Auftrennung eines Stoffgemisches in Einzelfraktionen mit dem Ziel der weiteren stofflichen Nutzung. Die einzelnen Trennverfahren unterscheiden sich dabei weniger im Prinzip der Auftrennung als in der Reihenfolge einzelner Trennschritte. Bild R-8 zeigt den Aufbau eines Abfalltrennverfahrens.

Die finanziellen Aufwendungen für Investition und Betrieb der vorhandenen Anlagen sind bislang schwer zu amortisieren. Weitere Probleme der Abfallsortierung entstehen durch fehlende Kapazitäten zur Aufnahme der abgetrennten Fraktionen.

Nachträgliche Sortierung des angefallenen Mischabfalls ist die ungünstigere Alternative der Abfallverwertung.

Getrennte Sammlung und Verwertung von Abfällen

Die getrennte Erfassung der unvermischten Reststoffe ist Voraussetzung für ihre sinnvolle Verwertung.

Besonders effizient ist eine Rückführung der Fertigungsreststoffe in denselben Prozeß (Abfallvermeidung und Einsparung von Reststoffen).

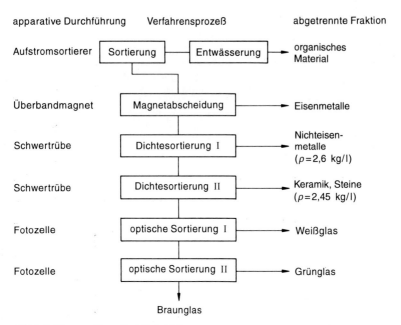

apparative Durchführung   Verfahrensprozeß   abgetrennte Fraktion

Aufstromsortierer — Sortierung — Entwässerung → organisches Material

Überbandmagnet — Magnetabscheidung → Eisenmetalle

Schwertrübe — Dichtesortierung I → Nichteisenmetalle ($\rho = 2{,}6$ kg/l)

Schwertrübe — Dichtesortierung II → Keramik, Steine ($\rho = 2{,}45$ kg/l)

Fotozelle — optische Sortierung I → Weißglas

Fotozelle — optische Sortierung II → Grünglas

Braunglas

Bild R-8. Trennverfahren für Mischabfall.

Recycling *während des Produktgebrauchs* wird vornehmlich im Maschinenbau praktiziert. Die Austauscherzeugnis-Fertigung setzt sich zusammen aus den Fertigungsschritten

– Demontage,
– Reinigung,
– Prüfung/Sortierung,
– Aufarbeitung und
– Wiedermontage.

Altstoffrecycling *nach Produktgebrauch* ist vor allem beim Schrottrecycling bekannt. So werden Kraftfahrzeuge in einer Hammermühle (Shredder) zerkleinert und anschließend einer Stofftrennung mit Hilfe von Magnetabscheidern, Windsichtern und anderen Dichtetrennanlagen unterzogen. Zur Zeit wird allerdings nur der Metallanteil zurückgewonnen.

S Atomphysik

S.1 Atombau und Spektren

Die Untersuchung von optischen *Spektren* liefert Informationen über den Aufbau von Atomen und Molekülen. Diese Teilchen können mit elektromagnetischer Strahlung in Wechselwirkung treten (Emission und Absorption).

S.2 Systematik des Atombaus

S.2.1 Aufbau der Atome

Ein Atom besteht aus dem *Atomkern* und der *Atomhülle*. Die Atomhülle besteht meist aus *Elektronen* und der Atomkern, sehr einfach gesagt, aus den *Nukleonen: Protonen* und *Neutronen*. In Tabelle S-1 sind die entsprechenden Größen zusammengestellt.

Ein Atom wird folgendermaßen gekennzeichnet:

$$\frac{A}{Z} X$$

X Elementsymbol

A Massenzahl (Anzahl der Protonen und Neutronen; $A = Z + N$)

Z Ordnungszahl (Anzahl der Protonen im Kern = Anzahl der Elektronen in der Hülle = Kernladungszahl; $Z = A - N$)

Beispiele sind $^{14}_{7}N$; $^{238}_{92}U$, Z kann auch weggelassen werden.

Tabelle S-2 zeigt die Unterschiede verschiedener Kernarten (*Nuklide*).

Tabelle S-1. Eigenschaften des Atomkerns und der Atomhülle.

Atom		Atomkern		Atomhülle
		Proton p	Neutron n	Elektron e
Ladung Q		$1{,}6021 \cdot 10^{-19}$ C	0	$-1{,}6021 \cdot 10^{-19}$ C
Ruhemasse		$1{,}67 \cdot 10^{-27}$ kg $(1836\,m_{el})$	$1{,}675 \cdot 10^{-27}$ kg $(1839\,m_{el})$	$9{,}11 \cdot 10^{-31}$ kg (m_{el})
Radius	$r_A \approx 0{,}5 \sqrt[3]{\dfrac{m_A}{\varrho}}$; m_A Atommasse, ϱ Dichte	$r_K \approx 1{,}4 \cdot 10^{-15} \sqrt[3]{A}$ in m; A Massenzahl (Nukleonenzahl) des Atomkerns	$r_K \approx 1{,}4 \cdot 10^{-15} \sqrt[3]{A}$ in m; A Massenzahl (Nukleonenzahl) des Atomkerns	$r_e = \dfrac{e^2}{4\pi m_e \varepsilon_0 c^2}$ $= \dfrac{\mu_0 e^2}{4\pi m_e}$ $= 2{,}818 \cdot 10^{-15}$ m; $e = -1{,}6 \cdot 10^{-19}$ C, $m_e = 9{,}11 \cdot 10^{-31}$ kg, $\mu_0 = 1{,}257 \cdot 10^{-6}$ H/m, $\varepsilon_0 = 8{,}85 \cdot 10^{-12}$ F/m, $c = 2{,}998 \cdot 10^8$ m/s

Tabelle S-2. Isotope, Isobare und Isotone.

	isotopes Nuklid	isobares Nuklid	isotones Nuklid
Ordnungszahl Z (Protonenzahl; Zahl der Elektronen)	gleich	ungleich	ungleich
Massenzahl A (Anzahl der Nukleonen: Protonen und Neutronen; $A = Z + N$)	ungleich	gleich	ungleich
Neutronenzahl N ($N = A - Z$)	ungleich	ungleich	gleich
Beispiele	$^{234}U, {}^{235}U, {}^{238}U$	$^{204}Pb, {}^{204}Hg$	$^{39}K, {}^{40}Ca$

S.2.2 Atommasse und Anzahl der Atome

Die Masse von Atomen und Molekülen wird in *atomaren Masseneinheiten u* gemessen. Die Definition lautet

atomare Masseneinheit $u = 1/12$ der Masse des Kohlenstoffatoms ^{12}C.

Es gelten folgende Zusammenhänge:

$$1 u = 1 (g/mol)/N_A, \quad \text{wobei}$$
$$N_A = 6,0221367 \cdot 10^{23} \, \text{mol}^{-1} \qquad \text{(S-1)}$$

$$1 u = 1/12 \, m_{^{12}C} = 1,66056 \cdot 10^{-27} \, \text{kg.} \qquad \text{(S-2)}$$

$$1 \, \text{kg} = 6,0221367 \cdot 10^{26} \, u. \qquad \text{(S-3)}$$

Für die Massen m_A eines Atoms (bzw. Moleküls) ergibt sich

$$m_A = A_r \cdot u = A_r \cdot 1,66056 \cdot 10^{-27} \, \text{kg;} \qquad \text{(S-4)}$$

A_r relative Atommasse.

Die Anzahl der Atome N eines Körpers der Masse m läßt sich aus der Masse eines Atoms m_A berechnen:

$$N = \frac{m}{m_A} = \frac{m}{A_r \cdot u} = \frac{m}{A_r \cdot 1,66056 \cdot 10^{-27} \, \text{kg}};$$
$$\text{(S-5)}$$

A_r relative Atommasse eines Stoffes,
m Masse des Körpers,
m_A Masse eines Atoms.

S.3 Quantentheorie

Für die Erklärung der Phänomene in der Mikrophysik werden die Erkenntnisse der Quantentheorie benötigt. Es sind dies (Übersicht S-1):

– Quantisierung der Energie,
– Energiequant (Photon) hat eine Masse und einen Impuls,
– Dualismus Teilchen – Welle (jedes Teilchen hat auch Wellencharakter, und jeder Welle kann ein Teilchen zugeordnet werden).

Übersicht S-1. Gesetze der Quantentheorie.

Quantisierung der Energie	Masse als Energieform
$E = h \nu$;	$E = m c^2$;
h Plancksches Wirkungsquantum ν Frequenz der Strahlung	m Masse, c Lichtgeschwindigkeit

Photon (Energiequant)	
Masse	Impuls
$m_{ph} = \dfrac{h\nu}{c^2} = \dfrac{h}{c\lambda}$	$p_{ph} = \dfrac{h\nu}{c} = \dfrac{h}{\lambda}$

Photonen bewegen sich mit Lichtgeschwindigkeit. Die Ruhemasse ist 0.

Übersicht S-1 (Fortsetzung)

Compton-Effekt

Streuung eines Photons an einem Elektron

Energieerhaltungssatz

$$h v + m_0 c^2 = h v' + m c^2$$

Impulserhaltung

- x-Richtung

$$\frac{h v}{c} = \frac{h v'}{c} \cos \vartheta + m v \cos \varphi$$

- y-Richtung

$$0 = \frac{h v'}{c} \sin \vartheta - m v \sin \varphi$$

Verschiebung der Wellenlänge

$$\Delta \lambda = \lambda' - \lambda = \frac{h}{m_0 c} (1 - \cos \vartheta)$$

Compton-Wellenlänge

$$\lambda_c = \frac{h}{m_0 c} = 2{,}426 \cdot 10^{-12} \, m$$

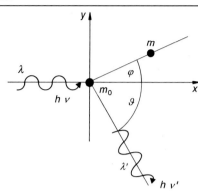

Dualismus Teilchen – Welle

Energiestrahlung hat Teilchen- und Wellencharakter.
Wellenlängen sind in Tabelle L-1 angegeben.

Unschärfe-Relation

Ort x und Impuls p eines Teilchens können
nicht beliebig genau ermittelt werden.

$$\Delta x \, \Delta p_x \gtrless h$$

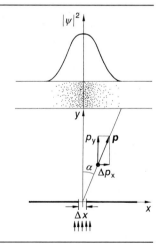

Übersicht S-1 (Fortsetzung)

Schrödinger-Gleichung

Ein Teilchen entspricht einer Welle Ψ mit dem Wellenvektor $\mathbf{k} = \mathbf{p}/\hbar$ und einer Kreisfrequenz ω:

$$\Psi(x, t) = a\, e^{(jk_x x - j\omega t)} = a\, e^{\frac{j}{\hbar}(p_x x - Et)};$$

$$E = \hbar\omega,\ p_x = \hbar k_x,\ j = \sqrt{-1}.$$

Die Aufenthaltswahrscheinlichkeit des Teilchens am Ort (x, y, z) im Volumen dV ist $|\Psi(x, y, z)|^2\, dV$.

Bestimmung von Ψ durch die Schrödinger-Gleichung

– zeitabhängig

$$\left[-\frac{\hbar^2}{2m}\Delta + V(r)\right]\Psi(r, t) = i\hbar\,\frac{\partial}{\partial t}\,\Psi(r, t);$$

$V(r)$　potentielle Energie,
Δ　Laplace-Operator

– zeitunabhängig

$$\left[-\frac{\hbar^2}{2m}\Delta + V(r)\right]\Psi(r) = E\,\Psi(r)$$

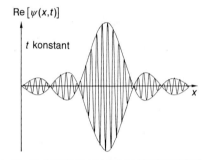

Re $[\psi(x,t)]$

t konstant

x

---

c　Lichtgeschwindigkeit ($c = 2{,}99792458 \cdot 10^8$ m/s)
h　Plancksches Wirkungsquantum ($h = 6{,}6260755 \cdot 10^{-34}$ J · s)
$\hbar$　$h/2\pi$
k　Wellenzahl
m　Masse
m_0　Ruhemasse
p　Impuls
$V(r)$　potentielle Energie
v　Geschwindigkeit
Δx　Spaltbreite
λ　Wellenlänge
$\Psi(x, t)$　Wellenfunktion
Δ　Laplace-Operator $\left(\Delta = \dfrac{\partial^2}{\partial x^2} + \dfrac{\partial^2}{\partial y^2} + \dfrac{\partial^2}{\partial z^2}\right)$

S.4 Atomhülle

S.4.1 Atommodelle

Zur Erklärung wurden folgende Modelle verwendet:

1. Rutherford

Die positive Ladung und fast die gesamte Masse des Atoms ist in einem Atomkern (Durchmesser etwa 10^{-15} m) konzentriert. Er ist von einer *Elektronenhülle* umgeben (Durchmesser etwa 10^{-10} m). Die Elektronen kreisen dabei um den Atomkern wie Planeten um die Sonne. Die Zentrifugalkraft der Kreisbewegung ist gleich der Coulombschen Anziehungskraft zwischen den positiven Protonen des Atomkerns und den negativen Elektronen der Hülle.

Dieses Modell kann aber den Atombau nicht erklären: Die um den Kern umlaufenden Elektronen stellen eine beschleunigte Ladung dar, die Energie abstrahlt. Damit verlieren die Elektronen Energie und müßten mit der Zeit in den Kern fallen.

2. Bohrsche Postulate

Die drei Bohrschen Postulate lauten:

1. Elektronen können nur auf ganz bestimmten (diskreten) Bahnen umlaufen.
2. Die diskreten Bahnen werden durch die Quantelung des Bahndrehimpulses des Elektrons bestimmt.
3. Die Bewegung auf diesen Bahnen erfolgt strahlungslos. Der Übergang von einer Bahn zur anderen erfolgt sprunghaft unter Aussendung eines Strahlungsquants. Die Übergangsfrequenzen sind typisch für die Atomart.

Mit diesen Postulaten können Bahngeschwindigkeit, Kreisfrequenz, Bahnradius und Energieniveaus der Elektronen berechnet werden (Übersicht S-2).

S.4.2 Wasserstoff-Atommodell

Die Berechnungen aus dem Bohrschen Atommodell sind für das Wasserstoffatom besonders einfach, weil nur ein Elektron den Kern umkreist. Die Ergebnisse sind in Übersicht S-2 zusammengestellt.

Übersicht S-2. Wasserstoff-Atommodell.

Bahnradius $\quad r_n = \dfrac{n^2 \, \hbar^2 \, 4\pi\,\varepsilon_0}{e^2 \, m_0} = n^2 \cdot 5{,}29177 \cdot 10^{-11}$ m

Kreisfrequenz $\quad \omega_n = \dfrac{e^4 \, m_0}{(4\pi\,\varepsilon_0)^2 \, \hbar^3 \, n^3} = \dfrac{4{,}13413 \cdot 10^{16}}{n^3}$ s^{-1}

Bahngeschwindigkeit $\quad v_n = \dfrac{e^2}{2\,n\,h\,\varepsilon_0} = \dfrac{2{,}18769 \cdot 10^6}{n}$ m/s

	$n=1$	$n=2$	$n=3$	$n=4$	$n=5$	$n=6$
r_n 10^{-11} m	5,29177	21,16709	47,62595	84,66836	132,2943	190,5038
ω_n 10^{16} s^{-1}	4,13413	0,516766	0,153116	0,064596	0,033073	0,019139
v_n 10^6 m/s	2,18769	1,09385	0,72923	0,54692	0,43754	0,36462

Bohrscher Radius $r_1 = 5{,}29177 \cdot 10^{-11}$ m

Gesamtenergie $E = - \dfrac{Z^2 \, e^4 \, m_0}{32\,\pi^2 \, \varepsilon_0^2 \, \hbar^2} \cdot \dfrac{1}{n^2}$

Termschema:

Übersicht S-2 (Fortsetzung)

Wellenzahl $\tilde{v} = \dfrac{1}{\lambda} = \dfrac{E}{h\,c} = R_H \left(\dfrac{1}{n'^2} - \dfrac{1}{n^2} \right)$ $n' < n$

Frequenz $f = \dfrac{c}{\lambda} = c\,R_H \left(\dfrac{1}{n'^2} - \dfrac{1}{n^2} \right)$ R_H Rydberg-Konstante

Serien des Emissionsspektrums

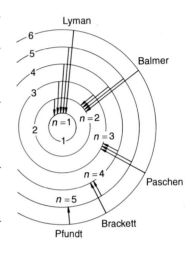

	n'	n	Wellenlänge λ nm
Lyman-Serie (ultraviolett)	1	2	122
		3	103
		4	97
		5	95
Balmer-Serie (sichtbar)	2	3	656
		4	486
		5	434
		6	410
		7	397
Paschen-Serie (infrarot)	3	4	1875
		5	1282
		6	1094
		7	1005
Brackett-Serie (infrarot)	4	5	4052
		6	2626
		7	2166
Pfundt-Serie (infrarot)	5	6	7460
		7	4654

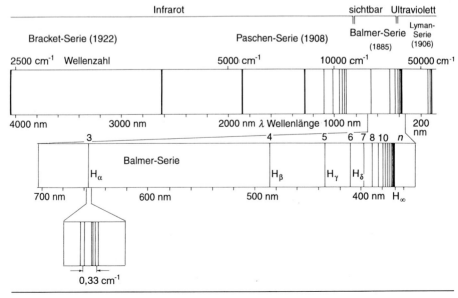

Übersicht S-2 (Fortsetzung)

c	Lichtgeschwindigkeit ($c = 2,99792458 \cdot 10^8$ m/s)
e	Elementarladung ($e = 1,60217733 \cdot 10^{-19}$ A $\cdot$ s)
h	Plancksches Wirkungsquantum ($h = 6,6260755 \cdot 10^{-34}$ J $\cdot$ s)
$\hbar$	Plancksches Drehimpulsquantum ($\hbar = h/2\pi = 1,05457267 \cdot 10^{-34}$ J $\cdot$ s)
m_0	Ruhemasse des Elektrons ($m_0 = 9,1093897 \cdot 10^{-31}$ kg)
n	Hauptquantenzahl, Schalennummer
R_H	Rydberg-Konstante ($R_H = 1,09677581 \cdot 10^7$ m^{-1})
r_n	Radius der n-ten Bahn
v_n	Geschwindigkeit des Elektrons auf der n-ten Bahn
Z	Kernladungszahl
ε_0	elektrische Feldkonstante [$\varepsilon_0 = 8,5418781762 \cdot 10^{-12}$ (A $\cdot$ s)/V $\cdot$ m)]
λ	Wellenlänge
$\tilde{v}$	Wellenzahl ($\tilde{v} = 1/\lambda$)
ω_n	Kreisfrequenz des Elektrons auf der n-ten Bahn

S.4.3 Quantenzahlen

Die Quantenzahlen gestatten, die umlaufenden Elektronen und die Eigenrotation des Kerns genau zu kennzeichnen. In Übersicht S-3 sind die Quantenzahlen und ihre Beziehungen untereinander zusammegestellt.

Für den Aufbau der Elektronenhülle sind folgende Quantenzahlen maßgebend:

- Hauptquantenzahl n (beschreibt die Zahl der Kreisbahn),
- Bahndrehimpulsquantenzahl $\ell = 0, 1, 2, \ldots$ $n - 1$,
- magnetische Quantenzahl $m_\ell = 0, \pm 1, \pm 2, \ldots, \pm \ell$
- magnetische Quantenzahl des Elektronenspins $m_s = \pm 1/2$.

Folgende zwei Gesetzmäßigkeiten sind dabei zu beachten:

1. Elektronen nehmen die geringstmögliche Energie ein.
2. Zwei Elektronen eines Atoms müssen sich in mindestens einer Quantenzahl unterscheiden (*Pauli-Prinzip*).

Für die Elektronenanordnung (*Elektronen-Konfiguration*) gilt folgende Symbolik:

(Hauptquantenzahl)
$\cdot$ (Bahndrehimpuls)$^{(\text{Anzahl der Elektronen})}$.

Die maximal mögliche Anzahl z der Elektronen auf einer Schale beträgt

$$z = 2n^2. \tag{S-6}$$

In Übersicht S-4 sind Elektronen-Konfiguration und das Energiediagramm zu sehen.

Übersicht S-3. Quantenzahlen und ihre Beziehungen.

	Modell	Quantenzahl
Bahn		Hauptquantenzahl n (Zahl der Kreisbahn) $n = 1, 2, 3, \ldots,$ maßgebend für die Energie E_n

Übersicht S-3 (Fortsetzung)

Bahn-magnetismus	Elektron bewegt sich auf einer Kreisbahn **Bahndrehimpuls**  r Bahnradius Elektron mit der ladung e	Bahndrehimpuls-Quantenzahl ℓ (auf Ellipsen bewegen sich Elektronen unterschiedlich schnell) 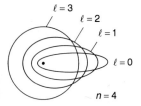
		magnetische Quantenzahl m_ℓ (räumliche Lage der Ebene der Elektronenbahn) $$\cos\gamma = \frac{m_\ell}{\sqrt{\ell\,(\ell+1)}}$$ 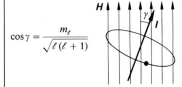 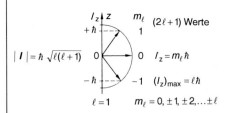 $$\vert\, I\,\vert = \hbar\,\sqrt{\ell(\ell+1)}$$ $(2\ell+1)$ Werte $I_z = m_\ell\,\hbar$ $(I_z)_{max} = \ell\hbar$ $\ell = 1$ $m_\ell = 0, \pm 1, \pm 2, \ldots \pm \ell$ ℓ Bahndrehimpulsquantenzahl m_ℓ magnetische Quantenzahl (des Bahndrehimpulses) Nur solche Einstellungen von I sind erlaubt, für die die Projektion in z-Richtung ein ganzzahliges Vielfaches von $\hbar$ beträgt.

Übersicht S-3 (Fortsetzung)

	Modell	Quantenzahl
Spin-magnetismus	Elektron dreht sich um seine eigene Achse Eigendrehimpuls Spindrehimpuls (kurz Spin) $\circlearrowleft \, s$ Elektron	m_s $(2s+1)$ Werte $s_z = m_s\,\hbar$ $|s| = \hbar\sqrt{s(s+1)}$ $|s| = \hbar\sqrt{\frac{3}{4}}$ $(s_z)_{max} = s\,\hbar$ $s = \frac{1}{2}$ $m_s = +\frac{1}{2}, -\frac{1}{2}$ m_s magnetische Quantenzahl (des Spins) s Spinquantenzahl s kann sich nicht parallel zur z-Richtung einstellen und präzediert wie l um die z-Achse
Kernspin-magnetismus	Atomkern dreht sich um seine eigene Achse Eigendrehimpuls Spindrehimpuls (kurz Kernspin) $\circlearrowleft \, I$ Atomkern	m_I $(2I+1)$ Werte $I_z = m_I\,\hbar$ $|I| = \hbar\sqrt{I(I+1)}$ $I_{z\,max} = I\,\hbar$ $I = \frac{1}{2}$ $\quad m_I = -I, -I+1, \ldots +I$ $\quad I = 2$ I Kernspinquantenzahl I kann Werte zwischen 0 und 15/2 ganz- und halbzahlig annehmen m_I magnetische Quantenzahl des Kernspins

Übersicht S-4. Elektronen-Konfiguration und Energie-Termschema.

Elektronen-Konfiguration

n	l	m_l	m_s	Bezeichnung	Anzahl Elektronen Z	N
1	0	0	$\pm 1/2$	$1\,s^2$	2	2
2	0	0	$\pm 1/2$	$2\,s^2$	2	8
	1	$1, 0, -1$	$\pm 1/2$	$2\,p^6$	6	
3	0	0	$\pm 1/2$	$3\,s^2$	2	
	1	$1, 0, -1$	$\pm 1/2$	$3\,p^6$	6	18
	2	$2, 1, 0, -1, -2$	$\pm 1/2$	$3\,d^{10}$	10	
4	0	0	$\pm 1/2$	$4\,s^2$	2	
	1	$1, 0, -1$	$\pm 1/2$	$4\,p^6$	6	32
	2	$2, 1, 0, -1, -2$	$\pm 1/2$	$4\,d^{10}$	10	
	3	$3, 2, 1, 0, -1, -2, -3$	$\pm 1/2$	$4\,f^{14}$	14	

Übersicht S-4 (Fortsetzung)

Energiediagramm der besetzten Elektronenschalen

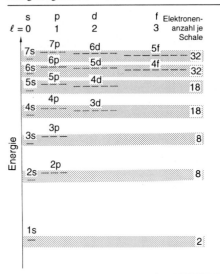

Übersicht S-5. Röntgenstrahlen.

Röntgenröhre

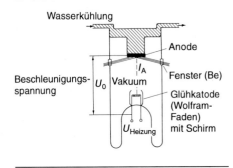

Röntgenspektren

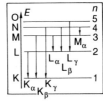

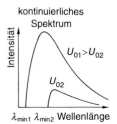
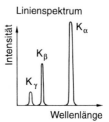

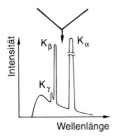

S.4.4 Röntgenstrahlung

Bei einer Röntgenröhre werden Elektronen aus einer beheizten Katode emittiert und durch Anlegen einer Spannung U_0 von etwa 20 kV bis 250 kV auf die Anode (Anti-Katode) beschleunigt (Übersicht S-5). Die in das Material eindringenden Elektronen werden durch das Feld der positiv geladenen Atomkerne abgelenkt und abgebremst, wodurch eine Strahlung entsteht, die *Röntgenbremsstrahlung* genannt wird. Diese Bremsstrahlung besitzt ein kontinuierliches Spektrum mit der oberen Grenzfrequenz f_{max}, (Übersicht S-5). Wenn die auftreffenden Elektronen Elektronen aus den inneren Schalen entfernen, dann füllen Elektronen aus den oberen Schalen die entstandenen Lücken auf, und es entsteht die *charakteristische* Röntgenstrahlung mit einem Linienspektrum (Übersicht S-5). Die Bezeichnung der Strahlung erfolgt durch folgende zwei Größen:

1. Schalenbezeichnung des Endzustands des Elektrons (K, L, M, ...),
2. Schalenbezeichnung des Anfangszustandes (α, β, γ, ...).

Übersicht S-5 (Fortsetzung)

Grenzfrequenz bzw. Grenzwellenlänge
der Bremsstrahlung

$$f_{max} = \frac{e\,U_0}{h}$$

$$\lambda_{min} = \frac{c\,h}{e\,U_0} = \frac{1{,}239842 \cdot 10^{-6}\,V\cdot m}{U_0}$$

e	Elementarladung
c	Lichtgeschwindigkeit
f_{max}	Grenzfrequenz
h	Plancksches Wirkungsquantum
U_0	beschleunigende Spannung
λ_{min}	Grenzwellenlänge

Tabelle S-3. Ionisierungsenergien innerer Elektronen.

Element	Ordnungszahl	E_K keV	E_{L_1} keV
Aluminium	13	1,559	0,087
Kupfer	29	8,980	1,100
Silber	47	25,517	3,810
Wolfram	74	69,508	12,090
Gold	79	80,713	14,353

bindendes
Molekülorbital:
Bindung

nicht bindendes
Molekülorbital:
keine Bindung

Elektronendichte des H_2^+-Moleküls

$$V_{el}(r) \quad V(r - r_e) = \frac{1}{2} D(r - r_e)^2 \quad V_{el}(r)$$

harmonisches Potential

E_D Dissoziationsenergie

$F(r)$

Bild S-1. Potentialkurve eines bindenden und eines nicht bindenden Molekülorbitals.

Beide Spektren, die kontinuierliche Bremsstrahlung und das diskrete Linienspektrum, überlagern sich (Übersicht S-5).

Wenn die inneren Elektronen entfernt werden, werden die Atome *ionisiert*. Tabelle S-3 zeigt die *Ionisierungsenergien* für das Elektron der K- und L-Schale E_K bzw. E_L.

S.5 Molekülspektren

Atome können *kovalente Bindungen* eingehen. Wird der Abstand r zwischen zwei Atomen A und B verringert, dann tritt eine Kraftwirkung $F_{AB}(r)$ auf. Diese kann, wie Bild S-1 am Beispiel des Moleküls H_2^+ zeigt, entweder *bindend* oder *abstoßend* sein. Im Fall der Bindung zeigt die Potentialkurve beim Gleichgewichtsabstand r_e ein Minimum, d. h., eine weitere An-

näherung beider Atome führt zu einer abstoßenden Coulomb-Kraft.

Das klassische Modell eines zweiatomigen Moleküls kann durch zwei Massen m_A und m_B beschrieben werden, die im Abstand r_e mit einer Feder verbunden sind. Übersicht S-6 zeigt die Schwingungsmöglichkeiten für ein *n*-atomiges Molekül mit f Freiheitsgraden und als Beispiel die Schwingungsmöglichkeiten eines dreiatomigen Moleküls, das linear (z. B. CO_2) bzw. nicht linear ist (z. B. H_2O).

S.5.1 Rotations-Schwingungs-Spektren

Die Schwingungs- und Rotationszustände sind *gequantelt*, d. h., das Molekül kann nur mit ganz bestimmten, mit der Schrödinger-Gleichung berechenbaren Frequenzen schwingen. Werden Moleküle mit Infrarotstrahlung bestrahlt, so finden Schwingungs- und Rotationsübergänge gleichzeitig statt, die von den

Übersicht S-6. Bewegungsmöglichkeiten und Schwingungen eines dreiatomigen Moleküls.

Bewegungsmöglichkeiten

- *Schwingung der Kerne gegeneinander* (Schwerpunkt des Moleküls bewegt sich nicht)
  $$f_{\mathrm{Schw}} = \begin{cases} 3n - 5 & \text{lineares Molekül} \\ 3n - 6 & \text{nichtlineares Molekül} \end{cases}$$

- *Rotation um den Schwerpunkt*
  $$f_{\mathrm{rot}} = \begin{cases} 2 & \text{lineares Molekül} \\ 3 & \text{nichtlineares Molekül} \end{cases}$$

- *Translation des Schwerpunktes*
  $$f_{\mathrm{trans}} = 3.$$

Übersicht S-6 (Fortsetzung)

Beispiel

lineares Molekül	nichtlineares Molekül
CO_2 (Kohlendioxid)	H_2O (Wasser)
$f_{\mathrm{schw}} = 3 \cdot 3 - 5 = 4$	$f_{\mathrm{schw}} = 3 \cdot 3 - 6 = 3$

Auswahlregeln für die Schwingungsquantenzahl v und die Rotationsquantenzahl ℓ bestimmt wird. Bild S-2 zeigt das Infrarotspektrum von Chlorwasserstoff und Polystyrol.

S.5.2 Raman-Effekt

Bei den Rotations-Schwingungs-Spektren ändert sich das Dipolmoment. Bei *unpolaren* Molekülen (z. B. O_2) gibt es kein Dipolmo-

a)

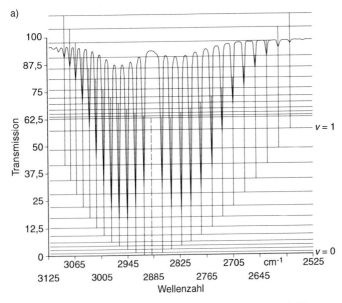

Bild S-2. Infrarotspektrum von Chlorwasserstoff (a) und Polystyrol (b).

b)

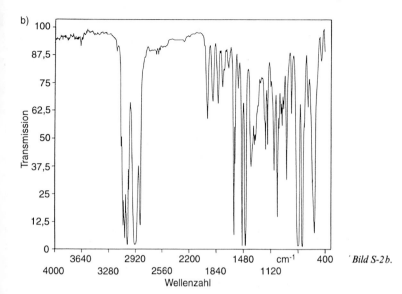

Bild S-2b.

ment und damit auch keine Schwingungen (IR-inaktiv). Durch Messung des gestreuten Lichtes (*Raman-Effekt*) können auch die nicht IR-aktiven Schwingungen untersucht werden.

S.6 Quanten-Hall-Effekt

Durch Anlegen einer Spannung U an den Leiter (dreidimensionales Elektronengas) fließt ein Strom I in x-Richtung, wie Bild S-3 zeigt. Durch die magnetische Induktion B in z-Richtung entsteht senkrecht zum Strom I und zum Magnetfeld B eine Spannung, die *Hall-Spannung*: $U_H = R_H I$. R_H wird analog zum Ohmschen Gesetz ($U = R I$) als *Hall-Widerstand* bezeichnet, für den sich im klassischen Fall ergibt (Abschnitt M.5.3, Bild M-52):

$$R_H = B_z/(n\,d\,e)\,; \qquad \text{(S-7)}$$

B_z magnetische Induktion in z-Richtung,
n Anzahldichte der Ladungsträger,
e Elementarladung
($e = 1{,}60217733 \cdot 10^{-19}\,\text{A} \cdot \text{s}$),
d Dicke des Plättchens.

Wird ein *zweidimensionales Elektronengas* (2DEG) verwendet, wie dies bei einem MOSFET-Transistor unterhalb der SiO_2-Schicht des Tores der Fall ist, dann ergeben sich die im Bild S-3 zusammengestellten Befunde. Es ist an der Abhängigkeit der Hall-Spannung U_H von der magnetischen Induktion B zu sehen, daß *Plateaus* auftreten, bei denen der Hall-Widerstand ϱ_H konstant wird (bzw. die Hall-Spannung U_H null ist). Der Hall-Widerstand R_H ist *quantisiert*, weil er nur folgende diskrete Werte annimmt:

$$R_H = \varrho_H = \frac{h}{i\,e^2} \approx \frac{25\,813}{i}\ \Omega \quad (i = 1, 2, 3 \dots).$$
$$\text{(S-8)}$$

h Plancksches Wirkungsquantum
($h = 6{,}6260755 \cdot 10^{-34}\,\text{J} \cdot \text{s}$),
e Elementarladung
($e = 1{,}60217733 \cdot 10^{-19}\,\text{A} \cdot \text{s}$),
i ganze Zahl.

Weil der Hall-Widerstand R_H sehr genau meßbar (Genauigkeit 10^{-8}) und unabhängig vom

a)

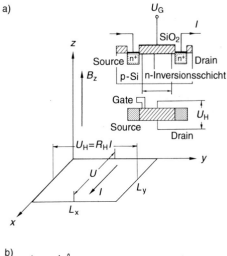

b)

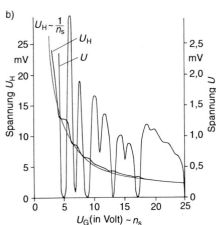

U_G(in Volt) ~ n_s

Bild S-3. *Quanten-Hall-Effekt.*

a) *zweidimensionales Elektronengas im MOSFET-Transistor,*

b) *Hall-Spannung U_H in Abhängigkeit von der Gate-Spannung U_G,*

c) *Abhängigkeit der Widerstände ϱ_H und ϱ von der Magnetfeldstärke B.*

c)

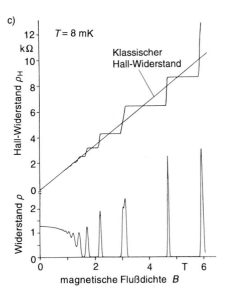

magnetische Flußdichte B

Material und dessen Reinheit ist, eignet er sich hervorragend als *Widerstandsnormal.*

Zusätzlich ist der Hall-Widerstand mit der Lichtgeschwindigkeit c und der Sommerfeldschen Feinstrukturkonstanten α verknüpft, und es gilt

$$R_{H(i=1)} = \frac{\mu_0 c}{2\alpha};$$

(S–9)

c Vakuumlichtgeschwindigkeit
($c = 2{,}99792458 \cdot 10^8$ m/s),

α Sommerfeldsche Feinstrukturkonstante
($\alpha = 7{,}29735308 \cdot 10^{-3}$),

μ_0 magnetische Feldkonstante
$[\mu_0 = 4\pi \cdot 10^7$ (A · s)/(V · m)].

T Kernphysik

Im einfachen Kernmodell vereinigt der Atomkern den Hauptanteil der Masse eines Atoms; er besteht aus *Protonen* und *Neutronen*, die auch *Nukleonen* genannt werden. Die Nukleonen werden durch Kernkräfte kurzer Reichweite zusammengehalten.

Als Einheit für die Masse wird die *atomare Masseneinheit u* verwendet (Abschnitt S.2.2). Die Beziehungen und Werte für einige Teilchen- bzw. Nuklidmassen sind in Übersicht T-1 zusammengestellt.

Übersicht T-1. Beziehungen zwischen Teilchen- und Nuklidmassen.

atomare Masseneinheit m_u

$$m_u = 1 \, u = \frac{1}{12} \, m_a(^{12}C) = \frac{1}{12} \cdot \frac{12 \cdot 10^{-3} \, \text{kg/mol}}{N_A} = 1{,}66056 \cdot 10^{-27} \, \text{kg}.$$

Für die relative Atommasse A_r bzw. Molekülmasse M_r gilt

$$A_r = \frac{m_a}{m_u}, \quad M_r = \frac{m_m}{m_u}.$$

Für die Molmasse M (Masse eines Mols von Atomen bzw. Molekülen) gilt

$$M = A_r N_A m_u = A_r \cdot 1 \, \text{g/mol}, \quad M = M_r N_A m_u = M_r \cdot 1 \, \text{g/mol}.$$

In der Kernphysik ist es üblich, die Masse über die Beziehung $m = E/c^2$ als *äquivalente Energie* anzugeben. Dann ist

$$m_u = 1 \, u = 931{,}5016 \, \text{MeV}/c^2.$$

(Häufig wird c^2 weggelassen).

A_r relative Atommasse ($A_r = m_a/m_u$),
M Molmasse ($M = A_r N_A m_u$ bzw. $M_r N_A m_u$),
M_r relative Molekülmasse ($M_r = m_m/m_u$),
m_a Atommasse,
m_m Molekülmasse,
m_u atomare Masseneinheit ($m_u = u$)
    ($u = 1{,}66056 \cdot 10^{-27} \, \text{kg} = 931{,}5016 \, \text{MeV}/c^2$)
N_A Avogadro-Konstante (Anzahl der Teilchen je mol)
    ($N_A = 6{,}0221357 \cdot 10^{23} \, \text{mol}^{-1}$)

Teilchen bzw. Nuklid	Masse u	Teilchen bzw. Nuklid	Masse u
Elektron	$5{,}48580 \cdot 10^{-4}$	^{14}N	14,003074008
Proton	1,00727647	^{17}O	16,9991306
Neutron	1,008664967	^{27}Al	26,9815413
^1H	1,007825037	^{30}Si	29,9737717
^2H	2,014101787	^{30}P	29,9783098
^4He	4,00260325	^{164}Dy	163,929183
^9Be	9,0121825	^{165}Dy	164,931712
^{12}C	12,00000000		

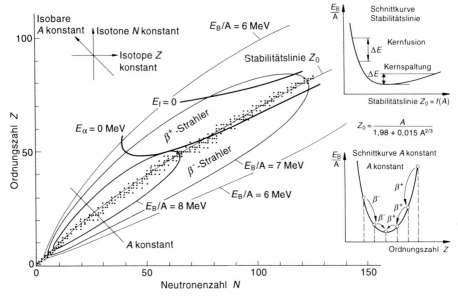

Bild T-1. Tal der β-Stabilität.

T.1 Radioaktiver Zerfall

T.1.1 Stabilität des Kerns

Für die Stabilität der Atomkerne gilt folgende Formel:

$$Z_0 = \frac{A}{1{,}98 + 0{,}015\,A^{2/3}};$$

A Massenzahl ($A = N + Z$),
N Neutronenzahl,
Z Ordnungszahl (Zahl der Protonen bzw. Elektronen),
Z_0 Stabilitätslinie.

Im Bild T-1 sind die Linien gleicher Bindungsenergie E_B je Nukleon (E_B/A) zu sehen. Man erhält eine Parabel, welche ein *Tal der β-Stabilität* beschreibt, das bei kleinen N, Z-Werten sehr stark abfällt (eng ist) und bei großen N, Z-Werten sich öffnet. Die im linken Parabelast liegenden Nuklide wandeln sich durch $β^-$-Zerfall ($n \rightarrow p + e^- + \bar{\nu}_e$), die rechts liegenden durch $β^+$-Zerfall ($p \rightarrow n + e^+ + \nu_e$) um. Ein Schnitt durch das

Tal der β-Stabilität für konstante Nukleonenzahl A zeigt Bild T-1 rechts unten. Im Bild T-1 rechts oben ist die Stabilitätslinie Z_0 aufgetragen. Man erkennt, daß zur Energieerzeugung folgende beiden Kernprozesse herangezogen werden können:

– Kernspaltung
(Energiegewinn etwa 200 MeV),
– Kernfusion (Kernverschmelzung: Energiegewinn etwa 24 MeV).

Besonders viele stabile Isotope (Nuklide mit gleicher Protonenzahl) gibt es bei den *magischen Zahlen* für Neutronen bzw. Protonen:

2, 8, 20, 28, 50, 82, 126.

Insgesamt sind 267 stabile Nuklide bekannt, und zwar

158 g, g-Kerne	Z gerade	N gerade
53 g, u-Kerne	Z gerade	N ungerade
50 u, g-Kerne	Z ungerade	N gerade
6 u, u-Kerne	Z ungerade	N ungerade.

T.1.2 Zerfall

In Tabelle T-1 sind die Zerfallsarten und die Zerfallsreaktionen zusammengestellt, in

Tabelle T-1. *Radioaktive Zerfallsreaktionen.*

Zerfalls-art	Zerfallsgleichung	ΔE-Wert Zerfallsschema	Energieverteilung	Bemerkungen
α-Zerfall (α)	$^A_Z K \rightarrow {}^4_2 \alpha + {}^{A-4}_{Z-2} K'$ $^{210}_{84} Po \rightarrow {}^4_2 \alpha + {}^{206}_{82} Pb$	$\dfrac{\Delta E}{c^2} = m_a(K) - m_a(\alpha)$ $- m_a(K')$ $T = 138{,}4\ d$ ^{210}Po $\alpha\,(5{,}305\ MeV)$ $100\ \%$ ^{206}Pb	diskontinuierlich	Dieser Zerfall tritt nur bei Ordnungs-zahlen größer als 80 auf.
β⁻ (e⁻) Elektronen	$^A_Z K \rightarrow {}^0_{-1} \beta^- + {}^{A}_{Z+1} K' + \bar{\nu}_e$ $^1_0 n \rightarrow {}^0_{-1} \beta^- + {}^1_1 p + \bar{\nu}_e$ $^{90}_{38} Sr \rightarrow {}^0_{-1} \beta^- + {}^{90}_{39} Y + \bar{\nu}_e$	$\dfrac{\Delta E}{c^2} = m_a(K) - m_a(K')$ ^{90}Sr $T = 28{,}6\ a$ β^- $E_{max} = 0{,}546$ MeV ^{90}Y	kontinuierlich	Nuklide mit relativem Neutronen-überschuß (unterhalb der Linie der β-Stabilität).
β-Zerfall β⁺ (e⁺) Positronen	$^A_Z K \rightarrow {}^0_1 \beta^+ + {}^{A}_{Z-1} K' + \nu_e$ $^1_1 p \rightarrow {}^0_1 \beta^+ + {}^1_0 n + \nu_e$ $^{14}_8 O \rightarrow {}^0_1 \beta^+ + {}^{14}_7 N + \nu_e$	$\dfrac{\Delta E}{c^2} = m_a(K) - m_a(K')$ $- 2m_e$ $T = 70{,}6\ s$ ^{14}O $\beta^-\ 1{,}81\ MeV$ $2{,}311\ MeV$ $\gamma\ 2{,}31\ MeV$ β^+ $4{,}12\ MeV$ ^{14}N	kontinuierlich	Dieser Prozeß kommt natür-lich aufgrund der kurzen Halbwertszeit nicht vor (oberhalb der Linie der β-Stabilität).
Elektroneneinfang (EC)	$^A_Z K + {}^0_{-1} e \rightarrow {}^{A}_{Z-1} K' + \nu_e$ $^1_1 p_{(Kern)} + {}^0_{-1} e^- \rightarrow {}^1_0 n + \nu_e$ Hülle K-Schale $^{40}_{19} K + {}^0_{-1} e \rightarrow {}^{40}_{18} Ar + \nu_e$	$\dfrac{\Delta E}{c^2} = m_a(K) - m_a(K')$ ^{40}K EC γ $1{,}46\ MeV$ ^{40}Ar	$\dfrac{dN}{dE}$ charakteristische Röntgenstrahlung von K'	Der Zerfall tritt immer auf bei $m_a(K) > m_a(K')$.
γ-Zerfall elektromagnetische Strahlung	$^A_Z K^* \rightarrow {}^{A}_Z K + \gamma$ $^{137}_{55} Cs \rightarrow {}^0_{-1} \beta + {}^{137}_{56} Ba + \gamma$	$\dfrac{\Delta E}{c^2} = m_a(K^*) - m_a(K)$ ^{137}Cs $0{,}662$ $E_\gamma = 0{,}662\ MeV$ ^{137}Ba	$\dfrac{dN}{dE}$ diskontinuierlich	Begleiter-scheinung der anderen Zerfallsarten.

Tabelle T-1 (Fortsetzung)

	$\frac{Am}{Z} K^* \to \frac{A}{Z} K$			
Isomere Umwandlung (I. U.)		$^{133m}Xe \xrightarrow{\quad} 0,233$ $E_\gamma = \mid 0,233\ MeV$ ^{133}Xe $T = 2,19\ d$	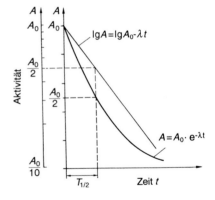 $\frac{dN}{dE}$ E	verzögerte Abgabe von γ-Quanten.

ν_e Neutrino; $\bar\nu_e$ Anti-Neutrino

Übersicht T-2. Radioaktiver Zerfall.

Radioaktive Zerfallskonstante λ beschreibt das Verhältnis der im Moment zerfallenden Kerne $(-dN/dt)$ zur Gesamtzahl vorhandener instabiler Kerne N:

$$\lambda = \frac{-dN/dt}{N};$$

Aktivität A (Anzahl der Zerfälle je Zeiteinheit):

$$A = -\frac{dN}{dt} = \lambda N = \frac{\ln 2 \cdot N}{T_{1/2}} = \lambda \frac{m_a N_A}{M} \quad \text{in Bq};$$

Zerfallsgesetz (Integration der Formel für die Aktivität):

$$N = N_0\, e^{-\lambda t} = N_0\, e^{-\frac{\ln 2}{T_{1/2}} t} = \frac{N_0}{2^{t/T_{1/2}}};$$

spezifische Aktivität α (Aktivität A bezogen auf die Masse m):

$$\alpha = \frac{\text{Aktivität } A}{\text{Masse } m} \quad \text{in Bq/g};$$

Halbwertszeit $T_{1/2}$ (Zeit, in der die Hälfte aller Kerne zerfallen ist)

$$T_{1/2} = \frac{\ln 2}{\lambda} = \frac{0,69315}{\lambda};$$

mittlere Lebensdauer τ:

$$\tau = \frac{1}{\lambda} = \frac{T_{1/2}}{\ln 2} = \frac{T_{1/2}}{0,69315}.$$

A	Aktivität zur Zeit t	N_A	Avogadro-Konstante
A_0	Aktivität am Beginn ($t = 0$)		($N_A = 6,0221367 \cdot 10^{23}\ mol^{-1}$)
m_a	Atommasse	dN/dt	Anzahl Zerfälle je Zeiteinheit
M	Molmasse	$T_{1/2}$	Halbwertszeit
N	Anzahl der zerfallsfähigen Kerne	t	Zeit
N_0	Anzahl der Kerne zu Beginn	α	spezifische Aktivität
		λ	Zerfallskonstante

Tabelle T-2. Natürliche Radioaktivität.

Gegenstand	Radionuklid	Konzentration mBq/l
Grundwasser	^{3}H	40 bis 400
	^{40}K	4 bis 400
	^{238}U	1 bis 200
Oberflächen-gewässer	^{3}H	20 bis 100
	^{40}K	40 bis 2000
	^{238}U	bis zu 40
Trinkwasser	^{3}H	20 bis 70
	^{40}K	200
	^{238}U	0,4
Milch	^{40}K	46 Bq/kg
Rindfleisch		116 Bq/kg
Hering		136 Bq/kg

Übersicht T-2 die wichtigsten Gleichungen. Tabelle T-2 sind die Werte der natürlichen Radioaktivität einiger Stoffe aus der Natur zu entnehmen.

Liegen mehrere Radionuklide vor, so muß man zwischen *unabhängigem* (genetisch nicht verknüpftem) und *abhängigem* (genetisch verknüpftem oder Mutter-Tochter-System) unterscheiden. Die Zerfallskurven und die Einzel- bzw. Gesamtaktivitäten sind in Tabelle T-3 zusammengestellt. Bild T-2 zeigt die drei natürlich vorkommenden Zerfallsreihen.

Radioaktive Stoffe werden, wie Tabelle T-4 zeigt, vor allem in der Medizin und in der Chemie eingesetzt.

Tabelle T-3. Radioaktiver Zerfall mehrerer Radionuklide.

Graphs (Aktivität ↑ vs. Zeit →), curves labeled a, b, c, d.

Zerfallsschema	Aktivitätsgleichung	Zerfallskurven
unabhängiger Zerfall, genetisch nicht verknüpft $a^* \rightarrow c$ $b^* \rightarrow d$ (c, d stabile Kerne)	$A_a = \lambda_a N_a$ $A_b = \lambda_b N_b$ Gesamtaktivität $\boxed{A_G = A_a + A_b}$ allgemein $A_G = \sum_i^n A_i$	a Zerfallskurve von a* b Zerfallskurve von b* c Gesamtaktivität
abhängiger Zerfall, genetisch verknüpft $a^* \rightarrow b^* \rightarrow c$ c stabiler Kern Mutter-Tochter-System allgemein $a^* \rightarrow b^* \rightarrow c^*$ $\rightarrow \dots, z$	$A_b = \dfrac{dN_b}{dt} = \underbrace{-\lambda_b N_b}_{\text{Zerfall von b}} + \underbrace{\lambda_a N_a}_{\text{Nachbildung von b aus a}}$ $N_a = N_{a,o}\, e^{-\lambda_a t}$ $\boxed{A_b = \dfrac{\lambda_b}{\lambda_b - \lambda_a} A_{a,o}\,(e^{-\lambda_a t} - e^{-\lambda_b t})}$ $\boxed{A_b = \dfrac{T_a A_{a,o}}{T_a - T_b}\,(e^{-\ln 2 \frac{t}{T_a}} - e^{\ln 2 \frac{t}{T_b}})}$ T_a, T_b Halbwertszeit von Kern a bzw. b Gleichgewichtseinstellung $A_b = \dfrac{T_a}{T_a - T_b} A_a \left(1 - e^{-\ln 2 \left(\frac{1}{T_b} - \frac{1}{T_a}\right) t}\right)$ (kann nach einer gewissen vernachlässigt werden) $\boxed{\dfrac{A_a}{A_b} = 1 - \dfrac{T_b}{T_a}}$ im Gleichgewicht	$T_a < T_b$ a Zerfallskurve von a* b Zerfallskurve von b* c Gesamtaktivität d A_b Aktivität von b*, wenn anfänglich nur a*-Aktivität vorliegt $T_a \gg T_b$ a Zerfallskurve von a* b Zerfallskurve von b* c Gesamtaktivität d A_b Aktivität von b*, wenn anfänglich nur a*-Aktivität vorliegt $A_a = A_b$ Nachbildungsgleichung von b $\boxed{A_b = A_a\left(1 - e^{-\ln 2 \frac{t}{T_b}}\right)}$

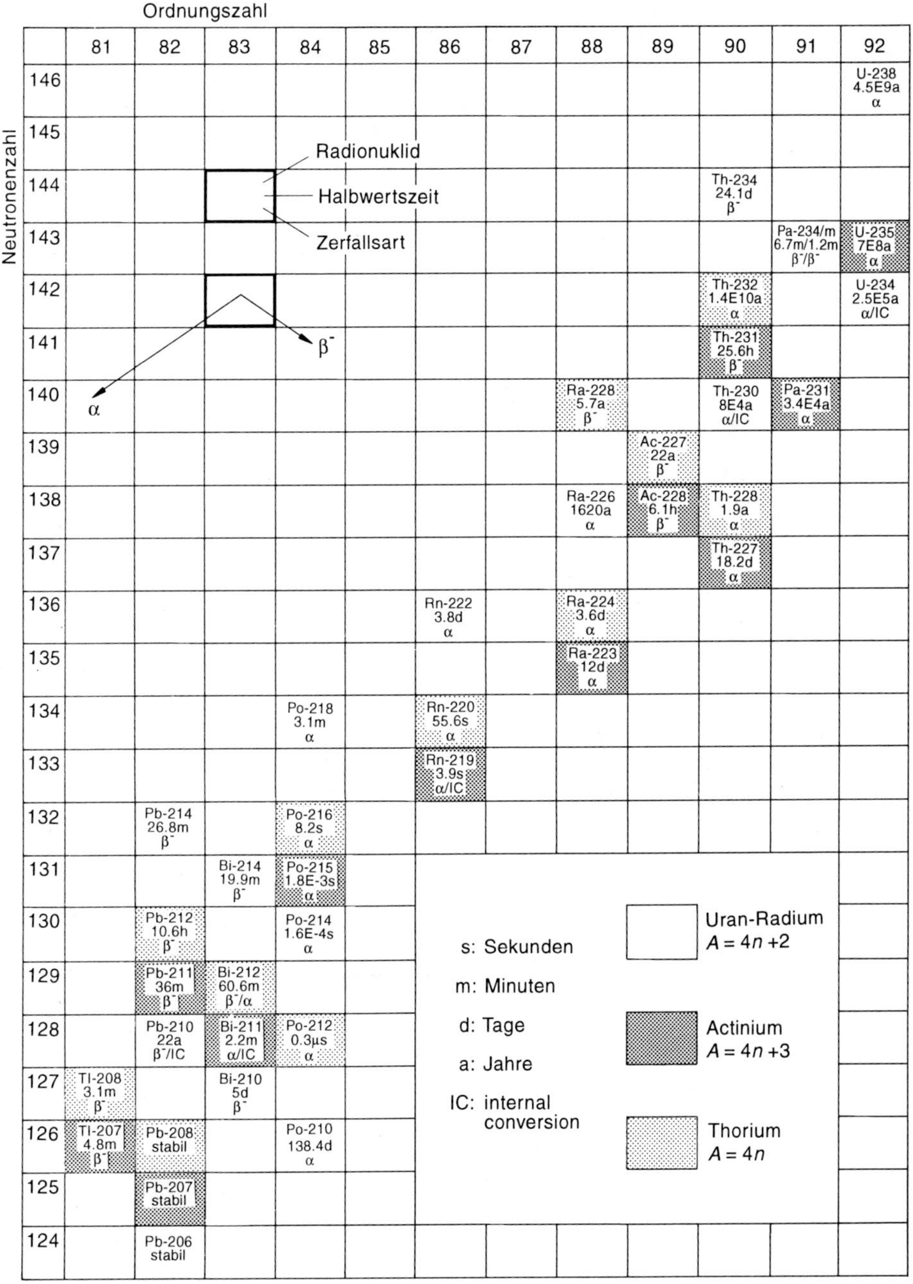

Ordnungszahl

Neutronenzahl	81	82	83	84	85	86	87	88	89	90	91	92
146												U-238 4.5E9a α
145												
144										Th-234 24.1d β⁻		
143											Pa-234/m 6.7m/1.2m β⁻/β⁻	U-235 7E8a α
142										Th-232 1.4E10a α		U-234 2.5E5a α/IC
141										Th-231 25.6h β⁻		
140								Ra-228 5.7a β⁻		Th-230 8E4a α/IC	Pa-231 3.4E4a α	
139									Ac-227 22a β⁻			
138								Ra-226 1620a α	Ac-228 6.1h β⁻	Th-228 1.9a α		
137										Th-227 18.2d α		
136						Rn-222 3.8d α		Ra-224 3.6d α				
135								Ra-223 12d α				
134				Po-218 3.1m α		Rn-220 55.6s α						
133						Rn-219 3.9s α/IC						
132		Pb-214 26.8m β⁻		Po-216 8.2s α								
131			Bi-214 19.9m β⁻	Po-215 1.8E-3s α								
130		Pb-212 10.6h β⁻		Po-214 1.6E-4s α								
129		Pb-211 36m β⁻	Bi-211 60.6m β⁻/α									
128		Pb-210 22a β⁻/IC	Bi-211 2.2m α/IC	Po-212 0.3µs α								
127	Tl-208 3.1m β⁻		Bi-210 5d β⁻									
126	Tl-207 4.8m β⁻	Pb-208 stabil		Po-210 138.4d α								
125		Pb-207 stabil										
124		Pb-206 stabil										

Radionuklid
Halbwertszeit
Zerfallsart

β⁻
α

s: Sekunden
m: Minuten
d: Tage
a: Jahre
IC: internal conversion

Uran-Radium A = 4n +2
Actinium A = 4n +3
Thorium A = 4n

Bild T-2. Natürliche Zerfallsreihen.

Tabelle T-4. Anwendungsgebiete radioaktiver Nuklide.

Bereiche	Anwendungsfelder
umschlossene Strahlungsquellen	
Medizin	Strahlentherapie
Strahlen-chemie	Sterilisierung medizinischer Produkte (z. B. Einwegspritzen); Konservierung von Nahrungs-mitteln; Abwasserbehandlung
chemische Analytik	Röntgenfluoreszenz-Analyse; Elektroneneinfangdetektor zum Spurennachweis halogenierter Kohlenwasserstoffe
Meßtechnik	Durchstrahl- und Rückstrahl-Verfahren mit β- und γ-Quellen (z. B. Messung der Füllhöhe, der Dichte und der Dicke)
Energie-umwandlung	Umwandlung der Zerfallsenergie in Wärme; weitere Umwandlung der Wärme (Seebeck-Effekt) in elektrische Energie; Radionuklid-Batterien
offene Strahlungsquellen	
Medizin	Organ-Funktionsdiagnostik (Leber- und Nierendiagnostik); Lokalisationsdiagnostik (Anreicherung im Gewebe); Szintigraphen
chemische Analytik	Bestimmung des Schilddrüsen-hormons
Öko-toxikologie	Bestimmung der Anreicherung von Umweltchemikalien in Organen und Geweben von Tieren durch radioaktive Markierung
Prozeß-analyse	quantitative Verfolgung des Stoff-Transports in verfahrenstechnischen Anlagen durch Zusatz radioaktiver Indikatoren
Verschleiß-messungen	Abriebmessung von 10^{-3} μm bis 10^{-4} μm

T.2 Dosisgrößen

Bild T-3 zeigt die Dosisgrößen, deren Eintei-lung und Zusammenhänge. Man unterschei-det grob zwischen

– *Ionendosis I* (erzeugte Ladung dQ je Massen-einheit dm: $I = dQ/dm$),
– *Energiedosis D* (absorbierter Energiebetrag dE je Masseneinheit dm: $D = dE/dm$),
– *Äquivalentdosis H* (Beurteilung der biologi-schen Wirkung einer Strahlung durch den Bewertungsfaktor q: $H = D\,q$).

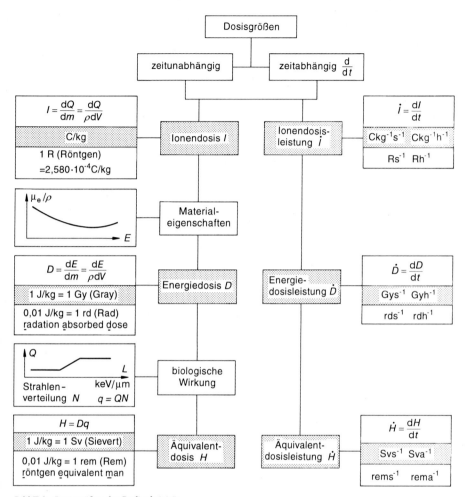

Bild T-3. *Dosisgrößen der Radioaktivität.*

T.3 Strahlenschutz

In vielen wissenschaftlichen und technischen Bereichen wird mit Substanzen und Apparaturen gearbeitet, die direkt oder indirekt ionisierende Strahlung emittieren. Bild T-4 zeigt die Zusammenhänge.

T.3.1 Wechselwirkung von Strahlung mit Materie (Schwächung)

Durch die Prozesse der Wechselwirkung der verschiedenen Strahlungsarten mit der Materie wird die Flußdichte der Strahlung und deren Energie gemindert. Die Abhängigkeit der Flußdichte von der Schichtdicke des Absor-

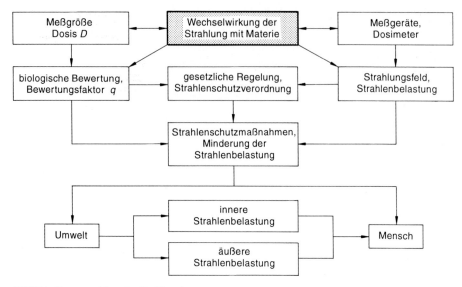

Bild T-4. Zusammenhänge im Strahlenschutz.

bermaterials wird *Absorptionskurve* genannt. Für die einzelnen Strahlungsarten sind die Wechselwirkungsprozesse, die Energiebilanz und die Absorptionskurve in Tabelle T-5 zusammengestellt. Tabelle T-6 zeigt die Massen-Reichweiten der einzelnen Strahlungsarten. Die *maximale Reichweite* ist die zur vollständigen Absorption notwendige Flächenmasse.

T.3.2 Dosismeßverfahren

Tabelle T-7 zeigt die Dosismeßverfahren.

T.3.3 Biologische Wirkung der Strahlung

Durch Ionisation und Anregung können sich chemisch sehr aktive Molekülbruchstücke (*Radikale*) bilden, die die chemischen Reaktionen stark beeinflussen. Besonders schwerwiegend wirken sich Veränderung der Erbanlagen der Zellen aus, insbesondere bei Keimzellen oder während des frühen Wachstums eines Organismus. Deshalb sind Gewebe mit hohen Zellteilungsraten (z. B. Knochenmark und

Haut) stärker gefährdet als Zellen, die sich weniger häufig teilen (z. B. Nerven, Bindegewebe und Muskeln).

Hinsichtlich der Wirkung der Schädigung unterscheidet man

– *somatische* Strahlenschäden (Schäden in Körperzellen),
– *genetische* Strahlenschäden (Schäden am Erbgut).

Tabelle T-8 zeigt die somatischen Strahlenwirkungen. Die natürliche und die zivilisatorische Strahlenbelastung der deutschen Bevölkerung geht aus Übersicht T-3 hervor.

T.3.4 Schutz vor Strahlenbelastung

In Tabelle T-9 sind die in der Strahlenschutzverordnung festgelegten Dosisgrenzwerte zusammengestellt, und in Tabelle T-10 ist ein Beispiel zur Berechnung der Strahlenbelastung aufgeführt.

In Übersicht T-4 ist die Gleichung für die Äquivalentdosisleistung hinter einer Abschir-

Tabelle T-5. Verhalten der verschiedenen Strahlungsarten.

Strahlenart	Wechselwirkungsprozesse	Energiebilanz	Absorptionskurve
α	Ionisation, Anregung	E_B Bindungsenergie des Elektrons $E_\alpha = E_0 - E_e - E_B$ $E_S = E_M - E_N$	R_m mittlere Reichweite R_{ex} extrapolierte Reichweite
Protonen p	Ionisation, Anregung	$E_p = E_0 - E_e - E_B$ $E_S = E_M - E_N$	R_m mittlere Reichweite R_{ex} extrapolierte Reichweite
Elektronen e β^-, β^+	Anregung Ionisation Bremsstrahlung Vernichtungsstrahlung $e^+ + e^- \longrightarrow 2\gamma$	$E_\beta = E_0 - (E_K - E_M)$ $E_S = E_L - E_K$ $E_\beta = E_0 - E_B - E_e$ $E_\beta = E_0 - E_{Brems}$ $E_\gamma = m_e c^2$	μ_m Massenabsorptionskoeffizient ($\mu_m = \mu/\varrho$ in cm²/mg) d Flächenmasse in mg/cm² ($d = x\varrho$) ϱ Dichte

(linke Randbeschriftung) direkt ionisierende Strahlung

Tabelle T-5 (Fortsetzung)

Strahlenart	Wechselwirkungsprozesse	Energiebilanz	Absorptionskurve
γ	**Fotoeffekt** Atom Sekundärstrahlung	$E_e = E_\gamma - E_B$ $E_S = E_L - E_K$	
	Comptoneffekt **Paarbildungseffekt** **Rayleigh-Streuung**	$E_e = E_\gamma - E'_\gamma$ $E'_\gamma = \dfrac{E_\gamma}{1 + E_\gamma q}$ $q = \dfrac{1 - \cos\varphi}{m_e c^2}$ $E_e = E_\gamma - 2 m_e c^2$ $E_{\text{Röntgen}}$	$\Phi = \Phi_0\, e^{-\mu x}$ $\mu = \mu_{\text{Photo}} + \mu_C + \mu_{\text{Paar}}$
Neu- tronen n	**elastische Streuung (n, n)** Rückstoßkern Potentialstreuung **inelastische Streuung (n, n´)** **Absorption (n, γ)** weitere Reaktionen (n, p); (n, α) (n, 2n); (n, np)	$E_n = E_0 - E_R$ $E_R = E_n \cos^2 \varphi$ für Protonen	

(Seitenbeschriftung links: indirekt ionisierende Strahlung)

Tabelle T-6. Wechselwirkungen der verschiedenen Strahlungsarten.

Strahlenart	Energie- und Materialabhängigkeit der Wechselwirkungsprozesse
α	

Protonen p

Elektronen e
β^+, β^-

β-Strahler
$0,05\,\text{MeV} < E_{max} < 5\,\text{MeV}$

$$E_{max} = 1,92\sqrt{R_{max}^2 + 0,22\,R_{max}}$$

R_{max} maximale Reichweite in g/cm²

E_{max} β-Maximal-Energie in MeV

$$-\left(\frac{dE}{dx}\right)_{Str} = KZ^2(E + m_e c^2)$$

Energieverlust durch Bremsstrahlung

$$p = 0,33 \cdot 10^{-3}\,Z E_{max}$$

p Anteil der β-Energie, der in Bremsstrahlung umgewandelt wird

E_{max} in MeV

direkt ionisierende Strahlung

Tabelle T-6 (Fortsetzung)

Strahlenart	Energie- und Materialabhängigkeit der Wechselwirkungsprozesse

γ / indirekt ionisierende Strahlung

$$\mu_{\text{Foto}} \sim \frac{Z^4}{E_\gamma^3}$$

$$\mu_C = \mu_{C\,\text{Absorption}} + \mu_{C\,\text{Streuung}}$$

$$\mu_C \sim \frac{\varrho}{E_\gamma}$$

$$\mu_{\text{Paar}} \sim \varrho\, Z \ln E_\gamma$$

μ_{Rayleigh}
im Bereich
$< 10\,\text{keV}$
wichtig

Neutronen n

Tabelle T-7. Verfahren zur Dosismessung.

Meßprinzip	Strahlung	Strahlung	Film, Strahlung, lichtdichte Umhüllung, Messung der Schwärzung	Strahlung, 600 nm Glas, UV, Glas 300 nm	Strahlung Feststoff — Lichtmessung, Feststoff Heizung
Meßbereich	Ionisationskammer Gasverstärkung $A_g = 1$; 0,1 μGy bis 10^3 Gy; 0,1 μGy h^{-1} bis 10^6 Gy h^{-1} je nach Gasvolumen 1 mm^3 bis 100 dm^3	Proportionalzählrohr $1 < A_g < 10^4$ (Geiger-Müller-Zählrohr)	0,1 mGy bis 100 kGy Belichtungszeit: μs bis mehrere Monate bestrahlte Fläche: 10 μm^2 bis 10 m^2	Radiophotolumineszenz 10^{-8} Ckg^{-1} bis 10 Ckg^{-1} (Photonen)	Thermolumineszenz CdSO$_4$ (Mn): 10^{-5} Ckg^{-1} bis 10 Ckg^{-1} CaF$_2$: 10^{-6} Ckg^{-1} bis 0,1 Ckg^{-1} (Photonen)
Energieabhängigkeit	Ionisationskammer LB 6701 N; relative Dosisleistung; 0,03 0,1 MeV 0,5 Photonenenergie E	Geiger-Müller-Zählrohrsonde LB 6500-4; relative Dosisleistung; 0,05 0,1 0,2 MeV 1 Photonenenergie E	Filmempfindlichkeit; 0,03 0,1 MeV 0,5 Photonenenergie E	relative Dosis; Schulman-Glas „großes Z"; Schulman-Glas „kleines Z"; 0,03 0,1 MeV 0,5 Photonenenergie E	relative Dosis; CaF$_2$ (Mn); CaSO$_4$; LiF; 0,03 0,1 MeV 0,5 Photonenenergie E
Bemerkungen	Personendosimeter zur Bestimmung der Personendosis; schnelle und genaue Information	Ablesung sofort und jederzeit möglich; Warnmöglichkeiten bei Dosisüberschreitung; auch als Personendosimeter	Personendosimetrie: Auswertung durch amtliche Meßstellen in vorgegebenen Zeiträumen; universell einsetzbar	Personendosimetrie; Meßwertspeicherung, daher beliebig oft auswertbar	Personendosimetrie

Tabelle T-8. Strahlenwirkungen bei kurzzeitiger Ganzkörperbestrahlung mit γ-Strahlung.

Dosis	1. Woche	2. Woche	3. Woche	4. Woche
Schwellendosis 0,25 Sv (25 rem)	keine subjektiven Symptome, Absinken der Anzahl von Lymphozyten im Verlauf von zwei Tagen	Blutbild wird rasch wieder normal.		
subletale Dosis 1 Sv (100 rem)	Blutbild wird rasch wieder normal.	keine deutlichen subjektiven Symptome.	Unwohlsein, Mattigkeit, Appetitmangel; Haarausfall, wunder Rachen.	Spermienproduktion läßt vorübergehend nach. Kräfteverfall, Erholung wahrscheinlich.
mittlere letale Dosis 4 Sv (400 rem)	am ersten Tag Erbrechen und Übelkeit, Absinken der Anzahl der Lymphozyten auf 1000/mm³ innerhalb von zwei Tagen	keine deutlichen Symptome	Unwohlsein, Mattigkeit, Appetitlosigkeit; Haarausfall, Entzündungen im Rachenraum und Dünndarm	längere bis lebenslange Sterilität bei Männern; Kräfteverfall, 50% Todesfälle
letale Dosis 7 Sv (700 rem)	nach 1 bis 2 h Erbrechen und Übelkeit. Nach zwei Tagen keine Lymphozyten mehr.	Mattigkeit, Appetitlosigkeit, Entzündungen im Mund- und Rachenraum, innere Blutungen, hohes Fieber.		

mung zu sehen. Die Werte für μ und B sind den entsprechenden Grafiken zu entnehmen.

Zur Beurteilung der Schädlichkeit (*Toxizität*) von Radionukliden ist außer der physikalischen auch die *biologische Halbwertszeit* wichtig. Sie gibt die Zeit an, in der eine im Körper vorhandene Aktivität durch Ausscheidung auf die Hälfte vermindert wurde. Tabelle T-11 zeigt die Toxizität einiger Nuklide in den Toxizitätsklassen 1 bis 4.

Übersicht T-3. Strahlenbelastung der Menschen in Deutschland.

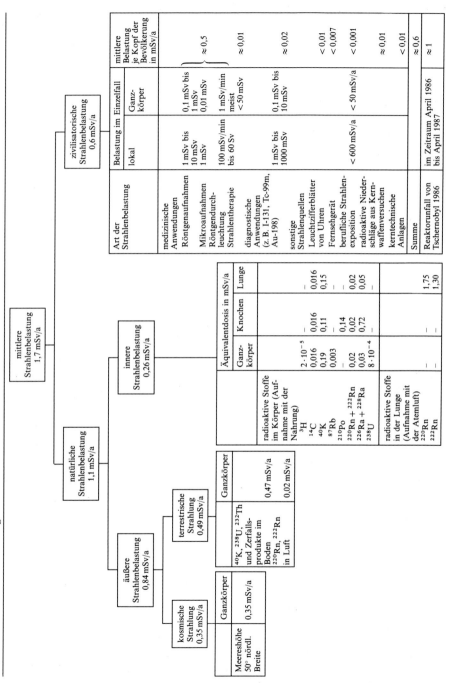

mittlere Strahlenbelastung 1,7 mSv/a

teilt sich auf in:
- **natürliche Strahlenbelastung 1,1 mSv/a**
- **zivilisatorische Strahlenbelastung 0,6 mSv/a**

natürliche Strahlenbelastung 1,1 mSv/a
- **äußere Strahlenbelastung 0,84 mSv/a**
  - kosmische Strahlung 0,35 mSv/a — Ganzkörper — Meereshöhe 50° nördl. Breite — 0,35 mSv/a
  - terrestrische Strahlung 0,49 mSv/a — Ganzkörper — ^{40}K, ^{238}U, ^{232}Th und Zerfallsprodukte im Boden — 0,47 mSv/a; ^{220}Rn, ^{222}Rn in Luft — 0,02 mSv/a
- **innere Strahlenbelastung 0,26 mSv/a**

	Äquivalentdosis in mSv/a		
	Ganzkörper	Knochen	Lunge
radioaktive Stoffe im Körper (Aufnahme mit der Nahrung)			
^{3}H	$2 \cdot 10^{-5}$	–	–
^{14}C	0,016	0,016	0,016
^{40}K	0,19	0,11	0,15
^{87}Rb	0,003	–	–
^{210}Po	–	0,14	–
^{220}Rn + ^{222}Rn	0,02	0,02	0,02
^{226}Ra + ^{228}Ra	0,03	0,72	0,05
^{238}U	$8 \cdot 10^{-4}$	–	–
radioaktive Stoffe in der Lunge (Aufnahme mit der Atemluft)			
^{220}Rn	–	–	1,75
^{222}Rn	–	–	1,30

zivilisatorische Strahlenbelastung 0,6 mSv/a

Art der Strahlenbelastung	Belastung im Einzelfall		mittlere Belastung je Kopf der Bevölkerung in mSv/a
	lokal	Ganzkörper	
medizinische Anwendungen Röntgenaufnahmen	1 mSv bis 10 mSv	0,1 mSv bis 1 mSv	≈ 0,5
Mikroaufnahmen	1 mSv	0,01 mSv	
Röntgendurchleuchtung Strahlentherapie	100 mSv/min bis 60 Sv	1 mSv/min meist <50 mSv	≈ 0,01
diagnostische Anwendungen (z. B. I-131, Tc-99m, Au-198)	1 mSv bis 1000 mSv	0,1 mSv bis 10 mSv	≈ 0,02
sonstige Strahlenquellen Leuchtzifferblätter von Uhren			< 0,01
Fernsehgerät			< 0,007
berufliche Strahlenexposition	< 600 mSv/a	< 50 mSv/a	< 0,001
radioaktive Niederschläge aus Kernwaffenversuchen			≈ 0,01
kerntechnische Anlagen			< 0,01
Summe			≈ 0,6
Reaktorunfall von Tschernobyl 1986	im Zeitraum April 1986 bis April 1987		≈ 1

Tabelle T-9. Grenzwerte der Strahlendosis.

Körperbereich	allgemeines Staatsgebiet, natürliche Strahlenbelastung	Strahlenschutzbereiche, Dosisgrenzwerte an den Bereichsgrenzen			
		außerbetrieblicher Überwachungsbereich	betrieblicher Überwachungsbereich	Kontrollbereich (Aufenthalt 40 h/Woche)	Sperrbereich
Ganzkörper, Knochenmark, Gonaden, Uterus	2,2 mSv/a	0,3 mSv/a	5 mSv/a	15 mSv/a	3 mSv/h
Hände, Unterarme, Füße, Knöchel		3,6 mSv/a	60 mSv/a	180 mSv/a	
Haut, Knochen, Schilddrüse		1,8 mSv/a	30 mSv/a	90 mSv/a	
andere Organe		0,9 mSv/a	15 mSv/a	45 mSv/a	
Überwachungsmaßnahmen gemäß Strahlenschutzverordnung					
Messung der Ortsdosis und Ortsdosisleistung		•	•	•	•
Kontaminationsüberwachung			•	•	•
ärztliche Überwachung				•	•.
Messung der Körperdosis bzw. Personendosis				•	•

Grenzwerte der Körperdosen für beruflich strahlenexponierte Personen

Körperbereich	beruflich strahlenexponierte Personen der Kategorie A mSv/a	beruflich strahlenexponierte Personen der Kategorie B mSv/a
Ganzkörper, Knochenmark, Gonaden, Uterus	50	15
Hände, Unterarme, Füße, Unterschenkel, Knöchel	600	200
Knochen, Schilddrüse	300	100
andere Organe	150	50

Tabelle T-10. Beispiel zur Strahlenbelastung.

radioaktives Präparat: ^{137}Cs Dosiskonstante: $0{,}077\ \mu\text{Sv}\,\text{h}^{-1}\,\text{m}^2\,\text{MBq}^{-1}$ Aktivität: 10 MBq	Abstand r m	Äquivalentdosisleistung H $\mu\text{Sv/h}$
direktes Greifen des radioaktiven Präparats, Armlänge 0,5 m	0,01 0,5	$7{,}7 \cdot 10^3$ Finger 3,1 Körper
Verwendung einer Zange zum Greifen (0,25 m)	0,25 0,75	12,3 Finger 1,4 Körper
	1,00	0,77
Abschirmung 5 cm Blei	1,00	0,004 $\mu = 1{,}2\ \text{cm}^{-1};\quad B = 2$

Tabelle T-11. Toxizität von Radionukliden.

Radiotoxizitätsklasse	Nuklid	Halbwertszeit T_{phys}	Halbwertszeit T_{biol}	kritisches Organ
1 Freigrenze 3,7 kBq	^{90}Sr ^{210}Pb ^{210}Po ^{233}U	28,1 a 22 a 138 d $1{,}63 \cdot 10^5$ a	11 a 730 d 40 d 300 d	Knochen Knochen Milz Knochen
2 Freigrenze 37 kBq	^{22}Na ^{137}Cs ^{144}Ce ^{131}I	2,58 a 26,6 a 285 d 8,0 d	19 d 100 d 330 d 180 d	gesamter Körper Muskel Knochen Schilddrüse
3 Freigrenze 370 kBq	^{14}C ^{24}Na ^{105}Rh ^{109}Cd	5570 a 15 h 1,54 d 1,3 a	35 a 19 d 28 d 100 d	Fett gesamter Körper Nieren Leber
4 Freigrenze 3,7 MBq	^{3}H ^{85}Sr ^{238}U	12,6 a 70 min $4{,}5 \cdot 10^9$ a	19 d 11 a 300 d	gesamter Körper Knochen Nieren

Übersicht T-4. Absorption radioaktiver Strahlung.

$$\dot{H} = \Gamma_H \frac{A}{r^2} \; e^{-\mu x} \quad B(x, E);$$

Dosis	Schwä-	Aufbau-
ohne	chungs-	faktor
Abschir-	faktor	
mung		

B Dosisaufbaufaktor
x Weglänge
μx Relaxationslänge
A Aktivität der Quelle
r Abstand von der Quelle
Γ_H Dosiskonstante
μ Schwächungskoeffizient

Radionuklid	Dosiskonstante Γ_H $\mathrm{Sv\,m^2\,h^{-1}\,Bq^{-1}}$
^{24}Na	$4{,}72 \cdot 10^{-13}$
^{60}Co	$3{,}36 \cdot 10^{-13}$
^{131}I	$5{,}45 \cdot 10^{-14}$
^{137}Cs	$7{,}70 \cdot 10^{-14}$
^{226}Ra	$2{,}14 \cdot 10^{-13}$

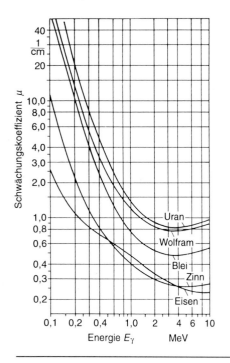

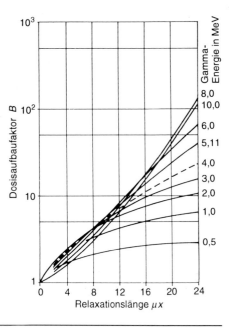

T.4 Kernreaktionen

T.4.1 Energetik

Eine Kernreaktion kann folgendermaßen geschrieben werden:

$$A + a = B + b + \Delta E$$

Target Projektil Produktkern Produkt- Energie-
                                teilchen   differenz

oder

$$A(a, b)B.$$

Die bei der Kernreaktion freiwerdende Energie ΔE (freiwerdend bzw. exoergisch oder benötigt bzw. endoergisch) berechnet sich aus der Massendifferenz des Ausgangszustandes (A + a) und des Endzustandes (B + b):

$$\Delta E = \{[m_a(A) + m_a(a)] - [m_a(B) + m_a(b)]\}\, c^2.$$

Übersicht T-5 zeigt das Energiediagramm einer Kernreaktion und eine mögliche Spaltkette von ^{235}U. Es ist ersichtlich, daß aus dem Target und dem Projektil (A + a) zunächst ein sehr kurzlebiger *Compoundkern* ($< 10^{-16}$ s) entsteht, der in den neuen Zustand (B + b)

Übersicht T-5. Reaktionen der Kernspaltung.

a) Energiediagramm

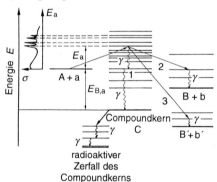

radioaktiver
Zerfall des
Compoundkerns

b) Verlauf einer Kernspaltung

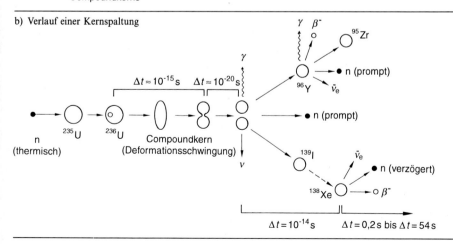

Übersicht T-5 (Fortsetzung)

c) Spaltkette von ^{235}U

$$^{235}_{92}U + ^{1}_{0}n \rightarrow ^{90}_{36}Kr \ + \ ^{143}_{56}Ba + 3\,^{1}_{0}n$$

β^- | 32,3 s β^- | 20 s

$^{90}_{37}Rb$ $^{143}_{57}La$

β^- | 2,2 m β^- | 14 m

$^{90}_{38}Sr$ $^{143}_{58}Ce$

β^- | 28,6 a β^- | 33 h

$^{90}_{39}Y$ $^{143}_{59}Pr$

β^- | 64,1 h β^- | 13,6 d

$^{90}_{40}Zr$ $^{143}_{60}Nd$ | stabil

Tabelle T-12. Arten von Kernreaktionen.

Bezeichnung	Beschreibung
Austausch-reaktion	Ein Teilchen gelangt in den Kern, ein anderes wird dafür emittiert. (p, n); (d, p); (α, p)
Einfang-reaktion	Das einfallende Teilchen verbleibt im Kern. Die Anregungsenergie wird durch Emission von γ-Quanten frei. (n, γ).
elastische Streuung	Das einfallende Teilchen wird, ohne den Kern anzuregen, wieder emittiert. (n, n)
inelastische Streuung	Das Teilchen gibt einen Teil seiner Energie als Anregungsenergie an den Kern. (n, n')
inelastische Stöße	Teilchen werden aus dem Kern durch energiereiche Teilchen herausgeschlagen. (n, 2n); (d, 2n)
Kernspaltung	Der Kern zerfällt beim Beschuß in zwei oder mehrere Bruchstücke. (n, f); (γ, f)

zerfällt. Tabelle T-12 zeigt die möglichen Kernreaktionen. Es ist darauf hinzuweisen, daß verschiedene Spaltketten möglich sind. Bild T-5 zeigt die Häufigkeit der Spaltprodukte für ^{235}U. Es ist zu erkennen, daß bevorzugt eine *asymmetrische Spaltung* auftritt, d. h., das Atom spaltet sich in einen kleineren (Massenzahlen 90 bis 100) und einen größeren (Massenzahlen 133 bis 143) Kern auf.

Die bei der Spaltung freiwerdende Energie ΔE kann aus Bild T-1 der Kurve rechts oben ermittelt werden. Sie beträgt für ^{235}U 0,86 MeV je Nukleon, d. h. 200 MeV je Spaltung. Bild T-6 zeigt die Verteilung der Spaltenergie. Aus den 85 % kinetischer Energie kann durch Umwandlung in Wärme mittels einer Dampfturbine elektrische Energie erzeugt werden (*Kernenergie*).

T.4.2 Wirkungsquerschnitt

Der Wirkungsquerschnitt σ gibt die *Wahrscheinlichkeit* an, mit der eine Kernreaktion

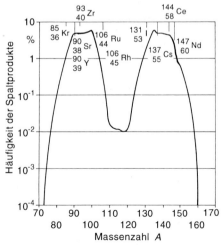

Bild T-5. Häufigkeit der Zerfallsprodukte bei der Spaltung von ^{235}U.

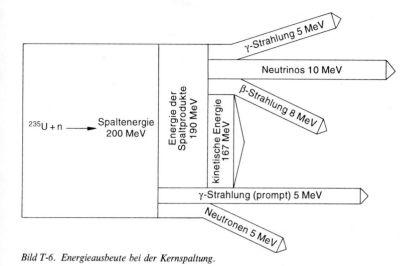

Bild T-6. Energieausbeute bei der Kernspaltung.

stattfindet. Wie Übersicht T-6 zeigt, sind die Atomkerne kleine Zielscheiben mit bestimmter Fläche, die mit Projektilen a beschossen werden. Eine Kernreaktion wird immer dann ablaufen, wenn ein Projektil die Zielscheibe trifft. Die Einheit des Wirkungsquerschnitts ist das barn (1 barn $= 10^{-28}$ m²) und entspricht etwa der Kernquerschnittsfläche.

Jedem Reaktionstyp eines bestimmten Kernes A mit einem Projektil (z. B. Neutronen n) muß ein Wirkungsquerschnitt zugeordnet werden. Der *Gesamt-Wirkungsquerschnitt* σ_{iA} ergibt sich durch Addition der *partiellen* Wirkungsquerschnitte:

$$\sigma_{iA} = \sigma_{(n,n)A} + \sigma_{(n,\gamma)A} + \sigma_{(n,2n)A} + \sigma_{(n,\alpha)} + \cdots$$

Übersicht T-6. Wirkungsquerschnitt.

Trefferzahl und Wirkungsquerschnitt

$$\frac{\text{Trefferzahl}}{\text{Zeit}} = \frac{\text{Projektilteilchen a}}{\text{Fläche} \cdot \text{Zeit}} \cdot \frac{\text{Wahrscheinlichkeit}}{\text{des Treffers}}$$

$$dN/dt \quad = \quad \Phi \quad \cdot N_{AT}\,\sigma.$$

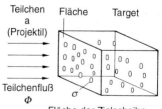

Teilchen a (Projektil)

Fläche   Target

Teilchenfluß
Φ σ

Fläche der Zielscheibe je Atom
(keine gegenseitige Überlappung)

Übersicht T-6 (Fortsetzung)

Kernreaktionen bei der Bestrahlung von $^{27}_{13}$Al mit Neutronen

$$^{27}_{13}\text{Al} + ^{1}_{0}\text{n} \rightarrow (^{28}_{13}\text{Al}) \longrightarrow$$

Compoundkern

$$\xrightarrow{\sigma(n,\gamma)} \quad ^{28}_{13}\text{Al} + \gamma$$

$$\xrightarrow{\sigma(n,p)} \quad ^{27}_{12}\text{Mg} + ^{1}_{1}\text{p}$$

$$\xrightarrow{\sigma(n,\alpha)} \quad ^{24}_{11}\text{Na} + ^{4}_{2}\alpha$$

$$\xrightarrow{\sigma(n,2n)} \quad ^{26}_{13}\text{Al} + 2\,^{1}_{0}\text{n}.$$

N_{AT}	Anzahl der Kerne A im Target
dN/dt	Trefferanzahl je Zeit
σ	Wirkungsquerschnitt
Φ	Projektilflußdichte

Übersicht T-7. Mögliche Fusionsreaktionen.

Deuterium-Zyklus

$${}_1^1p + {}_1^1p \rightarrow {}_1^2D + e^+ + \nu_e \quad \text{(langsam)}$$
$${}_1^2D + {}_1^1p \rightarrow {}_2^3He + \gamma \quad \text{(rasch)}$$
$${}_2^3He + {}_2^3He \rightarrow {}_2^4He + 2\,{}_1^1p \quad \text{(rasch)}$$

Bruttoreaktion $4\,{}_1^1p \rightarrow {}_2^4He + 2e^+ + 2\nu_e + \Delta E$

Kohlenstoff-Zyklus

$${}_6^{12}C + {}_1^1p \rightarrow {}_7^{13}N \rightarrow {}_6^{13}C + e^+ + \nu_e$$
$${}_6^{13}C + {}_1^1p \rightarrow {}_7^{14}N + \gamma$$
$${}_7^{14}N + {}_1^1p \rightarrow {}_8^{15}O \rightarrow {}_7^{15}N + e^+ + \nu_e$$
$${}_7^{15}N + {}_1^1p \rightarrow {}_6^{12}C + {}_2^4H$$

Bruttoreaktion $4\,{}_1^1p \rightarrow {}_2^4He + 2e^+ + 2\nu_e + \Delta E$

$${}_1^2D + {}_1^3T \rightarrow {}_2^4He + {}_0^1n + 17{,}61 \text{ MeV}$$
$${}_1^2D + {}_1^2D \rightarrow {}_2^3He + {}_0^1n + 3{,}27 \text{ MeV}$$
$${}_1^2D + {}_1^2D \rightarrow {}_1^3T + {}_1^1p + 4{,}03 \text{ MeV}$$
$${}_1^2D + {}_2^3He \rightarrow {}_2^4He + {}_1^1p + 18{,}35 \text{ MeV}$$
$${}_1^1p + {}_5^{11}B \rightarrow 3\,{}_2^4He \phantom{+ {}_1^1p} + 8{,}7 \text{ MeV}.$$

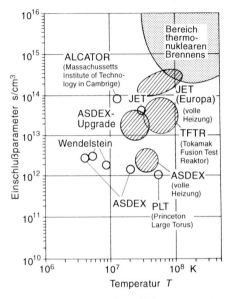

Bild T-7. Temperatur und Einschlußparameter einiger Kernfusionsprojekte.

T.5 Kernfusion

Fusionsreaktionen, bei denen eine *Kernverschmelzung* stattfindet, können zu einem Energiegewinn führen (z. B. Fusion von Wasserstoff zu Helium, wie es in der Sonne stattfindet). In Übersicht T-7 sind der *Deuterium-* und der *Kohlenstoff-Stickstoff-Zyklus* mit den Reaktionsgleichungen zusammengestellt, ferner die Fusionsreaktionen, die für die technische Nutzung in Frage kommen könnten, und die Abhängigkeit des Wirkungsquerschnitts von der Deuteronenenergie.

Die Fusion ist nur möglich, wenn zwei Voraussetzungen gegeben sind:

1. *Temperatur $T > 10^8$ K.*
2. *Einschlußparameter* (Anzahl der Teilchen je Kubikzentimeter, multipliziert mit der Einschlußzeit t) von etwa 10^{14} s/cm^3.

Bild T-7 zeigt die derzeitigen Versuche zur Fusion.

T.6 Elementarteilchen

T.6.1 Fundamentale Wechselwirkungen

Es gibt vier fundamentale Wechselwirkungen, die durch bestimmte *Austauschteilchen* beschrieben werden (Tabelle T-13):

1. die Kräfte zwischen den materiellen Körpern, denen das *Graviton* zugeordnet ist,
2. die Kräfte zwischen Ladungen, die vom *Photon* vermittelt werden,
3. starke Kernkraft, welche die Kernteile zusammenhält, deren Teilchen die *Hadronen* sind,
4. die schwache Kernkraft, die für die Radioaktivität zuständig ist mit den intermediären Vektorbosonen (Weakonen) als Austauschteilchen.

T.6.2 Erhaltungssätze

In Tabelle T-14 sind die für die Elementarteilchen wichtigen Erhaltungssätze zusammengestellt.

Tabelle T-13. Vier fundamentale Wechselwirkungen.

	Gravitation	elektromagnetische Wechselwirkung	starke Wechselwirkung	schwache Wechselwirkung
Reichweite	∞	∞	10^{-15} m bis 10^{-16} m	$\ll 10^{-16}$ m
Beispiel	Kräfte zwischen Himmelskörpern	Kräfte zwischen Ladungen, z. B. Atom	Zusammenhalt der Atomkerne	Betazerfall der Atomkerne
Stärke (relative)	10^{-41}	10^{-2}	1	10^{-14}
betroffene Teilchen	alle	geladene Teilchen	Hadronen	Hadronen und Leptonen
Feynman-Diagramm				
Austauschteilchen	Graviton	Photon	Hadronen Gluon	Intermediäre Vektorbosonen
Masse	0	0	$0{,}14\,\dfrac{\text{GeV}}{c^2}$ π^+, π^-, π^0	$m_\text{W} = 82\ \text{GeV}/c^2$ $m_\text{Z} = 93\ \text{GeV}/c^2$ W^+, W^-, Z^0
Erhaltung				
Ladung Q	+	+	+	+
Baryonenzahl B	+	+	+	+
Leptonenzahl L	+	+	+	+
Spin J	+	+	+	+
Seltsamkeit S	−	+	+	−
Isospin I	−	−	+	−
I_3	−	+	+	−

T.6.3 Einteilung

Bild T-8 zeigt die Einteilung der Elementarteilchen. Zu jedem Teilchen existiert ein *Antiteilchen* mit entgegengesetzter Ladung und entgegengesetzten Werten aller ladungsartigen Quantenzahlen (z. B. B, S, C, I_3). Wenn beide zusammentreffen, dann lösen sie sich auf, und es entsteht Strahlung.

Die kleinsten Elementarteilchen sind die *Quarks*. Sie haben sechs Unterscheidungsmerkmale (up, down, charm, strange, top, bottom). Jede dieser Varianten kommt in drei Farben vor (dies sind keine sichtbaren Farben, sondern nur Bezeichnungen). So besteht beispielsweise ein Proton oder ein Neutron aus drei Quarks, eines von jeder Farbe (weitere Quantenzahlen sind in Tabelle T-15 zu finden).

Tabelle T-14. Erhaltungssätze bei Elementarteilchen.

Erhaltungssatz	Beschreibung	Beispiel
Elektrische Ladung Q	Die elektrische Ladung eines abgeschlossenen Systems bleibt erhalten.	$\pi^- \rightarrow \mu^- + \bar{v}_\mu$ Q: $-1 = -1 + 0$ Das *Pion π^-* und das *Muon μ^-* müssen dieselbe Ladung haben, da *Neutrinos $\bar{v}_\mu$* elektrisch neutral sind.
Leptonenzahl L	Insgesamt gibt es sechs Leptonen (Tabelle T-13) mit dem Spin 1/2 und einer elektromagnetisch schwachen Wechselwirkung. Die Leptonenzahl L bleibt bei einer Reaktion erhalten.	$\mu^+ \rightarrow e^+ + \bar{v}_\mu + v_e$ L: $-1 = (-1) + (-1) + (+1)$
Baryonenzahl B	Baryonen (Spin 1/2) zerfallen in ein Proton. Die Baryonenzahl bleibt erhalten.	$p + p \rightarrow p + n + \pi^+$ B: $1 + 1 = 1 + 1 + 0$ (π^+: π^+-Meson)
Seltsamkeit S	Für Reaktionen mit starker und elektromagnetischer Wechselwirkung bleibt sie erhalten.	
Charme C, Bottom B^*	Bleiben bei elektromagnetischer und starker Wechselwirkung erhalten.	
Isospin I	Isospin ist ein Vektor mit drei Komponenten. Die dritte Komponente liefert eine Aussage über die Ladung (Proton $I_3 = +1/2$, Neutron $I_3 = -1/2$). Bei der starken Wechselwirkung bleibt der Isospin erhalten, bei der elektromagnetischen nur die dritte Komponente I_3.	
Spin J, Parität P	Der Spin ergibt sich durch Kombination der Quarkspins und des Bahndrehimpulses. Die Wellenfunktion Ψ darf nur ihr Vorzeichen ändern.	$\Psi(-x, -y, -z) = \Psi(x, y, z)$ Parität $P = 1$ (gerade) $\Psi(-x, -y, -z) = -\Psi(x, y, z)$ Parität $P = -1$ (ungerade)

Bei den Elementarteilchen unterscheidet man zwischen Teilchen mit *schwacher* Wechselwirkung (*Leptonen*) und solchen mit *starker* Wechselwirkung (*Hadronen*). Zu den Hadronen zählen die *Baryonen* (Spin J halbzahlig) und die *Mesonen* (Spin J ganzzahlig). Die

Baryonen zerfallen stets in *Nukleonen* (Protonen oder Neutronen). Baryonen können, wie bereits in Tabelle 14 bei den Erhaltungssätzen aufgestellt, weder erzeugt werden noch verschwinden. Die Mesonen zerfallen in Photonen, Elektronen und Neutrinos.

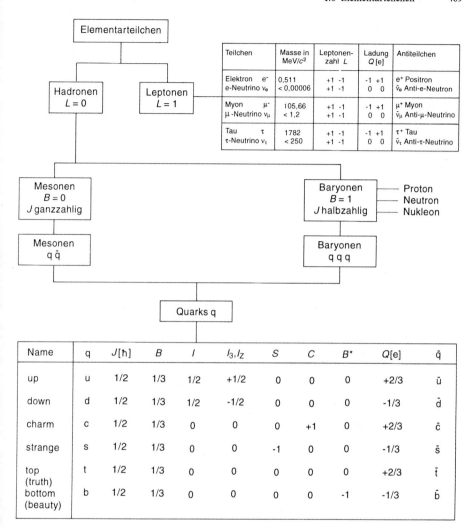

Bild T-8. Einteilung der Elementarteilchen.

Tabelle T-15. Quantenzahlen von Protonen und Neutronen.

	Proton p	Neutron n
Quarkkombination	u +u +d	u +d +d
Ladung Q	$2/3 + 2/3 - 1/3 = +1$	$2/3 - 1/3 - 1/3 = 0$
Baryonenzahl B	$1/3 + 1/3 + 1/3 = +1$	$1/3 + 1/3 + 1/3 = 1$
Isospin I_3	$1/2 + 1/2 - 1/2 = 1/2$	$1/2 - 1/2 - 1/2 = -1/2$

U Relativitätstheorie

U.1 Relativität des Bezugssystems

Die Gesetze der klassischen Mechanik gelten in *Inertialsystemen*, die sich relativ zueinander mit konstanter Geschwindigkeit $v \ll c$ bewegen. Es gibt *kein bevorzugtes* Bezugssystem und keine Möglichkeit, eine Geschwindigkeit absolut zu messen.

In jedem Inertialsystem breitet sich Licht unabhängig von der Relativbewegung zwischen Lichtquelle und Beobachter nach allen Richtungen mit derselben Geschwindigkeit, der Vakuum-Lichtgeschwindigkeit c ($c = 2,99792458 \cdot 10^8$ m/s) aus.

U.2 Lorentz-Transformation

Weil die Lichtgeschwindigkeit konstant ist, müssen die Orts- und Zeitkoordinaten der zwei sich relativ zueinander bewegenden Systeme S und S' umgerechnet werden (Lorentz-Transformation in Übersicht U-1).

Übersicht U-1. Lorentz-Transformation.

System S' (x', y', z') bewegt sich mit Geschwindigkeit v in x-Richtung relativ zum System S(x, y, z)
Ls Lichtsekunden

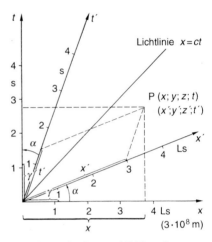

Umrechnung der Orts- und Zeitkoordinaten

System S	System S'
$x = \gamma(x' + vt')$	$x' = \gamma(x - vt)$
$y = y'$	$y' = y$
$z = z'$	$z' = z$
$t = \gamma\left(t' + \dfrac{v}{c^2}x'\right)$	$t' = \gamma\left(t - \dfrac{v}{c^2}x\right).$

relativistischer Faktor

$$\gamma = \frac{1}{\sqrt{1 - (v/c)^2}}$$

c	Lichtgeschwindigkeit
t	Zeit im System S
t'	Zeit im System S'
v	Relativgeschwindigkeit in x-Richtung zwischen S und S'
x, y, z	Ortskoordinaten des Systems S
x', y', z'	Ortskoordinaten des Systems S'
γ	relativistischer Faktor

U.3 Relativistische Effekte

Es treten folgende Effekte auf (Übersicht U-2):

- *Längenkontraktion.*
  Ein relativ zu einem Beobachter sich bewegender Körper erscheint verkürzt.
- *Zeitdilatation.*
  Die Zeit läuft in einem System, das relativ zu einem Beobachter bewegt wird, langsamer.
- *Additionstheorem der Geschwindigkeiten.*
  Bei Geschwindigkeitsüberlagerungen darf die Lichtgeschwindigkeit nicht überschritten werden.

Übersicht U-2. Relativistische Effekte.

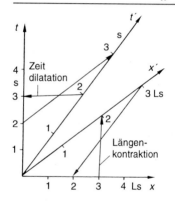

Längenkontraktion

$$l' = \frac{1}{\gamma} l = \sqrt{1 - (v/c)^2}\, l.$$

Für alle Körper, die sich mit einer konstanten Geschwindigkeit v relativ zueinander bewegen, verkürzen sich die Längen des anderen Körpers in dieser Richtung um den Faktor $\sqrt{1 - (v/c)^2}$.
Senkrecht zur Bewegungsrichtung liegende Strecken erscheinen nicht verkürzt.

Übersicht U-2 (Fortsetzung)

Zeitdilatation

$$\Delta t' = \gamma\, \Delta t = \frac{\Delta t}{\sqrt{1 - (v/c)^2}}.$$

Bewegen sich zwei Beobachter mit einer konstanten Geschwindigkeit v relativ zueinander, dann erscheint das Zeitintervall $\Delta t'$ des Systems S′ vom System S aus betrachtet größer zu sein und umgekehrt.

relativistische Addition der Geschwindigkeiten

System S	System S′
$u_x = \dfrac{u_x' + v}{1 + \dfrac{v}{c^2} u_x'}$	$u_x' = \dfrac{u_x - v}{1 - \dfrac{v}{c^2} u_x}$
$u_y = \dfrac{u_y'}{\gamma\left(1 + \dfrac{v}{c^2} u_x'\right)}$	$u_y' = \dfrac{u_y}{\gamma\left(1 - \dfrac{v}{c^2} u_x\right)}$
$u_z = \dfrac{u_z'}{\gamma\left(1 + \dfrac{v}{c^2} u_x'\right)}$	$u_z' = \dfrac{u_z}{\gamma\left(1 - \dfrac{v}{c^2} u_x\right)}$

c	Lichtgeschwindigkeit ($c = 2{,}99792458 \cdot 10^8$ m/s)
u_x, u_y, u_z	Geschwindigkeiten im System S
u_x', u_y', u_z'	Geschwindigkeiten im System S′
v	Relativgeschwindigkeit
γ	relativistischer Faktor ($\gamma = 1/\sqrt{1 - (v/c)^2}$)

U.4 Relativistische Dynamik

In der relativistischen Dynamik nimmt die Masse mit steigender Relativgeschwindigkeit zu. Dies hat Auswirkungen auf den Impuls ($p = m\,v$) und die Kraft ($F = m\,a$), wie Übersicht U-3 zeigt.

Übersicht U-3. Relativistische Dynamik.

relativistische Massenzunahme

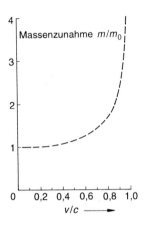

$$m(v) = \frac{m_0}{\sqrt{1 - (v/c)^2}} = \gamma\, m_0 .$$

Ein Körper mit der Ruhemasse m_0, der sich mit der Geschwindigkeit v relativ zu einem Inertialsystem bewegt, erfährt einen relativistischen Massenzuwachs.

relativistische Energie

$E = m\,c^2 .$

Übersicht U-3 (Fortsetzung)

relativistischer Impuls

$$p = m(v)\,v = \frac{m_0}{\sqrt{1 - (v/c)^2}}\,v = \gamma\, m_0\, v .$$

$$p^2 = \frac{E^2}{c^2} - m_0^2\, c^2$$

relativistische Kraft

$$F = \frac{d}{dt}\left[\frac{m_0\, v}{\sqrt{1 - (v/c)^2}} \right]$$

für Relativgeschwindigkeit in x-Richtung

$$F_x = \frac{m_0\, a_x}{[1 - (v/c)^2]^{3/2}} = m_0\, \gamma^3\, a_x$$

$$F_y = \frac{m_0\, a_y}{\sqrt{1 - (v/c)^2}} = m_0\, \gamma\, a_y$$

$$F_z = \frac{m_0\, a_z}{\sqrt{1 - (v/c)^2}} = m_0\, \gamma\, a_z$$

a_x, a_y, a_z	Beschleunigung in x-, y-, z-Richtung
c	Lichtgeschwindigkeit
	$(c = 2{,}99792458 \cdot 10^8 \text{ m/s})$
E	Energie
F	Kraft
m, m_0	Masse, Ruhemasse
p	Impuls
γ	relativistischer Faktor
	$(\gamma = 1/\sqrt{1 - (v/c)^2})$

U.5 Relativistische Elektrodynamik

Die Relativitätstheorie macht deutlich, daß ein *rein elektrisches Feld* durch Wechsel in ein bewegtes Koordinatensystem *zusätzlich* ein *magnetisches Feld* erhält und ein *rein magnetisches* Feld ein *elektrisches*. Das bedeutet: Elektrische und magnetische Kräfte sind verschiedene Ausprägungen desselben physikalischen Phänomens: der *elektromagnetischen Wechselwirkung*.

Übersicht U-4 links zeigt ein System S. In ihm ist der Draht in Ruhe, die Elektronen fließen mit der Geschwindigkeit u nach rechts (die konventionelle Stromrichtung geht nach links). Die Ladung Q bewegt sich ebenfalls mit der Geschwindigkeit u nach rechts. Der Draht ist insgesamt elektrisch neutral. Das Magnet-feld des Stroms erzeugt eine Lorentz-Kraft, welches die Ladung Q vom Draht abstößt.

In Übersicht U-4 rechts bewegt sich das System mit der Geschwindigkeit u nach rechts. Im System S' ruhen die Ladung Q und die Elektronen des Leiters. Die positiven Ionen laufen dafür nach links mit der Geschwindigkeit $u' = -u$. Das System S' ist aber nicht neutral: Wegen der *Längenkontraktion* ist der Abstand zwischen den positiven Ionen kleiner und der Abstand zwischen den Elektronen größer als im System S. Dadurch entsteht eine positive Ladungsdichte. Zusätzlich zum Magnetfeld entsteht so ein radial nach außen gerichtetes elektrisches Feld, das die ruhende Ladung Q abstößt.

Übersicht U-4. Elektrodynamische Kräfte.

	System S (Laborsystem)	System S′
Geometrie	ortsfest	ortsfest $u' = 0$ $u' = 0$ $+Q$
Ladungsdichte im Leiter	$\rho_+ = -\rho_-$ $\rho = \rho_+ + \rho_- = 0$ elektrisch neutral	$\rho'_+ = \rho_+ \gamma > \rho_+ , \rho'_- = \dfrac{\rho_-}{\gamma} < \rho_-$ $\rho' = \rho'_+ + \rho'_- = \rho_+ \gamma \dfrac{u^2}{c^2}$ positiv geladen
Feld und Kraft auf Ladung Q	$\odot\ B, B = \dfrac{\mu_0 I}{2\pi r}$ $\downarrow F, F = Qu \times B$ Lorentz-Kraft $F = Qu\,\dfrac{\mu_0 I}{2\pi r}$	$\odot\ B'$ $E'\quad E' = \dfrac{\rho' A}{2\pi \varepsilon_0 r}$ $F' = QE'$ elektrostatische Kraft $F' = \dfrac{u^2 \rho_+ A Q \gamma}{c^2 2\pi \varepsilon_0 r}$

$$F'_{el} = \gamma F_{magn}\,; \quad c^2 = \frac{1}{\varepsilon_0 \mu_0}.$$

A	Querschnittsfläche
B	magnetische Induktion
c	Lichtgeschwindigkeit ($c = 2{,}99792458 \cdot 10^8$ m/s)
E	elektrische Feldstärke
F_{el}	elektrische Kraft
F_{magn}	magnetische Kraft
Q	Ladung
r	Abstand der Ladung Q zur Leitermitte
v	Geschwindigkeit
γ	relativistischer Faktor [$\gamma = 1/\sqrt{1 - (v/c)^2}$]
ϱ	Ladungsdichte
ε_0	elektrische Feldkonstante [$\varepsilon_0 = 8{,}854 \cdot 10^{-12}$ A·s/(V·m)]
μ_0	magnetische Feldkonstante [$\mu_0 = 4\pi \cdot 10^{-7}$ V·s/(A·m)]

Die mit ′ bezeichneten Größen gelten für das bewegte System.

U.6 Doppler-Effekt des Lichtes

Wenn Sender und Empfänger elektromagnetischer Wellen sich relativ zueinander mit der Geschwindigkeit v bewegen, ist die Frequenz der empfangenen Strahlung verschieden von der Senderfrequenz (Übersicht U-5).

Während beim Doppler-Effekt der Schallwellen (Abschnitt J.2.5) unterschieden werden muß, ob sich die Quelle oder der Beobachter relativ zum Übertragungsmedium Luft bewegen, ist beim Doppler-Effekt des Lichtes nur die Relativbewegung zwischen Quelle und Beobachter relevant (elektromagnetische Wellen benötigen kein Übertragungsmedium).

Kosmologische Rotverschiebung

Die Spektren des Lichts, das wir von fernen Galaxien empfangen, sind gegenüber bekannten Spektren irdischer Lichtquellen zu größeren Wellenlängen hin verschoben. Diese *Rotverschiebung* infolge des Doppler-Effekts zeigt, daß sich das Universum ausdehnt. HUBBLE fand eine lineare Beziehung zwischen der Entfernung r von Galaxien und ihrer Fluchtgeschwindigkeit v:

$$v = H\,r.$$

H Hubble-Parameter
$H = (50 \ldots 100) \ \mathrm{km/(s \cdot Mpc)}$
$\quad = (15 \ldots 30) \ \mathrm{km/(s \cdot 10^6 \ Lj)}$
1 pc (Parsec) $= 3{,}0856 \cdot 10^{13} \ \mathrm{km}$
$\quad = 3{,}2615 \ \mathrm{Lj}$ (Lichtjahre)

Übersicht U-5. Doppler-Effekt des Lichts.

longitudinaler Doppler-Effekt
(Beobachter bewegt sich längs der Lichtstrahlen)

Beobachter entfernt sich von der Quelle	Beobachter nähert sich der Quelle
$f' = f \sqrt{\dfrac{c - v}{c + v}}$	$f' = f \sqrt{\dfrac{c + v}{c - v}}$

transversaler Doppler-Effekt
(Beobachter bewegt sich senkrecht zum Lichtstrahl)
$$f' = f \sqrt{1 - (v/c)^2} = f/\gamma$$

c	Lichtgeschwindigkeit $(c = 2{,}99792458 \cdot 10^8 \ \mathrm{m/s})$
f	Frequenz im ruhenden System
f'	Frequenz im bewegten System
v	Relativgeschwindigkeit
γ	relativistischer Faktor $[\gamma = 1/\sqrt{1 - (v/c)^2}\,]$

V Festkörperphysik

V.1 Arten der Kristallbindung

Zwischen Atomen bzw. Molekülen fester Körper wirken ausschließlich elektrostatische Kräfte der Anziehung und Abstoßung. Dies führt zu verschiedenen Bindungsarten (Tabelle V-1).

Tabelle V-1. Bindungsarten.

Bindungsart	Kraftwirkungen	Bindungsenergie eV/Atom	Beispiele	Eigenschaften
van der Waals	Zwischen zwei isolierten Atomen mit permanentem oder induziertem Dipolmoment	$E_B \sim \dfrac{1}{r^6}$ 10^{-2} bis 10^{-1}	Edelgaskristalle, H_2, O_2, Molekülkristalle, Polymere	Isolator, leicht komprimierbar, niedriger Schmelzpunkt, durchlässig für Licht im fernen UV
kovalent (homöopolar)	Elektronenpaarbindung	1 bis 7	viele organische Stoffe, Elemente der Vierergruppe, C, Si, InSb	Isolator oder Halbleiter, sehr schwer verformbar, hoher Schmelzpunkt
Ionen (heteropolar)	zwischen zwei verschieden geladenen Ionen	$E_B = \dfrac{Q^2 \cdot \alpha}{4\pi\,\varepsilon_0\,r}$ $(\alpha \approx 1{,}75)$ 6 bis 20	Salze (NaCl, KCl) BaF_2	Isolator bei niedrigen Temperaturen, Ionenleitung bei hohen Temperaturen, plastisch verformbar
metallisch	zwischen festen Atomrümpfen und frei beweglichen Elektronen	1 bis 5	Metalle, Legierungen	elektrischer Leiter, guter Wärmeleiter, plastisch verformbar, reflektiert im IR, reflektiert Licht (durchlässig im UV)

E_B Bindungsenergie r Abstand der Atome
Q Ladung α Madelung-Konstante
                            ε_0 elektrische Feldkonstante $[\varepsilon_0 = 8{,}85412 \cdot 10^{-12}\,\text{A} \cdot \text{s}/(\text{V} \cdot \text{m})]$

V.2 Kristalline Strukturen

V.2.1 Kristallsysteme und dichteste Kugelpackungen

In einem Kristall befinden sich die Atome in jeder Raumrichtung in gleichmäßigen Abständen an den Kreuzungspunkten eines räumlichen Gitters, dessen kleinstes Element die *Elementarzelle* ist. Sie wird beschrieben durch die *Atomabstände* entlang den Koordinatenachsen (x-Achse: a; y-Achse: b; z-Achse: c) und den Winkeln α, β und γ zwischen den Kristallachsen. Die sieben Kristallsysteme mit ihren Varianten ergeben die 14 *Bravais-Gitter* (Tabelle V-2).

Die Atome liegen besonders dicht beieinander, wenn aufeinanderfolgende Kugelebenen die Lücken der Ausgangsebenen besetzen. Es gibt drei unterschiedliche Anordnungen *dichtester Kugelpackungen* (Tabelle V-4).

V.2.2 Richtungen und Ebenen im Kristallgitter

Kristallrichtungen und Richtungen von Ebenen werden durch *Millersche Indizes* angegeben. Sie sind die *reziproken Werte* der Achsenabschnitte der Kristallrichtungen (Übersicht V-1).

Tabelle V-2. Bravais-Gitter.

	primitiv	flächen-zentriert	basis-zentriert	raum-zentriert
kubisch $a = b = c$ $\alpha = \beta = \gamma = 90°$				
tetragonal $a = b \neq c$ $\alpha = \beta = \gamma = 90°$				
orthorhombisch $a \neq b \neq c$ $\alpha = \beta = \gamma = 90°$				
hexagonal $a = b \neq c$ $\alpha = \beta = 90°$ $\gamma = 120°$				
rhomboedrisch $a = b = c$ $\alpha = \beta = \gamma \neq 90°$				
monoklin $a \neq b \neq c$ $\alpha = \gamma = 90°$ $\beta \neq 90°$				
triklin $a \neq b \neq c$ $\alpha \neq \beta \neq \gamma \neq 90°$; $\neq 120°$				

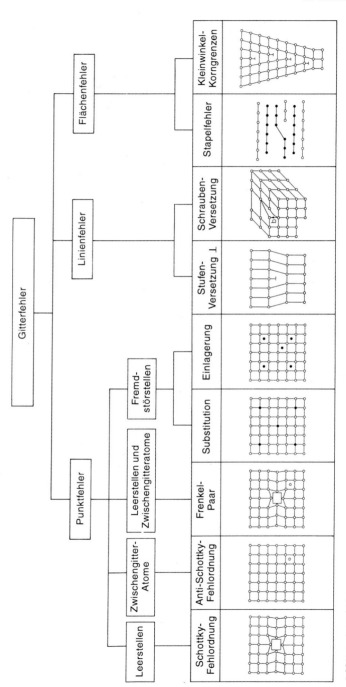

Bild V-1. Gitterfehler.

Tabelle V-3. Atomare Konstanten einiger Metalle mit kubisch-flächenzentrierter und kubisch-raumzentrierter Struktur.

kubisch-raumzentriert	Dichte ϱ g/cm³	Gitter-konstante a 10^{-10} m	Abstand zweier nächster Nachbarn 10^{-10} m
Cs	1,9	6,08	5,24
K	0,86	5,33	4,62
Ba	3,5	5,01	4,43
Na	0,97	4,28	3,71
Zr	6,5	3,61	3,16
Li	0,53	3,50	3,03
W	19,3	3,16	2,73
Fe	7,87	2,86	2,48

kubisch-flächenzentriert	Dichte ϱ g/cm³	Gitter-konstante a 10^{-10} m	Abstand zweier nächster Nachbarn 10^{-10} m
Ce	6,9	5,16	3,64
Pb	11,34	4,94	3,49
Ag	10,49	4,08	2,88
Au	19,32	4,07	2,88
Al	2,7	4,04	2,86
Pt	21,45	3,92	2,77
Cu	8,96	3,61	2,55
Ni	8,90	3,52	2,49

Tabelle V-4. Gittertypen dichtester Kugelpackungen.

Eigen-schaften	Gittertypen		
	kubisch-flächen-zentriert	hexagonal dichteste Kugel-packung	kubisch-raum-zentriert
Elementar-zelle	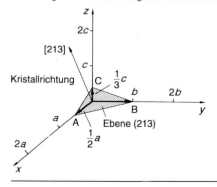		
Kugel-modell			
Packungs-dichte	74%	74%	68%
Atom-anzahl je Zelle	4	2	2
Koordina-tionszahl	12	12	8
dichtest gepackte Richtung	Flächen-diagonale	Sechseck-seite	Raum-diagonale

V.2.3 Gitterfehler

Der periodisch regelmäßige Kristallaufbau kann Fehler aufweisen (*Gitterfehler*), die zu veränderten Materialeigenschaften führen. Mit absichtlich eingebauten Fehlern können die Werkstoffeigenschaften gezielt verändert werden (Bild V-1).

Übersicht V-1. Indizierung der Kristallrichtungen und Kristallebenen (Millersche Indizes).

Indizierung der Kristallrichtung und Kristallebene

Kristallrichtung [213]

Ebene (213)

Übersicht V-1 (Fortsetzung)

Beispiele für Kristallrichtungen und Kristallebenen

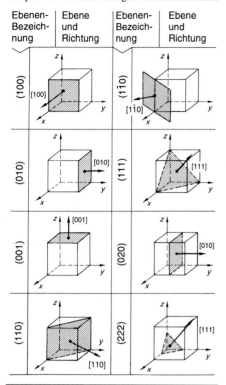

V.3 Makromolekulare Festkörper

Makromolekulare Festkörper sind aus sehr langen Molekülen aufgebaut. Sie bestehen entweder aus einem Riesenmolekül oder aus vielen kleinen Molekülen, die durch *homöopolare Elektronenpaarbindung* zusammengehalten werden. So entstehen Faden-, Schicht- und Raumnetzstrukturen.

Das Verformungsverhalten kann durch eine Kombination des elastischen Verhaltens (Federgesetz nach HOOKE) mit einem viskosen Verhalten (Dämpfungsglied nach NEWTON) erklärt werden. In der *Rheologie* wird die Verformung auch durch andere Modelle beschrieben (Tabelle V-6).

Tabelle V-5. Einteilung der Kunststoffe (Polymerwerkstoffe).

Charakteristik \ Polymerwerkstoff	Thermoplaste	Elastomere	Duromere
Schmelzverhalten	schmelzbar	nicht schmelzbar	nicht schmelzbar
Quellverhalten	quellbar	quellbar	nicht quellbar
Löslichkeit	löslich	nicht löslich	nicht löslich
Struktur	Molekülknäuel, unvernetzt, amorph, teilkristallin	weitmaschig vernetzt, amorph, teilkristallin	engmaschig vernetzt
Umweltfreundlichkeit	wiederverwendbar (200 °C)	nicht wiederverwendbar (pyrolisierbar)	

Tabelle V-5 (Fortsetzung)

Charak-teristik / Polymer-werkstoff	Thermoplaste	Elastomere	Duromere
Verarbeitung	alle Verfahren	alle Verfahren, Formgebung vor oder während der Vernetzung („Vulkanisieren")	Pressen, Spritzgießen, Formgebung während der Vernetzung („Härtung")
Beispiele	Polyethylen (PE), Polyvinylchlorid (PVC), Polystyrol (PS), Polyamid (Nylon, Perlon), Polyester (Trevira), Polyacrylnitril (Dralon), Polycarbonat (Macrolon)	Buna, Kautschuk, Silicon Rubber (SIR), Polychloropren (CR), Neopren	Phenolformaldehyd, Melaminformaldehyd, Harnstofformaldehyd, (ungesättigter Polyester) (UP), Epoxidharz (EP)

Tabelle V-6. Verformungsmodelle von Kunststoffen.

Modell	Verhalten
$E_0 \longrightarrow \varepsilon_{el}$	Feder: Elastisches Verhalten (Hooke) $\sigma = E_0\,\varepsilon_{el}$
$\eta_0 \longrightarrow \varepsilon_v$	Dämpfungsglied: Viskoses oder plastisches Verhalten (Newton) $\sigma = \eta_0\,\dot\varepsilon_v$
$E_0 \longrightarrow \varepsilon_{el}$ $\eta_0 \longrightarrow \varepsilon_v$	Maxwell-Modell: (Feder und Dämpfer in Reihe) Elastisch-viskoses (plastisches) Verhalten $\varepsilon = \varepsilon_{el} + \varepsilon_v \;\rightarrow\; \dot\varepsilon = \dot\varepsilon_{el} + \dot\varepsilon_v = \dfrac{\dot\sigma}{E_0} + \dfrac{\sigma}{\eta_0}$ $\varepsilon(t) = \left(1 + \dfrac{t}{\tau_0}\right)\dfrac{\sigma_0}{E_0}\,u(t) \qquad \tau_0 = \dfrac{\eta_0}{E_0}$
$E_r \qquad \eta_r \longrightarrow \varepsilon_r$	Voigt-Kelvin-Modell: (Feder und Dämpfer parallel) Viskoelastisches Verhalten (relaxierendes Verhalten) $\sigma = \sigma_1 + \sigma_2 = E_r\,\varepsilon_r + \eta_r\,\dot\varepsilon_r$ $\varepsilon_r(t) = \dfrac{1}{E_r}\,(1 - e^{-t/\tau})\,\hat\sigma\,u(t) \qquad \dot\varepsilon_r + \dfrac{\varepsilon_r}{\tau_r} = \dfrac{\sigma}{\eta_r} \qquad \tau_r = \dfrac{\eta_r}{E_r}$

Tabelle V-6 (Fortsetzung)

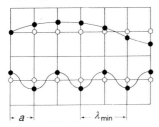

$E_0 \longrightarrow \varepsilon_{el}$ E_r $\eta_r \longrightarrow \varepsilon_r$ $\eta_0 \longrightarrow \varepsilon_v$	Burger-Modell: $\varepsilon = \varepsilon(\text{Maxwell}) + \varepsilon(\text{Voigt-Kelvin})$ $\varepsilon(t) = \left[\dfrac{1}{E_0} + \dfrac{t}{\eta_0} + \dfrac{1}{E_r}(1 - e^{-t/\tau}) \right] \hat{\sigma}\, u(t)$

E	Elastizitätsmodul	ε_r	Relaxationsdehnung
t	Zeit	σ	Spannung
$u(t)$	Springfunktion	η_0	statische Viskosität
ε	Dehnung	η_r	dynamische Viskosität der Relaxation
ε_{el}	elastische Dehnung	τ	Relaxationszeit

V.4 Thermodynamik fester Körper

V.4.1 Schwingendes Gitter (Phononen)

Die regelmäßig angeordneten Atome eines Kristallgitters führen Schwingungen um ihre Ruhelagen aus, wenn sie von außen angeregt werden. Diese Gitterschwingungen sind gequantelt; ihre Quanten heißen *Phononen* (Übersicht V-2).

Gitterschwingungen können demnach beschrieben werden, als ob Teilchen sich mit der Schallgeschwindigkeit c_s durch den Kristall bewegen, mit anderen Teilchen zusammenstoßen und Energie und Impuls austauschen. Eine lineare Atomkette zeigt als gekoppeltes Schwingungssystem die in Übersicht V-3 zusammengestellten Abhängigkeiten.

Wie Übersicht V-3 deutlich zeigt, ergibt sich ein *Phononenspektrum*, in dem die Frequenz f

Übersicht V-2. Transversale Gitterwellen und Phononen.

transversale Gitterwellen

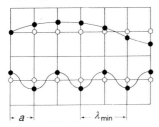

$E_{\text{Phonon}} = h f = \hbar \omega$
$p_{\text{Phonon}} = h/\lambda = \hbar k$

a	Gitterkonstante (Atomabstand)
E	Energie
f	Frequenz
h	Plancksches Wirkungsquantum ($h = 6{,}626 \cdot 10^{-34}\,\text{J}\cdot\text{s}$)
$\hbar$	Plancksche Konstante ($\hbar = h/2\pi$)
k	Wellenzahl
p	Impuls
λ	Wellenlänge
ω	Kreisfrequenz

Übersicht V-3. Gitterwellen einer linearen Atomkette.

lineare Atomkette

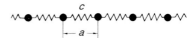

Dispersion

$$\omega = \sqrt{\frac{2c}{m}(1 - \cos k a)} = \sqrt{\frac{4c}{m}} \sin \frac{k a}{2}$$

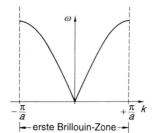

maximale Wellenzahl $k_{\text{max}} = \pi/a$
minimale Wellenlänge $\lambda_{\text{min}} = 2a$

Übersicht V-3 (Fortsetzung)

Gruppen- und Phasengeschwindigkeit

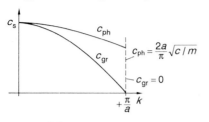

$$c_{ph} = \frac{2a}{\pi}\sqrt{c/m}$$

$$c_{gr} = 0$$

$$c_{gr} = a\sqrt{\frac{c}{2m}} \cdot \frac{\sin k a}{\sqrt{1 - \cos k a}}$$

$$c_{ph} = \sqrt{\frac{2c}{m}} \cdot \frac{\sqrt{1 - \cos k a}}{k}$$

maximale Schallgeschwindigkeit $c_{s,max}$

$$c_{s,max} = \sqrt{a^3\, E/m} = \sqrt{E/\varrho}$$

$$\omega_{max} = 2\sqrt{c/m}$$

$$f_{max} = \frac{1}{\pi}\sqrt{a\, E/m}$$

a	Gitterkonstante
c	Federkonstante
c_{gr}	Gruppengeschwindigkeit
c_{ph}	Phasengeschwindigkeit
c_s	Schallgeschwindigkeit
E	Elastizitätsmodul
f	Frequenz
k	Wellenzahl ($k = 2\pi/\lambda$)
m	Masse
ϱ	Dichte
ω	Kreisfrequenz
λ	Wellenlänge

von der Wellenlänge λ bzw. von der Wellenzahl k abhängt (*Dispersion*). Alle vorkommenden Wellenzahlen liegen innerhalb der ersten *Brillouin-Zone* ($-\frac{\pi}{a} \leq k \leq \frac{\pi}{a}$).

Sind zwei oder mehr Atome in einer Elementarzelle, dann ergeben sich je nach Schwingungstyp verschiedene Dispersionsrelationen, die in *akustische* (TA: transversal akustisch und LA: longitudinal akustisch) und *optische* Dispersionsrelationen (TO: transversal optisch und LO: longitudinal optisch) eingeteilt werden (Bild V-2).

a)

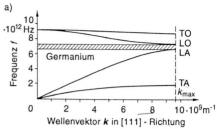

b)

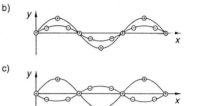

c)

y

x

Bild V-2. Dispersion von Germanium (a), akustische (b) und optische Phononen (c).

V.4.2 Molare und spezifische Wärmekapazität

Ein schwingungsfähiges System besitzt eine Schwingungsenergie, die sich gleichmäßig auf die potentielle und kinetische Energie aufteilt. Aufgrund der drei Freiheitsgrade eines Gitterbausteins gilt die *Dulong-Petitsche Regel*. Die tatsächlich gemessenen molaren Wärmekapazitäten weichen, vor allem bei tiefen Temperaturen, festen Gitterbindungen und leichten Atomen, sehr stark von diesem Wert ab. Deshalb schlug EINSTEIN eine *Quantelung* der Schwingungsenergie vor, und DEBYE ging davon aus, daß der Energieinhalt eines festen Körpers in den stehenden Wellen der N Gitterschwingungen gespeichert ist (Übersicht V-4).

Tabelle V-7. Debye-Temperatur T_D einiger Stoffe.

Stoff	T_D	Stoff	T_D in K
Pb	88	Mg	405
Na	172	Al	428
Ag	226	LiF	740
NaCl	281	Diamant	1860
Cu	345		

Übersicht V-4. Innere Energie und molare Wärmekapazität der Festkörper nach DULONG-PETIT, EINSTEIN und DEBYE.

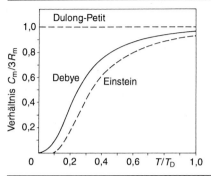

Boltzmann-Verteilung	Debye
$$U = 3\,\dfrac{N h f}{e^{\frac{h f}{kT}} - 1}$$	$$U = 9 N k T\,\dfrac{T^3}{T_D^3} \int\limits_0^{z_D} \dfrac{z^3\,\mathrm{d}z}{e^z - 1}$$
	$z = (h f)/(k T)$ und $z_D = T_D / T$

Einstein-Temperatur	Debye-Temperatur
$T_E = h f / k$	$T_D = h f_{gr} / k$

$T \gg T_E$ und $T \gg T_D$: $U \approx 3 N k T = 3 v R_m T$ und $C_m = 3 R_m$ (Dulong-Petit)

$T \ll T_E$	$T \ll T_D$
$$U = 3 N h f\, e^{-\frac{h f}{kT}}$$	$$U = \frac{3}{5}\,\pi^4 N k T\,\frac{T^3}{T_D^3}$$
$$C_m = 3 R_m \left(\frac{h f}{k T}\right)^2 e^{-\frac{h f}{kT}}$$	$$C_m = \frac{12}{5}\,\pi^4 R_m\,\frac{T^3}{T_D^3}$$

C_m	molare Wärmekapazität	N	Anzahl der schwingenden Punkte
f	Frequenz	R_m	molare Gaskonstante
f_{gr}	Grenzfrequenz	T	Temperatur
h	Plancksches Wirkungsquantum	T_D	Debye-Temperatur
	($h = 6{,}626 \cdot 10^{-34}\,\text{J} \cdot \text{s}$)	T_E	Einstein-Temperatur
k	Wellenzahl	U	innere Energie
		v	Stoffmenge (Anzahl Mol)

Übersicht V-5. Wärmeleitung im Isolator und im Metall.

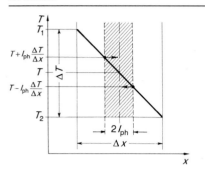

V.4.3 Wärmeleitfähigkeit

Zwar breiten sich die Phononen im Festkörper mit Schallgeschwindigkeit aus, doch der Wärmetransport ist bedeutend langsamer. Bei den Metallen wird Wärme nicht nur durch die Phononen, sondern auch durch die freien Elektronen übertragen (Übersicht V-5). Es gilt für Metalle, daß gute elektrische Leiter auch gute Wärmeleiter sind (und umgekehrt).

$$j_q = \lambda \frac{\Delta T}{\Delta x}$$

Isolator

$$j_q = \frac{1}{2} n_{ph} k c_s l_{ph} \frac{\Delta T}{\Delta x}$$

$$\lambda = \frac{1}{2} n_{ph} k c_s l_{ph}$$

$$\lambda = \frac{1}{3} \varrho c c_s l_{ph}$$

Metall

$$\lambda_{el} = \frac{1}{3} \pi^2 \frac{n}{m} k^2 \tau T$$

Bei konstanter Temperatur ist für alle Metalle die Wärmeleitfähigkeit λ proportional der elektrischen Leitfähigkeit $\varkappa$:

$$\lambda = L T \varkappa.$$

c	spezifische Wärmekapazität
c_s	Schallgeschwindigkeit der Phononen
j_q	Wärmestromdichte
k	Boltzmann-Konstante ($k = 1{,}38 \cdot 10^{-23}$ J/K)
L	Lorenzsche Zahl ($L = 2{,}45 \cdot 10^{-8}$ V^2/K^2)
l_{ph}	mittlere freie Phononenweglänge
m	Masse
n	Dichte der Elektronen
n_{ph}	Dichte der Phononen ($n_{ph} = N_{ph}/V$; N_{ph} Anzahl der Phononen; V Volumen)
T	Temperatur
$\Delta T/\Delta x$	Temperaturgefälle in x-Richtung
λ	Wärmeleitfähigkeit
$\varkappa$	elektrische Leitfähigkeit
τ	Relaxationszeit

W Metalle und Halbleiter

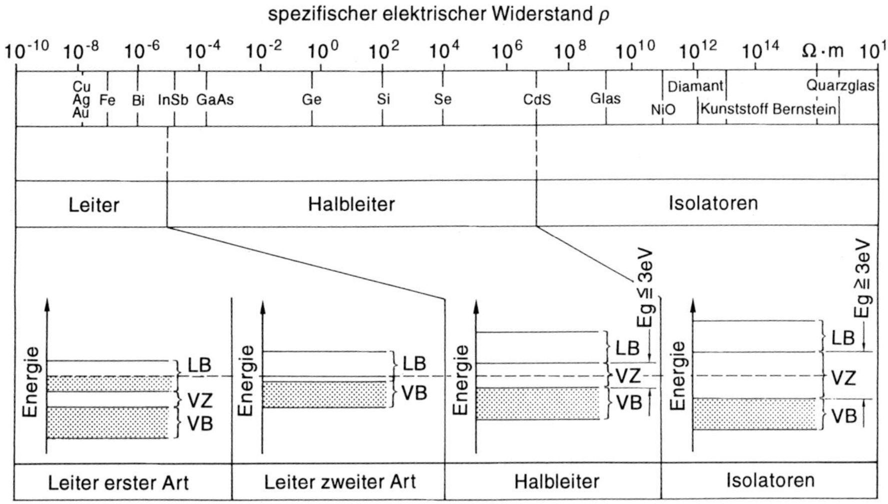

spezifischer elektrischer Widerstand ρ

| 10^{-10} | 10^{-8} | 10^{-6} | 10^{-4} | 10^{-2} | 10^{0} | 10^{2} | 10^{4} | 10^{6} | 10^{8} | 10^{10} | 10^{12} | 10^{14} | $\Omega \cdot m$ | 10^{18} |

Cu
Ag Fe Bi InSb GaAs   Ge   Si   Se   CdS   Glas   Diamant   Quarzglas
Au   NiO   Kunststoff Bernstein

| Leiter | Halbleiter | Isolatoren |

$Eg \lesssim 3eV$ $Eg \gtrsim 3eV$

Energie: LB, VZ, VB — Leiter erster Art
Energie: LB, VB — Leiter zweiter Art
Energie: LB, VZ, VB — Halbleiter
Energie: LB, VZ, VB — Isolatoren

| Leiter erster Art | Leiter zweiter Art | Halbleiter | Isolatoren |

Bild W-1. Spezifischer elektrischer Widerstand (Restivität) und Bändermodell von Festkörpern. Die mit Elektronen besetzten Zustände sind grau gekennzeichnet.

Anhand des spezifischen elektrischen Widerstandes (Resistivität) ϱ wird eingeteilt in (Bild W-1):

- Leiter $\varrho < 10^{-5}\,\Omega \cdot m$,
- Halbleiter $10^{-5} < \varrho < 10^{7}\,\Omega \cdot m$,
- Isolatoren $\varrho > 10^{7}\,\Omega \cdot m$.

W.1 Energiebänder

Die scharfen Energieniveaus der Elektronen in einzelnen Atomen werden durch Wechselwirkung mit Nachbarn verbreitert, so daß in Festkörpern die Elektronen Energien innerhalb mehr oder weniger breiter Bänder annehmen können.

> Elektronen halten sich in Festkörpern innerhalb erlaubter Energiebänder auf, die durch verbotene Zonen voneinander getrennt sind.

Fließt in einem Festkörper ein elektrischer Strom, dann erhöht sich die Energie der Elektronen um die kinetische Energie der Driftbewegung. Sie werden dadurch auf höhere Energiezustände gehoben. Dies ist nur möglich, wenn das höchste mit Elektronen besetzte Band nicht voll besetzt ist. Dieses Band wird als *Leitungsband* (LB im Bild W-1) bezeichnet. Hat das oberste mit Elektronen besetzte Band *keine* freien Energiezustände, dann ist der Festkörper ein *Isolator* bzw. *Halbleiter*. Dieses Band wird als *Valenzband* (VB im Bild W-1) bezeichnet. Anhand der Breite E_g (energy gap) der verbotenen Zone (VZ) wird in Halbleiter und Isolatoren eingeteilt (Bild W-1).

W.2 Metalle

Im Modell des *freien Elektronengases* können sich die Leitungselektronen innerhalb des Kristalls frei bewegen (Tabelle W-1).

Tabelle W-1. Modell des freien Elektronengases.

kinetische Energie der Leitungselektronen	$E = \dfrac{p^2}{2m} = \dfrac{\hbar^2 k^2}{2m}$
Impuls und Materiewellenlänge der Elektronen	$p = h/\lambda = \hbar k$
Fermi-Energie; höchstes mit Elektronen gefülltes Energieniveau	$E_F = \dfrac{\hbar^2}{2m} (3\pi^2 n)^{2/3}$
Wellenzahl des Fermi-Niveaus	$k_F = (3\pi^2 n)^{1/3}$
Fermi-Geschwindigkeit	$v_F = \dfrac{\hbar}{m} (3\pi^2 n)^{1/3}$

E kinetische Energie
E_F Fermi-Energie
$\hbar$ Plancksche Konstante ($\hbar = h/2\pi$)
k Wellenzahl ($k = 2\pi/\lambda$)
m Elektronenmasse
n Teilchenzahldichte ($n = N/V$)
p Impuls
λ Wellenlänge der Materiewelle

W.2.1 Energiezustände und Besetzung

Die möglichen Energiezustände der Elektronen im Leitungsband sind nicht gleichmäßig auf der Energieleiter angeordnet, sondern werden mit zunehmender Energie immer dichter. Die *Zustandsdichte D (E)* gibt die Zahl der Energiezustände je Energieintervall dE und Volumeneinheit an (Übersicht W-1). Die Wahrscheinlichkeit, mit der ein bestimmter Energiezustand E besetzt ist, wird durch die *Fermi-Dirac-Verteilungsfunktion f (E)* beschrieben (Übersicht W-1).

W.2.2 Elektrische Leitung

In einem elektrischen Feld werden die Elektronen beschleunigt und zugleich durch Stoßprozesse im Kristall abgebremst. Bei konstanter Feldstärke folgt das *Ohmsche Gesetz* (Tabelle W-2).

Übersicht W-1. Zustandsdichte und Fermi-Dirac-Verteilungsfunktion.

Zustandsdichte $D (E)$

$$D(E) = \frac{1}{2\pi^2} \left(\frac{2m}{\hbar^2}\right)^{3/2} E^{1/2}$$

Fermi-Dirac-Verteilungsfunktion $f (E)$

$$f(E) = \frac{1}{e^{\frac{E - E_F}{kT}} + 1}$$

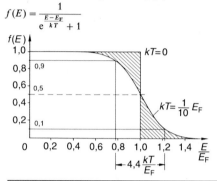

E_F	Fermi-Energie
E	Energie im Leitungsband
$D(E)$	Zustandsdichte (übliche Einheit $eV^{-1}cm^{-3}$)
$\hbar$	Plancksche Konstante ($\hbar = h/2\pi = 6{,}5821 \cdot 10^{-16}\,eV \cdot s$)
k	Boltzmann-Konstante ($k = 8{,}6174 \cdot 10^{-5}\,eV/K$)
m	Masse der Elektronen
T	absolute Temperatur

Tabelle W-2. Ohmsches Gesetz.

Differentialgleichung der Elektronenbeschleunigung	$\dfrac{dv_d}{dt} = -\dfrac{eE}{m} - \dfrac{v_d}{\tau}$
stationäre Driftgeschwindigkeit bei konstanter Feldstärke	$v_{d,0} = -\dfrac{e}{m}\tau E_0$
	$= -\mu E_0$
elektrische Stromdichte (Ohmsches Gesetz)	$j = -e n v_{d,0}$
	$= \dfrac{e^2}{m} n\tau E_0$
elektrische Leitfähigkeit	$\varkappa = e n \mu$

E elektrische Feldstärke
e Elementarladung
m Elektronenmasse
n Elektronenzahldichte
v_d Driftgeschwindigkeit
$\varkappa$ elektrische Leitfähigkeit
μ Beweglichkeit
τ Relaxationszeit

W.3 Halbleiter

Halbleiter haben bei tiefen Temperaturen ein mit Elektronen gefülltes Valenzband, welches durch eine *verbotene Zone* (Energielücke; energy gap) vom leeren Leitungsband getrennt ist (Bild W-1). Tabelle W-3 zeigt einige halbleitende Substanzen; Daten von Ge, Si und GaAs sind in Tabelle W-4 enthalten.

Tabelle W-3. Halbleitende Verbindungen.

Gruppen des Perioden-systems zur Kombination der Elemente	Beispiele
IV	Si, Ge, Sn (grau)
IV–IV	SiC
III–V	GaAs, InSb
II–VI	ZnTe, CdSe, HgS

W.3.1 Eigenleitung

Bei $T = 0$ K ist die Leitfähigkeit eines Halbleiters null. Mit steigender Temperatur werden durch die Gitterschwingungen Bindungen zwischen benachbarten Atomen aufgerissen, so daß frei bewegliche Elektronen erzeugt werden. Im Bändermodell entspricht dies einer Anhebung von Elektronen vom Valenzband über die Energielücke ins Leitungsband (Tabelle W-5). Die im Valenzband zurückbleibenden Löcher verhalten sich wie positive Teilchen und tragen wie die Elektronen zum elektrischen Strom bei (Tabelle W-6).

W.3.2 Störstellenleitung

Der spezifische Widerstand eines Halbleiters ändert sich drastisch bei *Dotierung* mit Fremdstoffen. Je nach Dotierstoff beruht die Leitung

Tabelle W-4. Daten der Halbleiter Ge, Si und GaAs.
Die Zahlenwerte gelten für $T = 300$ K.

	Ge	Si	GaAs
Kristallstruktur	Diamant	Diamant	Zinkblende
Gitterkonstante a in 10^{-19} m	5,65771	5,43043	5,65325
linearer Ausdehnungskoeffizient α in 10^{-6} K^{-1}	5,90	2,56	6,86
spezifische Wärmekapazität c in kJ/(kg · K)	0,31	0,70	0,35
Wärmeleitfähigkeit λ in W/(m · K)	64	145	46
Schmelzpunkt ϑ, in °C	937	1415	1238
Atomdichte N/V in 10^{22} cm^{-3}	4,42	5,0	4,42
Dichte ϱ in kg/m^3	5326,7	2328	5320
Molmasse M in g/mol	72,60	28,09	144,63
Bandgap E_g in eV	0,660	1,11	1,43
intrinsische Trägerdichte n_i in cm^{-3}	$2,33 \cdot 10^{13}$	$1,02 \cdot 10^{10}$	$2,00 \cdot 10^6$
Effektive Zustandsdichte im Leitungsband N_L in cm^{-3} im Valenzband N_V in cm^{-3}	$1,24 \cdot 10^{19}$ $5,35 \cdot 10^{18}$	$2,85 \cdot 10^{19}$ $1,62 \cdot 10^{19}$	$4,55 \cdot 10^{17}$ $9,32 \cdot 10^{18}$
Beweglichkeit μ_n in cm^2/(V · s) μ_p in cm^2/(V · s)	3900 1900	1350 480	8500 435
relative Dielektrizitätszahl ε_r	16	11,8	12,9

Tabelle W-5. Leitungsmechanismen in Halbleitern.

	Eigenleitung	Störstellenleitung	
		n-dotiert (Elektronenleitung)	p-dotiert (Löcherleitung)
Elemente	Gruppe IV vier Valenzelektronen: C, Si, Ge, Sn	Gruppe V fünf Valenzelektronen: N, P, As, Sb (Donatoren)	Gruppe III drei Valenzelektronen: B, Al, Ga, In (Akzeptoren)
Kristall- gitter			
Bänder- Modell			

Tabelle W-6. Gleichungen zur Eigenleitung.

elektrische Leitfähigkeit	$\varkappa = e\,(n\,\mu_n + p\,\mu_p)$
Eigenleitungsdichte (intrinsische Ladungs- trägerdichte)	$n_i(T) = \sqrt{N_L N_V}\; e^{-\frac{E_g}{2kT}}$ $= n_{i0}\, T^{3/2}\, e^{-\frac{E_g}{2kT}}$
Produkt von Elektronen- und Löcherdichte (unab- hängig von Dotierung)	$n\,p = n_i^2 = n_{i0}^2\, T^3\, e^{-\frac{E_g}{kT}}$
Beweglichkeit	$\mu(T) = \mu_0\,(T/T_0)^{-3/2}$
ohmscher Widerstand eines Halbleiters	$R(T) \approx R_0\, e^{\frac{E_g}{2kT}}$

E_g	Energielücke (band gap)
e	Elementarladung
k	Boltzmann-Konstante
N_L	effektive Zustandsdichte des Leitungsbandes
N_V	effektive Zustandsdichte des Valenzbandes
n	Elektronendichte
p	Löcherdichte
T	absolute Temperatur
$\varkappa$	Leitfähigkeit
μ_n	Elektronenbeweglichkeit
μ_p	Löcherbeweglichkeit

(N_L, N_V: } Tabelle W-4)

Tabelle W-7. Eigenschaften von Dotierstoffen.

	Platz des Dotierstoffs im Periodensystem	
	Gruppe III	Gruppe V
Bezeichnung	Akzeptor	Donator
Anzahl der Valenzelektronen	3	5
Majoritäten	Löcher	Elektronen
Minoritäten	Elektronen	Löcher
Leitungs- mechanismus	Löcher- leitung p-Typ	Elektronen- leitung n-Typ

entweder auf Elektronen- oder Löcherleitung (Tabelle W-7).

Übersicht W-2 zeigt die Abhängigkeit der Elektronendichte eines *n*-Leiters von der Temperatur sowie die drei Bereiche Störstellenreserve, Störstellenerschöpfung und Eigenleitung.

Übersicht W-2. Dichte der freien Elektronen in n-Si in Abhängigkeit von der Temperatur.

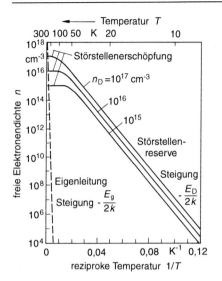

Übersicht W-2 (Fortsetzung)

Störstellenerschöpfung

In der Nähe der Raumtemperatur sind alle Störstellen ionisiert.

	n-Typ	p-Typ
Majoritätsdichte	$n = n_D$	$p = n_A$
elektrische Leitfähigkeit	$\varkappa = e\, n_D\, \mu_n$	$\varkappa = e\, n_A\, \mu_p$

n_A, n_D Akzeptoren- bzw. Donatorendichte
μ_n, μ_p Elektronen- bzw. Löcherbeweglichkeit
e Elementarladung

Eigenleitung

Bei hohen Temperaturen liegt Eigenleitung vor (Tabelle W-6).

Typische Werte des Sperrsättigungsstroms liegen im Bereich von pA bei Si und von µA bei Ge (Tabelle W-8).

Störstellenreserve

Trägerdichte hängt exponentiell von der Temperatur ab (tiefe Temperaturen).

$$n(T) = \sqrt{\frac{n_D\, N_L}{2}}\; e^{-\frac{E_D}{2kT}}, \quad n\text{-Typ}$$

$$p(T) = \sqrt{\frac{n_A\, N_V}{2}}\; e^{-\frac{E_A}{2kT}}, \quad p\text{-Typ}$$

E_A Akzeptorbindungsenergie
E_D Donatorbindungsenergie
k Boltzmann-Konstante
N_L effektive Zustandsdichte im Leitungsband
N_V effektive Zustandsdichte im Valenzband
n Elektronendichte
n_A Akzeptorendichte
n_D Donatorendichte
p Löcherdichte
T absolute Temperatur

W.3.3 pn-Übergang

Die meisten Halbleiterbauelemente besitzen einen oder mehrere pn-Übergänge. Bild W-2 zeigt Diagramme für einen *abrupten unsymmetrischen* pn-Übergang in Silicium.

W.3.4 Transistor

Transistoren dienen zum Verstärken von elektrischen Signalen und zählen deshalb zu den *aktiven Bauelementen* (Tabelle W-10).

Die *bipolaren Transistoren* werden in der Schaltungstechnik eingesetzt. Die Bedeutung der *Feldeffekttransistoren* (FET) für diskrete und integrierte Schaltungen ist erheblich gewachsen.

W.3.4.1 Bipolarer Transistor

Der am häufigsten vorkommende npn-Transistor besteht aus drei Elektroden; dem negativ dotierten Emitter (n), der positiv dotierten Basiszone (p) und dem negativ dotierten Kollektor (n) (Bild W-4).

Die bipolaren Transistoren arbeiten folgendermaßen: Der Basisstrom I_B (abhängig von der Basis-Emitter-Spannung U_{BE} und der Schichttemperatur T_j) bringt Ladungsträger in die in Sperrichtung betriebene und deshalb isolierende Basis-Kollektor-Diode (Basis-Kollektor-Übergang) und macht diese leitfä-

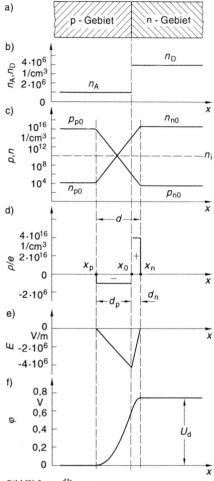

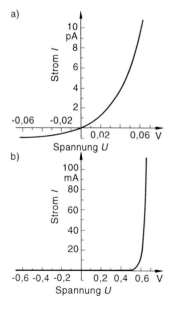

Tabelle W-8. Gleichungen des pn-Übergangs.

Diffusionsspannung	$U_d = \dfrac{kT}{e} \ln \dfrac{n_A n_D}{n_i^2}$
	$= U_T \ln \dfrac{n_A n_D}{n_i^2}$
Breite der Raumladungszone (RLZ)	$d = \sqrt{\dfrac{2\,\varepsilon_r\,\varepsilon_0\,U_d}{e}} \cdot \dfrac{n_A + n_D}{n_A n_D}$
Diodenkennlinie nach SHOCKLEY	$I = I_S\,(e^{\frac{eU}{kT}} - 1)$
Temperaturabhängigkeit des Sperrsättigungsstroms	$I_S \sim T^3\,e^{-E_g/kT}$

E_g Energielücke
e Elementarladung
I Strom
I_S Sperrsättigungsstrom
k Boltzmann-Konstante
n_A Akzeptorenkonzentration im p-Gebiet
n_D Donatorenkonzentration im n-Gebiet
n_i intrinsische Trägerdichte
T absolute Temperatur
U Spannung
U_d Diffusionsspannung
U_T Temperaturspannung $(U_T = kT/e)$
ε_0 elektrische Feldkonstante
ε_r Permittivitätszahl

Bild W-2. pn-Übergang.
a) p- und n-leitendes Silicium in Kontakt,
b) Störstellenkonzentrationen,
c) Konzentrationen der beweglichen Ladungsträger,
d) Raumladungsdichte,
e) elektrische Feldstärke,
f) Potentialverlauf.

Bild W-3. Diodenkennlinie nach der Shockley-Gleichung.
a) Koordinatenursprung vergrößert,
b) Gleichrichterverhalten bei größeren Spannungen und Strömen.

Tabelle W-9. Übersicht über Dioden.

Diodentyp	Schaltdiode	Schottky-Diode	Gleichrichter-diode	Schottky-Leistungsdiode	Zenerdiode	Diac
Schaltzeichen	(Schaltzeichen)	(Schaltzeichen)	(Schaltzeichen)	(Schaltzeichen)	(Schaltzeichen)	(Schaltzeichen)
Gleichstrom-kennlinie	(Kennlinie I–U)	(Kennlinie I–U)	(Kennlinie I–U)	(Kennlinie I–U)	(Kennlinie I–U)	(Kennlinie I–U)
Nutzkennlinie, schematisch	(Kennlinie I–U)	(Kennlinie I–U)	(Kennlinie I–U)	(Kennlinie I–U)	(Kennlinie I_R–U_R)	(Kennlinie I–U)
genutzter Effekt	Ventilwirkung	Ventilwirkung	Ventilwirkung	Ventilwirkung	Zener- oder Lawinen-durchbruch	kontrollierter Durchbruch
innerer Aufbau	pn Silicium (Germanium)	Metall-n Silicium	pn Silicium	Metall-n Silicium	pn Silicium	pnp Silicium
Frequenzbereich	Gleichstrom Niederfrequenz Hochfrequenz	Gleichstrom bis Höchstfrequenz	Gleichstrom Netzfrequenz Niederfrequenz	Gleichstrom bis mittlere Frequenzen	Gleichstrom Niederfrequenzen	Netzfrequenz
besondere Eigenschaften	schnell, klein, kleiner Sperrstrom, kleiner Durchlaßwiderstand, preisgünstig	sehr schnell, klein, kleine Durchlaßspannung	hohe Sperrspannung, hoher Durchlaßstrom, niederohmig, preisgünstig	sehr schnell, kleine Sperrspannung, hoher Durchlaßstrom, kleine Verluste	kontrollierter Durchbruch in Sperrichtung	Kennlinie mit Bereichen negativen Widerstandes
Anwendungsbereich	Universaldiode zum Schalten, zum Begrenzen, zum Entkoppeln, für Logikschaltungen	Hochfrequenzgleichrichter, Gleichrichter mit kleiner Schleusenspannung, schnelle Logikschaltungen	Gleichrichter bei Netzfrequenz für kleine und große Spannungen und Ströme, auch für Schaltregler bei höheren Frequenzen	Gleichrichter bei hohen Frequenzen, hohen Strömen, aber kleinen Spannungen, Freilaufdiode	Spannungsstabilisierung, Spitzenspannungsbegrenzung	Triggerdiode zur sicheren Zündung bei einfachen Triacschaltungen zur Phasenanschnittsteuerung

Tabelle W-9 (Fortsetzung)

Diodentyp	Photodiode	Kapazitäts-diode	pin-Diode	Step-Recovery-Diode	Tunneldiode	Backward-Diode
Schaltzeichen						
Gleichstrom-kennlinie						
Nutzkennlinie, schematisch						
genutzter Effekt	lichtstärke-abhängiger Sperrstrom	spannungsab-hängige Sperr-schichtkapazität	stromabhängiger Durchlaß-widerstand	der Sperrstrom endet abrupt	Tunneleffekt	Ventilwirkung
innerer Aufbau	pn, pin Metall-n Silicium	pn Silicium Galliumarseid	pin Silicium	pn Silicium	pn Germanium hoch dotiert	pn Germanium hoch dotiert
Frequenzbereich	Gleichstrom bis Hochfrequenz			Hochfrequenz		
besondere Eigenschaften	Sperrstrom abhängig von der Beleuchtung der Sperrschicht Avalanche-Effekt bei APD	Sperrschicht-kapazität ist spannungs-abhängig, hohe Güte	Durchlaß-widerstand ist stromabhängig, hohe Güte	abrupt endende Sperrverzögerung, Sperrverzögerungs-zeit, typenabhängig	Kennlinie mit negativem diffe-rentiellen Widerstandsbereich	keine Schleusen-spannung, sehr kleine Sperrspannung
Anwendungsbereich	Messung der Lichtstärke in einem großen Dynamikbereich, Datenempfänger am Ende einer Glasfaserstrecke	spannungs-gesteuerte Ab-stimmung von Schwingkreisen für Frequenzfilter, Synthesizer, Phasenschieber	stromgesteuerte analoge Dämpfungsglieder für Hochfrequenz, stromgesteuerte Schalter für Hochfrequenz	Frequenzverviel-facher bis in den GHz-Bereich mit sehr geringem Aufwand	sehr schnelle Triggerdiode, Entdämpfung von Schwingkreisen, Höchstfrequenz-oszillator	Gleichrichter für sehr kleine Hoch-frequenzspannungen

Tabelle W-10. Übersicht über die verschiedenen Transistoren.

Typ	Bipolare Transistoren		Unipolare Transistoren = Feld-Effekt-Transistoren					
			Sperrschicht FET (Junction FET)		Insulated Gate FET (MOSFET)			
					Verarmungstyp (Depletion)		Anreicherungstyp (Enhancement)	
	npn Transistor	pnp Transistor	n-Kanal FET	p-Kanal FET	n-Kanal MOSFET	p-Kanal MOSFET	n-Kanal MOSFET	p-Kanal MOSFET
prinzipieller Aufbau	(n-p-n)	(p-n-p)	(n mit p)	(p mit n)	(n mit p)	(p mit n)	(n mit p)	(p mit n)
Schaltzeichen	I_C C, B, I_B E	I_C C, B, I_B E	I_D D, G, U_{GS}, S	I_D D, G, U_{GS}, S	I_D D, U_{GS}, S	I_D D, U_{GS}, S	I_D D, U_{GS}, S	I_D D, U_{GS}, S
Kennlinie	I_C, I_B	I_C, I_B	I_D, U_{GS}	I_D, U_{GS}	I_D, U_{GS}	I_D, U_{GS}	I_D, U_{GS}	I_D, U_{GS}
Eigenschaften Bemerkungen	U_{CE} positiv stromgesteuert lange geützte Technologie für alle Anwendungsgebiete	U_{CE} negativ	U_{DS} positiv spannungsgesteuert leitet bei $U_{GS}=0$, selbstleitend lange genutzte Technologie für Kleinsignaltransistoren	U_{DS} negativ spannungsgesteuert selbstleitend	U_{DS} positiv spannungsgesteuert leitet bei $U_{GS}=0$, selbstleitend jüngere und sehr vielseitig anwendbare Technologie	U_{DS} negativ spannungsgesteuert selbstleitend	U_{DS} positiv spannungsgesteuert sperrt bei $U_{GS}=0$, selbstsperrend	U_{DS} negativ spannungsgesteuert selbstsperrend

Aufbau   Schema

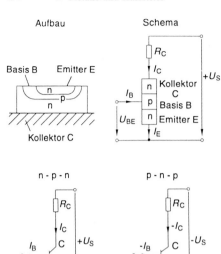

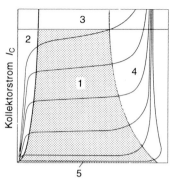

5
Kollektor - Emitterspannung U_{CE}

Bild W-5. Betriebsbereiche eines Transistors.
1 aktiver Bereich,
2 Übersteuerungsbereich,
3 Versagensbereich,
4 Durchbruchbereich,
5 Sperrbereich.

Bild W-4. Aufbau und Schaltung eines bipolaren Transistors mit Kollektorwiderstand R_C.
B   Basis
C   Kollektor
E   Emitter
I_{BE} Basis-Emitter-Strom
I_B Basisstrom
I_C Kollektorstrom
R_C Kollektorwiderstand
U_{BE} Basis-Emitter-Spannung
U_S Versorgungsspannung.

hig. Der Basisstrom I_B erzeugt einen wesentlich größeren Kollektorstrom I_C, der von der Kollektor-Emitter-Spannung U_{CE} nur wenig abhängt. Dieser Kollektorstrom I_C fließt über die Basis zum Emitter.

Die Arbeitsbereiche eines Transistors werden deutlich, wenn man den Kollektorstrom I_C in Abhängigkeit von der Kollektorspannung U_C aufzeichnet (Bild W-5).

Die Transistoren werden für bestimmte Anwendungen in verschiedenen Grundschaltungen angeboten (Tabelle W-12).

W.3.4.2 Feldeffekt-Transistor (FET)

Im Unterschied zum bipolaren Transistor sind beim FET nur Ladungsträger einer Sorte (Elektronen oder Löcher) beteiligt. Beim *Sperrschicht-FET* (Bild W-6) liegt an einem n-leitenden Bereich eine Gleichspannung, so daß die Elektronen von der *Quelle* (source) zur *Senke* (drain) fließen. Die Breite des Kanals wird von den beiden oben und unten liegenden p-Zonen und der anliegenden sperrenden Steuerspannung (Gatespannung U_G) gesteuert. Wird die Steuerspannung erhöht, dann werden die Raumladungszonen breiter und verengen die Strombahn. Den FET kann man somit als *steuerbaren Widerstand* ansehen, dessen Wert von der Gate-Source-Spannung U_{GS} und von der Drain-Source-Spannung U_{DS} bestimmt wird.

Der Arbeitsbereich eines FET läßt sich nach Bild W-7 in vier Bereiche unterteilen:

– *ohmscher Bereich*. Bei kleinen Spannungen U_{DS} und kleinen Drainströmen I_D verhält sich der FET wie ein ohmscher Widerstand.
– *Triodenbereich*. Die Steigung der Kennlinie geht vom ohmschen Bereich in eine flache Steigung über, die dem kleinen Ausgangsleitwert des Abschnürbereichs entspricht.

Tabelle W-11. Wichtige Kennwerte von Transistoren.

Basisstrom I_B

$$I_B = I_0 \left(e^{U_{BE}/U_{TJ}} - 1 \right)$$

Basis-Emitter in Durchlaßrichtung geschaltet

$$I_B = I_0 \, e^{U_{BE}/U_T}$$

Temperaturspannung U_T

$$U_T = k \, T/e$$

Eingangswiderstand r_{BE}

$$r_{BE} = U_T/I_B$$

Gleichstromverstärkung B

$$B = I_C/I_B$$

differentielle Stromverstärkung β

$$\beta = dI_C/dI_B$$

Ausgangsleitwert g_a

$$g_a = dI_C/dU_{CE}$$

Spannungsrückwirkung D

$$D = dU_{CE}/dU_{BE}$$

Rauschleistung P_R

$$P_R = 4 \, k \, T \, \Delta f$$

Rauschspannung U_R

$$U_R = \sqrt{P_R R} = \sqrt{4 \, k \, T \, \Delta f \, R}$$

Rauschzahl F und Rauschmaß F^*

$$F = P_{RT}/P_R, \quad F^* = 10 \lg (P_{RT}/P_R) \, dB$$

B	Gleichstromverstärkung
D	Spannungsrückwirkung
F	Rauschzahl
F^*	Rauschmaß
g_a	Ausgangsleitwert
Δf	Frequenzbandbreite
I_B	Basisstrom
I_0	Reststrom
k	Boltzmann-Konstante $(k = 1{,}380658 \cdot 10^{-23} \, \text{J/K})$
P_R	Rauschleistung
P_{RT}	Rauschleistung im Transistor
R	Widerstand
U_{BE}	Basis-Emitter-Spannung
U_{CE}	Kollektor-Emitter-Spannung
U_R	Rauschspannung
U_T	Temperaturspannung
β	differentielle Stromverstärkung

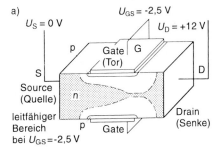

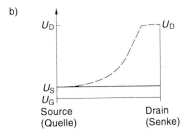

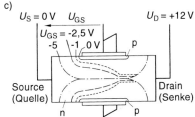

Bild W-6. Aufbau und Arbeitsweise des Sperrschicht-FET.
a) Aufbau,
b) Potentialverlauf entlang dem Kanal,
c) Querschnitt mit verschieden großen Raumladungs-
zonen.

– *Abschnürbereich.* Hier liegt der meistgenutzte Arbeitsbereich. Die Gatespannung U_{GS} steuert den Drainstrom I_D.
– *Durchbruchbereich.* Dieser Bereich muß vermieden werden; denn ein Spannungsdurchbruch zwischen Gate und Drain zerstört den Transistor.

Ein besonders wichtiger Transistortyp ist der MOSFET (metal oxide semiconductor-FET), der Doppelgate-MOSFET und der MOSFET-Leistungstransistor für Schalter (Bild W-8).

Tabelle W-12. Grundschaltungen von Transistoren und ihre wichtigsten Eigenschaften.
Die Zahlenwerte gelten für einen Kleinsignaltransistor mit folgenden Daten:
$\beta_e = 100$, $f_T = 300$ MHz, $U_T = 40$ mV, $r_{BE} = 800\ \Omega$.

Grundschaltung	Stromverstärkung des Transistors V_i	Spannungsverstärkung des Transistors V_u	Eingangswiderstand R_e	Ausgangswiderstand R_a	Frequenzgang	Bemerkungen und Anwendungen
Emitterschaltung	$\beta_e = \dfrac{i_c}{i_b}$ $\beta_e = 100$	$\dfrac{U_a}{U_e} = \dfrac{R\,\beta}{r_{BE}}$ $\dfrac{U_a}{U_e} = \dfrac{R \cdot I_E}{U_T}$ $\dfrac{U_a}{U_e} = \dfrac{1\,\text{k}\Omega \cdot 5\,\text{mA}}{40\,\text{mV}}$ $V_u = \dfrac{U_a}{U_e} = 125$	$R_e = r_{BE}$ $R_e = \dfrac{U_T}{I_B}$ $R_e = \dfrac{40\,\text{mV}}{50\,\mu\text{A}}$ $R_e = 800\ \Omega$	$R_a = R \,\Big\|\, \dfrac{1}{h_{22}}$ $R_a = \dfrac{R}{1 + R \cdot h_{22}}$ $R_a = \dfrac{1\,\text{k}\Omega}{1 + 1\,\text{k}\Omega \cdot 50\,\mu\text{S}}$ $R_a \approx 0{,}95\ \text{k}\Omega$	(Frequenzgang-Diagramm: V_u über f/MHz; β_0; Werte 100, 10; 1; $0{,}3$; 3; 30; 300; $\dfrac{f_T}{\beta_0}$; f_T)	– häufigste Verstärkerschaltung – Strom- und Spannungsverstärkung gut – durch Gegenkopplung und Beschaltung gut variierbar

Tabelle W-12 (Fortsetzung)

Grundschaltung	Stromverstärkung des Transistors V_i	Spannungsverstärkung des Transistors V_u	Eingangswiderstand R_e	Ausgangswiderstand R_a	Frequenzgang	Bemerkungen und Anwendungen
Kollektorschaltung $R_G = 1\,k\Omega$	$\beta_c = \dfrac{i_c}{i_b} + 1$ $\beta_c = 101$	$\dfrac{U_a}{U_e} = \dfrac{r_{BE} + (1+\beta)R}{(1+\beta)R}$ $\dfrac{U_a}{U_e} = 0,99$ $\dfrac{U_a}{U_e} \approx 1$	$R_e = \dfrac{U_T}{I_B}$ $+ (1+\beta_e)R$ $R_e = r_{BE}$ $+ (1+\beta_e)R$ $R_e \approx \beta_e R$ $R_e \approx 1000\,k\Omega$	$R_a = \dfrac{R_G + r_{BE}}{\beta} \parallel R$ $R_a \approx \dfrac{R_G + r_{BE}}{\beta}$ $R_a \approx 18\,\Omega$	V_i, β_0, $\dfrac{f_T}{\beta_0}$, f_T, f/MHz	– Impedanzwandler von hochohmig auf niederohmig – Eingangsstufe für hochohmige Quellen – Ausgangstransistor in Leistungsverstärkern – Leistungstransistor in längsgeregelten Netzgeräten
Basisschaltung	$\alpha = \dfrac{i_c}{i_e}$ $\alpha = \dfrac{\beta_c}{1+\beta_c}$ $\alpha \approx 1$ $\dfrac{i_c}{i_e} \approx 1$	$\dfrac{U_a}{U_e} = \dfrac{R \cdot \beta}{r_{BE}}$ $\dfrac{U_a}{U_e} = \dfrac{1k\Omega \cdot 100}{800\,\Omega}$ $V_u = 125$	$R_e = \dfrac{U_T}{I_u \cdot \beta_e}$ $R_e = \dfrac{r_{BE}}{\beta_c}$ $R_e \approx 8\,\Omega$	$R_a = R_c \parallel \dfrac{1}{h_{22}}$ $R_a - R_c$ $R_a = 1\,k\Omega$	V_i, f_T, f/MHz	– Impedanzwandler von niederohmig auf hochohmig – Hochfrequenzverstärker mit gutem Frequenzgang – niedrige Bedämpfung des Ausgangskreises durch sehr kleinen Ausgangsleitwert h_{22}

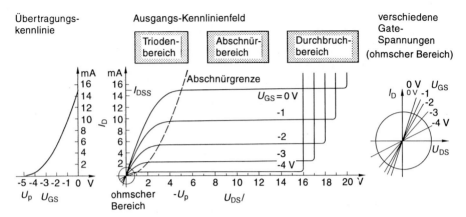

Bild W-7. Kennlinien und Arbeitsbereiche des n-Kanal-Sperrschicht-FET.

Tabelle W-13. Grundschaltungen des FET.

	Sourceschaltung	Drainschaltung	Gateschaltung
Grundschaltung			
Verstärkung	Spannungsverstärkung >1	Spannungsverstärkung <1	Spannungsverstärkung >1 Stromverstärkung $V_i = 1$
Eingangs-widerstand	sehr groß	sehr groß, mit der Boot-strapschaltung extrem groß	klein!
Anwendungsbereich	Gleichspannung, NF, HF	Gleichspannung, NF, HF	wenig benutzt, nur bei HF
Besondere Vorteile	gute Spannungsverstärkung hoher Eingangswiderstand und geringes Rauschen	hoher Eingangswiderstand und geringes Rauschen eigenstabile Schaltung	sehr geringe Spannungs-rückwirkung vom Ausgang auf den Eingang
Entsprechende Schaltung bei bipolaren Transistoren siehe Tabelle W-12	Emitterschaltung	Kollektorschaltung	Basisschaltung

a) Prinzip

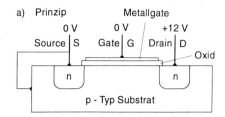

Positive Gate - Spannung

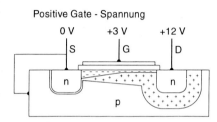

MOSFET - Verarmungstyp

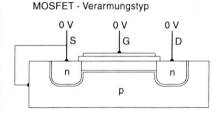

b)

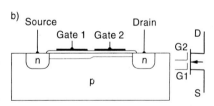

c)

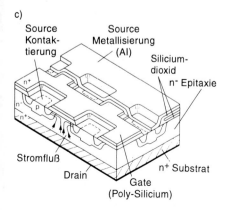

Die MOSFETs eignen sich besonders für digitale integrierte und hochintegrierte Schaltungen, da sich sehr schnelle Schaltkreise mit geringem Stromverbrauch auf kleinster Fläche herstellen lassen.

Beim MOSFET beeinflußt die Steuerspannung die Leitfähigkeit einer dünnen Oberflächenschicht im Halbleiterkristall. Der Strom kann im Kanal verstärkt werden. Der Doppelgate-MOSFET besitzt zwei Gates. Er wird als regelbarer Verstärker häufig in Hochfrequenzschaltungen eingesetzt. Für hohe Ströme werden die MOSFET-Leistungstransistoren eingesetzt.

W.4 Supraleitung

Ein Supraleiter besitzt zwei Eigenschaften: Unterhalb der Sprungtemperatur T_C findet eine *widerstandslose Leitung* statt, und der Supraleiter verhält sich als *idealer Diamagnet* (Meißner-Ochsenfeld-Effekt: völlige Verdrängung des Magnetfeldes aufgrund starker Oberflächenströme; Bild W-9).

Der supraleitende Zustand wird oberhalb einer *kritischen magnetischen Flußdichte* B_C zerstört (Bild W-10).

Die Supraleitung hängt von drei kritischen Größen ab: der Sprungtemperatur T_C, der kritischen magnetischen Induktion B_C und der

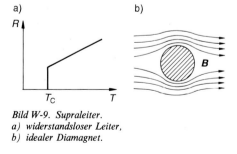

Bild W-9. Supraleiter.
a) widerstandsloser Leiter,
b) idealer Diamagnet.

Bild W-8. MOSFET (a), Doppelgate-MOSFET (b) und MOSFET-Leistungstransistor (c).

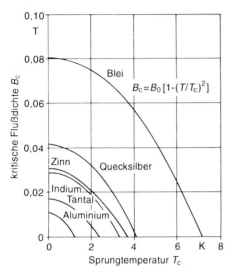

Bild W-10. Abhängigkeit der kritischen Flußdichte von der Sprungtemperatur.
B_0 *kritische Flußdichte für $T = 0$ K*
B_C *kritische Flußdichte*
T *Temperatur*
T_C *kritische Temperatur.*

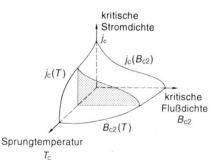

Sprungtemperatur
T_C

Bild W-11. Supraleitender Bereich.

Tabelle W-14. Kritische Temperatur T_C und kritische Flußdichte B_C supraleitender Elemente und Verbindungen.

Element	T_C in K	B_C (4,2 K) in T
Supraleiter erster Art		
Al	1,19	0,0091
Hg	4,15	0,0412
In	3,4	0,0293
Pb	7,2	0,0803
Sn	3,72	0,0309
Th	1,37	0,0162
Tl	2,39	0,0171
Supraleiter zweiter Art		
Nb	9,2	$B_{C2} = 0,2$ T
Ta	4,39	$B_{C2} = 0,18$ T
V	5,3	$B_{C2} = 0,34$ T
Zn	0,9	$B_{C2} = 0,0053$ T

Verbindung	T_C in K	B_{C2} (4,2 K) in T
Supraleiter zweiter Art		
Bi_3Ba	5,69	0,074
Bi_3Sr	5,62	0,053
Mo_3Re	9,8	0,053
Nb_3Au	11	–
$NbSn_2$	2,6	0,062
Supraleiter dritter Art		
MoRe	12,6	
Nb_3Al	18	
Nb_3Ge	23	
Nb_3Sn	18	25
NbTi	9,5	14
NbZr	10,8	
$PbMo_6S_8$	15	
V_3Ga	14,5	
V_3Si	17	
Hochtemperatur-Supraleiter		
$YBa_2Cu_3O_{7-\delta}$	135	1730 bis 1760
$Bi_2Sr_2CaCu_2O_8$	92	30 bis 60
$Bi_2Sr_2Ca_2Cu_3O_{10}$	110	100 bis 200
$Tl_2Ca_2Ba_2Cu_3O_x$	125	100 bis 200

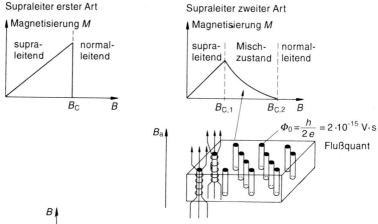

Supraleiter erster Art

Magnetisierung M

supra-leitend | normal-leitend

B_C B

Supraleiter zweiter Art

Magnetisierung M

supra-leitend | Misch-zustand | normal-leitend

$B_{C,1}$ $B_{C,2}$ B

B_a

$\Phi_0 = \dfrac{h}{2e} = 2 \cdot 10^{-15}$ V·s

Flußquant

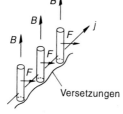

Versetzungen

Supraleiter dritter Art

Hemmung der Wanderung der Flußlinien durch Pinning - Zentren

Hochtemperatur - Supraleiter

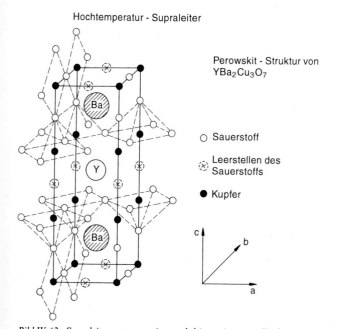

Perowskit - Struktur von $YBa_2Cu_3O_7$

○ Sauerstoff

⊗ Leerstellen des Sauerstoffs

● Kupfer

Bild W-12. Supraleiter erster, zweiter und dritter Art sowie Hochtemperatur-Supraleiter.

Stromdichte j_C. Bild W-11 zeigt den Bereich, in dem Supraleitung möglich ist.

Die Supraleiter werden in folgende vier Kategorien eingeteilt (Bild W-12):

- *Supraleiter erster Art*
  Der Übergang von der Normalleitung zur Supraleitung erfolgt *sprunghaft*; sie ist nur bei Elementen zu finden, und ihre kritische Flußdichte B_C ist sehr gering.
- *Supraleiter zweiter Art*
  Der Übergang von der normalleitenden zur supraleitenden Phase erfolgt allmählich durch Eindringen normalleitender Flußschläuche. Die kritische Flußdichte B_C ist gering.

- *Supraleiter dritter Art*
  Bei einem Stromfluß durch den Supraleiter tritt eine Lorentz-Kraft auf, die die Flußschläuche in Bewegung versetzt. Dadurch entsteht Reibungswärme, und der supraleitende Zustand wird zerstört. Werden Versetzungen eingebracht, so hindern diese die Flußschläuche an der Bewegung (Pinnen der Flußschläuche). Dadurch können die Supraleiter höhere Ströme leiten. Technisch angewendet werden die Legierungen NbTi und Nb_3Sn.
- *Hochtemperatur-Supraleiter*
  Bei Keramiken mit Perowskit-Struktur wurden Sprungtemperaturen mit über 135 K gefunden, so daß bereits mit flüssigem Stickstoff die supraleitenden Effekte ausgenutzt werden können (Tabelle W-14).

X Optoelektronik

X.1 Halbleiter-Sender

Übersicht X-1. Wichtige Normen.

DIN 41 855 Teil 2	Halbleiterbauelemente und integrierte Schaltungen; Optoelektronische Halbleiterbauelemente
DIN 44 028	Messung fotoelektronischer Bauelemente
DIN 44 030	Messen, Steuern, Regeln; Lichtschranken und Lichttaster
DIN IEC 47 (CO) 800	Halbleiterbauelemente und integrierte Schaltungen; Begriffe, Definitionen, Stromverhältnis Optokoppler
DIN IEC 47 (CO) 801	Optoelektronik; Optokoppler; Grenzfrequenz
DIN IEC 47 (CO) 973	Halbleiterbauelemente; PIN Fotodioden
DIN IEC 47 (CO) 980	Halbleiterbauelemente; Zusätzliche Begriffe für optoelektronische Halbleiterbauelemente
DIN IEC 47 (CO) 1040	Halbleiterbauelemente; Avalanche Fotodiode (APD)
DIN IEC 47 (CO) 1080	Optoelektronische Halbleiterbauelemente; Meßverfahren; Fotodioden und Fototransistoren
DIN IEC 47 (CO) 1082	Halbleiterbauelemente; Meßverfahren für Strahlungsleistung oder Vorwärtsstrom von LEDs, IREDs und Laserdioden
DIN IEC 47 (CO) 1083	Optoelektronische Halbleiterbauelemente; Leuchtdioden, infrarotemittierende Dioden und Laserdioden
DIN IEC 47 (CO) 1087	Halbleiterbauelemente; Meßverfahren für den Schwellenstrom von Laserdioden
DIN IEC 47 (CO) 1088	Halbleiterbauelemente; Zusätzliche Meßverfahren für LED, IRED und Laser-Dioden
DIN IEC 47 (CO) 1090	Halbleiterbauelemente; Rahmenspezifikation für optoelektronische Bauelemente
DIN IEC 47 (CO) 1154	Halbleiterbauelemente; PIN Fotodioden für Glasfaseranwendungen; Zusätzliche Kennwerte
DIN IEC 47 (CO) 1156	Optoelektronische Halbleiterbauelemente; Kollektor-Emitter-Sättigungsspannung eines Optokopplers
DIN IEC 47 (CO) 1157	Halbleiterbauelemente; Meßverfahren für die Schaltzeiten von Optokopplern
DIN IEC 47 (CO) 1158	Halbleiterbauelemente; Meßverfahren für den Dunkelstrom von Fotodioden und Fototransistoren
DIN IEC 47 (CO) 1164	Halbleiterbauelemente; Meßverfahren für den Kennwert S_{11} von Laser-Dioden, LED, IRED, Lasermodule mit und ohne Faseranschluß
DIN IEC 47 (CO) 1165	Halbleiterbauelemente; Trackingfehler eines Lasermoduls mit Faseranschluß mit und ohne Kühler
DIN IEC 747 Teil 5	Halbleiterbauelemente; Einzel-Halbleiterbauelemente und integrierte Schaltungen; Optoelektronische Halbleiterbauelemente

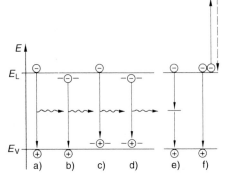

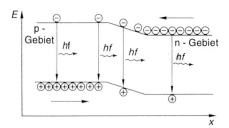

Bild X-2. Bänderschema einer in Flußrichtung betriebenen Leuchtdiode.

Bild X-1. *Rekombinationsprozesse in Halbleitern.*
Strahlende Übergänge: a) Band – Band, b) Donator – Valenzband, c) Leitungsband – Akzeptor, d) Paar-Übergang;
nicht strahlende Übergänge: e) über tiefe Störstellen, f) Auger-Effekt.

X.1.1 Strahlungsemission aus Halbleitern

Elektromagnetische Strahlung entsteht bei der *Rekombination* eines Elektrons aus dem Leitungsband (Abschnitt W) mit einem Loch aus dem Valenzband (Bild X-1). In allen Fällen der *strahlenden* Rekombination entspricht die Energie E_{ph} der ausgesandten Photonen näherungsweise der Breite E_g der verbotenen Zone:

$$E_{ph} \approx E_L - E_V = E_g. \qquad (X-1)$$

X.1.2 Lumineszenzdiode

Lumineszenz- oder Leuchtdioden (LED, Light Emitting Diode) emittieren Licht, wenn ihr pn-Übergang (Abschnitt W.3.3) in Flußrichtung betrieben wird (Bild X-2).

Die Farbe des Rekombinationslichts wird durch das Halbleitermaterial bestimmt. Von besonderem Interesse sind *Mischkristalle*, die durch die Wahl des Mischungsverhältnisses eine freie Einstellung des Energiegaps E_g und damit der Photonenenergie innerhalb gewisser Grenzen zulassen. Tabelle X-1 zeigt die Zusammensetzung gängiger LEDs.

Tabelle X-1. Daten verschiedener Lumineszenzdioden.

Material: Dotierstoff	Farbe	Wellenlänge λ/nm	Flußspannung U_F/V
GaAs: Si	IR	930	1,3
GaP: Zn, O	rot	690	1,6
GaAs$_{0,6}$P$_{0,4}$	rot	650	1,8
GaAs$_{0,35}$P$_{0,65}$: N	orange	630	2,0
GaAs$_{0,15}$P$_{0,85}$: N	gelb	590	2,2
GaP: N	grün	570	2,4
SiC: Al, N	blau	470	4
GaN: Zn	blau	440	4,5

Typische Kennlinien der Strahlungsleistung Φ_e bzw. des Lichtstroms Φ_v in Abhängigkeit vom Flußstrom I_F sind im Bild X-3 dargestellt.

Bild X-4 zeigt LED-Spektren; die Linienbreite (auf halber Höhe gemessen) liegt bei $\Delta\lambda \approx 40$ nm.

X.1.3 Laserdiode

Die Laserdiode ist ein hoch dotierter pn-Übergang. Bei einer bestimmten Flußspannung (Bild X-5) entsteht im Übergangsbereich zwischen p- und n-Material, der *aktiven Zone*, eine *Besetzungsinversion* (1. Laserbedingung, Abschnitt L.4.2). Die *Rückkopplung* (2. Laserbedingung) der Laserwelle mit dem aktiven Medium geschieht beim *Fabry-Perot-Laser* durch Reflexion an den spiegelnden Endflächen (Spaltflächen) des Kristalls (Bild X-6). Beim *DFB-Laser* (Distributed Feedback Laser)

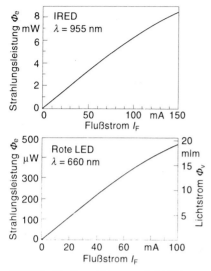

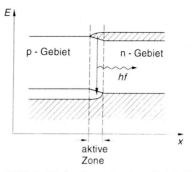

Bild X-5. Bänderschema einer Laserdiode bei Betrieb in Flußrichtung.
Die schraffierten Gebiete sind mit Elektronen besetzt.

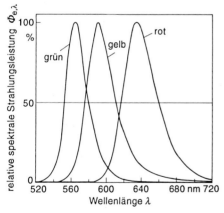

Bild X-3. Strahlungsleistung und Lichtstrom von Leuchtdioden in Abhängigkeit vom Flußstrom.

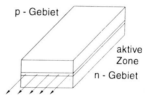

Bild X-6. Aufbau einer Laserdiode.

ab. Tabelle X-2 zeigt eine Zusammenstellung häufig verwendeter Lasermaterialien.

Das Spektrum eines Fabry-Perot-Lasers (Bild X-8) besteht aus mehreren sehr scharfen Linien, den *longitudinalen Schwingungsmoden* des Lasers. Im Laserresonator bauen sich *stehende Wellen* auf (Abschnitt J.2), für die gilt

$$n L = m \frac{\lambda}{2}; \qquad (X-2)$$

Bild X-4. Spektren verschiedener Lumineszenzdioden.

n Brechungsindex des Kristalls,
L Länge des Resonators,
m Ordnungszahl, $m = 1, 2, 3 \ldots$,
λ Wellenlänge der Strahlung.

sorgt ein senkrecht zur Längsrichtung einge-ätztes Gitter für *verteilte* Rückkopplung.

Die Kennlinie des Lasers (Bild X-7) zeigt, daß erst oberhalb eines Schwellenstroms I_{th} der Laserbetrieb einsetzt.

Die Wellenlänge der Laserstrahlung hängt wie bei der LED von der Größe des Bandgaps E_g

Spezielle Bauformen des Fabry-Perot-Lasers und insbesondere der DFB-Laser begünstigen *Einmodenlaser* (Single-Mode-Laser, Abschn. L.4.2). Die Linienbreite der einzelnen Moden ist typischerweise $\Delta f \approx 20$ MHz bzw. $\Delta\lambda \approx 0{,}11$ pm.

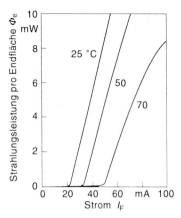

Bild X-7. Kennlinie eines Halbleiterlasers aus InGaAsP ($\lambda = 1,3$ μm).

Tabelle X-2. Materialien für Halbleiter-Laser.

Material	Wellen-längen-bereich in μm	Anwendungen
ternäre Mischkristalle $Ga_xAl_{1-x}As$	0,69 bis 0,87	optische Daten-speicher, optische Nachrichtentechnik, Materialbearbeitung
quaternäre Mischkristalle $In_xGa_{1-x}As_yP_{1-y}$	0,92 bis 1,65	optische Nachrichten-technik
Bleisalze, z. B. $Pb_xSn_{1-x}Se$	4 bis 40	Umweltmeßtechnik, Absorptions-messungen im mittleren IR

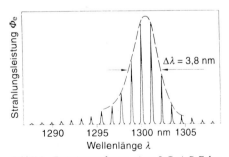

Bild X-8. Emissionsspektrum eines InGaAsP-Fabry-Perot-Lasers.

X.2 Halbleiter-Detektoren

X.2.1 Strahlungsabsorption in Halbleitern

Wird ein Halbleiter mit Licht bestrahlt, dann geben die Photonen ihre Energie an Valenz-elektronen ab, die aus ihrer Bindung gerissen werden und sich dann frei im Kristall bewegen können. Im Bändermodell werden Elektronen aus dem Valenzband ins Leitungsband hoch-gehoben. Damit dieser Vorgang ablaufen kann, muß folgende Bedingung erfüllt sein:

$$E_{ph} \geq E_g \quad \text{oder}$$

$$\lambda \leq \lambda_g = \frac{h\,c}{E_g} = \frac{1,24\ \mu m \cdot eV}{E_g} ; \qquad (X-3)$$

E_{ph} Photonenenergie,
E_g Bandabstand,
λ Wellenlänge,
λ_g Grenzwellenlänge,
h Plancksche Konstante
    ($h = 6,626 \cdot 10^{-34}$ J·s)
c Lichtgeschwindigkeit
    ($c = 2,9979 \cdot 10^8$ m/s).

Fällt elektromagnetische Strahlung mit der Strahlungsleistung Φ_0 auf einen Kristall, dann ist die Leistung Φ der Strahlung, die den Kristall durchdringt,

$$\Phi = \Phi_0\, e^{-\alpha d} ; \qquad (X-4)$$

α Absorptionskoeffizient,
d Kristalldicke.

Bild X-9 zeigt die Absorptionskoeffizienten einiger Halbleiter in Abhängigkeit von der Wellenlänge der Strahlung.

X.2.2 Fotowiderstand

Der Fotowiderstand (Light Dependent Re-sistor, LDR) oder Fotoleiter ist ein passives Bauelement, dessen elektrischer Widerstand sich bei Bestrahlung verringert. Der Zusam-menhang zwischen Widerstand und Beleuch-

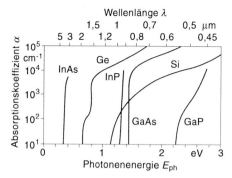

Bild X-9. Absorptionskoeffizienten verschiedener Halbleiter.

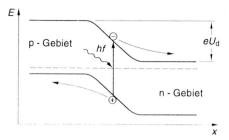

Bild X-11. Bänderschema einer Fotodiode ohne äußere Spannung.

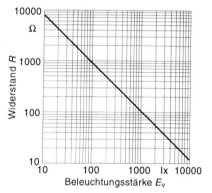

Bild X-10. Zusammenhang zwischen Widerstand und Beleuchtungsstärke (Lichtquelle mit Farbtemperatur $T_F = 2700$ K) eines CdS-Fotowiderstands.

tungsstärke kann näherungsweise durch ein Potenzgesetz beschrieben werden (Bild X-10):

$$R \sim E_v^{-\gamma}; \qquad (X-5)$$

R Widerstand,
E_v Beleuchtungsstärke,
γ Steilheit ($\gamma \approx 1$).

X.2.3 Fotodiode

Die Fotodiode ist ein *aktives* Bauelement, das bei Bestrahlung eine elektrische Spannung (*fotovoltaischer Effekt*) bzw. einen Fotostrom

Übersicht X-2. Fotodiode.

Fotostrom (Kurzschluß)	$I_{ph} = \dfrac{\Phi_e}{hf} e\,\eta(\lambda)$
Leerlaufspannung	$U_L = \dfrac{kT}{e} \ln\left(\dfrac{I_{ph}}{I_s} + 1\right)$
Kennlinie	$I = I_s (e^{eU/kT} - 1) - I_{ph}$

I_{ph} Fotostrom,
Φ_e absorbierte Strahlungsleistung,
h Plancksche Konstante,
f Lichtfrequenz,
e Elementarladung,
$\eta(\lambda)$ Quantenausbeute ($\eta < 1$),
U_L Leerlaufspannung,
k Boltzmann-Konstante,
T absolute Temperatur,
I_s Sperrsättigungsstrom.

abgibt. Durch die Absorption eines Photons in einem pn-Übergang (Bild X-11) wird ein freies Elektron-Loch-Paar erzeugt. Infolge des eingebauten elektrischen Feldes (*Diffusionsspannung U_d*) werden die beiden Ladungsträger getrennt.

Im Leerlaufbetrieb ist an den Enden die *Leerlaufspannung* abgreifbar. Im Kurzschlußbetrieb fließt im äußeren Stromkreis in Sperrrichtung der *Fotostrom* (Kurzschlußstrom) (Übersicht X-2, Bild X-12).

X.2.4 Solarzelle

Die Solarzelle wandelt mit Hilfe eines großflächigen pn-Übergangs Sonnenenergie in

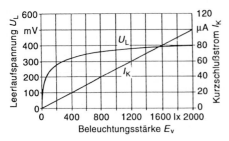

Bild X-12. Leerlaufspannung und Kurzschlußstrom einer Si-Fotodiode.

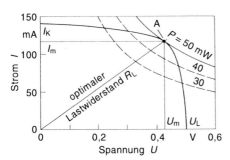

Bild X-13. Strom-Spannungs-Charakteristik einer Si-Solarzelle.

Übersicht X-3. Solarzelle

Füllfaktor (typisch 70% bis 80%)	$F_F = \dfrac{I_m\,U_m}{I_K\,U_L} = \dfrac{P_m}{I_K\,U_L}$
Wirkungsgrad	$\eta = \dfrac{P_m}{\Phi_e} = \dfrac{I_K\,U_L\,F_F}{E_e\,A}$

F_F Füllfaktor (Kurvenfaktor),
I_m Strom bei maximaler Leistung,
U_m Spannung bei maximaler Leistung,
P_m maximale Leistung,
I_K Kurzschlußstrom,
U_L Leerlaufspannung,
E_e Bestrahlungsstärke,
A Fläche.

elektrische Energie um. Bild X-13 zeigt eine Strom-Spannungs-Kennlinie. Der Schnittpunkt der Widerstandsgeraden $I = U/R_L$ mit der Kennlinie bestimmt den Arbeitspunkt A. Der *optimale Lastwiderstand* liegt vor, wenn

Aufbau

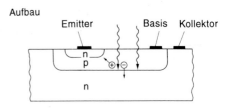

Schaltsymbol und Ersatzschaltbild

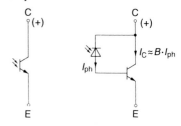

Kennlinien

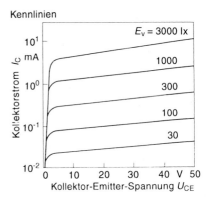

Bild X-14. Bipolarer Fototransistor.

die Leistung $P_m = I_m\,U_m$, die der Zelle entnommen wird, den Maximalwert erreicht hat (Übersicht X-3).

X.2.5 Fototransistor

Der Fototransistor (Bild X-14) ist ein Detektor mit innerer Verstärkung. Durch Photonenabsorption erzeugte freie Elektron-Loch-Paare werden im elektrischen Feld der

Basis-Kollektor-Diode getrennt. Für den Kollektorstrom ergibt sich

$$I_C = (B + 1)(I_{ph} + I_{CB,d}) \approx B\,I_{ph}\,;\quad (X\text{-}6)$$

I_C Kollektorstrom,
B Stromverstärkungsfaktor in Emitterschaltung,
I_{ph} Fotostrom,
$I_{CB,d}$ Dunkelstrom der Basis-Kollektor-Diode, Kollektorstrom.

Typische Werte für die Stromverstärkung liegen bei $B = 100$ bis 1000.

X.3 Optokoppler

Der Optokoppler oder Optoisolator verbindet zwei galvanisch vollständig getrennte Stromkreise miteinander. Die Kopplung erfolgt durch Infrarotstrahlung, die meist von einer GaAs-IRED ausgesandt und von einem Si-Detektor empfangen wird (Bild X-15).

Eine der wichtigsten Kenngrößen eines Optokopplers ist das *Stromübertragungsverhältnis CTR* (Current Transfer Ratio, auch *Koppelfaktor* genannt) zwischen Ausgangsstrom I_C und Eingangsstrom I_F (Tabelle X-3):

$$CTR = I_C/I_F\,.\qquad (X\text{-}7)$$

Tabelle X-3. Stromübertragungsverhältnis und Grenzfrequenz verschiedener Optokoppler.

Empfänger	CTR	f_{gr}
Fotodiode	0,001 bis 0,008	5 bis 30 Mhz
Diode und Transistor	0,05 bis 0,4	1 bis 9 MHz
Fototransistor	0,2 bis 1	20 bis 500 kHz
Fotodarlington	1 bis 10	1 bis 30 kHz

a) Fotodiode

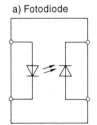

b) Fototransistor

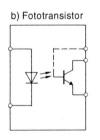

c) Fotodiode und Transistor

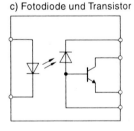

d) Foto-Darlington

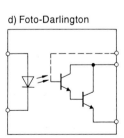

e) Foto-Thyristor

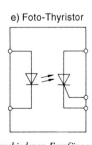

f) Foto-Triac

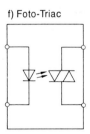

g) Foto-Schmitt-Trigger

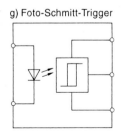

Bild X-15. Optokoppler mit verschiedenen Empfängern.

Y Informatik

Y.1 Digitaltechnik

Y.1.1 Zahlensysteme

Übersicht Y-1. Zahlensysteme.

Aufbau von Zahlensystemen	
$Z = \sum X_i Y^i \quad (i \in N;\ 0 \leq X \leq Y)$ $Z = \ldots + X_3 Y^3 + X_2 Y^2 + X_1 Y^1 + X_0 Y^0 + X_{-1} Y^{-1}$ $+ \ldots$	Z Zahl, X Argument, $\quad (0 \leq X < Y)$ Y Basis, i Stellenwert

Zahlensysteme

	Wertigkeit der Argumente X_i				Summen-gleichung
allgemeine Darstellung	Y^3	Y^2	Y^1	Y^0	$\sum\limits_i X_i Y^i$
Zahlensysteme: Dezimalzahl Wert dezimal	10^3 Wert 1000	10^2 Wert 100	10^1 Wert 10	10^0 Wert 1	$\sum\limits_i X_i 10^i$
Dualzahl Wert dual | dezimal	2^3 Wert 1000_D | 8	2^2 Wert 100_D | 4	2^1 Wert 10_D | 2	2^0 Wert 1_D | 1	$\sum\limits_i X_i 2^i$
Oktalzahl Wert oktal | dezimal	8^3 Wert 1000_O | 512	8^2 Wert 100_O | 64	8^1 Wert 10_O | 8	8^0 Wert 1_O | 1	$\sum\limits_i X_i 8^i$
Hexadezimalzahl Wert hex. | dezimal	16^3 Wert 1000_H | 4096	16^2 Wert 100_H | 256	16^1 Wert 10_H | 16	16^0 Wert 1_H | 1	$\sum\limits_i X_i 16^i$

für alle oben dargestellten Zahlen gilt: $X_i = 1$

Y.1.2 Kodes

Unter Kodes versteht man die *Zuordnung zwischen zwei Zeichenvorräten* bzw. die Abbildung zwischen Mengen von Wörtern, die sich aus diesen Zeichenvorräten bilden lassen. Die *Kodierungsregeln* legen fest, wie diese Zuordnung stattfindet. *Nicht redundante Kodes* nutzen den ganzen Darstellungsbereich des Zahlensystems aus; *redundante Kodes* dagegen nicht. Deshalb gibt es bei redundanten Kodes Kodewörter, die *nicht benutzt* sind und zur *Fehlererkennung* dienen.

Für die Datenübertragung, zum Erstellen standardisierter Arbeitsdateien und zur Kopplung digitaler Geräte dient der *ASCII-Kode* (American Standard Code for Information Interchange).

Der *Gray-Kode* ist ein Zahlenkode, der zur Maschinensteuerung eingesetzt wird. Er ist ein *einschrittiger Kode*, da sich beim Übergang benachbarter Zahlen nur *ein Bit* ändert. Er vermeidet den Nachteil der Dualzahlen, daß sich beim Übergang benachbarter Zahlen mehrere Bits ändern können (z. B. ändern sich beim Übergang der Dualzahl 111 (Dezimal 7) auf 1000 (Dezimal 8) insgesamt 4 Bits).

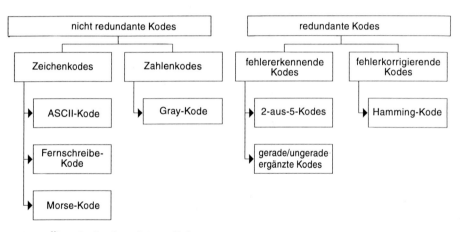

Bild Y-1. Übersicht über die wichtigsten Kodes.

512   Y Informatik

Tabelle Y-1. ASCII-Tabelle (Standard von 0 bis 255; ASCII-Werte bis 1F werden in der Regel als Steuerzeichen genutzt).

Dez.	Hex.	Zeichen	Dez.	Hex.	Zeichen	Dez.	Hex.	Zeichen	Dez.	Hex.	Zeichen	Dez.	Hex.	Zeichen	Dez.	Hex.	Zeichen
0	00		43	2B	+	86	56	V	128	80	Ç	171	AB	½	214	D6	╓
1	01	☺	44	2C	,	87	57	W	129	81	ü	172	AC	¼	215	D7	╫
2	02	☻	45	2D	-	88	58	X	130	82	é	173	AD	¡	216	D8	╪
3	03	♥	46	2E	.	89	59	Y	131	83	â	174	AE	«	217	D9	┘
4	04	♦	47	2F	/	90	5A	Z	132	84	ä	175	AF	»	218	DA	┌
5	05	♣	48	30	0	91	5B	[	133	85	à	176	B0	░	219	DB	█
6	06	♠	49	31	1	92	5C	\	134	86	å	177	B1	▒	220	DC	▄
7	07	•	50	32	2	93	5D	]	135	87	ç	178	B2	▓	221	DD	▌
8	08	◘	51	33	3	94	5E	^	136	88	ê	179	B3	│	222	DE	▐
9	09	○	52	34	4	95	5F	_	137	89	ë	180	B4	┤	223	DF	▀
10	0A	◙	53	35	5	96	60	`	138	8A	è	181	B5	╡	224	E0	α
11	0B	♂	54	36	6	97	61	a	139	8B	ï	182	B6	╢	225	E1	β
12	0C	♀	55	37	7	98	62	b	140	8C	î	183	B7	╖	226	E2	Γ
13	0D	♪	56	38	8	99	63	c	141	8D	ì	184	B8	╕	227	E3	π
14	0E	♫	57	39	9	100	64	d	142	8E	Ä	185	B9	╣	228	E4	Σ
15	0F	☼	58	3A	:	101	65	e	143	8F	Å	186	BA	║	229	E5	σ
16	10	►	59	3B	;	102	66	f	144	90	É	187	BB	╗	230	E6	µ
17	11	◄	60	3C	<	103	67	g	145	91	æ	188	BC	╝	231	E7	τ
18	12	↕	61	3D	=	104	68	h	146	92	Æ	189	BD	╜	232	E8	Φ
19	13	‼	62	3E	>	105	69	i	147	93	ô	190	BE	╛	233	E9	Θ
20	14	¶	63	3F	?	106	6A	j	148	94	ö	191	BF	┐	234	EA	Ω
21	15	§	64	40	@	107	6B	k	149	95	ò	192	C0	└	235	EB	δ
22	16	▬	65	41	A	108	6C	l	150	96	û	193	C1	┴	236	EC	∞
23	17	↨	66	42	B	109	6D	m	151	97	ù	194	C2	┬	237	ED	ø
24	18	↑	67	43	C	110	6E	n	152	98	ÿ	195	C3	├	238	EE	ε
25	19	↓	68	44	D	111	6F	o	153	99	Ö	196	C4	─	239	EF	∩
26	1A	→	69	45	E	112	70	p	154	9A	Ü	197	C5	┼	240	F0	≡
27	1B	←	70	46	F	113	71	q	155	9B	¢	198	C6	╞	241	F1	±
28	1C	∟	71	47	G	114	72	r	156	9C	£	199	C7	╟	242	F2	≥
29	1D	↔	72	48	H	115	73	s	157	9D	¥	200	C8	╚	243	F3	≤
30	1E	▲	73	49	I	116	74	t	158	9E	Pt	201	C9	╔	244	F4	⌠
31	1F	▼	74	4A	J	117	75	u	159	9F	ƒ	202	CA	╩	245	F5	⌡
32	20		75	4B	K	118	76	v	160	A0	á	203	CB	╦	246	F6	÷
33	21	!	76	4C	L	119	77	w	161	A1	í	204	CC	╠	247	F7	≈
34	22	"	77	4D	M	120	78	x	162	A2	ó	205	CD	═	248	F8	°
35	23	#	78	4E	N	121	79	y	163	A3	ú	206	CE	╬	249	F9	·
36	24	$	79	4F	O	122	7A	z	164	A4	ñ	207	CF	╧	250	FA	·
37	25	%	80	50	P	123	7B	{	165	A5	Ñ	208	D0	╨	251	FB	√
38	26	&	81	51	Q	124	7C	|	166	A6	ª	209	D1	╤	252	FC	ⁿ
39	27	'	82	52	R	125	7D	}	167	A7	º	210	D2	╥	253	FD	²
40	28	(	83	53	S	126	7E	~	168	A8	¿	211	D3	╙	254	FE	■
41	29	)	84	54	T	127	7F	⌂	169	A9	⌐	212	D4	╘	255	FF	
42	2A	*	85	55	U				170	AA	¬	213	D5	╒			

dezimaler Wert	Gray - Kodes												hexa-dezimaler Wert
0	0	0	0	0	0	0	0	0	0	0	0	0	0
1	0	0	0	1	0	0	0	1	0	0	0	1	1
2	0	0	1	1	0	0	1	1	0	0	1	1	2
3	0	0	1	0	0	0	1	0	0	0	1	0	3
4	0	1	1	0	0	1	1	0	0	1	1	0	4
5	0	1	1	1	0	1	1	1	0	1	1	1	5
6	0	1	0	1	0	1	0	1	0	1	0	1	6
7	0	1	0	0	0	1	0	0	0	1	0	0	7
8	1	1	0	0	1	1	0	0	1	1	0	0	8
9	1	1	0	1	1	0	0	0	1	1	0	1	9
10									1	1	1	1	A
11									1	1	1	0	B
12									1	0	1	0	C
13									1	0	1	1	D
14									1	0	0	1	E
15									1	0	0	0	F
	nicht zyklischer Gray-Kode von 0 bis 9				zyklischer Gray-Kode nach Glixon				zyklischer Gray-Kode für die Zahlen 0 bis 15				

Winkelkodierscheibe

Bild Y-2. Gray-Kodes.

Übersicht Y-2. Boolesche Gesetze der Schalt-algebra.

Kommutativgesetz

Das Kommutativgesetz besagt, daß die Reihenfolge der Variablen vertauscht werden kann. Es gilt:

$$A + B = B + A \quad \text{und}$$
$$A \cdot B = B \cdot A \,.$$

Assoziativgesetz

Das Assoziativgesetz erlaubt die Vertauschung der Reihenfolge von gleichrangigen Operatoren:

$$A + B + C = (A + B) + C$$
$$= A + (B + C) \quad \text{und}$$
$$A \cdot B \cdot C = (A \cdot B) \cdot C$$
$$= A \cdot (B \cdot C) \,.$$

Distributivgesetz

Das Distributivgesetz ermöglicht das Ausmultiplizieren von Klammerausdrücken. Dabei ist auf die Rangfolge der Operatoren zu achten. Es gilt:

$$A \cdot (B + C) = A \cdot B + A \cdot C \quad \text{oder}$$
$$(A + B) \cdot (A + C) = A + B \cdot C \,.$$

Übersicht Y-2 (Fortsetzung)

Absorptionsgesetze

Die Absorptionsgesetze sind das wichtigste Mittel bei der Vereinfachung von Gleichungen (siehe Distributivgesetz). Durch sie ist festgeschrieben, unter welchen Bedingungen Variable zu Konstanten werden, sich auslöschen oder sich selbst wiedergeben:

$$
\begin{array}{ll}
A + 0 = A & A + A = A \\
A + 1 = 1 & A + \overline{A} = 1 \\
A \cdot 0 = 0 & A \cdot \overline{A} = 0 \\
A \cdot 1 = A & A + (A \cdot B) = A \\
A \cdot A = A & A \cdot (A + B) = A \\
& A + \overline{A} \cdot B = A + B
\end{array}
$$

Doppelte Negierung

Wird eine Variable zweifach negiert, so heben sich die Negierungen auf. Somit gilt:

$$\overline{\overline{A}} = A \,.$$

Dies gilt auch dann, wenn die Variable mehrfach negiert ist. Beispielsweise reduziert sich eine dreifache Negierung der Variablen A auf eine einfache Negierung.

Y.1.3 Logische Verknüpfungen

Mit den beiden binären Elementarzuständen „1" (wahr) und „0" (nicht wahr) können nach BOOLE *logische Aussagen* und *logische Funktionen* beschrieben werden, wie sie in der digitalen Schaltungstechnik von Bedeutung sind. Die Booleschen Gesetze beschreiben die *Verknüpfungen* logischer Strukturen und dienen zur Entwicklung elektronischer Schaltungen.

In den Gesetzen von De Morgan wird über die *Negation* eine Beziehung zwischen ODER- und UND-Funktion hergestellt. Mit den Gesetzen ist man in der Lage, logische Gleichungen mit *vielen Negationen* zu vereinfachen.

Übersicht Y-3. Gesetze von De Morgan.

Erstes Gesetz von De Morgan

Negiert man eine ODER-Verknüpfung, so ist dies einer UND-Verknüpfung gleich, bei der die einzelnen Elemente negiert sind.

$$\overline{A + B + C + \ldots} = \overline{A} \cdot \overline{B} \cdot \overline{C} \cdot \ldots \,.$$

Zweites Gesetz von De Morgan

Negiert man eine UND-Verknüpfung, so ist dies einer ODER-Verknüpfung gleich, bei der die einzelnen Elemente negiert sind.

$$\overline{A \cdot B \cdot C \cdot \ldots} = \overline{A} + \overline{B} + \overline{C} + \ldots \,.$$

Y.1.4 Digitale Bauelemente

Digitale Bauelemente sind Schaltkreise, die auf der Grundlage der Booleschen Schaltun-gen entwickelt werden. Dazu bedient man sich sogenannter *Logikfamilien*.

Übersicht Y-4. Logikfamilien und ihre Eigenschaften.

Logikfamilie	CMOS	TTL	LSTTL	HC(T)	STTL	FAST	ECL
Eigenschaften							
Schaltzeit	35 ns	10 ns	8 ns	8 ns	4 ns	3 ns	1 ns
Flip-Flop-Taktfrequenz	7 MHz	15 MHz	30 MHz	50 MHz	75 MHz	100 MHz	500 MHz
Leistungsaufnahme	10 nW	10 mW	2 mW	25 nW	20 mW	4 mW	25 mW

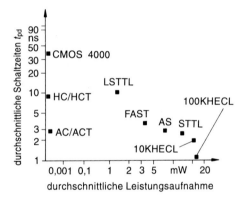

AC/ACT	Advanced HC/HCT
AS	Advanced STTL
CMOS	Complementary MOS
ECL	Emitter-Coupled-Logic
FAST	Fairchild-Advanced-Schottky-TTL
HC(MOS)	High-Speed-CMOS
HCT	TTL kompatible HC-Bausteine
LSTTL	Low-Power-Schottky-TTL
MOS	Metal-Oxide-Semiconductor
STTL	Schottky-TTL
TTL	Transistor-Transistor-Logik.

Y.1.5 Schaltzeichen

Tabelle Y-2. Schaltzeichen der Gatterfunktionen.

Funktion	Schaltzeichen		logische Verknüpfung	Wahrheitstabelle
	DIN/IEC	amerikanisch		
Inverter	A —[1]o— Y	A —▷o— Y	$Y = \bar{A}$, $A = \bar{Y}$	A | Y 0 | 1 1 | 0
AND	A, B —[&]— Y	A, B —D— Y	$Y = A \cdot B$	A B | Y 0 0 | 0 0 1 | 0 1 0 | 0 1 1 | 1
NAND	A, B —[&]o— Y	A, B —Do— Y	$Y = \overline{A \cdot B}$	A B | Y 0 0 | 1 0 1 | 1 1 0 | 1 1 1 | 0
OR	A, B —[≥1]— Y	A, B —D— Y	$Y = A + B$	A B | Y 0 0 | 0 0 1 | 1 1 0 | 1 1 1 | 1
NOR	A, B —[≥1]o— Y	A, B —Do— Y	$Y = \overline{A + B}$	A B | Y 0 0 | 1 0 1 | 0 1 0 | 0 1 1 | 0
EXOR	A, B —[=]— Y	A, B —D— Y	$Y = A \oplus B$	A B | Y 0 0 | 0 0 1 | 1 1 0 | 1 1 1 | 0
3-fach AND	A, B, C —[&]— Y	A, B, C —D— Y	$Y = A \cdot B \cdot C$	A B C | Y 0 0 0 | 0 0 0 1 | 0 0 1 0 | 0 0 1 1 | 0 1 0 0 | 0 1 0 1 | 0 1 1 0 | 0 1 1 1 | 1
3-fach OR	A, B, C —[≥1]— Y	A, B, C —D— Y	$Y = A + B + C$	A B C | Y 0 0 0 | 0 0 0 1 | 1 0 1 0 | 1 0 1 1 | 1 1 0 0 | 1 1 0 1 | 1 1 1 0 | 1 1 1 1 | 1

Y.1.6 Speicherbauelemente

Flüchtige Speicherbauelemente *verlieren* ihren Inhalt, wenn die *Versorgungsspannung abge*-schaltet wird, *nicht flüchtige* behalten dagegen den gespeicherten Inhalt.

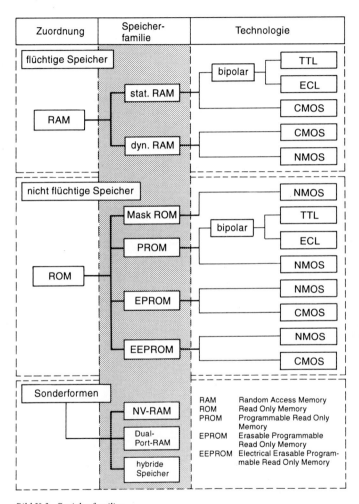

Bild Y-3. Speicherfamilien.

Y.1.7 Mikroprozessoren

Als Maß für die Beurteilung von Rechenleistungen dienen die Anzahl der pro Sekunde bearbeitbaren *Maschinenbefehle* in MIPS (Million Instructions Per Second) oder die Anzahl der *Gleitkommaoperationen* in FLOPS (Floatingpoint Operations Per Second).

Übersicht Y-5. Prozeßrechner-Bausteine und Begriffe.

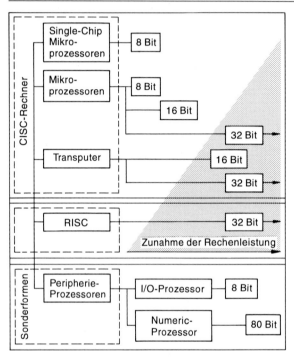

Größen für die Rechnerleistung	Begriffe	
1 MIPS = 1 Million Befehle in der Sekunde	ALU	Arithmetik Logic Unit
1 GIPS = 1000 MIPS	CPU	Central Processing Unit
1 kFLOPS = 1000 FLOPS	DMA	Direct Memory Access
1 MegaFLOPS (MFLOPS) = 1 000 000 FLOPS	MIMD	Multiple Instruction Multiple Data
1 GigaFLOPS (GFLOPS) = 1000 MegaFLOPS	SIMD	Single Instruction Multiple Data
	I/O	Input/Output.

Zur Optimierung der Rechenleistungen werden Transputer eingesetzt (Bild Y-4). Diese lassen sich nach bestimmten *Vernetzungs-Topologien* vernetzen.

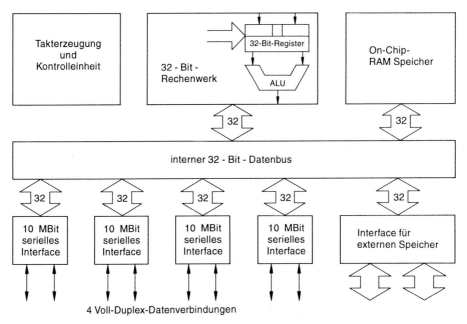

Bild Y-4. *Blockschaltbild eines Transputers.*

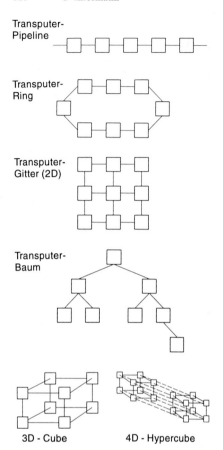

Transputer-
Pipeline

Transputer-
Ring

Transputer-
Gitter (2D)

Transputer-
Baum

3D - Cube   4D - Hypercube

Bild Y-5. Topologien zur Transputer-Vernetzung.

Tabelle Y-3. Bausteine der Rechner-Peripherie.

Speicher	RAM	dynamische Speicher
		statische Speicher
		bipolare Speicher
	ROM	EPROM
		EEPROM
		Mask-ROM
	Sonstige	Mehrtor-Speicher
		Non Volatile RAM
Standard-I/O	parallel	Centronics
	seriell	RS 232 C, RS 422 A
		Ethernet, LAN
Leistungs-I/O	direkt	parallele I/O-Ports
		Transistorausgangsstufen
	entkoppelt	Relais
		Optokoppler
Systembausteine	Prozeß-unterstützung	Numerik-Prozessor
		DMA-Controller
		Interrupt-Controller
		Timer-Bausteine
		Spannungswächter
		Watchdog
	Benutzer-Schnittstellen	Grafik-Interface
		Keyboard-Controller
		Drucker-Interface

Y.1.8 Leitungen digitaler Signale

Tabelle Y-4. Leitungen für digitale Signale und ihr Wellenwiderstand.

Leitung	Geometrie	Wellenwiderstand Z	Bemerkungen
frei verdrahtete Leitung über einer Massefläche ("Wire over Ground")	Leiter d h ε_r Masse	$Z = \dfrac{60\,\Omega}{\sqrt{\varepsilon_r}} \ln\left(\dfrac{4h}{d}\right)$	gilt für $h \gg d$
Koaxial-Kabel	ε_r D d Abschirmung Isolation Innenleiter	$Z = \dfrac{60\,\Omega}{\sqrt{\varepsilon_r}} \ln\left(\dfrac{D}{d}\right)$	Der Wellenwiderstand koaxialer Kabel wird meist von den Herstellern bereits festgelegt.
verdrillte Leitung (Twisted Pair-Leitung)	ε_r d D	$Z \approx \dfrac{120\,\Omega}{\sqrt{\varepsilon_r}} \ln\left(\dfrac{2D}{d}\right)$	neben den geometrischen Bedingungen hängt Z auch von der Anzahl Schleifen pro cm ab.
Flachbandkabel	Masse Signalleitung		Wechseln sich Masse- und Signalleitungen ab, existiert ein bestimmter Wellenwiderstand. Dieser ist von der Geometrie und dem Material abhängig.
Streifenleiter (Microstrip-Leitung)	w d h ε_r Epoxidharz FR-4 oder G-10	$Z = \dfrac{87\,\Omega}{\sqrt{\varepsilon_r + 1{,}41}} \ln\left(\dfrac{5{,}98\,h}{0{,}8\,w + d}\right)$	Am meisten verwendete Technik. Gilt auch für Mehrlagen-Leiterplatten (Multi-Layer).
zweiseitig geschirmter Streifenleiter (Strip-Leitung oder Triplate-Streifenleiter)	w b d h h ε_r	$Z = \dfrac{60\,\Omega}{\sqrt{\varepsilon_r}} \ln\left(\dfrac{4b}{0{,}67\,w\,\pi\left(0{,}8 + \dfrac{d}{w}\right)}\right)$	Wird nur in besonderen Fällen verwendet, wie beispielsweise in der HF-Technik.

Y.1.9 ASIC

ASIC (Application Specific Integrated Circuit) sind *kundenspezifische* Schaltkreise, die den Einsatz *individueller* Digital- und Analogbausteine ermöglichen. Bei *Halbkunden-ASIC* werden Bausteine mit vorgefertigter Struktur verwendet, die kundenspezifsch verknüpft werden. Hierzu zählen die *PAL* (Programmable Array Logic) und die *Gate-Array* (eine Matrix aus sehr vielen UND-Gattern). Bei den *Kunden*-ASIC wird der *ganze Chip* nach Kundenwunsch angefertigt. Bei den *Standardzellen* greift man auf *standardisierte* Schaltungen (Makros) zurück, während beim *Vollkunden*-ASIC alle Funktionen nach Kundenwunsch erstellt werden.

Y.2 Schnittstellen, Bussysteme und Netzwerke

Unter *Schnittstellen* versteht man die *Verbindungsstellen* zwischen zwei Systemen, die über *Schnittstellenleitungen* miteinander verbunden sind. *Busse* sind *Verbindungssysteme* zwischen Teilnehmern. Alle Datenleitungen gehen an alle Teilnehmer und werden von allen Teilnehmern gemeinsam benutzt. *Netze* sind ein gekoppeltes System, an dem *viele* einzelne, *räumlich getrennte Rechner* angeschlossen sind. Die Kommunikation erfolgt durch den Austausch von Informationen unter Beachtung bestimmter Regeln.

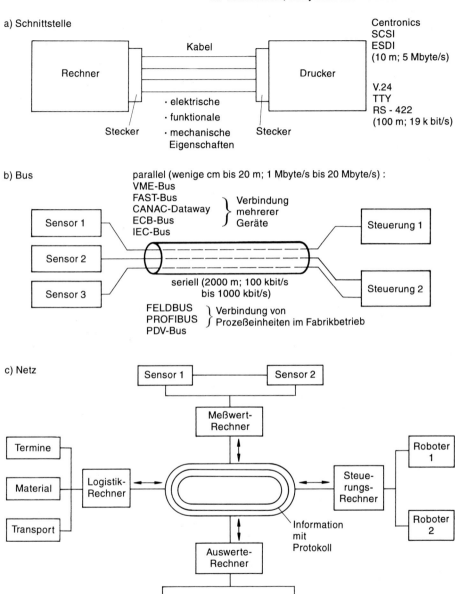

Bild Y-6. Schnittstelle, Bussystem und Netz.

Y.2.1 Schnittstellen

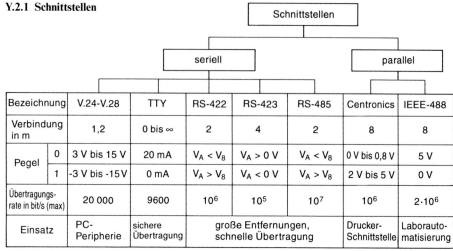

Bezeichnung	V.24-V.28	TTY	RS-422	RS-423	RS-485	Centronics	IEEE-488
Verbindung in m	1,2	0 bis ∞	2	4	2	8	8
Pegel 0	3 V bis 15 V	20 mA	$V_A < V_8$	$V_A > 0$ V	$V_A < V_8$	0 V bis 0,8 V	5 V
Pegel 1	-3 V bis -15 V	0 mA	$V_A > V_8$	$V_A < 0$ V	$V_A > V_8$	2 V bis 5 V	0 V
Übertragungsrate in bit/s (max)	20 000	9600	10^6	10^5	10^7	10^6	$2 \cdot 10^6$
Einsatz	PC-Peripherie	sichere Übertragung	große Entfernungen, schnelle Übertragung			Drucker-Schnittstelle	Laborauto-matisierung

Bild Y-7. Übersicht über Schnittstellen.

Übersicht Y-6. Schnittstellen-Belegungen.

Centronics

a) Amphenolstecker
   Typ 57-30360

b) Belegung

36-poliger Stecker		25-poliger Stecker (IBM-PC)	
Pin	Signal	Pin	Signal
1	-STROBE	1	-STROBE
2	DATA 1	2	DATA 0
3	DATA 2	3	DATA 1
4	DATA 3	4	DATA 2
5	DATA 4	5	DATA 3
6	DATA 5	6	DATA 4
7	DATA 6	7	DATA 5
8	DATA 7	8	DATA 6
9	DATA 8	9	DATA 7
10	-ACK	10	-ACK
11	BUSY	11	BUSY
12	PAPER END	12	PAPER END
13	+SELECT	13	+SELECT
14	-AUTO FEED	14	-AUTO FEED
32	-FAULT	15	-ERROR
31	-INIT (PRIME)	16	-INIT
36	-SELECT IN	17	-SELECT IN
15-17, 19-30	GND	18-25	GND

IEC-Bus nach IEEE-488

a) Belegung

Stift Nr.:	IEEE-488	IEC-625
1	D 1	D 1
2	D 2	D 2
3	D 3	D 3
4	D 4	D 4
5	EOI	REN
6	DAV	EOI
7	NRFD	DAV
8	NDAC	NRFD
9	IFC	NDAC
10	SRQ	IFC
11	ATN	SRQ
12	Abschirmung	ATN
13	D 5	Abschirmung
14	D 6	D 6
15	D 7	D 6
16	D 8	D 7
17	REN	D 8
	Gnd	Gnd
18	Gnd	Gnd
19	Gnd	Gnd
20	Gnd	Gnd
21	Gnd	Gnd
22	Gnd	Gnd
23	Gnd	Gnd
24	Gnd	Gnd
25	Gnd	Gnd

Übersicht Y-6 (Fortsetzung)

Centronics	IEC-Bus nach IEEE-488

c) Anschlußnumerierung

b) Stecker

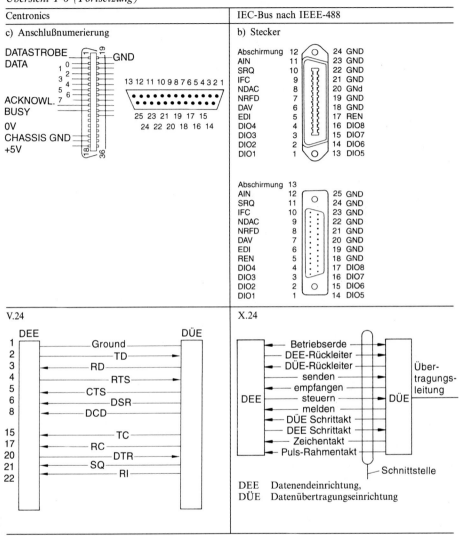

V.24

DEE   DÜE

X.24

DEE   Datenendeinrichtung,
DÜE   Datenübertragungseinrichtung

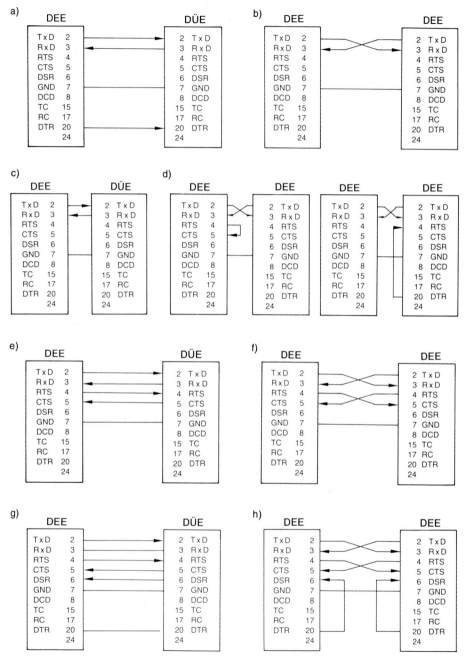

Bild Y-8. Anschlußmöglichkeiten für V.24-Verbindungen.

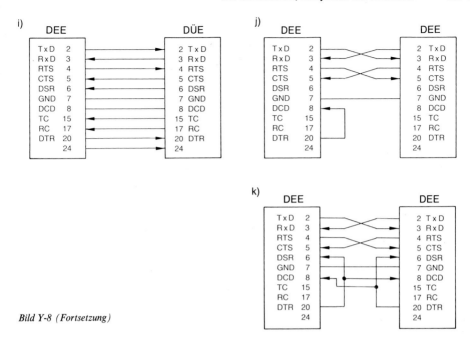

Bild Y-8 (Fortsetzung)

Y.2.2 Bussysteme

Über Busse werden Daten aus unterschiedlichen Systemen ausgetauscht.

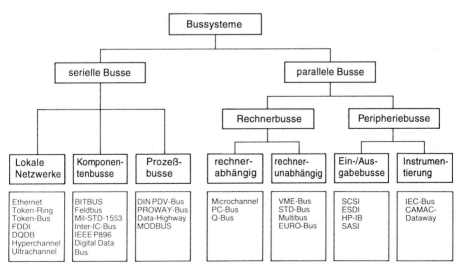

Bild Y-9. Bussysteme.

Y.2.3 Netze

Über Netze werden *unabhängige Rechnersysteme* miteinander verbunden.

Um über unterschiedliche Rechner digitale Daten austauschen zu können, sind die Aufgaben und die Anforderungen an 7 Schichten festgelegt worden. Von Schicht zu Schicht ist eine klare *Übergabeschnittstelle* vorhanden.

Die Kommunikation zwischen verschiedenen Stationen, die sowohl Sender als auch Empfänger darstellen, findet nach verschiedenen Prinzipien statt: Beim *Token-Passing-Verfahren* gibt es eine *Sendeberechtigungsmarke* (Token), die von Station zu Station weitergereicht wird. Beim *Token-Bus* liegt eine Busstruktur vor. Die einzelnen Stationen sind nur logisch verkettet. Beim *Token-Ring* sind die Teilnehmer *physikalisch und logisch* in einem Ring verbunden. Beim *Slotted-Ring-Verfahren*

laufen *Nachrichtencontainer* um, die beim Vorbeikommen an den Stationen mit Nachrichten gefüllt und entleert werden können. Das *QPSX/DQDB-Konzept* (Queued Packet and Synchronous Switch/Distributed Queue Dual Bus) benutzt zwei Bussysteme. Auf ihnen werden durch einen *Rahmengenerator* Pulse erzeugt, die für eine *synchrone* oder *asynchrone* Übertragung verantwortlich sind. Die umlaufenden Nachrichtencontainer können mit Nachrichten gefüllt und entleert werden. Beim Ausfall eines Teilsystems übernimmt das andere Bussystem die Funktionen (Sicherheit).

Zur *Automatisierung* der Fertigung wurde ein *MAP-Standard* (Manufactoring Automation Protocol) entwickelt. Als Sprache dient *MMS* (Manufacturing Message Specification).

Zur Kommunikation zwischen technischen und kaufmännischen Abteilungen dient der *TOP-Standard* (Technical and Office Proto-

Tabelle Y-5. OSI-Modell mit 7 Schichten.

	Bezeichnung	Bedeutung	Beispiel
anwendungsorientierte Schichten	7 Application layer Anwendungsschicht	Anwenderschnittstelle, Informationsverarbeitung	Chef
	6 Presentation layer Darstellungsschicht	Anpassung von Datenformaten	Übersetzer
	5 Session layer Kommunikations- steuerungsschicht	Darstellung der Verbindung als virtuelle Einheit	Sekretärin
transportorientierte Schichten	4 Transport layer Transportschicht	Umsetzen von Namen in Netzwerkadressen, Teilnehmerverbindungen	Telefonvermittlung
	3 Network layer Vermittlungsschicht	Wegefindung, Endsystemverbindungen	Nebenstellenanlage, Vermittlung
	2 Data Link Layer Sicherungsschicht	Zugriffssteuerung, Systemverbindungen, Prüfsummenbildung, Versenden und Empfangen von Datenpaketen	Telefonanlage, Satelliten-Richtfunkstation
	1 Physical Layer Bitübertragungsschicht	Erzeugen der elektrischen Signale	Modem, Akustikkoppler, Telefonapparat

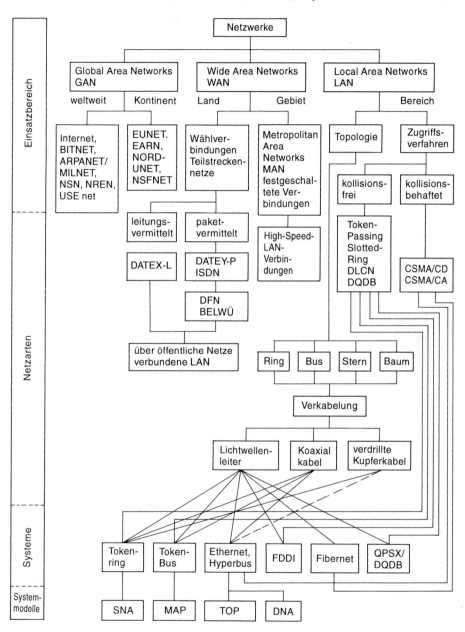

Bild Y-10. Netze.

Tabelle Y-6. Zugriffsverfahren bei Netzen.

Bezeichnung	Verfahren	Normen	Übertragungs-geschwindigkeit Mbit/s
kollisions-behaftet	CSMA/CD CSMA/CA	Mithören und Senden bei freier Leitung	ISO 8802/3 –	1 bis 10 10 bis 400
Sende-berechtigungs-marke	Token-Bus Token-Ring Slotted-Ring FDDI-I QPSX/DQDB	beide Richtungen nur eine Richtung Nachrichtencontainer Token-Ring mit Glasfaser Doppelbus	ISO 8802/4 ISO 8802/5 ISO 8802/7 ANSI x3T9 ISO 880216	1, 4 und 16 10, 43 100 150

CSMA/CD	Carrier Sense Multiple Access with Collision Detection,
CSMA/CA	Carrier Sense Multiple Access with Collision Avoidance,
FDDI	Fiber Distributed Data Interface,
QPSX/DQDB	Queued Packet and Synchronous Switch/Distributed Queue Dual Bus.

Übersicht Y-7. MAP- und MMS-Dienste.

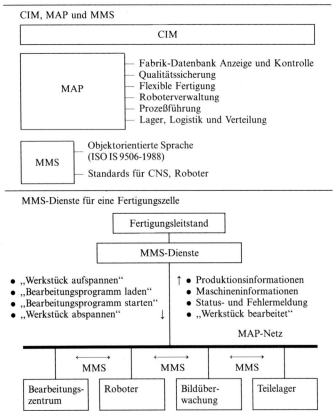

CIM, MAP und MMS

CIM

MAP
— Fabrik-Datenbank Anzeige und Kontrolle
— Qualitätssicherung
— Flexible Fertigung
— Roboterverwaltung
— Prozeßführung
— Lager, Logistik und Verteilung

MMS
— Objektorientierte Sprache (ISO IS 9506-1988)
— Standards für CNS, Roboter

MMS-Dienste für eine Fertigungszelle

Fertigungsleitstand

MMS-Dienste

- „Werkstück aufspannen"
- „Bearbeitungsprogramm laden"
- „Bearbeitungsprogramm starten"
- „Werkstück abspannen"　↓

↑ ● Produktionsinformationen
● Maschineninformationen
● Status- und Fehlermeldung
● „Werkstück bearbeitet"

MAP-Netz

MMS　MMS　MMS

| Bearbeitungs-zentrum | Roboter | Bildüber-wachung | Teilelager |

Übersicht Y-8. MAP- und TOP-Standards im OSI-Modell.

MAP und TOP im OSI-Modell

			TOP				
		MAP					
7	MMS	Directory Services X.500	Netzwerk-Management	FTAM	Virtuelles Bildschrim-protokoll	MHS X.400	
			ACSE				
6	Darstellungsschicht (presentation)						
5	Kommunikationssteuerungsschicht (session)						
4	Transportschicht (transport)						
3	Vermittlungsschicht (network)						
	Sicherungsschicht (link)						
2	Token-Bus 8802/4		8802/3			X.25	
1	Basisband	Breitband	Basisband	Basisband			
	5 Mbit/s 75 Ω Coax	10 Mbit/s 75 Ω Coax	10 Mbit/s 50 Ω Coax	4 Mbit/s verdrillte Leitung			
	MAP						
			TOP				

Basisband: Token-Bus 802.4 5 Mbit/s
maximal 700 m, 32 Knoten.
MAP-Unternetze oder kleine
MAP-Anwendungen

Breitband: Bild, Ton, TOP, MAP, sonstige Dienste
Token-Bus 802.4 10 Mbit/s
maximal 38 km.
Als Backbone-Netz einer Fabrik

Normen

Schicht	MAP-Standard		TOP-Standard
7 Application	Companion Standards SPS NC RC	Directory Service	FTAM ISO DIS 8571
	MMS (ISO DP 9506) FTAM (ISO DIS 8571)		MHS CCITT X.400
			ACSE ISO DP 8649/1-3
	CASE (ISO DIS 8650/2, 8649/2) ASCE		
6 Presentat.	ISO DIS 8822, 8823 Presentation Kernel		
5 Session	ISO IS 8326, 8327 Session Kernel Full Duplex		
4 Transport	ISO 8072, 8073 Transport Class 4		
3 Network	ISO DIS 8348, 8473 Connectionless Internet		
2 Data Link	ISO 8802/2 LLC ISO 8802/4 MAC		ISO 8802/2 LLC (CSMA/ISO 8802/3 MAC CD)
1 Physical	ISO 8802/4 Token Bus		10 Baseband

MAP- und TOP-Dienste

Bezeichnung	Bedeutung	Normen
FTM File Transfer Access and Management	Übertragen und Bearbeiten von Dateien. Dateien aus verschiedenen Systemen haben gleiches Format	ISO PP 8571
MMS Manufacturing Message Specification	Sprache für die Fabrik-automatisierung. Standards für CNC und Roboter	ISO DIS 9506
ACSE Association Control Service Element	Verbindungsaufbau zwischen unterschiedlichen Systemen	ISO DP 8649/1-3
MHS Message Handling System	Mitteilungsübermittlung Kommunikation zwischen Benutzern (mailing)	CCITT X.400

532   Y Informatik

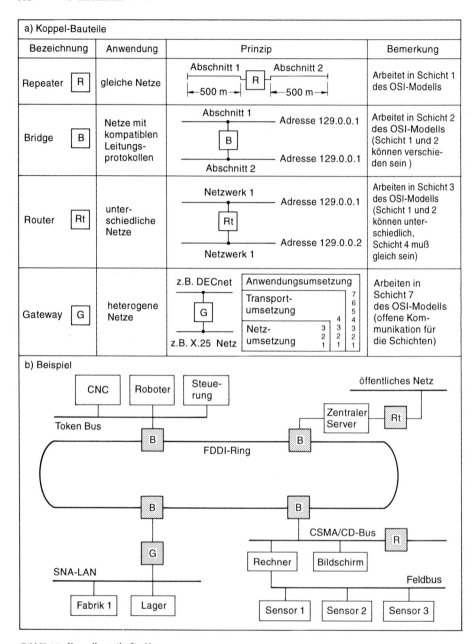

Bild Y-11. Koppelbauteile für Netze.

col). Beide Kommunikations-Standards bauen auf dem 7-Schichten-OSI-Modell auf.

Werden unterschiedliche Netzwerke zusammengestellt, dann müssen für eine sichere Kommunikation *Koppelbausteine* eingesetzt werden.

Y.3 Programmstrukturen

Programmabläufe können, unabhängig von der gewählten Programmiersprache, grafisch durch *Programmablaufpläne* (DIN 66 001) oder *Struktogramme* nach NASSI/SHNEIDER-MAN (DIN 66 261) entworfen werden. Die Programmstrukturen *Folge, Auswahl* und *Wiederholung* sind in entsprechenden Symbolen dargestellt.

Tabelle Y-7. Programmstrukturen bei Programm-Ablaufplänen (DIN 66 001) und Struktogrammen (DIN 66 261) sowie deren sprachliche Umsetzung.

Programm-Ablaufplan	Struktogramm	PASCAL	BASIC	FORTRAN
Folge-Struktur				
1. Strukturblock / 2. Strukturblock / letzter Strukturblock	1. Strukturblock / 2. Strukturblock / ⋯ / letzter Strukturblock	BEGIN / Anweisung 1; / Anweisung 2; / END.	10 Anweisung 1 / 20 Anweisung 2 / 100 weitere Anweisungen	Anweisung 1 / Anweisung 2 / weitere Anweisungen
Auswahl-Struktur — Bedingte Auswahl (IF Then … ENDIF)				
Bedingung erfüllt? Ja → Strukturblock 1; Nein	Bedingung erfüllt? Ja: Strukturblock 1 / Nein: ./.	IF Bedingung 1 / THEN BEGIN / Anweisung 1; / END;	10 IF Bed. erf. THEN 100 / 20 Anweisung 1 Nein-Teil / 100 weitere Anweisungen	IF (Bed. erf..) GOTO 1β / Anweisung 1 Nein-Teil / 10 weitere Anweisungen
Alternative Auswahl (IF THEN … ELSE … ENDIF)				
Bedingung erfüllt? Ja → Strukturblock 1; Nein → Strukturblock 2	Bedingung erfüllt? Ja: Strukturblock 1 / Nein: Strukturblock 2	IF Bedingung / THEN BEGIN / Anweisung 1; / Anweisung 2; / ELSE / Anweisung 4 / END;	10 IF Bed. erf. THEN 100 / 20 Anweisung(en) Nein-Teil / 50 GOTO 200 / 100 Anweisung(en) Ja-Teil / 200 weitere Anweisungen	IF (Bed. erf.) GOTO 10 / Anweisung(en) Nein-Teil / GOTO 20 / 10 Anweisung(en) Ja-Teil / 20 weitere Anweisungen

Tabelle Y-7. (Fortsetzung)

Programm-Ablaufplan	Struktogramm	PASCAL	BASIC	FORTRAN
Fallunterscheidung (ohne Fehlerausgang) (CASE OF … ENDCASE)				
Fallabfragen — Strukturblock 1, Strukturblock 2, Strukturblock n	Fallabfrage — Fall 1 / Fall 2 / Fall n — Strukturblock 1 / Strukturblock 2 / Strukturblock n	CASE Auswahl OF 1: Fall 1; 2: Fall 2; ⋮ n: Fall n; END;	10 ON N GO TO 100, 200, 300 100 Anweisung Fall 1 ⋮ 190 GO TO 400 200 Anweisung Fall 2 ⋮ 290 GO TO 400 300 Anweisung Fall 3 ⋮ 390 400 weitere Anweisung	GO TO (100, 200, 300), N 100 Anweisung Fall 1 GO TO 400 200 Anweisung Fall 2 GO TO 400 300 Anweisung Fall 3 400 weitere Anweisungen
Fallunterscheidung (mit Fehlerausgang) CASE OF … OTHERCASE … ENDCASE)				

Fall zulässig? — Nein → Strukturblock Fehler; Ja → Fallabfrage — Strukturblock 1, Strukturblock 2, Strukturblock n	Fall zulässig? — Nein → Strukturblock Fehler; Fallabfrage — Fall 1 / Fall 2 / Fall n — Strukturblock 1 / Strukturblock 2 / Strukturblock n	CASE Auswahl OF
		1: Fall 1;
		2: Fall 2;
		⋮
		n: Fall n;
		ELSE
		Anweisung k;
		END;
			10 IF N > 3 THEN 500
			20 ON N GO TO 100, 200, 300
			100 Fall 1
			⋮
			190 GO TO 600
			200 Fall 2
			⋮
			290 GO TO 600
			300 Fall 3
			390 GO TO 600
			500 Fehlerbehandlung
			600 weitere Anweisungen
				IF (N.GT.3) GO TO 50
				GO TO (10, 20, 30), N
				10 FALL 1
				⋮
				GO TO 60
				20 FALL 2
				⋮
				GO TO 60
				30 Fall 3
				GO TO 60
				50 Fehlerbehandlung
				60 weitere Anweisungen

Tabelle Y-7. (Fortsetzung)

Programm-Ablaufplan	Struktogramm	PASCAL	BASIC	FORTRAN
Wiederholungs-Struktur				
Zählschleife				
I = 1 / Anweisung / I = I + 1 / nein / I ≥ N / ja	von I = 1 bis N / Anweisungen	FOR I: = Startwert TO Endwert DO BEGIN Anweisung 1; Anweisung 2; END;	10 FOR I = Start TO END STEPS 20 Anweisung 1 ⋮ 90 NEXT I 100 weitere Anweisungen	DO 90 I = Start, N, S Anweisung 1 ⋮ 90 CONTINUE weitere Anweisungen
abweisende Schleife (DO WHILE … ENDDO)				
Ausführungsbedingung erfüllt? Nein / Ja / Strukturblock	Wiederholung, solange Ausführungsbedingung erfüllt / Strukturblock	WHILE Bedingung DO BEGIN Anweisung 1; ⋮ END;	10 IF Bei nicht erfüllt THEN 100 erfüllt 20 Anweisung 1 ⋮ 90 GOTO 10 100 weitere Anweisungen	1 IF (Bed. nicht erfüllt) GOTO 2 Anweisung 1 ⋮ GOTO 1 2 weitere Anweisungen
nicht abweisende Schleife (DO UNTIL … ENDDO)				
Strukturblock / Endbedingung erfüllt? Nein / Ja	Strukturblock / Wiederhole, bis Endbedingung erfüllt	REPEAT Anweisung 1; Anweisung 2; UNTIL Bedingung;	10 Anweisung 1 20 ⋮ 90 IF Abbruch der Bed. THEN 10 erfüllt 100 weitere Anweisungen	1 Anweisung 1 ⋮ IF (Abbruch der Bed. erf.) GO TO 1 weitere Anweisungen

Y.4 Datenstrukturen

Die Daten werden in Programmen verarbeitet. Eine *Datei* besteht aus einer Anzahl von *Datensätzen*. Diese bestehen aus einzelnen *Datenfeldern*, in denen bestimmte *Informationen* abgelegt sind. Alle Dateien zusammen sind die *Datenbasis* und können in einer *Datenbank* verwaltet werden.

Während des Programmlaufs ändern sich die Daten ständig. *Datenflußpläne* zeigen die *Bearbeitungsvorgänge* (z. B. Sortieren), die *Datenträger*, die zur Ausführung der Bearbeitungsvorgänge benutzt werden, und die *Stationen* und *Wege*, über die die Daten das Programm durchlaufen.

Daten können sich je nach Verlauf des Programmes verschieden verhalten (*dynamische Daten*) und werden dann unterschiedlich organisiert.

Tabelle Y-8. Sinnbilder für Datenflußplan (DIN 66 001).

Sinnbild	Bennenung	Erläuterungen zur Anwendung
	Flußlinien	
	Flußlinie (*flow line*)	Am Ende der Flußlinie muß immer ein Pfeil sein. Vorzugsrichtungen: von oben nach unten, von links nach rechts.
	Transport der Datenträger	Zur besonderen Kennzeichnung eines Transportes der Datenträger unter Angabe des Absenders oder Empfängers.
	Datenübertragung (*communication line*)	Häufig verwendet bei Datenübertragung (z. B. über Telex, Fax oder Telefon).
	Bearbeitungsvorgänge	
	Bearbeiten, Operationen, allgemein (*process*)	Alle Bearbeitungsvorgänge sind mit diesem Sinnbild darzustellen, vor allem aber solche, die nicht weiter klassifiziert werden.
	Eingabe von Hand (*manual input*)	Darstellung der Dateneingabe von Hand (z. B. von Steuer-, Kontroll- oder Korrekturdaten über Tastatur).
	Mischen (*merge*)	
	Trennen (*extract*)	
	Mischen mit gleichzeitigem Trennen (*collate*)	
	Sortieren (*sort*)	

Tabelle Y-8 (Fortsetzung)

Sinnbild	Benennung	Erläuterungen zur Anwendung
	Datenträger	
	Datenträger allgemein (*input/output*)	Steht der Datenträger noch nicht fest oder ist er nicht durch die folgenden Sinnbilder darstellbar, wird dieses Sinnbild verwendet.
	Datenträger vom Leitwerk gesteuert (*online storage*)	Im Sinnbild ist die Speicherart (z. B. Magnetplatte) anzugeben.
	Schriftstück (*document*)	Darunter fallen u. a. maschinenlesbare Vordrucke oder Listenausdrucke.
	Lochkarte (*punched card*)	Es empfiehlt sich, die Kartenart anzugeben (z. B. Lagerentnahmekarte).
	Lochstreifen (*punched tape*)	
	Magnetband (*magnetic tape*)	Es ist sinnvoll, die Dateinummer mit anzugeben oder bei Ausgabeänderungen Sperrfristen einzutragen. Zugriffsart: sequentiell
	Plattenspeicher (*magnetic disk*)	Daten auf Speicher mit Direktzugriff
	Anzeige (*display*)	Die Anzeige erfolgt in optischer (z. B. Bildschirm oder Plotter) oder akustischer Form (z. B. Summer).
		Daten im Zentralspeicher

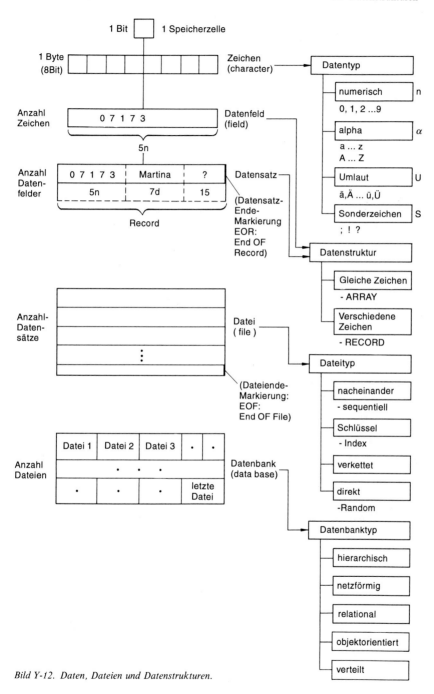

Bild Y-12. Daten, Dateien und Datenstrukturen.

Y.5 Sprachen

Übersicht Y-9. Einteilung der Programmiersprachen.

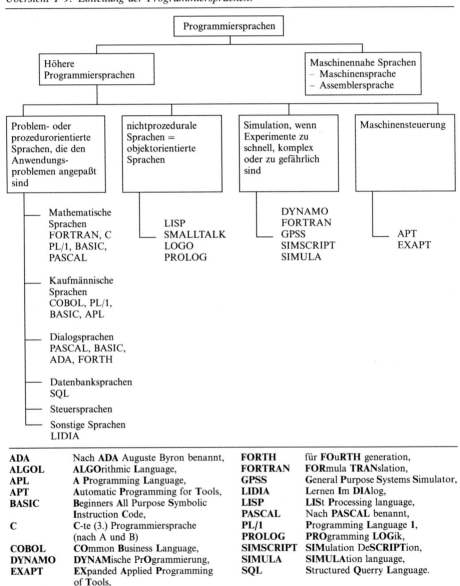

ADA	Nach ADA Auguste Byron benannt,	FORTH	für FOuRTH generation,
ALGOL	ALGOrithmic Language,	FORTRAN	FORmula TRANslation,
APL	A Programming Language,	GPSS	General Purpose Systems Simulator,
APT	Automatic Programming for Tools,	LIDIA	Lernen Im DIAlog,
BASIC	Beginners All Purpose Symbolic Instruction Code,	LISP	LISt Processing language,
		PASCAL	Nach PASCAL benannt,
C	C-te (3.) Programmiersprache (nach A und B)	PL/1	Programming Language 1,
		PROLOG	PROgramming LOGik,
COBOL	COmmon Business Language,	SIMSCRIPT	SIMulation DeSCRIPTion,
DYNAMO	DYNAMische PrOgrammierung,	SIMULA	SIMULAtion language,
EXAPT	EXpanded Applied Programming of Tools,	SQL	Structured Querry Language.

Y.6 Software-Engineering

Software-Engineering ist die systematische Verwendung von Methoden und Werkzeugen zur Herstellung und Anwendung von Software mit den Zielen: vertretbare Kosten, abschätzbare Zeit und hoher Qualitätsstandard.

Der Prozeß der Software-Herstellung (*Lebenszyklus*) durchläuft verschiedene *Phasen*. Die relativen Kosten für die Fehlerbehebung *verdoppeln* sich von Phase zu Phase. Deshalb werden Methoden gesucht, die in den *frühen* Phasen des Entstehungsprozesses eine möglichst *fehlerfreie* Software garantieren.

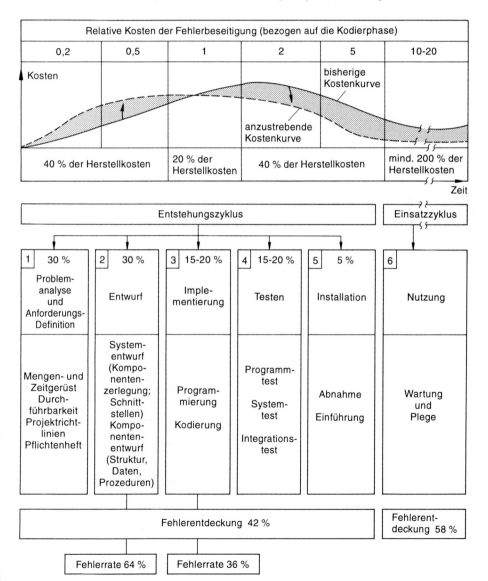

Bild Y-13. Phasen im Software-Lebenszyklus, ihre Fehlerraten und Kostenverteilung.

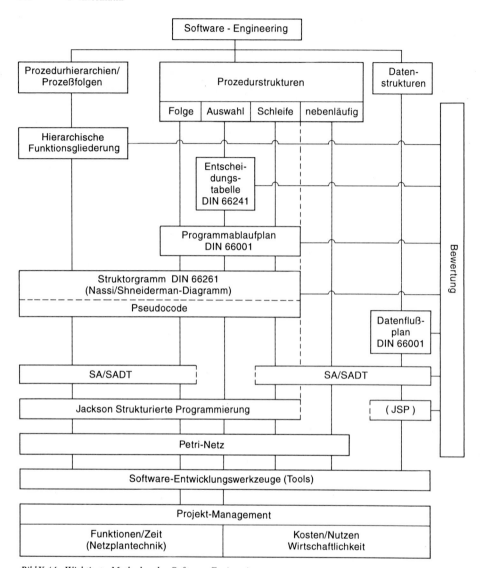

Bild Y-14. Wichtigste Methoden des Software-Engineering.

Z Chemische Elemente und ihre Eigenschaften

Symbol des Elements Element	Ac Actinium	Al Aluminium
chemische Eigenschaften		
Ordnungszahl	89	13
relative Atommasse	(227,0)	26,982
Elektronenkonfiguration	[Rn] 6 d1 7 s2	[Ne] 3 s2 3 p1
Wertigkeit(en)	3	3
Ionisierungsenergien in eV (I, II, III)	6,9–12,1	5,96–18,74–28,31
Atom- bzw. Ionenradius in pm (Ladung des Ions)	188 118 (3+)	143 51 (3+)
Elektronegativität	1,1	1,61
Häufigkeit in der Erdkruste in %	$6{,}1 \cdot e^{-14}$	7,57
Säure-Base-Verhalten des Oxids	–	sauer/basisch
Struktur/Dichte	kubisch flächenzentriert 10,1	kubisch flächenzentriert 2,702
physikalische Eigenschaften		
Isotope/Häufigkeit der Isotope in %	227 228	27/100
Schmelztemperatur in °C	1050	660,4
Siedetemperatur in °C	3200	2467
molare Schmelzwärme in kJ · mol⁻¹	14	10
molare Verdampfungswärme in kJ · mol⁻¹	–	291
spezifische Wärmekapazität in J · K⁻¹ · g⁻¹	0,12	0,9
Wärmeleitfähigkeit bei 20 °C in W · m⁻¹ · K⁻¹	–	273
linearer Ausdehnungskoeffizient in 10⁻⁶ K⁻¹	–	23,9
spezifischer elektrischer Widerstand in 10⁻⁶ Ω · cm	–	2,655 (0)
Temperaturkoeffizient des elektrischen Widerstandes in 10⁻⁴ K⁻¹ (0 °C bis 100 °C)	–	42,9 (0)
magnetische Suszeptibilität 10⁻⁶	–	+16,5 RT
Supraleiter-Übergangstemperatur in K (p: unter Druck)	–	1,175

Symbol des Elements Element	At Astat	Ba Barium
chemische Eigenschaften		
Ordnungszahl	85	56
relative Atommasse	(210)	137,33
Elektronenkonfiguration	[Xe] 4 f14 5 d10 6 s2 6 p5	[Xe] 6 s2
Wertigkeit(en)	7, 5, 3, 1	2
Ionisierungsenergien in eV (I, II, III)	–	5,2–10,0
Atom- bzw. Ionenradius in pm (Ladung des Ions)	62 (7+)	217 134 (2+)
Elektronegativität	2,2	0,89
Häufigkeit in der Erdkruste in %	$3 \cdot e^{-24}$	0,026
Säure-Base-Verhalten des Oxids	–	stark basisch
Struktur/Dichte	– –	kubisch raumzentriert 3,51
physikalische Eigenschaften		
Isotope/Häufigkeit der Isotope in %	215 218 219	132/0,1 134/2,4 135/6,6 136/7,8 137/11,3 138/71,7
Schmelztemperatur in °C	302	725
Siedetemperatur in °C	335	1640
molare Schmelzwärme in kJ · mol⁻¹	–	7,7
molare Verdampfungswärme in kJ · mol⁻¹	33	151
spezifische Wärmekapazität in J · K⁻¹ · g⁻¹	0,14	0,19
Wärmeleitfähigkeit bei 20 °C in W · m⁻¹ · K⁻¹	–	–
linearer Ausdehnungskoeffizient in 10⁻⁶ K⁻¹	–	–
spezifischer elektrischer Widerstand in 10⁻⁶ Ω · cm	–	36 (0)
Temperaturkoeffizient des elektrischen Widerstandes in 10⁻⁴ K⁻¹ (0 °C bis 100 °C)	–	61 (0)
magnetische Suszeptibilität 10⁻⁶	–	+20,6 RT
Supraleiter-Übergangstemperatur in K (p: unter Druck)	–	p 1 … 5,4

Am Americum	Sb Antimon	Ar Argon	As Arsen
95	51	18	33
(243,1)	121,75	39,948	74,9222
[Rn] 5 f7 6 d0 7 s2	[Kr] 4 d10 5 s2 5 p3	[Ne] 3 s2 3 p6	[Ar] 3 d10 4 s2 4 p3
6, 5, 4, 3	5, 3	–	5, 3
6	8,5–18–24,7	15,8–27,6–40,9	10,5–20,1–28,0
182 107(3+) 92(4+)	145 76(3+) 62(5+)	98	125 58(3+) 46(5+)
1,3	2,05	–	2,18
–	0,000065	0,00036	0,00055
–	schwach sauer	–	schwach sauer
hexagonal 11,7	rhomoedrisch 6,68	kubisch flächenzentriert 1,40(1)	kubisch raumzentriert 5,72/2,03
242 243 244	121/57,2 123/42,8	36/0,3 38/0,1 40/99,2	75/100
994	630,7	–189,2	817
2607	1750	–185,7	613
10	19,8	1,2	28
216	83	6,5	–
0,14	0,21	0,52	0,33
–	22	0,02	–
–	10,8	–	5,6
–	39,0(0)	–	33,3(20)
–	51(0)	–	–
+100 RT	–99,0 (293)	–19,6 RT	–23,7 (293)
1	p 3,6	–	p 0,31 … 0,5

Bk Berkelium	Be Beryllium	Bi Bismut	Pb Blei
97	4	83	82
(247,1)	9,0122	208,98	207,19
[Rn] 5 f9 6 d0 7 s2	1 s2 2 s2	[Xe] 4 f14 5 d10 6 s2 6 p3	[Xe] 4 f14 5 d10 6 s2 6 p2
4, 3	2	5, 3	4, 2
–	9,32–18,2–154	8,0–16,6–25,42	7,38–14,96–31,9
96(3+)	112 35(2+)	155 96(3+) 74(5+)	175 120(2+) 84(4+)
1,3	1,57	2,02	2,33
–	0,0005	0,00002	0,0018
–	sauer/basisch	schwach sauer	sauer/basisch
– –	hexagonal 1,85	rhomboedrisch 9,8	kubisch flächenzentriert 11,4
–	9/100	209/100	204/1,5 206/23,6 207/22,6 208/52,3
–	1280	271,3	327,5
–	2970	1560	1740
–	12	11	4,8
–	309	179	178
–	1,9	0,12	0,13
–	210	9	37
–	12	13,3	29,1
–	4,2(20)	106,8(0)	19,0(0)
–	250(20)	46(0)	42(0)
–	–9,0 RT	–280,1 RT	–23,0 (289)
–	0,026	p4 … 8	7,19

Symbol des Elements Element	B Bor	Br Brom
chemische Eigenschaften		
Ordnungszahl	5	35
relative Atommasse	10,81	79,904
Elektronenkonfiguration	1 s2 2 s2 2 p1	[Ar] 3 d10 4 s2 4 p5
Wertigkeit(en)	3	5, 1
Ionisierungsenergien in eV (I, II, III)	8,3–25,1–37,9	11,8–21,8–36
Atom- bzw. Ionenradius in pm (Ladung des Ions)	79 23 (3+)	114 195 (1−)
Elektronegativität	2,04	2,96
Häufigkeit in der Erdkruste in %	0,0014	0,0006
Säure-Base-Verhalten des Oxids	schwach sauer	stark sauer
Struktur/Dichte	rhomboedrisch 2,34	orthorhombisch 3,12
physikalische Eigenschaften		
Isotope/Häufigkeit der Isotope in %	10/19,6 11/80,4	79/50,5 81/49,5
Schmelztemperatur in °C	2080	−7,2
Siedetemperatur in °C	2550	58,78
molare Schmelzwärme in kJ · mol^{-1}	22	5,3
molare Verdampfungswärme in kJ · mol^{-1}	510	15
spezifische Wärmekapazität in J · K^{-1} · g^{-1}	1,03	0,45
Wärmeleitfähigkeit bei 20 °C in W · m^{-1} · K^{-1}	29	−
linearer Ausdehnungskoeffizient in 10^{-6} K^{-1}	8,3	−
spezifischer elektrischer Widerstand in 10^{-6} Ω · cm	1,8 · e12 (27)	−
Temperaturkoeffizient des elektrischen Widerstandes in 10^{-4} K^{-1} (0 °C bis 100 °C)	−	−
magnetische Suszeptibilität 10^{-6}	−6,7 RT	−56,4
Supraleiter-Übergangstemperatur in K (p: unter Druck)	−	−

Symbol des Elements Element	Ce Cer	Cl Chlor
chemische Eigenschaften		
Ordnungszahl	58	17
relative Atommasse	140,12	35,453
Elektronenkonfiguration	[Xe] 4 f5 5 d0 6 s2	[Ne] 3 s2 3 p5
Wertigkeit(en)	4, 3	7, 5, 3, 1
Ionisierungsenergien in eV (I, II, III)	5,6–12,3–20	13,0–23,8–39,9
Atom- bzw. Ionenradius in pm (Ladung des Ions)	183 107 (3+) 94 (4+)	99 181 (1−)
Elektronegativität	1,12	3,16
Häufigkeit in der Erdkruste in %	0,0043	0,19
Säure-Base-Verhalten des Oxids	schwach basisch	stark sauer
Struktur/Dichte	kubisch flächenzentriert 6,75	orthorhombisch 1,56 (1)
physikalische Eigenschaften		
Isotope/Häufigkeit der Isotope in %	136/0,2 138/0,2 140/88,5 142/11,1	35/75,5 37/24,5
Schmelztemperatur in °C	798	−101
Siedetemperatur in °C	3426	−34,6
molare Schmelzwärme in kJ · mol^{-1}	9	3,2
molare Verdampfungswärme in kJ · mol^{-1}	314	10,2
spezifische Wärmekapazität in J · K^{-1} · g^{-1}	0,18	0,49
Wärmeleitfähigkeit bei 20 °C in W · m^{-1} · K^{-1}	11	0,0072
linearer Ausdehnungskoeffizient in 10^{-6} K^{-1}	8,5	−
spezifischer elektrischer Widerstand in 10^{-6} Ω · cm	78 (20)	−
Temperaturkoeffizient des elektrischen Widerstandes in 10^{-4} K^{-1} (0 °C bis 100 °C)	87 (20)	−
magnetische Suszeptibilität 10^{-6}	+2450 (293)	−40,5 (1)
Supraleiter-Übergangstemperatur in K (p: unter Druck)	p 1,3 … 1,9	−

Cd Cadmium	Ca Calcium	Cf Californium	Cs Cäsium
48	20	98	55
112,41	40,08	(251,1)	132,91
[Kr] 4 d10 5 s2	[Ar] 4 s2	[Rn] 5 f10 6 d0 7 s2	[Xe] 6 s1
2	2	3	1
8,96–16,8–38,0	6,1–11,9–50,9	–	3,9–25,1
149 97(2+)	197 99(2+)	95(3+)	265 167(1+)
1,69	1	1,3	0,79
0,00003	3,39	–	0,00065
schwach basisch	stark basisch	–	stark basisch
hexagonal 8,65	kubisch	– –	kubisch
	flächenzentriert 1,55		raumzentriert 1,87
110/12,4 111/12,7	40/97,0 42/0,6 43/0,1	–	133/100
112/24,1 113/12,3	44/2,1 46/0,003 48/0,2		
114/28,8 116/7,6			
320,9	839	–	28,4
765	1484	–	669,3
6,4	8	–	2,1
100	151	–	66
0,23	0,66	–	0,22
100	130	–	–
29,8	25,2	–	97
6,83(0)	3,91(0)	–	20(20)
43(0)	42(0)	–	50(20)
–19,8 RT	+40,0 RT	–	+29,0 RT
0,52	–	–	p 1,5

Cr Chrom	Co Cobalt	Cm Curium	Dy Dysprosium
24	27	96	66
51,996	58,933	(247,1)	162,5
[Ar] 3 d5 4 s1	[Ar] 3 d7 4 s2	[Rn] 5 f7 6 d1 7 s2	[Xe] 4 f10 5 d0 6 s2
6, 3, 2	3, 2	3	3
6,74–16,6–31	7,81–17,3–33,5	–	6,8–11,6
125 63(3+) 52(6+)	125 72(2+) 63(3+)	98(3+)	175 92(3+)
1,66	1,88	1,3	1,22
0,019	0,0037	–	0,00042
stark sauer	sauer/basisch	–	schwach basisch
kubisch	hexagonal 8,90	– 13,51	hexagonal 8,54
raumzentriert 7,2			
50/4,3 52/83,8 53/9,5	59/100	–	158/0,1 160/2,3 161/18,9
54/2,4			162/25,5 163/25,0 164/28,2
1857	1495	1340	1409
2672	2870	–	2562
15	15,5	–	17
347	381	–	251
0,46	0,42	–	0,17
87	96	–	10
6,6	12,36	–	8,6
12,7(0)	5,6(0)	–	57(25)
21,4(0)	65,8(0)	–	11,9(25)
+180(293)	ferro 1404	–	ferro 85
–	–	–	–

Symbol des Elements Element	Es Einsteinium	Fe Eisen
chemische Eigenschaften		
Ordnungszahl	99	26
relative Atommasse	(254,1)	55,847
Elektronenkonfiguration	[Rn] 5 f11 6 d0 7 s2	[Ar] 3 d6 4 s2
Wertigkeit(en)	–	3, 2
Ionisierungsenergien in eV (I, II, III)	–	7,83–16,16–30,6
Atom- bzw. Ionenradius in pm (Ladung des Ions)	–	124 74(2+) 64(3+)
Elektronegativität	1,3	1,83
Häufigkeit in der Erdkruste in %	–	4,7
Säure-Base-Verhalten des Oxids	–	sauer/basisch
Struktur/Dichte	– –	kubisch raumzentriert 7,86
physikalische Eigenschaften		
Isotope/Häufigkeit der Isotope in %	–	54/5,8 56/91,7 57/2,2 58/0,3
Schmelztemperatur in °C	–	1535
Siedetemperatur in °C	–	2750
molare Schmelzwärme in kJ · mol⁻¹	–	14
molare Verdampfungswärme in kJ · mol⁻¹	–	351
spezifische Wärmekapazität in J · K⁻¹ · g⁻¹	–	0,45
Wärmeleitfähigkeit bei 20 °C in W · m⁻¹ · K⁻¹	–	78
linearer Ausdehnungskoeffizient in 10⁻⁶ K⁻¹	–	11,7
spezifischer elektrischer Widerstand in 10⁻⁶ Ω · cm	–	8,9(0)
Temperaturkoeffizient des elektrischen Widerstandes in 10⁻⁴ K⁻¹ (0 °C bis 100 °C)	–	65(0)
magnetische Suszeptibilität 10⁻⁶	–	ferro 1043
Supraleiter-Übergangstemperatur in K (p: unter Druck)	–	–

Symbol des Elements Element	Fr Francium	Gd Gadolinium
chemische Eigenschaften		
Ordnungszahl	87	64
relative Atommasse	(223,0)	157,25
Elektronenkonfiguration	[Rn] 7 s1	[Xe] 4 f7 5 d1 6 s2
Wertigkeit(en)	1	3
Ionisierungsenergien in eV (I, II, III)	–	6,16–12
Atom- bzw. Ionenradius in pm (Ladung des Ions)	180(1+)	179 97(3+)
Elektronegativität	0,7	1,2
Häufigkeit in der Erdkruste in %	1,3 · e⁻²¹	0,00059
Säure-Base-Verhalten des Oxids	stark basisch	schwach basisch
Struktur/Dichte	kubisch raumzentriert	hexagonal 7,90
physikalische Eigenschaften		
Isotope/Häufigkeit der Isotope in %	223	154/2,1 155/14,7 156/20,5 157/15,7 158/24,9 160/21,9
Schmelztemperatur in °C	(27)	1313
Siedetemperatur in °C	(677)	3266
molare Schmelzwärme in kJ · mol⁻¹	2	15,5
molare Verdampfungswärme in kJ · mol⁻¹	64	312
spezifische Wärmekapazität in J · K⁻¹ · g⁻¹	0,14	0,23
Wärmeleitfähigkeit bei 20 °C in W · m⁻¹ · K⁻¹	–	9
linearer Ausdehnungskoeffizient in 10⁻⁶ K⁻¹	–	6,4
spezifischer elektrischer Widerstand in 10⁻⁶ Ω · cm	–	134,0 (25)
Temperaturkoeffizient des elektrischen Widerstandes in 10⁻⁴ K⁻¹ (0 °C bis 100 °C)	–	17,6(25)
magnetische Suszeptibilität 10⁻⁶	–	ferro 289
Supraleiter-Übergangstemperatur in K (p: unter Druck)	–	–

Er Erbium	Eu Europium	Fm Fermium	F Fluor
68	63	100	9
167,26	151,96	(257,1)	18,998
[Xe] 4 f12 5 d0 6 s2	[Xe] 4 f7 5 d0 6 s2	[Rn] 5 f12 6 d0 7 s2	1 s2 2 s2 2 p5
3	3, 2	–	1
6,08–11,93	5,67–11,25	–	17,4–35,0–62,6
173 89 (3+)	199 117 (2+) 98 (3+)	–	71 136 (1–)
1,24	1,2	1,3	3,98
0,00023	0,0000099	–	0,027
schwach basisch	schwach basisch	–	–
hexagonal 9,07	kubisch raumzentriert 5,24	– –	kubisch 1,51 (1)
162/0,1 164/1,6 166/33,4 167/22,9 168/17,1 170/14,9	151/47,8 153/52,2	–	19/100
1529	822	–	–220
2863	1597	–	–188,1
17	10,5	–	0,25
278 s	176	–	3,3
0,17	0,17	–	0,83
10	–	–	–
9,2	–	–	–
107 (25)	90 (25)	–	–
20,1 (25)	–	–	–
ferro ≈ 20	+ 34000 (293)	–	–
–	–	–	–

Ga Gallium	Ge Germanium	Au Gold	Hf Hafnium
31	32	79	72
69,72	72,59	196,97	178,49
[Ar] 3 d10 4 s2 4 p1	[Ar] 3 d10 4 s2 4 p2	[Xe] 4 f14 5 d10 6 s1	[Xe] 4 f14 5 d2 6 s2
3	4	3, 1	4
6–20,5–30,7	8,09–15,86–34,07	9,18–19,95	7–14,9–23,2
122 62 (3+)	121 73 (2+) 53 (4+)	144 137 (1+) 68 (3+)	156 78 (4+)
1,81	2,01	2,54	1,3
0,0014	0,00056	0,0000005	0,00042
sauer/basisch	sauer/basisch	sauer/basisch	sauer/basisch
orthorhombisch 5,91	Diamant 5,32	kubisch flächenzentriert 18,88	hexagonal 13,1
69/60,4 71/39,6	70/20,5 72/27,4 73/7,8 74/36,5 76/7,8	197/100	174/0,2 176/5,2 177/18,5 178/27,1 179/13,8 180/35,2
29,78	937,4	1064	2227
2403	2830	3080	4602
5,6	32	12,8	22
270	328	343	571
0,37	0,31	0,13	0,14
40	61	310	22
18	5,75	14,2	6,6
17,4 (20)	45 · e^6 (25)	2,04 (0)	30,6 (20)
–	–	40 (0)	41,9 (20)
–21,6 (290)	–76,84 (293)	–28,0 (296)	+75,0 (298)
1,09	p 5,4	–	0,13

Symbol des Elements Element	Ha Hahnium	He Helium
chemische Eigenschaften		
Ordnungszahl	105	2
relative Atommasse	(262)	4,0026
Elektronenkonfiguration	[Rn] 5 f14 6 d3 7 s2	1 s2
Wertigkeit(en)	–	–
Ionisierungsenergien in eV (I, II, III)	–	24,6–54,4
Atom- bzw. Ionenradius in pm (Ladung des Ions)	–	93
Elektronegativität	–	–
Häufigkeit in der Erdkruste in %	–	0,00000042
Säure-Base-Verhalten des Oxids	–	–
Struktur/Dichte	– –	hexagonal 0,15 (1)
physikalische Eigenschaften		
Isotope/Häufigkeit der Isotope in %	–	3 4/100
Schmelztemperatur in °C	–	–272,2
Siedetemperatur in °C	–	–268,9
molare Schmelzwärme in kJ · mol^{-1}	–	0,02
molare Verdampfungswärme in kJ · mol^{-1}	–	0,08
spezifische Wärmekapazität in J · K^{-1} · g^{-1}	–	5,21
Wärmeleitfähigkeit bei 20 °C in W · m^{-1} · K^{-1}	–	0,15
linearer Ausdehnungskoeffizient in 10^{-6} K^{-1}	–	–
spezifischer elektrischer Widerstand in 10^{-6} Ω · cm	–	–
Temperaturkoeffizient des elektrischen Widerstandes in 10^{-4} K^{-1} (0 °C bis 100 °C)	–	–
magnetische Suszeptibilität 10^{-6}	–	–1,88 RT
Supraleiter-Übergangstemperatur in K (p: unter Druck)	–	–

Symbol des Elements Element	K Kalium	C Kohlenstoff
chemische Eigenschaften		
Ordnungszahl	19	6
relative Atommasse	39,098	12,011
Elektronenkonfiguration	[Ar] 4 s1	1 s2 2 s2 2 p2
Wertigkeit(en)	1	4, 2
Ionisierungsenergien in eV (I, II, III)	4,3–31,8–46,0	11,26–24,4–47,9
Atom- bzw. Ionenradius in pm (Ladung des Ions)	227 133 (1+)	71 16 (4+)
Elektronegativität	0,82	2,55
Häufigkeit in der Erdkruste in %	2,4	0,087
Säure-Base-Verhalten des Oxids	stark basisch	schwach sauer
Struktur/Dichte	kubisch raumzentriert 0,86	hexagonal/Diamant 2,26/3,51
physikalische Eigenschaften		
Isotope/Häufigkeit der Isotope in %	39/93,1 40/0,01 41/6,9	12/98,9 13/1,1 14
Schmelztemperatur in °C	63,25	3550
Siedetemperatur in °C	760	4827
molare Schmelzwärme in kJ · mol^{-1}	2,4	–
molare Verdampfungswärme in kJ · mol^{-1}	79	–
spezifische Wärmekapazität in J · K^{-1} · g^{-1}	0,75	0,719
Wärmeleitfähigkeit bei 20 °C in W · m^{-1} · K^{-1}	100	45 G
linearer Ausdehnungskoeffizient in 10^{-6} K^{-1}	84	0,6–4,3
spezifischer elektrischer Widerstand in 10^{-6} Ω · cm	6,3 (0)	1375 (0)
Temperaturkoeffizient des elektrischen Widerstandes in 10^{-4} K^{-1} (0 °C bis 100 °C)	54 (0)	–
magnetische Suszeptibilität 10^{-6}	+20,8 RT	–6,09 RT
Supraleiter-Übergangstemperatur in K (p: unter Druck)	–	–

Ho Holmium	In Indium	I Iod	Ir Iridium
67	49	53	77
164,93	114,82	126,9	192,22
[Xe] 4 f11 5 d0 6 s2	[Kr] 4 d10 5 s2 5 p1	[Kr] 4 d10 5 s2 5 p5	[Xe] 4 f14 5 d7 6 s2
3	3	7, 5, 1	6, 4, 3, 2
6,02–11,80	5,76–18,79–27,9	10,45–19,13–33	9,1
174 91(3+)	163 81(3+)	133 216(1–)	136 68(4+)
1,23	1,78	2,66	2,2
0,00011	0,00001	0,000006	0,0000001
schwach basisch	sauer/basisch	stark sauer	schwach basisch
hexagonal 8,80	tetragonal 7,31	orthorhombisch 4,94	kubisch flächenzentriert
165/100	113/4,3 115/95,7	127/100	191/37,3 193/62,7
1470	156,6	113,5	2410
2695	2080	184,4	4130
17	3,3	7,9	28
251	232	21	611
0,16	0,24	0,43	0,13
–	86	0,4	147
9,5	30	83	6,5
94 (25)	8,4(0)	1,03 · e15(20)	5,3 (0)
17,1(25)	49(0)	–	39 (0)
ferro ≈20	–64,0 RT	–88,7 RT	+25,6 (298)
–	3,4	–	0,11

Kr Krypton	Cu Kupfer	Ku/Rf Kurchatovium/ Rutherfordium	La Lanthan
36	29	104	57
83,8	63,546	(261)	138,91
[Ar] 3 d10 4 s2 4 p6	[Ar] 3 d10 4 s1	[Rn] 5 f14 6 d2 7 s2	[Xe] 5 d1 6 s2
–	2, 1	–	3
14–24,4–37	7,68–20,34–29,5	–	5,61–1,43–19,2
112	128 96(1+) 72(2+)	–	187 114(3+)
–	1,9	–	1,1
$1,9 \cdot e^{-8}$	0,01	–	0,0017
–	schwach/basisch	–	stark basisch
kubisch flächenzentriert 2,16(1)	kubisch flächenzentriert 8,96	– –	hexagonal 6,75
78/0,3 80/2,3 82/11,6 83/11,5 84/56,9 86/17,4	63/69,1 65/30,9	–	138/0,1 139/99,9
–156,6	1083	–	920
–152,3	2567	–	3454
1,6	13	–	8
9	305	–	402
0,25	0,39	–	0,19
0,0093	390	–	14
–	16,6	–	4,9
–	1,56(0)	–	57 (25)
–	43(0)	–	21,8 (25)
–28,8	–5,46 (296)	–	+118,0 RT
–	–	–	4,9α 6,06β

Symbol des Elements Element	Lr Lawrencium	Li Lithum
chemische Eigenschaften		
Ordnungszahl	103	3
relative Atommasse	(260)	6,941
Elektronenkonfiguration	[Rn] 5 f14 6 d1 7 s2	1 s2 2 s1
Wertigkeit(en)	–	1
Ionisierungsenergien in eV (I, II, III)	–	5,39–75,6–122
Atom- bzw. Ionenradius in pm (Ladung des Ions)	–	152 68(+1)
Elektronegativität	–	0,98
Häufigkeit in der Erdkruste in %	–	0,006
Säure-Base-Verhalten des Oxids	–	stark basisch
Struktur/Dichte	– –	kubisch raumzentriert 0,53
physikalische Eigenschaften		
Isotope/Häufigkeit der Isotope in %	–	6/7,4 7/92,6
Schmelztemperatur in °C	–	180,5
Siedetemperatur in °C	–	1342
molare Schmelzwärme in kJ·mol^{-1}	–	2,9
molare Verdampfungswärme in kJ · mol^{-1}	–	148
spezifische Wärmekapazität in J · K^{-1} · g^{-1}	–	3,4
Wärmeleitfähigkeit bei 20 °C in W · m^{-1} · K^{-1}	–	70
linearer Ausdehnungskoeffizient in 10^{-6} K^{-1}	–	56
spezifischer elektrischer Widerstand in 10^{-6} Ω · cm	–	8,55 (0)
Temperaturkoeffizient des elektrischen Widerstandes in 10^{-4} K^{-1} (0 °C bis 100 °C)	–	47,5 (0)
magnetische Suszeptibilität 10^{-6}	–	+14,2 RT
Supraleiter-Übergangstemperatur in K (p: unter Druck)	–	–

Symbol des Elements Element	Mo Molybdän	Na Natrium
chemische Eigenschaften		
Ordnungszahl	42	11
relative Atommasse	95,94	22,99
Elektronenkonfiguration	[Kr] 4 d5 5 s1	[Ne] 3 s1
Wertigkeit(en)	6, 5, 4, 3, 2	1
Ionisierungsenergien in eV (I, II, III)	7,35–16,2–27,1	5,1–47,3–71,6
Atom- bzw. Ionenradius in pm (Ladung des Ions)	136 70(4+) 62(6+)	186 97(1+)
Elektronegativität	2,16	0,93
Häufigkeit in der Erdkruste in %	0,0014	2,64
Säure-Base-Verhalten des Oxids	stark sauer	stark basisch
Struktur/Dichte	kubisch raumzentriert 10,2	kubisch raumzentriert 0,97
physikalische Eigenschaften		
Isotope/Häufigkeit der Isotope in %	92/15,9 95/15,7 96/16,5 97/9,5 98/23,8 100/9,6	23/100
Schmelztemperatur in °C	2610	97,81
Siedetemperatur in °C	5560	882,9
molare Schmelzwärme in kJ·mol^{-1}	28	2,6
molare Verdampfungswärme in kJ · mol^{-1}	590	99
spezifische Wärmekapazität in J · K^{-1} · g^{-1}	0,25	1,23
Wärmeleitfähigkeit bei 20 °C in W · m^{-1} · K^{-1}	141	135
linearer Ausdehnungskoeffizient in 10^{-6} K^{-1}	5,44	71
spezifischer elektrischer Widerstand in 10^{-6} Ω · cm	5,2 (0)	4,2 (0)
Temperaturkoeffizient des elektrischen Widerstandes in 10^{-4} K^{-1} (0 °C bis 100 °C)	43,5 (0)	55 (0)
magnetische Suszeptibilität 10^{-6}	+89,0 (298)	+16,0 RT
Supraleiter-Übergangstemperatur in K (p: unter Druck)	0,92	–

Lu Lutetium	Mg Magnesium	Mn Mangan	Md Mendelevium
71	12	25	101
174,97	24,305	54,938	(258)
[Xe] 4 f14 5 d1 6 s2	[Ne] 3 s2	[Ar] 3 d5 4 s2	[Rn] 5 f13 6 d0 7 s2
3	2	7, 6, 4, 3, 2	–
5,43–14,7	7,61–14,96–79,72	7,41–15,70–33,7	–
172 85(3+)	160 66(2+)	137 80(2+) 46(7+)	–
1,27	1,31	1,55	1,3
0,00007	1,94	0,085	–
schwach basisch	stark basisch	stark sauer	–
hexagonal 9,84	hexagonal 1,74	kubisch	– –
		raumzentriert 7,43	
175/97,4 176/2,6	24/78,7 25/10,1 26/11,2	55/100	–
1663	648,8	1244	–
3395	1090	1962	–
19	9	15	–
247	128	220	–
0,15	1,03	0,48	–
–	160	7,8	–
12,5	25,8	22	–
68(25)	3,9(0)	144α(20)	–
24,0 (25)	42,5(0)	4 (20)	–
>0 RT	+13,1 RT	+529α (293)	–
0,1 … 0,7	–	–	–

Nd Neodym	Ne Neon	Np Neptunium	Ni Nickel
60	10	93	28
144,24	20,179	(237,0)	58,7
[Xe] 4 f4 5 d0 6 s2	1 s2 2 s2 2 p6	[Rn] 5 f4 6 d1 7 s2	[Ar] 3 d8 4 s2
3	–	6, 5, 4, 3	3, 2
5,51–10,7	21,6–41,0–64,0	–	7,61–18,2–35,2
181 104(3+)	71	130 110(3+) 95(4+)	125 69(2+)
1,14	–	1,36	1,91
0,0022	0,0000005	$4 \cdot e^{-17}$	0,015
schwach basisch	–	sauer/basisch	schwach basisch
hexagonal 7,00	kubisch	orthorhombisch 20,4	kubisch
	flächenzentriert 1,20(1)		flächenzentriert 8,90
142/27,1 143/12,2	20/90,9 21/0,3 22/8,8	236 237 238 239	58/67,9 60/26,2 61/1,2
144/23,9 145/8,3			62/3,6 64/1,1
146/17,2 148/5,7			
1021	–248,7	640	1453
3068	–246	3902	2732
11	0,33	393	18
284	1,8	–	372
0,19	1,03	–	0,44
13	0,049	–	89
6, 7	–	–	13,3
64(25)	–	–	6,84(0)
16,4 (25)	–	–	68 (0)
+5628 (288)	–6,74 RT	–	ferro 631
–	–	–	–

Symbol des Elements	Nb	No
Element	Niob	Nobelium
chemische Eigenschaften		
Ordnungszahl	41	102
relative Atommasse	92,906	(259)
Elektronenkonfiguration	[Kr] 4 d4 5 s1	[Rn] 5 f14 6 d0 7 s2
Wertigkeit(en)	5, 3	–
Ionisierungsenergien in eV (I, II, III)	6,88–14,3–25,0	–
Atom- bzw. Ionenradius in pm (Ladung des Ions)	143 69 (5+)	110 (2+)
Elektronegativität	1,6	1,3
Häufigkeit in der Erdkruste in %	0,0019	–
Säure-Base-Verhalten des Oxids	schwach sauer	–
Struktur/Dichte	kubisch raumzentriert 8,55	– –
physikalische Eigenschaften		
Isotope/Häufigkeit der Isotope in %	93/100	–
Schmelztemperatur in °C	2468	–
Siedetemperatur in °C	4742	–
molare Schmelzwärme in $kJ \cdot mol^{-1}$	27	–
molare Verdampfungswärme in $kJ \cdot mol^{-1}$	695	–
spezifische Wärmekapazität in $J \cdot K^{-1} \cdot g^{-1}$	0,27	–
Wärmeleitfähigkeit bei 20 °C in $W \cdot m^{-1} \cdot K^{-1}$	52	–
linearer Ausdehnungskoeffizient in $10^{-6} K^{-1}$	7,1	–
spezifischer elektrischer Widerstand in $10^{-6} \Omega \cdot cm$	13,9 (0)	–
Temperaturkoeffizient des elektrischen Widerstandes in $10^{-4} K^{-1}$ (0 °C bis 100 °C)	39,5 (0)	–
magnetische Suszeptibilität 10^{-6}	+195,0 (298)	–
Supraleiter-Übergangstemperatur in K (p: unter Druck)	9,25	–

Symbol des Elements	Pu	Po
Element	Plutonium	Polonium
chemische Eigenschaften		
Ordnungszahl	94	84
relative Atommasse	(244,1)	(209)
Elektronenkonfiguration	[Rn] 5 f6 6 d0 7 s2	[Xe] 4 f14 5 d10 6 s2 6 p4
Wertigkeit(en)	6, 5, 4, 3	4, 2
Ionisierungsenergien in eV (I, II, III)	5,8	8,42
Atom- bzw. Ionenradius in pm (Ladung des Ions)	151 108 (3+) 93 (4+)	167 67 (6+)
Elektronegativität	1,28	2
Häufigkeit in der Erdkruste in %	$2 \cdot e^{-19}$	$2,1 \cdot e^{-14}$
Säure-Base-Verhalten des Oxids	sauer/basisch	sauer/basisch
Struktur/Dichte	monoklin 19,8	monoklin 9,4
physikalische Eigenschaften		
Isotope/Häufigkeit der Isotope in %	236 238 239 240 242 244	210 211 212 214 215 216
Schmelztemperatur in °C	641	254
Siedetemperatur in °C	3232	962
molare Schmelzwärme in $kJ \cdot mol^{-1}$	–	13
molare Verdampfungswärme in $kJ \cdot mol^{-1}$	–	101
spezifische Wärmekapazität in $J \cdot K^{-1} \cdot g^{-1}$	–	0,13
Wärmeleitfähigkeit bei 20 °C in $W \cdot m^{-1} \cdot K^{-1}$	9	–
linearer Ausdehnungskoeffizient in $10^{-6} K^{-1}$	54	–
spezifischer elektrischer Widerstand in $10^{-6} \Omega \cdot cm$	160 (0)	–
Temperaturkoeffizient des elektrischen Widerstandes in $10^{-4} K^{-1}$ (0 °C bis 100 °C)	–29 (0)	–
magnetische Suszeptibilität 10^{-6}	+610 RT	–
Supraleiter-Übergangstemperatur in K (p: unter Druck)	–	–

Os Osmium	Pd Palladium	P Phosphor	Pt Platin
76	46	15	78
190,2	106,4	30,974	195,09
[Xe] 4 f14 5 d6 6 s2	[Kr] 4 d10 5 s0	[Ne] 3 s2 3 p3	[Xe] 4 f14 5 d9 6 s1
8, 6, 4, 3, 2	4, 2	5, 4, 3	4, 2
8,7	8,3–19,8–32,9	11,0–19,7–30,1	8,88–18,6
134 69 (4+)	138 80 (2+)	110 44(3+) 35(5+)	139 80(2+)
2,2	2,2	2,19	2,28
0,000001	0,000001	0,09	0,0000005
schwach sauer	schwach basisch	schwach sauer	schwach basisch
hexagonal 22,6	kubisch flächenzentriert 12,0	kubisch 1,82 w/2,35 r	kubisch flächenzentriert 21,4
186/1,6 187/1,6 188/13,3 189/16,1 190/26,4 192/41,0	102/1,0 104/11,0 105/22,2 106/27,3 108/26,7 110/11,8	31/100	190/0,01 192/0,8 194/32,9 195/33,8 196/25,3 198/7,2
3050	1554	44,1 w	1772
5000	2970	280 w	3827
29	18	0,6	20
678	377	13	510
0,13	0,23	0,77 w	0,13
87	75	–	73
6,6	11,67	124	8,9
9,5 (20)	10,0 (0)	$1 \cdot e^{17}$ w (11)	9,81 (0)
42 (20)	38 (0)	–	39,2 (0)
+9,9 RT	+567,4 (288)	−20,0 r	+201,9 (290)
0,65	–	p 5,8	–

Pr Praseodym	Pm Promethium	Pa Protactinium	Hg Quecksilber
59	61	91	80
140,91	146,9	231,04	200,59
[Xe] 4 f3 5 d0 6 s2	[Xe] 4 f5 5 d0 6 s2	[Rn] 5 f2 6 d1 7 s2	[Xe] 4 f14 5 d10 6 s2
4, 3	3	5, 4	2, 1
5,46–10,55–20,2	5,55–10,90	–	10,44–18,76–34,2
132 106(3+) 92(4+)	106(3+)	161 113(3+) 98(4+)	150 110(1+) 96(2+)
1,13	1,2	1,5	2
0,00052	$1 \cdot e^{-19}$	$9,0 \cdot e^{-11}$	0,00004
schwach basisch	schwach basisch	schwach basisch	schwach sauer
hexagonal 6,77	hexagonal 7,2	orthorhombisch 15,4	rhomboedrisch 13,53
141/100	144 145 146 147	231 234	198/10,0 199/16,8 200/23,1 201/13,2 202/29,8 204/6,9
931	1170	<1600	−38,87
3512	2460	–	356,6
10	13	15	2,3
333	293	460	59
0,19	0,19	0,12	0,14
12	–	–	8,4
4,8	–	–	–
68 (25)	–	–	98,4 (50)
17,1 (25)	–	–	–
+5010 (293)	–	–	−33,4 (293)
–	–	1,3	4,15 3,95

Symbol des Elements Element	Ra Radium	Rn Radon
chemische Eigenschaften		
Ordnungszahl	88	86
relative Atommasse	(226,0)	(222,0)
Elektronenkonfiguration	[Rn] 7 s2	[Xe] 4 f14 5 d10 6 s2 6 p6
Wertigkeit(en)	2	–
Ionisierungsenergien in eV (I, II, III)	5,28–10,15	10,75
Atom- bzw. Ionenradius in pm (Ladung des Ions)	143 (2+)	–
Elektronegativität	0,9	–
Häufigkeit in der Erdkruste in %	$9,5 \cdot e^{-11}$	$6,2 \cdot e^{-16}$
Säure-Base-Verhalten des Oxids	stark basisch	–
Struktur/Dichte	kubisch raumzentriert 5	kubisch flächenzentriert 4,4 (1)
physikalische Eigenschaften		
Isotope/Häufigkeit der Isotope in %	223 224 226 228	218 219 220 222
Schmelztemperatur in °C	700	−71
Siedetemperatur in °C	1140	−61,8
molare Schmelzwärme in kJ · mol⁻¹	10	2,9
molare Verdampfungswärme in kJ · mol⁻¹	115	16
spezifische Wärmekapazität in J · K⁻¹ · g⁻¹	0,12	0,09
Wärmeleitfähigkeit bei 20 °C in W · m⁻¹ · K⁻¹	–	–
linearer Ausdehnungskoeffizient in 10⁻⁶ K⁻¹	–	–
spezifischer elektrischer Widerstand in 10⁻⁶ Ω · cm	–	–
Temperaturkoeffizient des elektrischen Widerstandes in 10⁻⁴ K⁻¹ (0 °C bis 100 °C)	–	–
magnetische Suszeptibilität 10⁻⁶	–	–
Supraleiter-Übergangstemperatur in K (p: unter Druck)	–	–

Symbol des Elements Element	Sm Samarium	O Sauerstoff
chemische Eigenschaften		
Ordnungszahl	62	8
relative Atommasse	150,35	15,999
Elektronenkonfiguration	[Xe] 4 f6 5 d0 6 s2	1 s2 2 s2 2 p4
Wertigkeit(en)	3, 2	2
Ionisierungsenergien in eV (I, II, III)	5,6–11,2	13,6–35,2–54,9
Atom- bzw. Ionenradius in pm (Ladung des Ions)	179 100 (3+)	63 140 (2−)
Elektronegativität	1,17	3,44
Häufigkeit in der Erdkruste in %	0,0006	49,4
Säure-Base-Verhalten des Oxids	schwach basisch	–
Struktur/Dichte	rhomboedrisch 7,52	kubisch 1,15 (1)
physikalische Eigenschaften		
Isotope/Häufigkeit der Isotope in %	147/15,0 148/11,3 149/13,8 150/7,4 152/26,7 154/22,7	16/99,8 17/0,04 18/0,2
Schmelztemperatur in °C	1077	−218,4
Siedetemperatur in °C	1791	−183
molare Schmelzwärme in kJ · mol⁻¹	8,9	0,22
molare Verdampfungswärme in kJ · mol⁻¹	165	3,4
spezifische Wärmekapazität in J · K⁻¹ · g⁻¹	0,2	0,92
Wärmeleitfähigkeit bei 20 °C in W · m⁻¹ · K⁻¹	–	0,026
linearer Ausdehnungskoeffizient in 10⁻⁶ K⁻¹	–	–
spezifischer elektrischer Widerstand in 10⁻⁶ Ω · cm	92 (25)	–
Temperaturkoeffizient des elektrischen Widerstandes in 10⁻⁴ K⁻¹ (0 °C bis 100 °C)	14,8 (25)	–
magnetische Suszeptibilität 10⁻⁶	+1860 (291)	+3449 (293)
Supraleiter-Übergangstemperatur in K (p: unter Druck)	–	–

Re Rhenium	Rh Rhodium	Rb Rubidium	Ru Ruthenium
75	45	37	44
186,21	102,91	85,468	101,07
[Xe] 4 f14 5 d5 6 s2	[Kr] 4 d8 5 s1	[Kr] 5 s1	[Kr] 4 d7 5 s1
7, 6, 4, 2, 1	4, 3, 2	1	8, 6, 4, 3, 2
7,87–16,6	7,7–18,1–31,1	4,2–27,3–40	7,36–16,8–28,5
137 72(4+) 56(7+)	134 68(3+)	248 147(1+)	133 67(4+)
1,9	2,28	0,82	2,2
0,0000001	0,0000001	0,0029	0,000002
schwach sauer	sauer/basisch	stark basisch	schwach sauer
hexagonal 21,0	kubisch	kubisch	hexagonal 12,4
	flächenzentriert 12,4	raumzentriert 1,53	
185/37,1 187/62,9	103/100	85/72,2 87/27,8	96/5,5 99/12,7 100/12,6
			101/17,1 102/31,6 104/18,6
3180	1966	38,89	2310
5627	3700	686	3900
33,5	22	2,2	25
707	494	76	619
0,15	0,24	0,34	0,25
48	150	60	117
6,6	8,5	90	9,6
18,6(0)	4,3(0)	12,5(20)	7,3(0)
31(0)	44(0)	53(20)	42(20)
+67,6 (293)	+111,0 (298)	+17,0 (303)	+43,2 (298)
1,698	–	–	0,49

Sc Scandium	S Schwefel	Se Selen	Ag Silber
21	16	34	47
44,956	32,06	78,96	107,87
[Ar] 3 d1 4 s2	[Ne] 3 s2 3 p4	[Ar] 3 d10 4 s2 4 p4	[Kr] 4 d10 5 s1
3	6, 4, 2	6, 4, 2	1
6,54–12,8–24,8	10,4–23,4–35,0	9,70–21,3–33,9	7,544–21,4–35,9
161 81(3+)	102 184(2–) 12(6+)	116 198(2–) 42(6+)	144 126(1+)
1,36	2,58	2,55	1,93
0,00051	0,048	0,00008	0,00001
schwach basisch	stark sauer	stark sauer	sauer/basisch
hexagonal 3,0	orthorhombisch/	hexagonal [Se8] 4,80 g/	kubisch
	monoklin 2,07 r/1,96 m	4,50 r	flächenzentriert 10,5
45/100	32/95,0 33/0,8 34/4,2	74/0,9 76/9,0 77/7,6	107/51,4 109/48,6
	36/0,02	78/23,5 80/49,8 82/9,2	
1541	113 r	217	961,9
2832	444,7	685	2212
16	1,2	5,2	11
305	9,6	21	258
0,56	0,7 r	0,329	0,23
63	0,28 r	0,2 g	418
12	–	37	19,68
66 (25)	$2 \cdot e^{23}$ (20)	12(0)	1,51(0)
28,2 (25)	–	–	41(0)
+315 (292)	–15,5 r RT	–25,0 RT	–19,5 (296)
–	–	p 6,9	–

Symbol des Elements Element	Si Silicium	N Stickstoff
chemische Eigenschaften		
Ordnungszahl	14	7
relative Atommasse	28,086	14,007
Elektronenkonfiguration	[Ne] 3 s2 3 p2	1 s2 2 s2 2 p3
Wertigkeit(en)	4	5, 4, 3, 2
Ionisierungsenergien in eV (I, II, III)	8,15–16,3–33,5	14,5–29,6–47,4
Atom- bzw. Ionenradius in pm (Ladung des Ions)	118 42 (4+)	73 171 (3−) 13 (5+)
Elektronegativität	1,9	3,04
Häufigkeit in der Erdkruste in %	25,8	0,03
Säure-Base-Verhalten des Oxids	sauer/basisch	stark sauer
Struktur/Dichte	Diamant 2,33	hexagonal 0,81 (1)
physikalische Eigenschaften		
Isotope/Häufigkeit der Isotope in %	28/92,2 29/4,7 30/3,1	14/99,6 15/0,4
Schmelztemperatur in °C	1410	−209,9
Siedetemperatur in °C	2355	−195,8
molare Schmelzwärme in kJ · mol^{-1}	46	0,36
molare Verdampfungswärme in kJ · mol^{-1}	383	2,8
spezifische Wärmekapazität in J · K^{-1} · g^{-1}	0,71	1,04
Wärmeleitfähigkeit bei 20 °C in W · m^{-1} · K^{-1}	153	0,026
linearer Ausdehnungskoeffizient in 10^{-6} K^{-1}	7,6	−
spezifischer elektrischer Widerstand in 10^{-6} Ω · cm	32 · e^{10} (20)	−
Temperaturkoeffizient des elektrischen Widerstandes in 10^{-4} K^{-1} (0 °C bis 100 °C)	−	−
magnetische Suszeptibilität 10^{-6}	−3,9 RT	−12,0 RT
Supraleiter-Übergangstemperatur in K (p: unter Druck)	p 6,7 … 7,1	−

Symbol des Elements Element	Tb Terbium	Tl Thallium
chemische Eigenschaften		
Ordnungszahl	65	81
relative Atommasse	158, 93	204,38
Elektronenkonfiguration	[Xe] 4 f9 5 d0 6 s2	[Xe] 4 f14 5 d10 6 s2 6 p1
Wertigkeit(en)	4, 3	3, 1
Ionisierungsenergien in eV (I, II, III)	5,98–11,52	6,11–20,4–29,8
Atom- bzw. Ionenradius in pm (Ladung des Ions)	176 93 (3+)	170 147 (1+) 95 (3+)
Elektronegativität	1,2	2,04
Häufigkeit in der Erdkruste in %	0,000085	0,00003
Säure-Base-Verhalten des Oxids	schwach basisch	schwach basisch
Struktur/Dichte	hexagonal 8,23	hexagonal 11,85
physikalische Eigenschaften		
Isotope/Häufigkeit der Isotope in %	159/100	203/29,5 205/70,5
Schmelztemperatur in °C	1360	303,5
Siedetemperatur in °C	3123	1457
molare Schmelzwärme in kJ · mol^{-1}	16	4,3
molare Verdampfungswärme in kJ · mol^{-1}	293	166
spezifische Wärmekapazität in J · K^{-1} · g^{-1}	0,18	0,13
Wärmeleitfähigkeit bei 20 °C in W · m^{-1} · K^{-1}	−	49
linearer Ausdehnungskoeffizient in 10^{-6} K^{-1}	7	29,4
spezifischer elektrischer Widerstand in 10^{-6} Ω · cm	116 (25)	16,6 (20)
Temperaturkoeffizient des elektrischen Widerstandes in 10^{-4} K^{-1} (0 °C bis 100 °C)	−	52 (20)
magnetische Suszeptibilität 10^{-6}	ferro 219	−50,9 RT
Supraleiter-Übergangstemperatur in K (p: unter Druck)	−	2,39

Sr Strontium	Ta Tantal	Tc Technetium	Te Tellur
38	73	43	52
87,62	180,95	98,91	127,6
[Kr] 5 s2	[Xe] 4 f14 5 d3 6 s2	[Kr] 4 d5 5 s2	[Kr] 4 d10 5 s2 5 p4
2	5	7	6, 4, 2
5,7–11,0–43,6	7,88–16,2	7,3–15,3–29,5	8,96–18,6–30,5
215 112 (2+)	143 68 (5+)	135	143 221 (2–) 56 (6+)
0,95	1,5	1,9	2,1
0,014	0,0008	–	0,000001
stark basisch	schwach sauer	stark sauer	schwach sauer
kubisch	kubisch	hexagonal 11,5	hexagonal 6,24
flächenzentriert 2,54	raumzentriert 16,6		
84/0,6 86/9,9 87/7,0	180/0,01 181/99,99	97 98 99	122/2,4 124/4,6 125/7,0
88/82,5			127/18,7 128/31,8 130/34,5
769	2996	2172	449,5
1384	5425	4877	990
9	28	23	18
139	753	577	52
0,29	0,15	0,25	0,2
–	58	–	4,8
–	6,6	–	17,2
23 (20)	12,6 (0)	–	4,36·e5 (23)
50 (20)	35 (0)	–	–
+92,0 RT	+154 (298)	+270,0 (298)	−39,5 RT
–	4,48	7,8	p 2,4 … 5,1

Th Thorium	Tm Thulium	Ti Titan	U Uran
90	69	22	92
232,04	168,93	47,9	238,03
[Rn] 5 f0 6 d2 7 s2	[Xe] 4 f13 5 d0 6 s2	[Ar] 3 d2 4 s2	[Rn] 5 f3 6 d1 7 s2
4	3	4, 3	6, 5, 4, 3
6,95–11,5–20,0	5,81–12,05–23,71	6,81–13,6–27,6	6,08
180 102 (4+)	172 87 (3+)	145 94 (2+) 68 (4+)	139 97 (4+) 80 (6+)
1,3	1,25	1,54	1,38
0,0011	0,000019	0,41	0,00032
schwach basisch	schwach basisch	sauer/basisch	sauer/basisch
kubisch	hexagonal 9,33	hexagonal 4,54	orthorhombisch 18,95
flächenzentriert 11,7			
232/100	169/100	46/7,9 47/7,3 48/74,0	234/0,01 235/0,7 238/99,3
		49/5,5 50/5,3	
1750	1545	1660	1132
≈4790	1947	3287	3818
15	18	15,5	13
64	213	429	417
0,14	0,16	0,53	0,12
41	–	23	28
10,5	11,6	8,4	15,3
18,62 (20)	90 (25)	50 (0)	29 α (0)
38 (20)	20 (25)	38 (0)	34 (0)
+132,0 (293)	+25500 (291)	+153 (293)	+409 α (298)
1,37	–	0,39	p 0,4 … 2,4

Symbol des Elements Element	V Vanadium	H Wasserstoff
chemische Eigenschaften		
Ordnungszahl	23	1
relative Atommasse	50,942	1,008
Elektronenkonfiguration	[Ar] 3 d3 4 s2	1 s1
Wertigkeit(en)	5, 4, 3, 2	1
Ionisierungsenergien in eV (I, II, III)	6,71–14,6–29,3	13,6
Atom- bzw. Ionenradius in pm (Ladung des Ions)	131 88 (2+) 59 (5+)	37 208 (1−)
Elektronegativität	1,63	2,2
Häufigkeit in der Erdkruste in %	0,014	0,88
Säure-Base-Verhalten des Oxids	sauer/basisch	sauer/basisch
Struktur/Dichte	kubisch raumzentriert 6,12	hexagonal 0,07 (1)
physikalische Eigenschaften		
Isotope/Häufigkeit der Isotope in %	50/0,2 51/99,8	1/99,98 2/0,02
Schmelztemperatur in °C	1890	−259,1
Siedetemperatur in °C	3380	−252,9
molare Schmelzwärme in kJ·mol^{-1}	18	0,06
molare Verdampfungswärme in kJ · mol^{-1}	459	0,45
spezifische Wärmekapazität in J · K^{-1} · g^{-1}	0,48	14,3
Wärmeleitfähigkeit bei 20 °C in W · m^{-1}· K^{-1}	30	0,18
linearer Ausdehnungskoeffizient in 10^{-6} K^{-1}	18,2 (0)	−
spezifischer elektrischer Widerstand in 10^{-6} Ω · cm	39 (0)	−
Temperaturkoeffizient des elektrischen Widerstandes in 10^{-4} K^{-1} (0 °C bis 100 °C)	+255 (298)	−
magnetische Suszeptibilität 10^{-6}	5,3	−3,98
Supraleiter-Übergangstemperatur in K (p: unter Druck)	−	−

Symbol des Elements Element	Zn Zink	Sn Zinn
chemische Eigenschaften		
Ordnungszahl	30	50
relative Atommasse	65,38	118,69
Elektronenkonfiguration	[Ar] 3 d10 4 s2	[Kr] 4 d10 5 s2 5 p2
Wertigkeit(en)	2	4, 2
Ionisierungsenergien in eV (I, II, III)	9,36–17,89–40,0	7,30–14,5–30,5
Atom- bzw. Ionenradius in pm (Ladung des Ions)	130 74 (2+)	151 93 (2+) 69 (4+)
Elektronegativität	1,65	1,96
Häufigkeit in der Erdkruste in %	0,012	0,0035
Säure-Base-Verhalten des Oxids	sauer/basisch	sauer/basisch
Struktur/Dichte	hexagonal 7,14	tetragonal/Diamant 7,30 w/5,76 g
physikalische Eigenschaften		
Isotope/Häufigkeit der Isotope in %	64/48,9 66/27,8 67/4,1 68/18,6 70/0,6	116/14,3 117/7,6 118/24,0 119/8,6 120/32,8 124/5,9
Schmelztemperatur in °C	419,6	232
Siedetemperatur in °C	907	2270
molare Schmelzwärme in kJ·mol^{-1}	7,4	7,1
molare Verdampfungswärme in kJ · mol^{-1}	115	296
spezifische Wärmekapazität in J · K^{-1} · g^{-1}	0,39	0,23 w
Wärmeleitfähigkeit bei 20 °C in W · m^{-1}· K^{-1}	121	63 w
linearer Ausdehnungskoeffizient in 10^{-6} K^{-1}	26,3	27
spezifischer elektrischer Widerstand in 10^{-6} Ω · cm	5,5 (0)	10,4 (0)
Temperaturkoeffizient des elektrischen Widerstandes in 10^{-4} K^{-1} (0 °C bis 100 °C)	42 (0)	46 (0)
magnetische Suszeptibilität 10^{-6}	−11,4 RT	+3,1 w RT
Supraleiter-Übergangstemperatur in K (p: unter Druck)	0,85	3,722

W Wolfram	Xe Xenon	Yb Ytterbium	Y Yttrium
74	54	70	39
183,85	131,3	173,04	88,907
[Xe] 4 f14 5 d4 6 s2	[Kr] 4 d10 5 s2 5 p6	[Xe] 4 f14 5 d0 6 s2	[Kr] 4 d1 5 s2
6, 5, 4, 3, 2	–	3, 2	3
7,98	12,13–21,2–32,1	6,25–12,17–25,2	6,38–12,2–20,5
137 70(4+) 62(6+)	131	194 86(3+)	178 92(3+)
2,36	–	1,1	1,22
0,0064	$2,4 \cdot e^{-9}$	0,00025	0,0026
schwach sauer	–	schwach basisch	schwach basisch
kubisch	kubisch	kubisch	hexagonal 4,5
raumzentriert 19,35	flächenzentriert 3,5 (1)	flächenzentriert 6,96	
180/0,1 182/26,4	129/26,4 130/4,1	170/3,0 171/14,3	89/100
183/14,4 184/30,7	131/21,2 132/26,9	172/21,8 173/16,1	
186/28,4	134/10,4 136/8,9	174/31,9 176/12,7	
3410	−111,9	819	1523
5660	−107,1	1193	3337
35	2,3	9	11
824	12,6	155	367
0,14	0,16	0,14	0,29
167	0,006	–	15
4,45	–	–	10,8
4,9	–	29 (25)	65 (25)
48 (0)	–	13 (25)	27,1 (25)
+59,0 (298)	−43,9 RT	+249 (292)	+2,15 (292)
0,015	–	–	p 1,7 … 2,5

Zr Zirkonium	Sg Seaborgium	Ns Nielsbohrium	Hs Hassium	Mt Meitnerium
40	106	107	108	109
91,22	(263)	(262)	(265)	(266)
[Kr] 4 d2 5 s2	[Rn] 5 f14 6 d4 7 s2	–	–	–
4	–	–	–	–
6,92–13,97–24,00	–	–	–	–
159 79(4+)	–	–	–	–
1,33	–	–	–	–
0,021	–	–	–	–
sauer/basisch	–	–	–	–
hexagonal 6,49	– –	– –	– –	– –
90/51,5 91/11,2	–	–	–	–
92/17,1 94/17,4 96/2,8	–	–	–	–
1852	–	–	–	–
4377	–	–	–	–
17	–	–	–	–
582	–	–	–	–
0,28	–	–	–	–
22	–	–	–	–
5,89	–	–	–	–
40 (0)	–	–	–	–
44 (0)	–	–	–	–
+122,0 (293)	–	–	–	–
0,65	–	–	–	–

Sachwortverzeichnis

582 Sachwortverzeichnis